# FORTSCHRITTE DER BOTANIK

BEGRÜNDET VON FRITZ VON WETTSTEIN

UNTER ZUSAMMENARBEIT
MIT MEHREREN FACHGENOSSEN
UND MIT DER
DEUTSCHEN BOTANISCHEN GESELLSCHAFT

HERAUSGEGEBEN VON

## ERWIN BÜNNING
TÜBINGEN

## ERNST GÄUMANN
ZÜRICH

## ZWANZIGSTER BAND
BERICHT ÜBER DAS JAHR 1957

MIT 19 ABBILDUNGEN

SPRINGER-VERLAG BERLIN HEIDELBERG GMBH 1958

ISBN 978-3-642-85744-7          ISBN 978-3-642-85743-0 (eBook)
DOI 10.1007/978-3-642-85743-0



Ursprünglich erschienen bei Springer-Verlag oHG. Berlin · Göttingen · Heidelberg 1958
Softcover reprint of the hardcover 1st edition 1958

# Inhaltsverzeichnis.



---

[1] Der Beitrag folgt in Band XXI.

## C. Physiologie des Stoffwechsels.



## D. Physiologie der Organbildung.



---

[1] Der Beitrag folgt in Band XXI.


Die Abschnitte A und B sind von E. Gäumann und die Abschnitte C und D sowie das Sachverzeichnis von E. Bünning redigiert.

# A. Morphologie.

## 1. Morphologie und Entwicklungsgeschichte der Zelle.

Von Lothar Geitler, Wien.

Im folgenden sind vielfach nicht Publikationen als solche, sondern nur ihre Abschnitte, die sich auf das Thema „Morphologie und Entwicklungsgeschichte" beziehen, referiert.

**Bakterien und Cyanophyceen.** In selten klarer und präziser Weise hat Robinow auseinandergesetzt, daß man im Fall der Bakterien nicht von einem Zellkern sprechen kann und daß alle gegenteiligen Behauptungen auf unrichtigen Beobachtungen oder verworrenen Begriffen beruhen (vgl. die ausführliche Darstellung in Fortschr. d. Bot. **19**, 2). Die selbstreproduktiven, feulgenpositiven Strukturen sind vielmehr als „chromatin bodies" oder Nucleoide entwickelt[1]. Auf Grund neuer eigener Beobachtungen werden die Befunde nochmals eingehend dargestellt und mit gegenteiligen Literaturangaben in Beziehung gesetzt (Robinow). — Die grundsätzlich andersartige Organisation des Bakterien-Protoplasten, in der kein Platz für Mitochondrien, Centriole usw. ist, ergibt sich auch aus sozusagen bautechnisch-geometrischen Überlegungen (Ruska).

Für die Cyanophyceen gibt Fuhs auf Grund von Befunden, die mit sehr exakter Methodik gewonnen wurden, das Vorhandensein von Chromosomen-artigen, stabförmigen, feulgenpositiven Körpern an, die sich vermutlich längsteilen. Sie besitzen anscheinend Kontinuität und wären also die seit langem postulierten selbstreproduktiven Grundelemente des „Chromidialapparats" oder „Kernäquivalents" oder Chromatinapparats, wie Fuhs ihre Gesamtheit in der Zelle nennt. Sie sind bei *Oscillatoria* zu mehreren, bei *Gloeothece* in der Einzahl je Zelle vorhanden. Jedes Einzelelement dürfte ein ganzes Genom enthalten, woraus die Zahlenschwankung bei bestimmten Differenzierungsvorgängen, so in den Fadenenden von Oscillatoriaceen, verständlich würde. Durch diese Konzeption wird zum erstenmal die Beobachtungsgrundlage für die Auffassung geschaffen, daß die Cyanophyceenzellen vielwertig und in gewissem Sinn polyenergid sind (vgl. Geitler S. 125). Diese Auffassung wurde besonders durch die Vielfachteilung der Dermocarpaceen nahegelegt — auf die auch Fuhs hinweist —, bei welcher der Chromidialapparat der Mutterzelle in eine große Anzahl vollwertiger Teilstücke zerlegt wird; das gleiche geschieht im wesentlichen bei der Aufteilung

---

[1] Es ist daher wohl mißverständlich, wenn Piekarski in einem Referat schreibt, Robinow unterscheide allgemein zwischen zweierlei Kernen; tatsächlich unterscheidet Robinow zwischen Kernen und Differenzierungen, die keine Kerne sind.

von Keimlingen aus großen Dauerzellen, z. B. von *Anabaena*. Wieweit die „Chromatinelemente" wirklich mit Chromosomen in Beziehung zu setzen sind, ist allerdings noch fraglich (FUHS läßt die Frage auf S. 292 „dahingestellt", auf S. 299 neigt er zu einer Gleichsetzung). Dem Ref. erscheint es nicht unmöglich, daß die beschriebenen DNS-haltigen Körper z. T., vielleicht sogar größtenteils, aus anderer als chromosomaler Substanz bestehen; denn sie erinnern auffallend an die seinerzeit (1903) von KOHL als angebliche Chromosomen beschriebenen Strukturen, die dann A. FISCHER (1905) als „Kohlosomen" lächerlich gemacht hat. Es wäre daher vielleicht doch nützlich nachzusehen, ob sie nicht Anabänin enthalten. Damit soll nichts gegen den grundsätzlichen Fortschritt, den die Untersuchungen von FUHS bringen und der sich schon in der exakten Fragestellung ausdrückt, gesagt sein.

Das Vorhandensein zentral im Protoplasten gelegener feulgenpositiver, im übrigen stark metaboler Strukturen ergibt sich erwartungsgemäß auch aus der Untersuchung anderer Cyanophyceen aus sehr verschiedenen systematischen Gruppen (TISCHER). Die metachromatischen Körper enthalten keine DNS. — Wenn bei *Oscillatoria borneti* kein Centroplasma nachweisbar ist (DRAWERT u. METZNER), so kann dies nur an der Methodik liegen; sein Fehlen wird offenbar durch die für die Art charakteristische Wabenstruktur des Protoplasten vorgetäuscht; diese ist aber reversibel und solche Zellen zeigen dann die normale Differenzierung des Blaualgen-Protoplasten in Chromatoplasma und Centroplasma schon im Leben. — Die regelmäßige, gewöhnlich submikroskopische Lamellierung des Chromatoplasmas (Fortschr. Bot. **19**, 1, neuerdings NIKLOWITZ u. DREWS, DRAWERT u. METZNER), wurde nun auch bei einer Chroococcacee (*Synechococcus*) elektronenoptisch festgestellt (ELBERS, MINNAERT u. THOMAS); wenn die Autoren das Chromatoplasma als Chloroplast bezeichnen, so zeugt dies allerdings von einem völligen Unverständnis der Organisation der Cyanophyceen.

**Plastiden**[1]. Die Plastiden der Protisten besitzen Lamellenbau, aber im allgemeinen keine Grana (vgl. Fortschr. Bot. **17**, 2, 112). Diese Feinstruktur wurde, mit verschiedenen Varianten — charakteristische Typen lassen sich auch bei Blütenpflanzen unterscheiden [v. WETTSTEIN (1), S. 305] — wieder nachgewiesen bei Dinoflagellaten (GRELL u. WOHLFAHRT-BOTTERMANN), bei Chrysomonaden (ROUILLER u. FAURÉ-FREMIET), Phaeophyceen (MANTON), Rhodophyceen (MYERS, PRESTON u. RIPLEY), Diatomeen (ELBERS, MINNAERT u. THOMAS) und bei *Vaucheria* (GREENWOOD, MANTON u. CLARKE). Der Lamellenbau ist also offenbar ein allgemeines Charakteristikum aller Plastiden. Bei *Chromulina* ist die submikroskopische Lamellierung so grob (ROUILLER u. FAURÉ-FREMIET), daß es verständlich erscheint, daß sie bei pathologischer Aufquellung mikroskopisch sichtbar werden kann (wie vermutlich bei allen Chrysophyceen). Die Grana, die bei gewissen Algen, z. B. Conjugaten, licht-

---

[1] Es muß hier auch der submikroskopische Feinbau mitbehandelt werden, doch kann nur das Nötigste elektronenoptischer Befunde Berücksichtigung finden; für Einzelheiten und Kontroversen sei auf das Kapitel A4 dieser Berichte und auf die letzte Zusammenfassung (MÜHLETHALER) verwiesen.

optisch festgestellt wurden, sollen nach v. WETTSTEIN [(2) S. 468] nicht echte Grana nach Art der bei höheren Pflanzen vorhandenen sein, doch wurden sie nunmehr bei *Spirogyra* auch elektronenoptisch unmißverständlich nachgewiesen (BUTTERFASS). In anderen Fällen, z. B. bei Chrysophyceen, fehlen sie aber sicher. Auch bei den Blütenpflanzen sind sie kein notwendiger Bestandteil der Plastiden [v. WETTSTEIN (2)], es erscheint daher auch die Kontinuität des Primärgranums in den Proplastiden [neuerdings wieder STRUGGER (2)] nur als Spezialfall aufrechterhalten werden zu können. Das Granamuster ist außerdem in Abhängigkeit von bestimmten inneren und äußeren Bedingungen sehr variabel, und zwar in einer Weise, die die Kontinuität der Grana ausschließt (WILD). An der Kontinuität der Plastiden als solcher im gesamten Pflanzenreich, also auch bei den Blütenpflanzen, zu zweifeln [v. WETTSTEIN (2), S. 315], besteht aber gewiß kein Grund, wenn man nicht den Boden gesicherter vergleichend-morphologischer und entwicklingsgeschichtlicher Erkenntnisse zugunsten schwankender elektronenoptischer Befunde verlassen will.

Die zusammengesetzten Pyrenoide von *Anthoceros* (Fortschr. d. Bot. **18,** 2) zeigen eine submikroskopische Struktur, die sich manchmal als fädig erkennen läßt (KAJA)[1]. Der Schluß, daß sie, d. h. die eigentlichen Pyrenoidkörper, deshalb nicht ergastischer Natur sein können, ist vielleicht nicht zwingend, — wenn man absieht von dem Anteil, den der Chromatophor als solcher am Aufbau der Pyrenoide nimmt, die mehrfach zusammengesetzt sind. Solche Pyrenoide sind in die Lamellen des Chromatophors eingefügt und erscheinen daher selbst durchlaufend lamelliert. Bei *Anthoceros* isolieren die Lamellen weitgehend die Teilpyrenoide (ebenso bei der Volvocale *Pyramidomonas montana*)[2]. Bei *Spirogyra* besitzen die kompakten Pyrenoide zunächst eine grobe Zerklüftung, die ja auch lichtoptisch $\pm$ deutlich sichtbar sein kann (BUTTERFASS); vermutlich gehört zu jedem Einzelstück ein Stärkekorn (zweiteilige Pyrenoide haben dementsprechend zwei Stärkekalotten; das Elektronenmikroskop wäre geeignet, in die vermuteten Zusammenhänge Klarheit zu bringen). Dazu kommt die submikroskopische Lamellierung. Die Grundsubstanz erscheint auch bei *Spirogyra* fein-fädig strukturiert. Die rätselhaften Karyoide erweisen sich ähnlich wie die Pyrenoide gebaut, liegen aber *außerhalb* des Chromatophors, wenn auch ihm dicht angepreßt.

**Mitochondrien und Zellbau kernführender Protisten[3].** Bei den Tieren besitzen die Mitochondrien nach übereinstimmenden Befunden verschiedener Autoren eine doppelte Membran; durch Einstülpung der inneren Membran entstehen nach innen einspringende fingerförmige „Zotten" (tubuli, cristae), die eine reiche Gliederung bewirken

---

[1] Im *Stroma* des Chromatophors läßt sich schon lichtoptisch — an der Orientierung der Stärkekörner und anderer Einschlüsse — eine helikoidale submikroskopische Struktur erschließen (CHADEFAUD).

[2] Da der interessante Bau des Pyrenoids von *Pyramidomonas* anscheinend in Vergessenheit geraten ist, sei auf die früheren Mitteilungen des Ref. hingewiesen (Arch. f. Protk. **56,** 135, 1926).

[3] Vgl. Fußnote S. 2.

[HEITZ (2)][1]. Grundsätzlich der gleiche Bau ist bei Blütenpflanzen und Moosen nachgewiesen [zuletzt HEITZ (1) (2), KAJA] und tritt ebenso bei Protisten auf, abgesehen — begreiflicherweise — von den Blaualgen und Bakterien (vgl. RUSKA): so bei Dinoflagellaten (GRELL u. WOHLFAHRT-BOTTERMANN), bei Chrysomonaden (ROUILLER u. FAURÉ-FREMIET), bei *Vaucheria* (GREENWOOD, MANTON u. CLARKE), bei *Euglena* (WOLKEN u. PALADE schon 1953), auch bei Myxomyceten (NIKLOWITZ), und übrigens auch bei Ciliaten. Nach HEITZ (2) u. a. handelt es sich im Fall der tubuli nicht um eine statische Struktur, sondern um den Ausdruck eines Vorgangs; die Anfangsstadien der Einstülpung bleiben allerdings noch unmittelbar zu beobachten, und bei dem Phykomyceten *Allomyces* sind zwar eine doppelte Membran und cristae nachgewiesen, aber nicht, daß diese eine Einstülpung der inneren Membran sind (TURIAN u. KELLEN-BERGER). Im großen ganzen herrscht jedenfalls im gesamten Organismenreich Übereinstimmung. Dies gilt ja auch für den Feinbau der Geißeln, die durchwegs — abgesehen, begreiflicherweise, von den Bakterien mit ihrer ganz andersartigen Organisation — 2 innere und 9 periphere Fibrillen besitzen (neuerlich ROUILLER u. FAURÉ-FREMIET).

Eine merkwürdige Entdeckung wurde an *Chromulina psammobia* gemacht: außer der für die Gattung charakteristischen Geißel ist noch eine zweite „interne" Geißel vorhanden, die im Vorderende nahe der Basis der „externen" Geissel entspringt und in einer Tasche liegt, die durch Invagination der „Pellikula" entsteht (ROUILLER u. FAURÉ-FREMIET). Sie wurde elektronenoptisch entdeckt, ist aber $1\mu$ lang und müßte daher mikroskopisch sichtbar sein, zumal sie von einer dicken „Matrix"-Masse umgeben ist. Die interne Geißel ist, wie die externe, aus $2 + 9$ Fibrillen aufgebaut. Es wurde nicht festgestellt, ob alle Individuen die zweite Geißel besitzen (sie war nur an „quelques sections favorables" zu sehen), es wäre daher möglich, daß es sich um die Teilung vorbereitende Stadien handelt, in denen die Geißel der einen Tochterzelle bereits präformiert ist (die Mitteilung enthält keine entwicklungsgeschichtlichen Angaben); eventuell könnte die Geißel auch schon sehr frühzeitig, also auch in verhältnismäßig jungen Tochterindividuen präformiert sein.

Das Stigma von *Chromulina psammobia* setzt sich aus „Pigmentkammern" zusammen, wie dies elektronenoptisch auch für die Spermien der Phaeophyceen (MANTON), für *Euglena* (WOLKEN) und *Chlamydomonas* (SAGER u. PALADE) nachgewiesen wurde und wie es für andere Fälle auf Grund lichtoptischer Beobachtungen sich vermuten läßt. Das Stigma erweist sich, wie ebenfalls lichtoptisch festgestellt, aber nicht immer geglaubt, als besonders differenzierter Abschnitt des Chromatophors (den die Autoren irrtümlicherweise Chromoplast nennen); es gehört also zum Chromatophor und wird von seiner Außenhülle überdeckt (in anderen Fällen, z. B. bei *Euglena*, ist es ein ganzer metamorphisierter Chromatophor). Bei der Zellteilung erhält eine Tochterzelle offenbar das zweite, am gegenüberliegenden Ende des Chromatophors befindliche

---

[1] Einzelheiten und gewisse einander widersprechende Befunde können hier nicht erörtert werden.

„Nebenstigma", das schon vorher präformiert ist (wie z. B. auch bei *Dinobryon* u. a.), was eine Parallele zu der — vermutlich — präformierten „internen" Geißel bilden würde. Es findet also keine Teilung des Stigmas statt[1].

**Teilungscyclus und Kern- und Zellwachstum.** Die Vorstellung, daß sich der Formwechsel eines Einzellers in der Weise abspielt, daß die Zelle vor der Teilung auf das doppelte Volumen herangewachsen ist, dann halbiert wird und die Tochterzellen wieder zur alten „Normalgröße" heranwachsen und in diesem Zustand verharren, bis wieder eine Teilung erfolgt, entspricht keineswegs den Tatsachen [TSCHERMAK-WOESS u. HASITSCHKA-JENSCHKE (1)]. Bei sechs verschiedenen Algen zeigte es sich, daß der Ruhezustand der Zelle schon bei einem Volumen erreicht wird, das zwischen den Werten 1 und 2 liegt. Der Wert 2 wird erst durch ein präprophasisches Wachstum annähernd hergestellt. An Diatomeen läßt sich das Ruhestadium besonders leicht am Grad des Übereinandergreifens der Gürtelbänder ablesen: sie werden erst vor Beginn der Teilung maximal auseinandergeschoben, in ruhenden Zellen übergreifen sie einander relativ weit. Anders verhält sich nur *Cosmarium* (und offenbar alle Desmidiaceen), bei dem, entsprechend dem besonderen Teilungsmechanismus, unmittelbar nach der Zellteilung die maximale Größe erreicht wird[2]. Sonst ist die Interphase in drei Abschnitte gegliedert, die als Posttelophase, eigentlicher Ruhezustand und Präprophase zu unterscheiden sind. „Ruhezellen" im Sinn von nicht mitotisch aktiven Zellen können also in gut wachsendem Material entwicklungsgeschichtlich und physiologisch etwas ganz Verschiedenes sein (was bei zellphysiologischen Untersuchungen zu beachten wäre).

Die Kernvolumina ergeben in der Interphase dreigipfelige Diagramme, das Kernvolumen nimmt also sprunghaft zu; die drei Gipfel markieren die Posttelophase, die eigentliche Ruhe und die Präprophase. Bei Einstellung der Teilungen verharren die Kerne im mittleren Zustand der Ruhe. Die Kernvolumina der Meristeme von Angiospermen ergeben dagegen zweigipfelige Diagramme: hier gibt es keinen Ruhezustand — er wird erst im Dauergewebe erreicht —, die Kerne sind posttelophasisch oder präprophasisch (Fortschr. Bot. **17**, 10; **19**, 9)[3]. Die Protistenzelle entspricht somit entwicklungsphysiologisch nicht einer meristematischen Zelle: sie bestreitet den Formwechsel, der bei höherer, vielzelliger Differenzierung auf Meristem und Dauergewebe verteilt ist, allein.

Von den beiden rhythmischen Änderungen des Kernvolumens, die in der Interphase einer Protistenzelle ablaufen — vom posttelophasischen

---

[1] Bei Volvocalen mit Mehrfachteilung — z. B. *Chlorogonium* — wird das Stigma der Mutterzelle überhaupt nicht mitübernommen und die Stigmen aller vier Tochterzellen entstehen neu (GEITLER, S. 145).

[2] *Cosmarium* zeigt auch die Besonderheit, daß Zellwachstum *während der Mitose* erfolgt, d. h. die Ergänzung der Halbzellen schon während der Mitose beginnt, also kein Antagonismus zwischen mitotischer Aktivität und Wachstum besteht.

[3] Zweigipfelige Diagramme erhält man auch in mitotisch reaktivierten Dauergeweben (TSCHERMAK-WOESS u. DOLEŽAL-JANISCH). Ins Dauergewebe gehen posttelophasische Kerne des Meristems ein (Fortschr. Bot. **17**, 10), die — auf der diploiden Stufe — dann eine zusätzliche Vergrößerung erfahren.

zum Ruhezustand und von diesem zur Präprophase —, kann nur
eine, und vermutlich ist es die zweite, der Ausdruck der Chromonemen-
(und DNS-) Verdoppelung sein (vgl. die früheren Berichte, besonders
**17,** 10 und TAYLOR sowie DEELEY, DAVIES u. CHAYEN). Im Unterschied
zum Zellvolumen, das in der Interphase von 1 auf 2 zunimmt, steigt das
Kernvolumen von der Posttelophase bis zur Präprophase auf das 2,7 bis
4 fache. Da nur eine einzige DNS-Verdoppelung stattfindet, wird das
Kernvolumen — im Gegensatz zu den Meristemen, in denen es zwischen
2C und 4C schwankt — noch von anderen Faktoren als von der DNS-
Menge oder dem Chromosomenvolumen bestimmt. Dies kommt offenbar
daher, daß — im Gegensatz zu den Meristemen — eine Ruheperiode ein-
geschaltet ist, während der sich der Kern sozusagen ,,metabol'' verhält,
wofür ein morphologischer Ausdruck seine zusätzliche Vergrößerung
ist. Der Ausdruck ,,Interphase'' kann also bei Einzellern gar nicht in der
gleichen Bedeutung wie in embryonalen Geweben verwendet werden.

Bei *Microspora* und *Spirogyra*, zwei Algen mit undifferenziertem
interkalarem Wachstum ergibt die Untersuchung gut teilungsfähigen
Materials, daß geschlossene Abschnitte von ruhenden Zellen, und zwar
,,eigentlich ruhenden'' Zellen im oben präzisierten Sinn mit solchen von
Zellen in Präprophase, Mitose oder Posttelophase abwechseln [TSCHER-
MAK-WOESS u. HASITSCHKA-JENSCHKE (2)]. Es ist anzunehmen, daß
teilungsauslösende Stoffe wandern, wobei allerdings das zu erwartende
regelmäßige ,,Gefälle'', das sich in einer entsprechend regelmäßigen
Aufeinanderfolge der Teilungsstadien äußern sollte, sekundär $\pm$
gestört erscheint (vgl. auch GEITLER, S. 129, für *Cladophora alpina*, bei
der meist ein regelmäßiges Gefälle in Erscheinung tritt).

**Chromosomen.** Telozentrische Chromosomen, die durch misdivision,
also Querteilung des Centromers entstanden sind und daher ein ,,schwäch-
liches'', halbes Centromer besitzen (Fortschr. Bot. **12,** 10; **13,** 13) gelten
im allgemeinen als entwicklungsgeschichtlich instabil. Bei einer Pflanze
von *Oxalis dispar* waren im diploiden Satz, 2n = 12, neben 2 submedian
und 3 subterminal inserierten Chromosomen 7 telozentrische vorhanden
[MARKS (1956, 1957) (1)]. Sie verhielten sich in diesem Fall in der Mitose
wie in der Meiose völlig stabil, obwohl sie offensichtlich durch misdivision des Centromers metazentrischer Chromosomen entstanden sind.
Bemerkenswerterweise waren manchmal die Enden zweier telozentrischer
in der Mitose miteinander lose vereinigt. Gelegentlich entstehen auch
neue telozentrische aus metazentrischen Chromosomen. In der Pollenmeiose werden 6 Bivalente gebildet, von denen eines heteromorph ist
und aus einem subterminalen und einem telozentrischen Chromosom
besteht; entsprechend entstehen Pollenkörner mit 3 und mit 4 telozentrischen Chromosomen — dazu solche mit 5 telozentrischen, die auf einen
neuen Bruch eines subterminalen Chromosoms zurückgehen. In Keimlingen schwankte die Zahl der telozentrischen zwischen 6 und 10 bei
bleichbleibender Zahl 2n = 12. Das Idiogramm ist also individuell
verschieden. SAT-Chromosomen fehlen, Nucleolen sind in verschiedener
Zahl — maximal 10 — vorhanden. — Nach ihrer Entstehung lassen sich
ganz allgemein mehrere Typen telozentrischer Chromosomen unter-

scheiden [MARKS (2)]. Die Voraussetzung für das Verständnis ist die Erkenntnis, daß das Centromer ein komplexes Gebilde ist und in der Längsrichtung des Chromosoms Doppelbau besitzt (Fortschr. Bot. **12**, 10; **13**, 13). Je nachdem, wo bei der misdivision der Bruch erfolgt, entsteht ein Chromosom mit einem halben oder mit einem ganzen terminalen Centromer. Die telozentrischen Chromosomen von *Oxalis dispar* gehören zum ersten Typus, das telozentrische Chromosom von *Phleum echinatum* (Fortschr. d. Bot. **14**, 3) zum zweiten. In beiden Fällen handelt es sich offenbar um Chromosomen, die vor längerer oder kürzerer Zeit aus metazentrischen entstanden sind. Außerdem gibt es vermutlich phylogenetisch alte primäre telozentrische („prototelozentrische") Chromosomen, zumindest bei Tieren (gewisse Flagellaten, *Ulophysema*; Fortschr. Bot. **13**, 15).

Den submikroskopischen Bau in seiner Beziehung zur Reproduktion und DNS-Bildung behandelt TAYLOR (vgl. auch DEELEY, DAVIES u. CHAYEN). — Das schwierige Problem der Struktur der Chromomeren des Pachytäns in ihrer Beziehung zu Heterochromatin und Spiralisierung (Fortschr. Bot. **18**, 6; **19**, 14) verfolgen bei Angiospermen erneut SCHERZ und EBERLE (1), (2).

**Meiose.** Bei dem apomiktischen, autotetraploiden *Allium odorum* wird der Ausfall der Befruchtung dadurch ersetzt, daß im weiblichen Geschlecht eine prämeiotische Verdoppelung der Chromosomen erfolgt: in die Meiose treten Chromosomen ein, die endomitotisch längsgeteilt sind, das erste gut analysierbare Stadium der Meiose entspricht einem Pachytän, die „Partner" sind aber die Schwesterchromatiden, es entstehen so Autobivalente statt Bivalente; eine Zygotänpaarung gibt es nicht (HAKANSSON u. LEVAN). Die Endomitose selbst wurde nicht beobachtet, doch sprechen gegen die Entstehung der „Paare" auf dem Wege von Mitoseanomalien verschiedene Beobachtungstatsachen. Ähnlich, aber komplizierter, verhält sich auch *Allium nutans*. Im übrigen kommt Bildung von Autobivalenten, wenn auch in verschiedener Weise, auch bei apomiktischen Farnen, Planarien, Regenwürmern und Küchenschaben vor. — Bei haploidem *Antirrhinum majus* ($n = 8$) wurde neuerlich Paarung von Inhomologen oder partiell Inhomologen festgestellt (RIEGER). Im extremen Fall entstehen 4 Bivalente. Im Pachytän treten auch Trivalente und kompliziertere Verbände auf. Dabei paaren sich sicher auch inhomologe Abschnitte. Es ist anzunehmen, daß "there is a general pairing tendency of unknown nature in meiotic prophase which will be saturated by preferential contact between homologous chromosomes. The existence of homologous partners is supposed to prevent pairing of inhomologous chromosomes. But if there are only inhomologous chromosomes . . . the general pairing tendency . . . leads to associations of inhomologous chromosomes". — Bastarde von *Solanum*-Arten, auch aus verschiedenen Sektionen, zeigen keinerlei Paarungsstörungen (v. WANGENHEIM); es scheint dies aber nicht auf einer unspezifischen, allgemeinen Paarungstendenz, sondern auf weitgehender struktureller Homologie zu beruhen; wenigstens lassen sich nur ausnahmsweise Anzeichen struktureller Verschiedenheiten finden.

Soweit Sterilität auftritt, hat sie ihren Grund nicht im inhomologen Chromosomenbau. — Bei einer Gartenvarietät des Bastards *Narcissus poëticus* × *tazetta* wird die Chromatidenpaarung und Chiasmenbildung über die I. Metaphase, Interkinese und II. Metaphase festgehalten; das Ergebnis sind oft Zellen mit einem einzigen Kern (ÖSTERGREN). Das Verhalten zeigt wiederum, daß die Meiose ein sehr komplexer Vorgang ist, dessen Teilabläufe trennbar sind.

**Endomitose und Verwandtes.** Im Endosperm von *Allium fistulosum*, und zwar in seinem inneren Teil, kommen Riesenkerne vor, die gegenüber den peripheren, triploid bleibenden etwa 500fach vergrößert sind (KATO); sie sind endopolyploid und erfahren weiterhin verschiedene Mitoseanomalien, wie sie ja besonders in Endospermen, so auch im Endosperm von *Lilium formolongo*, das eingehender untersucht wurde, häufig sind. — „Riesenchromosomen", d. h. langgestreckte, in ihrer ganzen Länge eng gebündelte, endomitotisch entstandene Tochterchromosomen (Fortschr. Bot. **19**, 3 f.) treten auch in den Antipoden von *Clivia* sowie in den Endospermhaustorien (Mikropylar- und Chalazahaustorien) von *Rhinanthus* auf [TSCHERMAK-WOESS (1) (2)]. Bei *Clivia* kommen sie nur in einem Teil der endopolyploiden Kerne vor und sind verhältnismäßig locker gebaut, zufolge einer Arbeitshypothese deshalb, weil kompaktes Heterochromatin fehlt und lockeres an Menge stark zurücktritt. Im übrigen wäre — es geschieht meist nicht — grundsätzlich zu unterscheiden zwischen „primärer" Polytänie einfacher „gewöhnlicher" Chromosomen (die exakt noch gar nicht bewiesen ist) und der „sekundären" sog. Polytänie der sog. Riesenchromosomen, die gar keine Chromosomen sind, aber — fälschlicherweise — seit geraumer Zeit so bezeichnet werden. — Bei *Rhinanthus* sind „Riesenchromosomen" *obligat* ausgebildet. Die Kerne des Chalazahaustoriums werden dabei 384ploid (die gleiche Zahl fand STEFFEN bei *Pedicularis*; vgl. Fortschr. Bot. **19**, 3). Der Vergleich verschiedener Pflanzen zusammen mit den an *Rhinanthus* gewonnenen Ergebnissen legt den Gedanken nahe, daß der Unterschied zwischen pflanzlichen und tierischen Riesen-„chromosomen" nur gradueller Natur ist insofern, als die tierischen stärker gestreckt, enger gebündelt und höher polyploid sind. Streckungsgrad und Enge der Bündelung nehmen aber mit steigender Polyploidie zu. Bei *Rhinanthus* beträgt die Länge in 96ploiden Kernen etwa das 17fache der Länge mitotischer Chromosomen, geht also über die Pachytänstreckung (etwa 10fach) deutlich hinaus. — Locker gebaute Stränge endomitotisch entstandener Chromatiden, aber eigentlich keine „Riesenchromosomen", treten auch in den Synergiden von *Allium nutans* auf (HAKANSSON). Ähnliche Bildungen wurden auch schon früher im Bereich des Embryosacks gefunden (Fortschr. Bot. **19**, 6); es ist dies offenbar ein besonders geeignetes Milieu zur Hervorbringung solcher Strukturen in hoch endopolyploiden Kernen.

Bei *Trifolium-*, *Medicago-* und *Ornithopus-*Arten zeigte sich, z. T. in Bestätigung älterer Ergebnisse von WIPF an anderen Arten, daß die Zellen der Wurzelknöllchen fast durchwegs endotetraploid sind, und zwar in gleicher Weise bei diploiden wie bei tetraploiden Arten (FUNKE).

— Bei *Gentiana cruciata* wird das Antherentapetum mäßig endopolyploid (STEFFEN u. WALDMANN).

**Verschiedenes.** Das Vorkommen von Plasmodesmen in Meristemen war bisher fraglich. In der Wurzelspitze von *Allium cepa* lassen sie sich elektronenoptisch an Ultradünnschnitten mit Uranyl-Kontrastierung unmittelbar erkennen und es kann auch ihre plasmatische Natur klar bewiesen werden [STRUGGER (1)]. — Unter sorgfältiger Versuchsanstellung lassen sich Anzeichen dafür gewinnen, daß die *Equisetum*-Spore abgesehen von ihrer bekannten lichtinduzierten Polarisierung eine autonome Polarität besitzt (NAKAZAWA). Die Polarität bei Belichtung entstünde also nicht de novo, sondern durch Veränderung der vorhandenen plasmatischen Architektonik.

## Literatur.

BUTTERFASS, TH.: Protoplasma **48**, 368 (1957).

CHADEFAUD, M.: Bull. Soc. Bot. France **103**, 240 (1956).

DEELEY, E. M., H. G. DAVIES and J. CHAYEN: Exp. Cell Res. **12**, 582 (1957). — DRAWERT, H., u. INGEBORG METZNER: Z. f. Bot. **46**, 16 (1958).

EBERLE, P.: (1) Chromosoma **8**, 458 (1957); (2) Chromosoma **8**, 573 (1957). — ELBERS, P. F., K. MINNAERT and J. B. THOMAS: Acta Bot. Neerl. **6**, 345 (1957).

FAURÉ-FREMIET, E., et CH. ROUILLER: C. r. Acad. Sci. (Paris) **244**, 2655 (1957). — FUHS, G. W.: Arch. Mikrobiol. **28**, 270 (1958). — FUNKE, C.: Naturwiss. **44**, 448 (1957).

GEITLER, L.: Normale und pathologische Anatomie der Zelle. In W. RUHLAND, Handb. d. Pflanzenphysiol. **1**, 123, 1955. — GREENWOOD, A. D., IRENE MANTON and B. CLARKE: J. Exp. Bot. **8**, 71 (1957). — GRELL, K. G.: u. E. WOHLFAHRT-BOTTERMANN: Z. Zellf. **47**, 7 (1957).

HÅKANSSON, A.: Bot. Notiser **110**, 197 (1957). — HÅKANSSON, A. and A. LEVAN: Hereditas **43**, 179 (1957). — HEITZ, E.: (1) Z. Naturf. **12 b**, 283 (1957). — (2) Z. Naturf. **12 b**, 576 (1957).

KAJA, H.: Ber. deutsch. Bot. Ges. **70**, 343 (1957). — KATO, Y.: J. Heredity **48**, 7 (1957).

MANTON, IRENE: J. Exp. Bot. **8**, 294 (1957). — MARKS, G. S.: New Phytologist **55**, 120 (1956). — (1) Chromosoma **8**, 650 (1957). — (2) Am. Naturalis **91**, 223 (1957). — MÜHLETHALER, K.: Naturwiss. **44**, 204 (1957). — MYERS, A., R. D. PRESTON and G. W. RIPLEY: Proc. Roy. Soc. B. **144**, 450 (1956).

NAKAZAWA, S.: Bot. Mag. Tokyo **69**, 506 (1956). — NIKLOWITZ, W.: Exp. Cell Res. **13**, 591 (1957). — NIKLOWITZ, W. und G. DREWS: Arch. Mikrobiol. **27**, 150 (1957).

ÖSTERGREN, G.: Arkiv för zoologi, Ser. 2, **11**, 130 (1957).

RIEGER, R.: Chromosoma **9**, 1 (1957). — ROBINOW, C. F.: Bacteriological Reviews **20**, 207 (1956). — ROUILLER, CH. et E. FAURÉ-FREMIET: Exp. Cell Res. **14**, 47 (1958). — RUSKA, H.: in W. KIKUTH et alii, Ergebnisse d. Mikrobiologie usw. Bd. 30, S. 280, Berlin, Göttingen, Heidelberg 1957.

SAGER, R., and G. E. PALADE: Exp. Cell Res. **7**, 584 (1954). — SCHERZ, CHRISTA: Chromosoma **8**, 447 (1957). — STEFFEN, K. u. WALDTRAUT LANDMANN: Planta **50**, 423 (1957). — STRUGGER, S.: (1) Protoplasma **48**, 231 (1957). — (2) Z. Naturf. **12 b**, 280 (1957).

TAYLOR, J. H.: Am. Naturalist **91**, 209 (1957). — TISCHER, ILSE: Arch. Mikrobiol. **27**, 400 (1957). — TSCHERMAK-WOESS, ELISABETH: (1) Chromosoma **8**, 523 (1957). — (2) Chromosoma **8**, 637 (1957). — TSCHERMAK-WOESS, ELISABETH, u. RUTH DOLEŽAL-JANISCH: Chromosoma **9**, 81 (1957). — TSCHERMAK-WOESS, ELISABETH u. GERTRUDE HASITSCHKA-JENSCHKE: (1) Öst. Bot. Z. **104**, 382 (1957). — TSCHERMAK-WOESS, ELISABETH u. GERTRUDE HASITSCHKA-JENSCHKE: (2) Öst. Bot. Z. **104**, 577 (1957). — TURIAN, C., and E. KELLENBERGER: Exp. Cell Res. **11**, 417 (1957).

WANGENHEIM, K. H. FRHR. VON: Chromosoma **8**, 671 (1957). — WETTSTEIN, D. V.: (1) Hereditas **13**, 303 (1957). — (2) Exp. Cell Res. **12**, 427 (1957). — WILD, A.: Planta **50**, 379 (1958). — WOLKEN, J. J. and G. E. PALADE: Ann. N. Y. Acad. Sci. **56**, 873 (1953).

# 2. Morphologie einschließlich Anatomie.

Von Wilhelm Troll und Hans Weber, Mainz.

Mit 6 Abbildungen.

## I. Allgemeines.

Im Berichtsjahr wurden zwei größere zusammenfassende Werke abgeschlossen. In Frankreich erschien der 3. Band der Pflanzenanatomie von Boureau, der zusammen mit den vorausgehenden Bänden (1954 bzw. 1956) eine Fülle von älteren und neueren anatomischen Befunden vereinigt. Diese werden vielfach zu Fragen der systematischen Botanik in Beziehung gestellt, wodurch das Buch seine eigene Note gewinnt. Die Meinung des Verfassers allerdings, daß es das eigentliche Ziel jeder pflanzenanatomischen Forschung sei, in der Entwicklung der einzelnen Bauelemente den Weg der Evolution zu erkennen, dürfte nicht allgemein geteilt werden, wie denn auch die Hervorhebung phytonistischen Gedankenguts im 1. Band kaum irgendwelche befruchtenden Auswirkungen verspricht. — In Deutschland ist dem schon 1954 erschienenen 1. Teil der „Praktischen Einführung in die Pflanzenmorphologie" von W. Troll, der die Vegetationsorgane behandelt, der umfangreichere 2. Teil gefolgt. Dieser hat die Gestaltung von Blüte und Frucht sowie den Aufbau der Inflorescenzen zum Inhalt. Wenn Troll dieses reich bebilderte Werk auch als „Hilfsbuch für den botanischen Unterricht" bezeichnet, so sind doch darin, namentlich im 2. Teil, zahlreiche neue Beobachtungen eingearbeitet.

## II. Sproßbildung und Sproßbau.

### 1. Bau und Wachstum des Sproßscheitels.

**a) Histologische Gliederung des Sproßscheitels.** Die zahlreichen Untersuchungen, die während der letzten Jahre dem Bau und der Wachstumsweise der Sproßvegetationspunkte gewidmet worden sind, haben zu einer weitgehenden Klärung der im Scheitelbereich der höheren Pflanzen vorliegenden Verhältnisse geführt. Grundsätzlich hat sich an unseren schon in Fortschr. Bot. 17, 16 getroffenen Feststellungen nichts geändert. Die von Buder und seinen Schülern begründete Tunica-Corpus-Konzeption wurde an weiteren Beispielen erhärtet, so etwa durch Jentsch für die Vegetationspunkte einiger Saxifragaceen oder durch Senghas (1) und Vaughan für verschiedene Cruciferen. Wenn Hegedüs eine mehrschichtige Tunica allgemein als eine „Trugerscheinung" bezeichnet, so ist dies wenig begründet. Der geschichtete

Bau der Sproßscheitel fast aller angiospermen Pflanzen und zahlreicher Gymnospermen ist eindeutig erwiesen. Freilich existiert daneben in vielen Fällen noch eine weitergehende histologische Zonierung des Corpus, über die in diesem Rahmen laufend berichtet wurde und von der zuletzt WEBER (3) eine zusammenfassende Darstellung vorgelegt hat.

Daß eine solche Corpus-Gliederung in Mutterzellzone, Flanken- und Markmeristem nicht an allen Vegetationspunkten nachweisbar ist, wurde gleichfalls schon früher betont (Fortschr. Bot. **17**, 17). Vor allem monocotyle Pflanzen scheinen sie weitgehend vermissen zu lassen. So fand THIELKE (2) bei einer Reihe daraufhin untersuchter Cyperaceen zwar stets eine deutlich ausgeprägte Tunica, deren Schichtenzahl bei den einzelnen Arten zwischen 1 und 3 schwankt, niemals aber eine besondere histologische Zonierung des Corpus. Gleiches gilt für den mit einer einschichtigen Tunica versehenen Vegetationspunkt von *Posidonia* [WEBER (2)] wie auch für den Vegetationskegel von *Testudinaria*, über dessen Verhalten Näheres bei KAUSSMANN nachzulesen ist. Von hier aus gesehen müssen die Aussagen von STANT (Fortschr. Bot. **16**, 18), denen zufolge die Sproßscheitel von *Convallaria majalis, Carex hordeistichos* u. a. in ähnlicher Weise wie die Vegetationspunkte vieler Dicotylen gegliedert sein sollen, fragwürdig erscheinen. Aber auch bei dicotylen Pflanzen kommen nichtzonierte Scheitel vor; als neues Beispiel wird *Dianthus caryophyllus* genannt (SHUSHAN u. JOHNSON). Ob dieser Mangel an cytologischer Differenzierung mit der Kleinheit der betreffenden Vegetationskegel zusammenhängt, oder ob wir die Zonierung vielleicht wegen unzulänglicher präparativer Methoden noch nicht in allen Fällen erfassen können, bleibt dahingestellt. Wie SENGHAS (1) mitteilt und wie es auch VAUGHAN schon durchgeführt hat, erschließt sich bei einer Reihe von Cruciferen das Zonierungsmuster des Sproßscheitels erst dann vollkommen, wenn die Verteilung der Mitosenhäufigkeit innerhalb des Scheitelgewebes zur Beurteilung herangezogen wird. Ein solches Verfahren ist naturgemäß nicht anwendbar bei den ruhenden Vegetationspunkten von Embryonen. Solche hat SENGHAS (2) in größerer Zahl für dicotyle Pflanzen untersucht und dabei stets eine Tunica-Corpus-Gliederung, aber keine sehr ausgeprägte Zonierung des Corpusgewebes gefunden. GRANDET bestätigt dies für *Soja hispida*.

Der Intensität der Zellteilungen in den verschiedenen Gewebepartien des Vegetationspunktes wird weiterhin in französischen Arbeiten nachgegangen (vgl. Fortschr. Bot. **17**, 18 u. **18**, 12), so u. a. von DAYES-DUJEU (*Ephedra monostachya*), CAMEFORT (*Picea* und *Pinus*) und von BERSILLON (Papaveraceae). Sie alle finden ein Maximum der Mitosenhäufigkeit im sog. Flankenmeristem des Sproßscheitels und identifizieren dieses mit dem «anneau initial», der nach PLANTEFOL die Blattbildungszentren enthalten soll, wie dies schon mehrfach in diesen Berichten erörtert wurde. Eine Übersicht über die Untersuchungen der Plantefolschen Schule findet sich bei BUVAT. Bei jenen Mitosestudien ist indes zu beachten, daß sie sämtlich an fixiertem Material durchgeführt werden mußten und immer nur das Bild zeigen, das für einen ganz bestimmten Zeitpunkt des Entwicklungsgeschehens charakteristisch ist. Deshalb verdient ein erster interessanter Versuch Newmans hervorgehoben zu werden, die Zellteilungsvorgänge in der Tunica von lebenden Vegetationspunkten (*Tropaeolum majus* und *Coleus spec.*) über einen längeren Zeitraum hin zu verfolgen. Danach finden sehr wohl auch im äußersten Spitzenbereich des Sproßscheitels Teilungen in nicht geringer Häufigkeit statt. Aber auch in der großzelligen zentralen Mutterzellzone können reichlich Teilungen erfolgen. Dies fand jedenfalls Ball bei experimentellen Arbeiten am Sproßscheitel von *Lupinus*, so daß zumindest die Allgemeingültigkeit der oben zitierten Befunde der französischen Autoren in Frage steht. Millington u. Fisk berichten Gleiches von *Xanthium pennsylvanicum*.

Von weiteren Scheitelstudien seien die von Hejnowicz (*Chamaecyparis*), Dale (*Elodea canadensis*), Sarkany u. Percs (*Papaver somniferum*) sowie von Sun (*Glycine max*) genannt.

Interessant, aber doch nicht ganz überzeugend und daher nachprüfenswert, sind Befunde von Guttenbergs an den Sproßscheiteln von *Cupressus sempervirens* und *Casuarina distyla*. Die einschichtige Tunica, die in beiden Fällen den Vegetationspunkt umkleidet, soll ihren Ursprung von einer einzigen apikalen Zelle nehmen, „die unter ausschließlich antiklinaler Teilung nach den Seiten Derivate bildet und sich selbst immer wieder erneuert". Der Autor bezeichnet diese deshalb als „typische Scheitelzelle". Aber das Corpus geht hier ebenfalls, wie es auch sonst schon für verschiedene angiosperme Pflanzen bekannt ist, aus einer einzigen Zelle hervor. Von Guttenberg legt Wert darauf, auch diese als Scheitelzelle zu bezeichnen, ihre aktiven Descendenten aber Initialen zu nennen. Wir halten dieses Vorgehen jedoch für bedenklich. Der Begriff „Scheitelzelle" sollte für solche Fälle reserviert bleiben, wo sich tatsächlich aus einer einzigen apikalen Zelle durch Abgliederung von Segmenten ein vollständiges Organ herleiten läßt. In diesem Zusammenhang sei auch bemerkt, daß für die Einführung des Begriffes „Initialfeld" anstelle der historischen und wohldefinierten Bezeichnung „Vegetationspunkt", wie sie Kaussmann erstrebt, kaum eine Notwendigkeit besteht. Als „Vegetationsfeld" bezeichnet übrigens Grupe den flächenförmig verbreiterten Vegetationspunkt, den sie bei ihren interessanten Studien über verbänderte Erbsenpflanzen beobachten konnte.

**b) Gestalt und Formwechsel des Vegetationspunktes.** Daß der Vegetationspunkt einer Pflanze während der Ontogenese weder nach Form noch Größe konstant ist, weiß man seit langem. Insbesondere kann es im Verlauf eines Plastochrons zu einer beträchtlichen Verkleinerung des Kegels kommen, der erst nach erfolgter Primordienausgliederung wieder zu seinem ursprünglichen Umfang heranwächst (Fortschr. Bot. **18**, 13). In *Capsella bursa-pastoris* hat Senghas (1) ein weiteres Beispiel dafür geschildert. Allerdings wird hier mit zunehmendem Alter des Individuums der Plastochronformwechsel mehr und mehr durch den Erstarkungsformwechsel des Vegetationspunktes überdeckt. In dessen Verlauf vergrößert sich der Scheitel so stark, daß schließlich nur noch ein geringer Bruchteil seines Volumens zur Primordienbildung aufgebraucht wird. Ebenso verhält sich der Vegetationspunkt von *Epilo-*

*bium*-Arten [M. BRAUN (2)]. Um die gleiche Erscheinung handelt es sich bei der Entwicklung von Bromeliaceen-Keimpflanzen, die VON GUTTENBERG u. RIEBE untersucht haben. Auch hier wird — wie es deutlich aus den Abbildungen der Autoren hervorgeht, im Text aber verschleiert und sogar bestritten ist — bei der Anlegung der ersten Blattorgane nahezu das gesamte Gewebe des noch nicht erstarkten Vegetationspunktes zur Bildung der Primordien verbraucht. Nach jeder Blattausgliederung erfolgt jedoch eine Restauration des Scheitelmeristems (Abb. 1, I — III).

Sehr ausgeprägt ist der Erstarkungsformwechsel des Vegetationspunktes u. a. auch bei den säulenförmig wachsenden Arten der andinen Compositen-Gattung *Espeletia*. Hier kommt es nach WEBER (3) infolge primärer Entwicklungsvorgänge zur Bildung einer Scheitelgrube (Fortschr. Bot. **17, 18**), deren Vertiefung ihr höchstes Maß jedoch nicht, wie es für die Palmen zutrifft, bei erwachsenen Pflanzen aufweist, sondern bei relativ jungen, noch nicht völlig erstarkten Individuen. Ganz ähnliche Scheitelgrubenbildung ist bei Vertretern der auf Madagaskar verbreiteten, zu den Sapindales zählenden Familie der Didiereaceen zu beobachten, deren höchst interessante morphologische Eigentümlichkeiten, insbesondere die Dornbildung, RAUH (1) beschreibt. Daß auch die Ausbildung verschiedener Blattformen an einer Sproßachse von deren Erstarkungswachstum abhängig ist, hat RÖBBELEN für *Arabidopsis* gezeigt.

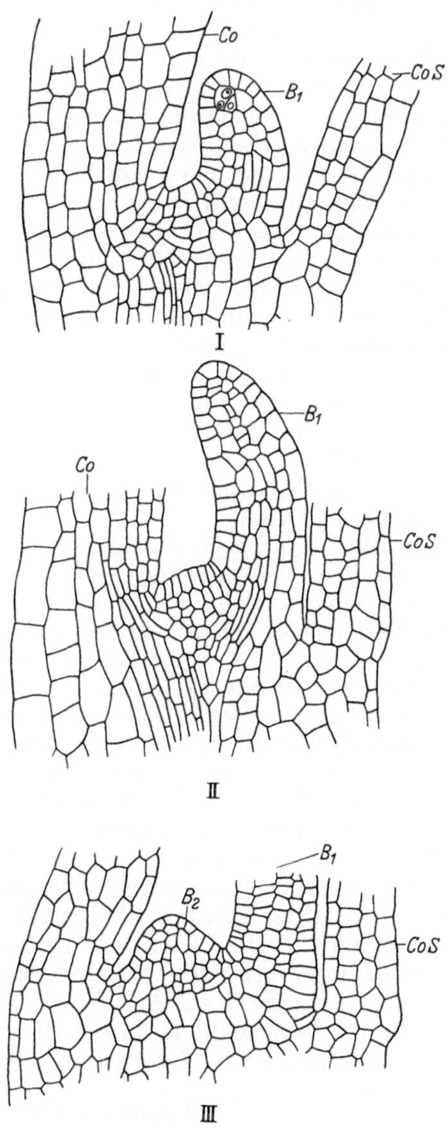



Abb. 1. *Pitcairnia paniculata*. I—III Längsschnitte durch Keimpflanzen, die Blattausgliederung zeigend. Co Cotyledo, CoS Cotyledonarscheide, B₁ erstes Primärblatt. B₂ zweites Primärblatt. Nach VON GUTTENBERG u. RIEBE.

Eine gewisse gestaltliche Veränderung des Vegetationskegels ist im allgemeinen während der Ontogenese beim Übergang von der vegetativen zur reproduktiven Phase festzustellen. Besonders deutlich ist dies bei den Gramineen, für die diese Frage neuerdings kurz von MUSCHIK wieder gestreift wird (vgl. Fortschr. Bot. **12**, 35). Ähnliches berichtet M. BRAUN (2) für *Epilobium*. Solche Erscheinungen haben ja manche Autoren (z. B. GRÉGOIRE) zu der Vermutung geführt, daß es sich bei den floralen Vegetationspunkten um Neubildungen handele, die mit den „vegetativen" Scheiteln nichts Gemeinsames besitzen. Daß dem nicht so ist, wurde in diesen Berichten schon wiederholt hervorgehoben (z. B. Fortschr. Bot. **16**, 19). Inbesondere histogenetische Untersuchungen haben immer wieder gezeigt, daß in beiden Fällen grundsätzlich gleiche Bauverhältnisse herrschen. Dies wird jetzt wieder für eine Reihe von Gymnospermen (GIFFORD u. WETMORE) sowie für *Cleome spinosa* (HADJ-MOUSTAPHA) betont. RODRIGUEZ bestätigt es in eindrucksvoller Weise für die zentralamerikanische Umbellifere *Myrrhidendron donnellsmithii*. Von einem ganz „normal" gebauten Vegetationspunkt geht auch die Bildung der Kurztrieb-Dornen von *Gleditschia* aus. Allmählich verringert sich hier aber der Scheiteldurchmesser, wobei gleichzeitig die meristematische Tätigkeit erlischt und die Zellen in den Dauerzustand übergehen (BLASER).

Schließlich sei noch einmal auf die Frage hingewiesen, ob zwischen der Form eines Vegetationskegels und der Gestalt des entwickelten Sprosses irgendwelche Beziehungen bestehen (Fortschr. Bot. **17**, 20). Im allgemeinen wird dies zu verneinen sein. Doch konnte WEBER (2) zeigen, daß dem stark seitlich abgeflachten, plagiotrop wachsenden Rhizom von *Posidonia caulini* ein extrem bilateral gebauter Vegetationspunkt entspricht. Dieser ist orthotrop orientiert. Durch ungleiche Wachstumsprozesse an den verschiedenen Flanken wird der aufgerichtete Sproßscheitel laufend horizontal vorwärts geschoben. Zwischen der Größe eines Vegetationspunktes und der Größe der adulten Pflanze ergeben sich kaum Zusammenhänge. So hat VON MALTZAHN festgestellt, daß von zwei Rassen von *Cucurbita pepo*, die sich durch wesentliche Größenunterschiede auszeichnen, die Scheitelmeristeme annähernd den gleichen Umfang besitzen. Die größeren Ausmaße der einen Rasse werden auf längeres Wachstum zurückgeführt, dem vor allem Zellvergrößerung, aber auch stärkere Teilungstätigkeit in den einzelnen Organen zugrunde liegt. Angaben älterer Literatur, die sich auf Ausnahmefälle (polyploide Pflanzen, Fruchtausbildung bei der Tomate) beziehen, finden sich in der genannten Arbeit.

## 2. Embryo und Keimpflanze.

Seit nahezu 300 Jahren (MALPIGHI 1687) müht man sich um die Deutung des Gramineen-Embryos, ohne daß es bis heute zu einer einheitlichen Auffassung gekommen wäre. Von besonderer Problematik sind Coleoptile, Mesocotyl und Coleorhiza, deren morphologischer Wert in der verschiedensten Weise beurteilt worden ist (vgl. auch Fortschr. Bot. **16**, 34). Doch hatte sich seit GOEBEL mehr und mehr die Auffassung durchgesetzt, daß die Coleoptile ihrer Entstehung nach einen Teil des Cotyledos darstellt (die sog. Keimblattscheide), das Mesocotyl einen verlängerten Knoten und die Coleorhiza eine Bildung des Hypocotyls. Jüngst haben sich nun PANKOW u. VON GUTTENBERG sowie ROTH (1, 2) wieder eingehend mit diesen Fragen beschäftigt unter Hinzuziehung histogenetischer Befunde. ROTH glaubt, die Goebelsche Deutung verwerfen und die Coleoptile als erstes Niederblatt der jungen Pflanze werten zu dürfen. Dabei stößt sie jedoch auf entschiedenen Widerspruch durch PANKOW u. VON GUTTENBERG, die in kritischen histogenetischen Untersuchungen die Richtigkeit der älteren Auffassung bestätigen. Das Mesocotyl als verlängerten Knoten zu betrachten, lehnen beide Autoren allerdings ab. Ebenso wie neuerdings TUCKER möchten sie es als erstes Sproßinternodium gewertet wissen. SAHA vergleicht es mit dem Hypocotyl dicotyler Pflanzen. Ob dies jedoch zu Recht geschieht, sei dahin gestellt. Uns erscheint die Goebelsche Deutung keineswegs als unbegründet. Neu ist die Vermutung, daß es sich bei der Coleorhiza um die nicht differenzierte Primärwurzel handele (PASCHKOW, PANKOW u. VON GUTTENBERG). Was bisher — wohl allgemein — als Primärwurzel angesehen wurde, müßte hiernach die erste sproßbürtige Wurzel sein.

Ohne jegliche entwicklungsgeschichtliche oder histogenetische Begründung deutet JACQUES-FÉLIX das Scutellum des Grasembryos als Achsenorgan. Der dem Scutellum gegenüberliegende Epiplast wäre danach ein reduziertes Blatt, aus dessen Achsel sich ein Seitensproß entwickelt mit der Coleoptile als Vorblatt. Der ganze Embryo sei somit nichts anderes als ein Sympodium. Solche Auffassungen beruhen auf einer irrigen Vorstellung von der sog. Terminalität des Monocotylen-Keimblatts. Wie schon früher (Fortschr. Bot. **16**, 25) ausgeführt wurde, stellt diese lediglich eine durch Verzögerung der Achsenentwicklung bedingte extreme Abwandlung der rein lateralen Anordnung des Cotyledos dar, wie sie bauplanmäßig bei allen Spermatophyten vorliegt. Im übrigen gibt es auch monocotyle Embryonen, bei denen die seitliche Anlegung des Keimblatts mit äußerster Klarheit deutlich wird, so nach BAUDE bei *Stratiotes aloides* (Abb. 2, I). Der von JACQUES-FÉLIX versuchten Deutung wird damit jeder Boden entzogen.

Was die sog. „monocotylen Dicotyledonen" anlangt, mit deren Embryologie sich HACCIUS seit längerem beschäftigt, so konnte gezeigt werden, daß ebenso wie bei der Portulacacee *Claytonia* (Fortschr. Bot. **17**, 25) auch bei *Pinguicula*-Arten ein zweiter Cotyledo nicht einmal andeutungsweise vorhanden ist (HACCIUS u. HARTL-BAUDE). Anders bei *Trapa bispinosa*. Hier liegt extreme Anisocotylie vor, wie es der nach RAM wiedergegebenen Abb. 2, II zu entnehmen ist.

HACCIUS (1) hat weiter das in der Literatur schon vielfach erörterte Problem der Pleiocotylie wieder aufgegriffen (man vergleiche auch das zusammenfassende Referat von HASKELL hierüber). Am Beispiel von *Delphinium ajacis*, von dem eine hochprozentig schizo- und pleiocotyle Rasse untersucht wurde, konnte sie unter Auswertung morphologisch-anatomischer und entwicklungsgeschichtlicher Befunde zeigen,

daß es sich hier bei der Pleiocotylie um ein kontinuierlich variierendes
Merkmal handelt. Bei der überwiegenden Mehrzahl der tricotylen
Embryonen war die Zusammengehörigkeit zweier gleich großer
und gemeinsam dem dritten opponierter Keimblattprimordien erkennbar. Symmetrische Tricotyle mit 3 äquidistanten Cotyledonen sind
selten. Echte Tetracotylie (bei tetrarchem Achsenbau) kommt überhaupt nicht vor. Wie SITTE ausführt, findet man tricotyle Keimlinge

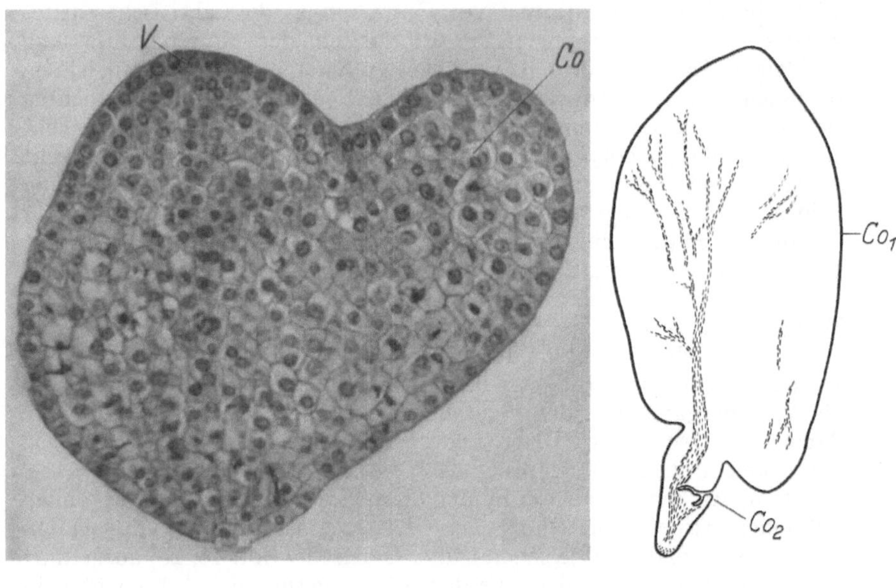


Abb. 2. I *Stratiotes aloides*, Embryo. II *Trapa bispinosa*, Embryo. Co Cotyledo, V Sproßvegetationspunkt.
I nach BAUDE, II nach RAM.

bei einer großen Zahl von Arten, namentlich bei solchen mit decussierter
Blattstellung. HACCIUS (2) berichtet weiter über Regenerationserschei-
nungen an *Eranthis*-Embryonen, die der Einwirkung von Isopropyl-N-
Phenylcarbamat bzw. Maleinhydrazit ausgesetzt waren.

Bei der Untersuchung einer größeren Zahl von Umbelliferen-Keim-
pflanzen aus 34 Gattungen ergab sich, daß die anatomischen Verhältnisse im Übergangsbereich vom Wurzel- zum Sproßbau keineswegs einheitlich sind. Nach Anordnung und Verlauf der Leitstränge lassen sich
vielmehr 4 Typen unterscheiden, die als *Hydrocotyle dissecta-*, *Eryngium
planum-*, *Laserpitium siler-* und *Coriandrum sativum*-Typ im einzelnen
näher beschrieben werden (HACCIUS u. REH). CERCEAU-LARRIVAL weist
auf die verschiedene Gestaltung der Umbelliferen-Keimblätter hin.

Erwähnt seien schließlich eine sorgfältige Darstellung der Embryo-
entwicklung von *Epilobium hirsutum* (BARTELS) und eine morphologisch-
anatomische Bearbeitung der Keimpflanze von *Arachis hypogaea*
[YARBROUGH (1)] sowie des Keimlings von *Zostera marina* (TAYLOR).

### 3. Wuchsformen und Sproßgestaltung.

Wuchsformen-Analysen unter Berücksichtigung ökologischer Standortsfaktoren haben MEUSEL (annuelle *Asteriscus*-Arten) und HANELT (annuelle *Euphorbia*-Arten) durchgeführt. Beide Arbeiten zeigen, daß alle Verschiedenheiten im Sproßaufbau der genannten Formen sich nach dem von TROLL so genannten Prinzip der variablen Proportionen verhalten (Fortschr. Bot. **13**, 46). Dies gilt ebenso für die Internodienlängen wie für die Gestaltung der Blattorgane und selbst für die Ausbildung des Wurzelsystems. Bei einem Vergleich der Wuchsform der perennierenden *Euphorbia pinea* mit derjenigen der einjährigen *Euphorbia segetalis* und anderer annueller Arten weist HANELT insbesondere darauf hin, daß bei den letzteren eine mehr oder weniger starke Hemmung des vegetativen Unterbaus festzustellen ist zugunsten einer

Abb. 3. *Solanum tuberosum*. Schema der Sproßverzweigung. Aufeinanderfolgende Sproßachsen sind durch verschiedene Farbtönung hervorgehoben. Alle Blattorgane, die entwicklungsgeschichtlich den schwarz gehaltenen Sprossen angehören, sind stärker konturiert. Ln ist das Tragblatt eines reproduktiven Seitentriebes (Sn) und einer vegetativen Beiknospe (Bn, schraffiert). Aus der Achsel von Ln-1 gehen der vegetative Fortsetzungstrieb und die Beiknospe B$_1$ hervor. V Vorblätter der Blütenknospen. Nach DANERT.

beträchtlichen Förderung der reproduktiven Region (vgl. auch Fortschr. Bot. **17**, 36). — Hinsichtlich der Verzweigungsverhältnisse zeigt *Galinsoga parviflora* mancherlei Übereinstimmung mit den oben genannten

*Asteriscus*-Arten [SCHAEPPI (1)]. Dem Prinzip der variablen Proportionen unterliegt auch die Sproßgestaltung der von SCHAEPPI (2) untersuchten Orchideen, deren Internodien- und Blattlängen vergleichend betrachtet werden. Hingewiesen sei weiter auf ein ,,System der Lebensformen der Steppenpflanzen", das SCHALYT aufgestellt und in russischer Sprache veröffentlicht hat. Angaben über den Sproßaufbau von *Saxifraga stellaris* finden sich in einer umfangreichen systematisch-arealkundlichen Arbeit von TEMESY.

Wesentlich beteiligt am Zustandekommen bestimmter Wuchsformen ist die Art der Sproßverzweigung. Eine beachtenswerte Studie in dieser Hinsicht hat DANERT für die Kartoffelpflanze vorgelegt. Er konnte den entwicklungsgeschichtlich begründeten Nachweis liefern, daß hier das oberirdische Sproßsystem tatsächlich weitgehend sympodialen Charakter trägt, der sich freilich wegen der rekauleszenten und konkauleszenten Verwachsungen erst bei eingehendem Studium erschließt. DANERTs Ergebnisse sind in dem in Abb. 3 wiedergegebenen Schema zusammengefaßt.

Sympodial erfolgt die Erneuerung der perennierenden *Pulmonaria ovalis*. Die Innovationstriebe selbst verhalten sich in der Entwicklung ihrer Achselknospen streng mesoton [BERSILLON (2)]. Der Anisotomie von *Selaginella martensii* hat RZEHAK eine experimentelle Studie gewidmet. Die Jugendformen von *Selaginella* sind stets isotom verzweigt. Verschiedene Arbeiten von F. BUGNON und Schülern befassen sich mit der Verzweigung bzw. der Rankenbildung u. a. von Asclepiadaceen, Cucurbitaceen, Liliaceen und Vitaceen. Bei der Kompliziertheit der Verhältnisse muß es mit diesem Hinweis sein Bewenden haben.

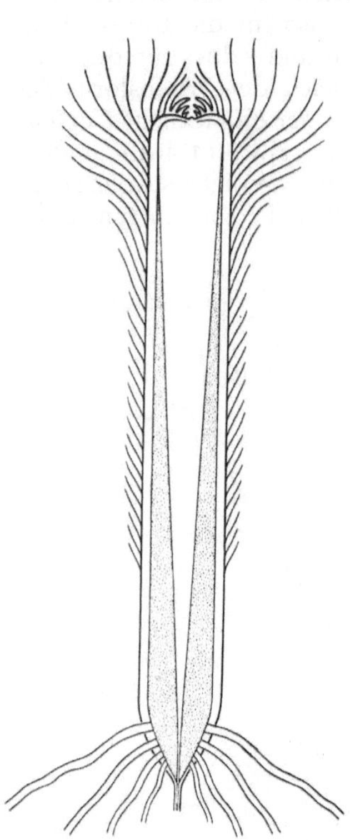

Abb. 4. *Espeletia hartwegiana*. Schematische Darstellung der Wuchsform. Primäre parenchymatische Bildungen (Rinde und Mark) sind weiß, der sekundäre kambiale Zuwachs dunkel gehalten. Nach WEBER (3).

Völlig unverzweigt bleiben die über 7 m hoch werdenden Stämme mancher *Espeletia*-Arten, deren Sproßaufbau und Wachstumsweise WEBER (3) klären konnte. Man vergleiche hierzu das in Abb. 4 wiedergegebene Schema!

Verschiedene Untersuchungen haben subterrane Achsenorgane zum Gegenstand. SCHRATZ zeigt, daß *Rheum palmatum* zu den Rübengeophyten gehört und keineswegs eine Rhizompflanze darstellt, wie es in der pharmakognostischen Literatur immer wieder angegeben wird. Die Pflanzen verfügen über ein mächtig entwickeltes Wurzelsystem. Mit einer pfahlartigen Primärwurzel ist auch *Cnicus benedictus*

ausgestattet (LALAURIE). Von den knollenförmigen Organen der Ophry-
deen ist es seit IRMISCH bekannt, daß sie Wurzelnatur besitzen und
aus Knospen hervorgehen, die sich in der Achsel basaler Niederblätter
befinden. In seltenen Fällen kann sich das erste Knospeninternodium
(das Hypopodium) verlängern, so daß der Knospen-Vegetationspunkt
samt Wurzelknolle mehr oder weniger weit vom Muttersproß entfernt
zu liegen kommt. Als neues Beispiel führt KUMAZAWA *Pecteilis radiata*
an. Die Wurzelknolle entsteht mesogen im Bereich des 2. Knotens
und nicht etwa, wie es ältere Autoren für ähnliche Fälle angegeben
haben, exogen. Eine Besonderheit ist es, daß die Differenzierung der
Rhizodermis auf die der Wurzel benachbarten Achsenteile übergreift
(vgl. auch Fortschr. Bot. **17**, 21).

Die sympodiale Erneuerung hat die Mehrzahl der Orchideen mit vielen anderen
Monocotylen gemein. HOLTTUM weist auf diese Tatsache hin und glaubt, daß sie in
engem Zusammenhang mit dem fehlenden sekundären Dickenwachstum steht und
dem damit verbundenen Mangel in der Ausbildung zusätzlicher Leitelemente,
wodurch der Entwicklung des Individuums eine Grenze gesetzt sein mag. Die
Fortdauer der Gewächse ist aber dadurch gewährleistet, daß die Innovationstriebe
stets die Fähigkeit besitzen, sich an ihrer Basis sproßbürtig zu bewurzeln.

Auf die interessante Keimungsgeschichte von *Orobanche crenata*,
die durch KADRY u. TEWFIC (1, 2) eine Klärung erfahren hat, kann nur
hingewiesen werden. Bau und Entwicklung der Hypokotylknolle von
*Testudinaria elephantipes* hat KAUSSMANN studiert

### 4. Blattanlegung und Blattstellung.

Die Aktivität, die PLANTEFOL und seine Schüler zur Begründung der
in diesen Berichten schon wiederholt erörterten und kritisierten neuen
Blattstellungstheorie (théorie des hélices foliaires) während der letzten
Jahre entfaltet haben, wird fortgesetzt. Eine ganze Reihe neuer Beispiele werden besprochen, so die Phyllotaxie verschiedener Gymnospermen [CAMEFORT (1)], von *Helianthus annuus* [CODACCIONI (1)], *Castanea*
[CODACCIONI (2, 3)], *Linum* (LEVACHER), *Cleome* (HADJ-MOUSTAPHA)
und *Stapelia* (PLANTEFOL). PHELOUZAT weist insbesondere darauf hin,
daß auch Distichie und Decussation sich bei Annahme zweier Blattbildungszentren am Vegetationspunkt einheitlich erklären lassen.
Gegenüber den früheren Darstellungen ergeben sich jedoch keine neuen
Gesichtspunkte.

Schon wiederholt hat das Auftreten pleiomerer Wirtel bei sonst
normal decussiert beblätterten Pflanzen die Aufmerksamkeit auf sich
gelenkt. Auf breiter Basis hat jetzt SITTE den Problemkreis behandelt.
Abnorm mehrzählige Wirtel scheinen danach praktisch bei allen Dicotylen, die Decussation aufweisen, möglich zu sein. Und zwar neigen,
wie dies auch M. BRAUN (1) für *Epilobium trigonum* ausführt, namentlich die basalen Erneuerungstriebe dazu, wogegen die Primärsprosse im
allgemeinen normal beblättert sind, es sei denn , daß sie aus pleiocotylen
Keimpflanzen hervorgehen. Die Ursachen sind unbekannt. SITTE
betont, daß Umweltfaktoren nicht für allomere Erscheinungen verantwortlich zu machen seien, wie auch der Vegetationspunkt von Sprossen
mit erhöhter Wirtelzähligkeit sich weder nach Größe noch nach Form

von demjenigen normaler Triebe unterscheidet. Es sprechen aber doch wohl verschiedene Anzeichen dafür — sie können hier nicht im einzelnen erörtert werden — daß das Zustandekommen von pleiomeren Wirteln eng mit dem Erstarkungswachstum der betreffenden Pflanzen verknüpft ist.

Die Langtriebe der erst jüngst bekannt gewordenen *Metasequoia* sind durch spiralige (wahrscheinlich 2/5-) Blattstellung gekennzeichnet. Wenn an den Kurztrieben des Baumes zweizeilige Anordnung der Blattorgane beobachtet wird, so ist diese nach GREGUSS als sekundär zu betrachten, denn an den Sproßspitzen sind stets mehr als 4 Orthostichen festzustellen.

Spiegelbildlich ähnlich fand FISCHER eineiige Zwillingspaare von *Beta vulgaris*. Dies ist dadurch bedingt, daß die Blattspiralen der Partner solcher Paare einen unterschiedlichen Drehungssinn besitzen. Der Verfasser vermutet, daß diese Erscheinung nicht erblich festgelegt, sondern auf Umwelteinflüsse zurückzuführen sei. Im übrigen treten bei *Beta* Rechts- und Linksspiralen mit gleicher Häufigkeit auf, Seitentriebe sind hinsichtlich des Drehungssinns unabhängig vom Primärsproß.

### 5. Areolen von Kakteen.

Unter Areolen versteht man bekanntlich die Kurztriebe, die in der Achsel der im allgemeinen reduzierten Blattorgane der Kakteen entstehen. Über ihre Bildung verdanken wir BOKE (Fortschr. Bot. **16**, 29) eine Reihe wertvoller histogenetischer Untersuchungen, die dieser jetzt

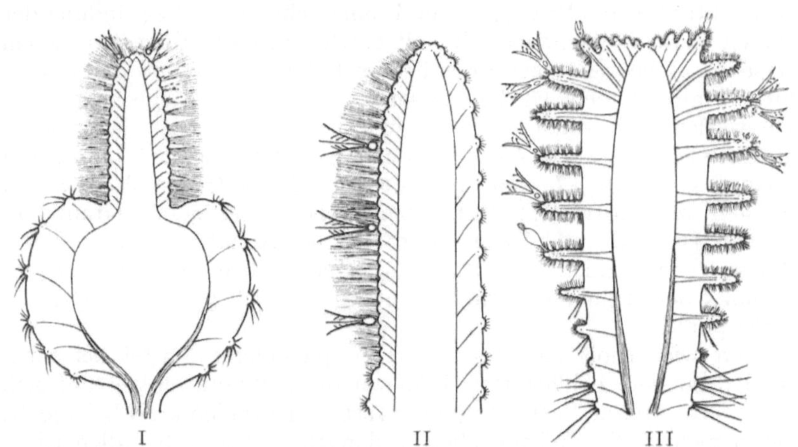


Abb. 5. Schemata der Cephalien-Stellung bei Kakteen. I *Melocactus*; II *Espostoa* u. a.; III *Neoraimondia*. Nach RAUH (2).

auf weitere Beispiele (*Epithelantha, Bartschella, Homalocephala, Echinocactus*) ausgedehnt hat. Für die den Blättern homologen Dornen gilt allgemein, daß sie streng akropetal angelegt werden. Ihre nachträgliche Verlängerung kann aber in manchen Fällen in basipetaler Richtung erfolgen. So ist es bei *Epithelantha* (BOKE, 1). Diese Art gehört zudem zu jenen Formen, bei denen dimorphe Areolen vorliegen, d. h. vegetative und blütenbildende, die voneinander schon frühzeitig makroskopisch unterscheidbar sind. Solche Arten sind auch Gegenstand einer Studie RAUHs, in der vor allem auf die verschiedenen Möglichkeiten der Cephalienbildung eingegangen wird. Ein echtes Cephalium stellt einen besonderen Sproßabschnitt dar, der ausschließlich florale Areolen trägt und der scharf gegen den vegetativen Bereich der Pflanze abgegrenzt ist. RAUH unterscheidet terminale Cephalien, bei denen der Vegetationspunkt des Primärsprosses in der Cephalienbildung aufgeht, und laterale Cephalien, die sich wieder in sog. Langtrieb- und Kurztriebcephalien sondern lassen. Man vergleiche hierzu Abb. 5, die diese Verhältnisse im Schema zeigt.

### 6. Weitere Arbeiten zur Sproßanatomie.

Die vorliegenden Untersuchungen sind insgesamt so heterogen, daß es unmöglich ist, sie auf dem verfügbaren Raum im einzelnen näher zu besprechen. Sie können nur genannt werden.

Zahlreich sind Arbeiten über das Leitgewebe und den Leitbündelverlauf. ZIMMERMANN beschäftigt sich mit der Phylogenie der Stele im Sinne seiner Telomtheorie. Weiter seien Untersuchungen auf diesem Gebiet aufgeführt von PENON (*Polystichum filix-mas*), KACHROO (*Blechnum orientale*), RATHFELDER (*Pulsatilla*), FAHN u. BAILEY (Cyclanthaceae), JOHNSON u. TRUSCOTT (*Serjania*), CLAVEL (*Staphylea pinnata*), INOUYE (*Mirabilis jalapa*), YARBROUGH (*Arachis hypogaea*, 2) und H. J. BRAUN (Dioscoreaceae). Über die Knotenanatomie hat BAILEY einen zusammenfassenden Überblick gegeben, hauptsächlich im Hinblick auf Fragen der Systematik (vgl. Fortschr. Bot. **19**, 87). CHEADLE berichtet über die Fortschritte, die im Verlauf der letzten 50 Jahre in der Erforschung von Xylem und Phloem gemacht werden konnten.

Holzanatomische Studien liegen vor über Magnoliales (LEMESLE), Gomortegaceae (STERN), Flacourtiaceae (JAMES u. INGLE), Olacaceae, Opiliaceae, Octoknemaceae (REED) sowie über *Polyosma* (Saxifragaceae) von DUCHAIGNE u. CHALARD, über die mediterrane Polsterpflanze *Alyssum leucadeum* (GIANNELLI) und über verschiedene extrem exponiert wachsende Spaliersträucher (HOFMANN). HOLDHEIDE berichtet eingehend über das abnorme Dickenwachstum der Hainbuche (*Carpinus betulus*) und H. J. BRAUN über die Entwicklungsgeschichte der Markstrahlen von *Pinus, Quercus, Fagus* und anderen Gehölzen.

Von neuen rindenanatomischen Untersuchungen seien genannt: SCHNEIDER (*Citrus*), HUBER u. JAZEWITSCH (*Prunus*), COURTOT u. BAILLAUD (*Tilia*) und KULKARNI, ROWSON u. TREASE (*Aspidosperma*). Einen Überblick über die Mannigfaltigkeit der Siebröhren-Geleitzellen geben HUBER u. GRAF. Aus der Huberschen Schule stammt gleichfalls eine Zusammenstellung der verschiedenen Typen von Lenticellen (WUTZ). Auf eigentümliche, dem Gasaustausch dienende Poren, die den die Sproßachse der Didiereaceen umkleidenden Korkmantel durchsetzen, weist RAUH (1) hin. BAILLAUD u. COURTOT schildern einige Beispiele für Wundkorkbildung.

Verschiedene anatomische Details bringt MIRASHI für eine Reihe indischer Sumpfpflanzen, so für *Lobelia alsinoides* und *Lindernia allionii*. SIFTON hat ein Sammelreferat über aerenchymatische Gewebe vorgelegt. Reich an Einzelheiten ist die schon auf S. 14 genannte Untersuchung von RODRIGUEZ über die Anatomie von *Myrrhidendron* und verschiedenen anderen Umbelliferen mit verholzten Achsenkörpern.

Schließlich sei auch noch auf Arbeiten hingewiesen, die sich mit der Gestalt der Einzelzelle befassen und die an Untersuchungen anschließen, über die wir in Fortschr. Bot. **13**, 30 ausführlicher gehandelt haben, so u. a. von LIER (Kork- und Korkcambiumzellen von *Pelargonium*), WHEELER (Meristemzellen aus der Sproßspitze von *Aloe*), MATZKE u. DUFFY (Meristemzellen aus der Sproßspitze von *Elodea*), RAHN (sporogene Zellen aus den Antheren von *Trillium*) und BANNAN u. BAYLY (Cambiumzellen von Coniferen).

## III. Blatt.

### 1. Blattentwicklung und Blattgestaltung.

Wenn auch die Feststellungen WARDLAWs, daß mikrophylle und makrophylle Beblätterung keinerlei grundsätzliche Verschiedenheiten aufweisen, durchaus nicht neu ist (TROLL hat dieses Problem schon in seiner „Vergleichenden Morphologie" 1939, S. 958 eingehend behandelt), so ist sein Hinweis auf jene Fragen doch begrüßenswert. Die Blattorgane von *Psilotum*, *Tmesipteris* und *Lycopodium* werden in genau der gleichen Weise angelegt, wie wir es von den Samenpflanzen her kennen. Ein Unterschied besteht nur darin, daß die letzteren in der Regel über ein Randwachstum verfügen, das zur Bildung einer flächigen Lamina führt. Die neuerliche Behauptung von THOMAS, daß das Auftreten von Blattorganen auf ganz verschiedene Weise erfolgt sei, ist durch nichts begründet. WARDLAW kann, ebenso wie TROLL, in den Mikrophyllen lediglich Hemmungs · bzw. Reduktionsformen erblicken. Von hier aus gesehen aber drängt sich wiederum die Frage nach der vermeintlichen Primitivität der Psilophyten auf, die in letzter Zeit schon mehrfach in Zweifel gezogen werden mußte, z. B. durch MARTENS. Wir haben hierüber schon in Fortschr. Bot. **14**, 25 berichtet.

Dem oben genannten Randwachstum der Blattorgane hat HARA zwei Studien gewidmet und vor allem die Ericaceen daraufhin untersucht (vgl. auch Fortschr. Bot. **13**, 44). Wenn bei dicotylen Pflanzen die Spreitenentwicklung im allgemeinen subepidermal erfolgt, so gibt es doch Ausnahmen von dieser Regel. HARA (2) nennt die Laubblätter von *Daphne odora*, deren Randwachstum sich vorwiegend rein epidermal vollzieht, d. h. hier kommen im Dermatogen neben den antiklinalen auch periklinale Wandbildungen vor, durch welch letztere dem Mesophyll neue Elemente zugefügt werden (Abb. 6, I). Ähnliches war bisher nur von den randpanaschierten Laubblättern von *Sambucus*, *Pelargonium* u. a. bekannt (RENNER) sowie von den Blattscheiden mancher Pflanzen wie *Rhododendron ponticum* (FOSTER) u. a. (man vgl. die Darstellung in

TROLLs Vergleichender Morphologie 1, II; S. 1005). In diesem Zusammenhang verdienen auch die Beobachtungen LÜCKs über die Entwicklungsgeschichte asplenifoliater und laciniater Blattformen hervorgehoben zu werden. Daß es sich bei diesen um Hemmungsbildungen handelt, ist seit langem bekannt. Neu aber ist die für *Rhamnus frangula asplenifolia* gemachte Feststellung, daß hier die anfängliche Hemmung der Spreitenentwicklung mit dem Fehlen eines Randmeristems zusammenhängt, ähnlich wie dies oben für die mikrophyllen Organe geschildert

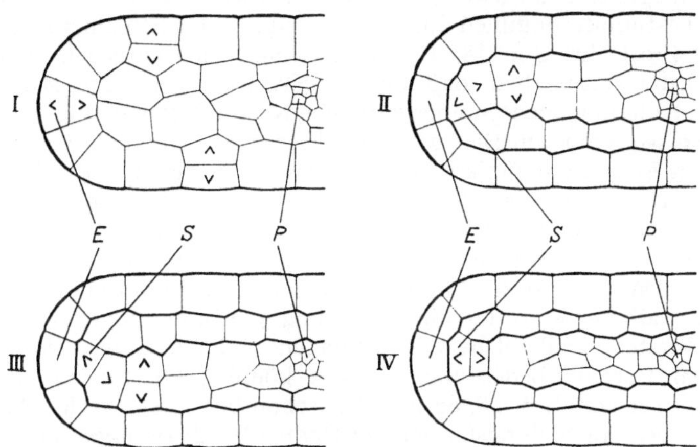

Abb. 6. Schematische Darstellung der verschiedenen Typen des Randwachstums von Blattorganen. E epidermale Initialzelle; S subepidermale Initialzelle; P Prokambium. Nach HARA (2).

wurde. Wenn es bei *Rhamnus* dennoch zur Bildung einer schmalen Spreite kommt, so soll dies auf die Tätigkeit einer erst später in adaxialen Teilen der Blattanlage erzeugten meristematischen Zone zurückzuführen sein, die LÜCK als „Ersatzspreitenmeristem" bezeichnet. Ebenso wie bei den Laubblättern ist hier auch bei den Petalen die randmeristematische Aktivität unterbunden. Ein disharmonisches Rand- bzw. Flächenwachstum ist nach HELM für das Zustandekommen krauser Blattspreiten verantwortlich zu machen, wie sie bei kultivierten Sippen von *Lactuca*, *Cichorium* und *Brassica* vorliegen. Für den Grünkohl konnte SCHWANITZ zeigen, daß bei somatischen Mutationen mit zunehmendem Grad der Kräuselung die Zellgröße in den Blättern abnimmt.

Auf ein anderes sekundäres Blattmeristem, das sog. Dorsalmeristem, weist ROTH (3—5) erneut hin (Fortschr. Bot. **17**, 30). Dabei handelt es sich um eine teilungsfähige Gewebezone subepidermalen Ursprungs, die sich auf der Rückenseite mancher Blätter mehr oder weniger deutlich erkennen läßt, vor allem im Bereich des Mittelnerven. Aus einem solchen Meristem sollen u. a. die sog. Stipellen — von ROTH (3) unglücklicherweise als „Ligulae" bezeichnet — hervorgehen, die sich als emergenzartige Strukturen (TROLL, Vgl. Morphologie 1, II; S. 1564) an der Fiederblattrhachis von *Thalictrum aquilegifolium* befinden. Rein epidermaler Herkunft sind dagegen die Brutzwiebeln, die sich auf den Blättern der Liliacee *Drimiopsis kirkii*, nach deren Verletzung, bilden können. Nachdem schon DRAWERT (Fortschr. Bot. **16**, 38) kurz auf diese Erscheinung hingewiesen hatte, liegt jetzt eine sorgfältige histogenetische Untersuchung darüber von LENSKI vor, der zugleich versucht, Näheres über die physiologischen Bedingungen und Voraussetzungen solcher Bildungen in Erfahrung zu bringen.

WEBERLING hat seine von TROLL angeregten Studien über die Ausbildung des Blattgrundes fortgesetzt und insbesondere die Frage geprüft, wieweit bestimmte Familien durch den Besitz echter Stipeln ausgezeichnet sind (Fortschr. Bot. **18**, 21). Dabei zeigte sich entgegen manchen älteren Literaturangaben, daß weder Convolvulaceen noch Balsaminaceen und Plumbaginaceen über wirkliche Nebenblätter verfügen. Wenn bei *Plumbago*-Arten am Blattgrund öhrchenartige Auswüchse auftreten, so handelt es sich um Verlaubungserscheinungen, die mit den allgemein proleptisch entstehenden Stipeln nicht verwechselt werden dürfen. Entsprechendes gilt für die Caprifoliaceen, die sich ausnahmslos durch das Fehlen echter Stipeln von den nahestehenden Rubiaceen unterscheiden. Dagegen ist das Vorkommen von rudimentären Nebenblättern innerhalb der Myrtales, einer Ordnung, die bisher als stipellos galt, weit verbreitet. Daß solche Feststellungen auch für Fragen der systematischen Botanik bedeutungsvoll sein können, sei nur angedeutet, zumal in Fortschr. Bot. **19**, 88 hierüber schon berichtet wurde. Auf die verschiedenen Ausbildungsformen der Ochrea bei *Polygonum fagopyrum* weist JACQUETY hin.

Schwer verständlich waren bisher die Dornbildungen bei den Arten der Familie der Didiereaceae, von denen bereits auf S. 13 die Rede war. Wie RAUH (1) feststellen konnte, handelt es sich dabei, ebenso wie bei den Kakteen-Dornen, um modifizierte Blätter. Dafür sprechen u. a. die seitliche Ausgliederung an einem Vegetationspunkt, die Wachstumsweise und die Tatsache, daß in ihren Achseln Knospen entstehen können. Auch die Nervaturverhältnisse stimmen weitgehend mit denen der Laubblätter überein.

Als Hemmungsformen sind allgemein die Involucral- und Spreublätter der Compositen aufzufassen. Eine eingehende morphologisch-anatomische Bearbeitung dieser Organe hat NAPP-ZINN jetzt vorgelegt, dessen wichtigste Ergebnisse schon früher veröffentlicht worden sind (Fortschr. Bot. **14**, 27). Genannt sei weiter eine Übersicht über verbildete Blattformen, die unter dem Einfluß von Dichlorphenoxyessigsäure entstanden sind (HANF). Speziell für *Phaseolus*-Keimpflanzen, die aus so behandelten Samen hervorgegangen sind, gehen FURUYA u. OSAKI sowie FURUYA auf derartige Bildungen ein.

### 2. Weitere Arbeiten zur Blattanatomie.

Musterbildung an bunten Blättern kann verschiedene Ursachen haben. Wenn es sich um eine Silberfleckung handelt, wie etwa bei verschiedenen Araceen (BERGDOLT) oder Begonien (WIEBALCK), so liegt dieser Erscheinung in der Regel Intercellularenbildung zugrunde, in deren Verlauf sich die Epidermis vom Palisadenparenchym ablöst. Bei den Begonien entstehen die Silberflecken verhältnismäßig spät während der Blattentwicklung und stets im Umkreis von schon wohlausgebildeten Trichomen. Unter später hinzukommenden Haarbildungen kann keine Intercellularenbildung mehr induziert werden. Nach HARA (3) ist die Luftraumbildung zwischen Epidermis und Palisadenschicht auf Spannungszustände zurückzuführen, die sich ihrerseits wieder aus ungleichen Wachstumsverhältnissen der betreffenden Elemente herleiten. Außerdem spielt die Plastizität der Mittellamelle dabei eine Rolle. Im übrigen gibt HARA einen Überblick über die verschiedenen Typen, die sich unter bunten Blättern zu erkennen geben.

Für die Blattorgane verschiedener *Cyperus*-Arten ist es seit HABERLANDT bekannt, daß in ihnen Sklerenchymfasergruppen vorkommen, die epidermalen Ursprungs sind. Solche fand neuerdings THIELKE (3) auch in den Blattscheiden von *Carex*-Arten und beschreibt deren Histogenese am Beispiel von *C. acutiformis*. Diese Scheiden sind zweischichtig, bestehen also nur aus Ober- und Unterepidermis. In der letzteren können einzelne Zellen Ausgangspunkt für ein Faserbündel werden, dessen Bildung mit einer periklinalen Wandziehung eingeleitet wird. Es ist zu vermuten, daß derartige Erscheinungen bei Cyperaceen weitere Verbreitung besitzen. Wie THIELKE (1) ferner ausführt, zeichnen sich diese *Carex*-Blattscheiden auch durch das Vorkommen von Gerbstoff-Idioblasten in der abaxialen Epidermis aus.

Mit dem Ziel, eine Verfeinerung unserer Vorstellungen von den Bahnen des Transpirations- und Assimilationsstromes in den Blättern der Gymnospermen zu gewinnen, hatte HUBER das Transfusionsgewebe in den Nadeln von *Pinus austriaca* untersucht (Fortschr. Bot. **12**, 29). Sein Schüler LEDERER hat solche Studien jetzt an **12** weiteren Gymnospermen fortgesetzt und seine Ergebnisse in einer größeren Arbeit zusammengefaßt. SCHWEICKERDT u. MARAIS bringen u. a. Angaben über die Anatomie der Blattspreite von *Oryza barthii*. STEVENS befaßt sich mit dem Bau der Hydathoden von *Caltha palustris*, SAUER hat die Entwicklungsgeschichte der Exkretbehälter in den Blättern verschiedener *Hypericum*-Arten untersucht. Von weiteren blattanatomischen Untersuchungen seien schließlich die von NILLESON u. KARSTENS (*Marcgravia umbellata*), DESCAMPS (Elaeocarpaceae) und von FELL u. ROWSON (*Rubus fruticosus*) genannt.

Eigenartige „Fettkristalle" fand WALLIS im Mesophyll der Blätter von *Lobelia inflata*. Möglicherweise handelt es sich dabei um ähnliche Zelleinschlüsse, wie sie WEBER (1) für die Blattorgane einiger Marcgraviaceen, insbesondere für *Norantea guianensis*, beschreibt.

Die Abschnitte „Wurzel" und „Blüte" folgen im nächsten Band.

## Literatur.

BAILEY, I. W.: J. Arnold Arb. **37**, 269—287 (1956). — BAILLAUD, L., et Y. COURTOT: Ann. Sci. Univ. Besançon, Bot., Sér. 2, **8**, 63—72 (1956) . —BALL, E.: Amer. J. Bot. **42**, 509—521 (1955). — BANNAN, M. W., and J. L. BAYLY: Canad. J. Bot. **34**, 769—776 (1956). — BARTELS, F.: Flora (Jena) **144**, 105—120 (1956). —

BAUDE, E.: Planta (Berl.) **46**, 649—671 (1956). — BERGDOLT, B.: Z. Bot. **43**, 309—340 (1955). — BERSILLON, G.: (1) Ann. Sci. Nat. Bot. XI. Sér. **16**, 225—443 (1955). — (2) C. R. Acad. Sci. (Paris) **245**, 2366—2369 (1957). — BIERHORST, D. W.: Phytomorphology (Delhi) **6**, 176—184 (1956). — BLASER, H. W.: Amer. J. Bot. **43**, 22—28 (1956). — BOKE, N. H.: (1) Amer. J. Bot **42**, 725—733 (1955). — (2) Amer. J. Bot. **43**, 819—827 (1956). — (3) Amer. J. Bot. **44**, 368—380 (1957). — BOUREAU, E.: Anatomie végétale. L'appareil végétatif des Phanérogames. Vol. 1, 2 et 3. Paris 1954—1957. — BRAUN, H. J.: (1) Siehe HUBER u. Mitarb. — (2) Ber. dtsch. bot. Ges. **70**, 305—322 (1957). — BRAUN, M.: (1) Planta (Berl.) **50**, 144—176 (1957). — (2) Planta (Berl.) **50**, 250—261 (1957). — BUGNON, F.: (1) Bull. Soc. Bot. France **102**, 311—318 (1955). — (2) Bull. Sci. Bourgogne **16**, 68—80 (1955). — (3) Ann. Sci. Nat. Bot., 11. Sér. **17**, 313—323 (1956). — BUVAT, R.: Année biol. **31**, 595—656 (1955).

CAMEFORT, H.: (1) Ann. Sci. Nat. Bot., 11. Sér. **17**, 1—87 (1956). — (2) Ann. Sci. Nat. Bot., 11. Sér. **17**, 88—185 (1956). — (3) Année biol., Sér. 3, **32**, 401—416 (1956). — CERCEAU-LARRIVAL, M. -T.: C. R. Acad. Sci. (Paris) **244**, 659—660 (1957). — CHEADLE, V. I.: Amer. J. Bot. **43**, 719—731 (1956). — CLAVEL, M.: Bull. Sci. Bourgogne **16**, 31—60 (1955). — CODACCIONI, M.: (1) C. R. Acad. Sci. (Paris) **241**, 1159—1161 (1955). — (2) C. R. Acad. Sci. (Paris) **243**, 1056—1059 (1956). — (3) C. R. Acad. Sci. (Paris) **244**, 379—382 (1957). — COURTOT, Y., et L. BAILLAUD: Ann. Sci. Univ. Besançon, Bot Sér. 2, **8**, 74—87 (1956).

DALE, H. M.: Canad. J. Bot. **35**, 13—24 (1957). — DANERT, S.: Züchter **27**, 22—33 (1957). — DAYES-DUJEU, M.: Rev. Gén. Bot. **64**, 41—75 (1957). — DESCAMPS, R.: Ann. Sci. Nat. Bot., 11. Sér. **17**, 187—257 (1956). — DOUCET, D.: Bull. Sci. Bourgogne **16**, 5—28 (1955). — DUCHAIGNE, A., et A. DU CHALARD: Bull. Soc. Bot. France **102**, 1—6 (1955).

FAHN, A., and I. W. BAILEY: J. Arnold Arb. **38**, 107—117 (1957). — FELL, K. R., and J. M. ROWSON: J. Pharm. (Lond.) **9**, 293—311 (1957). — FISCHER, H. E.: Beitr. Biol. Pflanz. **33**, 219—236 (1957). — FURUYA, M.: Jap. J. Bot. **15**, 270—284 (1956). — FURUYA, M., and SH. OSAKI: Jap. J. Bot. **15**, 117—139 (1955). — GIANNELLI, G.: Nuovo Giorn. Bot. Ital., N. S. **61**, 117—132 (1955). — GIFFORD, E. M. jr., and R. H. WETMORE: Proc. nat. Acad. Sci. (Wash.) **43**, 571—576 (1957). — GRANDET, J.: C. R. Acad. Sci. (Paris) **240**, 1003—1005 (1955). — GREGUSS, P.: Acta biol. (Szeged.), N. S. **2**, 29—38 (1956). — GRUPE, H.: Z. Bot. **44**, 221—252 (1956). — GUTTENBERG, H. VON: Öst. bot. Z. **102**, 420—435 (1955). — GUTTENBERG, H. VON, u. Mitarb: Bot. Studien (Jena) H. **7, 1957**. — GUTTENBERG, H. VON, u. I. RIEBE: Siehe GUTTENBERG, H. VON u. Mitarb..

HACCIUS, B.: (1) Z. indukt. Abstamm.- u. Vererbungslehre **86**, 498—520 (1955). — (2) Beitr. Biol. Pflanz. **34**, 3—18 (1957). — HACCIUS, B., u. E. HARTL-BAUDE: Öst. bot. Z. **103**, 567—587 (1956). — HACCIUS, B., u. K. REH: Beitr. Biol. Pflanz. **32**, 185—218 (1956). — HADJ-MOUSTAPHA, M.: (1) C. R. Acad. Sci. (Paris) **243**, 1059—1061 (1956). — (2) C. R. Acad. Sci. (Paris) **245**, 710—712 (1957). — HANELT, P.: Wiss. Z. Univ. Halle, Math.-Nat. VI/6, 935—944 (1957). — HANF, M.: Beitr. Biol. Pflanz. **33**, 177—218 (1957). — HARA, N.: (1) Bot. Mag. (Tokyo) **69**, 442—446 (1956). — (2) Bot. Mag. (Tokyo) **70**, 109—114 (1957). — (3) Jap. J. Bot. **16**, 86—101 (1957). — HASKELL, G.: Phytomorphology (Delhi) **4**, 140 bis 152 (1954). — HEGEDÜS, A.: Acta biol. (Budapest) **7**, 257—275 (1957). — HEJNOWICZ, Z.: Acta Soc. Bot. Poloniae **26**, 413—466 (1957). — HELM, J.: Beitr. Biol. Pflanz. **34**, 51—66 (1957). — HOFMANN, E.: Zbl. Forstwesen **74**, 98—110 (1955). — HOLDHEIDE, W.: Siehe HUBER u. Mitarb.. — HOLTTUM, R. E.: Phytomorphology (Delhi) **5**, 399—413 (1955). — HUBER, B., u. Mitarb.: Bot Studien (Jena) H. **4, 1955**. — HUBER, B., u. E. GRAF: Ber. dtsch. bot. Ges. **68**, 303—310 (1955). — HUBER, B., u. W. VON JAZEWITSCH: Acta bot. neerl. **4**, 385—388 (1955).

INOUYE, R.: Bot. Mag. (Tokyo) **69**, 554—559 (1956). — JACQUES-FÉLIX, H.: C. R. Acad. Sci (Paris) **245**, 1260—1262 (1957). — JACQUETY, Y.: C. R. Acad. Sci. (Paris) **240**, 1133—1135 (1955). — JAMES, C. F., and H. D. INGLE: Aust. J. Bot. **4**, 200—215 (1956). — JENTSCH, R.: Flora (Jena) **144**, 251—289 (1957). — JOHNSON, M. A., and F. H. TRUSCOTT: Amer. J. Bot. **43**, 505—518 (1956).

KACHROO, P.: J. Indian Bot. Soc. **34**, 115—120 (1955). — KADRY, ABD EL R., and H. TEWFIC: Svensk bot. Tidskr. **50**, 270—286 (1956). — (2) Bot. Not. (Lund)

**109**, 385—399 (1956). — KAUSSMANN, B.: Wiss. Z. Univ. Rostock, Math.-naturwiss. Reihe **5**, 7—15 (1955/56). — KULKARNI, J. D., J. M. ROWSON and G. E. TREASE: J. Pharm. (Lond.) **10**, 112—122 (1958). — KUMAZAWA, M.: Bot. Mag. (Tokyo) **69**, 455—461 (1956). — LALAURIE, M.: Rev. GÉN. Bot. **64**, 365—465 (1957). — LEDERER, B.: Siehe HUBER u. Mitarb.. — LEMESLE, R.: Bull. Soc. Bot. France **103**, 629—677 (1956). — LENSKI, J.: Planta (Berl.) **50**, 579—621 (1958). — LEVACHER, PH.: C. R. Acad. Sci. (Paris) **240**, 656—658 (1955). — LIER, F. G.: Bull. Torrey bot. Club **79**, 312—328 u. 371—392 (1952). —LÜCK, H. B.: Z. indukt. Abstamm. u. Vererbungslehre **87**, 497—527 (1956).

MALTZAHN, K. E. VON: Canad. J. Bot. **35**, 809—830 u. 831—843 (1957). — MARTENS, P.: Acad. Roy. Belg., Sér. **5**, **36**, 811 (1950). — MATZKE, E. M., and R. M. DUFFY: (1) Amer. J. Bot. **42**, 937—945 (1955). — (2) Amer. J. Bot. **43**, 205—225 (1956). — MEUSEL, H.: Beitr. Biol. Pflanz. **34**, 89—111 (1957). — MILLINGTON, W. F., and E. L. FISK: Amer. J. Bot **43**, 655—665 (1956). — MIRASHI, M. V.: Indian Acad. Sci., Sect. B. **45**, 95—100 u. 181—185 (1957). — MUSCHIK, M.: Planta (Berl.) **49**, 598—606 (1957).

NAPP-ZINN, K.: Bot. Studien (Jena) H. **6**, 1956. — NEWMAN, I. V.: Phytomorphology (Delhi) **6**, 1—19 (1956). — NILLESON, G. A., and W. K. H. KARSTENS: Proc. Ned. Akad. Wetensch., Ser. C, **58**, 554—566 (1955).

PANKOW, H., u. H. VON GUTTENBERG: Siehe H. VON GUTTENBERG u. Mitarb.. — PASCHKOW, G. D.: Bot. Zurnal **36**, 597—606 (1951). — PENON, M. G.: C. R. Acad. Sci. (Paris) **238**, 2338—2340 (1956). — PHELOUZAT, R.: Rev. Gén. Bot. **62**, 454—497 (1955). PLANTEFOL, L.: C. R. Acad. Sci. (Paris) **243**, 916—919 (1956). — RAHN, J. E.: Bull. Torrey bot. Club **83**, 355—376 (1956). — RAM, M.: Phytomorphology (Delhi) **6**, 312—323 (1956). — RATHFELDER, O.: Bot. Jb. **77**, 25—51 (1956). — RAUH, W.: (1) Abh. Akad. Wiss. u. Lit. Mainz, Math.-naturwiss. Kl. **1956**, 345—444. — (2) Beitr. Biol. Pflanz. **34**, 129—146 (1957). — REED, C. F.: Mem. Soc. Broteriana **10**, 29—79 (1955). — RODRIGUEZ, R. L.: Univ. Calif. Publ. Bot. **29**, 145—318 (1957). — RÖBBELEN, G.: Ber. dtsch. bot. Ges. **70**, 39—44 (1957). — ROTH, I.: (1) Flora (Jena) **142**, 564—600 (1955). — (2) Flora (Jena) **144**, 163—212 (1957). — (3) Öst. bot. Z. **104**, 165—172 (1957). — (4) Flora (Jena) **144**, 635—646 (1957). — (5) Bot. Gazette **118**, 238—245 (1957). — RZEHAK, H.: Z. Bot. **44**, 265—288 (1956).

SAHA, B.: Proc. Nat. Inst. Sci. India, Part B, **22**, 86—101 (1956). — SARKANY, S., and E. PERCS: Acta biol. (Budapest) **7**, 183—201 (1957). — SAUER, H.: Dissert. Math.-Naturw. Fak. Universität Münster, Heft **8**, 52—53 (1956). — SCHAEPPI, H.: (1) Mitt. Naturwiss. Ges. Winterthur **28**, 101—110 (1956). — (2) Beitr. Biol. Pflanz. **34**, 147—163 (1957). — SCHALYT, M. C.: Wiss. Ber. Univ. Tadchikistan **6**, naturwiss. Fakult., 1. Serie. Stalinabad 1955 (russisch). — SCHNEIDER, H.: Amer. J. Bot. **42**, 893—905 (1955). — SCHRATZ, E.: Pharmazie **2**, 138—150 (1956). — SCHWANITZ, F.: Züchter **25**, 26—33 (1955). — SCHWEICKERDT, H. G., u. W. MARAIS: Bot. Jb. **77**, 1—24 (1956). — SENGHAS, K.-H.: (1) Beitr. Biol. Pflanz. **33**, 85—113 (1956). — (2) Beitr. Biol. Pflanz. **33**, 325—370 (1957). — SHUSHAN, S., u. M. A. JOHNSON: Bull. Torrey bot. Club **82**, 266—283 (1955). — SIFTON, H. B.: Bot. Review **23**, 303—312 (1957). — SITTE, P.: Öst. bot. Z. **104**, 234—302 (1957). — SOUÈGES, R.: Ann. Sci. Natur. Bot. **11**, Sér. **15**, 1—20 (1955). — STERN, W. L.: Amer. J. Bot. **42**, 874—885 (1955). — STEVENS, A. B. P.: New Phytologist **55**, 339—345 (1956). — SUN, C. N.: Bull. Torrey bot. Club **84**, 163—174 (1957).

TAYLOR, A. R. A.: Canad. J. Bot. **35**, 681—695 (1957). — TEMESY, E.: Phyton (Graz) **7**, 40—141 (1957). — THIELKE, CH.: (1) Protoplasma (Wien) **67**, 145—155 (1956). — (2) Planta (Berl.) **48**, 564—577 (1957). — (3) Planta (Berl.) **49**, 33—46 (1957). — THOMAS, H. H.: Rep. Proc. 7. Internat. Bot. Congr., Stockholm 1950. — TROLL, W.: Praktische Einführung in die Pflanzenmorphologie. 1. Teil: Der vegetative Aufbau. Jena 1954. — 2. Teil: Die blühende Pflanze. Jena 1957. — TUCKER, S. C.: Bot. Gaz. **118**, 160—174 (1957).

VAUGHAN, J. G.: J. Linn. Soc. London **55**, 285—301 (1955). — WALLIS, T. E.: J. Pharm. **9**, 663—665 (1957). — WARDLAW, C. W.: Ann. of Bot. N. S. **21**, 427 bis 437 (1957). — WEBER, H.: (1) Ber. dtsch. bot. Ges. **68**, 408—412 (1955). — (2) Flora (Jena) **143**, 270—280 (1956). — (3) Abh. Akad. Wiss. u. Lit. Mainz, math.-naturwiss. Kl. **1956**, 566—618. — WEBERLING, F.: (1) Beitr. Biol. Pflanz. **33**,

17—32 u. 149—161 (1956). — (2) Flora (Jena) 143, 201—217 (1956). — (3) Abh. Akad. Wiss. u. Lit. Mainz, math.-naturwiss. Kl. 1957, 1—50. — WHEELER, G. E.: Amer. J. Bot. 42, 855—865 (1955). — WIEBALCK, G.: Z. f. Bot. 45, 175—190 (1957). — WUTZ, A.: Siehe HUBER u. Mitarb..

YARBROUGH, J. A.: (1) Amer. J. Bot. 44, 19—30 (1957). — (2) Amer. J. Bot. 44, 31—36 (1957).

ZIMMERMANN, W.: (1) Ber. dtsch. bot. Ges. 67, 311—317 (1954). — (2) Bot. Mag. (Tokyo) 69, 401—409 (1956).

# 3. Entwicklungsgeschichte und Fortpflanzung.

Von KURT STEFFEN, z. Z. Braunschweig.

Der Beitrag folgt in Band XXI.

# 4. Submikroskopische Morphologie.

Von Kurt Mühlethaler, Zürich.

Mit 2 Abbildungen.

## 1. Der Aufbau von Makromolekülen.

Bei der morphologischen Beschreibung eines Protein- Makromoleküls wird heute zwischen seiner primären, sekundären und tertiären Struktur unterschieden. Als primäre Struktur bezeichnet man die Reihenfolge der Aminosäurereste in der Polypeptidkette. Diese Sequenz ist mit chemischen Methoden zuerst von Sanger u. Tuppi für das Insulin bestimmt worden. Außer diesem Protein ist aber die Reihenfolge der Aminosäurereste in den meisten übrigen Eiweißmolekülen noch sehr lückenhaft bekannt. Wie in den Fortschr. Bot. **16**, 78 bereits berichtet wurde, konnten Pauling u. Corey mit Hilfe der Röntgendiffraktion nachweisen, daß die Polypeptidketten nicht gestreckt, sondern schraubenförmig verlaufen. Diese sekundären Strukturen sind nur bei fibrillären Proteinen wie z. B. Seide, Keratin und Kollagen gefunden worden. Es zeigte sich außerdem, daß diese Proteinschrauben nicht linear verlaufen, sondern eine übergeordnete, tertiäre Struktur (meist ebenfalls eine Schraube) besitzen. Man vermutete, daß auch die globulären Eiweiße eine ähnliche Struktur aufwiesen, aber ein experimenteller Beweis konnte bisher nicht erbracht werden. Zum erstenmal ist es nun Kendrew u. Mitarb. gelungen, die genaue räumliche Ausbildung des Myoglobinmoleküls abzuklären. Dieses Protein speichert in der Zelle den Sauerstoff und ist chemisch mit dem Hämoglobin verwandt. Wie jenes besteht es aus einem Eiweißanteil, mit 152 Aminosäureresten und einer Farbstoffkomponente aus einem Eisenporphyrin Komplex. Die großen experimentellen Schwierigkeiten ließen sich hauptsächlich dadurch überwinden, weil bestimmte Punkte dieser Polypeptidketten mit Schwermetallverbindungen (z. B. Kaliumquecksilberjodid) markiert werden konnten. Aus der Intensität und der Lage der Röntgenreflexe wurde zuerst mit Hilfe der Fourier-Analyse die Elektronendichte in den Myoglobinkristallen berechnet und anschließend graphisch ausgewertet. Anhand von Elektronendichte-Karten, aus denen die markierten Punkte deutlich erkennbar hervortraten, wurde dann die morphologische Gestalt des Moleküls rekonstruiert. In Abb. 7 ist das Molekülmodell von zwei Richtungen gezeichnet, wobei das schraffierte Scheibchen dem Eisenporphyrin-Komplex entspricht. Wohl das Überraschendste an diesem Modell ist das vollständige Fehlen einer Symmetrie. Die Polypeptidstränge sind in so komplizierter Weise verschlungen, daß ihr Verlauf nicht beschrieben werden kann. Nach dem Modell beträgt die totale Länge der Polypeptidkette 300 Å. Das zeigt wiederum, daß als sekundäre Struktur nicht eine durchgehende α-Helix vorhanden sein kann, denn mit 152 Aminosäurereste wäre diese nur 228 Å lang. Der Abstand benachbarter Stränge, die an einigen Stellen durch Seitenketten miteinander verbunden sind, variiert zwischen 8—10 Å. Durch eine Verbesserung der Methoden hoffen KENDREW u. Mitarb. eine Auflösung von 3 Å zu erreichen, womit auch die sekundäre Struktur erfaßt würde. Die Aufklärung solcher Molekülstrukturen ist mit einem enormen experimentellen und rechnerischen Aufwand verbunden, so daß es noch lange dauern dürfte, bis die Strukturen der wichtigsten globulären Eiweiße bekannt sind.

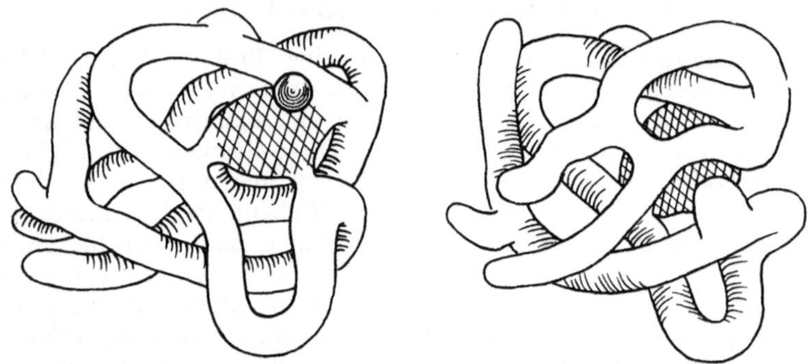

Abb. 7. Modell eines Myoglobinmoleküls. Das schraffierte Scheibchen entspricht der Farbstoffkomponente und die aufgesetzte Kugel einer zur Markierung verwendeten Schwermetallverbindung. (Gezeichnet nach Aufnahmen von KENDREW u. Mitarb.).

## 2. Pflanzliche Plasmastrukturen.

Eine umfassende Darstellung des heutigen Standes der submikroskopischen Zellforschung ist in einem Buch von FREY-WYSSLING, (1) "Macromolecules in Cell Structure", zusammengestellt. In gewohnt souveräner Weise werden darin die neueren Untersuchungen über Stärkekörner, Zellwände, Chloroplasten und das Grundcytoplasma besprochen und durch zahlreiche Zeichnungen und elektronenmikroskopische Bilder illustriert.

Wohl am umstrittensten ist immer noch die Struktur des Grundcytoplasmas. Um die verschiedenen morphologischen Bauelemente der Zellorganelle zu formen, z. B. Fibrillen, Lamellen usw., müssen nach FREY-WYSSLING (2) die Eiweißmoleküle durch chemische oder physikalische Kräfte in einer bestimmten Weise geordnet und zusammengehalten werden. Solche Aggregationsformen (z. B. "beaded chain", Siebfilm usw.) sind auch im Grundcytoplasma zu erwarten, obschon sie bis jetzt elektronenmikroskopisch noch nicht nachgewiesen werden konnten. Auf Grund elektronenmikroskopischer Aufnahmen hat STRUGGER (1) als wichtigste Aggregationsform ein neues Element, die sog. „Cytonemata" postuliert (Vgl. Fortschr. Bot. **19**, 38). Im Berichtsjahr sind darüber weitere Arbeiten erschienen [STRUGGER (2), (3), (4)], worin die Existenz dieser Plasmaelemente bei verschiedener Fixierung geprüft und die genauen Abmessungen derselben angegeben werden. Als Mittelwerte dieser

Cytonemata wird ein Fadendurchmesser von 150—180 Å, ein Schraubendurchmesser von 430 Å, die Ganghöhe 292 Å, eine maximale Schraubenlänge von 3135 Å, verteilt auf 12 Windungen, angegeben. Wenn man diese genauen Angaben mit den elektronenoptischen Aufnahmen vergleicht, so gewinnt man den Eindruck, daß die Rekonstruktion einzelner Schrauben aus der großen Masse von Eiweiß-Partikeln, wie sie im Cytoplasma zu finden sind, recht unsicher sein dürfte. So zeigt z. B. die Plasmastruktur bei *Antirrhinum majus* und *Zea Mais* in den von HEITZ (1) veröffentlichten Bildern keine Andeutungen solcher schraubenförmigen Bauelemente. Wir konnten ferner beobachten, daß fädige Strukturen in den Rindenzellen der Zwiebelwurzel bei der Methacrylateinbettung oft auftreten, bei Verwendung von Polyesterkunstharzen aber nicht vorhanden sind (Abb. 8). Dies bestätigt die früheren Befunde von BORYSKO, der genaue Untersuchungen über die Veränderungen der Feinstrukturen bei der Methacrylatpolymerisation machte. Anhand von Schnitten durch Fibroblasten konnte nachgewiesen werden, daß die fixierte Zelle nachträglich durch dieses Einbettungsmittel oft sehr stark verändert wird, wobei dann fädige Elemente im Cytoplasma entstehen. Die gleichen Zellen zeigen bei guter Einbettung eine gleichmäßige Verteilung der Eiweißpartikel.

Zu den pflanzlichen Zellorganellen müssen wir in Zukunft auch das Endoplasmatische Reticulum und die Golgi-Körper oder Dictyosomen zählen. Wie aus den Arbeiten von HEITZ (1), BUVAT u. CARASSO, BUVAT (1), (2), LANCE, LUND u. Mitarb. hervorgeht, sind diese Strukturen in allen bisher untersuchten Pflanzenzellen gefunden worden. Das Endoplasmatische Reticulum ist, wie Abb. 8 zeigt, im Schnitt als Doppellamellensystem zu erkennen. Es bildet ein zusammenhängendes Kavernennetz über dessen physiologische Aufgabe man noch keine Angaben machen kann. Die Golgi-Körper sind, wie in den tierischen Zellen, als Lamellenpakete im Grundcytoplasma eingebettet. Je nach der Schnittrichtung erscheinen sie als konzentrisch angeordnete Doppellamellen, gestreckte Schichtpakete oder hufeisenförmige Gebilde. Die beiden Enden der Doppelmembranen sind oft bläschenförmig aufgequollen. Über die bereits früher mit dem Elektronenmikroskop untersuchten Zellpartikel, den Proplastiden und Mitochondrien. (Vgl. Fortschr. Bot. **16**, 87; **17**, 110) sind von STRUGGER (5), KAJA, HEITZ (2), (3) und NIKLOWITZ weitere Arbeiten erschienen. Im Wurzelmeristem von *Zea Mais* und *Vicia Faba* weisen die Proplastiden nach STRUGGER (5) ein „Primärgranum" auf. (An Stelle dieser Bezeichnung sollte besser der von HODGE u. Mitarb. geprägte Ausdruck „Prolamellarkörper" verwendet werden, da diese Plastidenstruktur sowohl morphologisch wie physiologisch nichts mit einem Granum gemeinsam hat.) Im Gegensatz zu den Struggerschen Befunden konnte HEITZ (2) im Wurzelmeristem nie einen Prolamellarkörper beobachten. Wie aus Abb. 8 erkennbar ist, zeigten auch unsere Schnitte keine Andeutungen dieser Struktur. Das Stroma dieser Proplastiden erscheint fein globulär und weist gelegentlich bläschenförmige Vacuolen, Stärkekörner oder einzelne Lamellen als Einschlüsse auf. Die Mitochondrien sind von den Plastiden deshalb leicht zu unterscheiden,

weil sie im Innern von zahlreichen röhrenförmigen Gebilden = Tubuli
durchzogen sind (Vgl. Abb. 8). Wie HEITZ (3) bereits zeigen konnte,

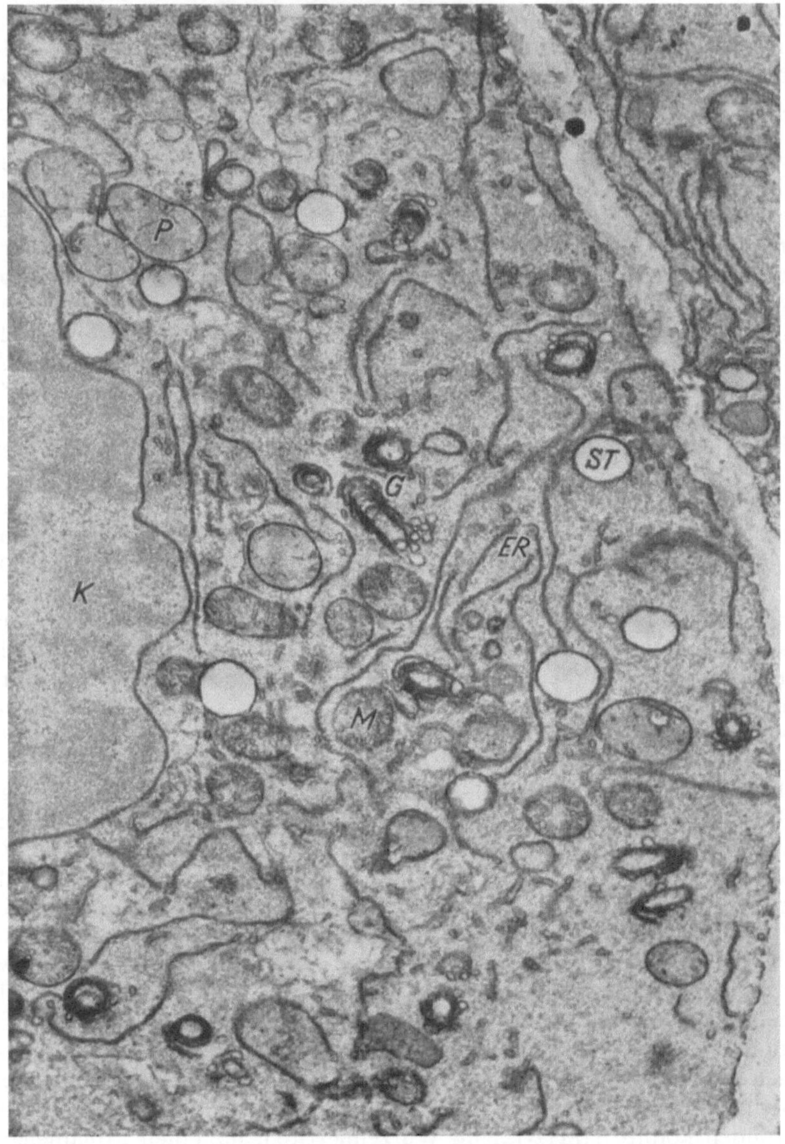


Abb. 8. Dünnschnitt einer Zelle aus der Wurzel von *Allium cepa* mit Kern (*K*), Mitochondrien (*M*), Proplastiden (*P*), Stärkekörnern (*ST*), Endoplasmat. Reticulum (*ER*) und Golgi-Körper (*G*). Vergrößerung 5500 mal.

sind sie als Einstülpungen der inneren Mitochondrienmembran anzusehen.
Ihre Grundstruktur ist also gleich wie in den tierischen Zellen, nur sind

dort die Einfaltungen regelmäßiger und mehr kulissenartig ausgebildet *(Cristae mitochondriales)*.

Zusammenfassend läßt sich sagen, daß in der pflanzlichen Zelle das Endoplasmatische Reticulum, die Golgi-Körper und die Mitochondrien in ihrer Struktur gleich sind wie in der tierischen Zelle. Dies läßt vermuten, daß sie auch funktionell die gleichen Leistungen vollbringen.

### 3. Chloroplasten.

Über den Aufbau der Chloroplasten ist in den Fortschr. Bot. **18,** 51 ausführlich berichtet worden. Tabelle 1 gibt eine Übersicht über die bereits untersuchten Objekte, sowie Größenangaben über Lamellendicke,

Tabelle 1. *Größenangaben über die verschiedenen Chloroplastenstrukturen.*
(Ergänzt nach SAGER und PALADE.)

| Objekte | Lamellen-dicke | Durchmesser der | | Lamellenzahl pro | | Autoren |
|---|---|---|---|---|---|---|
| | | Plastiden | Granen | Schicht | Granum | |
| | Å | $\mu$ | $\mu$ | | | |
| **Mikroorganismen** | | | | | | |
| 1. *Chlamydomonas* . | 50 | 0,98 | | 8 | | SAGER u. PALADE |
| 2. *Chlorella* . . . . | 50 | | | | | ALBERTSSON u. LEYON |
| 3. *Closterium* . . . | 80±20 | | | | | LEYON (1) |
| 4. *Euglena* . . . . | | 6 | | 21 | | WOLKEN u. PALADE |
| 5. *Fucus* Ei . . . . | 40—80 | 1,4—3,3 | | 16—20 | | LEYON u. v. WETTSTEIN |
| vegetative Zelle | | 2,9—4,0 | | 16—28 | | LEYON u. v. WETTSTEIN |
| alte Zelle . . . | | 4,0—8,0 | | 24—34 | | LEYON u. v. WETTSTEIN |
| 6. *Nitella* . . . . . | 40 | | | | | MERCER u. Mitarb. |
| 7. *Poteriochromonas* | | 3,3 | | 10 | | WOLKEN u. PALADE |
| 8. *Spirogyra.* . . . | 70 | | | | | STEINMANN |
| 9. *Synechrococcus* . | | 0,22 | | | | CALVIN u. LYNCH |
| 10. *Rhodospirillum* . | | 0,11 | | | | PARDEE u. Mitarb. |
| **Höhere Pflanzen** | | | | | | |
| 11. *Aspidistra* . . . | 65 | | 0,3—0,6 | | 20—30 | STEINMANN u. SJÖSTRAND |
| 12. *Beta* . . . . . . | | | 0,3—0,6 | | 15—60 | LEYON (2) |
| 13. *Spinacia* . . . . | | | 0,6 | | | GRANICK u. PORTER |
| 14. Tulpe . . . . . | | | 0,6 | | | ALGERA u. Mitarb. |
| 15. *Zea Mais* . . . . | 35 | | 0,3—0,4 | | 2—60 | HODGE u. Mitarb. (2) |
| 16. Tabak . . . . . | 70 | | 0,32 | | | COHEN u. BOWLER |
| 17. Gerste . . . . . | 40±20 | | 0,3—0,4 | | 2—14 | v. WETTSTEIN |
| 18. *Solanum capsica-strum* . . . . | 70 | | 0,5 | | 20—30 | STEFFEN u. WALTER |

Granendurchmesser usw. Aus diesen Untersuchungen ergibt sich, daß die Elementarlamelle im Mittel eine Dicke von etwa 50 Å aufweist, wobei sie im Stromabereich dünner oder etwas dicker sein kann als im Granum. Für den Gerstenchloroplasten z. B. gibt v. WETTSTEIN eine Dicke von 40 ± 20 Å für die Granenlamelle und 75 ± 25 Å für die Stromaschichten. Die Plastidengröße variiert, wie das im Lichtmikroskop bereits deutlich erkennbar ist, sehr stark, während die Granengröße meist zwischen

0,3—0,6 $\mu$ liegt. Sowohl in den Chloroplasten der Mikroorganismen wie in denjenigen der höheren Pflanzen ist die Schichtung nicht immer so regelmäßig wie in Aspidistra. Gewöhnlich sind mehrere Lamellen zu Schichten zusammengerafft, die durch eine Stromazone getrennt werden.

Eine umfassende Arbeit über die Plastiden von *Chlamydomonas* ist von SAGER u. PALADE publiziert worden. Nach den bisherigen Anschauungen wurden die Lamellen in den Algenchloroplasten als individuelle Elemente betrachtet. Die erwähnten Untersuchungen haben nun gezeigt, daß bei *Chlamydomonas* immer zwei Lamellen am Rande verwachsen sind. Sie bilden also flach gepreßte Scheibchen von etwa 200 Å Dicke, wie sie in den Granen der höheren Pflanzen zu finden sind. Über die physiologischen Vorgänge, die in diesen Elementarscheibchen ablaufen, sind wir noch ungenügend orientiert. Nach SAGER und PALADE müssen folgende Möglichkeiten in Betracht gezogen werden:

1. Die Membranen dienen als Träger der Pigmente. Damit eine Energieübertragung von einem Molekül zum anderen möglich wird, müssen sie in enger Packung und gut geordnet in diesen Schichten festgehalten werden.

2. Ein Granenscheibchen entspricht einer „Photosynthetischen Einheit". EMERSON u. ARNOLD konnten an Chlorella zeigen, daß die Zahl der reduzierten $CO_2$-Moleküle ungefähr 2500 mal kleiner ist als diejenige der Chlorophyllmoleküle. Die Photosynthese beginnt also erst in Anwesenheit einer bestimmten minimalen Zahl von Chlorophyllmolekülen anzulaufen. Nach WOLKEN u. SCHWERTZ beträgt die Zahl pro Granumscheibchen im Spinat $2,4 \times 10^5$ Moleküle. Sie ist also beträchtlich höher als die „Photosynthetische Einheit" von EMERSON u. ARNOLD, doch erscheint dieser Wert, in Anbetracht der Schwierigkeiten, die eine genaue Zählung der Granenscheibchen im Chloroplasten mit sich bringt, recht unsicher.

3. Die Aufgabe der Lamellen ist es, die Permeation der eingeschlossenen Stoffe zu verhindern. Durch die Photosynthese entstehen lokale Anhäufungen von Metaboliten oder löslichen Enzymen, die wegdiffundieren könnten, wenn nicht eine Membran den Reaktionsbereich abschließt.

Wie aus diesen Ausführungen hervorgeht, können die Funktionen dieser Lamellenstrukturen erst erkannt werden, wenn wir die physiologischen Vorgänge besser verstehen.

Ein viel versprechender Weg, die Beziehungen zwischen der Struktur und der Funktion eines submikroskopischen Bauelementes abzuklären, ist durch vergleichende Untersuchungen an Mutanten möglich. v. WETTSTEIN hat die Struktur verschiedener Gerste-Mutanten elektronenmikroskopisch untersucht. In weißen Gerste-Keimlingen *(albina)* sind die Proplastiden normal ausgebildet. Aus dem Prolamellarkörper entwickelt sich aber nie ein Lamellen- und Granensystem, obschon sie nahezu auf normale Größe heranwachsen. In der gelbgrünen Mutante *(xantha)* bleibt die Entwicklung auf einer Zwischenstufe stehen. Es entstehen nur wenige Lamellen, aber an ihrer Stelle ist das Innere des Plastiden von zahlreichen tröpfchenförmigen Einschlüssen (Globuli) erfüllt. Entsprechend der Zunahme dieser Globuli steigt auch der Pigmentgehalt an Chlorophyll a und b. Durch die Genwirkung wird in diesem Falle die Lamellenbildung unterbunden, während die Chlorophyllsynthese weitergeht.

## 4. Chromoplasten.

Im Gegensatz zu den vielen Untersuchungen über die Entwicklung und Struktur der Chloroplasten sind die Veröffentlichungen über Chromoplasten eher spärlich. Sie beschränken sich hauptsächlich darauf, die mannigfaltigen Formen entsprechend ihrem Umriß und der Verteilung des Pigmentes zu klassifizieren (ZURZYCKI). STEFFEN und WALTER sowie FREY-WYSSLING und KREUTZER, haben es unternommen, diese Zellorganelle elektronenoptisch zu untersuchen, wobei hauptsächlich die Metamorphose aus Chloroplasten verfolgt wurde. Nach STEFFEN und WALTER lassen sich drei Chromoplasten-Gruppen unterscheiden: Mehr oder weniger ellipsoidische Formen mit zahlreichen Carotinoid-Granula verschiedener Größe; spindelige bis polyedrische Formen, welche im Innern eine Streifung erkennen lassen und schließlich Chromatophoren, deren Form durch die gebildeten Carotinkristalle bedingt ist (Rhomben, Nadeln usw.). Chromoplasten des ersten Typs, mit zahlreichen Pigment-Globuli sind z. B. im Perigon von *Aloe plicatilis* zu finden. In den Übergangsformen von Chloro- zu Chromoplasten sind noch Reste der ursprünglichen Lamellenstruktur zu erkennen. Diese werden aber fast vollständig resorbiert, während an ihrer Stelle im Stroma Pigmentglobuli angehäuft werden. Eine kompliziertere Metamorphose machen die Chromoplasten des spindelförmigen Typs, wie z. B. in *Rosa canina* und *Solanum capsicastrum*, durch. In den Plastiden erfolgt zuerst ein Abbau der Stromaschichten, wobei die Granen ihren Zusammenhang verlieren und sich teilweise entmischen. Dieser Prozeß geht so lange weiter, bis die Stroma- und Granalamellen völlig verschwunden sind und das Innere nur durch zahlreiche Globuli erfüllt ist. Im Gegensatz zum *Aloe*-Typ bleibt die Umwandlung aber nicht auf dieser Stufe stehen, sondern es bilden sich neue, fädige Elemente, die schließlich das ganze Stroma durchziehen. Die Dicke dieser Bauelemente schwankt zwischen 100 und 450 Å. Sie zeigen meist einen parallel zur Längsachse des Plastiden gerichteten Verlauf, können aber auch streuen. Nach STEFFEN und WALTER entstehen diese Fibrillen aus den Pigmentglobuli. Diese sollen zunächst spindelartig ausgezogen und schließlich in die fädigen Elemente übergeführt werden. FREY-WYSSLING und KREUTZER konnten aber diese Umwandlung nicht beobachten. Der Chloroplast wird, wie Untersuchungen zeigen, völlig umorganisiert, wobei die ursprüngliche Lamellenstruktur aufgelöst wird und eine fibrilläre Struktur entsteht.

In den Chromoplasten, deren Form durch den eingeschlossenen Carotinkristall bestimmt wird, erfolgt die Bildung bereits aus den Proplastiden. In *Daucus carota* entstehen im Stroma zuerst zahlreiche Granula, die später zu großen Carotinkristallen auswachsen.

**3***

Diese Untersuchungen zeigen, daß die Chromoplasten der somatischen Stufe entweder auf dem Wege der Ontogenese aus Proplastiden (*Daucus*-Typ) oder durch Metamorphose aus Chloroplasten entstehen (*Aloe* u. *Solanum*-Typ).

## 5. Zellwand.

Ein neues Buch über den Chemismus, die Morphologie und Technologie der Zellwände ist von TREIBER veröffentlicht worden. Die einzelnen Kapitel sind von Spezialisten verfaßt, die in klarer Weise über alle wichtigen Aspekte der Zellwandforschung berichten. Dieses Werk gibt heute den besten Überblick über den gegenwärtigen Stand dieses wirtschaftlich so wichtigen Rohstoffes. Ein weiteres zusammenfassendes Referat über Zellmembranen ist von NORTHCOTE veröffentlicht worden.

Elektronenmikroskopische Arbeiten von HOUVEN VAN OORDT-HULSHOF an Membranen aus Monocotyledonen und von STERLING und SPIT an Spargelzellen bestätigen die bisherigen Anschauungen über den fibrillären Aufbau der Primär- und Sekundärschichten. Nach STERLING beträgt der kristalline Anteil in den Mikrofibrillen von *Asparagus* 55—60%. Der Durchmesser in jungen Zellwänden mißt 28 Å und steigt in den ausgewachsenen Pflanzen auf 38 Å (Baumwolle 64 Å, Ramie 59 Å).

Im Berichtsjahr sind wieder zahlreiche Untersuchungen über den Feinbau von Hoftüpfeln erschienen. Von EICKE wurden diese Strukturen in verschiedenen Gymnospermen-Hölzern untersucht, um die Phylogenie und die systematische Gliederung der *Gnetales (Gnetum, Ephedra, Weltwitschia)* abzuklären. In *Ephedra americana* sind nur die Größenverhältnisse gegenüber den Coniferentüpfeln verändert; $^1/_3$ der Hoftüpfelbreite nimmt der Torus ein, $^2/_3$ der Margo. Einen anderen Aufbau weisen die Hoftüpfel von *Gnetum gnemon* auf. Der Porus bildet einen Schlitz, der mit einer durchlöcherten Platte bedeckt ist. Die Schließhaut besitzt keinen Torus. Für die Entwicklungsgeschichte dieser Gattungen ist zu schließen, daß eine direkte Verwandtschaft der *Ephedraceen* mit den Coniferen besteht, daß sich die *Gnetaceen* dagegen schon von Frühstadien der Gymnospermen abgetrennt haben.

Weitere Untersuchungen über die Tüpfel der Coniferenmembranen sind von BAILEY (1), (2) erschienen. Seine älteren lichtmikroskopischen Befunde werden mit den neueren elektronenmikroskopischen Untersuchungen verglichen und diskutiert.

Von LIESE sind Aufnahmen von intervasculären Hoftüpfeln in Laubhölzern (*Betula, Fagus, Populus* und *Salix*) veröffentlicht worden. Die Tüpfelhaut besitzt keinen Torus, die Elementarfibrillen zeigen Primärwandtextur und sind von inkrustierenden Substanzen eingehüllt. Im Gegensatz zu den Nadelhölzern bilden die Schließhäute geschlossene Membranen und der Wasseraustausch von Zelle zu Zelle erfolgt nur durch Diffusion.

### Literatur.

ALBERTSSON, P. A., and H. LEYON: Exp. Cell. Res. 7, 288—290 (1954). — ALGERA, L., J. J. BEIJER, W. v. ITERSON, W. K. H. KARSTENS and T. H. THUNG: Biochem. biophys. Acta 1, 517—526 (1947).

BAILEY, I. W.: (1) Holz **15**, 210—213 (1957). — (2) Amer. J. Bot. **44**, 415—418 (1957). — BORYSKO, E.: J. biophys. biochem. Cytol. **2**, Suppl. 3—15 (1956). — BUVAT, R.: (1) C. R. Acad. Sci. (Paris) **244**, 1401—1403 (1957). — (2) C. R. Acad. Sci. (Paris) **245**, 350—352 (1957). — BUVAT, R., et N. CARASSO: C. R. Acad. Sci. (Paris) **244**, 1532—1534 (1957).

CALVIN, M., and V. LYNCH: Nature (Lond.) **169**, 455—456 (1952). — COHEN, M., and E. BOWLER: Protoplasma (Wien) **42**, 414—416 (1953).

EICKE, R.: Bot. Jb. **77**, 193—217 (1957). — EMERSON, R., and W. J. ARNOLD: J. gen. Physiol. **16**, 191 (1932).

FREY-WYSSLING, A.: (1) Macromolecules in Cell Structure. Cambridge, Mass.: Harvard University Press 1957. — (2) Submicroscopic Morphology of Protoplasm. Amsterdam: Elsevier 1953. — FREY-WYSSLING, A., u. E. KREUTZER: Planta **51**, 104—114 (1958).

GRANICK, S., and K. E. PORTER: Amer. J. Bot. **34**, 545—550 (1947).

HEITZ, E.: (1) Z. Naturforsch. **12b**, 579—580 (1957). — (2) Z. Naturforsch. **12b**, 283—286 (1957). — Z. Naturforsch. **12b**, 576—578 (1957). — HODGE, A. J., J. D. McLEAN and F. V. MERCER: (1) J. biophys. biochem. Cytol. **2**, 597—608 (1956). — (2) J. biophys. biochem. Cytol **1**, 605—614 (1955). — HOUVEN VAN OORDT-HULSHOF, B. VAN DER: Acta bot. néerl. **6**, 420—428 (1957).

KAJA, H.: Protoplasma (Wien) **47**, 280—297 (1956). — KENDREW, J. C., G. BODO, H. M. DINTZIS, R. G. PARRISH, H. WYCKOFF and D. C. PHILLIPS: Nature (Lond.) **181**, 662—666 (1958).

LANCE, A.: C. R. Acad. Sci. (Paris) **245**, 352—355 (1957). — LEYON, H.: (1) Exp. Cell. Res. **6**, 497—505 (1953). — (2) Exp. Cell. Res. **4**, 371—382 (1953). — LEYON, H., u. D. v. WETTSTEIN: Z. Naturforsch. **9b**, 471—475 (1954). — LIESE, W.: Holz **15**, 449—453 (1957). — LUND, H. A., A. E. VATTER and J. B. HANSON: J. biophys. biochem. Cytol. **4**, 87—96 (1958).

MERCER, F. V., A. J. HODGE, A. B. HOPE and J. D. McLEAN: Austral. J. Biol. Sci. **8**, 1—18 (1955).

NIKLOWITZ, W.: Exp. Cell. Res. **13**, 591—595 (1957). — NORTHCOTE, D. H.: Biol. Rev. **33**, 53—102 (1958).

PARDEE, A. B., H. K. SCHACHMAN and R. Y. STANIER: Nature (Lond.) **169**, 282—284 (1952). — PAULING, L., and R. B. COREY: Nature (Lond.) **171**, 59—61 (1953).

SAGER, R., and G. E. PALADE: J. biophys. biochem. Cytol. **3**, 463—488 (1957). — SANGER, F., and H. TUPPY: Biochem. J. **49**, 481 (1951). — STEFFEN, K., u. F. WALTER: Planta (Berl.) **50**, 640—670 (1958). — STEINMANN, E.: Exp. Cell. Res. **3**, 367—372 (1951). — STEINMANN, E., and F. S. SJÖSTRAND: Exp. Cell. Res. **8**, 15—23 (1955). — STERLING, CL.: Acta bot. néerl. **6**, 458—471 (1957). — STERLING, CL., and B. J. SPIT: Amer. J. Bot. **44**, 851—859 (1958). — STRUGGER, S.: (1) Naturwiss. **43**, 451—452 (1956). — (2) Ber. dtsch. bot. Ges. **70**, 91—108 (1957). — (3) Naturwiss. **44**, 543—544 (1957). — (4) Naturwiss. **44**, 596—597 (1957). — (5) Z. Naturforsch. **12b** 280—283 (1957).

TREIBER, E.: Die Chemie der Pflanzenzellwand. Berlin: Springer 1957.

WETTSTEIN, D. v.: Exp. Cell. Res. **12**, 427—506 (1957). — WOLKEN, J. J., and G. E. PALADE: Ann. Acad. Sci. N Y. **56**, 873—889 (1953). — WOLKEN, J. J., and F. A. SCHWERTZ: J. gen. Physiol. **37**, 111—120 (1953).

ZURZYCKI, J.: Acta Soc. Bot. Polon. **23**, 161—174 (1954).

# B. Systemlehre und Pflanzengeographie.

## 5a. Systematik und Phylogenie der Algen.

Von Bruno Schussnig, Jena.

### Cyanophyceae.

Herbst unterzieht einige Formen, und zwar *Aphanocapsa* sp., *Tolypothrix byssoidea* (Hass.) Kirchn., *T. distorta* Kütz. und *Synechococcus elongatus* Näg., einer neuerlichen cytologischen Untersuchung zwecks Nachweis der DNS-Zentren. Während bei den *Tolypothrix*-Arten mit Feulgen ein chromatisches Reticulum nachgewiesen werden konnte, treten in den Zellen von *Aphanocapsa* und *Synechococcus* kugelige und fadenförmige Strukturen auf, die den Aspekt von Nucleoiden, wie bei den Bakterien, haben. Mit der Zellteilung geht eine Verdopplung der kugeligen Nucleoide bzw. eine Spaltung der in der Längsachse orientierten Chromatinfäden vor sich. Zweifellos handelt es sich um Kernäquivalente und die Ähnlichkeit mit den Nucleoiden der Bakterien könnte, wenn es sich nicht um bloße Konvergenzerscheinungen handelt, evtl. phylogenetisch von Bedeutung sein.

### Chrysophyceae.

In einer Abhandlung über die Taxonomie der mikroskopischen Flora des tschechoslowakischen Gebietes führt Fott eine Anzahl neuer Formen an, und zwar *Lagynion ellipsoideum* n. sp., *Chrysopyxis paludosa* n. sp., *Mallomonas paludosa* n. sp., *Stylopyxis libera* n. sp., *Arachnochloris planctonica* n. sp., *Goniochloris fallax* n. sp. Für *Tetrakentron* Pascher (1939) (non *Tetracentron* Oliver, 1889) prägt Fott aus nomenklatorischen Gründen die Bezeichnung *Tetraplektron* nomen novum, wovon *Tetraplektron acutum* (Pascher) Fott var. *laevis* (Bourrelly) comb. nova beschrieben wird. Außerdem wird eine neue Gattung, *Gloeoskene*, mit der neuen Art *Gloeoskene turfosa* angeführt. Die mit 2—3 deutlich axialen Chromatophoren versehenen, 6 $\mu$ großen Zellen liegen zu mehreren in einer formlosen, farb- und strukturlosen, nicht scharf begrenzten, bis 60 $\mu$ messenden Gallerte eingebettet. Die Vermehrung geschieht durch Autosporen, die zu zweit je Mutterzelle entstehen. Die leeren Membranen bleiben in der Gallerte zurück. Diese neue Form stammt aus einem Altwasser der Moldau im Böhmerwald.

### Xanthophyceae.

Von Bourrelly (1) wird die neue Gattung *Chadefaudiothrix* aufgestellt. Sie erscheint in Form 1,5 mm langer und 30—35 $\mu$ breiter, gallertiger Fäden, die entweder einfach oder anastomosierend sind. Die

Gallerte ist dünnflüssig, ohne Färbung schwer sichtbar. Darin sind die zylindrischen, stäbchenförmigen, leicht gebogenen Zellen, mit zugespitzten Enden, eingeschlossen. Sie messen 27—30 $\mu$ in der Länge und 6—8 $\mu$ in der Breite. Innerhalb der Gallertfäden sind die Zellen etwas unregelmäßig verteilt, doch mit ihren Längsachsen parallel zur Fadenachse orientiert. In der Regel sind die Zellen in einer einzigen Reihe angeordnet, doch an den Stellen starker Zellvermehrung greifen sie doppelreihig übereinander. Die Zellen besitzen außer einer sehr zarten Membran auch eine eigene, deutlich sichtbare Gallerthülle. In den Zellen befinden sich 2—3 scheiben- bis bandförmige, parietal gelegene Chromatophoren von gelbgrüner Farbe. Pyrenoide, Stigma, pulsierende Vacuolen und Stärke sind nicht vorhanden. Die Zellvermehrung geschieht durch schiefe Querteilung, was die Bildung schnallenartiger Anastomosen bei den Gallertfäden verständlich macht. Nach diesen Merkmalen gehört die vorliegende Form zweifellos zu den Xanthophyceen. Fraglich ist, ob *Chadefaudiothrix gallica* zu den Xanthocapsalen (Heterocapsalen) oder zu den Xanthotrichalen (Heterotrichalen) gezählt werden soll. BOURRELLY entschließt sich für die letzteren, weil bei den ersteren eine Zellmembran fehlt, pulsierende Vacuolen vorhanden sind und die Vermehrung durch heterokonte Schwärmer geschieht. Bestimmend für die Einreihung in die Familie der Xanthotrichaceen sind auch abnorme Bildungen bei *Tribonema*, bei denen ebenfalls Verzweigungen und Anastomosen vorkommen können. Ähnliches wurde auch bei *Heterothrix* von ETTL (1956) beobachtet. BOURRELLY zieht zu *Chadefaudiothrix* auch die von FRITSCH (1933) beschriebene *Ecballocystis fluitans* als *Chadefaudiothrix fluitans* (FRITSCH) nov. comb. und die von BOURRELLY (1947) beschriebene *Elakatothrix(?)minouchetii*, als *Chadefaudiothrix minouchetii* (BOURR.) nova comb. hinzu. Während *Ch. gallica* freischwebend ist, sind *Ch. fluitans* und *Ch. minouchetii* festsitzend. Bei den ersteren zwei Arten ist der Gallertthallus verzweigt und mit Anastomosen versehen, bei der letzteren sind die Gallertfäden einfach. Es kann sich somit um Formen handeln, die zur Fadenform führen, doch meint BOURRELLY, daß es nicht leicht ist, die Gattung *Chadefaudiothrix* dem Bau nach irgendeiner Xanthotrichacee anzuschließen. Vielmehr scheint es sich um einen primitiveren Formtypus zu handeln, dessen Ursprung zwischen den Xanthotrichalen und Xanthococcalen (Heterococcalen) zu suchen wäre.

Frau Prof. MANTON und ihren Mitarbeitern verdanken wir nunmehr eine Entscheidung in der Frage nach der systematischen Stellung der Vaucheriaceen. Nachdem für die Spermien bereits eine heterokonte und heterodynamische Begeißelung festgestellt worden war, erhoben sich über die von STRASBURGER stammende Abbildung eines Längsschnittes durch eine Synzoospore, mit isomorphen Geißelpaaren, berechtigte Bedenken. Nunmehr steht es fest, daß auch hier die Begeißelung heterokont und heterodynamisch ist, so daß die Zugehörigkeit der Vaucheriaceen zu den Heteroconten nicht mehr fraglich ist. Die Lostrennung von den Chlorophyceen (Siphonales) ist endgültig; ihr Platz ist bei den Xanthosiphonales (Heterosiphonales).

## Dinophyceae.

In der bereits erwähnten Abhandlung von FOTT wird *Gymnodinium lens* n. sp. angeführt, das sich vom ähnlichen *G. tenuissimum* LAUTERBORN und G. *leopoldiense* WOLOSZYNSKA durch den feinen, strukturlosen Periplast unterscheidet.

Für die Gattung *Massartia* CONRAD (1926), mit der Typusart *M. nieuportensis*, nimmt FOTT eine Umbenennung vor, weil der Name von DE WILDEMANN (1897) für eine Mucorineen-Gattung geprägt wurde. Von CONRAD wurden in die Gattung *Massartia* jene nackten Dinoflagellaten gestellt, deren Hypovalva in Form einer halbkugeligen Warze, mehrmals kleiner als die Epivalva, ausgebildet ist. Umfang und Diagnose dieser Gattung wurde dann von SCHILLER (1933, 1955) erweitert bzw. präzisiert. Analog zur Bezeichnung *Amphidinium* schlägt FOTT den Namen *Katodinium* nom. nov. vor und gibt folgende Diagnose: „Zellen im Umrisse annähernd elliptisch oder eiförmig, drehrund oder deutlich abgeflacht, dorsiventral, grundsätzlich umgekehrt gebaut als *Amphidinium*. Epivalva verhältnismäßig groß, halbkugelig oder halbeiförmig, manchmal kugelförmig bis zylindrisch, breit abgerundet bis stumpf konisch. Hypovalva bedeutend kleiner, manchmal so breit wie die Epivalva, andermal auffallend kleiner, knopfförmig oder halbkugelig, unterhalb der Epivalva sitzend. Höhenverhältnis der beiden Valvahälften höchstens 1 : 3, gewöhnlich kleiner. Querfurche kreisförmig oder leicht schraubenförmig. Längsfurche manchmal undeutlich, andermal an beiden Valven. Geißel weit aus der Längsfurche reichend, lang und stark, bei manchen Arten die Zelle nachschleppend (tractellum). Chromatophoren bei der Mehrzahl der Arten fehlend, animalische Ernährung überwiegend. Vermehrung durch schiefe Querteilung, Cysten unbekannt. Vorkommen: im Salz-, Süß- und Brackwasser, kosmopolitsch.“

Von dieser Gattung beschreibt FOTT *Katodinium piscinale* spec. nova, aus einem Teichplankton in Böhmen (CSR).

## Bacillariaceen.

In einer Übersicht über die sexuelle Fortpflanzung der pennaten Diatomeen, mit welcher sich GEITLER schon seit vielen Jahren beschäftigt und dem grundlegende Ergebnisse auf diesem Gebiete zu verdanken sind, berührt er auch die Frage nach den Beziehungen der von ihm aufgestellten Kopulationstypen zur Systematik der Pennaten. Die allogamen Typen I (mit zwei) und II (mit einem Gameten je Mutterzelle) stellen phylogenetisch eine relativ ursprüngliche Organisationsstufe des Kopulationsaktes dar.

Für alle *Cymbella-*, *Gomphonema-* und *Achnanthes*-Arten ist, soweit nicht Automixis vorliegt, der Typus I A charakteristisch, d. h. die Gameten sind anisogam, wobei die Kopulation der Wander- und Ruhegameten entweder gegenläufig oder in gleicher Richtung erfolgen kann. Der Typus I B 1, bei dem die Gameten isogam sind und der Kopulationsakt in relativ fester Gallerte vollzogen wird, ist für die Epithemiaceen kennzeichnend. Der Typus II, bei dem Allogamie unter Bildung nur eines Gameten je Gamonten vorliegt, trifft für die Gattungen *Cocconeis, Eunotia* und *Surirella* zu. Bei den Naviculoideen (besonders der Gattung *Navicula*) wird im allgemeinen der Typus I, und zwar der Untertypus I C angetroffen, d. h. die Gameten sind ± willkürlich isogam, in weicher Gallerte kopulierend. Ebenso gehören alle untersuchten *Nitzschia*-Arten, sofern sie nicht apo- oder vielleicht automiktisch sind, im wesentlichen dem Typus I an. Auto- und Apomixis durchbrechen oft, selbst innerhalb derselben Art bei verschiedenen Varietäten und Rassen (wie z. B. bei *Cocconeis, Denticula, Cymbella, Gomphonema*) die Regel. Trotzdem gibt GEITLER an, daß zwischen Kopulationstypus und Systematik unverkennbare Beziehungen bestehen.

## Chlorophyceae.

**Phytomonadineae.** In der Veröffentlichung von FOTT werden folgende neue Arten beschrieben:

*Pyramimonas subcylindrica, Chlamydomonas chrysomonadis, Chl. ettlii, Chl. tatrica, Gloeomonas simulans, Dysmorphococcus punctatus, Carteria tatrica* und *C. turfosa.*

Für *Pteromonas cordiformis* LEMMERMANN (1900) gibt FOTT die Synonymie an: *Chlamydococcus alatus* STEIN (1878), *Sphaerella alata* LAGERHEIM (1883) pro p. und *Haematococcus alatus* (STEIN) DE TONI (1889). Er führt diese Art unter der Bezeichnung *Pteromonas cordiformis* LEMMERMANN emend. FOTT.

## Tetrasporineae.

In seinem 6. Beitrag zur Systematik der Süßwasseralgen setzt sich BOURRELLY (2) mit der Diagnostik und der Gliederung der Tetrasporalen auseinander. Wie üblich werden diese Formen zwischen den monadoiden begeißelten Volvocalen, und den unbeweglichen, nicht fadenförmigen Chlorococcalen gestellt. Die Tetrasporalen verbringen den größten Teil ihrer individuellen Entwicklung im palmelloiden Zustand, innerhalb einer amorphen oder strukturierten Gallerte, während der begeißelte Zustand, als 2—4 geißelige Schwärmer, nur temporär auftritt. Die Zellen bewahren während der palmelloiden Phase ihre pulsierenden Vacuolen und oft auch den Augenfleck. Die Vermehrung geschieht durch vegetative Teilungen im unbeweglichen Zustand, und durch Schwärmer in der beweglichen Phase. Die Zellen sind in der Regel einkernig, führen oft Pyrenoide und enthalten Stärke als Assimilationsprodukt.

BOURRELLY faßt die Ordnung der *Tetrasporales* als nicht einheitlich auf; er fügt neben der gut charakterisierbaren Familie der Tetrasporaceen zwei andere, nicht genau abgrenzbare Gruppen der Palmellaceen und Chlorangiaceen zu. Diese zwei letzteren Gruppen lassen sich nicht klar gegenüber den Volvocalen, Chlorococcalen und den Chaetophoralen abgrenzen. Die Coccomyxaceen, die viele Autoren zu den Tetrasporalen rechnen, werden wegen des Fehlens einer Gallerte, des Nichtvorhandenseins pulsierender Vacuolen und des Fehlens einer Schwärmerbildung, in die Ordnung der Chlorococcales gestellt. Ebenso wird die Familie der Nautococcaceen mit der Familie der Chlorococcaceen, in der Ordnung der Chlorococcalen, vereinigt, obwohl contractile Vacuolen vorhanden sind.

BOURRELLY schließt sich hier der Meinung von STARR (1955) an, wonach das Vorhandensein pulsierender Vacuolen kein ausreichendes Merkmal darstelle, um die Nautococcaceen von den Chlorococcalen zu entfernen.

Nach BOURRELLY wäre somit die Ordnung der Tetrasporalen folgendermaßen zu gliedern:

I. Zellen mit gallertigen, unbeweglichen
   Pseudoflagellen . . . . . . . . . . . . . . . . . *Tetrasporaceae*
II. Zellen ohne Pseudoflagellen
   a) Kolonien mit reichlicher Gallerte, nicht dendroid
      verzweigt. . . . . . . . . . . . . . . . . . . . *Palmellaceae*
   b) festsitzende, epiphytische oder epizoische Formen,
      häufig dendroide Verzweigung . . . . . . . . . *Chlorangiaceae*

Im vorliegenden Beitrag wird die Familie der Tetrasporaceae behandelt, die durch den Besitz der Pseudoflagellen klar definiert ist. Im vegetativen Zustand sind die Zellen unbeweglich und führen einen schalenförmigen, seltener sternförmigen Chromatophor, mit einem Pyrenoid. Am apicalen Pol entspringen 2, 4 oder 16 Pseudoflagellen (Pseudocilien), die der Verfasser als cytoplasmatische Gallertfäden auffaßt. (Referent hat bei *Tetraspora* Basalkörner beobachtet, von denen die Pseudoflagellen ihren Ursprung nehmen.) Außerdem sind im apikalen Pol der Tetrasporalenzelle, so wie bei den Phytomonadinen, zwei pulsierende Vacuolen vorhanden. Alle Gattungen, ausgenommen *Porochloris*, bilden Kolonien in Gestalt eines gallertigen Thallus. Die Vermehrung im vegetativen Zustand geschieht durch Teilung in 2, 4 oder 8 Tochterzellen, welche häufig in Tetraden beisammen bleiben. Die Zoosporen besitzen 2 oder 4 Geißeln. Bei manchen Gattungen ist eine isogame Kopulation zwischen zweigeißeligen Gameten bekannt. BOURRELLY entwirft folgenden Bestimmungsschlüssel:

I. Einzellige Form mit Gehäuse . . . . . . . . . . . 8. *Porochloris*
II. Einzellige oder koloniebildende Formen, ohne
   Gehäuse:
   a) Membranreste in der Muttergallerte vorhanden . . 5. *Schizoschlamys*
   b) keine Membranreste
      1. Pseudocilien ragen nicht über die coenobiale
         Gallerte hinaus . . . . . . . . . . . . . . . 1. *Tetraspora*
      2. Pseudocilien lang, aus der Gallerte
         hervorragend
         — 16 Pseudocilien je Zelle . . . . . . . . . 7. *Polychaetochloris*
         — 2 Pseudocilien je Zelle
         = festsitzende Formen
            + Kolonien kugelig oder halbkugelig:
               Kolonien mit einem Fuß befestigt . . . . 3. *Apiocystis*
               Kolonien ohne Fuß. . . . . . . . . . . . 6. *Chaetochloris*
            + Kolonien scheibenförmig . . . . . . . . 9. *Chaetopeltis*
         = freischwebende Formen
            + Kolonien zusammengesetzt . . . . . . . . 4. *Paulschulzsia*
            + Kolonien einfach . . . . . . . . . . . . 2. *Fottiella*

Hervorgehoben soll noch werden, daß BOURRELLY, wohl mit Recht, die Gattung *Chaetopeltis* zu den Tetrasporaceen rechnet, die er als ein anschauliches Beispiel für Formparallelismus zu den Chaetophoraceen, zu denen sie früher gerechnet wurde, interpretiert.

In einer kurzen Notiz erwähnt BOURRELLY (3) die farblose Tetrasporale *Cyanoptyche gloeocystis*, mit kugeligen Einzelzellen von 15 bis 20 $\mu$ im Durchmesser, die von einer schmalen, doppelten Gallerthülle umgeben sind. Anstelle der Plastiden finden sich ellipsoidische blaugrüne Syncyanellen von 3 $\mu$ × 2 $\mu$ und einer Dicke von 2—3 $\mu$. Diese endophytischen Chroococcaceen sind an der inneren Peripherie der Zelle, in großer Zahl, gelagert, genauso wie parietale Chromatophoren. Zwischen den Endophyten (Pseudoplasten) liegen zahlreiche Stärkekörner. Ein Pol der Zelle ist frei von Pseudoplasten und läßt zwei contractile Vacuolen erkennen. In der Zellmitte liegt ein 6 $\mu$ großer Kern. Die vorliegende Form, welche von PASCHER für Böhmen beschrieben worden war und sehr selten ist, wurde jetzt auch in Frankreich nachgewiesen. Die Form aus Böhmen ist etwas größer: 20—45 $\mu$ mal 18—35 $\mu$, Cyanellen 4—5 $\mu$. Daher schlägt BOURRELLY eine forma *minor* vor.

### Chlorococcineae.

Hier stellt FOTT, nebst einer neuen Art von *Hydrianum* (*H. coronatum* n. sp.), zwei neue Gattungen auf.

*Telmatoskene* gen. nov. Die mit einer dünnen, glatten strukturlosen Membran versehenen Zellen liegen in bis einige Millimeter großen Gallertlagern eingebettet. Die Gallerte ist farblos, strukturlos, undeutlich begrenzt oder zerfließend; bei Zusatz von Anilinfarbstoffen wird eine *Gloeocystis*-artige Struktur sichtbar. Der Chloroplast, durch enge Einschnitte in mehrere lappige Segmente geteilt, ist wandständig und pyrenoidlos. Pulsierende Vacuolen fehlen. Im Protoplasten ist eine exzentrische Zellsaftvacuole. Der kugelige Kern im dicksten Teil des Plasmawandbelages. Stärke in Form kleiner Körner, außerdem Fettgranula. Vermehrung durch 4 tetraedrisch angeordnete Autosporen je Zelle, deren Membran vergallertet. Fortpflanzung durch eiförmig-ellipsoidische, zweigeißelige, isokonte Schwärmer, die zu 8—16 in den Mutterzellen gebildet werden. Die Schwärmer besitzen einen parietalen Chromatophor, ein Stigma und pulsierende Vacuolen.

*Telmatoskene mucosa* n. sp., mit den Merkmalen der Gattung. Morphologische Ähnlichkeit mit der Heterococcale *Gloeobotrys* PASCHER (1939) vorhanden.

*Ankyra* genus novum.

Syn.: *Schroederia* LEMMERMANN (1898) in SMITH (1916), pro parte, SMITH (1926), pro parte.
*Characium* A. BRAUN (1847) in SCHILLER (1924), pro parte, FOTT (1942), pro parte.
*Lambertia* KORSCHIKOW (1953), pro parte.

FOTT gibt dafür folgende Diagnose:

„Zellen spindelförmig oder walzenförmig, an beiden Enden in lange Borsten verjüngt. Eine Borste in einen zweiarmigen Anker gespalten oder zu einem flachen Spatel verbreitert.

Zellmembran zweiteilig, die beiden Teile annähernd gleich groß, in der Mitte der Zelle verbunden. Chloroplast wandständig, manchmal mit einer Zentralverdickung, mit einem Pyrenoid.

Vermehrung durch Bildung von Zoosporen, welche sich zu vegetativen Zellen entwickeln oder sich zu kugeligen Dauersporen umwandeln.

Vorkommen: im Plankton von Teichen und Seen."

Wegen der Zweiteiligkeit der Membran sondert FOTT die Gattung *Ankyra* von *Characium* ab. Bei den Chlorococcalen ist dieser Membranbau relativ selten, sie kommt z. B. auch bei *Desmatractum* vor. Die Typusart ist *Ankyra ankora* (SMITH) comb. nova, außerdem gehören die Arten *A. judai* (SMITH) comb. nova, *A. ocellata* (KORSCH.) comb. nova, *A. spatulifera* (KORSCH.) comb. nova, *A. lanceolata* (KORSCH.) comb. nova und *A. calcarifera* (KISELEV) comb. nova hierher.

*Rhopalosolen* nomen novum.

Syn.: *Filarszkia* KORSCHIKOV (1953), non *Filarszkia* FORTI in DE TONI (1907). *Characium* A. BRAUN (1849) in KÜTZ, Spec. Alg., em. HANSGIRG (1888) pro parte.

*Characiopsis* BORZÌ in LEMMERMANN (1914) pro parte.

Die Namensänderung führt FOTT deshalb ein, weil der frühere Name *Filarskia* schon von FORTI (1907) geprägt wurde und somit die Bezeichnung *Filarskia* KORSCHIKOV (1953) ungültig ist.

Die keulenförmig bis walzigen, apikal breit abgerundeten, basal verjüngten, stiel- und haftscheibenlosen Zellen sind mittels Schleim an den Schwimmfüßchen von *Branchipus* befestigt. Der Chloroplast ist wandständig, mit Pyrenoiden. Die zweigeißeligen, eiförmigen Zoosporen werden durch einen distalen Membranriß frei. Die geschlechtliche Fortpflanzung geschieht durch Kopulation kugeliger Gameten.

Es werden zwei Arten angeführt:

*Rhopalosolen cylindricus* (LAMBERT) comb. nova.

Bas.: *Characium cylindricum* LAMBERT (1909).
Syn.: *Filarszkia cylindrica* (LAMBERT) KORSCHIKOV (1953).

*Rhopalosolen saccatus* (FILARSZKY) comb. nova FOTT emendavit.

Bas.: *Characium saccatum* FILARSZKY (1914).
Syn.: *Characium saccatum* FILARSZKY (1926).
*Characium saccatum* FILARSZKY var. *major* PEVALEK (1923).
? *Characium saccatum* FILARSZKY in BOURRELLY et FUSEY (1948).
? *Characium groenlandicum* RICHTER (1897).
Exs.: *Characium saccatum* FILARSZKY in Flora Hungarica exsiccata No. 122, Cent. II, Algae 5".

Nach Lostrennung derjenigen *Characium*-Arten, welche eine zweiteilige Membran besitzen, in die neue Gattung *Ankyra*, verbleiben in der Gattung *Lambertia* nur die epibiontischen Arten mit einfacher Membran. Somit lautet die Diagnose:

*Lambertia* KORSCHIKOV (1953) emendavit FOTT:

„Zellen länglich zylindrisch, mit dem verjüngten, am Ende gewöhnlich gegabelten Stiel am Substrat befestigt. Das obere Ende der Zelle mit einer Borste oder borstenlos und dann breit abgerundet.

Chloroplast parietal, anfangs ungeteilt, später in mehrere Teile gegliedert, von denen ein jeder ein Pyrenoid enthält. Kern ursprünglich einer, später mehrere Kerne.

Vermehrung durch Zoosporen oder durch Kopulation von Gameten. Vorkommen: epizoisch auf *Branchipus, Daphnia* usw."

Bisher 5 Arten bekannt:

*L. limnetica* (LEMMERMANN) KORSCHIKOV.
*L. schaefernai* FOTT (spec. nova).
*L. michailovskoensis* (ELENKIN) KORSCH.
*L. gracilipes* (LAMBERT) KORSCH.
*L. setosa* (FILARSZKY) KORSCH.

### Chaetophorineae.

*Microthamnion kützingianum* NAEG. wurde von PRAUSER in Kultur genommen und die Variabilität des Thallus verfolgt, mit dem Endergebnis, daß die bisherigen Arten *M. kützingianum* NAEG. und *M. strictissimum* RABENH., in Übereinstimmung mit PETERFI, bloß als Grenzformen der Art *M. kützingianum* NAEG. zu gelten haben.

Der Nachweis von Chlorophyll a und b, nebst Carotin, Lutein und Violaxanthin, sowie die Feststellung, daß die Schwärmer zwei gleichlange Peitschengeißeln besitzen, hat die Frage nach der Zugehörigkeit dieser Gattung zu den Chlorophyceen endgültig entschieden. Der Verfasser rechnet Microthamnion zu den Chaetophoraceen und schlägt vor, es zusammen mit *Lochmium* und *Thamniochaete* zur Gruppe der *Erectae* zu stellen.

### Prasiolineae.

Zur Charakterisierung der Prasiolaceen gehörte bis in die neueste Zeit der Mangel einer sexuellen Fortpflanzung, eine Anschauung, der sich auch FRITSCH (1954) und G. M. SMITH (1955) anschlossen, obwohl YABE (1932) eine sexuelle Fortpflanzung für *Prasiola japonica* YATABE angab.

FUJIYAMA (1949, 1955) bestätigt die Angaben von YABE, doch mit dem Unterschied, daß er die weiblichen Gameten für unbeweglich hält. Eine neuerliche Untersuchung von *Prasiola stipitata* SUHR aus North Wales durch DREW u. FRIEDMANN ergibt, in Übereinstimmung mit den Angaben der japanischen Autoren, daß in der Gattung *Prasiola* eine Kopulation beweglicher Anisogameten vorkommt. Für die systematische Charakterisierung der Prasiolaceen sind diese Befunde von bestimmender Bedeutung.

### Cladophorineae.

An Kulturen von *Rhizoclonium kochianum* KÜTZ. = *Rh. implexum* (DILLW.) KÜTZ. sensu KOSTER und von *Rhizoclonium riparium* (ROTH) HARV. weist BLIDING nach, daß auch bei dieser Gattung der Cladophoraceen eine sexuelle Gametophytengeneration mit zweigeißeligen Isogameten und eine asexuelle Sporophytengeneration mit viergeißeligen Zoosporen vorhanden ist. Der antithetische Generationswechsel ist somit ein kennzeichnendes Merkmal für die Gruppe der Cladophorineen.

### Phaeophyceae.

Die Wichtigkeit der Kulturtechnik für die Lösung systematischer Fragen ergibt sich auch aus der Untersuchung von KORNMANN über eine Form von *Ectocarpus confervoides*. Die Entwicklungsgeschichte förderte einen antithetischen Generationswechsel mit heteromorphen Generationen heraus. Auf dem Sporophyten entstehen die (unilokulären) Zoosporangien, in denen, wie üblich, die Reduktionsteilung vollzogen wird. Die Schwärmer ein und desselben Zoosporangiums erweisen sich als isomorph, doch die aus ihnen hervorgehenden Gametophyten sind physiologisch voneinander verschieden. Die Zygote keimt wieder zu einem Sporophyten aus.

Auf dem Sporophyten werden auch plurilokuläre Sporangien erzeugt, welche diploide Schwärmer entlassen. (KORNMANN bezeichnet diese Organe im Hinblick auf ihre Diploidie als Diplosporangien bzw. Diplosporen, eine nicht sehr glückliche Bezeichnung, weil sie schon anderweitig vergeben ist.) Wesentlich ist, daß durch diese diploiden Schwärmer, wie bei vielen anderen Ectocarpaceen, eine quantitative Vermehrung der Sporophyten bewerkstelligt wird. Aus den haploiden Schwärmern der Zoosporangien gehen die sexual-physiologisch differenzierten Gametophyten hervor. Sie erzeugen plurilokuläre Organe, deren Schwärmer als Isogameten fungieren. Der Habitus der gametophytischen Individuen ist durch die langgestreckten pfriemlichen Gametangien von dem der Sporophyten stark verschieden, so daß sie, ohne die Kontrolle durch das Kulturexperiment, für eine verschiedene Art gehalten werden könnten. Die Gameten beiderlei Geschlechter können sich jedoch auch parthenogenetisch zu Pflanzen, welche wieder die morphologischen Merkmale des Sporophyten aufweisen, entwickeln. Allerdings tragen die haploiden Sporophyten nur plurilokuläre und keine unilokulären Sporangien. Aus diesen plurilokulären Behältern gehen geschlechtlich neutrale Schwärmer (Verfasser nennt sie Haplosporen, s. oben) hervor, durch die sich auch der haploide Sporophyt im Wege homologer Generationen selbständig vermehren kann. Durch Aposporie werden aus dem haploiden Sporophyt und dessen Filialgenerationen wieder Gametophyten erzeugt, die das gleiche Geschlecht wie die Ursprungspflanze führen. Die Gameten können entweder kopulieren oder sich parthenogenetisch weiter entwickeln.

Schon aus den klassischen Untersuchungen von SAUVAGEAU, KUCKUCK, KYLIN u. a. gewann man den Eindruck, daß das Bild des antithetischen Generationswechsels namentlich im Bereiche der *Ectocarpales* durch zwischengeschaltete homologe Generationen getrübt wird. Der Angelpunkt in der ontogenetischen Entfaltung liegt in der Lokalisierung der Reduktionsteilung im Zoosporangium, aus dessen Schwärmern die gametophytischen Generationen hervorgehen. Letztere erzeugen in den plurilokulären Organen die Gameten, deren Kopulation die Zygoten und aus diesen hervorgehend neuerdings die Sporophyten ergibt. Damit ist das Grundschema des antithetischen Generationswechsels fixiert. Die Abweichungen davon bestehen darin, daß die sexuelle Potenz der Gameten geschwächt ist, so daß es zu einer parthenogenetischen Entwicklung derselben und zur Ausbildung homologer gamophasischer Generationen führen kann. Andererseits kann auch der Sporophyt, wenn auf ihm außer Zoosporangien auch plurilokuläre Behälter erzeugt werden, sich durch homologe diplophasische Generationen quantitativ vermehren, da in den Loculis der plurilokulären Sporangien niemals eine Reduktionsteilung erfolgt. Eine weitere Abweichung vom Schema der antithetischen Alternanz kann auch dann entstehen, wenn die Schwärmer aus den unilokulären Zoosporangien direkt kopulieren können. Eine Neigung dazu wurde schon in einigen Fällen bei den Ectocarpalen registriert und diese Tendenz steigert sich zu einem für die Fucales fixierten Organisationsmerkmal, wo die Geschlechtsorgane Homologa der Zoosporangien sind. Hier fehlen die plurilokulären Vermehrungsorgane ganz.

Was die von KORNMANN untersuchte Form von *Ectocarpus confervoides* besonders interessant macht, ist die Ausprägung eines heteromorphen Generationswechsels, derart, daß die Gametophyten habituell vom Sporophyten verschieden sind. Das ist eine für die Artbildung und somit für Fragen der Systematik wesentliche Feststellung. Sie zeigt, daß die Heteromorphie der beiden Generationen, die in anderen Ordnungen der Phaeophyceen zu einem systematischen Merkmal fixiert sind, auch im Bereiche der stark variablen Ectocarpalen vorkommt. Die habituelle Verschiedenheit der beiden Generationen kann, verbunden mit Verselbständigung und regionaler Trennung derselben, zur Ausprägung neuer Arten mit vereinfachter oder fehlender Alternanz führen. Für die experimentelle Systematik, im Wege der Reinkultur und der Erforschung des Kernphasenwechsels, ist hier wie auch in anderen Bereichen der höheren Algen, noch ein ausgiebiges Betätigungsfeld gegeben.

Das zeigt auch die Arbeit von Frau ERNST-SCHWARZENBACH über die Fortpflanzungsverhältnisse von *Halopteris filicina* (GRATEL.) KÜTZ. Auch hier ist im wesentlichen das Schema eines antithetischen Generationswechsels zu erkennen, doch konnte die Verfasserin eine Kopulation der aus dimorphen plurilokulären Behältern der Gametophyten hervorgehenden Gameten niemals beobachten. Makro- und Mikrogameten können parthenogenetisch bzw. ephebogenetisch neuerdings Gametophyten liefern. Es liegt somit auch hier die Möglichkeit einer quantitativen Vermehrung im Wege homologer Generationen innerhalb der Gamophase vor. Die Schwärmer aus den Zoosporangien zeigten eine leichte Tendenz zur Paarung; eine regelrechte Kopulation konnte jedoch nicht festgestellt werden. Man wird trotzdem Frau ERNST-SCHWARZENBACH beipflichten, wenn sie in *Halopteris filicina* einen evolutionistischen Übergangszustand vermutet in Richtung zur stärkeren Betonung der Diplophase, zumal im Bereiche der Phaeophyceen schon einige Beispiele bekannt sind, welche diese Entwicklung anzeigen. Als Ausgangspunkt hat der Diplohaplont mit isomorphem, antithetischem Generationswechsel zu gelten: Sporophyt — unilokuläre Behälter ( = Zoosporangien) — Reduktionsteilung — Zoosporen — Gametophyt — plurilokuläre Behälter ( = Makro- und Mikrogametangien) — Makro- und Mikrogameten — Kopulation — Sporophyt.

Daraus scheinen für *Halopteris* mit der Zeit zwei verschiedene Rassen hervorgegangen zu sein:

1. Der frühere Sporophyt wurde zu einem Diplonten: Diploide Rasse — unilokuläre Behälter ( = Gametangien!) — Reduktionsteilung

— Gameten ( = Zoosporen) — Kopulation — diploide Pflanzen. Dazu kommt ein Nebencyclus mit asexueller Vermehrung, und zwar: diploide Rasse — plurilokuläre Behälter ( = als vegetative „Sporangien" ausgeprägt) — diploide Zoosporen — diploide Pflanzen.

2. Der frühere Gametophyt wurde vorläufig zu einem Haplonten: Haploide Rasse — plurilokuläre Behälter ( = als Sporangien fungierend) — haploide Schwärmer — haploide Pflanzen.

Aus der Vorverlegung der Ausbildung sexueller Fortpflanzungszellen vom Gametophyten auf den Sporophyten wäre zu verstehen, „daß die haploiden Schwärmer, ganz gleichgültig, ob sie aus uni- oder plurilokulären Behältern stammen, das eine Mal kopulieren, das andere Mal sich apomiktisch weiterentwickeln, ihre Sexualität also fakultativ ist. Das würde auch erklären, warum diploide Pflanzen häufiger sind als haploide, und warum beide oft an verschiedenen Standorten vorkommen." Damit wäre der Weg angezeigt, wie durch regionale Trennung der Generationen zur evolutiven Ausprägung selbständiger Arttypen führen kann.

### Literatur.

BLIDING, C.: Bot. Notiser **110**, 2, 271—275 (1957). — BOURRELLY, B.: (1) Rev. Algol. **3**, 97—102 (1957). — (2) Bull. Microsc. Appl. **7**, 118—124 (1957). — (3) Rev. Algol. **2**, 276 (1957).

DREW, K. M., and I. FRIEDMANN: Nature (Lond.) **180**, 557—558 (1957). ERNST-SCHWARZENBACH, M.: Pubbl. Staz. Zool. Napoli **29**, 347—388 (1957). — FOTT, B.: Preslia **29**, 278—319 (1957).

GEITLER, L.: Biol. Rev. **32**, 261—295 (1957). — GREENWOOD, A. D., I. MANTON and B. CLARKE: J. exp. Bot. **8**, 71—78 (1957).

HERBST, F.: Rev. Algol. **3**, 147—155 (1957).

KORNMANN, P.: Pubbl. Staz. Zool. Napoli **28**, 32—43 (1957).

PRAUSER, H.: Arch. Mikrobiol. **28**, 81—88 (1957).

# 5b. Systematik und Stammesgeschichte der Pilze.

Von Heinz Kern, Zürich.

## I. Allgemeines.

In manchen Pilzgruppen beobachtet man vegetative Verwachsungen der Hyphen (Anastomosen) zwischen Mycelien ein und derselben Art, jedoch nicht zwischen Mycelien verschiedener Arten. Die sichere Beurteilung wird durch das Phasenkontrastmikroskop erleichtert (Kaden). Das Auftreten oder Fehlen von Hyphenanastomosen liefert Anhaltspunkte für den Verwandtschaftsgrad verschiedener Stämme, Varianten usw. von Dermatophyten (Taschdjian u. Muskatblit), holzzerstörenden Hymenomyceten (Bourchier) und anderen Pilzen. Die Neigung zu Verwachsungen und die optimalen Kulturbedingungen dafür können zwar von Stamm zu Stamm beträchtlich variieren (Bourchier); trotzdem scheint es möglich, die Methode weiter zu entwickeln und für die Artumgrenzung innerhalb bestimmter Pilzgruppen vermehrt heranzuziehen.

Auf die Erörterung stammesgeschichtlicher Fragen durch Chadefaud (2, unter erneuter Betonung gemeinsamer Züge von Ascomyceten und Rotalgen) sei hier lediglich hingewiesen, ebenso auf die nach Wirtspflanzen geordnete Übersicht der Mehltau-, Rost- und Brandpilze Frankreichs von Viennot-Bourgin und das mykologische Wörterbuch von Snell u. Dick.

## II. Archimyceten und Phycomyceten.

**Geißelbau.** Die Zoosporen von *Synchytrium endobioticum* (Schilb.) Perc. besitzen eine nachgeschleppte Peitschengeißel, analog den übrigen Archi- und Phycomyceten mit gleicher Geißelanordnung [Kole (2)]. Die Zoosporen von *Plasmopara viticola* (B. et C.) Berl. et de T. entsprechen mit einer kurzen Flimmer- und einer langen Peitschengeißel den Zoosporen von *Pythium* usw. (Santilli; Fortschr. Bot. 13, 91).

**Archimyceten.** Der sexuelle Entwicklungsgang von *Plasmodiophora brassicae* Wor. (Erreger der Kohlhernie) ist noch nicht sicher bekannt. Die Beobachtungen von Kole (1) weisen auf Kopulationen zwischen zwei oder mehreren schwärmenden Zoosporen hin. Nach der mit einzelnen älteren Befunden im Einklang stehenden Darstellung von Heim (1) beginnt damit lediglich die Bildung der Plasmodien, die in der Folge die Wirtspflanze infizieren. Die Zoosporen können sich zeitweise amöboid bewegen, und unter Umständen werden gar keine Geißeln gebildet. Die Karyogamie erfolgt nach Heim zwischen den Kernen eines Plasmodiums; nach einer kurzen Ruheperiode schließt sich die Reduktionsteilung an, und es entstehen dünnwandige, haploide Dauersporen, die später mit nackten, begeißelten oder amöboiden Sporen auskeimen.

Zu einer von früheren Befunden abweichenden Darstellung gelangt dieselbe Verfasserin für den Entwicklungsgang von *Synchytrium endobioticum* (Schilb.) Perc., den Erreger des Kartoffelkrebses [HEIM (2)]. Danach entstehen in der keimenden Dauerspore durch mitotische Teilungen zahlreiche Kerne, die in der Folge paarweise verschmelzen. Nach einer kurzen Ruheperiode machen sie eine Reduktionsteilung (gefolgt von einer Mitose) durch, und das Plasma zerklüftet sich in nackte, weitgehend amöboide Sporen, welche frei werden und gesunde Wirtszellen infizieren. Nach dieser Auffassung wäre die Diplophase auf eine kurze Periode in den keimenden Dauersporen begrenzt; die D a u e r - s p o r e n  s e l b s t  w ä r e n  h a p l o i d, und die Entwicklung des jungen Protoplasten würde offenbar durch Außenfaktoren bestimmt. Diese Beobachtungen mögen unter anderem dazu anregen, neben der Gattung *Synchytrium* auch die wasserlebenden Synchytriaceen (*Micromyces* usw.; RIETH) genauer zu untersuchen.

Einige weitere Pilze auf der Entwicklungsstufe der Archimyceten, aber mit anderer Begeißelung, sind noch schlechter bekannt. Das auf Braunalgen der Gattung *Ectocarpus* parasitierende *Anisolpidium ectocarpii* Karl. besitzt Zoosporen mit einer a p i c a l e n Geißel (Anisolpidiaceen; Fortschr. Bot. 13, 92). Die Kopulation erfolgt hier n a c h  d e r I n f e k t i o n: die nackten Protoplasten von zwei Zoosporen verschmelzen in der Wirtszelle zu einer Zygote, die nach kurzer Zeit (wohl unter Reduktionsteilung) wieder mit Zoosporen keimt (JOHNSON). Unter den Formen mit einer n a c h g e s c h l e p p t e n Geißel ist ein ähnlicher Fall für *Olpidium radicale* Schwartz et Cook beschrieben. In beiden Gruppen ist dies nur e i n e Möglichkeit der sexuellen Fortpflanzung; die Zoosporen von *Reesia amoeboides* Fisch. (Anisolpidiaceen) und von *Olpidium viciae* Kus. (Olpidiaceen) kopulieren v o r  d e r  I n f e k t i o n zu einer zweigeißeligen Zygote, welche in die Wirtszelle eindringt. — Die Diatomeen befallende Gattung *Ectrogella* steht auf einer ähnlichen Entwicklungshöhe, entspricht jedoch in Begeißelung und Diplanie der Zoosporen den Saprolegniaceen; auch hier findet sich die von *Saprolegnia, Achlya* usw. bekannte schrittweise Rückbildung des ersten Schwärmstadiums (FELDMANN u. FELDMANN; vgl. GÄUMANN, S. 52).

**Zygomyceten.** Beiträge zur Kenntnis verschiedener Gattungen: *Actinomucor* (BENJAMIN u. HESSELTINE), *Piptocephalis* (BERRY u. BARNETT; LEADBEATER u. MERCER), *Chaetostylum* und *Chaetocladium* (HESSELTINE u. ANDERSON), *Choanephora* (HESSELTINE u. BENJAMIN), *Endogone* (GODFREY), *Basidiobolus* (DRECHSLER).

## III. Ascomyceten.

**Endomycetales.** Die von den Dipodascaceen ausgehende, zu den Hefen führende Entwicklungsreihe zeichnet sich durch die Rückbildung der Sexualität, durch das Überhandnehmen der Sproßzellbildung und durch die Zunahme fermentativer Prozesse aus. Die neue Gattung *Kluyveromyces* VAN DER WALT vereinigt ursprüngliche und abgeleitete Merkmale: die Asci sind v i e l s p o r i g wie diejenigen von *Dipodascus* (*Kl. polysporus* bis 70, *Kl. africanus* 1—16 Sporen pro Ascus); das Wachstum erfolgt überwiegend durch S p r o s s u n g; oxydative und fermentative Prozesse laufen nebeneinander; isogame oder heterogame Kopulationen können eintreten oder fehlen. Die Gattung dürfte zwischen den Dipodascaceen und ihren Abkömmlingen (Endomycetaceen und Saccharomycetaceen) eine Zwischenstellung einnehmen; für eine sichere stammesgeschichtliche Einordnung sind unsere Kenntnisse noch zu lückenhaft.

**Plectascales.** Die sexuelle Fortpflanzung mancher Gymnoascaceen wird dadurch eingeleitet, daß ein einfaches oder verzweigtes Ascogon ein gerades, keulenförmiges Antheridium umschlingt. Andere Arten sind durch wenig differenzierte, anfänglich isogam erscheinende Kopulationsäste gekennzeichnet und erinnern damit an die Dipodascaceen; nach dem Kernübertritt aus dem Antheridium ins Ascogon wächst dieses zu ascogenen Hyphen aus. Wieder andere Typen erscheinen höher entwickelt oder abgeleitet: das Ascogon von *Myxotrichum Thaxteri* Kuehn scheint ein kurzes Trichogyn zu bilden und damit auf die Aspergillaceen hinzuweisen; in einer anderen *Myxotrichum*-Art ist das Antheridium verschwunden, und das Ascogon entwickelt sich autonom weiter [KUEHN (1)]. Die Mannigfaltigkeit ist hier ähnlich groß wie in der Ascusbildung (Haken- und Kettentypus u. a.) und in der Ausbildung der Fruchtkörperwand; eine umfassende Übersicht wird erst später möglich sein. — Weitere Arbeiten behandeln Entwicklung und Systematik einzelner Vertreter [KUEHN (2); BENJAMIN]. Der Vergleich physiologischer Eigenschaften (C-Quellen, N-Quellen, Wuchsstoffe) bringt vorläufig wenig Anhaltspunkte für die systematische Gliederung (GHOSH).

Eigenartige Entwicklungstypen finden sich in der Gattung *Ceratocystis* (syn. *Ophiostoma, Endoconidiophora* und z. T. *Ceratostomella*; HUNT): einige Arten besitzen nackte ascogene Zellen; diese entwickeln sich hakenähnlich, und in ihrem Innern entstehen nackte Asci (GÄUMANN, S. 126). *C. fagacearum* (Bretz) Hunt, der Erreger der Eichenwelke (Nebenfruchtform *Chalara quercina* Henry; WILSON) bildet in Ketten angeordnete, nackte ascogene Zellen, die sich direkt zu nackten Asci entwickeln; im Unterschied zu anderen Arten wird die Entwicklung des Ascogons wahrscheinlich durch eine Spermatisierung eingeleitet. Andere Arten bilden zellwandumgebene ascogene Zellen (bzw. Hyphen) und Asci in Ketten [z. B. *C. moniliformis* (Hedgc.) Mor.; MOREAU u. MOREAU (1)] oder nach dem Hakentypus. Auch hier erscheint eine zusammenfassende Darstellung noch nicht möglich.

Die Fruchtkörperentwicklung von *Microascus stysanophorus* (Matt.) Curzi entspricht im wesentlichen derjenigen früher beschriebener Arten: während des Heranwachsens entsteht um das zentrale Ascogon eine Höhlung, in die vom peripheren Grundgeflecht her strahlige Hyphen gegen die Mitte wachsen und das Ascogon nach oben drücken; schließlich wachsen die ascogenen Hyphen vom Ascogon aus nach den Seiten und nach unten und resorbieren die zentripetal gewachsenen Hyphen [DOGUET (4)]. Dieser Entwicklungstyp mag an denjenigen von *Aspergillus ruber* (Sp. et Br.) Th. et Ch. anschließen [MOREAU u. MOREAU (2)], bei dem ebenfalls zentripetal wachsende, aber noch nicht strahlig orientierte Hyphen auftreten. Andere Vertreter [z. B. *Thielavia*; DOGUET (1)] weisen noch keine derartige Differenzierung auf.

RAPER befürwortet erneut aus praktischen Gründen die Aufrechterhaltung von *Penicillium* und *Aspergillus* in ihrer heutigen Umgrenzung (Fortschr. Bot. **18**, 69).

ABE bearbeitet auf Grund umfangreichen Materials und anhand zahlreicher morphologischer und biochemischer Kriterien die Systematik von *Penicillium* (s. a. SAKAGUCHI u. ABE). THIELKE beschreibt abweichende Wuchsformen von Aspergillen (verlängerte Sterigmen, sekundäre Konidienköpfchen bei hoher Luftfeuchtigkeit usw.).

**Pseudosphaeriales, Sphaeriales und verwandte Reihen.** Die Flora der dänischen Pyrenomyceten von MUNK veranschaulicht einmal mehr die Umschichtung, welche in der systematischen und stammesgeschichtlichen Anordnung der Pyrenomyceten im Gange ist. Das wertvolle Buch stellt die dänischen Vertreter der Pseudosphaeriales, Sphaeriales, Diaporthales und verwandten Reihen zusammen und zeigt manche Probleme auf, die noch zu lösen bleiben.

Zahlreiche Arbeiten über die Umgrenzung und Unterteilung einzelner Gattungen zeigen immer wieder die Schwierigkeiten einer sauberen Interpretation und Abgrenzung der systematischen Einheiten. Morphologische Kriterien, Eigenschaften der Reinkulturen und Beziehungen zum Substrat müssen zu einer sicheren Beurteilung herangezogen werden; je nach den biologischen Besonderheiten einer Gattung steht der eine oder andere dieser Merkmalskomplexe im Vordergrund.

Die Pilze aus der Gattung *Dothidea* bilden auf abgestorbenen Zweigen schwarze, hervorbrechende Stromata mit zahlreichen Loculi, bitunicaten Asci und meist zweizelligen, farblosen oder gefärbten Ascosporen (LOEFFLER). Einige Arten lassen sich auf Grund morphologischer Merkmale abtrennen; unter diesen finden sich solche, die zahlreiche Holzgewächse besiedeln, so *D. sambuci* Fr. verschiedene Vertreter von *Sambucus, Lonicera, Corylus* u. a. Andere Arten lassen sich auf Grund morphologischer Merkmale der Fruchtkörper nur schwer charakterisieren, wachsen jedoch nur auf bestimmten Wirtspflanzen; parallel zu dieser Spezialisierung gehen deutliche Unterschiede im Aussehen der Reinkulturen.

Die Gattung *Didymella* ist mit *Mycosphaerella* nahe verwandt und von dieser nicht scharf zu trennen; eine Reihe von Merkmalen (flaches, ausgedehntes Basalpolster; parallele, nicht büschelige Asci; deutliche Pseudoparaphysen u. a.) erlaubt jedoch im allgemeinen die Unterscheidung. Die *Didymella*-Arten bilden ferner ausschließlich Pyknidien vom Typus *Ascochyta* und *Phoma*, während die *Mycosphaerella*-Pilze (neben anderen Nebenfruchtformen) Pyknidien vom Typus *Septoria* in ihren Entwicklungsgang einschließen. Die beiden Gattungen werden deshalb nebeneinander aufrechterhalten (CORBAZ).

Für eine Gruppe pseudosphaerialer Pilze mit mehrzelligen, mehr oder weniger langgestreckten Ascosporen (*Leptosphaeria, Ophiobolus* u. a.; Fortschr. Bot. **14**, 92) legt HOLM eine eingehende Bearbeitung vor. Gegenüber früheren Arbeiten gelangt er teilweise zu einer abweichenden Umgrenzung der Gattungen und reduziert vor allem *Leptosphaeria* und *Ophiobolus* zugunsten anderer Gattungen (*Nodulosphaeria, Phaeosphaeria* u. a.). Trotz der zahlreichen Untersuchungen, die in dieser Pilzgruppe schon durchgeführt worden sind, erscheinen manche systematischen Fragen immer noch strittig.

Im Bereich der Gattungen *Valsa* und *Leucostoma* (Diaporthales) läßt sich eine starke und unregelmäßige Aufspaltung in Stämme erkennen (KERN; Fortschr. Bot. **18**, 72). Mit Hilfe der gröberen morphologischen Merkmale und unter Berücksichtigung der Wirtsart ist es möglich, gewisse Stämme zusammenzufassen; die auf diese Weise umschriebenen Arten bilden keine geschlossenen Einheiten im klassischen Sinne, sondern weitgehend subjektiv definierte Gruppen von Stämmen, deren Grenzen immer wieder durchbrochen und verwischt werden können. Die Spezialisierung der einzelnen Stämme ist oft schwer zu charakterisieren; manche von ihnen vermögen die verschiedensten Pflanzen zu besiedeln, bilden aber nur auf einigen wenigen die Hauptfruchtform (Hauptwirte). Nur die genauere Untersuchung dieser und anderer biologischer Eigenheiten wird zu einer besser fundierten systematischen Gliederung führen.

Während der Ascusscheitel der Pseudosphaeriales (Bitunicatae) ziemlich einheitlich gebaut erscheint, finden sich unter den unitunicaten Pyrenomyceten (Sphaeriales usw.; Fortschr. Bot. **16**, 99) verschiedene Typen [CHADEFAUD (1); CHADEFAUD u. NICOT]. Xylariaceen und Diatrypaceen besitzen im allgemeinen einen mit Jod färbbaren Apicalring, weichen aber in den Einzelheiten voneinander ab. Sordariaceen und Diaporthales weisen einen mit Jod nicht färbbaren Apicalring auf, unterscheiden sich jedoch im übrigen deutlich. Auch innerhalb eines Typs treten von Art zu Art Besonderheiten auf.

Die Fruchtkörperentwicklung von zwei *Neocosmospora*-Arten [DOGUET (2)] und von *Creopus spinulosus* (Fuck.) Mor. [DOGUET (3)] entspricht der für einige andere Vertreter der Hypocreaceen beschriebenen: im Laufe des Wachstums entsteht im Zentrum des Fruchtkörpers eine Höhlung, in der vegetative Hyphen von oben nach unten wachsen; die ascogenen Hyphen dringen von unten her zwischen die herunterwachsenden Hyphen ein und lösen sie mehr oder weniger auf. Das gegenläufige Wachstum der vegetativen und ascogenen Hyphen erinnert entfernt an die unter den Plectascales erwähnte Gattung *Microascus*.

## IV. Basidiomyceten.

**Hymenomyceten.** Die systematische Gliederung mancher aphyllophoraler Hymenomyceten (Corticiaceen, Polyporaceen u. a.) ist noch recht unklar. Neben den gebräuchlichen Merkmalen läßt sich unter Umständen auch die Geschlechtsdifferenzierung zur Charakterisierung systematischer Einheiten heranziehen. So sind in der morphologisch klar umgrenzten Sektion *Coloratae* von *Peniophora* alle bekannten Arten tetrapolar, während in nahe verwandten Gruppen bipolare und homothallische Formen häufig vorkommen (TASSINARI; BOIDIN); in anderen Gattungen sind die Verhältnisse allerdings weniger eindeutig.

Lediglich erwähnt sei die Arbeit von SINGER über Probleme der Systematik von Hymenomyceten und Gastromyceten und die Beziehungen zwischen einzelnen Gruppen dieser Reihen, ferner einige Gattungsbearbeitungen: *Coniophora* (LENTZ), *Serpula* (syn. *Merulius* p. p. mit dunkel gefärbten Sporen; COOKE), *Cantharellus* (CORNER), *Phaeocollybia* (SMITH), *Volvariella* (SHAFFER), *Pluteus* (KÜHNER u. ROMAGNESI), *Coprinus* (ORTON) und *Lactarius* (NEUHOFF).

**Tulasnellaceen und ähnliche Formen.** Neben der ungeteilten Basidie der Hymenomyceten und Gastromyceten, der längsgeteilten Basidie der Tremellales und der quergeteilten Basidie der Auriculariales und ihrer Abkömmlinge finden sich einige Basidientypen, die eine Zwischenstellung einnehmen und deren Deutung umstritten ist. In manchen Fällen entwickeln sich an Stelle der dünnen Sterigmen einer normalen Holobasidie verdickte, keulenförmig bis kugelige, schließlich sporenartige und abfallende Gebilde, die meist als Epibasidien oder Protosterigmen bezeichnet werden und ihrerseits die Basidiosporen tragen [OLIVE (1); MARTIN]. In der Gattung *Tulasnella* sind sie durch Querwände vom unteren, keulenförmigen Teil der Basidie abgegrenzt, bei *Ceratobasidium* dagegen nicht. Der untere Teil der Basidie ist in diesen Gattungen einzellig; in anderen Gattungen treten Längswände auf, die an die *Tremella*-Basidie erinnern. In der mit *Ceratobasidium* nahe verwandten Gattung *Metabourdotia* OLIVE (2) lassen sich unvollständige, gekreuzte Längswände beobachten, welche die Basidie am Scheitel ein Stück weit unterteilen und bis zur Sporenreife wieder verschwinden können; die Basidien von *Sirobasidium* endlich sind wie *Tremella*-Basidien kreuzweise geteilt, tragen aber spindelige, abfallende Epibasidien (BANDONI). Die Basidiosporen der hier genannten Gattungen haben die Tendenz gemeinsam, mit Conidien auszukeimen. Über die Beziehungen dieser Formen und ihre Bedeutung für die Stammesgeschichte von Holo- und Phragmobasidiomyceten werden erst weitere Untersuchungen Klarheit schaffen können.

**Uredinales und Ustilaginales.** Hier sei lediglich hingewiesen auf eine Arbeit über die Leguminosen besiedelnden *Uromyces*-Arten (GUYOT), auf zwei Arbeiten über Biologie bzw. Stammesgeschichte von *Gymnosporangium* (BERNAUX; LEPPIK) und auf die Beiträge zur Systematik und Biologie der Brandpilze von FISCHER u. HOLTON und SAVULESCU.

## V. Fungi imperfecti.

Die Problematik der großen, heterogenen Imperfektengattungen kommt in einer Arbeit von v. ARX (1) über *Gloeosporium* zum Ausdruck. Die Gattung umfaßt in der üblichen Abgrenzung melanconiale, meist auf Blättern wachsende Pilze mit einzelligen, farblosen Conidien. Die umfassende Untersuchung der über 700 Arten führt zum Schluß, daß die Gattung nicht aufrechterhalten werden kann. Die meisten Arten sind in verschiedenen Melanconiales-Gattungen mit einzelligen, farblosen Conidien unterzubringen [*Colletotrichum*, v. ARX (2), *Phlyctaena*, *Discula* u. a.]. Nahezu 300 Arten lassen sich beispielsweise von der als *Colletotrichum gloeosporioides* Penz. zu bezeichnenden Nebenfruchtform von *Glomerella cingulata* (Ston.) Sp. et v. Schr. nicht unterscheiden. Andere Arten müssen in zahlreiche Gattungen der Melanconiales mit septierten Conidien, der Sphaeropsidales und anderer Reihen eingeordnet werden.

## Literatur.

ABE, S.: J. gen. appl. Microbiol. **2**, 1—193, 195—344 (1956). — ARX, J. A. v.: (1) Verh. kon. ned. Akad. Wet., Afd. Natuurk., 2. R. **51**, Nr. 3, 1—153 (1957). — (2) Phytopath. Z. **29**, 413—468 (1957); T. Plantenziekt. **63**, 171—188 (1957). — BANDONI, R. J.: Mycologia (N. Y.) **49**, 250—255 (1957). — BENJAMIN, C. R., and C. W. HESSELTINE: Mycologia (N. Y.) **49**, 240—249 (1957). — BENJAMIN, R. K.: Aliso **3**, 301—328 (1956). — BERNAUX, P.: Ann. Epiphyt. **7**, 1—210 (1956). —

BERRY, C. R., and H. L. BARNETT: Mycologia (N. Y.) 49, 374—386 (1957). — BOIDIN, J.: Rev. Mycol. 21, 121—131 (1956). — BOURCHIER, R. J.: Mycologia (N. Y.) 49, 20—28 (1957).

CHADEFAUD, M.: (1) Bull. Soc. myc. France 71, 325—337 (1955); C. R. Acad. Sci. (Paris) 244, 1813—1815 (1957). — (2) Ann. Univ. Paris 27, 5—22 (1957). — CHADEFAUD, M., et J. NICOT: C. R. Acad. Sci. (Paris) 244, 2415—2418 (1957). — COOKE, W. B.: Mycologia (N. Y.) 49, 197—225 (1957). — CORBAZ, R.: Phytopath. Z. 28, 375—414 (1957). — CORNER, E. J. H.: Sydowia, Beih. 1, 266—276 (1957).

DOGUET, G.: (1) Rev. Mycol. 21, Suppl. col. 1, 1—21 (1956). — (2) Ann. Sc. nat., Bot., Ser. 11, 17, 353—370 (1956). — (3) Bull. Soc. myc. France 73, 144—164 (1957). — (4) Bull. Soc. myc. France 73, 165—178 (1957). — DRECHSLER, CH.: Mycologia (N. Y.) 48, 655—676 (1956).

FELDMANN, J., et G. FELDMANN: Rev. Mycol. 20, 231—251 (1955). — FISCHER, G. W., and C. S. HOLTON: Biology and Control of the Smut Fungi. 622 S. New York 1957.

GÄUMANN, E.: Die Pilze. 382 S. Basel 1949. — GHOSH, G. R.: Diss. Abstr. 15, 15 (1955). — GODFREY, R. M.: Trans. brit. myc. Soc. 40, 117—135 (1957). — GUYOT, A. L.: Les Urédinées, Bd. 3. Encycl. mycol. 29. 647 S. Paris 1957.

HEIM, P.: (1) Rev. Mycol. 20, 131—157 (1955). — (2) Rev. Mycol. 21, 93—120 (1956). — HESSELTINE, C. W., and P. ANDERSON: Bull. Torrey bot. Club 84, 31—45 (1957). — HESSELTINE, C. W., and C. R. BENJAMIN: Mycologia (N. Y.) 49, 723—733 (1957). — HOLM, L.: Symb. bot. upsal. 14, Nr. 3, 1—188 (1957). — HUNT, J.: Lloydia 19, 1—58 (1956).

JOHNSON T. W., JR.: Amer. J. Bot. 44, 875—878 (1957).

KADEN, R.: Mycopath. et Mycol. appl. 7, 328—332 (1956). — KERN, H.: Phytopath. Z. 30, 149—180 (1957). — KOLE, A. P.: (1) T. Plantenziekt. 61, 159—162 (1955). — (2) T. Plantenziekt. 63, 361—364 (1957). — KUEHN, H. H.: (1) Diss. Abstr. 15, 16 (1955). — (2) Mycologia (N. Y.) 47, 533—545, 878—890 (1955); 48, 805—820 (1956); 49, 55—67, 694—706 (1957). — KÜHNER, R., et H. ROMAGNESI: Bull. Soc. myc. France 72, 181—249 (1956).

LEADBEATER, G., and C. MERCER: Trans. brit. myc. Soc. 40, 109—116, 461—471 (1957). — LENTZ, P. L.: Mycologia (N. Y.) 49, 534—544 (1957). — LEPPIK, E. E.: Mycologia (N. Y.) 48, 637—654 (1956). — LOEFFLER, W.: Phytopath. Z. 30, 349 bis 386 (1957).

MARTIN, G. W.: Brittonia 9, 25—30 (1957). — MOREAU, F., et Mme.: (1) Rev. Mycol. 17, 141—153 (1952). — (2) Rev. Mycol. 18, 165—180 (1953). — MUNK, A.: Dansk bot. Ark. 17, Nr. 1, 1—491 (1957).

NEUHOFF, W.: Die Milchlinge. Pilze Mitteleuropas 2 b. 248 S., 20 Taf. Bad Heilbrunn (Obb.) 1956.

OLIVE, L. S.: (1) Mycologia (N. Y.) 49, 663—679 (1957). — (2) Amer. J. Bot. 44, 429—435 (1957). — ORTON, P. D.: Trans. brit. myc. Soc. 40, 263—276 (1957).

RAPER, K. B.: Mycologia (N. Y.) 49, 644—662 (1957). — RIETH, A.: Kulturpflanze 4, 27—45 (1956).

SAKAGUCHI, K., and S. ABE: Atlas of Microorganisms. The Penicillia. 319 S., 183 Abb. Tokyo 1957. — SANTILLI, V.: Nature (Lond.) 181, 924—925 (1958). — SAVULESCU, T.: Ustilaginalele din Republica populara Romina. 2 Bde., 1168 S. Bukarest 1957.; Sydowia, Beih. 1, 64—83 (1957). — SHAFFER, R. L.: Mycologia (N. Y.) 49, 545—579 (1957). — SINGER, R.: Schweiz. Z. Pilzkde. 35, 33—43, 128—129 (1957). — SMITH, A. H.: Brittonia 9, 195—217 (1957). — SNELL, W. H., and E. A. DICK: A Glossary of Mycology. 171 S. Cambridge (Mass.) 1957.

TASCHDJIAN, C. L., and E. MUSKATBLIT: Mycologia (N. Y.) 47, 339—343 (1955). — TASSINARI, M.: C. R. Acad. Sci. (Paris) 242, 2661—2662 (1956). — THIELKE, CH.: Naturwissenschaften 44, 521—522 (1957).

VIENNOT-BOURGIN, G.: Mildious, Oidiums, Caries, Charbons, Rouilles des Plantes de France. Encycl. mycol. 26—27. 317 S., 98 Taf. Paris 1956.

WALT, J. P. V. D.: Ant. v. Leeuwenhoek 22, 265—272, 321—326 (1956). — WILSON, C. L.: Phytopath. 46, 625—632 (1956).

# 5c. Systematik der Flechten.

Bericht über die Jahre 1956 und 1957 mit einigen Nachträgen.

Von JOSEF POELT, München.

## Allgemeines.

In der *Morphologie* ergaben sich die aufschlußreichsten Erkenntnisse aus den weiteren Untersuchungen der Schlauchöffnungsmechanismen, welche sich immer mehr als recht brauchbare Merkmale zur Großgliederung des Systems herausstellen und teilweise zu erheblichen Umstellungen zwingen werden.

So kam GALINOU bei Untersuchungen über den Öffnungsmechanismus von Pyrenolichenen zu dem Ergebnis, daß zwar die Genera *Trypethelium* und *Laurera* wegen ihrer ringförmigen Strukturen zu den *Ascohymeniales* = *Unitunicatae* = Annellascés zu stellen wären, neben den Arthopyreniaceen aber auch die Verrucariaceen als *Ascoloculares* = *Bitunicatae* = Nassascés betrachtet werden müßten, denen ringförmige Strukturen fehlen. Die Einzelheiten dieser Baumerkmale lassen sich nicht in wenigen Worten darstellen: die Parallelität zu anderen Baumerkmalen wie Ascuswandbau und Struktur der Zwischenhyphen (Paraphysen bzw. Paraphysoide) zeugt für ihre phyletische Gültigkeit.

Auch innerhalb der Gattung *Collema* und parallel dazu bei *Leptogium* finden sich verschiedene Öffnungsmechanismen, was dazu zwingen dürfte, die Gattungen in mehrere nach diesem Prinzip gegliederte Genera aufzulösen, die bisher für die Trennung von *Collema* und *Leptogium* benützten Rindenstrukturen aber hintanzusetzen [DUGHI (1)]. Der gleiche Verf. fordert z. B. nach den Ascusstrukturen auch eine Aufteilung von *Physma* [DUGHI (2)].

Dem Problem der Sporenteilung wird von zwei französischen Autoren nachgespürt. Nach KOFLER (1) werden die Sporen von *Umbilicaria* sect. *Gyrophoropsis* normalerweise erst nach dem Ausstoßen mehrzellig. Die mehrzelligen Sporen in den Schläuchen müssen also mehr als Abnormalität betrachtet werden. Den Keimungsformen wäre in der Gattung zwar systematischer Wert beizumessen, nicht aber auf generischer Ebene. — Die als einzellig bezeichneten Sporen mancher Gattungen wie *Pertusaria* und *Verrucaria* sind vielkernige Syncytien — wie z. T. lange bekannt —, die in einen vielzelligen Status übergehen können, umgekehrt gesagt also gewissermaßen mauerförmige Sporen, welche die Zellwände verloren haben [WERNER (1)].

Wichtige, wenngleich kritisch zu prüfende Ergebnisse versprechen die mancherorts begonnenen Kulturen von Flechtenpilzen. TOMASELLI(1) findet bei lichenologisch gut unterschiedenen Arten, so z. B. bei *Xanthoria*

*elegans* und *parietina,* in algenfreier Kultur keinerlei Unterschiede und
stellt die Pilze deshalb zu einer Art *(Xanthoriomyces parietinae)* zusammen. Zumindest sehr nahe verwandt sei auch der Fungus von *Caloplaca
murorum* [TOMASELLI (2)], einer Form, die in ZAHLBRUCKNERs System sogar
in einer anderen Familie zu stehen kommt. (Es fragt sich nur, ob in
diesen Kulturen den Pilzen wirklich Gelegenheit gegeben ist, die art-
spezifischen Merkmale manifestieren zu können.)

Kulturexperimente gelten in gleicher Weise den Flechtenalgen (für
die SCOTT die Bezeichnung „Phycobiont" im Gegensatz zu dem pilz-
lichen Partner, dem „Mycobionten", vorschlägt). Und das entsprechende
Haustier ist hier auch wieder die Flechte *Xanthoria parietina.* WERNER
(2) fand in den ozeanischen Gebieten Europas und Nordafrikas eine
andere Algenspecies als in den kontinentalen, jede jeweils mit mehreren
infraspezifischen Einheiten. TOMASELLI (3) konnte diese Untersuchungen
bestätigen.

In rascher Entwicklung befindet sich die *Chemie* der Flechtenstoffe
und ihre systematische Verwertung. Eine Übersicht über die entsprechenden Stoffe, deren Strukturen, Vorkommen, Eigenschaften und
Synthesen findet sich bei ASAHINA u. SHIBATA. Papierchromatographi-
sche Identifizierungsmethoden hat z. B. WACHTMEISTER (1, 2) dargestellt. Über 2,4-Dihydroxy-Depside, zu denen die häufigsten Flechtensäuren gehören, vgl. HALE (1).

Die modernen kristallographischen und papierchromatographischen
Analysen ermöglichen relativ rasche und sichere Bestimmungen der
Flechtenstoffe, so daß an ihrer weiteren Verwendung zu systematischen
Zwecken nicht gezweifelt werden kann. Uneinigkeit besteht aber in der
Bewertung der chemischen Differenzen zwischen den Sippen. Während
z. B. ASAHINA (2) bei seinen *Usnea*-Studien den Differenzen in der
Struktur der Flechtenstoffe — es handelt sich hier häufig um Sub-
stitutionen von Nebengruppen usw. — oft subspezifischen und selbst
spezifischen Wert beimißt, sind sich amerikanische und skandinavische
Autoren in einer weit geringeren Bewertung der chemischen Eigenheiten
einig. RUNEMARK (1) fertigt sie in seiner Monographie der gelben Arten
von *Rhizocarpon* kursorisch ab, und CULBERSON wie HALE treten wie
früher auch LAMB für eine „extranomenklatorische" Bezeichnung der
entsprechenden Taxa ein, also für eine systematische Mißachtung.
[Ref., der im Prinzip weit mehr der letzteren Richtung zuneigt, möchte
gleichwohl von einem zu einseitigen Standpunkt Abstand nehmen. Die
geographischen Unterschiede in der Verteilung der Sippen sprechen in
vielen Fällen für eine alte Differenzierung, vgl. etwa die Studie HALEs (5)
über *Parmelia furfuracea* oder die Untersuchungen CULBERSONs über
die *Parmelia dubia*-Gruppe, außerdem scheinen manche der von amerikanischen Autoren aus stark statistisch betonten Untersuchungen heraus
gezogenen Schlüsse den vergleichbaren Verhältnissen in Europa zu
widersprechen.]

Die blaue Jodreaktion des Markes von Cladonien kann nach SCHADE
(1) kaum systematischen Wert beanspruchen; sie hängt teilweise vom
Alterszustand der Hyphen ab.

Einige Untersuchungen gelten wieder der Fluorescenz der Lichenen. HALE (3) betont, daß die Methode, die auf einzelne oder Gruppen von Flechtensäuren anspricht, gelegentlich als schnell ausgeführte „Vorprobe" systematisch ausgewertet werden kann, daß sie aber normalerweise eine nähere Analyse nicht zu ersetzen vermag. Die Untersuchungen ČERNOHORSKÝs an den Cladonien der CSR scheinen uns dies zu bestätigen.

Einige Schwierigkeiten bereitet, abgesehen von der systematischen Bewertung, die nomenklatorische Behandlung der chemischen Sippen, ganz abgesehen von ihrer Rangstufe. In neuester Zeit treten MANSFELD bzw. TETENYI für eine Festlegung als „iso- bzw. aequispecies, -varietas" usw. oder „chemospecies" usw. ein, also für eine Einbeziehung in die gewohnte Nomenklatur.

Große Bedeutung scheinen die Flechtenstoffe in pharmakologischer Hinsicht zu gewinnen. In letzter Zeit ist hierüber u. a. ein Buch von LASAREW u. SAVICZ sowie eine Studie von SCHINDLER (1) erschienen.

Einige mehr ökologische Arbeiten mit systematischem Aspekt mögen die allgemeinen Ausführungen beschließen. SCHADE (2) erweist an einem neuen Objekt, nämlich an *Umbilicaria*-Arten, die weite Verbreitung von Schneckenfraßerscheinungen bei den Flechten und warnt wieder vor der systematischen Bewertung der mitunter recht abweichenden Erscheinungsbilder (deren Genese oft nur schwierig gedeutet werden kann).

Innerhalb der Flechten gibt es neben den autotrophen Formen nicht wenige Arten, die teilweise oder ganz auf anderen Lichenen parasitieren und verschiedene Anpassungserscheinungen an das Schmarotzertum erkennen lassen, dabei gleichwohl Algen enthalten und deshalb biologisch nur als Halbparasiten bezeichnet werden können. Von ihnen läßt sich eine Brücke zu den Flechtenparasiten schlagen, also flechtenverwandten, aber algenfreien Pilzen, die mindestens teilweise die Algen durch Reduktion verloren haben. Vom systematischen Standpunkt aus ist die Herkunft vieler Schmarotzer aus nitrophilen Verwandtschaftskreisen und ihre teilweise enge Spezialisierung von Bedeutung (POELT u. DOPPELBAUR).

### Systematik.

(S = Schlüssel).

Ein kurzer allgemeiner Abriß grundsätzlicher Fragen findet sich bei BUTIN. — Der Versuch, „natürliche" Systeme zu schaffen oder zu verbessern, setzt das Vorliegen kritischer Studien über einzelne Gruppen sowie eine eingehende Kenntnis der Materie voraus. Entsprechend umfangreiche Arbeiten, die als Grundlage dienen könnten, sind in den vergangenen Jahren nicht sehr viele erschienen. So hat die Sucht, neue Systeme zu bauen, etwas nachgelassen.

Eine auffällige Ausnahme macht hier CHOISY, der von den bisherigen Veränderungen des Systems ausgehend Querbeziehungen aufzudecken glaubt, über deren Wert man ohne weiteres entgegengesetzter Meinung sein kann, sowie auf sonstigen verschlungenen Wegen zu mitunter in Teilen manchmal einleuchtenden Schlüssen, meist aber zu abenteuerlichen Gruppierungen — besonders der Strauchflechten — kommt (1, 2, 3, 4), die er prompt jeweils in der nächsten Studie wieder völlig verändert. Seinen Ideen im einzelnen nachzuspüren, muß dem Leser vorbehalten bleiben, ihr Wert wird durch den Verfasser selber diskreditiert.

CIFERRI u. TOMASELLI bauten an ihrem „mycolichenologischen" System weiter. Die Tatsache, daß Flechtenalgen ohne Rücksicht auf die Symbiose algensystematisch gegliedert werden, führt sie wieder zur Forderung, auch für die Flechtenpilze unter Abstraktion der sich aus der Symbiose ergebenden Merkmale ein eigenes System zu schaffen (1), das sie nun in revidierter Form vorführen, ohne allerdings, inkonsequenterweise, ganz auf die Verwertung von lichenologischen Merkmalen (z. B. lecanorinische und biatorinische Apothecienberandung) zu verzichten (2). Die Abstraktion auf den Pilz, also praktisch auf die Vermehrungsorgane, zwingt sie dazu, rein nach thallodischen Eigenschaften unterschiedene Genera mycologisch zu vereinen, so etwa die Blattflechte Xanthoria und die Krustenflechte Caloplaca, ja sogar die Pilze verschiedener Arten dieser Gattungen zu einer Species zu subsumieren. Wieweit hier allerdings der Forderung, Systematisierung nur unter Berücksichtigung aller erreichbaren Merkmalsmöglichkeiten durchzuführen, Genüge getan ist, sei dahingestellt.

Inhaltsstoffe für eine größere Zahl von Sippen finden sich bei ASAHINA u. SHIBATA dargestellt und mit einem systematischen Index versehen.

**Verrucariaceae** (nach GALINOU zu den Ascoloculares zu stellen). — Bei *Verrucaria* cf. *rheitrophila* aus dem Rhein bei Basel konnte als Alge der auch freilebend gefundene *Pseudopleurococcus incrustans* identifiziert werden: VISCHER.

**Pyrenulaceae.** Revis. von *Thelopsis* in der ČSR: VĚZDA (1).

**Collemataceae.** Evtl. Neugliederung: DUGHI (1); *Collema* in Griechenland: DEGELIUS (1), in der Umgebung von Lyon: CHOISY (5).

**Stictaceae.** *Lobaria amplissima-quercizans*-Komplex in Europa und N-Amerika: HALE (4).

**Lecideaceae.** *Compsocladium (archboldianum)* nov. gen., eine zwergstrauchige Flechte mit holostelischen Podetien: LAMB (1). — Revision der gelblagerigen Arten von *Rhizocarpon* in Europa: RUNEMARK (1) u. (2); unter Benützung besonders von Sporenmerkmalen Einteilung in 4 große Gruppen; allgemein wird der in der Lichenologie bisher wenig verwandte Begriff der Unterart eingeführt; die chemischen Rassen werden als "minor variants" kaum beachtet. Die Verbreitungsbilder der herausgearbeiteten Einheiten (viele boreal-montane und arktisch-hochalpine Formen) wirken recht natürlich.

**Cladoniaceae.** *Cladonia* sect. *Cladina* in Sachsen: SCHADE (1); *Cladonia* in Estland, B: TRASS, in Britisch Columbia und Umgeb.: BLAKE, B zur Gattung: DES ABBAYES (1). — Die gewöhnlich unberindeten Thallusschuppen gewisser *Cladonia*-Arten können durch aufgewehte Soredienkörner sekundär berindet werden (ULLRICH).

**Stereocaulonaceae.** Neue Gruppierungen bei der Bearbeitung afrikanischer *Stereocaula*: DUVIGNEAUD, mit S.

**Umbilicariaceae.** B für die Arten der westl. Hemisphäre mit S der Genera: LLANO (1).

**Acarosporaceae.** Suppl. zur Monographie von *Acarospora* mit S: MAGNUSSON (1), dabei auch S aller amerikanischen Arten.

**Lecanoraceae.** *Lecanora-subfusca*-Gruppe in der Dauphiné, mit S: KOFLER (2); Studie der sorediös-isidiösen Arten von *Ochrolechia*, mit S: VERSEGHY.

**Parmeliaceae.** Innerhalb der Art *Parmelia furfuracea* sind in Europa und Nordamerika 3 „chemospecies" zusammengefaßt. Die nordamerikanischen Populationen enthalten einheitlich Lecanora-Säure, die nordwesteuropäischen überwiegend Olivetorin-Säure, die marokkanischen durchgehend Physodes-Säure. Auf dem europäischen Festland treffen beide Formen zusammen, wobei der Physodes-Stamm nach Süden zu immer mehr überwiegt [HALE (2)]. — *Parmelia conspersa*-Gruppe in den südlichen Mittelstaaten der USA, dabei räumliche Differenzierung der Chemospecies z. T. nach Maßgabe des Klimas: HALE (5). — *Parmelia dubia*-Gruppe in Nordamerika: CULBERSON u. CULBERSON. Die anerkannten Arten enthalten jeweils mehrere bisher als Species geführte *Chemospecies*. — *Parmeliopsis*, B: CULBERSON (1).

**Usneaceae.** *Usnea* in Trop. Afrika, S 102 Arten: DODGE. — Monographie der Gattung *Usnea* in Japan (38 Arten, viele infraspezifische Einheiten).

**Ramalinaceae.** Gliederungsversuche bei CHOISY (2, 3, 6).

**Caloplacaceae.** *Fulgensia* in der Ukraine: OXNER (1).

**Buelliaceae.** *Buellia* in Westindien, S: IMSHAUG (1). — S für alle *Diplotomma*-Arten (bzw. *Buellia* sect. *Diplotomma*): SZATALA (1).

**Physciaceae.** *Pyxine* in N- u. Mittelamerika, S: IMSHAUG (2). — *Anaptychia intricata*-Gruppe: TAVARES.

**Halbflechten.** Die lange Zeit als Lebensgemeinschaft einer Alge mit dem Protonema des Laubmooses *Georgia pellucida* angesehene *Botrydina* ist in Wirklichkeit eine Halbflechte, eine Verbindung einer Grünalge mit einem (sterilen) Eumyceten: GEITLER.

### Floren, Floristik.

(B = Beiträge, K = Katalog, L = Liste, S = Schlüssel.)

Zu den wesentlichen Fortschritten der Berichtszeit sind die erschienenen Floren und Florenkataloge zu rechnen, die sich diesmal auffällig häuften. In ihnen spiegelt sich die Arbeit von Jahrzehnten, ja oft ganzen Generationen wider. Für Europa wären hier in erster Linie anzuführen: ERICHSENs „Flechtenflora von Nordwestdeutschland" sowie der von HILLMANN begonnene, von GRUMMANN beendete Flechtenband der Kryptogamenflora der Mark Brandenburg. Ein Bestimmungsbuch für die Laub- und Strauchflechten der ČSR wurde von ČERNOHORSKY, NÁDVORNÍK u. SERVÍT geschaffen. Außerordentlich begrüßenswert sind zwei russische Floren, nämlich die Flechtenflora der Ukraine von OXNER (2), von der der erste Band bis einschließlich *Gyalecta* erschienen ist, sowie das Bestimmungsbuch für die Krustenflechten des europäischen Teils der UdSSR von TOMIN.

Für Asien wurden folgende Werke beigesteuert: von SZATALA (1) ein Prodromus der Flechtenflora des Iran, und ein ähnlicher Abriß der Flechtenflora von Neuguinea (2), sowie der 2. Teil der „Flechtenflora von Java" von ZAHLBRUCKNER, dessen Herausgabe MATTICK besorgte.

*Kleinere Arbeiten.*

**Europa.** B MAGNUSSON (2). — Nordeuropa: Epiphyt. Flechten von Island: DEGELIUS (2); L Granvin, Hordaland: HAVAAS; B Norwegen: MAGNUSSON (3) und DEGELIUS (3); Kalkflechten in S- u. M-Norwegen: DEGELIUS (4); das mediterrane *Physma omphalarioides* in Norwegen: DEGELIUS (5); B Schweden: MAGNUSSON (4); L SW-Finnland: HAKULINEN (1); B N-Fennoskandien: HAKULINEN (2).

Mitteleuropa. LETTAUs „Flechten aus Mitteleuropa" ist bis zu den *Usneaceae* gediehen: LETTAU (1) u. (2); Nachtr. Flechtenflora der Eifel: MÜLLER; Flechtenflora des Spessarts: BEHR (1, 2, 3); B südl. Mitteleuropa: POELT (1) u. (2); L Glatzer Schneeberg: KLEMENT; Zusammenfassung der lichenolog. Literatur der ČSR: VĚZDA (2); Flechtenflora des Gesenkes: VĚZDA (3); B. Ungarn: FORISS.

W- und S-Europa. B Großbritannien: WADE; B Frankreich: BOULY DE LESDAIN; B Portugal: TAVARES (2); L Italien: SBARBARO (bs. Ligurien).

Osteuropa. B Hohe Tatra: TOBOLEWSKI (1) u. (2); B. Ukraine: OXNER (2).

**Asien.** B NO-Asien: RASSADINA; B. Himalaja: AWASTHI; K Blatt- und Laub-flechten von Japan: IKOMA; L Simokita-Halbinsel (Japan): KUROKAWA; B Syrien und Libanon: WERNER (3) u. (7).

**Afrika.** B Marokko bzw. Antiatlas: WERNER (5) bzw. (6); B Französische Guinea- und Elfenbeinküste; bs. Krustenflechten: DES ABBAYES (2); B Madagaskar: ABBAYES (3).

**Nordamerika.** K der Flechten von Nordamerika ausschl. Mexiko: HALE u. CULBERSON; dazu die reiche Literatur bei CULBERSON (2); Verbreitungskarten verschiedener Arten mit einigen recht auffallenden Arealbildern: HALE (6); L Southampton Island, Arkt. Amerika: THOMSON; L Ozarkberge: HALE (7); IMSHAUG (3) lieferte eine ausführliche Bearbeitung der alpinen Großflechten des westl. Nordamerika mit vielen S und Punktkarten; K der mexikanischen Flechten: IMSHAUG (4); K der zentralamerikanischen Flechten: IMSHAUG (5); L Jamaika: DIX.

**Südamerika.** B Venezuela: DODGE u. VARESCHI; Flechten der Serra dos Orgaos bei Rio de Janeiro: RIZZINI.

**Australien.** L westl. Australien: BIBBY.

**Antarktika.** Probleme der Botanik in der Antarktis, auf der die Flechten als einzige Pflanzengruppe in größerer Zahl vertreten sind und bei guter Erforschung einige Aufschlüsse vermitteln könnten: LLANO (2).

## Literatur.

ABBAYES, H. DES: (1) Kew Bull. no. 2, 256—266 (1956). — (2) Bull. de l'I.F.A.N. 17, 973—988 (1955). — (3) Mém. Inst. Sci. Madagascar sér. B. 7, 1—25 (1956). — ASAHINA, Y.: Lichens of Japan. 3, Genus Usnea, 129 p. 24 Taf., Tokyo 1956. — ASAHINA, Y., and S. SHIBATA: Chemistry of Lichen substances, 240 p. Tokyo 1954. - AWASTHI, D.: Proc. Ind. Acad. Sci. 45, 3 sect. B, 129—139 (1957).

BEHR, O.: Nachr. naturwiss. Mus. Aschaffenburg 55, 1—79; 56, 1—86; 57, 1—74 (1957). — BIBBY, P.: J. roy. Soc. West. Austral. 39, 28—29 (1955). — BLAKE, F.: Rhodora 59, 56—61 (1957). — BOULY DE LESDAIN, M.: Bull. Soc. Bot. France 104, 5—6, 320—321 (1957). — BUTIN, H.: Z. Pilzk. 1956, 1, 1—4 (1956).

ČERNOHORSKY, Z.: Preslia 29, 1—4 (1957). — ČERNOHORSKY, Z., J. NÁDVORNÍK, M. SERVIT: Klic k urcovani lisejniku ČSR. 1. Dil., 156 p. Prag 1956. — CHOISY, M.: (1) Rev. Bryolog. 24, 312—366 (1955). — (2) Cat. Lich. Reg. lyonn.; Bull. mens. Soc. linn. Lyon 1949—1955. — (3) Bull. mens. Soc. linn. Lyon. 23, 229—274 (1954); 24, 25—38 (1957). — (4) Bull. Soc. Bot. France 104, 330—338 (1957). — (5) Bull. mens. Soc. linn. Lyon 24, 79—80, 93—96 (1955). — (6) Bull. Soc. Mycol. France 73, 179—188 (1957). — CIFERRI, R., and R. TOMASELLI: (1) Taxon 4, 190—192 (1955). - (2) Atti Ist. Bot. Lab. crittog. Univ. Pavia 14, 1—16 (1957). — CULBERSON, W.: (1) Rev. Bryolog. 24, 334—337 (1955). — (2) Plant Disease Epidem. a. Identif. Sect. spez. Publ. 7, 1—54 (1955). — CULBERSON, W., and CH. CULBERSON: Amer. J. Bot. 43, 678—687 (1956).

DEGELIUS, G.: (1) Sv. bot. Tidskr. 50, 478—512 (1956). — (2) Acta Horti Gotob. 22:1, 1—51 (1957). — (3) Bot. Not. (Lund) 109, 349—367 (1956). — (4) Acta Horti Gotob. 20:2, 35—56 (1956). — (5) Sv. bot. Tidskr. 49, 136—142 (1955). — DIX, W.: Bryologist 60, 154—165 (1957). — DODGE, C.: Ann. Miss. Bot. Garden 43, 381—396; 44, 1—76 (1957). — DODGE, C., et V. VARESCHI: Acta Biol. Venezuelica 2, 1—12 (1956). — DUGHI, R.: C. R. Acad. Sci. (Paris) 243, 750—752 (1956). —(2) C. R. Acad. Sci. (Paris) 243, 1911—1913 (1956). — DUVIGNEAUD, P.: Lejeunea Mém. 14 (1956).

ERICHSEN, C. F. E.: Flechtenflora von Nordwestdeutschland. Herausgeb. von W. CHRISTIANSEN, durchgesehen von O. KLEMENT u. W. SAXEN. 411 p., Stuttgart 1957.

FORISS, F.: Botanikai Közlemények 47, 67—76 (1957).

GALINOU, M.: C. R. Acad. Sci. (Paris) 243, 1146—1149 (1956). — GEITLER, L.: Öst. bot. Z. 103, 469—474 (1956).

HAKULINEN, R.: (1) Arch. Soc. Vanamo 9, 2, 114—120 (1953). — (2) Arch. Soc. Vanamo 9, Suppl., 44—55 (1955). — HALE, M.: Trans. Kansas Acad. Sci. 59, 229—232 (1956). — (2) Amer. J. Bot. 43, 456—459 (1956). — (3) Castanea 21,

30—32 (1957). — (4) Bryologist **60**, 35—39 (1957). — (5) Bull. Torrey bot. Cl. **83**, 218—220 (1956). — (6) Bryologist **58**, 242—246 (1955); **59**, 114—117 (1956). — (7) Trans. Kansas Acad. Sci. **60**, 155—160 (1957). — HALE, M., and W. CULBERSON: Castanea **21**, 73—105 (1956). — HAVAAS, J.: Un. Bergens Arbok Naturv. Vekke **1954**, 1—19 (1955). — HILLMANN, J., u. V. GRUMMANN: Flechten. Kryptog.flora Mark Brandenburg **8**, 898 p. (1957).

IKOMA, Y.: Catalogue of the Foliaceous and Fruticose Lichens of Japan. Tottori 1957. — IMSHAUG, H.: (1) Farlowia **4**, 4, 473—512 (1955). — (2) Trans. Amer. Microsc. Soc. **76**, 246—269 (1957). — (3) Bryologist **60**, 177—272 (1957). — (4) Rev. Bryolog. **25**, 321—385 (1956). — (5) Bryologist. **59**, 69—114 (1956).

KLEMENT, O.: Prirodoved. sbornik Ostrav. **17**, 196—212 (1956). — KOFLER, L.: (1) Bull. Soc. Bot. France **104**, 46—52 (1957). — (2) Rev. Bryolog. **25**, 167—182 (1956). — KUROKAWA, S.: Misc. Rep. Res. Inst. Nat. Res. **41**—42, 12—21 (1957).

LAMB, M.: Lloydia **19**, 157—162 (1956). — LASAREW, H., i W. SAVICZ: Novii antibiotik binan ili natriewaja sol usninovoi kisloti. Leningrad. Ak. Nauk SSSR 1957. — LETTAU, G.: (1) Feddes Rep. **59**, 1—97 (1956). — (2) Feddes Rep. **59**, 192—257 (1957). — LLANO, G.: (1) J. Washington Acad. Sci. **46**, 6, 183—185 (1956). (2) Antarkt. in the Intern. Geophys. Year. Geophys. Monogr. **1**, 124—133 (1956).

MAGNUSSON, H.: (1) Göteb. k. Vetensk. Vitterh. Samh. Handl. Sjätte F. Ser. B. **6**, 17, 3—34 (1956). — (2) Bot. Not. (Lund) **109**, 143—152 (1956). — (3) Nytt. Mag. Bot. **5**, 17—21 (1957). — (3) Bot. Not. (Lund) **108**, 292—306 (1955). — MANSFELD, R.: Taxon **7**, 41—43 (1958). — MÜLLER, TH.: Decheniana (Bonn) **109**, 227 bis 246 (1957).

OXNER, A.: Flora lischainikiv ukraini v dvoch tomach. Tom. 1, 495 p., Kiew 1956. — (2) Bot. žurn. Kiew **10**, 81—83 (1953).

POELT, J.: (1) Mitt. Bot. Staatss. München H. 16, 273—283 (1957). — (2) Mitt. Bot. Staatss. München H. 17/18, 286—299 (1957). — POELT, J., u. H. DOPPELBAUR: Planta (Berl.) **46**, 467—480 (1956).

RASSADINA, K.: Botaniceskie Materiali **11**, 5—12 (1956). — RIZZINI, C.: Rev. Brasil. Biol. **16**, 4, 387—402. — RUNEMARK, H.: (1) Opera Bot. **2**, 1, 1—152 (1956). — (2) Opera Bot. **2**, 2, 1—150 (1956).

SBARBARO, C.: Ann. Mus. Cir. Storia Nat. Genova **68**, 259—288 (1956). — SCHADE, A.: (1) Ber. bot. Ges. **69**, 277—286 (1956). — (2) Decheniana (Bonn) **108**, 2, 243—246 (1956). — (3) Abh. Ber. Naturk. mus. Görlitz **35**, 2, 45—112 (1957). — SCHINDLER, H.: Aus unserer Arbeit (W. SCHWABE) 2, 1—15 (1956/57). — SCOTT, G.: Nature (Lond.) **179**, 486—487 (1957). — SZATALA, Ö.: (1) Ann. Hist. Nat. Mus. Nat. Hung. **8**, 101—154 (1957). — (2) Ann. Hist. Nat. Mus. Nat. Hung. **7**, 15—56 (1956). — (3) Ann. Hist. Nat. Mus. Nat. Hung. **7**, 271—282 (1957).

TAVARES, C.: (1) Portug. Acta Biol. (B) **6**, 1, 44—52 (1957). — (2) Rev. Faculd. Cinc. Lisboa 2 sér. **5**, 1, 123—134 (1956). — TETENYI, P.: Taxon **7**, 40—41 (1958). — THOMSON, J.: Bryologist **59**, 222—226 (1956). — TOBOLEWSKI, Z.: Poznanskiego Towarz. Przyi. Nauk **17**, 2, 1—31 (1956). — (2) Poznansk. Towarz. Przyj. Nauk. **17**, 4, 1—22 (1957). — TOMASELLI, R.: Arch. Bot. e Biogeogr. Ital. **33**, 4, 2, 1—42 (1957). — (2) Arch. Bot. e Biogeogr. Ital. **32**, 4,1, 1—15 (1956). — (3) Arch. Bot. e Biogeogr. Ital. **32**, 4, 1, 1—8 (1956). — TOMIN, M.: Opredelitel korkovich lischainikov evropeiskoi tschasti SSSR. 533 p. Minsk 1956. — TRASS, H.: Bot. Materiali **11**, 19—26 (1956).

ULLRICH, J.: Ber. bot. Ges. **69**, 239—244 (1956).

VERSEGHY, C.: Ann. Hist. Nat. Mus. Nat. Hung. **7**, 283—298 (1956). — VĚZDA, A.: (1) Acta Univ. agric. et silvic. Brno **1957**, 1—16. — (2) Casopis slezskeho musea Ser. A. **5**, 90—117 (1957). — (3) Prirodov. sbornik Ostrav. **16**, 465—479 (1957). — VISCHER, W.: Verh. naturforsch. Ges. Basel **67**, 200—217 (1956).

WACHTMEISTER, C.: (1) Bot. Not. (Lund) **109**, 313—324 (1956). — (2) Flechtensäuren, in H. LINSKENS: Papierchromatographie in der Botanik 99—104. Berlin 1955. — WADE, A.: Trans. Brit. Mycol. Soc. **39**, 416—422 (1956). — WERNER, R.: (1) Bull. Soc. Sci. Nancy, 2—15 (1956). — (2) Bull. Soc. Sci. Nancy, 1—20 (1954). — (3) Bull. Soc. Bot. Fr. **103**, 7—8, 461—467 (1956). — (4) Bull. Soc. Bot. France **104**, 5—6, 321—326 (1957). — (5) Bull. Soc. Sci. Nat. Phys. Maroc. **35**. 19—67 (1955). — (6) Bull. Soc. Hist. Nat. Afrique du Nord **47**, 84—91 (1956), ZAHLBRUCKNER, A., ed. F. MATTICK: Willdenowia **1**, 3, 433—528 (1956).

# 5d. Systematik der Moose.

Von Josef Poelt, München.

## Allgemeines.

Im 2. Band seiner "Pollen and Spore morphology/Plant taxonomy" bringt Erdtman eine größere Zahl von Sporenbildern auch von Moosen, die besonders bei den Lebermoosen recht auffällige und für die systematische Gliederung wertvolle Skulpturen bieten. Bei den Laubmoosen fallen die Unterschiede weit weniger ins Auge. — Terasmae konnte auch für die *Sphagna* recht brauchbare Differenzen zwischen den Sporen verschiedener Arten ausfindig machen.

In raschem Fortschreiten befinden sich die cytologischen Untersuchungen an Moosen. Vaarama trägt diesmal Zahlen irischer Moose bei, Yano u. Sandomiya die zahlreicher japanischer Arten. Über Einzelergebnisse dieser und anderer Autoren vgl. im systematischen Teil. — Berrie will auch an teilweise recht altem Herbarmaterial noch cytologische Einzelheiten erkannt haben.

Chemische Eigenschaften finden bei Quillet zur Kennzeichnung systematischer Großeinheiten Verwendung. Beblätterte Lebermoose enthalten u. a. Polyfructoside, welche bei den *Marchantiales* fehlen. *Metzgeria* nimmt bemerkenswerterweise eine Zwischenstellung ein. Bei *Sphagnum* gibt es mindestens 5 Fructoside, die dem Inulin der Compositen nahestehen. Dabei schwankt der Gehalt im Laufe des Jahres. Vom September bis Dezember tritt Saccharose stärker in Erscheinung.

Einen phylogenetischen Ausblick bringen Birses ökologische Studien an Moosen. Die Fähigkeit zu stolonenförmigem Wachstum muß gegenüber dem phyletisch primitiven Zustand der radial symmetrischen Formen als eine Spezialisierung betrachtet werden, die sich allerdings unter dem Druck eines trockener werdenden Klimas und der damit verbundenen Differenzierung der Standorte offensichtlich mehrfach vollzogen hat.

Christensen wiederholt wiederum seine Ansicht, daß es sich bei den Ahnen der Bryophyten um primitive Pteridophyten gehandelt haben müsse — ähnlich wie auch Steinböck [vgl. Fortschr. Bot. **17**, 241 (1955)] und hält an der Einheit der Archegoniaten und damit an der phyletischen Einheit des Archegoniums fest.

## Systematik.

(S = Schlüssel).

### Anthocerotales.

Chadefaud unterstreicht die Ähnlichkeit der *Anthoceros*-Plastiden mit denen von Grünalgen und spricht von Anthoceros als von einem „cormophyte très archaïque". — Malayische Arten von *Anthoceros:* Meijer.

*Hepaticae.*

**Marchantiales.** MEHRA (1) u. (2) unterscheidet bei den *Marchantiales* drei Bautypen, die sich aus der Struktur der Rippen und der Luftkammern bzw. ihrer Anordnung ergeben und in gewisser Beziehung zur Ökologie der Sippen stehen. Der *Stephensoniella*-Typ ist der primitivste und kommt dem vermutlichen Vorläufertyp sehr nahe, der aus foliosen Lebermoosen von der Art von *Petalophyllum* entstanden sein dürfte (wofür auch andere Indizien sprechen). Die — oft traktierte — Differenzierung der *Marchantiales* sei im Prinzip ein progressiver Vorgang, der natürlich das Vorkommen verschiedener regressiver Tendenzen nicht ausschließe. Im ganzen stelle die Entwicklung der M. die Summe verschiedener nebeneinander verlaufender pro- wie regressiver Vorgänge dar, als deren höchstvollendetes Derivat *Marchantia* selber zu betrachten sei.

M von Japan: HATTORI u. SHIMIZU *(Athalamia, Peltolepis, Sauteria, Asterella).*

**Ricciaceae.** B für Ostpakistan: KHAN.

**Riellaceae.** *Riella* in Nordafrika und der Sahara: JELENC (8 Arten).

**Aneuraceae.** *Riccardia* in trop. Afrika; S: JONES; Monographie der japanischen *Riccardia*-Arten: MIZUTANI u. HATTORI (3 subgenera, für die Gliederung bs. wichtig Kapsel- u. Kalyptrabau).

**Lophocoleaceae.** Revision von *Clasmatocolea:* GROLLE.

**Lophoziaceae.** *Chonecolea* (auf *Clasmatocolea doellingeri*) nov. gen. nahe *Eremonotus:* GROLLE. — *Lophozia* in Polen: SZWEYKOWSKI (1).

**Jungermanniaceae.** *Mylia, Jungermannia, Jamesoniella* in Shikoku: HARA. — *Phragmatocolea (innovata)* nov. gen.: GROLLE.

**Plagiochilaceae.** *Plagiochila yokogurensis*-Gruppe: SCHUSTER (1). — Die Riesengattung *Plagiochila* selbst ist auch subgenerisch nicht gut zu gliedern, sondern stellt eine komplexe Masse von Formen dar, in die nur schwer Ordnung zu bringen ist. Als eigene Gattungen lassen sich nur kleine Gruppen ablösen, wie z. B. die Artengruppen mit oppositen Blättern, so in der Palaeotropis *Plagiochilion*, dann auch *Noguchia:* CARL.

**Lepidoziaceae.** Monographie von *Lepidozia* (einschließlich *Microlep.* und *Telaranea*) in Neuseeland, S 33 Arten: HODGSON.

**Calypogeiaceae.** *Calypogeia* der Schweiz: BISCHLER.

**Frullaniaceae.** Studien über *Jubula,* bs. Modifikabilität: ANDO u. HORIKAWA.

**Lejeuneaceae.** *Schusteria* nov. gen. (auf *Taxilejeunea tonduziana*), verwandt zu *Tuyamaella* und *Siphonolejeunea:* KACHROO. — Diskussion von *Odontolejeunea* und *Cyclolejeunea:* HERZOG. — *Lejeunea* subgen. *Eulejeunea* in Nordamerika, eingehende Monographie: SCHUSTER (2).

*Musci.*

**Fissidentaceae** (mit *Archifissidentaceae*) von Nigerien und Kamerun (39 sp.): POTIER DE LA VARDE (1). — Die oft bezweifelte Trennung der beiden Arten *Fissidens cristatus* und *adiantoides* wird nach ANDERSEN u. BRYAN auch durch die Cytologie gestützt: *Fiss. cristatus* n = 12 + 1, *Fiss. ad.* n = 24.

**Ephemeraceae.** Cytotaxonomische Untersuchungen sprechen für die nahe Verwandtschaft der *E.* mit den *Funariaceae.* Die Grundzahlen sind teilweise die gleichen, ebenso ähnelt sich das färberische Verhalten. Zu den *Dicranales* bestehen sicher keine verwandtschaftlichen Beziehungen. Die beiden Gattungen *Ephemerum* und *Nanomitrium* sind gut geschieden (n = 27 bzw. 11 und 22): BRYAN (1). Die allgemeinen Untersuchungen werden durch eine Monographie der nordamerikanischen *E.* ergänzt, S: BRYAN u. ANDERSEN.

**Funariaceae.** *Aphanorrhegma* und *Physcomitrella* scheinen nach ihrer Cytologie congenerisch zu sein: BRYAN (1). Eine in der Natur gefundene Bivalens-Rasse von *Funaria hygrometrica* unterscheidet sich von einer künstlich hergestellten: VAARAMA (2).

**Bryaceae.** B *Bryum ramosum*-Gruppe: OCHI. — Bei Bryaceen weitverbreitete Grundzahl n = 10 oder 11: YANO (1).

**Mniaceae.** Das bisher nur steril gefundene, gelegentlich zu *Cinclidium* versetzte *Mnium hymenophyllum* der Arktis muß nach seinen neu entdeckten *Meesia*-ähnlichen Sporogonen generisch verselbständigt werden als *Cyrtomnium* nov. gen.: HOLMEN.

**Bartramiaceae.** Bei *Philonotis socia* ist infraspezifische Polyploidie zu verzeichnen (n = 6 bzw. 12); die diploide Rasse dürfte von der monoploiden durch Aposporie entsprungen sein: YANO (2).

**Orthotrichaceae.** Gattungs-S für die *Zygodontoideae*, Diskussion von *Hypnodon* und *Hypnodontopsis* nov. gen. (nahe *Rhachitheciopsis*) in Japan: IWATSUKI.

**Pterobryaceae.** S für *Jaegerina* in Afrika: POTIER DE LA VARDE (2).

**Phyllogoniaceae.** Innerhalb dieser Familie (sensu BROTHERUS) hat *Phyllogonium* selber deutlich distiche Blätter, während die Blätter bei *Eucatagonium* pseudodistich in 8 Orthostichen aufgereiht sind. Offensichtlich ist die Gattung aus den Ph. auszuscheiden: VAN DER WIJK.

**Neckeraceae.** Neugliederung der Familie nach phyllotaktischen Untersuchungen: WAGNER.

**Leskeaceae.** Revision von *Lescuraea* in Europa und Nordamerika S: LAWTON.

**Thuidiaceae.** Revis. *Haplohymenium*, 6 Arten: NOGUCHI.

**Amblystegiaceae.** *Campylium* sens. str. (mit *C. halleri* und *sommerfeltii*) gehört zu den *Hypnaceae*, während die anderen Arten bei den A. zu bleiben haben: LE ROY ANDREWS.

**Hypnaceae.** Nach den cytologischen Verhältnissen muß unter japanischen *Hypnum*-Arten *H. circinatulum* als Ausgangsform, *H. reptile, plumaeforme* und *fujiyamae* dagegen als hypodiploide Derivate betrachtet werden: YANO (3). — Diskussion von *Gollania:* ANDO, PERSSON u. SHERRARD.

**Dawsoniaceae.** Revision von *Dawsonia*, 12 Arten, S: VAN DER WIJK (2).

## Floren, Floristik.

(B = Beiträge, F = Flora, L = Liste.)

**Europa.** Der Moos- und Farnband der „Kleinen Kryptogamenflora" von GAMS ist in der 4. Auflage auf ganz Europa ausgedehnt worden. — Kleines Moosbilderbuch: AICHELE u. SCHWEGLER.

Mitteleuropa: L Oberösterreich: BAUMGARTNER ed. FITZ; B Tschechoslowakei: PILOUS; L Slowak. Pieninen: PECIAR; L Ungarn: BOROS u. VAJDA; Modifikationsmöglichkeiten von M. in ungarischen „Eishöhlen": GYÖRFFY; Lebermoose der Tatra, Bibliographie: SZWEYKOWSKI (2).

W- bzw. S-Europa: Moosflora von Belgien, Forts. (Lebermoose II): VANDEN BERGHEN; Moose von Wigtonshire: DUNCAN, von Cambridgeshire: PROCTOR; B Zentralpyrenäen: CASAS DE PUIG; F Umgebung von Barcelona: CASAS DE PUIG, SERO u. UBACH; B östl. Mittelmeer: REIMERS.

**Asien.** Muscologia Japonica: SAKURAI; Hepaticae von Hokkaido: HATTORI (1) u. (2), in (2) Hep. auf Serpentin, keine obligaten Formen; Hep. Amami- Inseln, S-Japan: HARA; Pleurozia purpurea in Japan und Formosa: IKEGAMI; pazifischnordamerikanische Hypnum-Arten in Japan: HORIKAWA u. ANDO; groß. B OstPapua: BARTRAM (1); Hepat. Bombay: CHAVAN u. MAHABALE.

**Afrika.** B Sahara, Mozambique, Uganda, Kongo, Tanganyika: POTIER DE LA VARDE (2) u. (3); B Madeira: LUISIER; Hepat. S-Abessinien: GEROLA; Groß. B Abessinien, Kenya, Tanganyika: Tosco u. PIOVANO (im wesentlichen von DIXON bearbeitet); Hepat. o-afrik. Gebirge: ARNELL (1); B Ruwenzori: DEMARET u. POTIER DE LA VARDE; B Hepat. S-Afrika: ARNELL (1) u. (2); Musci B Madagaskar: POTIER DE LA VARDE (4).

**Nordamerika.** L Alaska: SHERRARD; L Saskatchewan: CONARD (1); Moos-F Iowa: CONARD (2); Hepat. Virginia: SCHUSTER u. PATTERSON.

**Südamerika.** Hepat. Surinam: JOVET-AST; B Zentralbrasilien: CRUM; groß. B argent. Nationalpark: HERZOG (2).

**Australien und Antarktika.** B Victoria: WILLIS; Moose der U.S.Antarktis-Exped. 1940/41: BARTRAM (2).

## Literatur.

AICHELE, D., u. H. SCHWEGLER: Unsere Moos- und Farnpflanzen. 181 p., Kosmos, Stuttgart 1956. — ANDERSON, L., and V. BRYAN: Rev. Bryolog. 25, 254—267 (1956). — ANDO, H., H. PERSSON and E. SHERRARD: Bryologist 60,

326—335 (1957). — ARNELL, S.: (1) Ark. Bot. 3, 6, 517—562 (1957). — (2) Bot. Not. (Lund) 110, 17—27 (1957). — (3) Bot. Not. (Lund) 110, 399—405 (1957).

BARTRAM, E.: (1) Brittonia 9, 32—56 (1957). — (2) Bryologist 60, 139—143 (1957). — BAUMGARTNER, J., ed. K. FITZ: Jb. oberöst. Musealver. 102,217—244 (1957). — BERRIE, G.: Nature (Lond.) 179, 1143 (1957). — BIRSE, E.: J. Ecology 45, 3, 721—733 (1957). — BISCHLER, H.: Rêvision des espèces suisses de Calypogeia. Univ. Geneve Fac. sc. These 1255, 1—76 (1957). — BOROS, A., u. L. VAJDA: Ann. Hist. Nat. Mus. Nat. Hung. 6, 155—165 (1955). — BRYAN, V.: Bryologist 59, 103—126 (1956). — BRYAN, V., and L. ANDERSEN: Bryologist 60, 67—102 (1957).

CARL, H.: Feddes Rep. 59, 113—116 (1956). — CASAS DE PUIG, C.: Act. 2e Congr. intern. Et. pyrén. 3, sect. 2, 44—59 (1956). — CASAS DE PUIG, C., P. SERO y M. UBACH: Collectanea Bot. 5, 1, 119—141 (1956). — CHADEFAUD, M.: Bull. Soc. Bot. France 103, 5—6, 240—247 (1956). — CHAVAN, A., and T. MAHABALE: J. M. S. Univ. Baroda 111, 13—16 (1954). — CHRISTENSEN, T.: Bot. Tidskr. 53, 317 (1957). — CONARD, H.: Bryologist 60, 338—343 (1957). — (2) Proc. Iowa Acad. Sci. 63, 345—354 (1956). — CRUM, H.: Contrib. Sc. Los Angeles County Mus. 18, 1—8 (1957).

DEMARET, F., et R. POTIER DE LA VARDE: Bull. Jard. Bot. Bruxelles 27, 4, 755—762 (1957). — DUNCAN, U.: Trans. Brit. Bryol. Soc. 3, 50—63 (1956).

ERDTMAN, G.: Pollen and Spore Morphology/Plant Taconomy. II. Gymnospermae, Pteridophyta, Bryophyta. 151 p. Stockholm 1957.

GAMS, H.: Die Moos- und Farnpflanzen. Kleine Kryptogamenflora 4, 4. Aufl., 240 p. Stuttgart 1957. — GEROLA, F.: Lav. Bot. Torino 8, 471—485 (1947). — GROLLE, R.: Rev. Bryolog. 25, 288—303 (1956). — GYÖRFFY, J.: Ann. Hist. Nat. Mus. Nat. Hung. 8, 93—100 (1957).

HARA, M.: (1) Res. Rep. Kochi Univ. 5, 33, 1—9 (1956). — (2) Rep. USA Marine Biolog. Stat. 4, 3, 1—23 (1957). — HATTORI, S.: (1) J. Hattori Bot. Lab. 18, 78—92 (1957). — (2) J. Hattori Bot. Lab. 15, 75—92 (1955). — HATTORI, S., and D. SHIMIZU: J. Hattori Bot. Lab. 14, 91—107 (1955). — HERZOG, TH.: (1) Rev. Bryolog. 26, 51 (1957). — (2) Darwiniana (Buenos Aires) 11, 207—222 (1957). — HODGSON, E.: Trans. roy. Soc. New Zealand 83, 589—620 (1956). — HOLMEN, K.: Bryologist 60, 135—138 (1957). — HORIKAWA, Y., and H. ANDO: (1) J. Sci. Hiroshima Univ. B Div. 2, 6, 297—314 (1954). — (2) J. Japan. Bot. 32, 225—231 (1957).

IKEGAMI, Y.: J. Hattori Bot. Lab. 18, 65—69 (1957). — IWATSUKI, Z.: Bryologist 60, 299—310 (1957).

JELENC, F.: Rev. Bryolog. 26, 20—50 (1957). — JONES, E.: Trans. Brit. Bryol. Soc. 3, 74—84 (1956). — JOVET-AST, S.: Acta bot. neerl. 6, 602—608 (1957).

KACHROO, P.: Bryologist 60, 273—277 (1957). — KHAN, S.: Bryologist 60, 28—32 (1957).

LAWTON, E.: Bull. Torrey bot. Cl. 84, 281—307, 337—355 (1957). — LE ROY ANDREWS, A.: Bryologist 60, 127—135 (1957). — LUISIER, A.: Broteria 25, 170—182 (1956).

MEHRA, P.: Amer. J. Bot. 44, 505—513, 573—581 (1957). — MEIJER, W.: J. Hattori Bot. Lab. 18, 1—13 (1957). — MIZUTANI, M., and S. HATTORI: J. Hattori Bot. Lab. 18, 27—64 (1957).

NOGUCHI, A.: (1) J. Hattori Bot. Lab. 5, 7—39 (1951); Suppl. 16, 123—127 (1956). — (2) Kumamoto J. Sci. Ser. B. sect. 2, 3, 20—31 (1957).

OCHI, H.: Bryologist 60, 1—11 (1957).

PECIAR, V.: Prace II, sekcie slov. Ak. vied. 1, 11, 1—29 (1955). — PILOUS, Z.: Fragmenta bryologica. Preslia 28, 42—51, 262—272 (1956). — POTIER DE LA VARDE, R.: (1) Trans. Brit. Bryol. Soc. 3, 85—97 (1956). — (2) Rev. Bryolog. 25, 213—233 (1956). — (3) Rev. Bryolog. 26, 1—7 (1957). — (4) Mém. Inst. Sci. Madagascar 6, ser. B, 213—218 (1955). — PROCTOR, M.: Trans. Brit. Bryol. Soc. 3, 1—49 (1956).

QUILLET, M.: C. R. Acad. Sci. (Paris) 242, 669—671, 2475—2478, 2656—2658 (1956).

REIMERS, H.: Willdenowia 1, 5, 689—703 (1957).

SAKURAI, K.: Muscologia Japonica, 247 p. Tokyo 1954. — SANNOMIYA, M.: J. Hattori Bot. Lab. 15, 114—118 (1955); 18, 98—105 (1957). — SCHUSTER, R.: (1) J. Hattori Bot. Lab. 18, 14—26 (1957). — (2) J. El. Mitchell Soc. 73, 122—197,

388—443 (1957). — SCHUSTER, R., and M. PATTERSON: Rhodora 59, 251—259 (1957). — SHERRARD, E.: Bryologist 60, 310—326 (1957). — SZWEYKOWSKI, J.: (1) Fragm. Flor. Geobot. (Krakow) 2, 1, 172—181 (1956). — (2) Acta Soc. Bot. Polon. 26, 757—784 (1957).

TERASMAE, J.: Bryologist 58, 306—311 (1955). — TOSCO, U., et G. PIOVANO: Allionia 3, 1, 111—186 (1956).

VAARAMA, A.: (1) Irish Naturalists J. 12, 30—40 (1956). — (2) Arch. Soc. Vanamo 9, 395—400 (1955). — VANDEN BERGHEN, C.: Bryophytes 1, 2, in Flore générale de Belgique. Brüssel 1956. — VANDER WIJK, R.: (1) Acta bot. neerl. 6, 386—391 (1957). — (2) Rev. Bryolog. 26, 8—19 (1957).

WAGNER, K.: Florida State Univ. Stud. 13, 48—71 (1954). — WILLIS, J.: Victorian Nat. 71, 157—163 (1955).

YANO, K.: On the chromosomes in some mosses. I—XI. Bot. Mag. Tokyo 1951—1956, (1) 69, 156—161 (1956). — (2) 68, 216—220 (1955). — (3) 68, 195—199 (1955).

# 5e. Systematik der Pteridophyten.

Von JOSEF POELT, München.

Der Beitrag folgt in Band XXI.

# 5f. Systematik der Spermatophyta.

Von HERMANN MERXMÜLLER, München.

Der Beitrag folgt in Band XXI.

# 6. Paläobotanik.

Von KARL MÄGDEFRAU, München.

Der Beitrag folgt in Band XXI.

# 7. Systematische und genetische Pflanzengeographie.

## a) Areal- und Florenkunde.

Von Helmut Gams, Innsbruck.

### 1. Allgemeine Arealkunde und Übersichten.

Mit Vavilovs „Gesetz der homologen Reihen" (1920 ff.) und seinen Vorläufern (Geoffroy St. Hilaire 1826, Walsh 1863, Darwin u. a.) befaßt sich der Entomolog Kiriakoff (Gent). Für die zuerst bei Pflanzen erkannte Gesetzmäßigkeit, daß verwandte Arten und Gattungen oft homolog variieren und entsprechende erbliche Oekotypen, Unterarten usw. hervorbringen, stellt er tiergeographische, besonders entomologische Beispiele zusammen und betont ihre Wichtigkeit für die gesamte Biogeographie und Paläogeographie. Insbesondere müsse bei Arealdisjunktionen nächstverwandter Sippen vor Schlüssen auf ehemalige Landverbindungen, Kontinentalverschiebungen usw. stets untersucht werden, ob nicht homologe Glieder verschiedener Reihen vorliegen. — Grundsätzliches über die Bewertung infraspezifischer Taxa führt auch Van Steenis in Bd. V3 der Flora Malesiana aus.

Die arealkundlichen Begriffe „präalpin" und „dealpin" diskutiert Thorn. „Dealpin" nannten die böhmischen Pflanzengeographen Schustler und Domin Arten und Unterarten, die ihrer Meinung nach von den Alpen oder Karpaten in ihr Vorland herabgestiegen sind, wogegen als „präalpin" meist Arten der Vorgebirge bezeichnet werden. Für viele der von Thorn nach verschiedenen Autoren in einer Tabelle zusammengestellten „dealpinen" Arten haben allerdings die karyologischen Untersuchungen von Manton, Ehrendorfer u. a. ergeben, daß sie als diploide Stammarten älter als ihre auf den Alpen verbreiteteren polyploiden Abkömmlinge sind. Als allgemeine Bezeichnung für vorwiegend im Umkreis von Gebirgen verbreitete Arten schlägt Thorn „perialpin" vor.

An neuen Übersichten über den Inhalt größerer Florenwerke seien die von Davis über die 107 Bände von Englers „Pflanzenreich" mit 4 Registern und die von Eckardt über die 22 ersten Bände von Komarovs Flora der UdSSR genannt, deren 14 erste Bände schon Hultén in Sv. Bot. Tidskr. 1951 ähnlich kritisch besprochen hat.

Die kleine, an knapper, klarer Zusammenfassung des Wichtigsten kaum zu übertreffende „Pflanzengeographie" von L. Diels in der Sammlung Goeschen (1908, 2. Aufl. 1918) ist in 3. Aufl. von F. Mattick herausgekommen, der vor allem den 1. Abschnitt über Geschichte und Material und die letzten über Kartierung, Forschungsstellen und Literatur dem heutigen Stand entsprechend ergänzt hat, wogegen die Darstellung der 24 Vegetationstypen und der 6 Florenreiche weniger geändert worden ist.

## 2. Floren und Ikonographien.

An Cryptogamenfloren seien zunächst 2 umfangreiche Rostpilzfloren genannt: die Uredinales Rumäniens in 2 Bänden von SAVULESCU und die Melampsoraceen der USSR von KUPREVIČ und TRANČEL; dann neue Flechtenfloren für die Ukraine von OXNER und für Westindien von IMSHAUG. Die Schlußlieferung der 3. Auflage von MÜLLERs Lebermoosen Europas ist 3 Jahre nach dem Tode des Verf. von HERZOG ergänzt erschienen; sie enthält die Jubuleen mit den von HERZOG neubearbeiteten Lejeuneaceen und eine Neubearbeitung der Anthocerotaceen von PROS-KAUER. Eine Moosflora von Alaska liegt von den skandinavischen Bryologen PERSSON und GJAEREVOLL vor, eine sehr umfangreiche mit 254 Abbildungen für den Staat Indiana von W. H. WELCH.

Nachdem das Berichtsjahr großenteils mit dem Geophysikalischen Jahr zusammenfällt, wird besonderes Interesse den Floren der Arktis, Antarktis und der Hochgebirge geschenkt. Auf die bereits angezeigte Isländische Flora von LÖVE ist eine Grönländische von JÖRGENSEN, SÖRENSEN und WESTERGAARD und eine des Kanadischen Archipels von dem in Grönland aufgewachsenen, in Kanada tätigen E. PORSILD gefolgt mit 70 prächtigen, zumeist von DAGNY LID gezeichneten Figuren und 332 Puk (Punktkarten), die die Verbreitung fast aller Gefäßpflanzen des Archipels auch im größten Teil von Nordamerika und in Grönland zeigen. Zu diesen modernsten Floren der West-Arktis kommt eine mehr-bändige, von TOLMATSCHOV redigierte der Ost-Arktis, deren 1. Bd. sich im Druck befindet, und eine neue Flora der 4 Komandor-Inseln in der Beringstraße von WASSILJEW. Während FEDTSCHENKOs Flora dieser Inseln (1906) 252 Arten aufzählte, sind nunmehr 348 aus 174 Gattungen bekannt, somit auf kaum 1860 km² mindestens ebenso viele wie auf den $2^1/_2$ Millionen km² des Kanadischen Archipels, dessen Armut von der viel stärkeren Vergletscherung herrührt.

Über die Fortschritte in den Vorbereitungen für die in England redigierte Europaflora berichtet HEYWOOD.

Als wichtigste Neuerscheinung unter den mitteleuropäischen Floren ist die Neubearbeitung des 3. und 4. Bandes von HEGIs illustrierter Flora hervorzuheben. Die bisher erschienenen Lieferungen zeigen eine Vermehrung des Umfangs auf mindestens das Doppelte. Die 3 ersten Lieferungen des 3. Bandes mit RECHINGERs Neubearbeitung der Amenti-floren umfassen 240 Seiten gegenüber 110 der 1. Auflage und 14 von H. MEUSEL ergänzte Urk (Umrißkarten) gegenüber 2 der 1. Aufl. Die 1. Lief. des IV. Bandes (Berberidaceae bis Anfang der Cruciferen von MARKGRAF) enthält 4 Karten. Die 1958 erscheinenden Lieferungen bringen die Urticales von A. SCHREIBER, die Chenopodiaceen von P. AELLEN, die Cruciferen von F. MARKGRAF u. a. — An weiteren mittel-europäischen Floren seien ROTHMALERs kleine Exkursionsflora **für**

Ostdeutschland (405 Fig., keine Karten), die 2. Lief. von JANCHENs Catalogus Florae Austriae (Hauptteil der Dialypetalen) und als Ergänzung dazu ein Verzeichnis der Gefäßpflanzen Deutsch-Südtirols von MACHULE genannt, das in kleinen Fortsetzungen in der Bozner Heimatzeitschrift „Der Schlern" erscheint. Für Welsch-Südtirol, namentlich die Umgebung des Gardasees ist eine von H. SCHIECHTL mit Farbtafeln geschmückte Flora von PITSCHMANN und REISIGL ein Gegenstück zur „Flora des Südens" von SCHRÖTER und SCHMID (im Druck). Aus Westeuropa seien eine weitere Lieferung der Belgischen Flora (Rhoeadales, Droseraceae u. Crassulaceae von LAWALRÉE, Saxifragaceae von WEBB) und eine Flora von Wiltshire von GROSSE (mit Puk) genannt, aus Osteuropa vor allem weitere russische Floren. Von KOMAROVs Flora der UdSSR (s. ECKARDT) stehen nach dem Erscheinen des 23. und 24. Bandes (Rubiales größtenteils von BOBROV, Cucurbitaceae von WASSILTSCHENKO, Campanulaceae mit 5 neuen Gattungen und 18 neuen Arten von AN . FEDOROV, *Lobelia* von GORSCHKOWA) nur noch die bereits in Bearbeitung befindlichen Compositen aus. Für die Gefäßpflanzen des europäischen Rußlands ist das Bestimmungsbuch TALIEWs († 1932), das bis 1941 9 Auflagen erlebt hat, 1942 in 1. und 1957 in 2. Neubearbeitung von STANKOV in stark erweitertem Umfang erschienen. Die Anordnung folgt nicht mehr, wie bis 1941 und in KOMAROVs Flora, dem System ENGLERs, sondern mehr dem WETTSTEINs und HUTCHINSONs. Die Zahl der aufgenommenen einheimischen Arten, neben denen auch viele gebaute und adventive angeführt werden, ist von 4473 in der 10. Aufl. auf 5090 angestiegen und die Zahl der Figuren fast verdoppelt. Die von SCHISCHKIN herausgegebenen Schedae ad Herbarium Florae URSS Nr. 4001—4200 enthalten wie die vorangegangenen viele kritische Bemerkungen zu einzelnen Arten. In der 2. Lief. der ebenfalls von ihm besorgten Flora des Leningrader Gebiets, deren 1. die Pteridophyten, Gymnospermen und Monokotylen enthält, sind wieder mehrere Familien (Rhoeadales, Droseraceae, Crassulaceae) von B. und A. MISCHKIN bearbeitet und nach deren Tod von SCHISCHKIN ergänzt, die Salicaceae von A. KORTSCHAGIN, die übrigen Amentifloren, Ulmaceen, Ranunculaceen und Berberidaceen von MINJAJEW, Urticaceae und Cannabaceae von FLOROVSKAJA, Santalales und Polygonaceae von KIRPITSCHENKO, Centrospermen teils von DENISSOWA, teils, wie auch *Aldrovanda*, von MURAWJOWA, Nymphaeales u. Saxifragaceen von SOKOLOVSKAJA, die von letzteren abgetrennten Grossulariaceae von ZACHAREWITSCH bearbeitet. Aus dem Asiatischen Teil der UdSSR liegen außer den S. 69 genannten arktischen Floren 3 Bände der Armenischen Flora von TACHTADSHJAN mit vielen Tafeln und auch Pollenbildern vor (1. Lycopodiaceae — Fumariaceae 1954, 2. Portulacaceae-Plumbaginaceae 1956, 3. Platanaceae-Saxifragales mit 112 Taf. 1957) und von einer neuen Flora Mittelsibiriens von M. POPOV der 1. Band (Pteridophyta-Empetraceae) vor.

Aus Südasien seien 2 weitere Lieferungen der Symbolae Afghanicae von KÖJE und RECHINGER mit von RECHINGER bearbeiteten Compositen und Leguminosen, weitere Bände der Flora Malesiana (von VAN STEENIS

Scyphostegiaceae u. Basellaceae, von LEENHOUTS Dichapetalaceae u. Goodeniaceae, von HARTOEG Alismataceae, von BAKKER u. v. STEENIS Pittosporaceae, von VINK Hamamelidaceae) und von BAKHUIZENS Javaflora (Marantaceae, Palmae, Araceae) und eine neue Flora von Kuwait und Bahrein von DICKSON (mit 6 Karten) genannt.

Aus Afrika liegt eine hauptsächlich für Studenten bestimmte Gefäß-pflanzenflora für Ägypten von Frau V. TÄCKHOLM vor. Sie behandelt englisch 11 Pteridophyten, 4 Gymnospermen, 16 Familien von Monoko-tylen und 81 von Dikotylen mit 8 Tafeln von Vegetationsbildern, 81 Tafeln mit Pflanzenbildern von ABDEL FADEEL und arabisch-lateini-schem und lateinisch-arabischem Namensregister von M. DRAR, der auch an der größeren, noch unvollendeten Flora von Ägypten mitarbeitet. Von der von MAIRE begründeten Flora von Nordafrika liegt eine 4. Lief. mit einem Großteil der Monokotylen, von der Blütenpflanzenflora des Sudan von ANDREWS Bd. 3 mit 145 Fig. vor, von der Flora von Angola eine Lieferung mit Bearbeitungen der Mimosaceen und Caesalpiniaceen von EXELL und MENDONÇA und der Balsaminaceen von G. M. SCHULZE. Die Caesalpiniaceen für die „Adumbratio Florae Aethiopiae" hat ROTI-MICHELOZZI bearbeitet.

An neuen Lieferungen amerikanischer Floren seien die Bearbeitung der Scirpeen durch SVENSON für die in New York erscheinende Flora von Nordamerika, weitere Lieferungen der Flora von Nevada (Legu-minosen von PORTA, Umbelliferen von MATHIAS und CONSTANCE, Polemoniaceen von WHERRY), neue Bände der von LANJOUW heraus-gegebenen Flora von Surinam (2. Lief. mit 2 Fam. von Monokotylen und 4 von Archichlamydeen von mehreren Autoren) und der Flora von Peru von MACBRIDE (14 Dialypetalenfamilien) sowie eine Flora des argentinischen Nationalparks Itatiaia von BRADE genannt.

### 3. Arealkunde im Dienst der Systematik und Karten einzelner Arten.

Für 2 von SANTESSON beschriebene südamerikanische *Cladonia*-Arten gibt DES ABBAYES Puk. SCHUSTER vereinigt die nordatlantischen *Herberta Hutchinsiae* und *tenuis* mit der ostasiatischen *H. sakuraii* als Unterarten und gibt im 15. Teil seiner Beiträge über nordamerikanische Lebermoose für sie Urk.

Neue Karten für Moosarten liegen vor von SZWEYKOWSKI (Puk der Lebermoose *Leiocolea heterocolpos, Madotheca levigata, Baueri* u. *platy-phylloidea* in Polen), DEMARET u. DE RUYVER (Puk für das sich in Flan-dern weiter ausbreitende *Orthodontium lineare*), KUCYNIAK (Puk für viele Laubmoose in Quebec, *Drepanocladus brevifolius* in Nordamerika), PERSSON und GJAEREVOLL (Urk für *Kiaeria glacialis*, Puk für die arktisch-alpine *Encalypta longicolla* und den arktischen *Drepanocladus pseudosarmentosus*), CRUM (Puk der Leskeacee *Lindbergia brachyptera* in Nordamerika, außerdem nur vom Kaukasus bekannt) und VAJDA (*Atri-chum Hausknechtii* in Ungarn).

Die Verbreitung der Pteridophyten in Nordamerika behandeln COBB (auch W-Europa) und CODY (mit Karten für den kanadischen

Distrikt Ottawa, ferner die Monographien einzelner, vorwiegend amerikanischer Farngattungen TRYON (*Pellaea*) und KRAMER (Lindsaeoideae umfassend 3 altweltliche, 2 neuweltliche und 2 in beiden Tropen verbreitete Gattungen, darunter *Lindsaea* mit Urk für alle Gattungen und Puk für 45 amerikanische *Lindsaea* und 2 *Ormoloma*, beide hauptsächlich in Guyana und N-Brasilien).

An Karten für Coniferen seien zu den in Bd. XIX genannten solche für *Picea orientalis* (von KAYACIK) und die australischen *Callitris*-Arten (von GARDEN) nachgetragen.

Neue Monokotylenkarten liegen u. a. vor für *Alisma gramineum* (Urk für Europa, Puk für England von LOUSLEY), *Allium ursinum* (Puk für Großbritannien von TUTIN), *Eriophorum altaicum* (in Sibirien, eine abweichende Rasse im westlichen Nordamerika, von RAYMOND) und die halophile Grasgattung *Spartina* (von MOBBERLEY). Die Kollektivart *Carex flava* in Großbritannien hat E. DAVIES untersucht.

Die Monographie der Gattung (oder *Anemone*-Untergattung) *Pulsatilla* von AICHELE und SCHWEGLER bringt Urk für alle 5 unterschiedenen Sektionen, von denen die beiden ursprünglichsten auf Ostasien, eine weitere auf Innerasien beschränkt und nur 2 (*Preonanthus = Alpinae* und *Pulsatilla* s. str. = *Campanaria* mit 5 Subsektionen) weiter verbreitet sind, schematische Karten auch für die Arten und Unterarten und originelle Kartogramme zur Darstellung von Merkmalsgefällen. Viele neue Urk meist von MEUSEL enthält die Neubearbeitung von HEGIs Flora durch RECHINGER, MARKGRAF u. a. Eine Puk für *Salix recurvigemmata*, eine neubeschriebene, in Sibirien bis zum Ural verbreitete Art aus der Verwandtschaft von *S. glauca* und *lanata*, gibt SKVORZOV, Karten für die 4 immergrünen *Quercus*-Arten Nordafrikas QUÉZEL, für die mittelamerikanischen *Juglans*-Arten MANNING, für die tropische Euphorbiaceengattung *Pedilanthus* DRESSLER. Puk für die serpentinholden Alsineen *Arenaria humifusa* und *Cerastium glabratum* in N-Fennoskandien gibt RUNE, Neubeschreibungen mit Puk MERXMÜLLER und GUTERMANN (*Moehringia Markgrafii* in den Brescianer Alpen) KARAWAJEW (*Androsace Gorodkovii* im Lenagebiet), SMOLJANINOWA (*A. bryomorpha* LIPSKY in Pamir). Neue Monographieen von Saxifragaceengattungen mit Karten liegen vor von MACCLINTOCK (*Hydrangea*) und von HARA (*Chrysosplenium*). WIDDERs Schülerin E. TEMESY hat die Kollektivart *Saxifraga stellaris* bearbeitet und stellt die Verbreitung ihrer Unterarten in Urk, für das Alpengebiet in Puk dar. Puk in den Südalpen endemischer *Saxifraga*-Arten geben GIACOMINI u. FENAROLI, PITSCHMANN u. REISIGL, MERXMÜLLER u. WIEDMANN. *Papaver alpinum* ist in den Alpen, wie MARKGRAF anhand einer Urk ausführt, durch 6 Unterarten vertreten.

Den Formenkreis des *Geranium Robertianum* in Großbritannien untersucht anhand von Karten BAKER, der das mediterran-atlantische *G. purpureum* als Art bewertet und von *Robertianum* die subsp. *maritimum* BAB. und *celticum* OSTENF. unterscheidet. Die Ausbreitung von 11 in Großbritannien eingeführten *Oxalis*-Arten behandelt YOUNG. Puk mittelasiatischer Zygophyllaceen gibt nach SLADKOV auch BORISSOVA

(5 Arten von *Halimiphyllum*), für venezolanische Zygophyllaceen LASSER, Karten der argentinischen *Hibiscus*-Arten DEL PILAR RODRIGO, der amerikanischen Hypericaceengattung *Ascyrum* W. ADAMS, der mediterranen *Phillyrea*-Arten SEBASTIEN. Das Gesamtareal von *Cornus mas* diskutiert DOING KRAFT in bezug auf Ökologie und Biozönotik.

Puk vieler europäischer Oreophyten enthalten viele der im Abschnitt 4 angeführten Arbeiten; für *Ledum palustre* im Elbsandsteingebirge die von ČEROVSKY, für die an die europäischen Westküsten von Portugal bis Irland gebundene *Daboecia cantabrica* WOODALL. JANKOVIĆ glaubt in Jugoslavien 4 Arten von *Trapa* unterscheiden zu können, darunter eine für das Morava-Tal zwischen Belgrad und Nisch endemische *T. annosa*, die jedoch dem Ref. mit Formen aus dem Adria- und Kaspigebiet identisch zu sein scheint. GILLETTs Monographie der nordamerikanischen *Gentianella*-Arten mit den von vielen Autoren immer noch zu *Gentiana* gestellten, aber *Swertia* und *Lomatogonium* mindestens ebenso nahe stehenden Untergattungen *Eublephis* (= *Crossopetalum*), *Gentianella* s. str. (= *Endotricha*) und *Comastoma* (*G. tenella*) enthält für alle Puk u. karyologische Angaben (s. S. 77). Die Ausbreitung von *Veronica filiformis* auf den Britischen Inseln, wo sie bald nach 1800 in Gärten eingeführt worden ist, sich aber ähnlich wie im Alpengebiet erst seit 1927 rasch ausbreitet, stellen BANGERTER und KENT anhand einer Puk dar. Labiaten-Karten geben COHEN (*Teucrium* Sect. *Polium* in Marokko), EPLING (Gattung *Hyptis* in Südamerika) und LUNDMAN für *Thymus serpyllum*, dessen subsp. *angustifolius* und *Drucei*, wie durch Karten belegt wird, in den nordeuropäischen Sandgebieten auffallend ähnlich wie die nordischen Boot- und Streitaxtkulturen verbreitet sind.

· In Fortsetzung seiner *Galium*-Arbeiten behandelt EHRENDORFER die 10 nordamerikanischen Kleinarten des *multiflorum*-Komplexes von *Leptogalium* anhand von 6 Puk und beschreibt mit MERXMÜLLER ein neues *G. montis-arerae* aus den Bergamasker Alpen, das am nächsten dem nordostalpinen *G. meliodorum* steht und mit diesem eine ähnliche Disjunktion zeigt wie Artenpaare von *Callianthemum* und *Primula* Sect. *Auricula*.

Amerikanische Compositengattungen behandeln anhand von Karten BEAMAN (*Townsendia*), TURNER (*Hymenopappus*) und FISHER (*Heliopsis*). BÖCHER diskutiert die Verbreitung der *Hieracium*-Sect. *Foliosa* in Dänemark und Grönland, wo sie durch 7 endemische Kleinarten vertreten ist, darunter das bis 67° 16′ N reichende *H. acranthophorum*. Wahrscheinlich hat mindestens ein Teil dieser Kleinarten an der Westküste die letzte Eiszeit überdauert und ist nicht, wie OSTENFELD meinte, von Norwegern eingeschleppt worden.

## 4. Arealkarten im Dienst der regionalen Pflanzengeographie und Vegetationskunde.

Immer mehr biogeographische und biozönotische Arbeiten bringen Arealkarten. In der „Biologischen Flora der Britischen Inseln" werden 5 weitverbreitete Arten zumeist mit Urk für ganz Europa behandelt: *Allium ursinum* von TUTIN, *Ranunculus acer, repens* und *bulbosus* von

HARPER, *Daboecia* von WOODALL und *Senecio jacobaea* von HARPER zusammen mit dem verstorbenen WOOD. Die 9 von LOUSLEY zusammengestellten Beiträge über Fortschritte in der Erforschung der britischen Flora enthalten 15 Karten. In einer ähnlichen Untersuchung wie in den in Bd. XIX genannten von MATHIESEN, NIELSEN und LUTHER aus dem Ostseegebiet behandelt Miss GILLHAM das Mündungsgebiet des Exe-Flusses in England und stellt dabei die Abhängigkeit der Verbreitung zahlreicher Angiospermen und Algen vom Salzgehalt in Karten und Diagrammen dar. Mit den nordischen Serpentinfloren befassen sich SPENCE für die Shetlandsinseln (im 1. Teil die Insel Unst) und RUNE für das nördliche Fennoskandien. Viele Puk enthalten die meisten Gemeindemonographien aus dem südlichen Fennoskandien, so die der schonischen Gemeinde Vedby von G. und I. NORDBORG deren 10. In der Reihe der familienweisen arealkundlichen Bearbeitung der dänischen Flora bringt PEDERSEN die Puk aller dänischen Linaceen, Oxalidaceen, Balsaminaceen, Polygalaceen und Rubiaceen. Eine neue Reihe von Puk aus Brandenburg eröffnen MÜLLER-STOLL und KRAUSCH mit Karten für *Stipa*, *Colchicum* und 8 teils östlichen, teils westlichen Dikotylen (Westgrenze von *Ledum*, Ostgrenze von *Myrica*, *Genista anglica*, *Erica tetralix* u. a.). GAUCKLER bespricht die Biozönosen der unter Naturschutz gestellten Gipshügel von Külsheim, Nordheim und Sulzheim in Franken anhand von je 4 Puk xerophiler Pflanzen (*Stipa capillata*, *Astragalus danicus*, *Eryngium campestre*, *Potentilla parviflora*) und Arthropoden. In Frankreich dauert die Diskussion über die Abgrenzung des Mittelmeergebiets weiter an. GUILLAUME findet durch kartographische Vergleichung eine gute Übereinstimmung der Nordgrenze der Mittelmeerstufe in Südfrankreich und mehrerer für sie bezeichnender Pflanzen mit der Juli-Isohyete von 42 mm und setzt sich mit Einwänden von GAUSSEN, der besonders die winterlichen Temperaturminima betont, auseinander. Von 3 der auffallendsten Endemiten der Seealpen (*Juniperus thurifera*, *Saxifraga florulenta*, *Berardia lanuginosa*) gibt MERXMÜLLER Bilder und Urk.

Die Verbreitung der am weitesten in Städte vordringenden Flechten hat BESCHEL in 5 westösterreichischen Städten (Salzburg, Innsbruck, Landeck, Dornbirn, Bregenz) festgestellt und vergleicht sie anhand von Puk und Urk mit lokalklimatischen und edaphischen Faktoren sowie mit den Verhältnissen in anderen europäischen Städten.

Daß die Notwendigkeit von Arealkarten in landeskundlichen Werken auch in Südeuropa allgemeiner erkannt wird, zeigt das vom italienischen Touring Club herausgegebene, reichillustrierte Buch über die Vegetation Italiens von GIACOMINI und FENAROLI, das außer vielen Pflanzen- und Vegetationsbildern und 4 Vegetationskarten auch 62 Arealkarten, meist Urk, enthält. Für die Endemiten der mittleren Südalpen geben PITSCHMANN und REISIGL neue Puk, die zeigen, wieviel reicher an Endemiten die nie vergletschert gewesenen Berge um den Garda- und Comersee als schon die Südtiroler Dolomiten sind, auf die nur 7 Arten von Angiospermen beschränkt sind.

Aus den Sudeten- und Karpatenländern seien POSPIŠILs Arbeit über die pannonische Flora Mährens mit Puk für *Cirsium pannonicum* und die Flechte *Arthopyrenia conodea*, der 2. Teil der Gorcy-Monographie von Kornaś (Florenkatalog, die zugehörigen Puk im 1. Teil, 3. Teil folgt) und die Mitteilung von Jasiewicz und Zarzycki über 2 für Polen neue Oreophyten aus den Beskiden (*Carex rupestris* und *Aconitum tauricum* ssp. *nanum*) genannt.

Aus dem tropischen Afrika liegt Hedbergs große Bearbeitung der „afroalpinen" Gefäßpflanzen, d. h. der Oreophyten von Belgisch-Kongo, Uganda, Kenya und Tanganyika vor. Sie enthält auf Grund der von vielen vorwiegend schwedischen Expeditionen gesammelten Materialien eine kritische Revision mit genauen Angaben über die horizontale und vertikale Verbreitung und Variabilität der Arten, für mehrere Gattungen mit Histogrammen und Korrelationsdiagrammen, aber ohne Karten.

Die Vegetationsgebiete Chiles behandeln Schmithüsen, Klapp und Schwabe auf Grund eigener Untersuchungen anhand einiger Karten unter besonderer Berücksichtigung der Vegetationsgeschichte und des heutigen Kleinklimas. Die 27 endemischen Compositen der von Skottsberg so gründlich untersuchten Juan Fernandez-Inseln bespricht nochmals Kunkel unter besonderer Berücksichtigung ihrer Wuchsformen (ohne Karten) und verweist dabei auf die rasche, bis zu Ausrottung führende Zurückdrängung der Endemiten durch von Menschen eingeschleppte Arten, deren Zahl bereits 100 übersteigt.

In Australien hat Costin in mehreren Arbeiten die Gebirgsvegetation von New South Wales in Abhängigkeit von Boden und Wirtschaft beschrieben. In 2 farbigen Karten der Monaro-Berge unterscheidet er 16 Bodentypen und 12 Vegetationstypen, darunter 10 „Verbände" (im wesentlichen Konsoziationen) der unteren Stufen und je einen Komplex der subalpinen (mit 10 Verbänden) und der alpinen Stufe (mit 7 Verbänden).

## 5. Arealgeschichte
## auf paläogeographischer und paläontologischer Grundlage.

Außer auf die Beiträge von Mägdefrau und Firbas sei besonders auf die vom Geobotanischen Institut Rübel 1958 veröffentlichten Vorträge der Quartärbotanikertagung 1957 verwiesen, darunter ein Sammelreferat des Berichterstatters über neue palynologische Arbeiten aus Osteuropa, wie die schon in Bd. XIX angeführten von Gritschuk, Katz, Monosson und Neustadt. Frau Monosson hat inzwischen den von ihr ausgearbeiteten Schlüssel für Chenopodiaceenpollen zu Bestimmungen von 15 Proben aus dem nord- und mittelrussischen Vereisungsgebiet und 10 aus dem unvergletscherten Wolga-Don-Gebiet benützt und dabei 18 Gattungen mit mindestens 43 Arten unterschieden, darunter besonders oft *Eurotia ceratoides* und *Kochia prostrata*, also Halbwüstenarten, auch außerhalb ihres heutigen Areals. Diese Funde, deren Zuverlässigkeit wohl noch nachzuprüfen ist, ergänzen die immer zahlreicher werdenden von *Artemisia*- und *Ephedra*-Pollen besonders aus glazialen und postglazialen Ablagerungen. Nach Gritschuk war *Ephedra* nicht nur in der ausklingenden letzten, sondern auch schon in der vorletzten Eiszeit weiter nach Norden verbreitet als heute. Besonders überraschend ist WELTENs Entdeckung, daß am nordwestlichen Alpenrand im Spätglazial und frühsten Postglazial nicht nur die noch in den Südalpen und im Rhônetal wachsende *Ephedra distachya*, sondern noch 3 Arten vertreten waren, 2 aus den mediterranen Formenkreisen der *E. major* und *fragilis* und die heute ganz auf die innerasiatischen Sandwüsten beschränkte *E. strobilacea*.

Die von LILPOP im Interglazial von Koszary am Bug gefundene Fichte ist nach SRODON nicht *Picea omorica*, sondern *obovata*, deren heutige und frühere Verbreitung in einer Karte gezeigt wird. Eine ähnliche Karte gibt GUSSEW für die heute auf Nordamerika beschränkte, aber mehrfach in altquartären Ablagerungen Sibiriens (u. a. imLenadelta) und Europas gefundene *Juglans cinerea*. TSCHEMEKOV teilt viele Funde pflanzlicher Makro- und Mikrofossilien aus dem Quartär von Sichote-Alin mit, das er vorläufig nur in 4 Zeitabschnitte gliedert, deren Parallelisierung mit den viel weiter gehenden Gliederungen in Europa und Nordamerika noch offen bleiben muß.

Für die ältere Florengeschichte sei schließlich noch auf zwei zusammenfassende Besprechungen der alten Entwicklungszentren hingewiesen: TACHTADSHJAN führt nochmals viele Gründe dafür an, daß Südostasien (Cathaysia) eines der wichtigsten Entwicklungszentren für die subtropischen und gemäßigten Angiospermenfloren ist, und der Berichterstatter (GAMS) betont die besondere Wichtigkeit des antarktischen Entwicklungszentrums für die mikrothermen Archegoniaten, Gymnospermen und ältesten Angiospermen. Dieses Zentrum, das wesentlich früher als das ostarktische wirksam geworden ist, kann nur, im Gegensatz zur Annahme CROIZATs von hypothetischen Zentren im südindischen Ozean, in der Antarktis selbst gelegen sein, deren Lage zur Erdachse im Karbon und Mesozoikum von der heutigen sehr verschieden gewesen sein muß.

## 6. Arealgeschichte auf cytogenetischer Grundlage.

Wie in der in Bd. XIX genannten Islandflora LÖVEs wird auch in der neuen Grönlandflora von JÖRGENSEN, SÖRENSEN und WESTERGAARD der Cytotaxonomie besondere Aufmerksamkeit geschenkt.

Die Cytotaxonomie von über 50 Endemiten von Korsika und der übrigen Tyrrhenis untersucht JULIETTA CONSTANDRIOPOULOS mit dem Ergebnis, daß die Mehrzahl der alten Endemiten diploid sind und nur wenige, wahrscheinlich jüngere und vorwiegend montan verbreitete polyploid sind.

Ancytotaxonomischen Gattungsmonographien seien die BORRILLs über die britischen *Glyceria*-Arten, die von GAJEWSKI über *Geum* und von BÖCHER und LARSEN (1) über die Kollektivart *Sanguisorba minor* genannt, deren 3 verbreitetste Unterarten sämtlich tetraploid sind. Ihre diploide Stammform ist bisher unbekannt, dagegen wurden in Südfrankreich und Spanien oktoploide Formen gefunden, die als neue subsp. *cerebralis* beschrieben werden. Von *S. officinalis* sind sowohl tetraploide wie hexaploide Formen bekannt. — Interessante Zusammenhänge zwischen Karyologie, Verwandtschaft und Verbreitung deckt auch GILLETTs Untersuchung über die von *Gentiana* abgetrennte Gattung *Gentianella* auf. Die Grundzahl 5 findet sich sowohl bei altertümlichsten *Gentiana*-Arten (wie *lutea* und *purpurea*) wie bei den einjährigen *Gentianella tenella* und *Lomatogonium*, 7 bzw. 14 bei den Tetraploiden bei *Gentiana* Sect. *Cyclostigma*, 9 bzw. 18 bei *Gentiana* Sect. *Thylacites* (*acaulis* s. lat.), *Gentianella* Sect. *Endotricha* und *Swertia*, 11 bei *Gentiana asclepiadea* und *ciliata*, 13 bei *Gentiana pneumonanthe* und *Gentianella* Sect. *Eublephis* (= *Crossopetalum*). Die meisten bisher untersuchten *Endotricha*-Arten scheinen ebenso wie die vorwiegend immergrünen *Gentiana*-Arten tetraploid zu sein. — Karyologische Untersuchungen an europäischen Cistaceen veröffentlicht PROCTOR, an britischen *Euphrasien* YEO. Die Kollektivart *Chrysanthemum leucanthemum* umfaßt nach BÖCHER und LARSEN (2) im atlantischen Europa vorwiegend diploide, dagegen in den Fettwiesen von Mittel-, Nord- und Osteuropa und in Sibirien vorwiegend tetraploide Sippen, zu denen u. a. die subsp. *ircutianum* Turcz. (= *montanum* All. non al.) gehört. Hexaploid ist das nur aus Portugal bekannte *Chr. pallens*.

## Literatur.

ADAMS, W. P.: Rhodora **59**, 73—95 (1957). — AELLEN, P.: Hegis Ill. Flora 2. Aufl. 3, 321 ff. (1958). — AICHELE, D., u. H. W. SCHWEGLER: Feddes Repert. spec. nov. **60**, 1—230 (1957). — ANDREWS, F. W.: Flowering Plants of Sudan 3, 590 S. (1956).

BAKER, H. G.: Watsonia 3, 160—167 (1955); 270—279 (1956). — BAKHUIZEN VAN DEN BRINK, R. C.: Flora van Java 16, 74 S. (1957); 17, 56 S. (1957). — BAKKER, K., u. VAN STEENIS: Flora Malesiana V 3, 345—362 (1957). — BANGERTER, E. B., and D. H. KENT: Proc. Bot. Soc. Brit. Isles 2, 197—217 (1957). — BEAMAN, J. H.: Contrib. Gray Herb. **183**, 1—151 (1957). — BESCHEL, R.: Ber. Naturw.-Med. Ver. Innsbruck. **52**, 1—158 (1958). — BÖCHER, T. W.: Bot. Tidskr. **53**, 279 bis 283 (1957). — BÖCHER, T. W., u. K. LARSEN: (1) Bot. Tidskr. 53, 284—290 (1957). — (2) Watsonia 4, 11—16 (1957). — BORISSOWA, A.: Notul. syst. Herb. Leningrad 18, 144—156 (1957). — BORRILL, M.: Watsonia 3, 291—306 (1956); 4, 77—100 (1958). — BRADE, A. C.: Bol. Parque Nac. Itatiaia, Rio de Jan. 5, 92 p. (1956).

ČEROVSKY, J.: Ochrana Prirody Praha 12, 97—110 (1957). — CODY, W. J.: Ferns of Ottawa, 94 S. (1956). — COHEN, E.: Trav. Inst. Sc. Chérif. Bot. 9, 88 S. (1956). — CONSTANDRIOPOULOS, J.: Bull. Soc. Bot. France 104, 53—55 u. 533 bis 538 (1957); Ann. Fac. Soc. Marseille 26 (1957). — COSTIN, A. B.: Austral. J. Bot. 5, 173—189 (1957). — CRUM, H. A.: Bryologist 59, 203—212 (1956).

DAVIES, E. W.: Watsonia 3, 66—84 u. 129—180 (1955). — DAVIS, M. T.: Taxon 6, 161—182 (1957). — DEL PILAR RODRIGO, A.: Rev. Mus. La Plata 7, 111 bis 152 (1956). — DES ABBAYES, H.: Rev. bryol. et lich. **26**, 204—206 (1957). — DEMARET, F., et L. DE RUYVER: Bull. Jard. bot Bruxelles 27, 309—312 (1956). — DICKSON, V.: Wild flowers of Kuwait and Barein, 144 S. (1955). — DIELS, L.: Pflanzengeogr. in Samml. Goeschen 384, 196 S. 3. Aufl. von F. MATTICK, 1958. — DOING KRAFT, H.: Jb. Nederl. Dendrol. Ver. **20** (1954/55), 169—201 (1957). — DRESSLER, R. L.: Contrib. Gray Herb. **182**, 1—188 (1957).

ECKARDT, TH.: Engl. Bot. Jb. 77, 218—225 (1957). — EHRENDORFER, F. Contrib. Dudley Herb. Stanford 5, 1—36 (1956). — EPLING, C.: Rev. Mus. La Plata 7, 153—497 (1956). — EXELL, A. W., u. F. A. MENDONÇA: Consp. Florae Angol. 211, 153—322 (1956).

FISHER, T. R.: Ohio J. Sci. **57**, 171—191 (1957).

GAJEWSKI, W.: Monogr. Bot. Polon. **4**, 416ff. (1957). — GAMS, H.: Bull. Jard. Bot. Bruxelles **27**, 547—556 (1957). — GARDEN, J.: Contrib. N. S. Wales Nat. Herb. **2**, 363—392 (1956). — GAUCKLER, K.: Abh. Naturhist. Ges. Nürnberg **29**, 1—92 (1957). — GIACOMINI, V., e FENAROLI, L.: Conosci l'Italia **2**, 272 S., Touring Milano (1958). — GILLETT, J. M.: Ann. Missouri Bot. Garden **44**, 195—269 (1957).— GILLHAM, M. E.: J. Ecol. **45**, 735 — 756 (1957). — GROSE, D.: Flora of Wiltshire, 824 S. (1957). — GUILLAUME, A.: Bull. Soc. Bot. France **104**, 1—15 u. 539—551 (1957). — GUSSEW, A.: Mat. z. Quartärgeol. USSR **1**, 178—184 (1956).

HARA, H.: Journ. Fac. Sci. Tokyo **3**, 1—90 (1957). — HARPER, J. L.: J. Ecol. **45**, 289—342 (1957). — HARPER, J., and W. WOOD: J. Ecol. **45**, 617—637 (1957). — DEN HARTOEG, C.: Flora Malesiana V **3**, 317—334 (1957). — HEDBERG, O.: Symbol. Bot. Uppsal. **15**, 1—409 (1957). — HEGI, G.: Ill. Flora v. Mitteleuropa 2. Aufl. **3** u. **4** (1957/1958). — HEYWOOD, V. H.: Taxon **7**, 73—79 (1958).

IMSHAUG, H. A.: Bull. Inst. Jamaica Sc. ser. **6**, 1—153 (1957). — JANCHEN, E:. Catalogus Florae Austriae **2**, 177—440 (1957). — JANKOVIĆ, M.: Jb. (Godišnjak) Biol. Inst. Sarajevo **7** (1954); 209—226 (1957). — JASIEWICZ, A., u. K. ZARZYCKI: Fragm. Florist. et Geobot. **2**, 24—27 (1956). — JASNEWSKI, M.: Acta Soc. Bot. Polon. **26**, 701—718 (1957). — JÖRGENSEN, C., TH. SÖRENSEN and WESTERGAARD: Biol. Skr. Dansk Vid. Selsk. 172 S. (1958).

KARAWAJEW, M. N.: Not. syst. Herb. Leningrad **18**, 7—12 (1957). — KAYACIK, H.: Kew Bull. **3**, 481—490 (1955). — KIRIAKOFF, S. G.: Zool. Anz. **156**, 277—284 (1956); Ann. Soc. r. Zool. Belg. **87**, 187—209 (1957). — KOMAROV, W.(†), B. SCHISCHKIN u. a.: Flora USSR **23** (1958); **24**, 502 S. (1957). — KORNAŚ, J.: Monogr. Bot. **3** (1955); **5**, 259 S. (1957). — KRAMER, K. U.: Diss. Amsterdam; Acta bot. neerl. **6**, 97—290 (1957). — KUCYNIAK, J.: (1) Mém. Jard. Bot. Montréal (1952/53). — (2) Naturalis Canad. **81**, 197—202 (1954) — (3) Sv. bot. Tidskr. **49**, 325—328 (1955). — KUNKEL, G.: Ber. schweiz. bot. Ges. **67**, 428—457 (1957). — KUPREVIČ, W. TH., u. W. H. TRANČEL: Flora cryptog. URSS **5**, 1—420 (1957).

LANJOUW, J.: Flora of Suriname **2**, 93—292 (1957). — LASSER, T.: Bull. Jard. bot. Bruxelles **27**, 381—390 (1957). — LAWALRÉE, A.: Flore gén. de Belgique **2**, 287—390 (1957). — LEENHOUTS, P. W.: Flora Malesiana V**3**, 305—316, 335—344 (1957). — LOUSLEY, J. E.: (1) Progr. Study Brit. Flora, 128 p. (1957). — (2) Proc. Bot. Soc. Brit. Isles **2**, 346 bis 353 (1957). — LUNDMAN, B.: Ymer Stockholm, 223—229 (1957).

MACBRIDE, J. F.: Bot. Ser. Field Mus. Nat. Hist. Chicago XIII 3 A, 291—744 (1956). — MACCLINTOCK, E.: Proc. Calif. Acad. Sc. **29**, 147—255 (1957). — MACHULE, M.: Der Schlern, Bozen 1957/58. — MAIRE, R.: Flore de l'Afrique du Nord **4**, 1—333 (1957). — MANNING, W. E.: J. Arnold Arbor. **38**, 121—150 (1957). — MARKGRAF, FR.: Hegis Ill. Flora 2. Aufl. **4**, 1ff. (1958). — MATHIAS, M. E., a. L. CONSTANCE: Flora of Nevada **44**, 60 p. (1957). — MERXMÜLLER, H.: Jb. Ver. z. Schutz d. Alpenpfl. **21**, 115—120 (1956). — MERXMÜLLER, H., u. F. EHRENDORFER: Öst. bot. Z. **104**, 228—233 (1957). — MERXMÜLLER, H., u. W. GUTERMANN: Phyton (Horn, N.-Ö.) **7**, 1—7 (1957). — MERXMÜLLER, H., u. W. WIEDMANN: Jb. Ver. z. Schutz d. Alpenpfl. **22**, 115—120 (1957). — MOBBER-LEY, D. D.: Iowa State Coll. J. Sci. **30**, 471—574 (1956). — MONOSSON, M.: Dokl. Akad. Nauk **114**, 648—651 (1957). — MÜLLER, K.: Rabenhorsts Kryptogamenfl. **6**, 3. Aufl., 1221—1365 (1958). — MÜLLER-STOLL, W. R., u. H. D. KRAUSCH: Wiss. Z. pädag. Hochsch. Potsdam **3**, 63—92 (1957).

NORDBORG, G. u. I.: Bot. Notiser Lund **110**, 83—121 (1957).

PEDERSEN, A.: Bot. Tidskr. **53**, 139—196 (1956). — PERSSON, H., a. O. GJAERE-VOLL: K. Norske Vid. Selsk. skr. Trondheim, 1—74 (1957). — PITSCHMANN, H., u. H. REISIGL: (1) Veröff. Mus. Ferd. Innsbruck **37**, 5—17 (1958). — (2) Veröff. Geobot. Inst. Rübel **32** (1958) — POPOV, M. G.: Flora srednej Sibiri **1**, 554 S. (1957). — PORSILD, A. E.: Bull. Nat. Mus. Canada Biol. Ser. **146**, 209 S. (1957). — PORTER, C. L.: Flora of Nevada, Beltsville **42**, 69 S. (1957). — POSPISVIL, V.: Ochrona Prirody, Praha **12**, 129—135 (1957). — PROCTOR, M.C. F.: Watsonia **3**, 154—159 (1955).

QUÉZEL, P.: Mém. Soc. Hist. nat. Afrique Nord N. S. **1**, 57 p. (1956).

RAYMOND, M.: Contrib. Inst. bot. Montréal **70**, 95—105 (1957). — RECHINGER, K. H.: (1) Symbol. Afghan. in Dansk Bot. Selsk. skr. 1955, 215 S. u. 1957, 208 S. —

(2) Hegis Ill. Flora 3, 2. Aufl., 1—244 (1957/58). — ROTHMALER, W.: Exkursionsflora, 366 S. Berlin (1957). — ROTI-MICHELOZZI, G.: Webbia 13, 133—228 (1957). — RUNE, O.: (1) Nytt Mag. Bot. 3, 183—196 (1954). — (2) Sv. bot. Tidskr. 49, 197—216 (1955); 51, 1—63 (1957). — (4) Diss. Uppsala, 19 S. (1957).

SAVULESCU, T.: Ustilaginales Romaniae, Acad. Rom., 1168 p. (1957). — SCHISCHKIN, B. K.: Schedae ad Herb. Florae URSS 14, 1—333 (1957). — SCHISCHKIN, B., A. KORCZAGIN u. a.: Flora Leningradsk. Oblasti 2, 243 S. (1957). — SCHMITHÜSEN, J., E. KLAPP u. G. SCHWABE: Bonner Geogr. Abh. 17, 190 S. (1956). — SCHULZE, G. M.: Consp. Florae Angol. (1956). — SCHUSTER, R. M.: Rev. bryol. et lich. 26, 123—145 (1957). — SEBASTIEN, C.: Trav. Inst. Sc. Chérif. Bot. 6, 104 p. (1956). — SKVORZOV, A. K.: Not. syst. Herb. Leningr. 18, 34—47 (1957). — SMOLJANINOVA, L. A.: Not. syst. Herb. Leningr. 18, 173—178 (1957). — SPENCER, D. H. N.: J. Ecol. 45, 917—945 (1957). — SRODON, A.: Acta Soc. Bot. Polon. 26, 569—581 (1957). — STANKOV, S. S.: TALIEWs Bestimmungsbuch (Opredelitel) d. höh. Pfl. d. europ. Teils d. USSR 2. (11.) Aufl., 742 S. Moskau (1957). — VAN STEENIS: Flora Males. V3, 297—304 (1957). — SVENSON, K. H.: North Americ. Flora 18, 505—556 (1957). — SZWEYKOWSKI, J. Fragm. Florist. et Geobot. 3, 115—127 (1957).

TACHTADSHJAN, A. L.: (1) Flora Armenii 1, 289 S. (1954); 2, 519 S. (1956); 3, 572 S. (1957). — (2) Bot. J. USSR 42, 1635—1652 (1957). — TÄCKHOLM, V.: Students Flora of Egypt, Cairo, 649 p. (1956). — TEMESY, E.: Phyton (Horn, N.-Ö) 7, 40—141 (1957). — THORN, K.: Florist. sociol. Arbeitsgem. Stolzenau N. F. 6/7, 78—89 (1957). — TRYON, A. F.: Ann. Mo. Bot. Gard. 44, 125—193 (1957). — TSCHEMEKOV, J.: Mat. Quartärgeol. USSR 1, 76—103 (1956). — TURNER, B. L.: Rhodora 58, 295—308 (1956). — TUTIN, A. G.: J. Ecol. 45, 1003—1010 (1957).

VAJDA, L.: Ann. Hist. nat. Mus. Hungar. 8, 87—91 (1957). —VINK, W.: Flora Males. V3, 363—379 (1957).

WASSILJEW, W. N.: Flora und Paläogeographie der Komandor-Inseln, Leningrad, 260 S. (1957). — WEBB, D. A.: Flore gén. Belg. 2, 400—490 (1957). — WELCH, W. H.: Mosses of Indiana, Indianopolis, 478 p. (1957). — WELTEN, M.: Ber. schweiz. bot. Ges. 67, 33—54 (1957). — WHERRY, E. T.: Flora of Nevada 43, 103 p. (1957). — WOODALL, S. R. J.: J. Ecol. 46, 205—216 (1958).

YEO, P. F.: Watsonia 3, 101—108 (1954); 4, 253—269 (1956). — YOUNG, D. P.: Watsonia 4, 51—69 (1958).

# b) Floren- und Vegetationsgeschichte seit dem Ende des Tertiärs.

### Bericht über die Jahre 1956 und 1957*.

Von Franz Firbas, Göttingen.

## 1. Größere zusammenfassende Darstellungen.

Aus der immer weiter steigenden Zahl von Veröffentlichungen hebt sich eine Reihe von Zusammenfassungen heraus. Unter diesen ist die bedeutsamste wohl H. Godwins (2) vorzüglich ausgestattetes Buch "The History of the British Flora". In seiner Mitte enthält es einen alle quartären Funde umfassenden, kritischen Florenkatalog. Ihm voran gehen Darlegungen der Methodik und des quartärgeologischen landschaftlichen Hintergrunds, ihm folgen zusammenfassende Beschreibungen der einzelnen Perioden bis zur Gegenwart und Erörterungen ihrer Eigenart. Sehr eindrucksvoll sind schon die hohen Zahlen der Fossilfunde: von den rund 1500 Gefäßpflanzen der heutigen britischen und irischen Flora sind bereits 290 Arten bis zum Ende des letzten Spätglazials, über 500 bis zur Gegenwart fossil nachgewiesen worden. Hier wird die Paläontologie trotz aller Lückenhaftigkeit doch zu einer festen Grundlage für die Chorogenese [vgl. auch Godwin (1)]. Zur Zeit besitzt kein anderes Land eine solche Gesamtdarstellung der quartären Floren- und Vegetationsgeschichte.

Sehr übersichtlich sind auch die von Zagwijn (1—4) bearbeiteten Abschnitte des Quartärs in der "Geological History of the Netherlands". An sie schließt ein Sammelreferat von Zagwijn (5) über den derzeitigen Stand der Pollenuntersuchungen in den Niederlanden an. Sehr interessant ist hier der paläontologische Nachweis kontinentaler „Steppenarten" unter den Glazialpflanzen: *Androsace septentrionalis, Blysmus rufus, Corispermum, Euphorbia seguieriana* u. a.

Ein auch für die Quartärbotanik wesentliches Nachschlagewerk sind Kirchheimers „Laubgewächse der Braunkohlenzeit", da hier auch das Altquartär (Tegelen usw.) berücksichtigt und die Zuverlässigkeit der Bestimmungen der auf 55 Tafeln abgebildeten Fossilfunde kritisch abgewogen wird. Ebenfalls sehr willkommen sind die Sammelreferate von H. Gross über das Gottweiger Interstadial (4), die Fortschritte der Radiocarbonmethode 1952—1956 (5) und die Chronologie des Jung-Pleistozäns (6) oder Schwabedissens (1) Arbeit über die Aurignac-Schwankung. Straka (1) hat die Arbeiten über vulkanische Ascheschichten zusammengestellt, die in Mooren und Seeablagerungen konserviert worden sind und deren Alter mit Hilfe der Pollenanalyse oder der $C^{14}$-Methode bestimmt werden konnte. Weitere Beispiele: Godwin (3): Jahresberichte des "Subdepartment of Quaternary Research, Cambridge". Prošek u. Ložek: Stratigraphische Übersicht des Quartärs der Tschechoslowakei. Szafer (1): Fortschritte der Quartär-

---

* Es konnte auch in diesem Jahr eine größere Zahl von Veröffentlichungen nicht bearbeitet werden, die zu berücksichtigen wären. Sie sollen nach Möglichkeit im nächsten Band besprochen werden.

forschung in Polen, mit Karte der untersuchten Fundplätze ohne Postglazial. Eine Übersicht über den derzeitigen Stand der Untersuchungen über die Quartär-floren der Westschweiz und Südostfrankreichs geben in ihrer großen Colombière-Monographie MOVIUS a. SHELDON-JUDSON. STRAKA (4): Spätquartär Deutsch-lands; (7): eine für weitere Kreise bestimmte Darstellung der Pollenanalyse und Vegetationsgeschichte. BUTZER: Klimaschwankungen seit der letzten Eiszeit im vorderen Orient. Nachzutragen auch: W. RYTZ: „Pflanzenwelt" in Tschumys Urgeschichte der Schweiz, 1949.

## 2. Methodik.

Im Vordergrund steht der weitere Ausbau der $C^{14}$-Methodik, der Pollenmorphologie und der Dendrochronologie.

Radioaktiver Kohlenstoff wird nur noch im gasförmigen Zustand bestimmt, die untere Grenze der Datierungsmöglichkeit sind z. Z. 30000—50000 Jahre, es wird an über 20 Laboratorien gearbeitet. Konzentrationsmethoden sind im Ausbau (DE VRIES, Groningen), die den Altersbereich auf etwa 70000 Jahre erweitern dürften. Von Holz sind 40 g, von Torfen, die sich auch gut bewähren, 100 g erwünscht, unter Umständen genügt aber schon viel weniger. (Eine sehr willkom-mene Einführung in die $C^{14}$-Methode, besonders eine Erörterung der Fehlerquellen bei der Heranziehung von Torfen, findet sich aus der Feder MÜNNICHs in OVERBECK u. Mitarb.) Knochen, Geweihe und Mollusken-schalen können zu völlig falschen Ergebnissen, d. h. zu viel zu geringen Altersangaben führen. Sehr aufschlußreich dürfte weiterhin die Unter-suchung von Tiefseesedimenten, aus denen bis zu 20 m lange Bohrkerne gewonnen worden sind, werden. Ihr Alter kann besonders aus dem Koh-lenstoff in den Kalkschalen der Foraminiferen bestimmt werden, die gleichzeitig die Feststellung einer Temperaturzahl zulassen, die sich aus dem temperaturabhängigen Verhältnis von $O^{18}$ zu $O^{16}$ im $CaCO_3$ bestim-men läßt [UREY, SUESS, EMILIANI, vgl. auch DE VRIES (1)]. So lassen 3 Tiefseebohrkerne aus dem Karibischen Meer und dem äquatornahen Atlantik nach SUESS (2) den Beginn einer Abkühlung vor etwa 85000 Jah-ren erkennen. (Ende des „Eem-Sangamon-Interglazials".) Einer vorübergehenden Erwärmung vor 50000—40000 Jahren (Göttweiger Interstadial?) folgt ein Temperatur-Minimum etwa 17000—12000 vor heute, von da an steigt die Temperatur rasch, ohne die Allerödschwankung und die postglaziale Wärmezeit zu verzeichnen, was aber nur auf zu weite Probenentnahme zurückgehen dürfte. Hingegen werden beide Schwankungen offenbar von einer Kurve angezeigt, die EMILIANI für die letzten 25000 Jahren gewonnen hat.

Die Ergebnisse werden vor allem in der Zeitschrift „Science", weiter in „Nature" und „Naturwissenschaften" u. a. veröffentlicht. So z. B. die 1. Reihe der Be-stimmungen in Heidelberg von MÜNNICH (1); Yale III von BARENDSEN, DEEVEY, GRALENSKI; Groningen III von DE VRIES, BARENDSEN, WATERBOLK; SUESS (2) u. a., vgl. auch DE VRIES (2) und FLINT.

Pollenanalyse. Die pollen- und sporenanalytischen Arbeiten wenden sich immer mehr der eingehenden Klärung des Feinbaus der Exine zu (z. T. unter Benützung des Elektronenmikroskops und des Ultramikrotoms) und der Auswertung der Pollenmorphologie für die

Klärung systematischer Fragen. Dadurch wird auch die Bestimmbarkeit fossiler Pollen erweitert und vertieft. Dies ist um so notwendiger, als sich die Untersuchung pollenführender Sedimente immer mehr auch außereuropäischen Klima- und Vegetationsgebieten zuwendet, deren Pollenflora noch wenig bekannt und oft sehr artenreich ist.

Hierzu folgende Arbeiten über die Morphologie und Taxonomie: AFZELIUS: Elektronenmikroskopische Untersuchung einiger Pollenformen. — A. O. DAHL: Kurze Zusammenfassung der Pollenanalyse auf Grund englisch geschriebener Arbeiten. — HYDE u. ADAMS: Atlas of Air borne Pollen Grains. — HYDE (2): Verdickungen der Exine unter den Keimporen, z. B. bei *Corylus*, als „Oncus" zu bezeichnen. — POTZGER u. COURTEMANCHE: Einfache Alkoholmethode nach F. GEISLER. — ERDTMAN (1): Derzeitige Arbeitsrichtungen der Palynologie. — (2): LO-Analyse und Welckers Gesetz beim Studium der Exine, Beispiel *Linum*. — GROSS (1): Entwicklung der palynologischen Forschung in Deutschland. — ERDTMAN u. VISHNU-MITTRE: Nomenklatur und Begriffsbildung. — Dazu auch FAEGRI (3): Vorschläge zur Vereinheitlichung der Nomenklatur. — MÄDLER: Technik der Herstellung von Mehrkorn-Präparaten. — WAGENITZ (3): Nur geringe Änderung der Pollengröße von einigen Gramineen durch verschiedene Ernährung.

Taxonomische Arbeiten: Afrikanische Pollenformen I [VAN CAMPO (2)]. — Pollen einiger südafrikanischer Arten [ERDTMAN (3)]. — *Ephedra*, Übersicht über die Pollenformen der Gattung [WELTEN (3)], abnorme Bildungen [BEUG (1)], alttertiäre Funde in Australien (COOKSON). — *Centaurea*, taxonomische Auswertung in der Gattung [WAGENITZ (2)]. — *Cupressaceae*, Megasporen-Membranen [v. LÜRZER (2)]. — *Eranthemum* [VAN CAMPO (1)]. — Flechtensporen, fossil nur in sehr geringem Ausmaß bestimmbar (KLEMENT). — *Nothofagus*, Variation der Keimporenzahl u. a. [HARRIS (1, 2)]. — *Larix sibirica*, Membranbau (G. LUNDQUIST). — *Sclerosperma mannii*, eigenartiger Palmenpollen (ERDTMAN u. SINGH). — *Osmunda claytoniana*, Membranbau (G. LUNDQUIST). — *Picea smithiana*, abnorme Formen (LAKHANPAL u. NAIR). — *Quercus*, Versuch einer Unterscheidung der europäischen Arten; Nachweis von *Qu. ilex* in früh-atlantischen Schichten derNormandie? (VAN CAMPO u. ELHAI). Größenstatistik der japanischen *Quercus*-Arten; die sommergrünen haben größere Pollenkörner (NAKAMURA). — *Viola tricolor maritima* (W. u. E. MULLENDERS). — *Valerianaceae* Mitteleuropas [WAGENITZ (1)].

Heutiger Pollenniederschlag. Nach mehrjährigen Beobachtungen an verschiedenen Stationen Englands sind die Unterschiede von Jahr zu Jahr sehr groß [HYDE (3)]. — Auswertung des heutigen Niederschlags für das Verständnis der postglazialen Sedimente [HYDE (1)]. — VAN CAMPO u. LEROI-GOURHAN (2) haben den rezenten Pollenniederschlag in Höhlen als mögliche Fehlerquelle bei Pollenanalysen von Höhlensedimenten untersucht.

Sekundärpollen. Grundmoränen u. a. minerogene Ablagerungen können bekanntlich beträchtliche Mengen von Pollen aus älteren Sedimenten enthalten, die Pollenuntersuchungen verfälschen können. HEINONEN hat dies in Finnland und Schweden sehr gründlich untersucht und 3 Typen von solchen Pollenspektren gefunden, 1. mit vorherrschender *Pinus*, 2. mit vorherrschender *Betula* und 3. mit relativ viel anspruchsvollen Laubhölzern. Man kann daraus möglicherweise auf die Herkunft der Eisströme schließen. Auch DYAKOWSKA (2) erörtert Sekundärpollen aus Ablagerungen von Eisstauseen südlich Warschau.

Bestimmung von Makrofossilien. MIKI (3): Revision der *Vitaceae*-Samen Japans.

Dendrochronologie. HUBER u. v. JAZEWITSCH: Bericht über die dendrochronologischen Untersuchungen der forstbotanischen Institute in Tharandt und München. v. JAZEWITSCH, SIEBENLIST, BETTAG: Beschreibung einer Synchronisier-Maschine, mit deren Hilfe die mitteldeutsche Eichen-Chronologie von der Gegenwart bis 1224 n. Chr. zurückverfolgt werden konnte. Dazu auch v. JAZEWITSCH 1954/55.

Lichenometrische Altersbestimmung anhand des Durchmessers der Flechten-Thalli, besonders für jüngere Moränen; dazu Sammelbericht von BESCHEL.

Sedimente. Bohrgeräte unter Wasser [ROWLY u. ORVILLE DAHL, ZÜLLIG (1)]: — Sedimente als Ausdruck des Zustandes eines Gewässers [ZÜLLIG (2)]. — Diatomeen im Facies-Wechsel inter- und postglazialer Sedimente (v. D. BRELIE). — Böden: Lackabzüge von Böden und deren historische Auswertung [TÜXEN (2,3)]. — An zwei Seen bei Br. Jaroslawl hat TJUREMNOV (2, 3) mit mehreren Mitarbeitern vielseitige Untersuchungen der Sapropel-Bildung durchgeführt. Darin auch eine Reihe von Pollendiagrammen. Vom gleichen Verfasser (5) stammt auch eine Schrift über die Klassifizierung von Torf-Typen und -Arten.

## 3. Das Quartär bis zur letzten Eiszeit, besonders Interglaziale.

Aus England liegt eine außerordentlich gründliche, mit zahlreichen Linienprofilen und Diagrammen ausgestattete Arbeit über das Interglazial von Hoxne in Suffolk vor [R. G. WEST (2)]. Hier hat schon 1797 JOHN FRERE Artefakte des Paläolithikums (frühes und mittleres Acheul) gefunden, und die Fundstelle ist seither mehrfach bearbeitet worden. Es handelt sich um einen wohl auf ein Toteisloch zurückgehenden See zwischen der Lowestoft- und der Gipping-Vereisung, entsprechend dem „Großen Interglazial" zwischen Mindel und Riß. WEST unterscheidet 4 Phasen: 1. Spätglazial mit sehr viel *Hippophaë*, zu oberst auch schon mit *Pinus* und *Betula* und dem ersten Auftreten anspruchsvoller Gehölze. 2. Eine ältere gemäßigte Zeit mit offenbar raschem Temperaturanstieg und Vorherrschaft von *Alnus* und den Eichenmischwaldarten (besonders *Quercus*, daneben *Fraxinus, Tilia, Ulmus*) und etwas *Picea*, gegen Ende mit einer merkwürdigen, vorübergehenden Ausbreitung einer krautigen Vegetation auf Kosten der Wälder, in denen *Pinus* und *Betula* wieder häufiger werden. 3. Eine jüngere gemäßigte Phase mit besonders viel *Alnus* und Ausbreitung von *Abies* neben *Carpinus* und *Picea*. 4. Eine frühglaziale Phase mit weiterer Ausbreitung von *Abies* und *Pinus* neben *Alnus* und *Betula*. Die paläolithischen Funde gehören in den jüngeren Teil von II (II d), wobei die Frage aufgeworfen wird, ob der merkwürdige Waldrückgang mit dem Auftreten des Menschen zusammenhängen könne. Die Vegetationsentwicklung stimmt mit der des Mindel-Riß-Interglazials auf dem Kontinent sehr gut überein und bestätigt somit das Alter. Auch *Azolla filiculoides* ist vorhanden. *Fagus* fehlt völlig.

S. L. DUIGAN hat bei Dorchester, Oxfordshire, in einer mit Resten des Mammuts und wahrscheinlich auch mit Werkzeugen des Acheul vergesellschafteten Glazialflora u. a. die heute arktisch-alpine *Draba incana* gefunden.

Über einen sicheren Interglazialfund von Sporen von *Osmunda Claytoniana* und Pollen von *Larix* aus Stocken in Öje berichtet LUNDQUIST. Er muß älter als 24000 Jahre sein.

Aus Holland berichtet ZAGWIJN (5) über die sog. Serie von Kedichem, wahrscheinlich ein neues Interglazial zwischen Tegelen und Cromer. Damit werden in Holland z. Z. 5 Interglaziale unterschieden. Für das vorletzte, das Mindel-Riß-Interglazial ist das Vorkommen von Bantega bezeichnend. Hier geht der einförmigen *Pinus-Alnus*-Dominanz anderer Fundstellen eine ältere Eichenmischwaldzeit voran, eine Fichten-Tannen-Hainbuchenzeit folgt nach, außerdem steht noch eine *Pinus-Betula-Alnus*-Zeit ganz am Anfang und am Ende.

In Holland versucht DE VRIES das Ende des letzten (Eem-) Interglazials mit $C^{14}$ zu erfassen. Es scheint älter als 50000 Jahre zu sein. Für Proben aus dem Nordostpolder, von Wouw und von Breda (Nordbrabant), die nach FLORSCHÜTZ eine hochglaziale Flora bergen, wurden Werte von 29000, 28500 und 32000 vor heute gefunden.

6*

In Nordwestdeutschland gliedert SELLE das letzte Interglazial auf Grund von 12 Fundstellen in 11 Perioden. V. D. BRELIE, MÜCKENHAUSEN u. REIN stellen ein Torflager bei Weeze im Niederrheingebiet ins letzte Interglazial. V. D. BRELIE u. REIN geben eine Übersicht über die einzelnen Phasen des niederrheinischen Quartärs und V. D. BRELIE, REIN, KLUSEMANN, TEICHMÜLLER u. WORTMANN beschreiben Pleistozän-Profile im Essener Raum, u. a. ein Mindel-Riß-Interglazial von Vogelheim.

Von dem durch den Fund eines bearbeiteten *Taxus*-Speers zwischen den Knochen eines *Elephas antiquus* berühmten Interglazial von Lehringen (Eem-I.) hat KRÄUSEL zahlreiche Großreste bestimmt, u. a. *Brasenia purpurea*, hier allerdings als *B. nehringi* und *Schröteri* bezeichnet [vgl. dazu HILDE KOCH (1931)]. Am Grunde liegt ein durch Abschmelzen von Toteis abgesunkener Torf, in dem S. SCHNEIDER *Pinus* und *Betula nana* gefunden hat. Wahrscheinlich ins letzte Interglazial gehören nach WETZEL auch die paläolithischen Funde aus dem Lonetal (Württemberg).

Bei ihren grundlegenden Untersuchungen der Interglazialfloren Dänemarks und Nordwestdeutschlands fanden JESSEN u. MILTERS 1928 über dem eigentlichen Interglazial (Eem-I.) noch eine weitere Wärmeschwankung (die Zonen l und m; „Herning-Typ"). Es war bisher sehr umstritten, ob es sich hier wirklich um eine Klimaschwankung handelt — dies wäre eine für die Auffassung des Jung-Pleistozäns sehr wichtige Folgerung — oder nur um Reste älterer wärmeliebender Pflanzen an sekundärer Lagerstätte. Die lange gewünschte sorgfältige Nachuntersuchung hat nun S. TH. ANDERSEN ausgeführt. Danach handelt es sich tatsächlich um ein Interstadial mit Vorherrschaft von *Betula*, *Pinus* und *Picea*, aber zudem mit viel sekundärem Material; wobei aber auch einige mehr Wärme erfordernde Arten auf sehr wahrscheinlich primärer Lagerstätte annehmen lassen, daß andere wohl nur wegen unvollständiger Wanderung fehlen. Die Schwankung wird mit guten Gründen dem Göttweiger Interstadial zugeordnet. Ob vorher, also im Alt-Würm, das Inlandeis Dänemark erreicht hat, bleibt fraglich.

Von einem pleistozänen Ton vom Hornádtal in der Slowakei berichtet PACLTOVÁ (1). Der früher von NĚMEJC für holozän gehaltene Travertin von Hradište pod Vrátnom in den kleinen Karpaten ist nach LOŽEK u. KNEBLOVÁ interglazial. In einer oberen Schicht enthält er (ob sehr junge?) Blattabdrücke von *Fagus* und *Carpinus*. Über eine wohl letztinterglaziale Mollusken-Fauna unter Löß bei Prerau in Mähren berichtet LOŽEK (2).

Sehr erfreulich ist der Umstand, daß die merkwürdig isolierten, angeblichen *Fagus*-Funde im jüngeren Pleistozän Polens geklärt worden sind. So waren für das Interglazial von Schilling (Szelag) früher, 1928, bis zu 23% *Fagus*-Pollen angegeben worden. SRODON (1) konnte bei einer Nachprüfung kein einziges Pollenkorn der Rotbuche finden. Ähnliches gilt nach ihm auch für die übrigen Riß-Würm-Interglaziale Polens und für die Angaben DOKTUROWSKIs über das russische Dnjepr-Waldai-Interglazial.

In Polen sind im übrigen in den letzten Jahren vor allem Fundstellen des vorletzten (Mindel-Riß-)Interglazials bearbeitet worden. So von DYAKOWSKA (1) ein Teil dieses Interglazials bei Wylezin, südöstl. Warschau (mit viel *Abies*, *Picea*, *Larix*, *Carpinus* und *Alnus*) sowie mindeleiszeitliche Stauseetone mit *Helianthemum*, *Artemisia* u. a. ŚRODOŃ (2) hat auch das Interglazial von Kostenthal bei Cosel im schlesischen Sudetenvorland neu untersucht. Er betont neuerlich an diesem Beispiel, daß das „Große Interglazial" (Mindel-Riß) waldgeschichtlich auffallend schwach gegliedert ist. Dies soll nicht nur auf besondere klimatische Verhältnisse zurückgehen, sondern auch auf ein damals noch stärkeres Ausbreitungsvermögen der tertiären Arten gegenüber einigen gegen die Gegenwart hin immer mehr vorherrschenden Coniferen. Aus 12 Fundstellen des vorletzten Interglazials hebt sich das Vorkommen folgender, im Gebiet heute fehlender oder seltener Arten heraus: *Tsuga* sp., *Picea omoricoides, Abies fraseri, Juglans, Pterocarya fraxinifolia, Ilex aquifolium, Vitis silvestris, Azolla filiculoides, Salvinia natans, Osmunda claytoniana, Brasenia purpurea, Aldrovanda vesiculosa, Trapa, Stratiotes, Dulichium spataceum.* Einen dieser Fundorte, Syrniki am Wieprz nahe Lublin, hat SOBOLEWSKA (2) sehr eingehend untersucht, hier wurde auch erstmals in Polen das Leitfossil *Azolla filiculoides* gefunden und damit die Lücke zwischen den bisherigen Nachweisen in Holland (FLORSCHÜTZ u. a.) und Deutschland einerseits, Westsibirien andrerseits verkleinert.

Aus dem letzten Interglazial (Riß-Würm) liegt eine reichhaltige Arbeit über das in seltener Vollständigkeit aufgeschlossene Vorkommen von Bedlno nw. Kielce vor (ŚRODOŃ u. GOLABOWA). Hier wurden u. a. noch *Larix* und *Brasenia* gefunden, das Fehlen von *Fagus* nochmals bestätigt. Von *Larix* sind heute in Polen und einigen Nachbargebieten 49 Fossilfunde bekannt, von *Brasenia* 15 (Punktkarten!). Die Verfasser erörtern auch allgemeine Interglazialfragen. OSZAT fand *Dulichium spataceum* auch im Interglazial von Jozefow bei Lodz. In die gleiche Zeit gehören außerdem die interglazialen Ablagerungen von Koszary am Bug [ŚRODOŃ (3)] mit noch relativ viel *Corylus, Picea* cf. *obovata* (nicht *omorica*, wie von LILPOP früher angegeben), ohne *Abies.* Mit dem Verhalten einiger wärmebedürftiger Arten in 4 zentral-russischen Fundstellen des letzten Interglazials beschäftigt sich KATZ (2) *(Dulichium spataceum, Brasenia, Najas, Aldrovanda,* die Cyperacee *Juncellus serotinus, Tilia platyphyllos).*

In Frankreich haben BOURDIER, SITTLER u. SITTLER-BECKER eine sehr willkommene Übersicht über die Pliozän- und Quartär-Floren des Rhonegebiets veröffentlicht, vermehrt um Untersuchungen aus dem oberen Villafranchien (Tegelen-Stufe?), von Saint Cosme bei Chalon-sur-Saone, eine Flora von St. Vallier mit *Cedrus* u. a. VAN CAMPO u. LEROI GOURHAN (2) berichten über wahrscheinlich rißeiszeitliche Pollenspektren aus der Hyänen-Höhle von Arcy-sur-Cure, Yonne.

Aus den berühmten, *Rhododendron ponticum* führenden interglazialen Mergeln von Oranco bei Lugano hat P. MÜLLER (Schiltwald) einige von *Abies* und *Picea* beherrschte, aber schwer zu deutende Pollendiagramme veröffentlicht.

## 4. Die letzte Eiszeit und das letzte Spätglazial in Europa.

Die wesentliche Erweiterung des Zeitraums, der $C^{14}$-Bestimmungen zugänglich ist, läßt in Bälde eine annähernd vollständige und endgültige Datierung und Gliederung der letzten Eiszeit erwarten. Das Ende des letzten Interglazials (Riß-Würm) läßt sich zwar noch nicht genügend zuverlässig datieren, liegt aber der derzeitigen Datierungsgrenze anscheinend nahe. Der Verlauf der Würm-Eiszeit wird heute in Europa, abgesehen von den auf S. 81 erwähnten Tiefsee-Sedimenten, am besten durch die Gliederung der Lößdecken erfaßt, die besonders die trockenwarmen Tieflagen auszeichnen, wo sie viele Meter mächtig sind und von fossilen Böden durchzogen werden, die eine mehr oder weniger lang andauernde Unterbrechung der Löß-Bildung beweisen (braune Waldböden im Westen, Schwarzerden im Osten, Tundrenböden u. a.). Diesen Weg hat schon SOERGEL gewiesen. In letzter Zeit haben sich besonders

BRANDTNER (2) in Niederösterreich, PROŠEK u. LOŽEK, MUSIL u. VALOCH in der Tschechoslowakei, weiter in Deutschland FREISING, SCHÖNHALS, BRUNNACKER (1—5; K. u. M.), GROSS (4) u. a. damit beschäftigt.

Dem Eem-Interglazial entspricht die tiefgreifend verwitterte Kremser Bodenbildung, mit der der ältere Löß abschließt. Auf sie folgt der „Jüngere Löß I" aus der Zeit des ersten Würm-Vorstoßes (Alt-Würm). Seine Moränen sind später vom Eis des Haupt-Würm-Vorstoßes überfahren worden: eine vor kurzem noch energisch abgelehnte, sich nun aber doch durchsetzende Auffassung. Zwischen Alt- und Haupt-Würm liegt das „Göttweiger Interstadial". Holzkohlen, die sich besonders mit den Resten des Paläolithikums vergesellschaftet in den Lössen finden, sprechen meist für einen subarktischen Klimacharakter des Wiener Beckens und anderer Landschaften zu dieser Zeit mit *Pinus cembra, P. mugo?, P. silvestris, Larix*, vereinzelt aber auch mit *Ulmus, Fagus?* u. a. Als Beispiel kann der Kohleninhalt der Schwarzerden mit Aurignac-Funden bei Unterwisternitz in Mähren gelten; nach NEČESANÝ: *Pinus* cf. *silvestris, P. cembra, Picea* cf. *abies, Larix?, Abies alba, Ulmus*. Hierbei ist die Streitfrage entstanden, ob die Göttweiger Wärmezeit noch als Interstadial oder schon als Interglazial aufzufassen sei [vgl. SCHWABEDISSEN (1), GROSS (4—6)]. Das beste ist wohl, vgl. GROSS, aus praktischen Gründen alle wärmeren Phasen innerhalb einer Eiszeit in deren klassischer Umgrenzung (z. B. Würm, s. 81) als Interstadiale zu bezeichnen, als Interglaziale aber die Wärmezeiten zwischen den großen Eiszeiten. Eine scharfe Trennung nach Klima, Flora und Fauna bewährt sich nicht, es ist ja auch von vornherein unwahrscheinlich, daß es im Wechsel des Quartär-Klimas nur zwei scharf getrennte Typen von Klimaänderungen gegeben habe.

Auf die Göttweiger Schwankung („Aurignac-Schwankung") folgt der „Jüngere Löß II', dem Haupt-Würm entsprechend. Auch dieser Löß wird noch durch eine wärmere Zeit, die „Paudorfer Schwankung", unterteilt. Die darauf folgende Zeit scheint besonders kalt gewesen zu sein (GROSS).

Auf die an Zahl zwar nicht mehr geringen, aber auch nicht widerspruchsfreien $C^{14}$-Bestimmungen des Würm-Komplexes kann hier nicht näher eingegangen werden. GROSS [(4—6); hier die weitere Literatur] hält folgende Angaben für wahrscheinlich (Jahre v. Chr. Geb. abgerundet): Ende des Eem-Interglazials vor 50000. Alt-Würm um 47000. Göttweiger Interstadial 40000—26000. Haupt-Würm a 26000—23000. Paudorfer Interstadial um 23000. Haupt-Würm b um 14000. Sind diese Zahlen richtig, war die letzte Eiszeit wesentlich kürzer als die Strahlungskurve von MILANKOWITSCH oder die Vereisungskurve von SOERGEL angibt. In dieser fällt die Göttweiger Schwankung z. B. in die Zeit von 75000—78000 Jahren.

Ins Göttweiger Interstadial stellt S. TH. ANDERSEN die auf S. 84 erwähnte zweite Wärmeschwankung der dänischen Diagramme der letzten Eiszeit.

Für den berühmten glazialen Torf vom Massaciucoli-See bei Pisa (mit Resten von *Pinus, Abies, Picea, Betula*) wird ein Alter von

16400 ± 400 v. Chr. angegeben [Literatur bei GROSS (5)]. Man sieht, wie lange sich hier im Niveau des Meeresspiegels subarktisch anmutende Vegetationsverhältnisse hielten.

Die nächsten Datierungen betreffen bereits das Spätglazial. Mit GROSS (5) kann man etwa zusammenfassen: Älteste Dryas-Zeit (Tundrenzeit), u. a. mit dem Magdalénien der Hamburger Stufe I und II und von der Schussenquelle rund 13800—12500 v. Chr. (ohne mittlere Fehler, die mehrere Jahrhunderte betragen können). Bölling-Interstadial nach den Funden in Gatersleben 11300—10350 v. Chr. Ältere Dryas-Zeit (Tundrenzeit) wohl recht kurz, Allerödzeit 10500—8800 v. Chr. jüngere Dryas-Zeit (Tundrenzeit) 8800—8350 v. Chr.

Als Beispiel seien dazu einige in Groningen von DE VRIES, BARENDSEN u. WATERBOLK gewonnene Werte angeführt (von Usselo, Overijsel): Älteste Dryas-Zeit 10430 v. Chr., Bölling 10350, jüngstes Bölling oder ältere Dryas-Zeit 9875, Alleröd-Birkenzeit 9610, Alleröd-Kiefernzeit 9110 v. Chr. Nach diesen Bestimmungen steht also das Bölling-Interstadial, dessen Abgrenzung freilich noch weiter gesichert werden muß, wie auch schon die Werte von Gatersleben zeigen, dem Alleröd sehr nahe.

Nach E. H. DE GEER (1) fällt in die Zeit von 11350—10450 v. Chr. ein rascher Eisrückgang, möglicherweise dem Temperaturanstieg der Böllingzeit entsprechend. Die Verfasserin (3) hat auch die Zuordnung der mit $C^{14}$ festgestellten Alterswerte des Bölling- und Alleröd-Interstadials zur Bändertonchronologie überprüft. Beide Schwankungen fallen in den gotiglazialen Eisrückzug. Das Ende des etwa 3000 Jahre umfassenden Daniglazials soll bei etwa 11000 v. Chr. liegen, Bölling ihm unmittelbar folgen. DONNER (2) gibt in Finnland für den Beginn der Jüngeren Tundrenzeit (Periode III) 8800 v. Chr. an, für ihr Ende den Rückzug des Eises vom Salpausselkä III um 7900 (7858 nach SAURAMO). Er macht darauf aufmerksam, daß die postglaziale Bewaldung eine Zeitlang sowohl in Richtung nach Norden, dem schmelzenden Eise folgend, wie auch nach Süden, gegen das ursprünglich waldlose Schärengebiet, vor sich gegangen ist. Eine vorzügliche Behandlung der Frage, wie weit verschiedene Arten der skandinavischen Flora die letzte Eiszeit an der norwegischen Küste überdauern konnten, gab E. DAHL. Eine solche ,,Überwinterung‘‘ ist danach für den größten Teil der arktisch-alpinen Flora anzunehmen (vgl. Fortschr. Bot. **15**, 115).

H-B. BEUG hat die spätglaziale Flora und Vegetation in 3 deutschen Mittelgebirgen, Fichtelgebirge, Harz und Rhön, untersucht, die sich edaphisch und klimatisch heute erheblich unterscheiden. Nur in einem kleinen, längst verlandeten See im Fichtelgebirge wurden Ablagerungen gefunden, die bis in die ältere oder älteste Tundrenzeit zurückreichen. In der Rhön wurde zwar der vulkanische Laacher Tuff aus der Allerödzeit wiedergefunden, aber wahrscheinlich auf sekundärer Lagerstätte. Im Oberharz reichen die ältesten Schichten nur bis in die Jüngere Tundrenzeit zurück. Hier gelang im Präboreal der erste fossile Nachweis von *Betula nana*, die auf dem Moor (Radauer Born) heute noch wächst. Während der Jüngeren Tundrenzeit dürfte die Waldgrenze im Fichtelgebirge bei etwa 600 m gelegen haben, etwa 700 m unter der heute theoretisch zu erwartenden. Die paläofloristische Ausbeute ist beträchtlich. Es wurden u. a. *Carex aquatilis, Onobrychis viciaefolia, Pleurospermum austriacum, Helianthemum italicum (alpestre), Bupleurum sp., Polemonium coeruleum, Sweertia palustris* durch Pollen oder Großreste festgestellt. Trotzdem sind zwischen den drei Gebirgen im Spätglazial keine auffälligen und sicheren Unterschiede nachweisbar. Dies wird auf die damals noch geringe Auswaschung der Rohböden zurückgeführt.

In Nordamerika hat die letzte, die Wisconsin-Eiszeit nach zahlreichen $C^{14}$-Bestimmungen und ihrer Zuordnung zu den Eisrandlagen einen ähnlichen Verlauf genommen wie in Europa. Die Göttweiger Wärmezeit ist wahrscheinlich durch das Sidney-Interstadial vertreten, der Beginn des Haupt-Wisconsin liegt etwa 25000—30000 Jahre zurück, das Two Creeks-Bed zwischen dem Cary- und dem Valders-Stadium entspricht der Allerödzeit [SUESS (1, 3), WRIGHT u. RUBIN und die weitere bei GROSS (5, 6) herangezogene Literatur]. Die Jüngere Tundrenzeit soll also dem Valders- und nicht dem jüngeren Mankato-Stadium entsprechen. Der Raum verbietet, darauf näher einzugehen. Über die Verhältnisse in Westsibirien und Zentralasien vgl. MOVIUS.

Weitere, die letzte Eiszeit und ihr Spätglazial betreffenden Arbeiten: HEUBERGER; nacheiszeitliche Gletscher in den Stubaier Alpen sollen auf eine kurzdauernde Schneegrenzdepression von 600—800 m zwischen Daun- und Fernau-Stadium zurückgehen, vielleicht der subatlantischen Klimaverschlechterung entsprechend. SENARCLENS-GRANCY (1, 2): Gletscherbildung in Nordtirol und Schlußvereisung. SEDDON: spätglaziale Kargletscher in Wales. K. BERTSCH: Geologie des Schussentals in vorgeschichtlicher Zeit (schwäbisches Alpenvorland). SCHÖNHALS: Äolische Ablagerungen in den hessischen Mittelgebirgen auch noch in der Jüngeren Tundrenzeit.

Über den spätglazialen Eifel-Vulkanismus liegen mehrere Berichte vor [STRAKA (1, 5, 6); STRAKA u. DE VRIES]. So hat STRAKA (5, 6) das Alter von 2 Muddeproben vom Grunde des Schalkenmehrener Maars nach der Pollenanalyse auf 10500 Jahre vor heute geschätzt, DE VRIES mit $C^{14}$ als 10770 $\pm$ 240 bestätigt. WALKER fand wahrscheinlich allerödzeitliche Schichten in St. Bees, Cumberland. MULLENDERS u. GULLENTOP (2) glauben bei Heverlee-Leuven, Belgien, Schichten der Bölling- und Allerödzeit gefunden zu haben, das Diagramm überzeugt leider nicht.

Über das regelmäßige Vorkommen von meist präborealen älteren Torfen unter postglazialen Kalktuffen am Rande der Schwäbischen Alb vgl. GROSCHOPF, HAUFF u. KLEY. Der Wechsel des Sediments ist wohl auch hier mit der Temperaturzunahme zur Wärmezeit zu erklären. Im Laufe der Latène-Zeit hörte die flächenhafte Kalksinterbildung auf, und es kam zur Erosion. Über die bayerischen „Buckelwiesen" als Glazialformen vgl. PRIEHÄUSER, über Beobachtungen aus der heutigen Arktis zur Erklärung der Entstehung blattreicher Dryas-Tone vgl. THOMSON.

Über die Pollen norwegischer Spätglazialpflanzen vgl. FAEGRI (2).

Eine in Solifluktionsschutt erhaltene, jener von Kroscienko sehr ähnliche Flora aus der Würm-Eiszeit von Wadowice sw. Krakau hat SZAFER (2) bearbeitet.

WELTEN (3), der in der Schweiz bereits über 350 fossile Pollenkörner von *Ephedra* festgestellt hat, glaubt nach einem Studium verschiedener Arten dieser Gattung, darunter 4 Arten nachweisen zu können: *E. distachya* (einschließlich ssp. *helvetica*), *E. nebrodensis*, *E. strobilacea* (heute nur iranisch-turanisch) und *E. fragilis v. campylopoda*. Von den ersten beiden Arten sollen etwa $^2/_3$, von *E. strobilacea* $^1/_3$ stammen. *E. campylopoda* war nur spärlich vorhanden. Die Funde reichen von der älteren Tundrenzeit bis in die frühe Wärmezeit und werden als Bestätigung des thermisch kontinentalen Klimas des Spätglazials angesehen. Die Gattung scheint als Pionier der Rohböden bis Südskandinavien aufgetreten zu sein.

## 5. Die Nacheiszeit Europas.

Der derzeitige Stand der Arbeiten dieses Kapitels wird durch die allseits erstrebte Anwendung der Radiokohlenstoffmethode gekennzeichnet, deren Ergebnisse die bisherige Gliederung und Datierung der Pollendiagramme überprüfen bzw. berichtigen sollen.

Norwegen. HAFSTEN hat eine große vegetationsgeschichtliche Monographie des inneren Oslo-Fjords vorgelegt, dessen nacheiszeitliche Perioden auf Grund von 29 sehr eingehend untersuchten Pollendiagrammen, die im Präboreal (IV) beginnen, charakterisiert werden. Die hier schon so oft herangezogenen Pioniere des Spätglazials und frühen Postglazials werden ebenso genau verfolgt wie die Wärmezeiger (*Cladium, Hedera, Viscum* u. a.).

Neolithischer Ackerbau wird durch die Pollenfunde bestätigt. Nach der wahrscheinlichen Dauer der Perioden und der Höhe des damaligen Meeresspiegels betrug die mittlere Hebung im Jahrhundert im Präboreal 6 m, im Subatlantikum nur noch 0,37 m. Heute befinden sich die Strandlinien des Präboreals in 221 bis 130 m Seehöhe, des Boreals in 130—75 m, des Atlantikum in 75—30 m, des Subboreals in 30—9 m, des Subatlantikums in 9—0 m.

In Schweden hat M. FRIES (1) die Waldentwicklung eines heute sehr fichtenreichen Waldgebiets um den Bensjö im südlichen Jämtland untersucht. In einem Teil dieses Gebietes hat sich *Picea* seit etwa 1000 v. Chr. rasch ausgebreitet; sie soll hier den Klimaxwald bilden, wurde allerdings in der frühen Neuzeit, wohl durch Brände, vorübergehend zugunsten von *Pinus* und *Betula* zurückgedrängt. In einem anschließenden, heute fichtenarmen Gebiet hat sich die Fichte zu Beginn der Nachwärmezeit ebenfalls stark ausgebreitet, wurde aber später bleibend zurückgedrängt. Die Arbeit ist ein schönes Beispiel für die wechselnde Dynamik einer Holzart an ihrer Verbreitungsgrenze.

Nach einer äußerst vielseitigen Monographie des Hochmoors Roshultsmyren im moor- und regenreichen Halland (Südschweden) von OLAUSSON gibt es keine einwandfreien Zusammenhänge zwischen dem Wölbungsgrad der Hochmoore, der Niederschlagsmenge und der Entstehung des (nach OVERBECK u. SCHNEIDER colorimetrisch bestimmten) Humifizierungswechsels. OLAUSSON hält es für möglich, daß die Zersetzungskontakte nur scheinbar synchron sind.

KANERVA hat aus dem Gebiet von Hyrynsalmi (NO-Finnland) 23 sehr sorgfältig ausgesuchte, von *Pinus* und *Betula* beherrschte Diagramme zum Anlaß genommen, die einzelnen Waldperioden des Postglazials auf das Verhalten der Gehölze und die Beziehungen zu den Stadien der Ostsee und den Klimaschwankungen kritisch zu erörtern.

Weitere hierher gehörige Arbeiten. M. B. FLORIN (1): Plankton der Seen des Södertälje-Gebiets in Mittelschweden und ihre Geschichte, z. B. spätsubarktische Meerestransgression; Herkunft gedrifteten Pinus-Pollens in den Lagunen der Ostsee; Diatomeen der Clypeus-Flora usw. — M. FRIES, in BERGERON u. Mitarb.: Stellungnahme zur Sernanderschen Rückführung der Sage vom „Fimbulwinter" auf die subatlantische Klimaverschlechterung nach dem heutigen Stand der Kenntnisse. — CLEVE-EULER: Die Entstehung der Svea-Fälle soll nichts mit dem Ancylus-See zu tun haben. — DONNER (1): Zahlreiche Pollendiagramme zur postglazialen Küstenverschiebung im Kuopio-Distrikt in Zentralfinnland. — MÖLDER (1): Veränderungen der Diatomeen-Flora im See Siikajärvi (Finnland), der

schon in der Ancylus-Zeit von der Ostsee abgetrennt worden ist. — Mölder (2):
Nachweis von Diatomeen in postlitorinen Torflagern in Südfinnland. — Jonassen:
Untersuchung des Filsö in Südjütland, dessen Ablagerungen auf eine marine
Invasion vom Ende des Boreals bis zum Ende des Atlantikums hinweisen. Größte
Ausdehnung des Sees zu Beginn der Buchenzeit.

Britische Inseln. Ein Vortrag Godwins (1) faßt die wichtigsten Tatsachen aus
der quartären Geschichte der britischen Flora zusammen.

Zu dem auf S. 80 Gesagten ist hier noch zu ergänzen, daß bis zum frühen
Atlantikum, d. h. der Entstehung des Ärmelkanals und der Irischen See nach
Terasmäe (vgl. Fortschr. Bot. 16, 182), 65—70% der heutigen Flora vorhanden
gewesen sind. Da nun weitere 300—400 Arten anthropochorer Herkunft sind, kann
also für die meisten Arten gesagt werden, daß sie, auch wenn sie die letzte Eiszeit
auf den Inseln nicht überdauert haben, doch vom europäischen Kontinent zuwan-
dern konnten, ohne die offene See zu überqueren. — Clark u. Godwin: 3 Pollendiagramme, unter anderem mit viel *Juniperus*-Pollen, zur Datierung einer mesoli-
thischen Harpune vom Maglemose-Typ.

Godwin, Walker u. Willis haben mit Hilfe neuer Diagramme aus
dem Scaleby-Moss in Cumberland an 15 geeigneten Proben im Labora-
torium in Cambridge das $C^{14}$-Alter bestimmt und für die Zonen Godwins
folgende Werte v. Chr. festgestellt. (Statistische Fehler von 150 bis
350 Jahren hier weggelassen): Periode II, Alleröd, oberes Ende, 8748;
III, Jüngere Tundrenzeit, unterer Teil, 8878; oberer 8368; Grenze
Spät-/Postglazial, III/IV, 8307; IV, Präboreal, älterer Teil, 8203; IV/V,
Grenze Präboreal/Boreal 7607; V älterer Teil, 7790, jüngerer Teil 6859;
V/VI oder älterer Teil von VI, 7052; VI jüngerer Teil, 5404; VI/VII a,
Übergang Boreal/Atlantikum, *Alnus*-Anstieg 5475; VII a Atlantikum,
älterer Teil, 4998; jüngerer Teil 3037; VII a/b, Übergang Atlantikum/
Subboreal, 2975; VII b, frühes Subboreal, 3030 v. Chr.

In ähnlicher Weise hat van Zeist (2) von einer Torfsäule nahe
Emmen (Nordost-Holland) folgende Daten erhalten, bestimmt von
de Vries in Groningen. (Einfacher mittlerer Fehler meist zwischen
100—200 Jahre): Starker Anstieg der *Corylus*-Kurve: 6675 v. Chr.; Beginn
der Massenausbreitung von *Alnus* 5790; *Alnus* × *Pinus* 5130; *Ulmus*-Abfall,
Grenze Atlantikum/Subboreal, erstes Erscheinen von *Plantago lanceolata*
3010; Anstieg der *Plantago*-Kurve 2230; Beginn der geschlossenen
*Fagus*-Kurve, Grenze Neolithikum/Bronzezeit 1395; 4. *Corylus*-Gipfel
nach Overbeck, Beginn der geschlossenen *Carpinus*-Kurve 1140;
älterer Teil des *Fagus*-Anstiegs 915; jüngerer 645; danach die Grenze
Subboreal/Subatlantikum 800 v. Chr.

Vergleicht man beide Reihen von Altersbestimmungen mit den noch
vor Einführung der $C^{14}$-Methode angegebenen Werten, z. B. den von
Firbas 1949 in Anlehnung an die Gliederung von Kn. Jessen (1935)
und H. Gross (1935) genannten Zahlen, so darf die Übereinstimmung
im allgemeinen als sehr gut bezeichnet werden. Zum Beispiel Beginn des
starken *Alnus*-Anstiegs bei van Zeist 5790 v. Chr., bei Godwin 5475,
bei Firbas 5500; aber Grenze Atlantikum/Subboreal bei van Zeist
3010, bei Godwin 2975, bei Firbas 2500. Danach ist zu empfehlen, die
mittlere Wärmezeit (Atlantikum) weiterhin bei 5500 v. Chr. beginnen
zu lassen, ihre Grenze zur späten Wärmezeit (dem Subboreal), aber auf
3000 v. Chr. zu verlegen, wie das schon Jessen und Gross getan haben.
Im allgemeinen dürfte man aber gut tun, z. Z. noch nicht viel zu ändern,

sondern abzuwarten, bis eine noch viel größere Anzahl kritisch über-
prüfter C$^{14}$-Werte aus repräsentativen Ablagerungen und Landschaften
eine genügende Stabilität verbürgt. Die von MÜNNICH (2) in Heidelberg
gewonnenen Bestimmungen aus dem Postglazial deutscher Landschaften stimmen mit der vorstehenden Bilanz meist recht gut überein,
z. B. für das Frühboreal vom Duvensee 7240 und 7070 v. Chr. (Übergang IV/V in FIRBAS 1949, 6800); neolithische Trichterbecherkultur
in Schleswig-Holstein 3180—3060 v. Chr., spätneolithische Glocken-
becherkultur 2010—1760 v. Chr.

Wichtige Arbeiten liegen weiter über das Auftreten und die Datierung
der „Rekurrenzflächen" der Hochmoore vor, der „Schwarz-Weißtorf-
Kontakte" (SWK) OVERBECKs, die in einem Moor oft zu mehreren
übereinanderliegen.    So berichtet AVERDIECK in einer ganz besonders
gründlichen Arbeit an 4 Mooren Schleswig-Holsteins, in der er alle
Altersbestimmungen anhand von OVERBECKs Gliederung der nordwestdeutschen Waldperioden kritisch überprüft, daß es trotz aller Bemühungen nötig sei, vor einer einfachen Heranziehung der Rekurrenzflächen zu
Altersbestimmungen zu warnen.

Die Arbeit enthält noch mancherlei andere Ergebnisse; so wird in den trockeneren Phasen des Moorwachstums die relative Häufigkeit von *Betula*, in feuchten
die von *Fagus* gefördert. *Fagus*-Pollen tritt zum ersten Mal zwischen 2500 bis
3000 v. Chr. auf. Der Vergleich mit „Naturlandschaftskarten" von der Umgebung
zweier Moore macht wahrscheinlich, daß die hohen *Fagus*-Werte auf die Standorts-
typen des Querceto-Carpinetum majanthemetosum und asperuletosum zurückzuführen sind. Der *Ulmus*-Abfall fällt mit dem ersten Auftreten von *Plantago
lanceolata* zusammen u. a.

Zusammen mit MÜNNICH, ALETSEE u. AVERDIECK hat dann OVER-
BECK die Rekurrenzflächen im Roten Moor in der Rhön und in
5 Hochmooren des nordwestdeutschen Flachlandes nochmals und nun
auch mit Hilfe von 25 C$^{14}$-Datierungen kritisch untersucht, besonders im
Hinblick auf den nordwestdeutschen „Grenzhorizont". Die dafür
gehaltenen Zersetzungskontakte schwanken tatsächlich sehr und machen
verschiedene Korrekturen notwendig. Doch bevorzugen sie bestimmte
Zeiten, nämlich um 600 n. Chr., 100 v. Chr. (diese Zeit besonders),
700 v. Chr., 1500—1600 v. Chr. (hierher der vielgenannte „untere
Grenzhorizont" Potoniés im Gifhorner Moor) und 2090 v. Chr. Manche
Datierungen lassen auf eine Unterbrechung des Moorwachstums über
30—200 Jahre schließen. Für eine solche von 1000 Jahren, wie sie
C. A. WEBER annahm und vor wenigen Jahren auch WATERBOLK für
wahrscheinlich hielt, lassen sich in diesen 6 Mooren keine Beweise
erbringen. Eine Unterbrechung bis zu 800 Jahren nehmen CROMMELIN
u. DEEVEY an.

Waldgeschichtlich sind folgende Daten wichtig: Beginn der geschlossenen bzw. stark ansteigenden *Fagus*-Kurve in Gifhorn bei Braunschweig 2090 bzw. 900 v. Chr. *Fagus*-Maximum in der Rhön 200 n. Chr.
Anstieg der *Carpinus*-Kurve in der Rhön etwa 80 v. Chr., in Gifhorn
200 v. Chr., im Wittmoor bei Hamburg 300 v. Chr. Beginn der geschlossenen *Plantago*-Kurve bei Gifhorn etwa 2400 v. Chr. Damit wird

die Frage aufgeworfen, wo man nunmehr die Grenze zwischen der Späten und der Nachwärmezeit (Subboreal/Subatlantikum) künftig ziehen soll.

Eine für die Frage nach den postglazialen Küstenveränderungen wichtige Untersuchung hat an der niedersächsischen Stelle für Marschen- und Wurtenforschung in Wilhelmshaven U. GROHNE (3) durchgeführt. Sie konnte an der nordfriesischen Küste aus zahlreichen vorliegenden Bohrungen 18 aussuchen und pollenanalytisch wie stratigraphisch gründlich bearbeiten. Die Datierung wurde nach der Gliederung JESSENs in Dänemark und nach 10 weiteren Leitlinien in der Späten Wärmezeit und Nachwärmezeit vorgenommen, wozu noch einige $C^{14}$-Bestimmungen von DE VRIES hinzukommen. Im Untersuchungsgebiet herrschte, soweit es im Postglazial Festland war, ein Mosaik aus Wald und Moor. Im Boreal lassen sich auf den hochliegenden pleistozänen Flugsanddecken offenbar natürliche feuchte Ericaceen-Heiden nachweisen, aus denen später Sphagnum-Hochmoore hervorgegangen sind. Ein sehr ausgedehntes Hochmoor liegt, heute unter Schlick begraben, im Juister Watt. Von den $C^{14}$-Bestimmungen sind von Bedeutung (mittlerer Fehler 100—200 Jahre): letztes *Ulmus*-Maximum, Grenze Atlantikum/Subboreal um 3032 v. Chr. Beginn der *Carpinus*-Kurve 1022; Zeit unmittelbar nach dem 4. *Corylus*-Maximum 752 v. Chr.; erste hohe *Fagus*-Werte 192 v. Chr., erstes großes *Fagus*- und *Carpinus*-Maximum 658 n. Chr. Eine mit Ackerbau verbundene Besiedlung läßt sich, erst fluktuierend, dann mehr oder weniger ständig, schon seit dem Neolithikum pollenanalytisch nachweisen. Waldrodungsphasen, wie sie IVERSEN beschrieben hat, sind nicht zu erkennen. Sehr eingehend wurde die postglaziale marine Transgression verfolgt, dabei ließ sich WILDVANGs 2., subboreale Festlandsphase aber nicht bestätigen. Die dazu gezählten, den Schlick zweiteilenden jüngeren Torfe sind nicht synchron. [Über die Geschichte des Jadebusens vgl. auch GROHNE (1, 2).] Auch im niederländischen Friesland konnte BAKKER (2) keine Beweise für einen allgemeinen Rückgang des Meeres in subborealer Zeit finden, wohl aber Hinweise auf Veränderungen der Geschwindigkeit des eustatischen Meeresanstiegs.

Weitere Literatur: VAN ZEIST (1): Pollenanalytische Untersuchung einer eisenzeitlichen Siedlung. — VAN ZEIST (3): Aus *Pinus* gefertigtes Boot von Pesse, NO-Holland, boreal. — VAN ZEIST (4): 2 weitere prähistorische Moorfunde. — BAKKER (1, 2): Anstieg des Meeresspiegels in NW-Friesland im Jahrhundert von 500 v. bis 450 n. Chr. 10 cm, von 450 n. Chr. bis heute 8 cm, davon 3—6 cm eustatisch. — VANHOORNE (1): Hochmoor in den belgischen Ardennen, in der Nachwärmezeit Buchenherrschaft, *Pinus, Picea, Carpinus*-Pollen nur in Spuren. Ders. (2): Pollenanalysen von humosem Sand, gallorömisch?

Mitteleuropa. S. SCHNEIDER (1): Fund von 2 Moorleichen im Großen Moor am Dümmer aus dem 3.—4. Jahrhundert n. Chr. — Ders. (2): Fund eines Schaftstiefels im Gr. Moor bei Hunteburg, wohl 400 n. Chr. — HAYEN: Bronzezeitlicher Bohlweg im Ipweger Moor. — SCHULZE: 2 Profile aus der Nähe der vorgeschichtlichen Sumpfschanze Brohna (Lausitz). — GROSSER: Untersuchung von 17 natürlichen Areal-Vorposten von *Picea* im Lausitzer Flachland. — HEMPEL: 2 Aulehme im Leinetal bei Göttingen jünger als die Buchenausbreitung. — HANS KOCH: Ablagerungen eines Altwassers bei Rotenburg a. d. Fulda mit bis 81% *Quercus*, später bis 49% *Fagus*. — KRAUSCH (2): Vegetationsgeschichte der lichten Heidewälder und Heiden des Amtes Peitz in der Niederlausitz, früher wohl natürliche

Wälder von *Pinus silvestris* und *Quercus petraea*. — Krausch (1): Verwertung der Flurnamen für die Waldgeschichte der Mark Brandenburg. — Klix: Jüngere Waldgeschichte des Finsterwalde-Kirchhainer Beckens (Lausitzer Landrücken), Übernutzung und ihre Folgen seit dem 13. Jahrhundert.

Ein sehr schönes Beispiel für die Fruchtbarkeit einer engen Verbindung der heutigen Vegetationskartierung und ihren „Naturlandschaftskarten" mit pollenanalytischen Untersuchungen hat Trautmann (1, 2) für das kleine, bis 400 m ansteigende Eggegebirge (Rhein. Schiefergebirge) gegeben, und zwar anhand von 2 Mooren, von denen das eine großteils im Bereich natürlicher Kalk-Buchenwälder liegt, das andere vorwiegend von armen *Luzula*-Buchenwäldern umgeben ist. Dieser Gegensatz ist z. B. durch das Verhältnis *Quercus : Fagus* auch in den Pollendiagrammen deutlich. *Carpinus* wird hier erst seit dem Steilanstieg der Getreidekurve etwas häufiger. *Hedera* besitzt während der Mittleren Wärmezeit eine geschlossene, bis 3% ansteigende Kurve. In der Nachwärmezeit fehlt der Pollen. *Plantago lanceolata* hat eine geschlossene Kurve schon seit der späten Wärmezeit. Trautmann (3) hat auch die Literatur über die Beziehungen zwischen Pflanzensoziologie und Pollenanalyse zusammengestellt.

Straka (2): Vortragsbericht über Waldverwüstung. — Schroeder: Vielseitige, auch historische Untersuchung des wohl zwischen 400—800 n. Chr. entstandenen Erdfallsees „Heiliges Meer" bei Hopsten/Westfalen. *Pinus* in der Umgebung auf armen Böden urwüchsig? — Volger: Forstgeschichte des hannoverschen Wendlands nach archivalischen Quellen. Die Kiefer dürfte hier in den ursprünglichen natürlichen Wäldern regelmäßig vorgekommen sein.

Scamoni, Kartierung ehemaliger Teeröfen im Gebiet Wismar-Magdeburg-Oder als Hinweise für früheres, nicht immer natürliches Kiefernvorkommen. — v. Minckwitz: Geschichte des Waldes um Sonnenberg im Thüringer Wald seit dem Mittelalter auf Grund sehr sorgfältiger Ausnutzung der archivalischen Quellen. Belege über den Rückgang des montanen *Fagus-Abies-Picea*-Mischwaldes (Karte!). — Zeidler: Aussichten einer Auswertung von Pollenanalysen für die forstliche Standortskunde anhand von 5 Diagrammen aus der Oberpfalz, Mittelfranken, Frankenwald und Fichtelgebirge. Im Frankenwald soll *Picea* im Forstamt Steben natürliche Vorkommen besitzen. — Firbas u. v. Rochow haben die Entstehungsgeschichte des Hochmoors „Seelohe" und die postglaziale Waldgeschichte des Fichtelgebirges untersucht und dabei zwei der mittleren Wärmezeit zugehörige Waldhorizonte sowie zwei Rekurrenzflächen im Sphagnum-Torf nachgewiesen, über deren Alter später berichtet werden soll. — Hauff (1) und Jänichen haben mit Hilfe von Pollenanalysen und schriftlichen Quellen die natürlichen Waldverhältnisse in den als Schwäbisch-Fränkischer Wald zusammengefaßten kleineren Gebirgen zu klären versucht. Hier herrschte vor stärkeren menschlichen Eingriffen ein montaner Buchen-Tannenwald (im Virngrund wohl auch mit *Picea*), in den Waldenburger Bergen und auf der Frankenhöhe ein submontaner Buchen-Eichenwald. Waldweide des Mittelalters drängte besonders *Fagus* zurück, erst nach starker Übernutzung kam es zur heutigen Vorherrschaft von *Picea*. — Moosmayer: Forstgeschichte des östlichen Teils der Schwäbischen Alb. Ursprünglich fast reines Laubholzgebiet, seit 1400 starke Ausbreitung von *Abies*, seit 1762 künstliche Bestände von *Picea*, heute 60% Nadelholz. — Hauff (2): Die Untersuchung von 2 Mooren und 2 Auflagehumus-Bildungen bestätigt, daß die sehr späte Ausbreitung von *Picea* im Nordschwarzwald erst durch die menschliche Wirtschaft herbeigeführt wurde. Ein natürliches Piceetum gab es ursprünglich nicht. (Vgl. auch Jahn über die forstliche Standortskartierung im Buntsandstein-Hochschwarzwald.) — Feucht (1, 2) beschäftigt sich ebenfalls mit der ursprünglichen Häufigkeit der Fichte im Nordschwarzwald und Nachrichten über frühere Harznutzung, sowie mit den Ursachen für die Entstehung der „Streu-Missen" im Nordschwarzwald. — Jaeger u. Sauvage: Über 3 in 900—970 m Höhe liegende Hochmoore der Vogesen, die in der mittleren Wärmezeit (Atlantikum) entstanden sind, leider ohne Kenntnis der Arbeit von Grünig. — Rodenwald u. Hauff: Wald- und Forstgeschichte des Staatsforstes Villingen in der kontinentalen, heute von Nadelholz beherrschten Baar am Ostfluß des Südschwarzwalds. In nachwärmezeitlichen Schichten herrscht der Pollen von *Abies*, *Fagus* ist nur mit Werten unter 10% vorhanden, ebenso *Picea*. Diese ist später im Laufe der Waldnutzung sehr gefördert worden, ebenso, mehr vorübergehend, *Pinus silvestris* (Höhenkiefer). — Auch Reinhold beschäftigt sich nach schriftlichen Quellen mit den natürlichen Wäldern der Baar. Er hält den seit 1550 nachweisbaren Tannen-Fichten-(Kiefern-)Wald für den Klimax.

Lüdi (2) konnte einen 830 cm langen Bohrkern untersuchen, der im tiefsten Bereich des Zürichsees, in 140 m Tiefe, gewonnen worden ist. Er reicht mindestens bis in die Jüngere Tundrenzeit zurück und ergab infolge der offenbar sehr ruhigen Sedimentation ein gutes Diagramm. *Abies und Fagus* reichen bis ins Boreal zurück, spielen aber während der Eichenmischwaldzeit keine größere Rolle, ebensowenig wie *Carpinus*. Etwa gleichzeitig mit spärlichem Auftreten von Getreide-Typen tritt in geringer Menge auch *Juglans* auf. Durchschnittliche Sedimentation seit Beginn der Bewaldung 0,63 mm im Jahr. Die danach berechnete Dauer der Perioden stimmt mit den üblichen Ansätzen gut überein.

Gross (1). Untersuchung zweier Hochmoore am Südrand des Starnberger Sees. Die vor 25 Jahren gewonnenen Ergebnisse von Paul u. Ruoff werden bestätigt und vertieft, die präboreale *Pinus*-Herrschaft auf die Föhnlage zurückgeführt. — Über Spirkenmoore in Bayern vgl. Lutz. — v. Lürzer (1): 3 Moore aus dem Salzburger Alpenvorland spiegeln die Veränderungen der Waldzusammensetzung mit der Entfernung vom Gebirge. Auch nach diesen Diagrammen treten *Abies* und *Fagus* schon sehr frühzeitig mit fast geschlossenen Kurven unter 10% auf, so daß ihre spätere Massenverbreitung, Rudolph folgend, auf eine Klimaveränderung zurückgeführt werden muß. C14-Datierungen wären erwünscht. *Carpinus* erscheint sehr viel später. Hermann hat 3 Kalktufflager bei Weilheim, Oberbayern, untersucht, nämlich von Paterzell (Gehänge-Quelltuff aus der mittleren Wärmezeit bis in den Beginn der Nachwärmezeit), von Huglfing (Bachtuff, Beginn in der Vorwärmezeit, Abschluß in der mittleren Wärmezeit), Polling (Gehängetuff mit Wasser-Aufstau, Beginn der Vorwärmezeit, starkes Wachstum in der mittleren und späten Wärmezeit). Der häufige Beginn der Kalksinterbildung im Präboreal ist wohl hier wie anderwärts durch den damaligen Temperaturanstieg zu erklären. Über *Phyllitis scolopendrium* in Kalktuffen vgl. Mägdefrau.

Böhmen, Mähren, Polen, Rußland: Němejc u. Pacltová: 2 nachwärmezeitliche Diagramme aus dem Wittingauer Becken mit viel Getreidepollen.

Pacltová u. Mráz untersuchten ein kleines innerböhmisches Moor und Auflagehumus südöstlich Prag, die in der späten Wärmezeit und der älteren Nachwärmezeit entstanden sind. In den umgebenden Wäldern mit Buchen, Tannen, Eichen und Kiefern soll auch *Picea* ursprünglich sein. Die Brauchbarkeit solcher Untersuchungen für den Waldbau betonen Mráz u. Pacltová. — Kneblová: Eine reiche Flora aus dem Moor „Blata" bei Leitmeritz im innerböhmischen Trockengebiet, das leider erst in der älteren Nachwärmezeit entstanden und von Schwemmlehm aus dem 17. Jahrhundert überdeckt ist. Viele Funde von Unkräutern. — Kneblová u. Ložek: Eine reichhaltige postglaziale Makroflora aus dem Odergebiet bei Mährisch-Ostrau. — Ložek u. Kukla (1, 2): Sehr wahrscheinlich mittelwärmezeitliche Mollusken-Faunen im Gehängeschutt bei Hostin bei Beraun und Velká Chuchle (Kuchelbad) bei Prag, die geschlossene, feuchte Wälder bezeugen. — Pacltová (2, 3): Aus dem bisher pollenanalytisch noch kaum untersuchten östlichen Riesengebirge wurden einige Moore, besonders die Mooswiese, bearbeitet.

Wl. Szafer (3): Fund einer vielleicht aus dem Beginn der Nachwärmezeit stammenden fossilen Vorratskammer eines Hamsters *(Cricetus cricetus)* von Mielnik am Bug/Polen. 32 Arten wurden nachgewiesen. Im Pollen herrschen Gramineen vom *Triticum*-Typ, selten cf. *Secale*, deren Körner aber vor der Fossilisierung aufgefressen sein mögen. Unter den Großresten herrschen Apophyten und Archaeophyten, z. B. *Agrostemma githago*. — Katz (1) Berichte über die spät- und postglazialen Waldlandschaften Rußlands, besonders auch die dortige spätglaziale Fichtenzeit. — Eine Klassifizierung der Torf-Typen und Torflager der UdSSR findet man bei Tjuremnow (5).

Alpen. Mullenders (1): Über die heutigen Waldstufen der Schweizer Alpen unter starker Berücksichtigung der historischen Entwicklung. — Hoffmann-Grobéty: Diagramme älterer Methodik von 14 Mooren der Glarner Alpen. Deutlich treten u. a. die von West nach Ost zunehmende Beteiligung von *Picea* und Abnahme von *Abies* hervor, in den Eichenmischwäldern sind *Ulmus* und *Tilia* sehr viel häufiger als *Quercus* (ein montaner Zug). — v. Rochow: Ein bei Luzern aufgeschlossener Torf, heute 2 m unter dem mittleren Spiegel des Vierwaldstätter Sees, läßt auf einen Stand gegen Ende der Bronzezeit mindestens 2 m unter dem heutigen schließen. — Welten (1) hat humose Böden auf der Schynigeplatte im Berner Oberland in 1900 m Höhe pollenanalytisch untersucht. Es sind durchaus datierbare wachsende Böden mit einem durchschnittlichen Auftrag von 2—7 cm im Jahrhundert, die höchstens bis in die Eichenmischwaldzeit zurückreichen, in der die Waldgrenze noch kaum über 1700 m gelegen haben soll — nach W. wegen Fehlens gut entwickelter Böden. *Ephedra* u. a. lichtliebende Pflanzen sollen zunächst über die Waldgrenze in die Höhe ausgewichen und hier erst im Subboreal und Subatlantikum besonders durch *Alnus viridis* verdrängt worden sein. — Brandt-ner (1): Spektren, wahrscheinlich der frühen Nachwärmezeit, in den Smonitza-Böden der Gegend von Marchegg.

Süd- und Südost-Europa. Welten (2) hat in 5 spanischen Gebirgen von den Picos de Europa bis zur Sierra Nevada Auflagehumus und humose Böden pollen-analytisch untersucht. Sie stammen wohl alle aus der Nachwärmezeit und zeigen z. T. überraschende Züge, z. B. *Olea*-Anteile bis 30%. Weitere Untersuchungen dürften lohnen. — Vozáry: Pollenanalytische Untersuchungen eines Altwassers im Nordostteil des Alfölds (Ungarn). Die bis 8 m mächtigen Sedimente reichen höchstens bis in die frühe Wärmezeit zurück. *Abies, Fagus* und *Carpinus* treten erst in den oberen 2 m mit insgesamt bis 20% der Baumpollensumme auf.

Über die Pollenuntersuchungen Zolyomis am Plattensee (Balaton) am Rande des pannonischen Tieflands liegt nun ein ausführlicher Bericht vor. Ein unter Wasser erbohrtes Profil schließt neben limnischen Sedimenten 2 Torfschichten ein, die sich auch anderwärts nachweisen lassen und eine zweimalige Austrocknung des sehr flachen Sees belegen. Die untere Torfschicht fällt noch ins Spätglazial, die jüngere wahr-scheinlich ins Boreal und in einen älteren Teil des Atlantikums. In den untersten Proben herrschen die Pollen von *Pinus* vor, daneben viel *Betula*, etwas *Salix*. Zudem treten ganz vereinzelte Pollenkörner von *Picea, Quercus* und *Ulmus* auf. Danach hat das Klima der letzten Eis-zeit auch das so warme Gebiet um den Plattensee (heutiges Julimittel 21°!) in den Bereich subarktischer Nadelwälder gebracht, die wahr-scheinlich stellenweise noch von einer glazialen Löß-Steppe durchsetzt waren, in der auch *Pinus cembra* und *Larix* vorgekommen sind. Im Boreal weisen die hohen Nichtbaumpollen-Werte auf wärmere Steppen hin, doch muß dies noch weiter belegt werden. Die postglaziale Wald-entwicklung fügt sich dem mitteleuropäischen Schema gut ein, *Fagus* beginnt sich schon z. Zt. des Haselgipfels auszubreiten, *Abies* etwas später. Vielleicht sind aber auch Schichtlücken noch unerkannt. Zweifellos besitzen wir in den Ablagerungen dieses großen Sees ein hervorragendes Material, auf dessen weitere Bearbeitung man sehr gespannt sein kann.

Die Kapitel 6, Eiszeitalter und Nacheiszeit außerhalb Europas, und 7, Kultur-pflanzen und Kulturbegleiter, Beziehungen zur menschlichen Besiedlung, können leider erst im nächsten Beitrag weitergeführt werden.

## Literatur.

Afzelius, B. M.: Grana Palynolog. 1, 22—27 (1956). — Andersen, S. Th.: Eiszeitalter und Gegenwart 8, 181—186 (1957). — Averdieck, Fr. R.: Nova Acta Leopoldina (Halle), N. F. 19/130, 152 S. (1957).

Bakker, J. P.: (1) Geol. en Mijnbouw 16, 232—246 (1954). — (2) Jb. Männer v. Morgenstern (Bremerhaven) 36, 1—5 (1955). — Barendsen, G. W., E. S. Deevey and L. J. GRALENSKI: Science **126**, 908—919 (1957).—BERGERON,T., M. FRIES, C.A. MOBERG u. F. STRÖM: Fornvänner 1—18 (1956). — BERTSCH, K.: Das Schussental in vorgeschichtlicher Zeit. Ravensburg 1956. — BESCHEL, R.: Jb. Ver. Schutz Alpenflora und -Tiere, München, 1—22 (1957). — BEUG, H. J.: (1) Naturwissenschaften **43**, 332—333 (1956). — (2) Flora (Jena) **145**, 167—211 (1957). — BOURDIER, F., CL. SITTLER u. J. SITTLER-BECKER: Serv. Cart. Géol. d'Als. Lorr. **9 I**, 3—12 (1956). — BRANDTNER, F.: (1) Verh. Geol. Bundesanst. Sonderheft D. 123—126 (1955). — (2) Eiszeitalter und Gegenwart **7**, 127—175 (1956). — BRELIE, G. V. D.: Geolog. Rdsch. **45**, 84—97 (1956). — BRELIE, G. V. d., u. U. REIN: Geol. en Mijnbouw **18**, 423—425 (1956). — BRELIE, G. V. D., A. MÜCKENHAUSEN u. U. REIN: Niederrhein 1—4 (1955). — BRELIE, G. V. D., U. REIN, H. KLUSEMANN, R. TEICHMÜLLER u. H. WORTMANN: Neues Jb. Geol. Pal. Min. S. 113—132. Stuttgart 1956. — BRUNNACKER, K.: (1) Eiszeitalter und Gegenwart **7**, 43—48 (1956). — (2) Germania **34**, 3—11 (1956). — (3) Neues Jb. Geol. Pal. u. Min. **9**, 424—433. Stuttgart (1956). — (4) Eiszeitalter und Gegenwart **8**, 107—115 (1957). — (5) Geol. Bavarica (München) **34**, 94 S. (1957). — BUTZER, K. W.: Erdkunde **11**, 21—35 (1957).

CAMPO, M. VAN: (1) Ann. Sci. nat. Bot. **11**, 449—453 (1955). — (2) Bull. Inst. France Afrique Noire **19**, ser. A/3, 659—678 (1957). — (3) Bibliographie. Mus. Nat. Hist. natur. 1 (1956). — CAMPO, M. VAN, e. H. ELHAI: Bull. Soc. Bot. France **103**, 254—260 (1956). — CAMPO, M. VAN, et A. LEROI-GOURHAN: (1) Bull. Soc. Bot. France **103**, 5—6, 285—286 (1956). — (2) Bull. Muséum (Paris) 2. ser. **28**, 326—330 (1956). — CLARK, J. G. D., u. H. GODWIN: Proc. Preh. Soc. **22**, 6—22 (1956). — CLEVE-EULER, A.: Nova Acta Reg. Soc. scient. Upsaliensis IV, 17, 1, 54 S. (1955). —

DAHL, E.: Bull. Geol. Soc. Amer. **68**, 1499—1520 (1955). — DAHL, Orville A.: Proc. Minnesota Acad. Sci. **21**, 53—57 (1953). — DEEVEY, E. S., a. R. F. FLINT: Science **125**, 182—184 (1957). — DEEVEY, E. S., et al.: Science (1957). — DE GEER, E. H.: (1) Norsk. Geol. Tidskr. **36**, 73 (1956). — (2) Geol. För. Förh. **79**, 93—100 (1957). — DONNER, J.: (1) Ann. Acad. Scient. Fenn. Helsinki A/III/49, 1—33 (1957). — (2) C. R. Soc. Géol. Finlande **30**, 79—86 (1958). — DUIGAN, S. L.: Quart. J. Geol. Soc. London **111**, 225—238 (1955). — DYAKOWSKA, J.: (1) Biul. Inst. Geolog. Warszawa **100**, 193—216 (1956). — (2) Biul. Inst. Geolog. Warszawa **100**, 217—224 (1956).

ERDTMAN, G.: (1) Grana Palynolog. **1**, 127—139 (1956). — (2) Svensk bot. Tidskr. **50**, 135—141 (1956). — (3) Webbia (Firenze) **11**, 405—412 (1955). — ERDTMAN, G., et G. SINGH: Bull. Jard. Bot. État (Bruxelles) **27**, 217—220 (1957). — ERDTMAN, G., a. VISHNU-MITTRE: Manuskript (1957).

FAEGRI, KN.: (1) NAVF's Meld. budsj. Oslo 1—6 (1956). — (2) Als Manuskript verteilt (Bergen) (1957). — FEUCHT, O.: (1) Mitt. Ver. forstl. Standortskde u. Forstpflanzenzücht. (Stuttgart) **7**, 42—44 (1957). — (2) Heimat (Tübingen) **65**, 218—223 (1957). — FINK, J.: Eiszeitalter u. Gegenwart **7**, 49—77 (1956). — FIRBAS, F., u. M. v. ROCHOW: Forstwiss. Zbl. **75**, 361—380 (1956). — FLINT, R. F.: Amer. J. Sci. **254**, 265—287 (1956). — FLORIN, M. B.: (1) Acta phytogeogr. suec. (Uppsala) **37**, 144 S. (1957). — (2) Acta phytogeogr. suec. (Uppsala) **38**, 29 S. (1957). — (3) Acta phytogeogr. suec. (Uppsala) **37**, 144 S. (1957). — FRIES, M.: (1) Norrl. Skogsvardförb. Tidskr. **4**, 527—559 (1956).

GODWIN, H.: (1) Advanc. Sci. Nr. 50, 7 S. (1956). — (2) The History of the British Flora. 401 S. Cambridge 1956. — (3) Jber. des Subdepartment of Quaternary Research 1956/1957, 5 S. Cambridge (1957). — GODWIN, H., D. WALKER a. E. H. WILLIS: Proc. roy. Soc. London B **147**, 352—366 (1957). — Grana Palynolog. N. S. **1**, 155 (1956). — GROHNE, U.: (1) Natur u. Volk (Frankfurt/M.) **86**, 225—233 (1956). — (2) Natur u. Volk (Frankfurt/M.) **87**, 285—293 (1957). — (3) In W. HAARNAGEL, Probleme der Küstenforschung im Gebiet der südlichen Nordsee, Hildesheim **6**, 1—48 (1957). — GROSCHOPF, P. (mit R. HAUFF u. A. KLIX): Jber. Geol. Abt. Württbg. Statist. Landesamts 2, 12—49 (1952). — GROSS, H.: (1) Ber. bayer. bot. Ges. **31**, 12—24 (1956). — (2) Grana Palynolog. **1**, 119—126 (1956). — (3) Erdkunde **10**, 141—146 (1956). — (4) Eiszeitalter u. Gegenwart **7**, 87—101 (1956). — (5) Eiszeitalter u. Gegenwart **8**, 141—180 (1957). — (6) Quartär **9**, 3—29 (1957). — GROSSER, K. H.: Arch. Forstwesen **5**, 258—264 (1956).

HAFSTEN, U.: Univ. Bergen Årbok, Naturv. rekke 8, 162 S. (1956). — HARRIS, W. F.: (1) New Zealand J. Sci. a. Technol. 37, 731—765 (1955). — (2) New Zealand J. Sci. a. Technol. 37, 635—638 (1956). — HAUFF, R.: (1) Mitt. Ver. Forstl. Stanortskart. Stuttgart 5, 3—9 (1956). — (2) Mitt. Ver. Forstl. Standortskart. Stuttgart 6, 56—64 (1957). — HAYEN, H.: Nordwest Heimat (Ztg.) 4, 57 (1957). — HEINONEN, L.: Ann. Acad. Sci. Fenn. Helsinki A/III/52, 92 S. (1957). — HEMPEL, L.: Eiszeitalter u. Gegenwart 7, 35—42 (1956). — HERMANN, H.: Neues Jb. Geol. Pal. 105, 11—46 (1957). — HEUBERGER, H.: Z. Gletscherkde. 3, 91—98 (1954). — HOFFMANN-GROBÉTY, A.: Ber. Geobot. Forsch. Inst. Rübel Zürich f. 1956, 75—122 (1957). — HUBER, BR., u. W. V. JAZEWITSCH: Tree-Ring-Bull. 21, 28—30 (1956). — HYDE, H.: (1) Proc. VII. int. Bot. Congr. Stockholm 1950, 882—883. — (2) New Phytol. 54, 255—256 (1954). — (3) Proc. Limn. Soc. London, Sess. 165, 1952/53, 107—112 (1955). — HYDE, H. A., and K. F. ADAMS: Atlas of Airborne Pollen Grains. London: Macmillan 1958.

JAEGER, P., et J. SAUVAGE: Serv. Carte géolog. Als. Lorr. 9/1, 35—38 (1956). — JAZEWITSCH, W. V.: Z. Ver. hess. Gesch. 65/66, 55—71 (1954/55). — JAZEWITSCH, W. V., H. SIEBENLIST u. G. BETTAG: Ber. dtsch. bot. Ges. 69, 128—142 (1956). — JÄNICHEN, H.: Mitt. Ver. Forstl. Standortskart. Stuttgart 5, 10—31 (1956). — JONASSEN, H.: Medd. Dansk Geol. För. 13, 192—305 (1957).

KANERVA, R.: Ann. Acad. Sci. Fenn. Helsinki A III 46, 108 S. (1956). — KATZ, N. J.: (1) Gedächtnisheft f. LEO BERG. S. 226—240. Berlin: Akad. Verlag 1955. Russisch. — KIRCHHEIMER, F.: Die Laubgewächse der Braunkohlenzeit. 672 S. Halle/Saale 1957. — KLEMENT, O.: Schrift. Nat. Ver. Schleswig-Holstein 27, 113—117 (1955). — KLIX, W.: Abh. u. Ber. Naturkundemus. Görlitz 35, 183—267 (1957). — KNEBLOVÁ, VL.: Preslia 28, 113—124 (1956). — KNEBLOVÁ, VL., u. V. LOŽEK: Anthropozoikum (Praha) 5, 337—358 (1956). — KOCH, H.: Z. Ver. hess. Gesch. 67, 199—203 (1956). — KRAUSCH, H. D.: (1) Märk. Heimat (Frankfurt/Oder) 5, 21—28 (1956). — (2) Abh. u. Ber. Naturkundemus. Görlitz 35, 153—181 (1957). — KRÄUSEL, R.: Paläontographia 97 B, 47—73 (1955).

LAKHANPAL, R. N., a. P. K. K. NAIR: J. Indian bot. Soc. 35, 426—428 (1956). — LOŽEK, V.: (1) Biologia (Slov. Akad. Vied, Bratislava) 44—62 (1957). — (2) Anthropozoikum (Praha) 5, 439—454 (1956). — LOŽEK, V., u. V. KNEBLOVÁ: Anthropozoikum (Praha) 5, 103—118 (1957). — LOŽEK, V., u. J. KUKLA: (1) Anthropozoikum (Praha) 5, 219—232 (1955). — (2) Anthropozoikum (Praha) 6, 401—424 (1956). — LOŽEK, V., u. FR. PROŽEK: Československy Kras 10, 4, 145—158 (1957). — LOŽEK, V., J. SEKYRA, J. KUKLA u. O. FEJFAR: Anthropozoikum 6, 193—282 (1957). — LÜDI, W.: Schweiz. Z. Hydrol. 19, 523—564 (1957). — LUNDQUIST, G.: Geol. För. Förh. Stockholm 77, 317—322 (1955). — LÜRZER, E. v.: (1) Mitt. Ges. Salzburger Landeskde. 96, 223—234 (1956). — (2) Grana Palynolog. 1, 70—78 (1956). — LUTZ, J.: Ber. bayer. bot. Ges. 31, 58—69 (1956).

MAARLEVELD, G. C., a. J. C. VAN DEN TOORN: T. Kon. Ned. Aardr. Genotsch. (Leiden) 72, 344—360 (1955). — MCVEAN, D. N.: J. Ecology 44, 331—333 (1956). — MÄDLER, K. A.: Micropaleontology (New York) 2, 399—401 (1956). — MÄGDEFRAU, K.: Ber. bayer. bot. Ges. 31, 128—129 (1956). — MIKI, S.: J. Inst. Polytechn. Osaka Univ. D 7, 247—271 (1956). — MINCKWITZ, H. v.: Arch. Forstwesen (Berlin) 5, 457—486 (1956). — MÖLDER, K.: (1) Acta geogr. (Helsinki) 14, 300—313 (1955). — (2) Arch. Soz. Vanamo, 9, Suppl., 202—207 (1955). — MOOSMAYER, H. U.: Mitt. Ver. Forstl. Standortskde u. Forstpflanzenzücht. (Stuttgart) 7, 3—41 (1957). — MOVIUS, HALLAM L. JR.: Actes IV. Congr. int. Quatern. Rome-Pise 1953, (Rom) 20 S. (1956). — MOVIUS, H. L., a. SH. JUDSON: Amer. School Archeol., Peabody Museum 19, 176 S. (1956). — MRÁZ, K., u. B. PACLTOVÁ: Slovn. Československw. Akad. zemedolkych ved 29, 3—20 (1956). — MULLENDERS, W.: (1) Bull. Soc. Bot. Nord France 9, 1—11 (1956). — (2) Bull. Natur. belges 38/2, 21—37 (1957). — MULLENDERS, W. et E.: Bull. Soc. roy. Bot. Belg. 90, 5—12 (1957). — MULLENDERS, W., et F. GULLENTOPS: (1) Bull. Acad. roy. Belg. 5. ser. 42, 1123—1135 (1956). — (2) Agricultura 5/21, Nr. 1, 57—64 (1957). — MÜLLER, P.: Ber. Geobot. Forsch. Inst. Rübel Zürich f. 1956, 23—55 (1957). — MÜNNICH, K. O.: (1) Naturwiss. Rdsch., 30—31 (1957). — (2) Science 126, 194—199 (1957). — MUSIL, R., u. K. VALOCH: Eiszeitalter u. Gegenwart 8, 91—96 (1957).

NAKAMURA, J.: Res. Rep. Kochi Univ. **5**, 21, 1—5 (1956). — NARR, K. J.: Göttinger Jb. 21—37 (1957). — NEČESANÝ, V.: Acta Acad. scient. Natur. Maravo-Silesiacae, H. 8 291—308 (1951). — NEMEJC, F., u. B. PACLTOVÁ: Čas. miner. a geolog. (Praha) 1/3, 232—242 (1956).

OLAUSSON, E.: Lunds Univ. Årsskr. N. F. 2, **53**, N. 12, 72 S. (1957). — OSZAST, J.: Biul. Inst. Geol. Warszawa **100**, 237—238 (1956). — OVERBECK, FR., K. O. MÜNNICH, L. ALETSEE u. FR. R. AVERDIECK: Flora (Jena) **145**, 37—71 (1957).

PACLTOVÁ, BL.: (1) Anthropozoikum (Praha) **5**, 61—66 (1956). — (2) Ochrana Přirody **12**, 65—83 (1957). — (3) Zprávy geol. výzkumech (Praha) 159—160, 162—163 (1955). — PACLTOVÁ, BL., u. K. MRÁZ: Anthropozoikum (Praha) **5**, 365—180 (1956). — PRIEHÄUSER, G.: Bayr. Landw. Jb. **34**, 111—120 (1957 ?). — PROŠEK, FR., u. V. LOŽEK: Eiszeitalter u. Gegenwart **8**, 37—90 (1957).

REINHOLD, FR.: Schr. Ver. Gesch. u. Naturgesch. Baar **24**, 224—268 (1956). — ROCHOW, M. v.: Ber. Geobot. Forsch. Inst. Rübel Zürich **1956**, 55—66 (1957). — RODENWALDT, U., u. R. HAUFF: Allg. Forst- u. Jagdztg. **128**, 19—26 (1957). — ROWLEY, J. R., a. ORVILLE A. DAHL: Ecology 37/4, 4 S. (1956). — RYTZ, W.: Die Pflanzenwelt. In OTTO TSCHUMI, Urgeschichte der Schweiz. I. Frauenfeld, Huber 1949.

SCAMONI, A.: Arch. Forstwesen (Berlin) **4**, 170—183 (1955). — SCHIEMANN, E.: Mitt. Max-Planck-Ges. 1, 15—22 (1956). — SCHNEIDER, S.: (1) Kunde (Hildes-heim) 6, 8 S. (1955). — (2) Kunde (Hildesheim) N. F. 7, 9 S. (1956). — SCHÖNHALS, E.: Eiszeitalter u. Gegenwart **8**, 5—17 (1957). — SCHROEDER, F. G.: Abh. Landes-museum f. Naturkunde, Münster/Westf. **18**, 2, 1—38 (1957). — SCHULZE, FR.: Arb. u. Forsch. Ber. sächs. Bodendenkmalpflege **5**, 287—291 (1956). — SCHWABE-DISSEN, H.: (1) Germania **34**, 12—41 (1956). — (2) mit K. O. MÜNNICH u. R. SCHÜTRUMPF: Eiszeitalter u. Gegenwart **8**, 200—209 (1957). — SEDDON, BR.: J. Glaciol. **3**, 94—99 (1957). — SELLE, W.: Ber. Naturh. Ges. Hannover **103**, 77—89 (1957). — SENARCLENS V. GRANCY, W.: (1) Eiszeitalter u. Gegenwart **3**, 65—78 (1953). — (2) Festschr. 70. Geb. Prof. Dr. ANGEL. — SOBOLEWSKA, M.: (1) Biul. Inst. Geol. Warszawa **100**, 143—192 (1956). — (2) Biul. Inst. Geol. Warszawa **100**, 241—246 (1956). — ŚRODOŃ, A.: (1) Biul. Inst. Warszawa **100**, 45—60 (1956). — (2) Biul. Geol. Inst. Warszawa **118**, 54 S. (1957). — (3) Acta Soc. bot. polon. **26**, 3, 569—581 (1957). — ŚRODOŃ, A., u. M. GOLABOWA: Biul. Inst. Geol. Warszawa **100**, 9—44 (1956). — STRAKA, H.: (1) Erdkunde (Bonn) **10**, 204—215 (1956). — (2) Mitt. Arbeitsgem. Floristik Schleswig-Holstein u. Hamburg (Kiel) **5**, 283—290 (1956). — (3) Neues Jb. Geol. Paläont. Mn **6**, 262—272 (1956). — (4) Z. Bot. **44**, 473—475 (1956). — (5) Actes 4. Congr. int. Quatern. Roma, **1956**, 184—188. — (6) Naturwiss. Rdsch. (Stuttgart) 109—110 (1957). — (7) Pollenanalyse und Vegetationsgeschichte. Die neue Brehm-Bücherei. 88 S. Witten-berg 1957. — STRAKA, H., u. H. L. DE VRIES: Naturwissenschaften **43**, 13 (1956). — SUESS, H. E.: (1) Science **122**, 415—417 (1955). — (2) Science **123**, 355—357 (1956). — (3) Angew. Chem. **68**, 540 (1956). — SZAFER, WL.: (1) Biul. Inst. Geol. Warszawa **70**, 55—67 (1955). — (2) Biul. Inst. Geol. Warszawa **100**, 227—230 (1956).

THOMSON, P. W.: Eiszeitalter u. Gegenwart **7**, 476—478 (1956). — TJUREMNOV, S. J. N.: (1) Festschr. 75 Geburtstag von V. N. SSUKATSCHEV, Moskau-Leningrad, 572—580 (1956). — (2) Akad. Wiss. UdSSR, Arb. Lab. Sapropel-Ablagerungen **6**, 115—121 (1956). — (3) Akad. Wiss. UdSSR, Arb. Sapropel-Ablagerungen **6**, 40—54 (1956). — (4) Die Torflager Westsibiriens. Herausgegeb. v. d. Haupt-verwaltung d. Torfvorräte beim Ministerrat d. Russ. SSR u. d. Moskauer Torf-instituts. 149 S., 1957. — (5) Klassifizierung von Torftypen und Torflagern. Moskau, 68 S., 1951. — Herausgegeb. wie vor. — TRAUTMANN, W.: (1) Allg. Forst- u. Jagdztg. **128**, 82—87 (1957). — (2) Mitt. Flor. Soc. Arb.-Gem. (Stolzenau) N. F. 6/7, 276—296 (1957). — (3) Mitt. Flor. Soc. Arb.-Gem. (Stolzenau) N. F. 6/7, 362—368 (1957). — TÜXEN, R.: (1) Angew. Pflanzensoziol. (Stolzenau) **13**, 5—42 (1956). — (2) Die Schrift des Bodens. Manuskript. Stolzenau/Weser (1956). — (3) Kunde (Mitt. Niedersächs. Landesver. Urgesch.) **6**, 6 S. (1955).

VANHOORNE, R.: (1) Bull. Inst. roy. Sci. Nat. Belg. **32**, 7 S. (1956). — (2) Bull. Jard. Bot. Bruxelles **27**, 685—688 (1957). — VOLGER, CHR.: Allg. Forst- u. Jagdztg. 145—154 (1956). — VOZARY, E.: Acta bot. Acad. Sci. hung. (Budapest) **3**, 123—134 (1957). — VRIES, HL. DE: (1) Geologie en Mijnbouw, N. Ser. **19**, 303—304 (1957). —

(2) Eiszeitalter u. Gegenwart. Im Druck (1957). — VRIES, HL. DE, a. G. W. BARENDSEN: Nature (Lond.) **174**, 1138 (1954). — VRIES, HL. DE, G. W. BARENDSEN a. H. T. WATERBOLK: Science **127**, 129—137 (1958).

WAGENITZ, G.: (1) Flora (Jena) **143**, 473—485 (1956). — (2) Ber. dtsch. bot. Ges. **68**, 8, 297—302 (1955). — WALKER, D.: Quat. J. Geol. Soc. London **112**, 93—101 (1956). — WELTEN, M.: (1) Verh. schweiz. nat. Ges. 148—150 (1955). — (2) Veröff. Geobot. Inst. Rübel Zürich **31**, 199—216 (1956). — (3) Ber. schweiz. bot. Ges. **67**, 33—54 (1957). — WEST, R. G.: (1) Quaternaria (Rome) **2**, 45—52 (1955). — (2) Phil. Trans. roy. Soc. London N. 665, **239**, 265—356 (1956). — WETZEL, R.: Eiszeitalter u. Gegenwart **8**, 187—198 (1957). — WRIGHT, H. E. jr., a. M. RUBIN: Science **124**, 625—626 (1956).

ZAGWIJN, W. H.: (2) Geol. Hist. Netherlands. The Hague 66—118 (1956). — (1) Geol. en Mijnbouw N. S. **18**, 426—427 (1956). — ZEIST, W. VAN: (1) Westerheem (Arch. Werkgem. v. Westelijk) **5**, 91—95 (1956). — (2) Palaeohistoria **4**, 113—118 (1957 ?). — (3) Nieuwe Drentse Volksalmanak **75**, 1—11 (1957). — (4) Nieuwe Drentse Volksalmanak **75**, 12—15 (1957). — ZEIDLER, H.: Waldhygiene **8**, 237—248 (1956). — ZOLYOMI, B.: Acta biol. Acad. Sci. hung. **4**, 367—430 (1953). — ZÜLLIG, H.: (1) Schweiz. Z. Hydrol. (Basel) **18**, 2, 208—214 (1956). — (2) Schweiz. Z. Hydrol. (Basel) **18**, 2, 5—143 (1956).

# 8. Ökologische Pflanzengeographie.

Von Heinrich Walter, Stuttgart-Hohenheim
und Heinz Ellenberg, Zürich.

## I. Standortslehre.

### 1. Wärmefaktor (Temperatur).

In zwei Bänden werden von M. Y. Nuttonson (Amer. Inst. of Crop Ecology, Washington D. C., 1957 u. 1958) die thermischen Bedingungen für die Entwicklung von Gersten- und Roggensorten behandelt. Als Grundlage für seine Untersuchungen benützt er die langjährigen phänologischen Angaben von zahlreichen Versuchsstationen Nordamerikas, der Sowjetunion, Finnlands, Polens und der Tschechoslowakei. Wenn man die durch Breitenlage, Höhenlage und Niederschlagshöhe bedingten Abweichungen berücksichtigt, ergeben die Temperatursummen unter Verwendung von 5°C (40°F) als Basis gute Ergebnisse. Man erhält auf diese Weise sichere Anhaltspunkte für die Voraussage von Ernteterminen und die Wärmeansprüche verschiedener Sorten. Um die Breitenunterschiede zu eliminieren, kann man photothermische Einheiten verwenden (Temperatursumme × Tageslänge).

Die Methode der Darstellung des Gesamtklimas als Diagramm ist auf einen ganzen Kontinent — Afrika — ausgedehnt worden (Walter). Die Klimagliederung tritt auf der Klimadiagramm-Karte sehr deutlich hervor. Im Text werden besonders ausführlich die Klimadiagramme und Klimatogramme von Ghana und Nigerien behandelt. Lautensach und Bögel finden, daß die Höhengradienten der Lufttemperatur einen Jahresgang aufweisen, der je nach den Klimazonen sehr verschieden ist. Die einzelnen Werte liegen zwischen + 1,16° C und — 1,84° C je 100 m Höhendifferenz. Auf Grund von phänologischen Beobachtungen zeigen Frenzel u. Fischer in einem Alpental, daß die Temperaturänderungen an einem Hang sehr kompliziert sind. Man kann 4 Zonen unterscheiden: 1. die benachteiligte Talbodenzone bis zur Obergrenze der Morgennebel, 2. die warme Hangzone darüber, 3. eine Übergangszone großer phänologischer Verspätungen und 4. die Zone großatmosphärischer Winde, in der die Pflanzen fast gleichzeitig entsprechende Entwicklungsphasen durchlaufen.

Die Entwicklung der Pflanzen weist keine scharf abgegrenzten Stadien im Sinne von Lyssenko auf. Vielmehr ist für dieselbe der Klimaablauf optimal, der dem am Heimatort der Pflanzenart entspricht. Die Maßnahmen der Hyacinthenkultur z. B. bezwecken die Reproduktion des Temperaturverlaufes und der Niederschlagsverteilung am heimatlichen Standort in Vorderasien [Junges (1, 2)].

Mikroklimatische Messungen der Extremtemperaturen an der Boden-oberfläche von März bis November bei Berlin [SCHLÜTER (1)] ergaben eine mittlere Temperaturamplitude (in Klammern maximale):

*Salvia pratensis-Stachys recta*-Hangsteppe . . . 32° (46,5°)
*Quercus-Potentilla alba*-Wald . . . . . . . . 20° (34,5°)
*Viola mirabilis*-Eichen-Hainbuchen-Wald . . . 14° (27,0°)
Erlen-Eichen-Hainbuchenwald . . . . . . . . 11° (21,0°)
*Dentaria*-Eichen-Buchenwald . . . . . . . . 10° (16,0°)

Daraus ersieht man, daß die Gesellschaften, die kontinentale Floren-elemente enthalten, auch an Standorte mit kontinentalerem Mikro-klima gebunden sind — eine Bestätigung des Gesetzes der relativen Standortskonstanz. Derselbe Verf. (2) zeigte auch, daß die Ausbildung selbständiger Bestandesklimate bei Wiesengesellschaften in erster Linie von ihrer Dichte und der Höhe des Bewuchses abhängt, was durch eine Reihe von Diagrammen veranschaulicht wird. Genaue mikroklimatische Temperatur- und Verdunstungsmessungen im Laufe von 3 Tagen, an einem zur Donau steil abfallenden Berg bei Višegrad, in Gesellschaften, die vom offenen Felsrasen über Karstbuschwald zum Hainbuchen-Eichenwald überleiten, führte auch HORANSKY aus.

Besonders interessant sind die Temperaturverhältnisse im Hoch-gebirge an der Baumgrenze. Sie wurden in 2070 m Höhe bei Innsbruck von TRANQUILINI (1) an Nadeln von *Pinus cembra* während eines Winters automatisch registriert. Temperaturen über 0° treten während des ganzen Winters auf. Besonders starke Übertemperaturen wurden im März (maximal 10,5°) und im April (einmal 21,5°) beobachtet. Im Winter liegt das Monatsmittel der Nadeltemperatur um 2° tiefer als die Luft-temperatur, doch sind die Schwankungen der ersteren viel größer. Unter Schnee schwankt die Temperatur der Nadeln um 0°. Die oberen Boden-schichten bleiben zwar 5 Monate hindurch gefroren, doch sinkt die Temperatur nicht unter —1°.

Bei Blättern arktischer Pflanzen hat WILSON die Temperaturen im Sommer auf dem 75. Breitengrad (Kanada) gemessen. Selbst zur Zeit der Mitternachtssonne zeigt die Lufttemperatur einen ausgesprochenen Tagesgang, mit einer Schwankung bis 8° C. Da die Blätter sich nur wenig über der Bodenoberfläche erheben, an der die Luft am Tage wärmer ist, und außerdem bei Einstrahlung Übertemperaturen auftreten, so ent-wickeln sich die Pflanzen unter viel günstigeren Bedingungen, als es nach meteorologischen Angaben den Anschein hat. Bei Polsterpflanzen kann die Temperatur auf der Südseite 5° höher liegen als auf der Nord-seite. Wind wirkt auf die Blattemperatur erniedrigend. Bodenunter-schiede und Exposition sind von großer Bedeutung. Die erste Pflanze, die aufblühte, war *Saxifraga oppositifolia*. Die Lufttemperatur war an diesem Tage (23. 6.) 0,8° C, die Temperatur 1 cm über dem Polster 3,3° und die Temperatur der Blütenknospen 6,2°.

BERGER-LANDEFELDT (1) beobachtete mit Thermoelementen an Strahlungstagen die Temperaturverteilung um trockene und feuchte Löschpapierscheiben und um Blätter herum. Feuchte Löschpapier-scheiben weisen Untertemperaturen auf. Bei den Blättern findet man dagegen die höchste Temperatur an der Blattoberfläche und darüber ein steiles Gefälle innerhalb weniger Millimeter. Das braucht jedoch nicht immer der Fall zu sein. Denn in Turkestan beobachtete SCHARDAKOW (1) an normal bewässerten Baumwollblättern meist Untertemperaturen von 1—2° C, an welken Blättern dagegen Übertemperaturen bis 5° C.

## 2. Wasserfaktor (Hydratur).

Beobachtungen um Jakuzk machten es wahrscheinlich, daß Pflanzen aus gefrorenem Boden eine gewisse Wassermenge aufnehmen können. DADYKIN (1) fand tatsächlich, daß *Vicia*-Samen in gefrorenem Boden aufquellen. Die Gewichtszunahme betrug 62—65% bei —0,3°, 38—40% bei —2,0° und 19—21% bei —5,0°. Er berechnete daraus entsprechende Saugkräfte von 5—6 Atm., 11—14 Atm. und 35—38 Atm. Die Zahlen dürften ungenau sein, denn den Gefrierpunktserniedrigungen von —0,3°, —2,0° und —5,0° entsprechen osmotische Werte von 3, 6, 24 und 60 Atm. In einer anderen Arbeit weist derselbe Verf. (2) darauf hin, daß man bei Wurzeln, die in die Gefrornis hineinreichen, Veränderungen des Stärkegehalts und selbst Zellteilungen beobachten kann. Verf. wendet sich erneut gegen die Theorie der physiologischen Trockenheit kalter Böden und macht, in Übereinstimmung mit GREB (Fortschr. Bot. 19, 147), darauf aufmerksam, daß die optimalen N-Gaben bei abgekühlten Wurzeln das 4fache der normalen betragen. In subarktischen Gebieten muß deshalb sehr stark gedüngt werden. Neuerdings wendet man die Düngung durch Blätter (Versprühen von $NH_4NO_3$) an. In einer weiteren Arbeit (3) wird gezeigt, daß bei tiefen Temperaturen die Synthese von Aminosäuren in den Wurzeln unterbleibt.

KLAUSING beschreibt einen selbstregistrierenden Piche-Atmographen mit einer weißen 5 cm-Scheibe, dessen Angaben mit der Verdunstung eines Sees in El Salvador (Mittelamerika) gut übereinstimmten.

Ein bisher noch ungelöstes Problem des Wasserhaushalts sind Saugspannungs- oder Saugkraftmessungen. Eine neue Methode ist von SCHARDAKOW (2) eingeführt worden. Er benützt sie, um den Zeitpunkt der Bewässerung von Baumwolle in Turkestan festzustellen. Da die Methode nur in russischer Sprache veröffentlicht wurde, sei sie hier wiedergegeben:

Je 25 mit dem Korkbohrer ausgestanzte Blattproben kommen in Reagenzgläser und werden mit abgestuften Saccharoselösungen gerade übergossen. Die Lösungen werden mit einem Kriställchen Methylenblau oder Methylorange leicht angefärbt. Nach mehrmaligem Schütteln entnimmt man nach 30 min mit einer Capillare einen Tropfen der Lösung, taucht die Capillare in die ursprüngliche Zuckerlösung ein und läßt einen Tropfen der gefärbten Lösung ausfließen. Steigt der Tropfen auf, dann hat die Lösung den Blättern Wasser entzogen, d. h. ihr osmotischer Wert war größer als die Saugspannung der Blätter. Sinkt der Tropfen ab, dann war die Saugspannung größer. Bleibt der Tropfen vor der Capillare liegen, dann ist die Saugspannung gleich dem osmotischen Wert der Zuckerlösung. Es handelt sich somit um eine etwas abgeänderte Schlierenmethode nach ARCICHOWSKI.

Die Methode wird im Hohenheimer Institut nachgeprüft. Die Genauigkeit ist etwa 0,01 Mol, also 0.5 Atm. Das Verhältnis der Volumina von Lösung/Blätter soll möglichst klein sein. Bei *Pinus*-Nadeln haben sich Schwierigkeiten ergeben. Konzentrationsänderungen lassen sich erst nach einigen Stunden feststellen; mit der Zeit sinken die Saugkraftwerte ab. Man ist deshalb nicht sicher, ob man bei der ersten Ablesung schon die Saugspannung der Mesophyllzellen mißt, oder nur die Hydratur der Epidermisaußenwände, die stark von der Hydratur der Luft beeinflußt wird. Diese Bedenken bestehen auch hinsichtlich der Ergebnisse von TJURINA. Sie bestimmte bei 15 Pamirpflanzen den Wassergehalt der Blätter, den osmotischen Wert (kryoskopisch) und die Saugspannung nach SCHARDAKOW. In letzterem Falle wurden ganze Blättchen in die Zuckerlösung getaucht und die Ablesungen nach 30 min vorgenommen. Ließ man die Blättchen vorher welken, so konnten bei den Wüstenpflanzen Saugspannungen von 130 und 150 Atm. gemessen werden, die um 100 Atm. über dem osmotischen Wert lagen. Das wird auf negativen Turgor zurückgeführt. Infiltriert man Blätter mit Zuckerlösung unter der Vakuumpumpe, so daß der negative Turgor durch Plasmolyse aufgehoben wird, dann war die Saugspannung kaum höher, als der osmotische Wert. Am natürlichen Standort wurden negative Turgorwerte von 10—15 Atm. gemessen, ohne daß sichtbares Welken wahrnehmbar war. Es fragt sich bei diesen Messungen, ob nach 30 min bei den derben Blättern von *Eurotia, Artemisia skorniakovi* oder *Stipa glareosa* wirklich ein Saugspannungsgleichgewicht mit der Lösung eingetreten war, oder ob nicht nur die stark entquollenen Epidermisaußenwände Wasser der Lösung entrissen und die hohe Saugspannung vortäuschten. Diese Frage muß noch geklärt werden, bevor man die Methode für ökologische Zwecke anwenden darf. SCHARDAKOW gibt als Grenzwert, bei dem Baumwolle bewässert werden muß, eine Saugspannung von 15 Atm. an.

Die Beziehungen zwischen Transpiration und Wachstum einerseits, und den osmotischen Zustandsgrößen andererseits, werden von SLATYER (1) bei Gefäßversuchen mit Tomaten, Baumwolle und Liguster untersucht. Bei Zunahme der Saugspannung des Bodens fällt die Transpiration rasch auf einen Minimalwert ab. Wird der Welkungspunkt erreicht, so hört das Wachstum auf. Derselbe Verf. (2) gibt eine sehr gründliche Zusammenfassung aller Arbeiten über die Bedeutung des Welkungskoeffizienten. Er kommt zu dem Schluß, daß dieser Wert keine Bodenkonstante ist, sondern im wesentlichen von dem osmotischen Wert der Pflanzenblätter abhängt. Für die Messung der Bodensaugspannung sollte man besser die jetzt üblichen physikalischen Methoden verwenden.

Den Wasserhaushalt der südwestaustralischen Sklerophyllen untersuchte GRIEVE. Sie verhalten sich ähnlich wie die mediterranen. Mit Ausnahme von *Eucalyptus marginata*, einem Baum, der sehr tief wurzelt, schränken alle die Transpiration im Sommer ein. Dabei verfallen die flachwurzelnden Arten in eine Art Sommerruhe, diejenigen, die neben flachstreichenden Wurzeln auch tiefgehende besitzen, leiden unter der Dürre weniger. Die optimalen osmotischen Werte liegen bei 18—26 Atm. Sie steigen im Sommer an, doch erreichen sie keine extrem hohen Werte. Nach Einsetzen der Regen sinken sie sofort auf die ursprüngliche Höhe ab. Die Bestimmung der Wasserdefizite stieß z. T. auf Schwierigkeiten. *Phyllanthus calycinus*, mit mesomorphen Blättern, wirft diese im Sommer ab. Nach LEYERER können Rutengewächse ihre Transpiration in der Wüste stärker einschränken, als beblätterte Pflanzen. Durch ihren Bau wird eine Überhitzung bei Einstrahlung verhindert. Beim subatlantischen *Sarothamnus* sinken durch Abwurf der Blätter die Wasserverluste auf die Hälfte. Im Frühjahr wird die Transpiration selbst bei feuchtem Boden eingeschränkt, wohl weil bei dieser Art durch die tiefen Bodentemperaturen die Wasseraufnahme erschwert ist.

Einen Vergleich der Transpiration an den Vegetationsgrenzen der peruanischen Anden, der Alpen und der Arktis führt HIRSCH durch. Das Klima ist in diesen Gebieten für den Wasserhaushalt günstig. Den morphologisch so klar abgegrenzten Gruppen der Polsterpflanzen und Zwergsträucher kommt in diesen extremen Gebieten hinsichtlich der Transpiration keine Sonderstellung zu. Es gibt unter ihnen Arten mit starkem und geringem Wasserumsatz. Erstere zeigen große Wuchsleistungen, letztere geringe.

Bekanntlich ist der Winter für die Pflanzen nicht nur eine kalte Jahreszeit, sondern für die Gehölze an der Baumgrenze in den Alpen auch die trockenste. Nachdem im Innsbrucker Institut der Jahresgang der Frosthärte bei diesen Arten untersucht worden war, wendet sich nun LARCHER den Problemen der Frosttrocknis und der Austrocknungsresistenz zu. Versuchspflanzen sind: *Pinus cembra, Picea excelsa, Loiseleuria procumbens* und *Rhododendron ferrugineum*. Die *Pinus*-Nadeln überdauern die Frosttrocknis infolge der geringen Wasserabgabe und den Wasservorräten in Rinde und Stamm gut. *Picea* ist in dieser Hinsicht ungünstiger gestellt; auch wächst sie in dichten Trupps, so daß die Stämme nicht durch Strahlung erwärmt werden und der Boden schneefrei bleibt. *Rhododendron*-Blätter geben ihr Wasser 5mal so schnell ab wie *Pinus* und halten deshalb nur unter Schneeschutz den Winter aus. Auch *Loiseleuria* verliert ziemlich rasch Wasser. Frei aufgehängt würden die Sprosse schon nach 15 sonnigen Märztagen geschädigt werden. Da diese Pflanze am Standort keinen Schneeschutz genießt, kann sie nur durchhalten, weil an sonnigen Tagen die Bodenoberfläche auftaut und die Würzelchen, sowie die an den Boden angepreßten Blätter, Schmelzwasser aufnehmen.

### 3. Assimilathaushalt (Lichtfaktor und Gaswechsel).

Eine Lichtsummenmessung auf chemischem Wege wird von DORE vorgeschlagen. Anthracen ($C_{14}H_{10}$), in Benzol gelöst, wird unter der Einwirkung von Licht polymerisiert und in das unlösliche Dianthracen übergeführt. Die Restmenge kann colorimetrisch bestimmt werden. Die Konzentration des Anthracens nimmt bei Zunahme der Lichtsumme im logarithmischen Verhältnis ab.

In vorbildlicher Weise ist der $CO_2$-Gaswechsel von *Pinus cembra* an der Baumgrenze in 2070 m Höhe den ganzen Winter hindurch mit dem Uras durch TRANQUILINI (1) untersucht worden. Bereits im September wird durch aktive Erhöhung des osmotischen Wertes der Nadeln der Winterzustand eingeleitet. Das Assimilationsvermögen wird herabgesetzt, doch sind bis zum Einsetzen starker Fröste noch positive Ausbeuten an warmen Tagen möglich. Im Hochwinter tritt, infolge der Blockade der Wasserleitung, Spaltenschluß ein. Der Photosyntheseapparat wird durch die Kälte stärker gelähmt als die Atmung, so daß bei kurzfristigen Erwärmungen $CO_2$ ausgeschieden wird. Zugleich färben sich die Nadeln am Licht braun (teilweise Chlorophyllzerstörung). Erst im Frühjahr tritt Reaktivierung ein, wobei die Atmung rascher einsetzt als die Photosynthese; auch das Chlorophyll wird gleichzeitig mit der Rückregulierung des osmotischen Wertes regeneriert. Unter Schnee bleiben die Nadeln grün und assimilieren sofort nach dem Ausapern. Doch ist unter Schnee die Lichtintensität so gering, daß keine Photosynthese stattfindet. Apere junge *Pinus*-Bäumchen erleiden durch Wasserverluste einen starken passiven Anstieg des osmotischen Wertes auf über 40 Atm. In einer kurzen Darstellung schildert derselbe Verf. (2) sehr anschaulich den Existenzkampf des Baumes im Hochgebirge.

Unbekannt ist die Ursache der oberen Verbreitungsgrenze der immergrünen Laubwälder. SUZUKI u. a. finden in Japan, daß ungeachtet der Temperaturen um 0° die Photosynthese die Atmung überwog. Die osmotischen Werte liegen zwar um so höher, je tiefer die Tagesmittel sinken (wohl aktive Regulierung), zeigen jedoch die normalen Tagesschwankungen (wohl passive). Daß die Stofferzeugung nicht nur von der Assimilationsintensität, sondern zugleich auch von der Blattmasse abhängt, betonen HUBER u. POLSTER bei eingehenden Assimilations- und Atmungsuntersuchungen mit verschiedenen Pappelklonen. Die apparente Assimilation der Blattflächeneinheit weist bei den Pappeln gleich große Unterschiede auf, wie bei einheimischen Laubholzarten. Die sehr viel größere Wüchsigkeit ist deshalb auf die großen Blattmassen zurückzuführen, die ihre Stecklingsaufwüchse in den ersten Jahren entwickeln. In Kiefernbeständen wird nach OVINGTON die Blattfläche bald konstant und die Stoffproduktion erreicht maximal 22 t/ha, im Mittel aller Jahre nur 13 t/ha, weil die ersten Jahre wenig ergiebig sind. Bei landwirtschaftlichen Kulturen ist die Stofferzeugung geringer: Zuckerrüben 9 t/ha, Grasland 7,5 t/ha. Bei Abisko (68° 30° N) fanden PEARSALL u. NEWBOLD für natürliche Bestände im Mittel eine Produktivität von 2,5 t/ha, während die Zahlen bei ähnlichen Beständen in England mehr als doppelt so hoch waren (6,9 t/ha).

Untersucht man die Beziehungen zwischen der photoperiodischen Angepaßtheit der Pflanzen und der geographischen Breite ihrer Heimat [JUNGES (3)], so läßt sich feststellen, daß die Arten, die aus Gebieten mittlerer geographischer Breiten (35 bis 40°) stammen, durchschnittlich am strengsten photoperiodisch angepaßt sind, wobei Kurz- und Langtagpflanzen vorkommen. Im allgemeinen läßt sich aber doch sagen, daß die relative Häufigkeit von Kurztagpflanzen mit zunehmender geographischer Breite abnimmt, die der Langtagpflanzen dagegen zunimmt.

### 4. Bodenverhältnisse (chemische Faktoren).

Die alte Streitfrage, ob mehr die physikalischen oder die chemischen Bodenfaktoren für die Verbreitung der Pflanzen verantwortlich sind, versucht SCHMIDT zu beantworten, indem er 14 kalkmeidende Arten (*Deschampsia flexuosa, Calluna, Vaccinium, Digitalis purpurea, Sarothamnus, Pteridium* usw.) der Bauernwälder auf Schiefer, Sandstein und Grauwackenunterlage des Oberbergischen Landes auswählt. Diese Arten wurden verpflanzt oder ausgesät: 1. an einen natürlichen Kalkstandort desselben Gebietes, 2. in Blumentöpfe mit demselben Kalkboden, 3. in feuchte Gruben, die mit Kalkboden gefüllt waren. Keine der Arten erreichte am neuen Standort völlige Seßhaftigkeit; sie hielten nur

1—4 Jahre im Freiland aus. Verf. glaubt, daß vorwiegend die veränderten physikalischen Standortsfaktoren den Ausgang des Versuches bestimmten.

Die Unkrautflora von 30 deutschen Dauerdüngungsversuchen auf Ackerland wird von Koch zur Überprüfung der Zeigereigenschaften ausgewertet. Die Bodenreaktion kommt in der Unkrautflora gut zum Ausdruck. Reichtum bzw. Mangel an N, P und K wird dagegen nur durch wenige Arten angezeigt und die Ergebnisse sind nicht ganz eindeutig. Bei N-Düngung wird die Konkurrenzkraft der Kulturpflanzen besonders stark erhöht, so daß viele Unkräuter nur auf den N-Mangelparzellen vorkommen, selbst wenn sie höhere Ansprüche an N stellen. An extremen Trittstandorten findet man in Japan ähnliche Arten wie bei uns: *Plantago asiatica*, *Polygonum aviculare*, *Poa annua*, *Juncus tenuis*, dazu *Eleusine indica* und *Eragrostis ferruginea* (HORIKAWA u. MIYAWAKI).

Sehr eingehende Wurzelstudien führte MAHN bei Pflanzen einiger Porphyrkuppen um Halle durch. Er belegte sie mit zahlreichen maßstabgetreuen Zeichnungen. An den warmen Südhängen findet man die *Stipa capillata-Brachypodium pinnatum*-Gesellschaft, an den Nordhängen die *Avena pratensis*- und *Calluna*-Gesellschaft, auf den flachgründigen Böden die *Festuca glauca*-Gesellschaft. Vegetationsprofile mit Darstellung der Bewurzelung geben von jeder Gesellschaft ein anschauliches Bild.

Daß der Grundwasserspiegel unter Wald infolge des hohen Wasserverbrauchs absinken kann, ist bekannt. Aus Pegelmessungen, die KAUSCH in Darmstadt ausführte, geht aber hervor, daß durch die Transpiration von Bäumen bis zu 10 cm große Tagesschwankungen auftreten, deren Amplitude mit der Stärke der Evaporation übereinstimmt. Am Tage ist der Wasserverbrauch der Pflanzen größer als der Grundwassernachschub aus der Umgebung. Nachts tritt ein Ausgleich ein. In Quellmooren und Sumpfgesellschaften zeigt die Vegetation häufig Mosaikkomplexe, für die die sehr komplizierten Strömungsverhältnisse des Wassers maßgebend sind. Man kann diese nach JAKUCS leicht aufklären, wenn man das zufließende Wasser stark mit Fuchsin anfärbt. Die Standorte mit fließendem und stagnierendem Wasser treten dann scharf hervor.

Zuwachsbeträge der Moosdecke auf Hochmooren wurden bisher meist indirekt mit Hilfe der Samenpflanzen bestimmt. OVERBECK u. HAPPACH führen nun in Schleswig-Holstein direkte Messungen am Standort durch. Sie finden einen Längenzuwachs pro Jahr bei Schlenkensphagnen von bis zu 60 cm, bei Bultenarten bis wenig über 10 cm. Eine autonome Jahresperiodizität fehlt, doch ist der Zuwachs von November bis April sehr gering. Er kann im Sommer bei Trockenperioden aussetzen. Die Intensität des Längenwachstums hängt von der Höhe des Moorwasserspiegels ab, wobei die dichtrasigen Bultenarten gegen eine Senkung weniger empfindlich sind, als die Schlenkenarten. Die Stoffproduktion der oligotrophen Moore ist erstaunlich hoch und schwankt bei den einzelnen *Sphagnum*-Arten zwischen 2—10 t/ha. Auch das Wasserhaltevermögen und die Verdunstungsgröße von Sphagnenrasen werden bestimmt. In Dürreperioden trocknen die Schlenken rascher aus als die

Bulten. Wie Untersuchungen in Osteuropa zeigten (KATZ), ist die Wasser-abgabe der offenen Schlenken-Moore größer als die von Waldhoch-mooren. Deshalb verläuft die Südgrenze der ersteren in Osteuropa nördlicher als die der letzteren. Für beide Grenzen ist die Zunahme der Luft-Sättigungsdefizite in südöstlicher Richtung maßgebend. Sie sind klimatisch bedingt. Die extremen Bedingungen, wie hohe Acidität, Mineralsalzarmut und schlechte Durchlüftung im Hochmoortorf, be-dingen nach BURGEFF eine extreme Armut der Mikroflora. In dem mit Ericaceenwurzeln durchsetzten *Sphagnum* findet man die Mycorrhiza-Pilze (unter diesen ein *Cladosporium*). Sie binden keinen freien Stickstoff, sind aber am Abbau von Pektinstoffen und Cellulose von *Sphagnum* beteiligt. Daneben wurden *Mortiella-*, *Penicillium-* und *Verticillium-*Arten, sowie einige Bakterien isoliert. Schon in geringer Tiefe erstreckt sich durch das ganze Moor hindurch eine $H_2S$-Schicht, die mit dem Ver-schwinden von $O_2$ in der Bodenluft zusammenfällt und nur unter größeren Baumbeständen unterbrochen wird. $H_2S$ entsteht durch Eiweißvergärung und Sulfatreduktion. Sulfate werden dem Moor mit dem Regen zugeführt (1,5—2 mg/l). Außerdem geht eine intensive anaerobe Cellulosevergärung vor sich, die zeitweise mit intensiver Gas-entwicklung verbunden ist. Das Hochmoorprofil weist 4 Zonen auf (REUTHER): A — lebende *Sphagnum*decke, B — absterbendes Material, dunkelgrau gefärbt, C — humifiziertes Material von dunkelbrauner bis schwarzer Farbe (hier kommt es durch Zusammenwirken von Pilzen und Bakterien zur Melaninbildung), D — anaerobe Zersetzungszone mit $H_2S$, deren graue Färbung durch Reduktion der dunklen Substanzen der Zone C zustande kommt. Mit dem Wachstum der Sphagnumdecke rücken die Zonen immer höher herauf.

Die Torfböden werden nach ihrem Trophiegrad unterschieden oder in Finnland nach ihrer Eignung für landwirtschaftliche Zwecke in 10 Bonitätsklassen ein-geteilt. VALMARI vertritt auf Grund der Erfahrungen mit Moorkulturen die Ansicht, daß der Begriff der Trophie relativ ist und nur in bezug auf bestimmte Wachstums-faktoren gilt. Ein natürliches Moor hat seine eigene Produktionsfähigkeit, die eine andere als nach der Entwässerung ist; denn letztere bedingt eine große Wandlung, ein Umschlagen der Reaktion in der einen oder anderen Richtung, Freiwerden oder Bindung von Nährstoffen (Phosphor) usw. Auf kultivierten Moorböden können noch am Polarkreis Heuerträge von 30-40 dz/ha erhalten werden. Auf entwässerten Moorböden zeigen Fichten in Schweden oft starke Chlorose infolge von Kalimangel (TAMM). Ihr Wachstum war, ebenso wie dasjenige der Birken und Kiefern, schwach. Nadel- und Blattanalysen ergaben niedrigen K- und P-Gehalt und hohen N- und Ca-Gehalt. Düngungsversuche mit K und P (je 100 kg/ha) führten zu einer Gesundung der Pflanzen auf den K- und KP-Parzellen. Phosphordüngung allein blieb ohne Erfolg. In anderen Fällen kann Chlorose durch Manganmangel bedingt werden.

Über Bodenversalzung im Gotteskoog (Nordfriesland) auf fort-schreitend trockengepumpten Seeböden, die 360 Jahre von Süßwasser bedeckt waren, und über ihre Wiederbesiedlung durch eine ausgesprochene Salzvegetation berichtet WOHLENBERG. Es zeigt sich, daß durch die große Leistung der Schöpfwerke das Wasser der Niederschläge sofort ins Meer gepumpt wird und die trockengelegten Seeböden nun vom ver-salzten Grundwasser des Talsandes mit Wasser versorgt werden. Über die Salzverhältnisse der Salzpfanne von Tauorga an der Großen Syrte bericht BERGER-LANDEFELDT (2). Das Salz wird mit dem Regenwasser aus der Wüste hereingeschwemmt. Im Frühjahr ist die Konzentration der Bodenlösung gering und die Halophyten können keimen. Im Sommer, wenn die Bodenoberfläche sich mit einer Salzkruste bedeckt, entnehmen die Wurzeln das Wasser tieferen Bodenschichten.

Dem Problem der Serpentinpflanzen wenden sich neuerdings wieder KRAUSE u. LUDWIG zu. Sie veröffentlichen ihre Untersuchungen aus Bosnien, wo sie den Boden und die Vegetation auf Serpentin und auf einem angrenzenden Kalksteinmassiv vergleichen. Auf ausgereiften Serpentinböden sind keine Anzeichen von Dystrophie oder toxischer Beeinflussung festzustellen. Die Artenzahl der Serpentinophyten macht nur 2—4% aus und mengenmäßig spielen sie keine bedeutende Rolle. Es werden Bodenanalysen und zahlreiche Bestandsaufnahmen angeführt.

### 5. Verschiedenes.

Durch die Eingriffe des Menschen werden die mikroklimatischen Unterschiede insbesondere durch die Exposition gegenüber den natürlichen Verhältnissen sehr verschärft. GIROD u. BAILLAND stellen fest, daß durch die Wiederbewaldung der seit 100 Jahren aufgelassenen Weinberge bei Besancon das Mikroklima der Hänge viel gleichförmiger wird.

Eine allgemeine Standortsanalyse der Moosvegetation in den künstlichen Nadelforsten bei Hamburg nimmt RHEINHEIMER vor. Für die Ausbildung der Moosgesellschaften sind die Hydraturverhältnisse (Boden- und Luftfeuchtigkeit), sowie vor allem die Lichtverhältnisse maßgebend. Tageskompensationspunktbestimmungen zeigen, daß der Assimilathaushalt schon bei geringerem Lichtgenuß zum Ausgleich kommt als bei Blütenpflanzen.

Ähnliche Untersuchungen führten HOSAKAWA u. ODANI mit Rindenmoosen und -flechten von einem Buchenstamm im japanischen Buchenwald aus. Sie unterschieden 4 Zonen mit zunehmender Lichtintensität und abnehmender Feuchtigkeit: 1. Stumpfzone, 2. Stammzone, 3. innere Kronenzone, 4. Wipfelzone. Die Tageskompensation wurde im Laboratorium bei verschiedenen Lichtintensitäten nach 10 stündiger Verdunkelung bestimmt. Die Moose der Zone 1 erreichten die Tageskompensation selbst bei 400 Lux innerhalb von 10 Std., die der Zone 2 nur bei 1200 Lux. Die Flechten der Zone 3 und 4 stellten noch höhere Ansprüche an die Beleuchtung (z. T. bis 20000 Lux). Versuche am Standort bewiesen, daß die verschiedene Lichtadaption den einzelnen Arten die Möglichkeit gibt, mit dem jeweiligen Lichtgenuß auszukommen. Die Moose sind Schattenepiphyten, die hohe Feuchtigkeit verlangen; die Flechten Sonnenepiphyten, die dürreresistenter sind. Wasserhaushalt und Licht bedingen zusammen die Gliederung der Epiphytenvegetation. Bei epiphytischen Moosen finden HOSOKAWA u. KUBOTA, daß die Austrocknungsresistenz mit der Höhe des osmotischen Wertes (plasmolytisch mit $KNO_3$) ansteigt. Sie ist im Winter größer als im Sommer.

Eine sehr eingehende Studie der höheren Pilzvegetation, das Ergebnis über 20 jähriger Untersuchungen, verdanken wir BECKER. Er behandelt getrennt die saprophytischen und die parasitischen Arten sowie die Mycorrhizabildner. Obligate Parasiten gibt es unter den Pilzen des Waldbodens nicht. Die Anwesenheit von vielen Mycorrhizabildnern und insbesondere der an bestimmte Baumarten angepaßten Arten, kann als Anzeichen dafür gewertet werden, daß die Baumart in dem betreffenden Bestand unter für sie optimalen Bedingungen gedeiht.

In dem klimatisch extremen Gebiet der Nordsahara stellte REESE nur einen Polyploidiegrad von 37,8% fest. Er ist somit geringer als in Mitteleuropa. Da es sich in Nordafrika um die Reste einer alten Vegetation handelt, zieht Verf. die Schlußfolgerung, daß ein hoher Polyploidiegrad durch die Fähigkeit der Polyploiden, jungfräuliche Böden zu besiedeln, bedingt wird (im früher vereisten Gebiet). Die ,,Schwierigkeit" des Standorts könnte höchstens innerhalb eines kleinen Gebiets wie Schleswig-Holstein von Bedeutung sein (CHRISTIANSEN).

## II. Vegetationskunde.

### 1. Kausale Vegetationskunde.

Die Bedeutung der Konkurrenz für das Entstehen bestimmter Pflanzenkombinationen tritt immer deutlicher hervor.

Über langjährige Erfahrungen mit künstlich begründeten, nicht standortsgemäßen Rasengesellschaften im Alpengarten Schinigeplatte (Berner Oberland) berichtet LÜDI. Arten des *Loiseleurietum* erwiesen sich als äußerst konkurrenzschwach. Die ebenfalls langsam wachsenden Vertreter des *Nardetum* konnten sich nur bei Kalk- und Nährstoffmangel gegen die raschwüchsigen Arten gedüngter Grünlandgesellschaften durchsetzen.

Das physiologische und ökologische Verhalten zahlreicher Ackerunkräuter gegenüber der Bodenfeuchtigkeit vergleichen ELLENBERG u. SNOY experimentell. Es stimmt bei Nässezeigern überein, während es trockenheits*liebende* Unkräuter nicht zu geben scheint. *Falcaria vulgaris*, die nur auf sehr trockenen Äckern vorkommt, benötigt für Keimung und Wachstum sogar relativ viel Feuchtigkeit und kann sich nur vermöge ihrer sehr tiefreichenden Wurzeln halten. Interessant ist die Bildung von Unkrautgemeinschaften in den neuangelegten Reisfeldern der Slowakei [HEJNY (1)], also an der Nordgrenze der Reiskultur in Mitteleuropa. In mustergültiger Weise hat HEJNY (2) die Konkurrenzfähigkeit und das biologische Verhalten von *Echinochloa crus galli* und *E. coarctata* auf diesen zeitweilig überschwemmten Standorten studiert und mit dem der Reispflanze verglichen.

Bei der Entstehung völlig neuer Pflanzengemeinschaften, z. B. auf dem Trümmerschutt zerstörter Städte, kommen sehr bald Unterschiede des Allgemeinklimas zum Ausdruck. So zeigen DÜLL u. WERNER, daß in dem relativ kontinental gelegenen Berlin die natürliche Tendenz zur Bewaldung geringer ist als in Dresden, Stuttgart oder gar in Münster (Westf.), in dessen atlantischerem Klima Moose, wiesenartige Stadien und Holzgewächse viel rascher auftraten und konkurrenztüchtiger waren.

Auf einer mikroklimatisch vielseitig und genau studierten Lichtung in einem böhmischen *Abieto-Fagetum* mit dominierender *Quercus* entwickelten sich Baumkeimlinge nach SLAVIK, SLAVIKOVA u. JENIK nur deshalb kräftiger als im Altbestande, weil ihre Wasserversorgung besser war. Als Keimlinge genießen sie im Walde sogar mehr Licht als unter den rascher aufkommenden Kahlschlagkräutern. Ob wirklich das Wegfallen der Wurzelkonkurrenz entscheidend ist, müßte allerdings wohl noch experimentell geprüft werden. In der subalpinen Stufe der Zentralalpen ist die natürliche Konkurrenzfähigkeit der Lärche nur in etwa 1700 m Höhe über N. N. annähernd gleich groß wie die der Fichte und Zirbe. In tieferen Lagen wird ihr die erstere, in höheren die Zirbe überlegen (AULITZKY). Bei der Wiederbewaldung im subalpinen Bereich brauchen alle Holzarten — auch die standortsgemäßen — sog. Starthilfen gegen die Konkurrenz der Alpenrosen und gegen die Unbilden des Mesoklimas.

In Anlehnung an SUKATSCHEW (1956) gibt GRÜMMER eine Übersicht über die Formen gegenseitiger Beeinflussung höherer Pflanzen. Er hat Hemmstoffe nachgewiesen, die aus den Blättern von *Camelina sativa* vom Regen ausgewaschen werden und die Konkurrenzfähigkeit des Leins stark beeinträchtigen. Auch RADEMACHER meint, daß zwar „die Konkurrenz um Wachstumsfaktoren in erster Linie das Zusammenleben der höheren Pflanzen bestimmt", daß aber „doch auch allelopathische Einflüsse bei der Gestaltung des Artenverhältnisses in natürlichen Gesellschaften wie auch bei Unkraut/Kulturpflanzengemeinschaften eine Rolle spielen".

## 2. Allgemeine Fragen der Vegetationsgliederung.

Rasch hat die Kenntnis der *Kryptogamen-Gesellschaften* und ihrer Lebensbedingungen zugenommen. Auf die vorbildlichen Untersuchungen von BARKMAN "On the Ecology of Cryptogamic Epiphytes" (Proefschr. Leiden 1958) kann leider wegen ihrer Vielseitigkeit nur allgemein aufmerksam gemacht werden.

Die meisten Kryptogamen-Gemeinschaften haben eine große Selbständigkeit gegenüber den Gemeinschaften der Gefäßpflanzen, mit denen sie räumlich verbunden leben. Nach v. HÜBSCHMANN (1) gilt das nicht nur für die epiphytischen Moos- und Flechtengesellschaften der Wälder oder für den Bewuchs von Felsen und Felsspalten, sondern auch für alle Wassermoos-Gesellschaften. Ebenso sind die Kleinmoos-Gesellschaften extremer Standorte, z. B. des nackten Schlicks, der Torfstichwände, der salzreichen Böden oder der Tierexkremente, seiner (2) Ansicht nach als gesonderte Assoziationen aufzufassen. Doch gehen KLEMENT (s. Fortschr. Bot. **19**, 152) und KOPPE (denen man auch HAYBACH u. a. anschließen könnte) nach Meinung von TÜXEN, v. HÜBSCHMANN und PIRK zu weit, wenn sie sämtliche bodenbewohnenden Flechten- und Moosgesellschaften in ein eigenes System bringen möchten. In der Stellungnahme der drei letztgenannten Autoren bleibt allerdings der schon von GAMS betonte grundsätzliche ökologische Unterschied zwischen adnaten und radikanten Lebensformen unbeachtet.

Auch eine Zusammenziehung von Algen und Makrophyten zu einheitlichen Gesellschaften ist nach FETZMANN und mehreren von ihr zitierten älteren Autoren abzulehnen, weil die Algen viel feiner auf Unterschiede der Wasserbeschaffenheit reagieren als die im Boden wurzelnden höheren Pflanzen. Eine glückliche Lösung findet PIGNATTI beim Studium der Vegetation oberitalienischer Reisfelder, indem er diese als Lebensgemeinschaften zahlreicher Assoziationen auffaßt. Neben der herrschenden, stark aspektwechselnden Gesellschaft wurzelnder Unkräuter unterscheidet er abhängige Assoziationen, zu denen u. a. Gesellschaften höherer Schwimmpflanzen und mehrere Grünalgen-Gesellschaften gehören, sowie epiphytische und planktontische Kleinalgen-Assoziationen.

Beachtenswerte Untersuchungen über die Cönologie bodenbewohnender Großpilze in ungarischen Waldtypen teilt UBRIZSY mit.

Die Diskussion über Methoden und Möglichkeiten der *Systematik höherer Pflanzengemeinschaften* wird in Europa und Amerika unter verschiedenen Aspekten weitergeführt. Während WHITTAKER sowohl das deduktive System von CLEMENTS als auch die Klassifikation nach BRAUN-BLANQUET ablehnt, ja, die Typisierung der Vegetation überhaupt für abwegig hält, sind sich die meisten europäischen Forscher darin einig, daß eine Typisierung möglich und notwendig ist. Wie WESTHOFF in seiner Diskussion mit MEIJER betont, ist es auch in anderen Wissenschaften üblich, Typen zu unterscheiden, selbst wenn ihre Grenzen nicht scharf, sondern oft nahezu kontinuierlich sind. Man müsse sich nur darüber klar sein, daß es letzten Endes nicht auf das Aufstellen von Assoziationen, sondern auf das Studium biocönologischer Erscheinungen und Prozesse ankomme.

Bei der Kennzeichnung von Assoziationen spielen Charakterarten eine immer geringere Rolle [DOING KRAFT (1)]. Nach WESTHOFF genügt es, wenn eine besondere Kombination von Arten vorliegt. OBERDORFER, der in seinem verdienstvollen Überblick über die Pflanzengesellschaften Süddeutschlands zahlreiche lokal gültige „Gebietsassoziationen" neu beschreibt, nennt für viele von diesen nicht einmal mehr besondere Differentialarten. Auch manche seiner Assoziationsgruppen und Unterverbände haben keine durchgehenden Trennarten und werden mehr durch den Bereich ihres Vorkommens als durch besondere Arten gekennzeichnet. Ein festes und floristisch gut charakterisiertes Gerüst bleiben nur die Verbände, Ordnungen und Klassen. Da das Prinzip der floristischen Verwandtschaft oberhalb der Klassen nicht mehr anwendbar ist, empfiehlt DOING KRAFT (2), sich des Formationsbegriffes im Sinne RÜBELs zu bedienen, und führt die „Hauptformationen" des niederländischen Gebietes an.

Bei seiner Darstellung der alpinen und mitteleuropäischen Zwergstrauchheiden als Entwicklungstypen beschränkt sich AICHINGER in zunehmendem Maße auf praktische Gesichtspunkte und strebt kein System auf vegetationsgenetischer Grundlage mehr an.

Der Begriff der *ökologischen Gruppen* wird durch SCHLÜTER (3) weiter geklärt und auf seine Verwendbarkeit in der forstlichen Vegetationskunde geprüft. Ähnlich wie schon SEBALD (1951), ELLENBERG (1952), HARTMANN (1953) und besonders GROSSER befürwortet er eine Synthese der ökologischen und soziologischen Arbeitsweise. Folgerichtig spricht er von „ökologisch-soziologischen Artengruppen", deren Vorteil darin besteht, daß sie die lokale und regionale Vegetations- und Standortsgliederung erleichtern und von der noch in starkem Wandel begriffenen Systematik der niederen Vegetationseinheiten unabhängig machen.

„Eine ökologisch-soziologische Artengruppe umfaßt Pflanzenarten, die sich gegenüber den entscheidenden Standortsfaktoren weitgehend einheitlich verhalten und die . . . . auch in der Natur als Kennarten, Trennarten oder häufige Begleitergruppe vergesellschaftet vorkommen" (1. c. S. 48). Für das thüringische Schiefergebirge unterscheidet SCHLÜTER 18 solcher Gruppen und bringt sie nach der Feuchtigkeit und dem Säuregrad ihrer Standorte in eine schematische Übersicht. GROSSER kommt für die Oberlausitzer Heide zu 13 Gruppen, die er nach dem von ihnen angezeigten Feuchtigkeitsgrad und Nährstoffreichtum ordnet.

Die Makrophyten der tschechoslowakischen Niederungsgewässer gliedert HEJNY (3) nach ihrer Anpassung an den Wasserstandswechsel neu in Lebensformengruppen und unterteilt diese weiter nach standörtlichen Gesichtspunkten. Seine ökologische Gruppierung der bisher vernachlässigten Wasser- und Sumpfpflanzen hat weit über sein engeres Arbeitsgebiet hinaus Bedeutung.

In Anlehnung sowohl an SUKATSCHEW als auch an POGREBNJAK halten es ZLATNIK (1), JENIK, MAJER und andere osteuropäische Vegetationskundler für notwendig, die Biocönosen in enger Verbindung mit ihrer Umwelt, d.h. als *Biogeocönosen* oder „komplexe Typen", zu studieren. Diese fassen sie zu „Typengruppen" zusammen, die bei ZLATNIK (1) etwa den Assoziationen der Braun-Blanquetschen Schule entsprechen.

Eine für die forstliche Standortskunde sehr brauchbare Synthese west- und osteuropäischer Arbeitsmethoden gelang MEZERA, MRÁZ u. SAMEK mit ihrer standortstypologischen Übersicht der Waldpflanzengesellschaften der Tschechoslowakei. Sie ordnen weitgefaßte Assoziationen (im Sinne BRAUN-BLANQUETs) als die „unteren, ökologisch ausgeprägten Einheiten" in eine als ökologisches Koordinatensystem gedachte Tabelle. Deren senkrechte Spalten entsprechen 25 edaphischen Standortsgruppen und deren waagerechte Abschnitte 6 klimatischen Höhenstufen.

Auch BORDHIGI (1) hat die von POGREBNJAK eingeführte zweidimensionale Darstellung der Beziehungen zahlreicher Pflanzengesellschaften zur Feuchtigkeit und zum Nährstoffreichtum der Böden abgewandelt, und zwar indem er zusätzlich den Säuregrad berücksichtigte. Die Ordinate steigt wie üblich von feuchten zu immer trockeneren Standorten. In der Mitte der Abzisse stehen die nährstoffreichen, mehr oder minder kalkhaltigen Böden; nach beiden Seiten nimmt der Nährstoffreichtum ab, wobei aber nach links die Böden zunehmend basisch und nach rechts immer saurer werden.

Ohne sich auf begriffliche Diskussionen einzulassen, haben LUTZ u. a. verschiedene Formen des „Übergangsmoorwaldes" in umfassender Weise biocönologisch charakterisiert, und zwar durch enge Verbindung pflanzensoziologischer, mikrobiologischer, bodenzoologischer, bodenkundlicher und agrikulturchemischer Untersuchungen.

Von dem großen Vorteil, den *statistische Maschinen* bei der synthetischen Bearbeitung sehr zahlreicher Vegetationsaufnahmen bieten, überzeugt ein ausführlicher Bericht von MRÁZ über waldkundliche Untersuchungen im mittelböhmischen Berglande. Sie gestatten, das Material nach den verschiedensten morphologischen, ökologischen, genetischen, systematischen und arealkundlichen Gesichtspunkten auszuwerten und dabei alle Arten ihrem Mengenanteil nach zu berücksichtigen; darüber hinaus bedeuten sie eine wesentliche Arbeitsersparnis.

### 3. Vegetationskartierung.

Um die Brauchbarkeit verschiedener Klassifikationen und Darstellungsmethoden bei der Vegetationskartierung objektiv zu prüfen, hat Küchler ein und dasselbe Gebiet (die Mount Desert-Insel im Staate Maine, USA) im gleichen Maßstab (1 : 25000) dreimal aufgenommen, und zwar 1. physiognomisch (nach eigenem System), 2. floristisch (nach Hueck) und 3. physiognomisch-floristisch (nach Wieslander). Aus Mangel an Vorarbeiten blieb die pflanzensoziologische Methode (nach Braun-Blanquet) leider vom Vergleich ausgeschlossen. Jeder der drei Kartentypen hat dem jeweiligen Zweck entsprechend Vor- und Nachteile. Doch ist der kombinierte Typ vielseitiger verwendbar und wird neuerdings von Wieslander im Hinblick auf die forstliche Praxis durch ökologische Angaben, insbesondere über den Boden, ergänzt.

Eine gut differenzierte Karte (1 : 12500) der Rasengesellschaften auf Kiesel- und Kalkgesteinen einer etwa 2000 bis 3000 m über N. N. gelegenen Alpe im oberen Veltlin legen Giacomini u. Pignatti vor. In der Beschreibung findet man u. a. auch Kärtchen der Boden-$p_H$-Werte, der Dauer der Schneebedeckung und anderer Standortsgegebenheiten.

In der Reihe der von Gaussen herausgegebenen vorzüglichen Vegetationskarten 1 : 200000 ist eine neue Karte von Algerien „Bosquet-Monstaganem" von S. Santa u. P. Daumas u. a. erschienen. Auch ihr sind 6 Nebenkarten mit Spezialangaben beigefügt.

Zlatnik (2) faßt seine Waldtypen zu Gebietskomplexen zusammen, um zu übergeordneten Raumeinheiten für die forstliche Praxis zu gelangen.

### 4. Spezielle Vegetationskunde.

Aus der Fülle der erschienenen Arbeiten zur speziellen Vegetationskunde können wir nur wenige Gruppen von Beispielen herausgreifen und werden von Jahr zu Jahr verschiedene auswählen.

Auf die umfassende Übersicht der Pflanzengesellschaften Süddeutschlands von Oberdorfer wurde bereits hingewiesen. Einen Bericht über den Stand der pflanzengeographischen und vegetationskundlichen Durchforschung in dem bisher sehr vernachlässigten Mecklenburg gibt Fukarek. Tüxen u. Meissner bringen ihre sorgfältige Bibliographie der vegetationskundlichen Arbeiten aus Deutschland auf den neuesten Stand, so daß weitere Hinweise für diesen Raum gespart werden können.

Erfreulich zahlreich sind die Veröffentlichungen aus einigen östlichen und südöstlichen Randgebieten Mitteleuropas.

Die Arbeiten von Zlatnik, Mráz, Jenik und Mezera, Mráz u. Samek aus der *Tschechoslowakei* wurden schon in anderem Zusammenhange besprochen. Eine systematische Übersicht der pannonischen Pflanzengesellschaften in *Ungarn* — leider ohne Angabe der kennzeichnenden oder differenzierenden Arten — begann Soó (1). Als 1. Band einer von Zólyomi redigierten, gut ausgestatteten Buchreihe über die „Vegetation ungarischer Landschaften" erschien eine Abhandlung von Simon: „Die Wälder des nördlichen Alföld" (Budapest 1957). Die Vegetation des Velenceer Gebirges (ung. Mittelgebirge) beschreibt Fekete. Majer berichtet über Waldtypengruppen Ungarns, die im Hinblick auf die forstliche Nutzanwendung aufgestellt wurden. Die wärmeliebenden Eichenwälder des pannonischen Gebietes gliedern ZÓLYOMI und JAKUCS auf Grund ihrer langjährigen Erfahrungen neu in die drei Verbände *Orneto-Ostryon, Aceri tartarici-Quercion* und *Quercion petraeae*. Den Tartarenahorn-Eichen-Lößwald der zonalen Waldsteppe beschreibt ZÓLYOMI näher. Einen der letzten mesophilen *Populus alba*-Haine der ungarischen Pußta untersuchte BODROGKÖZY in der Nähe von Szeged. Den Karstbuschwald des nordöstlichen ungarischen Mittelgebirges beschreiben JAKUCS und FEKETE. Nach BORDHIGI (2) bilden gepflanzte *Pinus nigra*-Wälder in Ungarn lediglich besondere ,,Kulturkonsoziationen'' der ursprünglichen Rasengesellschaften ohne eigenen soziologischen Charakter. Über die bisher beschriebenen Haupt- und Gebietsassoziationen der Sand-Rasengesellschaften Ungarns unterrichtet Soó (2). Auf den dünenreichen Sandflächen unterscheidet BABOS 6 Typen von ,,Standortsketten'', die sich vor allem durch Abwandlungen der Bodenprofile und des Mikroklimas kennzeichnen lassen und waldbaulich verschieden zu behandeln sind. TIMÁR (1) beschreibt Ackerunkraut-Gesellschaften Ungarns, besonders aus der Umgebung von Szeged, und gibt gemeinsam mit UBRIZSI eine Zusammenstellung der Lebensformen, Arealtypen und hauptsächlichen Deckfrüchte sämtlicher Unkrautarten sowie über deren Verhalten gegenüber chemischen Bekämpfungsmitteln. Eine klare Beschreibung der Flora und Vegetation (ausschließlich der Algen) eines flachen Sees bei Szeged verdanken wir ebenfalls TIMÁR (2).

Die Roterdeböden des slowenischen Karstes in *Jugoslawien* zeichnen sich nach WRABER durch eine besondere Waldassoziation aus, ein mesophil-acidophiles *Castaneeto-Quercetum*. Im kroatischen Karst dagegen finden sich Roterden unter den verschiedensten Waldgesellschaften, die eine ungleich starke Degradation dieser Reliktböden bewirken (GRAČANIN). Einen interessanten *Pinus nigra*-Wald von ausgeprägtem Reliktcharakter beschreibt HORVAT von steilen Dolomitfelsen des kroatischen Küstenlandes. Die Flora und Vegetation des GeRölls im Küstengebiet des Gebirges von Biokovo studierte DOMAC. STJEPANOVIČ-VESELIČIČ berichtet über die sekundäre Weidevegetation auf Sandböden in der Donauniederung Serbiens und stellt fest (2), daß die Vegetationsentwicklung auf Flugsanden auch hier sehr langsam verläuft. Die Wiesentypen (1) sowie die Sumpfvegetation der Posavina im nördlichen Serbien beschreibt CINCOVIČ (2). RITER-STUDNIČKA bearbeitet die Wiesen der Karstpoljen Bosniens und der Hercegovina und ihre Nutzungsmöglichkeiten.

Endlich liegt eine umfassende und moderne Einführung in die Vegetation *Skandinaviens*, insbesondere Schwedens vor, und zwar aus der Feder von SJÖRS (,,Nordisk växtgeografi''. Skandinavian University Books. Stockholm 1956, 228 S., 108 Abb.).

Zugleich erschien eine gründliche Analyse der Vegetation von Rondane, einer Gebirgsgruppe in Südnorwegen (DAHL). Die südschwedischen *Calluna*-Heiden unterscheiden sich von den holländisch-nordwestdeutschen nach DAMMAN durch das Hervortreten von Arten, die in den südlicher gelegenen Landschaften zwar häufig vorkommen, aber nur im Halbschatten von Wäldern und nicht auf Heiden gedeihen, oder sich allenfalls an Nordhängen gegen *Calluna* behaupten können.

Ganz besonders verdient hervorgehoben zu werden das große von V. GIACOMINI u. L. FENAROLI verfaßte Prachtwerk ,,La Vegetazione'' (Bd. II von ,,Conosci L'Italia''), das vom Touring Club Italiano (1958) mit einer farbigen Vegetationskarte, 195 Textabbildungen und 459 Farbaufnahmen herausgegeben wurde. Das Werk richtet sich an einen weiteren Kreis; doch ist die Darstellung streng wissenschaftlich und gibt jedem, der nach Italien reist, auf 272 Seiten einen guten Überblick über die Vegetation von den Südalpen bis Sizilien. Zahlreiche Sukzessionsschemata und Arealkärtchen ergänzen die Ausführungen.

Von außereuropäischen Vegetationsdarstellungen seien nur einige genannt:

Asien. Das Gebirge Mugodshary liegt am Südende des Urals im Quellgebiet des Emba-Flusses. Seine Vegetation hat eine eingehende monographische Behandlung durch DOCHMANN erfahren. Die lichte Savanne im Trockengebiet des westl.

Indiens mit 200—350 mm Sommerregen beschreibt Joshi. Die *Fagus crenata*-Wälder in der Provinz Hiroshima (Japan) sind nicht nur viel holzartenreicher als die mitteleuropäischen *Fagus silvatica*-Wälder, sondern nach Sasaki auch stärker geschichtet. Die Pflanzengesellschaften der Strohdächer in Japan untersucht Miyawaki.

Afrika. Eine großräumige Gliederung der Pflanzendecke Afrikas unter Berücksichtigung phytogeographischer Gesichtspunkte und unter Beifügung einer Karte (1:34 Mill.) verdanken wir Monod. Die großen Graslandflächen im Kwangogebiet (Belg. Kongo) sind nach Devred anthropogenen Ursprungs.

Die wenig bekannte und durch besonders interessante Pflanzenformen ausgezeichnete Vegetation der Insel Sokotra beschreibt Popov.

Amerika. Im Rahmen ihrer Untersuchungen über die naturräumliche Gliederung NW-Argentiniens geben Czajka u. Vervoorst auch eine Übersicht über die Vegetationsverhältnisse. Ein Vegetationsprofil durch die Anden von Kolumbien mit den Paramos über 3000 m schildert Wilhelmy. In der regionalen Limnologie des Amazonasgebietes von Sioli findet man viele pflanzengeographisch interessante Angaben. Die brasilianischen ,,Campos cerrados'' hält Hueck im Gegensatz zu vielen neueren Autoren für urwüchsige, also von Natur aus offene Formationen. Er stellt sie den durch Rodung, Brand und Beweidung künstlich geschaffenen Grassteppen (,,pastagens'') gegenüber.

Australien und Südsee. Nur in SE-Australien kommen höhere Gebirge vor. Aber auch hier nimmt die Bergregion mit winterlicher Schneedecke (über 1500 m) nur 5000 km² ein. Die subalpine Stufe mit einer Schneedecke von 1—4 Monaten wird von *Eucalyptus niphophila*-Wäldern beherrscht. Auch Hochmoore mit *Sphagnum cristatum* und eine *Nothofagus*-Art kommen hier vor. In der alpinen Stufe (über 1800 m) herrscht die *Celmisia longifolia-Poa caespitosa*-Ass. An felsigen Standorten findet man eine Zwergstrauchgesellschaft, in der auch *Acacia alpina* und *Callistemon sieberi* vertreten sind (Costin).

Der Regenwald in Neu-Südwales besitzt ein disjunktes Areal in einer 100 km breiten Küstenzone. Er reicht bis 1000 m hinauf und verlangt einen Niederschlag über 1500 mm. Die heutige Fläche von 3000 km² macht die Hälfte der ursprünglichen aus. Der Wald erinnert noch an die Tropen (Brettwurzeln, Lianen, Epiphyten). Eucalypten fehlen demselben (Baur).

Über die Mangroven- und Strandwälder Mikronesiens berichtet Hosokawa.

## Literatur.

Aichinger, E.: Angew. Pflanzensoziologie (Wien) 12—14 (1956—57). — Aulitzky, H.: Allg. Forstztg. 69, 4—8 (1958).

Babos, J.: Erdészeti Kutatások 1956, 4, 33—98 (1957). — Baur, G. N.: Austr. J. Bot. 5, 190—233 (1957). — Becker, G.: Ann. Sci. Univ. Besançon, 2. Ser. Bot. 7, 15—128 (1956). — Berger-Landefeldt, U.: (1) Ber. dtsch. bot. Ges. 71, 21—33 (1958). — (2) Vegetatio 7, 169—206 (1957). — Bodrogközy, G.: Acta Univ. Szeged, Acta biol. N. S. 3, 127—140 (1957). — Bordhigi, A.: (1) Acta bot. Acad. Sci. Hung. 2, 241—274 (1956). — (2) Bot. Közlemények 46, 275—285 (1956). — Burgeff, H.: Ber. dtsch. bot. Ges. 69, 257—262 (1956).

Christiansen, W.: Schr. naturwiss. Ver. Schleswig-Holst. 28, 137—142 (1957). — Cincović, T.: (1) Slg. wiss. Arb. landwirtsch. Fak. 4, 1, 1—26 (1956). — (2) Slg. wiss. Arb. landwirtsch. Fak. 3, 1, 1—6 (1955). — Costin, A. B.: Austr. J. Bot. 5, 173—189 (1957). — Czajka, W., u. F. Vervoorst: Peterm. geogr. Mitt. 1956, 89—102, 196—208.

Dadykin, W. P.: (russ.) (1) Počvovedenje Nr. 9, 794—801 (1952). — (2) Jakuzk. Fil. Akad. Nauka, Biolog. 1, 74—84 (1955. — (3) Dokl. Akad. Nauk 106, 923—925 (1956). — Dahl, E.: Skr. Norske Vidensk. Akad. Oslo, I. mat.-nat. Kl. 1956, Nr. 3. — Damman, A. W. H.: Bot. Not. (Lund) 110, 363—398 (1957). — Devred, R.: Bull. Jard. Bot. Bruxelles 27, 417—431 (1957). — Dochmann, G. I.: Die Vegetation der Mugodshary (Moskau 1954). — Doing Kraft, H.: (1) Vakbl. Biol. 36, 1—13 (1956). — (2) 20ᵉ Jaarb. N. D. V. 1954—1955, 169—201 (1956?). — Domac, R.: Biol. Glasnik 10, 13—41 (1957). — Dore, E. G.: Ecology 39, 151—152 (1958). — Düll, R., u. H. Werner: Wiss. Z. Univ. Berlin, math.-nat. R. 5, 321—331 1955/56).

ELLENBERG, H., u: M.-L. SNOY: Mitt. Staatsinst. allg. Bot. Hamburg 11, 47—87 (1957).
FEKETE, G.: Ann. hist.-nat. Mus. nat. Hung. 7, 343—362 (1956). — FETZMANN, E. L.: S.-B. öst. Akad. Wiss., math.-nat. Kl. Abt. I, 165, 709—783 (1956). — FRENZEL, B., u. H. FISCHER: Arch. Meteor. 8, 231—256 (1957). — FUKAREK. F.: In Th. Hurtig, Physische Geographie von Mecklenburg, Berlin 1957, 189—222.
GIACOMINI, V., u. S. PIGNATTI: Ann. Sper. agrar. (n. S.) 9, 1—49 (1955). — GIROD, J., u. L. BAILLAND: Ann. Sci. Univ. Besançon, 2 Ser. Bot. 8, 89—100 (1956). — GRAČANIN, Z.: VI<sup>e</sup> Congr. int. Sci. Sol. V, 89, 547—551 (1956). — GRIEVE, B. J.: J. roy. Soc. West. Aust. 40, 15—30 (1956). — GROSSER, K. H.: Arch. Forstwesen 5, 423 (1956). — GRÜMMER, G.: Wiss. Z. Univ. Greifswald, math.-nat. R. 6, 245—250 (1956/57).
HAYBACH, G.: Verh. zool.-bot. Ges. Wien 96, 132—168 (1956). — HEJNY, S.: (1) Vedecke Práce 3, 215—244 (1957). — (2) Biologické Práce 3, 1—115 (1957). — (3) Preslia 29, 349—368 (1957). — HIRSCH, G.: Beitr. Biol. Pflanz. 33, 371—422 (1957). — HORANSKY, A.: Ann. Univ. Sci. Budapest, Sect. Biol. 1, 89—131 (1957). — HORIKAWA, Y., and A. MIYAWAKI: Sci. Rep. Yokohama Nat. Univ., Sect. II, Nr. 3 49—62 (1954). — HORVAT, J.: Biol. Glasnik 9, 43—47 (1956). — HOSOKAWA, T.: Mem. Kyushu Univ. Ser. E. 2, 101—118 (1957). — HOSOKAWA, T., u. H. KUBOTA J.: Ecology 45, 579—591 (1957). — HOSOKAWA, T., u. N. ODANI: J. Ecol. 45, 901—915 (1957). — HUBER, B., u. H. POLSTER: Biol. Zbl. 74, 370—420 (1955). — HÜBSCHMANN, A. v.: (1) Mitt. florist.-soziolog. Arb.gem. N. F. 6/7 147—151 (1957). — (2) Mitt. florist.-soziolog. Arb.gem. N. F. 6/7, 130—146 (1957). — HUECK, K.: Erdkunde, Arch. wiss. Geogr. 11, 193—203 (1957).
JAKUCS, P: Acta bot. Acad. Sci. Hung. 3, 19—25 (1957). — JAKUCS, P., u. G. FEKETE: Acta bot. Acad. Sci. Hung. 3, 253—259 (1957). — JENIK, J.: Sbornik Ceskoslov. Akad. Zemedelsk. Ved. 29, 657—670 (1956). — JOSHI, M. C.: J. Indian bot. Soc. 35, 495—511 (1956). — JUNGES, W.: (1) Z. f. Pflanzenzücht. 38, 51—62 (1957). — (2) Arch. Gartenbau 4, 345—353 (1956). — (3) Planta, (Berlin) 49, 11—32 (1957).
KATZ, N. J.: Potschwowedenje 5, 12—21 (1957). — KAUSCH, W.: Ber. dtsch. bot. Ges. 70, 436—444 (1957). — KLAUSING, O.: Meteor. Rdsch. 10, 158—162 (1957). — KOCH, F.: Bayer. Landwirtsch. Jb. 34, 403—457 (1957). — KOPPE, F.: Feddes Rep. 58, 1 (1955). — KRAUSE, W., u. W. LUDWIG: Flora (Jena) 145, 78—131 (1957). — KÜCHLER, A. W.: Geogr. Rev. 46, 155—167 (1956).
LARCHER, W.: Veröff. Ferdinandeum Innsbr. 37, 49—81 (1957). — LAUTENSACH, H., u. R. BÖGEL: Erdkunde 10, 270—282 (1956). — LEYERER, G.: Diss. Darmstadt 1956. — LÜDI, W.: Bull. Jard. bot. Etat (Bruxelles) 27, 605—621 (1957)— LUTZ, J. L., H. POSCHENRIEDER, T. BECK, G. RONDE, H. SCHMEIDL u. J. SCHWAIBOLD: Forstw. Zbl. 76, 257—320 (1957).
MAHN, E. G.: Wiss. Z. Univ. Halle, Math.-Nat. 6/1, 177—208 (1957). — MAJER, A.: Erdészeti Kutások 1956, 4, 3—32 (1957). — MEIJER, M.: Kriupnieuws (Amsterdam) 19, 32—39 (1957). — MEZERA, A., K. MRÁZ u. V. SAMEK: vervielfält. Manuskr. im „Lesprojekt, Anstalt f. Forsteinrichtung in Brandys na Labem" Prag 1956. — MIYAWAKI, A.: Sci. Rep. Yokohama Nat. Univ., Sec. II, 5, 16—33 (1956). — MONOD, TH.: C. C. T. A., Publ. 24, (1957). — MRÁZ, K.: Arch. Forstwesen 6, 109 bis 191 (1957).
OBERDORFER, E.: Pflanzensoziologie 10, XXVIII u. 564 S. (1957). — OVERBECK, F., u. H. HAPPACH: Flora (Jena) 144, 335—402 (1957). — OVINGTON, J. D.: Ann. of Bot. N. S. 21, 287—314 (1957).
PEARSALL, W. H., u. P. J. NEWBOULD: J. Ecol. 45, 593—599 (1957). — PIGNATTI, S.: Arch. bot. e biogeogr. 33, 4, Ser., II, 1—68 (1957). — POPOV, G. B.: J. Linnean Soc. Bot. 55, 706—720 (1957).
RADEMACHER, B.: Z. Pflanzenkrkh. (Pflanzenpathologie) u. Pflanzenschutz 64, 427—439 (1957). — REESE, G.: Flora (Jena) 144, 598—634 (1957). — REUTHER, G.: Arch. Mikrobiol. 26, 93—131 (1957). — RHEINHEIMER, G.: Mitt. Staatsinst. Allg. Bot. Hamburg 11, 89—136 (1957). — RITER-STUDNIČKA, H.: Z. wiss. Landwirtschaftswesen (Beograd) 10, 1—20 (1957).
SASAKI, Y.: Bot. Mag. Tokyo 70, 341—347 (1957). — SCHARDOWKA, W. S. (russ.): (1) Wasserhaushalt der Baumwolle (Taschkent 1953). — (2) Arb. Akad.

Wiss., Usbek. SSR (Taschkent 1956 u. 1957). — SCHLÜTER, H.: (1) Wetter und Leben 7, 114—122 (1955). — (2) Z. angew. Meteor. 3, 15—30 (1957). — (3) Arch. Forstwesen 6, 44—58 (1957). — SCHMIDT, K. W.: Bot. Jb. 77, 158—182 (1957). — SIOLI, H.: Arch. Hydrobiol. 53, 161—222 (1957). — SLATYER, R. O.: (1) Aust. J. Biol. Sci. 10, 320—336 (1957). — (2) Bot. Rev. 23, 585—636 (1957). — SLAVIK, B., J. SLAVIKOVÁ u. J. JENIK: Rozprovy ceskoslov. Akad. Ved. 67, 1—155 (1957). — Soó, R.: (1) Acta bot. Acad. Sci. Hung. 3, 317—373 (1957). — (2) Acta bot. Acad. Sci. Hung. 3, 43—64 (1957). — STJEPANOVIČ-VESELIČIČ, L.: (1) Soc. serbe Biol. Arch. Sc. biol. 8, 121—134 (1956). — (2) Rec. Trav. Inst. Ecol. et Biogéogr. 7, 3—27 (1956). — SUZUKI, T., K. FUJIWARA u. S. KAMEI: Jap. J. Ecol. 6, 180—184 (1957).

TAMM, C. O.: Medd. Stat. Skogsforskningsinst. Nr. 3 u. Nr. 7 (1956). — TIMÁR, L.: (1) Acta bot. Acad. Sci. Hung. 3, 79—109 (1957). — (2) Acta bot. Acad. Sci. Hung. 3, 375—389 (1957). — TIMÁR, L., u. G. UBRIZSY: Acta agron. Acad. Sci. Hung. 7, 123—155 (1957). — TJURINA, M. M. (russ.): Bot. Ž. 42, 1035—1043 (1957). — TRANQUILINI, W.: (1) Planta (Berl.) 49, 612—661 (1957). — (2) Jb. Ver. z. Schutz Alpenfl. u. -tiere 1956, 105—114. — TÜXEN, R., A. v. HÜBSCHMANN u. W. PIRK: Mitt. florist.-soziol. Arbgem. N. F. 6/7, 114—118 (1957). — TÜXEN, R., u. H. MEISSNER: Mitt. florist.-soziol. Arbgem. N. F. 6/7, 340—380 (1957).

UBRIZSY, G.: Acta bot. Acad. Sci. Hung. 2, 391—424 (1956).

VALMARI, A.: Acta agr. fenn. 88, 1—126 (1956).

WALTER, H.: Schr. dtsch. Afrika-Ges. Nr. 4 (Bonn 1958). — WESTHOFF, V.: Kruipnieuws (Amsterdam) 19, 32—39 (1757), — WHITTAKER, R. H.: Amer. J. Bot. 44, 197—206 (1957). — WILHELMY, H.: Kosmos 52, 478—484 (1956). — WILSON, J. W.: J. Ecology 45, 499—530 (1957). — WOHLENBERG, E.: Küste 5, 113—145, (1956). — WRABER, M.: Gozdarsk. vestn. (Ljublana) 9, 257—263 (1957).

ZLATNIK, A.: (1) „Für die sozialistische Landwirtschaftswiss." (Tschechoslow. Akad. Landwirtschaftswiss.) 6, 155—210 (1957). — (2) Acta Univ. Agric. et Silvic. Brno, C 2, 1—15 (1957). — ZÓLYOMI, B.: Acta bot. Acad. Sci. Hung. 3, 401—424 (1957). — ZÓLYOMI, B., u. P. JAKUCS: Ann. hist.-nat. Mus. nation. Hung. 8, 227—229 (1957).

# 9. Ökologie.

## Von Theodor Schmucker, Hann.-Münden.

Es ist noch immer zu begrüßen, daß in programmatischen Darlegungen die dringende Notwendigkeit ökologischer Forschung betont wird. Ellenberg erhofft mit Recht davon tieferes Verständnis für vegetationskundliche Fragen, für die Arealkunde usw. Kullenberg (2) fordert exakte, kontinuierliche Messung aller in Betracht kommenden Umweltfaktoren und betont dabei die besondere Bedeutung jener Schichten, die sich nach oben und unten an die Bodenoberfläche unmittelbar anschließen, mit ihren mindestens zeitweise extremen Verhältnissen, die viele Initialstadien beeinflussen. Kinne findet, vielleicht ein wenig überbetont, daß die physiologische Ökologie gerade auch in Deutschland noch kaum Anfänger gefunden habe. Wenn er fordert, man müsse die physiologische Potenz der Arten erforschen, so ist dabei nicht zu vergessen, daß einerseits auch Sippen niedrigeren Ranges ökologisch recht verschieden sein können, andererseits die Aufteilung in Arten noch mancherlei, auch den Ökologen interessierende Probleme birgt. Heptner meint, bei genauerem Studium schrumpfe bei gewissen Tierstämmen die Artenzahl wesentlich zusammen und Pringsheim ist der Ansicht, von den etwa 150 Artbezeichnungen innerhalb der Gattung *Euglena* könnten zwei Drittel ausgeschieden werden.

Ein ökologisches Problem bleibt die Frage, in welchem Ausmaß die Pflanzendecke eindeutiger Ausdruck der Standortfaktoren ist. Wilde u. Leaf weisen eindrucksvoll nach, daß mindestens unter gewissen Umständen die Bodeneigenschaften tatsächlich konform mit der Bodenvegetation wechseln, letzterer dann also hoher Indicatorwert zukommt. Ähnliches fand Leaf für finnische Nadelwälder auch dann, wenn die Bodenacidität gleich blieb. Dansereau findet allmählichen Übergang der Vegetationstypen gemäß dem Wandel der ökologischen Verhältnisse. An Steilhängen mit rascher Folge schmaler Gürtel erfolgt jedoch eine gewisse Überlagerung, wie er an Beispielen aus Kanada nachweist. Wenn kalkmeidende Waldbodenpflanzen auf kalkreichere, eingemischte Flecken nicht übergreifen, so führt Schmidt das auf ungeeignete physikalische Struktur, weniger auf den chemischen Unterschied, zurück.

Aber der Pflanzenwuchs kann an einem gegebenen Standort aus inneren Gründen in zyklischer Folge wechseln, wie Plochmann sehr schön für kanadische Nadelwälder nachweist. Etwas anderes, aber doch entfernt Ähnliches, ist die Ausbreitung des Grases *Spartina* von einem Zentrum aus in konzentrischen Ringen (Caldwell).

## Blütenbiologie.

Die Blütenbiologie, die Kullenberg (1) in einer schönen (dänischen) Überschau mit Recht ein altes Forschungsgebiet von großem, andauerndem Interesse nennt, umschließt, mindestens am Rande, auch die Frage nach der phylogenetischen Herkunft der offensichtlichen, oft wahrhaft erstaunlichen Zweckmäßigkeit vieler Blüteneinrichtungen. Sie wirklich lösen zu können, ist die Zeit noch nicht gekommen. Nach der einen Ansicht (Nelson) kann sie durch natürliche Selektion nicht erklärt werden; bei vielen Gestaltungen bzw. Abwandlungsreihen sei weder ein positiver noch ein negativer Sinn zu erkennen, so daß autonome, orthogenetische Tendenzen angenommen werden müßten. Aber Stebbins meint, derartiges sei unfruchtbar und unbegründet, wie seit Jahrhunderten; vieles was nicht unmittelbar adaptiv erscheint, sei zweifellos doch zweckmäßig. Würde aber das Vorkommen funktionell gleichgültiger Gestaltungen und selbst Gestaltungsreihen die selektive Ausprägung anderer ausschließen? Doch wohl nicht. Allgemein dürfte nach TAKHTAJAN die Selektion im Sinne DARWINs der wichtigste Evolutionsfaktor sein, während der „schöpferische Darwinismus" im Sinne LYSSENKOs abzulehnen sei. Für PORSCH, gedankenreich wie stets, bleibt die Blüte freilich „eine geschichtliche Zwangsschöpfung ihrer Ausbeuter". Unter Anführung einer langen Liste rezenter primitiver Insekten, die mehr oder weniger regelmäßig Blüten besuchen, legt er dar, wie wohl schon seit ältesten Zeiten die Beziehung zwischen Blüten und Insekten bestanden haben mag. Die florale Nektarausscheidung, die ursprünglich vielleicht in physiologischer Beziehung zur Öffnung der Antheren stand, kann auch für die vegetative Zone einen Schutz bedeuten, weil sie Besucher anzieht, befriedigt und von Beschädigungen abhält.

Bei blütenbiologischen Deutungen ist es zwar hergebracht, aber doch etwas naiv, die Blüte als ein im Raum unbewegtes Gebilde zu betrachten, während sie, mindestens in vielen Fällen, doch fast stets im Wind bewegt wird, zittert usw. So ist es dankenswert, daß HAGERUP für *Arbutus* nachweist, wie unberechtigt ersteres sei. Die Bestäubung ist hier auf verschiedene Weise möglich. Größte Bedeutung kommt der vom Wind ausgelösten Selbstbestäubung (Erschütterungen) zu. Im Rahmen des Problems der Pollenübertragung durch Tiere hat VAN DER PIJL (1) noch einmal auf die Fledermausblüten hingewiesen und einige völlig gesicherte Beispiele vorgeführt. Ohne auf das reizvolle, umfängliche Gebiet der Orientierung der Bienen einzugehen, sei nur bemerkt, daß nach LINDAUER Bienen in den Tropen zur Zeit des Zenitstandes der Sonne nicht sammeln, daß ihnen aber schon eine Abweichung von 3° Richtungsorientierung ermöglicht, daß ihnen ferner genügend lange Erfahrungszeit erlaubt, den Sonnenstand zu anderer Zeit geradezu zu „berechnen".

Bezüglich des Antheseverlaufs weist UNGER auf die komplexe Bedingtheit der Blühzeit und des Blühverlaufs hin (für Erbsen) und stellt heraus, daß hohe Temperatur, Lufttrockenheit und ungehinderte Transpiration den normalen Blühverlauf fördern. Die kurze Lebensdauer mancher Blüten scheint nach RUGE mitbedingt zu sein durch Ansammlung giftig wirkender Stoffe im Blütenstiel (z. B. Gerbstoffen bei *Camelia*). Nach LAIBACH (1) wird die Dauer der ephemeren Blüten von *Cistus* durch Entfernen der Antheren verlängert, bei *Papaver* [LAIBACH (2)] hingegen verkürzt. Zufuhr von Wuchsstoffen beschleunigt den Antheseverlauf. Die als Hinweis für die Methode des Einbeutelns von Blüten bei kontrollierter Bestäubung wichtige Frage nach dem Binnenklima in frei abblühenden Blüten hat BÜDEL bearbeitet. Er fand im Blüteninneren bei Sonnenschein Übertemperaturen von 5—10° und geringe Einwirkung des Windes auf diese Erhöhung. Für die Heterostylie der Gattung *Primula* hat ERNST (1 u. 2) gezeigt, daß wohl bei homostylen Sippen heterostyler Arten sekundäre Entstehung wahrscheinlich sei, aber kaum bei den wenigen homostylen Arten, die offenbar doch primitivprimär sind. Zusammenhänge zwischen Monomorphie mit besonderen

Standortverhältnissen, Tetraploidie usw. scheinen nicht vorhanden zu sein. Die Flavonol-Ausstattung des Pollens Heterostyler hat nach REZNIK mit der Selbststerilität nichts zu tun, was unlängst behauptet worden war.

Auf die interessanten Befunde von SCHWEMMLE (1—3), daß bei *Oenothera* die Affinität zwischen Pollenschläuchen und Samenanlage stark von der genetischen Besonderheit beider abhängt und damit auch der Befruchtungserfolg im einzelnen, kann nur eben hingewiesen werden. Roggen ist weitgehend selbststeril. SURIKOV erweiterte an großem Material unsere diesbezüglichen Kenntnisse durch den Befund, daß bei zwei Drittel der untersuchten Sorten die Pflanzen (bzw. einzelne Ähren) völlig selbststeril waren, beim Rest höchstens ganz schwach selbstfertil. Selbstbefruchtung bei *Pinus silvestris* führt nach EHRENBERG, GUSTAFSSON, FORSHELL u. SIMAK zu Störungen bei der Embryobildung. EHRENBERG u. SIMAK fanden in ausgedehnten Versuchen, daß bei nordischen Kiefern zwar Selbstbestäubung immer von gewissem Erfolg ist; aber die Samen sind nie vollwertig. Das Ausmaß der Fertilität ist von Baum zu Baum, offensichtlich genotypisch bedingt, sehr verschieden. Parthenokonie kommt nicht vor.

*Viola palustris* entwickelt im Langtag nach EVANS nur kleistogame Blüten; bei Übertragung in Kurztagsbedingungen entwickeln sich kaum mehr Blüten, nur wenige chasmogame. Im Kurztag entwickeln sich nur wenige Anlagen weiter; etliche werden zu chasmogamen Blüten. Nach KALDEWEY wird das starke postflorale Streckungswachstum bei *Fritillaria meleagris* durch Wuchsstoffe bedingt, die aus der reifenden Frucht kommen. An dem Nicken der Knospen sind offenbar Hemmstoffe beteiligt, die wahrscheinlich aus der Antherenregion stammen. Der Befund von STORK, daß bei *Phyllonoma (Saxifragaceae)* Blüten epiphyll im strengsten Wortsinn sind, also auf wirklichen Blattorganen entstehen, bedarf wohl der Nachprüfung.

## Ausbreitung.

Die Produktion sehr zahlreicher, besonders leichter Verbreitungseinheiten (nach früheren Angaben von BUCHWALD erzeugt ein großer Fruchtkörper von *Polyporus fomentarius* in einem halben Jahr 10 Billionen Sporen, ebensoviel als Europa Quadratmeter zählt) ist gewiß zu weltweiter Ausbreitung förderlich. Demgemäß sind z. B. selbst so anspruchsvolle Gestalten wie *Gasteromyzeten* zum größten Teil weltweit verbreitet (GARNER), sind alle 26 aus Sachalin bekannten, durchweg dystrophen *Sphagnum*-Arten auch aus Europa bekannt. Allerdings fehlen dort die mesotrophen Arten Europas. Nach den Zahlen SKOTTSBERGs beträgt auf den Juan-Fernandez-Inseln (Landferne etwa 700 km) der Anteil der Endemiten bei den Blütenpflanzen etwa $^2/_3$, bei den Pteridophyten und Moosen aber nur $^1/_3$. Andererseits ist die Aussicht für effektive Verbreitung auf größere Entfernung hin (100 m und mehr) in den russischen Steppen nach LEVINA selbst für Anemochore, die dort an Artenzahl hinter Ballisten und Autochoren zurücktreten, nicht groß. Gelegentlich dürften unter besonderen Verhältnissen freilich riesige Sprünge vorkommen, z. B. durch Zugvögel [ZIEGENSPECK (1) bei *Drosera* von Sibirien nach Hawaii]. Wie das Anhaften schwimmender Samen am Körper von Wasservögeln erfolgt, hat ZIEGENSPECK (2) geschildert. Die Beschaffenheit lipoider Oberflächen ist dabei wichtig.

Die Verbreitung durch Fledermäuse (Chiropterochorie), eine offenbar sehr alte, vielleicht aus der Ornithochorie abgeleitete Erscheinung, hielt zwar J. HUBER schon 1910 für die wichtigste Art der Samenverbreitung in der Hyläa des Amazonas. Aber sie wurde in der Literatur meist nur sporadisch behandelt, bis VAN DER PIJL (2) sich ihrer auf Grund gründlicher Tropenerfahrung annahm. Es handelt sich meist um große Früchte mit matten Farben und „unfrischem" Geruch, die gewöhnlich außerhalb der Blattmasse, sehr oft kauliflor, entstehen. Sie sind oft stark angepaßt, wobei der phylogenetische Weg durch die Fledermausverbreitung mitbestimmt worden sein könnte. Die Fruchtverbreitung durch Fledermäuse ist vielleicht ökologisch noch wichtiger als die Pollenübertragung durch sie. Eine erstaunliche Anpassung ganz anderer Art findet sich bei einer *Splachnacee (Tayloria?)* aus China (RIETH). Die etwas klebrige, zusammenhängende Sporenmasse wird hier durch ein hochwachsendes Postament („Sporensackstiel") an die Mündung der Mooskapsel hochgehoben und den Insekten für Mitnahme dargeboten.

Vegetative Vermehrung kann ökologisch die generative mehr oder weniger ersetzen. *Wolffia* blüht bei uns nie; aber riesige vegetative Vermehrung nach Verbreitung durch Wasservögel hat MALENDE auch neuerdings wieder in Hessen beobachtet. Bei manchen krautigen Dikotylen sterben die während der vegetativen Phase angelegten adventiven Wurzelsprosse in der Blühphase z. T. wieder ab (KONDRATJEVA-MELVILLE). Bei einer *Poa alpina*-Sippe werden in Ostgrönland Bulbillen statt Ährchen nur dann angelegt, wenn in der sensiblen Periode Kurztagsbedingungen herrschen und kein Frost einwirkt (SCHWARZENBACH).

Im äußersten Norden Finnlands ($69^1/_2°$) ist für die Kiefer die Temperatur im Minimum; nach Jahren mit besonders hoher Sommerwärme finden sich weit mehr Blüten, insbesondere weibliche Blüten, als durchschnittlich (HUSTICH). Nach EHRENBERG u. SIMAK zeigt sich, daß erbliche Samenqualitätsmerkmale der Kiefernrassen selektiven Wert haben; auch viele morphologische Samenbesonderheiten sind erblich festgelegt. Embryo- und Endospermeigenheiten sind für Keimung und Sämlingsalter wichtig.

BÜNNING, EBERHARDT u. HAUPT legen dar, daß der Eintritt und das Ausklingen der Ruheperioden bei Samen, Knollen und Knospen recht komplexe physiologische Vorgänge sind, auf die viele Faktoren, wie Temperatur, Photoperiodismus usw. Einfluß nehmen. Vieles dabei ist noch reichlich unbekannt (z. B. die Physiologie der Vernalisation, des Nachreifens usw.); manches, was man schon hinreichend zu wissen glaubte, erscheint mit dem Fortgang der Forschung mindestens als zweifelhaft. Einzelbeobachtungen mehr äußerlicher Art liegen z. B. vor von JONES u. BAILEY sowie ROLLIN. Erstere haben gezeigt, daß frische Samen von *Lamium amplexicaule* infolge eines wasserlöslichen Hemmstoffs sich im Ruhestadium befinden. Nach letzterem keimen die Samen von *Bidens tripartitus* nur bei Wechseltemperaturen (Differenz mindestens 4°) oder Entfernung der Testa, die möglicherweise einen lipoidlöslichen Hemmstoff enthält.

## Mycorrhiza usw.

Nach dem Sammelbericht von BERGEMANN liegt nun auch ein solcher von GORBUNOVA vor. Beide zeigen die Fülle des allmählich Erarbeiteten, die Mannigfaltigkeit der Verhältnisse und die dringende Notwendigkeit weiterer Forschung; nicht zuletzt für die Belange der Praxis.

Es ist vielleicht noch immer nicht überflüssig, auf die weite Verbreitung der Mycorrhiza hinzuweisen. Unter den Wiesenpflanzen russischer Alluvialböden fand sich nach KRUGER endotrophe M. bei 80% der Arten (horstbildende und lockerrasige Gräser, dikotyle Stauden aller Typen). Bei der Hälfte aller Arten ist die M. stark ausgebildet (geschlossener Ring pilzerfüllter Zellen auf dem Wurzelquerschnitt). In der Umgebung von Turin fand POMA bei der Mehrzahl der Annuellen endotrophe M. Die Infektion pflegt früh, oft schon im Keimlingsstadium, zu erfolgen; Neuinfektion junger Wurzel geschieht während der ganzen Vegetationszeit. Befallen werden auch Zellen, in denen von früherer Infektion nur noch Hyphenreste vorhanden sind. Es wird angegeben, daß die Pilze besonders auch im Herbst üppig auftreten und reichlich dickwandige Überwinterungskörper ausbilden. Man muß, wenn man solche Befunde ökologisch bewerten will, allerdings bedenken, daß es sich zunächst nur um M. im morphologisch-anatomischen Sinn handelt; ob und welche Bedeutung solchen M. zukommt, verglichen etwa mit den M. der Nadelbäume, und wie das physiologische Verhältnis der Partner zueinander ist, müßte erst ergründet werden. Nach FRYDMAN ist etwa die Hälfte aller Pflanzenarten auf dem Trümmerschutt Breslaus mykotroph (72% aller holzigen Arten). Vielleicht weist das auf die Zuführung geeigneter Pilze aus einiger Ferne hin. Indische *Coniferen* fand BAKSHI in der Regel mit ektotropher M., d. h. mit pilzüberzogenen Kurzwurzeln. Sie bilden bei *Cedrus* fast kugelige Büschel; bei *Picea*, *Abies* und *Pinus* mehr oder weniger verzweigte Systeme. Nach BERGEMANN, die junge Fichten, Kiefern und Lärchen auf verschiedenen Böden heranzog, ist die Form der M. im allgemeinen mehr von der Baumart als von der Verschiedenheit des Bodens abhängig. Die Kiefer entwickelte in Ackerböden relativ stärkere M. als Fichte und Lärche. In Sandböden war das Hartigsche Geflecht im Verhältnis zum Pilzmantel stärker entwickelt; in Waldböden war es umgekehrt. Nach STRELKOVA besitzen von 104 Pflanzenarten der Taimyrhalbinsel 34 (aus 13 verschiedenen Familien) M.

Über die hohe ökologische Bedeutung der M., mindestens an manchen Standorten, sollte kein Zweifel mehr bestehen. BAKSHI erwähnt, daß die indische *Pinus Roxburghi* erst nach Zugabe pilzführender Erde aus indischen Beständen wachsen wollte. DALE, McCOMB u. LOOMIS sahen *Coniferen* auf kalkreichen Böden oft chlorotisch werden und z. T. absterben. Nichts vermochte durchgreifend zu helfen (bei *Pinus Banksiana*), weder Düngung verschiedenster Art, Spurenelemente, Herabsetzung der Acidität, Zugabe von Eisen usw. Erfolg brachte erst die

Zugabe von unsterilisiertem Humus aus wüchsigen *P. banksiana*-Beständen, worauf sich M. bildete. Bei *Erica gracilis* erwies sich nach STALDER u. SCHÜTZ der Besitz von M. als wachstumsfördernd für Sproß und Wurzeln. Überdüngung mit Stickstoff, die aus handelstechnischen Gründen bei Massenkulturen erfolgt, unterdrückt die M.; vor allem werden neu gebildete Wurzeln nicht mehr infiziert. Die Pflanzen geraten in Gefahr, offenbar durch Wurzelparasitenbefall (*Olpidium, Rhizophidium*). Anscheinend schützt die M. davor. LEVISOHN stellte Hemmung typischer M.-Pilze durch *Alternaria tenuis* fest (ähnlich wie durch manche *Penicillium*-Arten), wenn auch in recht verschiedenem Ausmaß. Wahrscheinlich sind derartige Antagonismen im Freien bedeutungsvoll. So gelang in einem bestimmten Baumschulboden Inoculation nur mit *Boletus scaber*, der von *Alternaria* am wenigsten gehemmt wird usw. Kurz angefügt sei der interessante Befund von DOWNIE, daß der Parasit *Corticium solani* bei *Orchis purpurella* als Symbiont erscheinen kann.

Den Nachweis der P-Aufnahme durch die M. hat MORRISON bei *Pinus radiata* erbracht und gezeigt, daß die dabei sich abspielenden Vorgänge nicht ganz einfach sind. Freilich war die P-Aufnahme bereits wiederholt festgestellt worden. MELIN u. NILSSON (1) zeigten, daß markiertes Ca (Ca$^{45}$) mit Hilfe von *Boletus*-Mycel auch auf Entfernung in Kiefernsämlinge gelangt. Den gleichen Autoren (2) gelang der besonders wichtige Nachweis, daß von Kiefern assimiliertes $CO_2$ (markiert als C$^{14}$) rasch bis in die Wurzelspitzen des Sämlings und ebenso in den Mycorrhiza-Mantel gelangt.

Für die Physiologie des Verhältnisses zwischen *Leguminosen*-Wirt und Knöllchenbakterien sind Ergebnisse von WAGENBRETH wichtig. Er pfropfte auf allerlei Unterlagen verschiedene Reiser. Nie ergaben für das Reis spezifische Bakterien Knöllchen. Viele Fragen des Problems der Leguminosen-Symbiose sind immer noch offen, wie eine Zusammenfassung von NUTMAN zeigt. Für die Mechanismen der N-Assimilation von Interesse ist der von HOCH, LITTLE u. BURRIS erbrachte Nachweis, daß Knöllchen (von Soja) Wasserstoff freisetzen. Das geschieht aber nur, solange das Hämoglobin aus den Knöllchen noch nicht verschwunden und durch ein grünes Pigment ersetzt ist. Sauerstoff fördert, Durchschneiden des Knöllchens hemmt die H$_2$-Bildung; Zerreiben des Knöllchens bringt sie zum Stillstand. Das sind Hinweise, daß es sich um recht „vitale" Vorgänge handelt.

Erlen können durch ihre Wurzeln so reichlich N an den Boden abgeben, daß zwischengepflanzte Fichten auf sonst N-freiem Boden recht wohl zu wachsen vermögen. Der Stickstoffgewinn durch einen jungen, kräftigen Erlenbestand ist erheblich, ungefähr 200 kg N je Hektar und Jahr (VIRTANEN). Es ist durch BOND nunmehr ganz sicher, daß auch die Gattung *Casuarina* mit Hilfe von Wurzelknöllchen bzw. Bakterien N assimiliert. Infektion mit dem Symbionten (*Actinomycet?*) gelang leicht. Er kann mit jenem von *Alnus, Myrica* und *Elaeagnus* nicht identisch sein. Die Knöllchen entstehen als Auswüchse an Seitenwurzeln. Es bilden sich lappig verzweigte Gebilde, deren Äste schließlich nach oben wachsen. Der Symbiont, in tropischen Böden anscheinend weit verbreitet, scheint schon im subtropischen Gebiet zu fehlen. Die N-Assimilation läßt sich leicht nachweisen; sie dürfte relativ etwa ebenso intensiv sein wie bei Leguminosen. *Casuarina* ist am natürlichen Standort stets mit Knöllchen versehen, was auf armem Substrat (Sandboden) sicherlich von Bedeutung ist.

## Bakteriensymbiosen, Parasitismus.

Koch hebt in seinem Überblick hervor, daß es sich bei den intercellularen Symbiosen von Tieren mit *Bakterien* um Symbiosen im engeren Sinne des Wortes handelt. Der Lebensraum des Wirts wird durch Erschließung neuer Nahrungsquellen erweitert. Die Symbionten bauen vielleicht Eiweißsubstanzen auf, die dem Wirt von Nutzen sein können, wahrscheinlich auch Vitamine oder Teilstücke davon. Nach Buchner fehlen bei *Hippeococcus* im Gegensatz zu allen anderen Schildläusen Endosymbionten. Die Mycetome werden aber angelegt und schließlich in Fettzellen umgewandelt. Ersatz für die Symbiontentätigkeit wird allem Anschein nach durch eine höchst eigenartige Symbiose mit Ameisen (*Dolichoderus*) geschaffen. Die weiblichen Schildläuse leben in Java auf ganz verschiedenen Pflanzen, von den Ameisen gehegt und geschützt. Die Gonadenreifung erfolgt aber erst in den nicht von Wurzeln durchsetzten Erdnestern der Ameise, wohin sie von diesen gebracht und dann mit (offenbar gonadotropen) Stoffen gefüttert werden, wodurch die Bakteriensymbionten überflüssig werden. Später bringen die Ameisen die im Nest schlüpfenden Junglarven wieder an geeignete Nährpflanzen.

Innerhalb der Gattung *Viscum* führt Thoday (1) eine schöne Übergangsreihe der Formen an, von ziemlich „normal" gebauten Arten mit Primärsproß, aber ohne Rindenwurzeln und Adventivknospen (*V. articulatum*), über solche die bereits Rindenwurzeln und Adventivknospen besitzen (*V. album*) zu den Endformen mit starker Ausbildung der letzteren, bei denen aber der Primärsproß nicht mehr erhalten bleibt. Bei den etwa 300 *Phoradendron*-Arten können [Thoday (2)] die Aufnahmeorgane denen von *Viscum album* ähnlich, aber bei tropischen Arten auch ganz anders gestaltet sein, nämlich lediglich als mächtig entwickeltes Primärhaustorium, das bis zum Holzkörper vordringt, sich oft basal verbreitert und zuweilen den ganzen Holzkörper umfaßt. Die Mistelbeeren enthalten nach Scholl einen Stoff, der auf dem Baumzweig Nekrose auslöst. Desensibilisierungserscheinungen nach der ersten Einwirkung usw. sind beobachtet worden. *Arceuthobium americanum* kommt in den höchstgelegenen Beständen des Wirts (*Pinus contorta*) nicht mehr vor, wahrscheinlich weil der Parasit wärmebedürftiger ist als der Wirt (Hawksworth); die nördliche Grenze der wenigen, weit nach Norden vorstoßenden Arten von *Phoradendron* in Kalifornien (etwa 45°) liegt weit südlicher als die Grenzen der Wirte, wahrscheinlich durch Extreme der Wintertemperatur bedingt (Wagener).

Mancherlei Untersuchungen haben ergeben, daß auch in natürlichen Nadelwäldern schwere Schäden durch holzzerstörende Pilze bereits in relativ jungem Baumalter auftreten und mit dem Alter rasch immer mehr Stämme ergreifen. Aber HUBER berichtet von den White Mts., daß dort im Regenschatten der Sierra Nevada in mehr als 3000 m Höhe lichte Bestände von *Pinus aristata* auftreten, in denen nicht wenige Bäume über 4000 Jahre alt sind. Das Holz der *Coniferen* ist nach RENNERFELT gegen Pilzzersetzung geschützt entweder durch wasserlösliche Giftstoffe oder wasserabstoßende Öle oder beides. Letzteres ist der Fall bei den besonders widerstandsfähigen Hölzern von *Libocedrus chilensis* und *Widdringtonia,* während das ebenfalls sehr resistente Holz von *Sequoia sempervirens* neben Piniton noch Gerbstoffe enthält.

Resistenz gegen *Phacidium infestans* (*Asomycet*) ist nach BJÖRKMAN in Nordschweden mit das wichtigste Selektionsproblem. Der Pilz (Wachstumsoptimum bei 15°) wächst noch bei 0° beträchtlich, auch noch bei —5°. Bei —32° Außentemperatur wurde aber unter 90 cm Schnee nur —3° gemessen. In ähnlicher Weise fand man in Hochlagen der Alpen die Nadeln von *Pinus Cembra* an Orten mit sehr langer Schneedauer bis zur Höhe der Schneedecke durch *Lophodermium pinastri* zerstört [TRANQUILLINI (1)].

Der Pollen von Kartoffelpflanzen, die stark durch Virus H verseucht sind, kann voll fertil sein (SCHADE).

## Produktion.

Eine 21 jährige „Kanada"-Pappel besitzt nach PETROVIC über 100000 Blätter mit fast 1000 m² (doppelter) Fläche. Zur Erzeugung von 1 m³ Holzmasse ist fast eine halbe Million Blätter nötig bzw. eine Assimilationsfläche von ungefähr 3000 m². PEARSALL u. GORHAM fanden als Hektarproduktion krautiger Bestände folgende Zahlen (in t je ha): *Molinia, Carex*-Bestände 4; Grasland 8; *Sphagnum* 2,3 bis 9,6; *Pteridium, Phragmites* bis 14. Die erstaunlichen Zahlen für *Sphagnum* stimmen sehr gut überein mit Befunden von OVERBECK u. HAPPACH, die 2—10 (16,5) t lufttrockene Substanz ermittelten.

Wird in Böden mitteleuropäischer Wälder die Zufuhr organischer Substanz unterbrochen (Streunutzung), so nimmt der Humusgehalt des Bodens in 30 Jahren etwa um 10% derjenigen Menge an organischer Substanz ab, die ihm in der gleichen Zeit natürlicherweise zugeführt worden wäre. In guten Buchenbeständen sind etwa dann 15% des Humus geschwunden (4000 kg je ha). Schwer angreifbare Humusformen reichern sich an (WITTICH u. MAINZHAUSEN).

## Tiere und Pflanzen.

In Nestern von Termitenarten der Unterfamilie *Macrotermitinae* finden sich nach GRASSE u. NOIRET schwammige Massen aus zerkautem Holz usw. Nicht die auf ihnen wachsenden Pilze dienen aber den Termiten zur Nahrung, sondern das partiell aufgeschlossene Substrat. Ob diese sicherlich wichtige Nahrungsquelle auch lebensnotwendig ist, bleibt noch fraglich.

Massenvermehrung des Schmetterlings *Boarmia bistortata* wird vor allem durch den tödlichen Befall der Raupen durch den Pilz *Isaria farinosa* und eine Bakteriose abgebremst (SCHIMITSCHEK). Geeignetes Besprühen von Kartoffeläckern, die vom Kartoffelkäfer befallen sind, mit Sporenemulsionen des leicht kultivierbaren Pilzes *Beauveria bassiana* ergab ausgezeichnete Wirkung. Die Larven werden befallen und sterben ab. DDT usw. hemmen die Sporenkeimung nicht (KRAL u. NEUBAUER). Nach ADLUNG werden polyphage Schmetterlingsraupen nicht durch Lockstoffe an die Fraßpflanzen herangeführt, sondern von anderen durch Abwehrstoffe ferngehalten.

Die relative Giftigkeit der Toxine von *Amanita phalloides* (grüner Knollenblätterpilz) für Menschen und Schnecken verhält sich wie 100:1. Es sind mindestens 4 Toxine vorhanden, alle Cyclopeptide aus wenigen Aminosäuren, in 100 g Frischgewicht etwa 25 mg. Die tödliche Dosis für einen erwachsenen Menschen liegt bei 5—10 mg (WIELAND). Schädlingsbekämpfungsmittel in der üblichen Konzentration können das Bodenleben stark beeinflussen (Nitrafikation, $CO_2$-Bildung, Mycorrhizaentwicklung) (PERSIDSKY u. WILDE).

Zur Beurteilung des Ausmaßes der Regenwurmtätigkeit können Befunde von KOLLMANNSPERGER (1) dienen, der in Bergsavannen Kameruns je m² eine Mindestjahresproduktion von 21 kg Regenwurmkrümel fand, entsprechend einer Bodenschicht von 12—14 mm. Bei intensivem Ackerbau droht Bodenaustrocknung und Verschwinden der Regenwürmer, wie vielfach auf Savannenböden Afrikas bereits geschehen. Die Tendenz zur Wüstenbildung wird gesteigert. Ganz allgemein führt land- und forstwirtschaftliche Nutzung in den Tropen leicht zu starker Störung der labilen Bodenzustände und damit zur Gefahr rascher Degradierung [KOLLMANNSPERGER (2)]. Am Abbau des FallLaubes in unseren Breiten sind Schnecken unter Umständen sehr wesentlich beteiligt. Manche verzehren davon je Tag 10% ihres eigenen Körpergewichts (FRÖMMING).

Flamingos pflegen in zoologischen Gärten bedauerlicherweise statt schön rot nur weiß gefärbt zu sein. Im Zoologischen Garten zu Basel wurden sie leuchtend rot, als man der Nahrung 8% Braunalgen zusetzte. In den roten Federn fanden sich Carotinoide. Das Fucoxanthin scheint dabei besonders wichtig zu sein [Deutscher Forschungsdienst 4, Heft 47, (9 1957).

## Verschiedenes.

BERNARD, REMPE u. VORONKOVA stellten fest, daß gewisse Bakterien aus der Rhizosphäre von Hafer *Azotobacter* völlig verdrängen können. Diese Bakterien wirken günstig auf das Wachstum des Hafers, vielleicht auch durch Entfernung toxischer Wurzelausscheidungen. Das Vorkommen von *Azotobacter* hängt auch nach REHM nicht nur von der Bodenacidität usw. ab, sondern die jeweilige Bodenflora (Bakterien, Pilze usw.) hat Einfluß darauf, wohl auch durch antibiotische Wirkungen. GYLLENBERG u. HANIOJA untersuchten in finnischen Waldböden die Rhizosphäre von Baumsämlingen, Sträuchern und Gräsern. Die Wurzeln von Bäumen und Sträuchern hemmen im allgemeinen die Entwicklung von Bakterien, welche auf Aufnahme von Aminosäuren angewiesen sind. Sie fördern aber die für die Rhizosphäre charakteristischen Bakterien, wenigstens in den unteren Bodenschichten. Von fast 500 von LOCHHEAD u. BURTON aus einem Gerstenfeld isolierten Bakterienstämmen waren 27% irgendwie vitamin-heterotroph (63% davon hinsichtlich von mehr als einem Vitamin). Diese wenigen Fälle mögen zeigen, wie kompliziert die Verhältnisse im Boden hinsichtlich Konkurrenz und Abhängigkeit sind.

Ganz kurz hingewiesen sei auf zwei wichtige, inhaltreiche Arbeiten bezüglich der Ökologie von Wäldern. BAUMGARTNER stellte in einer umfangreichen, sehr exakten Untersuchung fest, daß in einem etwa 5,5 m hohen, dichten Fichtenjungbestand bis zur Höhe des Kronenschlusses (in etwas über 4 m Höhe) bereits 60% des einfallenden Energiestromes abgefangen werden und daß nur 6% bis zum Boden gelangen. An einem heißen Sommertag wurden 63% der einstrahlenden Energie für die Transpiration verbraucht, 31% in den darüberliegenden Luftraum abgegeben und nur 6% für Erwärmung verwendet. Der Wasserverbrauch an einem heißen Tag entsprach einer 7 mm-Schicht. Nach TRANQUILLINI (2) gehen junge Zirben (*Pinus Cembra*) nahe an ihrer Obergrenze im Ötztal (etwa 2100 m) im Herbst mit den ersten starken Frösten rasch in einen physiologischen Winterzustand über, über dessen tiefere Ursachen man noch wenig weiß. Anfangs Dezember schneien die jungen Zirben für etwa fünf Monate ein. Unter dem Schnee bleiben die Nadeln ohne viel Stoffgewinn bei Temperaturen nicht wesentlich unter 0° frisch grün und in aktionsbereitem Zustand, der rasche Umstimmung mit dem Abtauen des Schnees ermöglicht. In schneereichen Mulden bleibt der Schnee oft bis Anfang Juli liegen; diese Verkürzung der Vegetationszeit ist in der Kampfzone von wesentlicher Bedeutung. Ebenso das „Schneekriechen", die langsame Abwärtsbewegung der oberen Schneeschichten auf Hängen, welches herausragende Bäume umlegen oder zerstören kann, besonders solche von 2—3 m Höhe [TRANQUILLINI (1)].

Nach HÖHN u. ELFERT fördern ätherische Öle im Luftraum in geringer Konzentration die Transpiration etwas, hemmen sie aber in höherer.

Die Pflanzen mittlerer geographischer Breiten (35—40°) sind nach JUNGES strenger photoperiodisch angepaßt als solche niedrigerer und höherer, wobei es alle Übergänge zwischen extremen Lang- und Kurztagspflanzen gibt. Polwärts nimmt die Zahl der Kurztagspflanzen ab, der Langtagspflanzen zu. Bis zu mittleren Breiten steigt der Grad des Angepaßtseins offenbar im Zusammenhang mit der größerwerdenden Mannigfaltigkeit der Tageslichtverhältnisse im Jahreslauf. In höheren Breiten fallen Kurztage wegen der nun auftretenden Kälteperioden für das aktive Pflanzenleben aus.

Nach REESE haben die extrem schwierigen klimatischen und z. T. auch edaphischen Verhältnisse in der Wüste (Sahara, Nordalgerien) keinen besonders hohen Prozentsatz polyploider Sippen zur Folge.

## Literatur.

ADLUNG, K. G.: Z. angew. Zool. **44**, 61—78 (1957).

BAKSHI, B. K.: Mycologia (N. Y.) **49**, 269—272 (1957). — BAUMGARTNER, A.: Ber. dtsch. Wetterdienst **5**, Nr. 28, 1—53 (1956). — BERGEMANN, J.: Z. Weltforstwirtsch. **18**, 184—202 (1955). — BERNARD, V. V., E. CH. REMPE u. E. A. VORONKOVA: Nauk i. V. I. Lenina **21**, H. 12, 3—8 (1956). — BJÖRKMAN, E.: Meddel. Statens Skogsforskningsinst. **37**, Nr. 2, 1—136 (1948). — BOND, G.: Ann. of Bot., N. S. **21**, 373—380 (1957). — BUCHNER, P.: Z. Morph. u. Ökol. Tiere **45**, 379—410 (1956). — BÜDEL, A.: Z. Bienenforsch. **3**, 185—190 (1956). — BÜNNING, E., F. EBERHARDT u. W. HAUPT: Naturwiss. Rdsch. **10**, 363—369 (1957).

CALDWELL, PH.-A.: Ann. of Bot., N. S. **21**, 203—214 (1957).

DALE, J., A. L. McCOMB and W. E. LOOMIS: Forest Sci. **1**, 148—157 (1955). — DANSEREAU, P.: Acta biotheor. (Leiden) **11**, 157—178 (1956). — DOWNIE, D. G.: Nature (Lond.) **179**, 160 (1957).

EHRENBERG, C., A. GUSTAFSSON, C. PLYM FORSHELL and M. SIMAK: Hereditas (Lund) **41**, 291—366 (1955). — EHRENBERG, C. E., and M. SIMAK: Meddel. Statens Skogsforskningsinst. **46**, Nr. 12, 1—27 (1957). — ELLENBERG, H.: Ber. dtsch. bot. Ges. **70**, 51—56 (1957). — ERNST, A.: (1) Arch. Klaus-Stift. Vererb.-Forsch. **30**, 147—262 (1955). — (2) Arch. Klaus-Stift. Vererb.-Forsch. **31**, 129—247 (1956). — EVANS, L. T.: Nature (Lond.) **178**, 1301 (1956).

FRÖMMING, E.: Biol. Zbl. **75**, 705—711 (1956). — FRYDMAN, I.: Acta Soc. bot. polon. **26**, 45—60 (1957).

GARNER, J. H. B.: Mycologia (N. Y.) **48**, 757—764 (1956). — GORBUNOVA, N. P.: Uspechi Sovrem. Biol. **42**, 160—174 (1956). — GRASSÉ, P. P., et CH. NOIRET: C. R. Acad. Sci. (Paris) **244**, 1845—1850 (1957). — GYLLENBERG, H., u. P. HANIOJA: Physiol. Plant. (Copenh.) **9**, 441—445 (1956).

HAGERUP, O.: Bull. Jard. bot. Bruxelles **27**, 41—47 (1957). — HAWKSWORTH, F. G.: Phytopathology **46**, 561—562 (1956). — HEPTNER, V. G.: Zool. Ž. **35**, 1780—1790 (1956). — HOCH, G. E., H. N. LITTLE and R. H. BURRIS: Nature, (Lond.) **179**, 430—431 (1957). — HÖHN, K., u. A. ELFERT: Beitr. Biol. Pflanzen **33**, 1—16 (1956). — HUBER, B.: Allg. Forstz. **12**, 417—419 (1957). — HUSTICH, I.; Acta bot. fenn. **56**, 1—13 (1956).

JONES, M. B., and L. F. BAILEY: Plant Physiol. **31**, 347—349 (1956). — JUNGES, W.: Planta **49**, 11—32 (1957).

KALDEWEY, H.: Planta **49**, 300—344 (1957). — KINNE, O.: Biol. Zbl. **76**, 475—485 (1957). — KOCH, A.: Zool. Anz. Suppl. **19**, 328—348 (1956). — KOLLMANNSPERGER, F.: (1) Zool. Anz. **157**, 216—219 (1956). — (2) Anz. Schädlingskunde **29**, 169—174 (1956). — KONDRATJEVA-MELVILLE, E. A.: Vestn. Leningrad Univ. Nr. 3, Ser. Biol. H. 1, 22—37 (1957). — KRÁL, J., u. S. NEUBAUER: Zool. Listy; **5**, 178—186 (1956). — KRUGER, L. V.: Mikrobiologija **26**, 60—65 (1957). — KULLENBERG, B.: (1) Svensk Naturvetensk. **1956**, 81—138. — (2) Svensk Naturvetensk. **1956**, 273—292.

LAIBACH, F.: (1) Beitr. Biol. Pflanzen **33**, 115—126 (1956). — (2) Z. Bot. **45**, 123—144 (1957). — LEAF, A. L.: Forest Sci. **2**, 121—126 (1956). — LEVINA, R. E.: Bot. Ž. **41**, 619—633 (1956). — LEVISOHN, I.: Nature (Lond.) **179**, 1143—1144 (1957). — LINDAUER, M.: Naturwissenschaften **44**, 1—6 (1957). — LOCHHEAD, A. G., and M. O. BURTON: Canad. J. Microbiol. **3**, 35—42 (1957).

MALENDE, H.: Hessische Floristische Briefe 6. Jahrgang, **68**. Brief (1957). — MELIN, E., and H. NILSSON: (1) Svensk bot. Tidskr. **49**, 119—122 (1957). — (2) Svensk bot. Tidskr. **51**, 166—186 (1957). — MORRISON, T. M.: Nature (Lond.) **179**, 907—908 (1957).

NELSON, E.: Evolution (Lancaster, Pa.) **11**, 108—110 (1957). — NUTMAN, P. S.: Biol. Rev. Cambridge Philos. Soc. **31**, 109—151 (1956).

OVERBECK, F., u. H. HAPPACH: Flora (Jena) **144**, 335—402 (1957).

PEARSALL, W. H., u. E. GORHAM: Oikos (Kobenh.) **7**, 193—201 (1956). — PERSIDSKY, D. J., and S. A. WILDE: Wisconsin Acad. of Sci., Arts and Letters **44**, 65—73 (1955). — PETROVIĆ, D. S.: Zbornik Radova Inst. za Fiziol. Razvica, Genet. i Selekciju Nr. 4, 155—183 (1956). — PIJL, L. VAN DER: (1) Acta bot. neerl. **5**, 135—144 (1956). — (2) Acta bot. neerl. **6**, 291—315 (1957). — PLOCHMANN, R.:

Forstwiss. Forsch. Beih. z. Forstwiss. Zbl. H. 6, 96 S. (1956). — POMA, E.: Allionia (Torino) 2, 429—442 (1955). — PORSCH, O.: Österr. bot. Z. 104, 115—164 (1957). — PRINGSHEIM, E. G.: Nova Acta Leopoldina, N. F. 18, Nr. 125, 168 S. (1956).

REESE, G.: Flora (Jena) 144, 598—634 (1957). — REHM, H. J.: Kulturpflanze 4, 208—221 (1956). — RENNERFELT, E.: Friesia (Kobenh.) 5, 361—365 (1956). — REZNIK, H.: Biol. Zbl. 76, 352—359 (1957). — RIETH, A.: Flora (Jena) 144, 647—654 (1957). — ROLLIN, M. P.: Rev. gén. Bot. 63, 461—476 (1956). — RUGE, U.: Angew. Bot. 31, 126—129 (1957).

SCHADE, CHR.: Phytopath. Z. 30, 225—236 (1957). — SCHIMITSCHEK, E.: Z. angew. Entomol. 40, 37—51 (1957). — SCHMIDT, K. W.: Bot. Zbl. 77, 158—192 (1957). — SCHOLL, R.: Phytopath. Z. 28, 237—258 (1957). — SCHWARZENBACH, F. H.: Ber. schweiz. bot. Ges. 66, 204—223 (1956). — SCHWEMMLE, J.: (1) Planta 49, 168—204 (1957). — (2) Planta 49, 135—167 (1957). — (3) Biol. Zbl. 76, 529—549 (1957). — SKOTTSBERG, C.: The Nat. Hist. of Juan Fernandez and Easter Island. Vol. 1, Part 3, 193—439. Uppsala 1956. — STALDER, L., u. F. SCHÜTZ: Phytopath. Z. 30, 117—148 (1957). — STEBBINS, G. L.: Evolution (Lancaster, Pa.) 11, 106 bis 108 (1957). — STORK, H. E.: Bull. Torrey bot. Club 83, 338—341 (1956). — STRELKOVA, O. S.: Bot. Ž. 41, 1161—1168 (1956). — SURIKOV, I. M.: Dokl. Akad. Nauk SSSR 110, 680—683 (1956).

TAKHTAJAN, A. L.: Bot. Ž. 42, 596—609 (1957). — THODAY, D.: (1) Proc. roy. Soc. B, 145, 531—548 (1956). — (2) Proc. roy. Soc. Ser. B, 146, 320—338 (1957). — TRANQUILLINI, W.: (1) Jahrbuch 1956. Verein z. Schutz d. Alpenpflanzen. München 105—114. — (2) Planta 49, 612—661 (1957).

UNGER, K.: Z. Acker- u. Pflanzenbau 102, 69—80 (1956).

VIRTANEN, A. I.: Physiol. Plant. (Kobenh.) 10, 164—169 (1957). — VLASTOVA, N. V.: Bot. Ž. 41, 1520—1524 (1956).

WAGENBRETH, D.: Flora (Jena) 144, 84—97 (1956). — WAGENER, W. W.: Ecology 38, 142—145 (1957). — WIELAND, TH.: Angew. Chemie 69, 44—50 (1957). — WILDE, S. A., and A. L. LEAF: Ecology 36, Nr. 1, 19—22 (1955). — WITTICH, W., u. L. MAINZHAUSEN: Z. Pflanzenernähr., Düngung, Bodenkunde 75, 228—243 (1956).

ZIEGENSPECK, H.: (1) Privatdruck. 15 S. (Augsburg, Marienapotheke) (1956). — (2) Privatdruck. 13 S. (Augsburg, Marienapotheke) (1957).

# C. Physiologie des Stoffwechsels.

## 10. Physikalische und chemische Grundlagen der Lebensprozesse (Strahlenbiologie).

Von WILHELM SIMONIS, Würzburg und HELLMUT GLUBRECHT, Hannover.

Der Beitrag folgt in Band XXI.

## 11. Zellphysiologie und Protoplasmatik.

Von HANS JOACHIM BOGEN, Braunschweig.

### I. Cytoplasma.

Ts'o hat mit seinen Mitarbeitern das aus *Fusarium polycephalum* isolierte contractile Protein weiter untersucht. Die durch Behandlung mit RNase RNS-freien Myxomyosin-Moleküle (vgl. vorjährigen Bericht) haben fädige Gestalt, vorwiegend 4000—5000 Å Länge, 70 Å Durchmesser und ein Molekulargewicht von 6 Millionen (Viscositäts- und Sedimentationsmessungen). Geringe Mengen ATP ($0{,}09 \times 10^{-3}$ m, d. s. 130—140 ATP-Ionen/Molekül) setzen die Viscosität herab, größere Mengen ($5{,}9 \times 10^{-3}$) bewirken Wiederanstieg im gleichen Umfang. Die ATP-induzierte Viscositätsabnahme ist bei 0° ebenso groß wie bei 20°; die Verff. schließen daraus, daß hierbei keine enzymatische Reaktion abläuft, sondern eine ATP-Bindung stattfindet. Durch ATP werden Gestalt und Größe der Myxomyosin-Moleküle nicht verändert; die Viscositätsänderung wird auf eine Beeinflussung der (konzentrationsabhängigen) Wechselwirkung zwischen den Myxomyosin-Molekülen zurückgeführt.

Der Befund, daß bei Viscositätsänderungen nicht notwendigerweise auch Formänderung (Faltung bzw. Streckung) von Eiweißmolekülen stattfinden muß, ist sehr bemerkenswert. Er wird ergänzt durch die Untersuchungen von BELOUSOVA an *Helodea*-Protoplasma; danach wird die Struktur-Viscosität durch 2 Faktoren bestimmt: 1. die räumliche Entfernung der Eiweißkomponenten, 2. die Anzahl der intermolekularen Bindungen. Letztere wird u. a. entscheidend beeinflußt durch die niedermolekularen organischen Säuren des Primärstoffwechsels. Daraus soll u. a. die höhere Viscosität resultieren, die in älteren Zellen gemessen wird, während für die geringere Viscosität in jüngeren Zellen der erstgenannte Faktor von größerer Bedeutung sein soll. Die organischen

Säuren wirken bei der Viscositätsbeeinflussung nicht immer in der gleichen Richtung, vielmehr soll die „Ausgangsviscosität" darüber entscheiden, ob Erhöhung oder Erniedrigung der Strukturviscosität eintritt. — Die Ausführungen BELOUSOVAs, die bisher leider nur in russischer Sprache veröffentlicht sind, stellen einen interessanten Diskussionsbeitrag zum Problem der Plasmaströmung dar.

In diesem Zusammenhang mögen auch die Arbeiten JAROSCHs erwähnt werden. JAROSCH kommt auf Grund ultramikroskopischer Beobachtung an ausgepreßtem *Characeen*-Plasma zu der Auffassung, daß die Plasmarotation nicht durch Kontraktion, sondern durch Parallel-/ Längsverschiebung (Assoziation und Dissoziation sowie Vereinigung und Abspaltung) von Plasmafibrillen zustandekommt. Als Ort der Wechselwirkung wird die Grenze zwischen dem fibrillenreichen Ektoplasma und dem hyalinen Endoplasma angesehen — eine Schlußfolgerung, zu der auch HAYASHI (unter Anwendung eines Rotationsmikroskops nach BROWN) sowie KAMIYA u. KURODA gelangen.

Die Mehrzahl der Autoren stimmt darin überein, daß ATP als Energiequelle der Plasmaströmung anzusehen ist (z. B. KAMIYA, NAKAJIMA u. ABE). Dem entspricht es auch, daß bei fast allen Pflanzen, die zu Schlafbewegungen befähigt sind (Ausnahme: *Acacia pendula*), auffallend hohe ATPase-Aktivität gemessen wird, die weitaus höchsten Werte bei *Mimosa pudica* und *Desmodium gyrans*. Das Myxomyosin freilich ist wohl keine ATPase (Ts'o u. Mitarb.).

Es ist indessen wohl ungerechtfertigt, allen Strömungs- und Bewegungserscheinungen den gleichen Mechanismus zugrunde zu legen. Sicherlich finden auch echte Kontraktionen, analog der Muskelkontraktion, statt. Aber auch hier wurden Systeme mit abweichender Reaktionsweise beobachtet. Nach HOFFMANN-BERLING kontrahiert sich das isolierte contractile System der *Vorticella*-Stiele ATP-frei bei Darbieten von Ca-Ionen, und es erschlafft nach Ca-Entzug. Dabei kann das Ca zwar nicht durch Mg, wohl aber durch die Ionen der Invertseifen ersetzt werden. ATP-Zusatz zur Ca-Lösung bewirkt gleichfalls ein Erschlaffen des kontrahierten Modells, aber nicht infolge Ca-Bindung, sondern weil es seinerseits mit dem Protein reagiert. Der Verf. schließt daraus, daß die *Vorticella*-Stiele kontrahieren, weil negative Überschußladungen des contractilen Proteins durch Calcium blockiert werden, und daß diese Veränderung mit Hilfe von ATP in der Erschlaffungsphase rückgängig gemacht werden kann. Demgemäß müßte hier die Kontraktion der thermodynamisch unfreiwillige Teil des Bewegungszyklus sein.

Es bereitet größere Schwierigkeiten denn je, sich vorzustellen, wie die Feinstrukturen des Plasmas bei lebhafter Plasmaströmung erhalten bleiben. Endoplasmatisches Reticulum, „Golgi-Apparat" und ähnliche Strukturen werden in steigendem Maße auch in Pflanzenzellen gefunden (BUVAT u. CARASSO, PERNER, PRESS u. a.). An zwei Beispielen: *Chlamydomonas* (SAGER u. PALADE) und *Euglena gracilis var. bacillaris* (WOLKEN) ist sogar die ganze Zelle mit der Vielzahl distinkter Ultrastrukturen elektronenmikroskopisch abgebildet worden, die jeden Bereich der

Zelle erfüllen. Wenn diese hohe Ordnung erhalten bleiben soll, so muß entweder der strömende Plasmaanteil sehr gering sein und vorwiegend die Grenzen der lamellaren Bereiche berühren, oder die geordneten Bereiche müssen insgesamt unter Strukturerhaltung translociert werden; schließlich bliebe noch die Möglichkeit offen, daß solche Strukturen wie das endoplasmatische Reticulum und der Golgi-Apparat erst durch die Plasmaströmung geschaffen und verwandelt werden. Damit würde sich freilich eine strenge Scheidung zwischen den beiden Strukturen (z. B. Buvat, Perner) als unzweckmäßig erweisen.

Bemerkenswert ist auch die Feststellung von Hodge, Martin u. Morton, daß die aus Pflanzenzellen (Weizen- und Rübenwurzeln) isolierten Mikrosomen in der intakten Zelle nicht zu finden sind; sie sollen durch Zerstörung des endoplasmatischen Reticulums (und gegebenenfalls des Golgi-Apparates) entstanden sein.

Die Serum ($\gamma$)-Globuline, die unterschiedliche Mengen Kohlenhydrate enthalten, sind in letzter Zeit mehrfach genauer analysiert worden (z. B. Müller-Eberhard u. Kunkel, Schultze; letzterer berichtet auch über Glykoproteide und Mucoide des Plasmas, die bis zu 40% Kohlenhydrate enthalten können); es wäre wünschenswert, auch die Glykoproteide pflanzlicher Zellen zu untersuchen, da sie wahrscheinlich eine wichtige Rolle bei der Kälteresistenz spielen (vgl. vorjährigen Bericht).

Über die Zusammenhänge zwischen Plasmolyse-Zeit und -Form, Plasmaoberfläche, Plasmodesmen und Wandhaftung („Adhäsion") berichtet Schaefer in Fortsetzung früherer Versuche an *Lemna* und *Helodea*. Danach beruht die Erniedrigung der Wandhaftung in hypotonischen Medien im wesentlichen auf einer Zurückziehung der Plasmodesmen, wobei die letztere als eine physiologische Reaktion („Reizreaktion") anzusehen ist. Zugleich wird das Streckungswachstum sistiert; beide Phänomene sind nicht voll reversibel. Die Erniedrigung der Plasmolysezeit im Dunkeln scheint gleichfalls die Folge einer generellen Zurückziehung der Plasmafortsätze zu sein — ein neuer Hinweis dafür, daß mit der Plasmolysezeitmethode weniger die Viscosität des Plasmas als der Zustand der Plasmodesmen erfaßt wird. Weitere Beiträge zur Physiologie und Ultrastruktur der Plasmodesmen vgl. Buvat, Currier, Strugger.

Bei *Allium*-Zellen erhöhen IES und 2,4-D die Wandhaftung beträchtlich. Da dieser Effekt durch 2,4,6-T sowie DNP verhindert werden kann, schließen Masuda u. Takada, daß IES entweder die Adhäsion metabolisch beeinflußt oder aber die Plasmagrenzschichten direkt verändert. Eine Entscheidung kann vorerst nicht getroffen werden. — Wichtig für die Bestimmung der Wandhaftung, aber auch anderer zellphysiologischer Größen bzw. Effekte ist die Verwendung eines indifferenten Plasmolytikums. Pirson u. Schaefer empfehlen hierfür das Polyäthylenoxyd Lutrol (BASF); es wird von den Zellen nicht aufgenommen und zeitigt keinerlei physiologische Wirkung (Versuche an *Lemna*).

## II. Vacuole.

Neue Beiträge zum Problem der contractilen Vacuole in den Zellen der Blattstielgelenke von *Mimosa pudica* legen, unabhängig voneinander, DATTA und DUTT vor; sie bringen indes noch keine endgültige Klärung. Nach den zurückliegenden Untersuchungen von WEINTRAUB (1951) sind die tanninfreien, um die große tanninhaltige Zentralvacuole liegenden kleinen Vacuolen als das contractile Element anzusehen. Dieser Auffassung schließt sich DUTT an, glaubt aber, daß die von ihm beobachteten Vacuolen kleiner und weniger zahlreich sind als die von WEINTRAUB beschriebenen. Sie verschwinden nach der Reizung vollständig, außerdem nimmt das Volumen der Tannin-Vacuole etwas ab. Zugleich tritt in die Intercellularen eine ionenhaltige Flüssigkeit über. Bei der Restitution findet jeweils das Umgekehrte statt. Demgegenüber hält DATTA — wie schon früher TORIYAMA (1953—1955) — die Zentralvacuole für contractil. Neu ist an seinen Beobachtungen, daß die sog. Tannin-Vacuole nur der Einschlußkörper einer größeren Zentralvacuole ist, die mit normalen cytologischen Methoden nicht dargestellt werden kann; sie wird lediglich nach Färbung mit Brillantkresylblau sichtbar und liegt dann wie ein Sack um den Tanninkörper herum. Eine Lösung von 25% Glycerin ("perhaps isotonic with the tannin mass") läßt den Tanninkörper unverändert, die äußere Vacuole jedoch schrumpft. Diese selbst soll nunmehr das contractile Element sein.

Diese Ergebnisse lassen noch vieles im Dunkeln, und es erscheint fraglich, ob hier cytologische Methoden allein weiterhelfen. In diesem Zusammenhang mögen die eindrucksvollen elektronenmikroskopischen Aufnahmen RUDZINSKAs von der contractilen Vacuole *(Tokophrya infusionum, Suctoria)* erwähnt werden. Sie lassen erkennen, daß die contractile Vacuole durch einen persistierenden Kanal mit der äußeren Umgebung verbunden ist. Er besteht seinerseits aus einer Pore, einem kleinen Kanal und einem engen Tubulus, der sich in einer Papille befindet, die in die Vacuole hineinragt. Der Durchmesser des Tubulus ist veränderlich; er beträgt während der Diastole höchstens 25—30 m$\mu$. Der Tubulus ist von radial orientierten Fibrillen umgeben; seine Erweiterung scheint die Entleerung der Vacuole zu bewirken. Um die eigentliche Vacuole liegen zahlreiche Elemente des endoplasmatischen Reticulums, Chondriosomen sowie Dictyosomen-ähnliche Körper. Diese nehmen vermutlich aus dem Cytoplasma Flüssigkeit auf und geben sie in die contractile Vacuole ab. Der hier postulierte Ablauf von Diastole und Systole erscheint durchaus plausibel — daß die contractile Vacuole wirklich so *funktioniert*, kann freilich lediglich mit elektronenmikroskopischen Aufnahmen wohl nicht bewiesen werden.

## III. Plastiden.

Die physiologische Erforschung der Chloroplasten konzentriert sich z. Z. auf chemisch-physiologische Vorgänge und auf Fragen der Entwicklung und ihrer genetischen Steuerung. In zwei ausführlichen Sammelreferaten berichtet SISAKJAN über analytische Daten, die die russischen Forschungsgruppen in erstaunlicher Vielfalt vorgelegt haben.

Sie erstrecken sich auf die enzymatische Ausstattung, den RNS- und RNase-Gehalt (der nicht allein von Objekt zu Objekt, sondern auch mit dem Entwicklungsstadium wechselt, vgl. auch SISAKJAN u. ODINTSOVA), der Proteinsynthese u. v. a. m. Letztere kann offenbar in den Plastiden sehr viel intensiver ablaufen als im Cytoplasma, wenigstens hinsichtlich des Methionineinbaues, so daß die Chloroplasten geradezu als Proteinbildner angesprochen werden (PLESHKOV u. IVANKO). Bemerkenswert ist dabei, daß isolierte (Klee-)Chloroplasten in einem Gemisch von 10 verschiedenen Aminosäuren keine Zunahme des Protein-N zeigen, wohl aber in Lösungen von Di- und Tri-Peptiden (vgl. S. 139).

Die entwicklungsphysiologischen und genetischen Aspekte behandelt D. v. WETTSTEIN in zwei Übersichtsdarstellungen. Hierzu haben hauptsächlich die — anatomischen und biochemischen — Untersuchungen mutierter Chloroplasten neue Einsichten erbracht. Der Entwicklungsverlauf ist vielstufig und kann an zahlreichen Stellen durch genetische „Blocks" abgebrochen werden. Die genetischen Faktoren sind keinesfalls ausschließlich in den Plastiden lokalisiert. Insbesondere die Vermehrung der Schichten und Lamellen wird vorwiegend vom Kern kontrolliert, daneben ist auch das Plasma beteiligt.

Für die im vorjährigen Bericht aufgeworfene Frage, ob für die Ausbildung der Lamellen und Grana die Anwesenheit von Chlorophyll unbedingt erforderlich sei, ergeben sich neue, interessante Hinweise. D. v. WETTSTEIN bejaht die Frage, zeigt aber umgekehrt, daß für die Synthese oder Anwesenheit von Chlorophyll die Lamellenstruktur *keine* notwendige Voraussetzung ist. Die *Stabilität* des Chlorophylls (d. h. wenn die Synthese den Abbau überwiegt) ist freilich mit der Anwesenheit von Lamellen verbunden (Versuche mit der Gersten-Mutante *xantha* 3). Auch LEFORT (1, 2) nimmt an, daß die Unfähigkeit, Lamellen zu bilden, die Entstehung bzw. Fixierung der Chlorophylle hemmt bzw. deren sofortigen Abbau zuläßt. Da andererseits in den (nicht lamellierten) Plastiden von Moossporen Chlorophyll über Jahre erhalten werden kann, muß man wohl schließen, daß Chlorophyll nicht nur in den Lamellen, sondern auch in anderen Chloroplastenstrukturen (vielleicht nicht fluoreszierend) vorhanden sein kann.

Auch die Chlorophyll-Synthese kann, wie an einer Mutante von *Arabidopsis thaliana* zu beobachten ist, genetisch blockiert sein (photochemische und enzymatische Umwandlung von Protochlorophyll in Chlorophyll a.) Hier ergeben sich enge Verbindungen zur rein biochemischen Arbeitsrichtung und damit Möglichkeiten, „die verschiedenen Prozesse der Pigmentbildung, der Photosynthese . . . und des Stoffwechsels der Chloroplasten bestimmten Strukturen makromolekularer Größe zuzuordnen" (D. v. WETTSTEIN).

POLITIS (2) beobachtet an *Zinnia*-Arten, daß in den Epidermiszellen noch sehr junger Involucralblätter kugelige Inhaltskörper auftreten, die Phytomelan enthalten und von ihm „Phytomelanoplasten" genannt werden. Ob es sich hierbei um degenerierte Chloroplasten handelt, ist zweifelhaft. Beim Altern der Zellen vermehren sich die Phytomelanoplasten; ihr Inhalt verklumpt schließlich zu den bekannten Phytomelanmassen. Die Gerbstoffablagerung in Zellen verschiedener *Rosaceen* soll analog in „Tanninoplasten" erfolgen [POLITIS (1)].

## IV. Chondriosomen.

Chondriosomen, die im Innern anstelle der wohlbekannten Cristae röhrenförmige Einstülpungen der inneren Membran besitzen, sind nicht nur bei *Paramecium* und *Laplatacris* (vgl. Fortschr. Bot. 18 u. 19) gefunden worden, sondern auch in Ratten (Nebenniere, Placenta, Hoden; BELT und PEASE) sowie bei dem Lebermoos *Aneura* und im Wurzelmeristem von *Zea mays* und *Vicia faba* [HEITZ (1, 2)]. BELT und PEASE schreiben dem Tubulus-Typ der Chondriosomen eine erheblich größere innere Oberfläche zu und vermuten, daß es sich um Spezialbildungen für bestimmte Funktionen handelt. Zu der Steorid-Sekretion, wie zunächst vermutet, steht ihr Auftreten freilich nicht in Beziehung.

WOHLFARTH-BOTTERMANN (vgl. auch SEDAR und RUDZINSKA sowie POWERS u. Mitarb.) hat die Chondriosomen von *Paramecium* (Tubulus-Typ) in elektronenmikroskopischen Aufnahmen eingehend studiert; er gelangt zu der Auffassung, daß die Tubuli die Mitochondrien durch Öffnungen in der Membran verlassen und ins Cytoplasma übertreten können („Sekretabgabe"?). Die Tubulus-Chondriosomen sollen sich übrigens aus cytoplasmatischen Bläschen (Prochondriosomen mit Mikrotubuli) entwickeln und durch ungleichmäßige Teilung und Knospung vermehren. Eine Bestätigung dieser bisher lediglich aus Dünnschnittbildern rekonstruierten Entwicklungsabläufe bzw. Funktionen mit Hilfe physiologischer Methoden ist sehr zu wünschen.

Die schon länger bekannte Neigung der Chondriosomen, sich zu langen Fäden zusammenzulagern (Aggregation), wird durch Coenzym A (TOBIOKA und BIESELE) sowie durch Cytochrom c (GAMBLE jr.) verstärkt. Der Effekt des Cytochroms kann durch Zugabe von Neutralsalzen zum Medium verhindert bzw. rückgängig gemacht werden. Die Aggregation beeinflußt die enzymatischen Aktivitäten nicht. — Vielleicht sind solche fädigen Aggregate häufiger als bisher angenommen: MÜLLER berichtet, daß sie sogar in einigen Hefen zu beobachten sind, allerdings nur in der lebenden Zelle. Sie sind äußerst empfindlich und zerfallen bereits bei Mediumwechsel oder $p_H$-Änderung in kürzere, z. T. stäbchenförmige Fragmente. Auch bei der Fixierung der Zelle bleiben sie nicht erhalten.

Über die Durchlässigkeitseigenschaften der Chondriosomen-Membran besteht noch immer keine Klarheit. JACKSON und PACE neigen zu der Ansicht, sie sei „passiv" permeabel; die Penetration sei eine behinderte Diffusion. Aber auch sie beobachten Abweichungen, ohne sie völlig erklären zu können. Dem stehen die Ionenverhältnisse im Innern der Chondriosomen und die Rolle der Chondriosomen beim Ionentransport entgegen (z. B. MILLER und EVANS; FLORELL u. a., vgl. auch S. 136 sowie den Abschnitt Mineralstoffwechsel).

Über Aminosäuresynthese in Chondriosomen s. KLEIN, über Lipoidsynthese BEREZOVSKAYA.

## V. Stoffaufnahme.

In die anhaltende Diskussion über osmotische und nichtosmotische **Wasseraufnahme** haben nun auch HÖFLER und URL eingegriffen. Mit drastischen Worten wenden sie sich energisch gegen die vom Ref. und seinen Mitarbeitern entwickelten Modellvorstellungen über die nicht-osmotische Wasseraufnahme. Die experimentellen Befunde, insbesondere über die Wirkung von Stoffwechselgiften, werden zwar sämtlich bestätigt, die Deutung jedoch als unbewiesen abgelehnt. Statt dessen wird die Protoplastenausdehnung in hypertonischer Zuckerlösung „im herkömm-lichen Sinne als Wirkung der Zuckerpermeabilität" interpretiert, die Protoplastenkontraktion, die nach Ansicht des Ref. durch Abgabe nicht-osmotisch gebundenen Wassers zustandekommt, als „mögliche, ja wahr-scheinliche Exosmose von Vacuolenstoffen". Der Ref. vermag nicht einzusehen, wieso durch konventionelle Annahmen seine experimentellen Befunde und die seiner Mitarbeiter ebenso wie die daraus entwickelten Vorstellungen (von HÖFLER und URL sogar in den Rang einer „Lehre" erhoben), „widerlegt" werden, möchte aber hier den Streit der Meinungen nicht austragen. Er verweist statt dessen auf die Arbeit von FOLLMANN, in der experimentell gezeigt wird, welche tiefgreifenden stoffwechsel-physiologischen Veränderungen sich in der Vacuole von Diatomeen während des Vorganges der Wasseraufnahme zutragen, sowie auf die demnächst erscheinende Publikation von NEUBER. Der Ref. hatte davon bereits auf der Botanikertagung in Freiburg (vgl. BOGEN 1955) kurz berichtet und experimentelle Belege vorbringen können, die eine Erklärung auf der Basis der Exosmose von Vacuolenstoffen ausschließen.

Interessant sind, auch in diesem Zusammenhang, die Befunde OOTAs an Keimlingsgewebe von *Vigna sesquipedales*. Hier ist die Wasser-*aufnahme* von einer Zuckerabgabe begleitet — ein erneuter Hinweis auf die enge Koppelung von Wasseraufnahme und Zellstoffwechsel.

Nach PRICE, FONNESCU und DAVIES übernehmen die Chondriosomen (der Rattenleber) die Funktionen des Wasser- und Ionentransportes auf nichtosmotischer Basis; nur *geschädigte* Chondriosomen zeigen typisch osmotisches Verhalten. Daß die Chondriosomen ihren Wasser-gehalt unabhängig vom Cytoplasma regeln können, ergibt sich aus den Untersuchungen von HÖFLER und URL (2) an Zwiebelschuppen-Epidermis mit Kappenplasmolyse: Während Cytoplasma und Zellkern auf ein Vielfaches ihres Ausgangsvolumens anschwellen, bleiben Form und Größe der Chondriosomen konstant.

Zur **Anelektrolytaufnahme** (Harnstoff und Glycerin) sind die Unter-suchungen von ALCER anzuführen. Sie betreffen die Abhängigkeit der Aufnahme von der cH der Außenlösung, wie sie seit langem bekannt ist. Entsprechend der Vermutung, daß die „Verteilung" der Anelektrolyte zwischen Außenlösung und Zellinnerem (Vacuole) dem HENRYschen Verteilungssatz gehorcht, wurde zunächst in Modellversuchen der Verteilungskoeffizient (Öl + Ölsäure/Wasser) für die beiden Stoffe bestimmt. Dabei stellte sich jedoch heraus, daß dieser von der cH der Wasserphase *nicht* beeinflußt wird. Die beobachtete Abhängigkeit der Harnstoffaufnahme kann also nicht auf der Basis des Verteilungssatzes erklärt werden; vermutlich ist hier mit direkten und indirekten Beein-flussungen physiologischer Vorgänge (nichtosmotische Aufnahme von

Harnstoff und Wasser, vgl. PRELL, ref. in Fortschr. Bot. 19) durch die Ionen der Pufferlösung zu rechnen.

**Farbstoffaufnahme:** Besondere Aufmerksamkeit verdienen die Arbeiten von BARTELS sowie BARTELS und SCHWANTES. Mit exakter mikrospektrographischer Methode und wohlfundierten physikalisch-chemischen Vorstellungen (vgl. die Vorarbeiten über Prototropiegleich-gewichte, Dissoziations- und Assoziationsverhalten, BARTELS 1956 a, b) werden hier wohl zum ersten Mal zuverlässige Daten gewonnen (die Größe des Meßbereiches innerhalb der Zelle konnte auf $4 \times 4\ \mu$ reduziert werden). Nachdem BARTELS 1954 die Acridinorange-, BARTELS und SCHWANTES 1955 die Thionin-Aufnahme untersucht haben, werden nun Versuche mit Neutralrot vorgelegt und zugleich alle Ergebnisse unter-einander verglichen.

Aus der Vielzahl der Schlußfolgerungen, die nunmehr gezogen werden müssen, seien wenigstens einige erwähnt. „Auf das Verhalten eines jeden der drei oben erwähnten Farbstoffe treffen Voraussagen der verschieden-sten Theorien zu, keine der bestehenden Theorien kann jedoch das gesamte Speicherungsverhalten eines Farbstoffes lückenlos erklären"· Die „Ionenfallen-Wirkung" kommt dadurch zustande, daß auch Kationen permeieren, und zwar langsamer als die Farbbasenmoleküle. Die Unter-scheidung in „volle" und „leere" Zellsäfte ist offenbar nicht zulässig, auch nicht in der Formulierung „voll für basische Farbstoffe": „Für das Thionin scheint die *Allium*-Oberepidermis (Vacuole) praktisch voll, für Acridinorange so gut wie leer zu sein. Das unterschiedliche Speicherungsverhalten kann auch nicht auf eine unterschiedliche Beeinflussung der Pufferungskapazität der Vacuole (s. KINZEL, Fortschr. Bot. 18) zurückzuführen zu sein, da sich die Dissoziationskonstanten dieser beiden Farbstoffe nur unwesentlich unterscheiden". „Ein Teil des Speicherungsprozesses dürfte metaosmotischer Natur sein, da Sättigungsphänomene auftreten. Es erscheint nicht ausgeschlossen, daß mit steigender Ionenkonzentration dieser Teil der Speicherungsmöglich-keiten infolge Vergiftung ausscheidet und sein Gleichgewicht beliebig reversibel wird. Die Spezifität der Speicherungsprozesse für die 3 basi-schen Farbstoffe ... wird darin gesehen, daß die Stoffwechselprozesse, welche die Energie für den metaosmotischen Anteil der Speicherung liefern, von den genannten Substanzen in verschiedener Art und Weise gestört werden". Der letzte Satz sollte besonders beherzigt werden und dazu führen, die Bezeichnung „Vitalfärbung" nunmehr endgültig fallen zu lassen.

Nach BISHOP und AUSTIN sowie BISHOP und SMILES ist die helle Grünfluorescenz nach Acridinorangefärbung (beim Acrosom frischer Spermatozoen) durch hohen DNS-Gehalt bedingt, während RNS-haltige Strukturen rot fluorescieren (vgl. aber ZEIGER und SCHMIDT). Die starke Adsorption von Acridinorange an Nucleotide und an ATP ist zugleich die Ursache für die Hemmung der Muskelkontraktion; offenbar liegt kompe-titive Adsorption von Acridinorange und ATP an die gleichen Plätze der Muskelproteine vor (KARREMAN, MUELLER und SZENT-GYÖRGY).

Nach Acridinorange-Behandlung von Hefezellen treten unter bestimmten Bedingungen sehr auffällige, rotfluorescierende Granula auf, die bereits BOGEN und ELSTE (1955) beschrieben haben. Nach statistischen Analysen (BOGEN und CHR. SCHWEISFURTH, im Druck) scheint es sich dabei um aufgeblähte Chondriosomen (bzw. einen charakterisierbaren Anteil der Chondriosomenpopulation) zu handeln. Ähnliche Granula finden WITTEKIND und VÖLCKER im Mäuseascites-Carcinom sowie ZEIGER und SCHMIDT in *Triton*-Epidermiszellen. Diese Befunde betreffen freilich schon mehr den Zellstoffwechsel, ebenso wie die Mitteilung von WILD und HINSHELWOOD, daß auch Crystallviolett bei *Saccharomyces* beständig neue, kleine Hefekolonien hervorbringt. Der oxydative Stoffwechsel dieser Mutanten ist geschädigt.

Wegen der **Ionenaufnahme** sei auf den Abschnitt Mineralstoffwechsel verwiesen. Hier möge lediglich eine wichtige Arbeit von BAIRD JR., KARREMAN, MUELLER und SZENT-GYÖRGY angeführt werden, die von allgemeiner Bedeutung ist. Die Verff. können experimentell nachweisen, daß das unterschiedliche Aufnahmevermögen von Zellen für $K^+$ und $Na^+$ bzw. die ungleiche Verteilung der beiden Ionenarten im Muskel nicht die Existenz einer besonderen Membran oder besonderer Permeabilitätseigenschaften voraussetzt. Die $K^+$-Aufnahme ist erleichtert, weil diese Ionen ungefähr die Größe der Wassermoleküle haben und daher leicht in die Hydratationsschichten („Wasserhüllen") der Zellstrukturen eingebaut werden können, während $Na^+$-Ionen kleiner sind und dadurch die Hydrathüllen stören. Dazu berechnen die Verff. noch die zur Orientierung der Wassermoleküle erforderliche freie Energie zu — 0,193 eV; der Wert kommt dem des Membranpotentials nahe.

## VI. Eiweiß- und Nucleinsäurestoffwechsel.

Der Zuwachs an experimentellen Daten ist auf diesem Gebiet ganz außerordentlich groß. So zitieren YEMM und FOLKES in ihrem Sammelreferat über den Aminosäure- und Proteinstoffwechsel allein nicht weniger als 190 Arbeiten der Jahre 1956 und 1957; dazu kommen noch über 100 Arbeiten über Nucleinsäurestoffwechsel und verwandte Gebiete. Der Ref. sieht sich außerstande, auf nur zwei Seiten in Einzelheiten zu gehen und muß sich daher auf einen sehr summarischen Überblick beschränken.

Trotz der Fülle der Beiträge sind wir weiter denn je von einer befriedigenden Antwort auf die zahlreichen Fragen entfernt; eher kann man feststellen, daß manche scheinbar gesicherten Anschauungen neuerdings wieder in Frage gestellt werden.

Die bis zuletzt noch mehrfach bestätigte Koppelung zwischen Protein- und (Ribo-)Nucleinsäure-Synthese scheint nicht so eng zu sein, wie man vielfach annimmt. Erste Hinweise ergaben Versuche mit Chloramphenicol, das die Proteinsynthese hemmt, die RNS-Synthese jedoch weiterlaufen läßt (z. B. BEN ISHAI, vgl. vorjähr. Bericht). In isolierten Kernen aus Kalbsthymus hemmt Chloramphenicol jedoch beide Synthesen (BREITMAN und WEBSTER). Möglicherweise tritt die Koppelung überhaupt nur insofern in Erscheinung, als Proteine und RNS (bzw.

Nucleoside) aus denselben Vorstufen gebildet werden (Yčas und Brawerman). In der Tat konnten Levenberg u. Mitarb. nachweisen, daß Glutaminsäure, Glycin und Asparaginsäure den N der Purinbasen liefern [vgl. auch Magasanik (1, 2)].

Solche Vorstufen sind entweder Aminosäure-Nucleotid-Verbindungen (Yčas und Brawerman), oder aktivierte Aminosäure-Nucleinsäure-Komplexe (Demoss und Novelli), oder aber Peptid-Nucleotide (Koningsberger, Grinten und Overbeek). Andererseits konnten Keller und Zamecnik zeigen, daß zum Einbau von 6 geprüften Aminosäuren in die Proteine eines Enzymsystems der Rattenleber, nämlich Glycin, Valin, Alanin, Leucin, Isoleucin und Phenylalanin, Guanosindi- bzw. tri-Phosphat erforderlich ist. Nach Webster fördern Nucleoside den Aminosäureeinbau, wobei die Nucleoside in Nucleosid-5-Phosphat, eine bekannte RNS-Vorstufe, umgewandelt werden. Hält man noch dazu, daß die Chloroplastenproteine am schnellsten aus Peptiden aufgebaut werden, aus freien Aminosäuren hingegen viel langsamer oder überhaupt nicht (Sisakjan), so wird deutlich, daß die Beziehungen zwischen Protein und NS sich keinesfalls ausschließlich im makromolekularen Bereich abspielen; wahrscheinlicher ist es, daß sie in der Regel niedermolekulare Verbindungen betreffen. Damit wird aber die — spekulative — Matrizen-Theorie erschüttert. Crick selbst betont die Schwierigkeiten, die der Matrizen-Funktion der DNS entgegenstehen; Brenner berechnet, daß zur Determinierung aller Aminosäuresequenzen, die aus natürlichen Peptiden bekannt geworden sind, 70 Triplets erforderlich sind, während die 4 verschiedenen, in Nucleinsäuren vorkommenden Nucleotide nur 64 (überlappende) Triplets ermöglichen.

Danach erscheint es dringend geboten, die Wechselwirkung zwischen Protein und Nucleinsäure nicht im physikalischen Bereich zu suchen, sondern in das biochemische Gebiet zu verlegen und dort mit den verläßlichen biochemischen Methoden zu untersuchen, eine Forderung, die Synge auf der Tagung der Nobelpreisträger in Lindau 1958 mit größtem Nachdruck erhoben hat. Dabei dürfte den Peptiden eine besondere Rolle zukommen, zumal sie neuerdings immer häufiger gefunden werden können (Connell und Watson). Es verwundert danach nicht, daß auch die Transpeptidierungs-Hypothese seither zahlreiche neue Anhänger gewonnen hat (vgl. hierzu Yemm und Folkes).

Es könnte den Anschein haben, als ob diese Fragen rein biochemischer Art wären und in der Zellphysiologie kaum ihren rechten Platz hätten. Indessen ist nicht zu übersehen, daß — wie auch Yemm und Folkes betonen — bestimmte Phänomene des Protein- und NS-Stoffwechsels eben nicht auf biochemischen Mechanismen beruhen, sondern auf „besonderen Merkmalen der Zellorganisation". Insbesondere stellen sich die Fragen nach der Lokalisation der Vorgänge innerhalb der Zelle. Diese sind freilich bisher zumeist mit biochemischen (Analyse von Umsatzkurven, „Pools") oder physikalischen (Fraktionierung) Methoden angegangen worden. Doch zeigen schon hier die Ergebnisse, daß nicht alle Zellbestandteile gleichmäßig am Umsatz (getestet am Einbau radioaktiver Substanzen) beteiligt sind (vgl. vorjähr. Bericht). Sehr hohe

Einbauraten werden bei Plastiden (SISAKJAN), Chondriosomen (SISAK-JAN und FILIPPOVICH), Mikrosomen (WEBSTER)[1] sowie im Kern (ALLFREY u. Mitarb.) gemessen. Aber auch die Vacuole scheint eine größere Rolle zu spielen als bislang vermutet, vor allem im Speichergewebe (STEWARD). Darüber sollte freilich nicht vergessen werden, daß hohe Einbauraten nicht unbedingt das Ausmaß der Protein-Synthese bzw. der Protein-Speicherung (-Ablagerung) anzeigen: markiertes Glycin wird in den Zellen von Bohnen- und Tabak-Blättern am stärksten in den Chondriosomen eingebaut, doch nimmt der Proteingehalt nur in den Chloroplasten zu (SISAKJAN und FILIPPOVICH).

Einen Versuch, biochemische Analysen mit cytologischen Befunden zu parallelisieren, haben BOGEN und JUNKER (im Druck) unternommen. Es konnte gezeigt werden, daß der Aminosäuregehalt reifender Erbsensamen nur bis zu einem bestimmten Wert ansteigt; darüber hinaus gebildete (bzw. zugeleitete) Aminosäuren werden als Protein (alkoholunlösliche Fraktion) abgelagert. Zugleich mit den ersten (Reserve-)Proteinen treten kugelige Körper in den Zellen auf, die starke Eiweißreaktion geben, aber auch geringe Mengen RNS enthalten. Sie „vacuolisieren" später und zerfallen dann in zahlreiche kleine, zuerst kugelige, schließlich kantige Körperchen, die mit Aleuronkörnern identisch sind. Die Lebensdauer der großen „Proteinkugeln" ist auf wenige Tage beschränkt; ihre Herkunft (aus Chondriosomen?) konnte bisher nicht aufgeklärt werden.

Noch ganz offen ist die Frage nach der Bedeutung der sog. Pools, die heute vielfach nicht mehr als Aminosäure- bzw. Purin-Pool bezeichnet, sondern in Glutaminsäure-, Glycin-, Guanidin- usw. Pools aufgespalten werden (z. B. STEWARD, BIDWELL und YEMM). Es gibt noch keine Hinweise für die Annahme, daß es sich hierbei um mehr handelt als um bloße Fraktionen, die auf Grund unterschiedlicher Löslichkeit extrahiert werden können, und deren Bestandteile über die ganze Zelle verteilt sind.

## VII. Kälteresistenz.

Friert man Hefezellen bei —72° C ein, so errechnet sich der Anteil des „gebundenen", d.h. nicht zur Kristallisation befähigten Wassers zu 9%; 91% sind tatsächlich gefroren (calorimetrische Bestimmung von WOOD und ROSENBERG). 98% der wieder aufgetauten Zellen überleben.

Über den Einfluß anorganischer und organischer Ionen auf Viscosität und Kälteresistenz bei *Helodea canadensis* und *Helianthus annuus* berichten HENCKEL und BADANOVA. Kationen erhöhen Viscosität und Hitzeresistenz und erniedrigen die Kälteresistenz ungefähr proportional der Zahl der Hauptvalenzen. Anionen hingegen verringern sowohl Hitze- als auch Kälteresistenz. Verff. schließen hieraus, daß mit 2 „Viscositätsarten" unterschiedlicher Beeinflußbarkeit gerechnet werden muß. Die sog. „hydrophile Plasmaviscosität" wird insbesondere durch Kationen verändert, während die Anionen die „Strukturviscosität" beeinflussen, und zwar über die elektrostatischen Kräfte der Protein-Seitenketten (vgl. S. 130/31).

---

[1] WEBSTER zeigt ferner, daß nicht die RNS der Mikrosomen, sondern die Nucleoproteide für die Protein-Synthese wichtig sind, vielleicht sogar nur deren Protein-Anteil.

Mehrfach haben die bei Temperaturen zwischen 0 und $+5°$ C eintretenden sog. Kühlschäden Interesse erweckt. EAKS und MORRIS zeigen, daß (bei Gurken) nach Abkühlung die $CO_2$-Ausscheidung anfänglich stark ansteigt, sobald Kühlschäden auftreten; anschließend fällt die $CO_2$-Produktion wieder ab, etwa gleichzeitig mit dem Beginn des Absterbens. Nach Rücküberführung ist ein sehr charakteristischer Atmungsanstieg zu beobachten, der von einem Abfall gefolgt ist. Letzterer prägt sich um so mehr aus, je länger die niederen Temperaturen eingewirkt haben, so daß die Verff. den Kurvenverlauf geradezu als Indicator für den Grad der Kühlschäden verwenden.

Solche Kühlschäden beruhen offenbar darauf, daß infolge unterschiedlicher Temperatur-Koeffizienten der Stoffwechsel-Teilvorgänge bzw. der Enzym-Aktivitäten Störungen im normalen Stoffwechselgefüge gesetzt werden, die nicht ordnungsgemäß einzuregulieren sind. Nach FRANKE tritt bei niederen Temperaturen (Kartoffel- und Kohlrabi-Knollen) eine Verschiebung im Verhältnis Ascorbinsäure:Dehydroascorbinsäure ein insofern, als die Abbauvorgänge stärker verlangsamt werden als die Ascorbinsäurebildung. Andererseits ist z. B. bei *Torulopsis kefyr* die Dehydrogenase bzw. deren Aktivität besonders „kälteresistent" (CHRISTOPHERSEN und PRECHT).

## Literatur.

ALCER, G.: Protoplasma (Wien) **47**, 77—102 (1956). — ALLFREY, V. G., A. E. MIRSKY u. S. OSAWA: J. gen. Physiol. **40**, 451—490 (1957).

BAIRD jr., S. L., G. KARREMAN, H. MUELLER and A. SZENT-GYÖRGY: Proc. nat. Acad. Sci. (Wash.) **43**, 705—708 (1957). — BARTELS, P.: Planta (Berlin) **44**, 341—369 (1954). — BARTELS, P.: Z. physik. Chem. N. F. **9**, 74—94 (1956a). — BARTELS, P.: Z. physik. Chem. N. F. **9**, 95—105 (1956b). — BARTELS, P., u. H. O. SCHWANTES: Z. Naturforsch. **10b**, 712—720 (1955). — BARTELS, P., u. H. O. SCHWANTES: Planta (Berlin) **50**, 1—24 (1957). — BELOUSOVA, A. K.: Bot. Ž. **42**, 1011—1034 (1957). — BELT, W. D., and D. C. PEASE: J. biophys. biochem. Cytol. **2**, 369—374 (1956). — BEREZOVSKAYA, N. N.: Biochimija **21**, 733—737 (1956). — BISHOP, M. W. H., and C. R. AUSTIN: Endeavour (London) **16**, 137—150 (1957). — BISHOP, M. W. H., and J. SMILES: Nature (Lond.) **179**, 307—308 (1957). — BOGEN, H. J., u. U. ELSTE: Planta (Berlin) **45**, 325—375 (1955). — BREITMAN, TH. R., and G. C. WEBSTER: Biochim. biophys. Acta **27**, 408—409 (1958). — BRENNER, S.: Proc. nat. Acad. Sci. (Wash.) **43**, 687—694 (1957). — BUVAT, R.: C. r. Acad. Sci. (Paris) **245**, 198—201 (1957). — BUVAT, R., et N. CARASSO: C. r. Acad. Sci. (Paris) **244**, 1532—1534 (1957).

CHRISTOPHERSEN, J., u. H. PRECHT: Biol. Zbl. **75**, 612—624 (1956). — COLLANDER, R.: Physiol. Plantarum (Copenh.) **10**, 397—405 (1957). — CONNELL, G. E., and R. W. WATSON: Biochim. biophys. Acta **24**, 226—227 (1957). — CRICK, F. H. C.: In E. M. CROOK, Hrsg., Biochem. Soc. Symp., Cambridge **14**, 25—26 (1957). — CURRIER, H. B.: Amer. J. Bot. **44**, 478—488 (1957).

DATTA, M.: Nature (Lond.) **179**, 253—254 (1957). — DUTT, A. K.: Nature (Lond.) **179**, 254 (1957).

EAKS, I. L., and L. L. MORRIS: Plant Physiol. **31**, 308—314 (1956).

FLORELL, C.: Physiol. Plantarum (Copenh.) **10**, 781—789 (1957). — FOLLMANN, G.: Planta (Berlin) **50**, 671—700 (1958). — FRANKE, W.: Planta (Berlin) **49**, 345—388 (1958).

GAMBLE jr., J. L.: Biochim. biophys. Acta **23**, 306—311 (1957).

HAYASHI, T.: Bot. Mag. (Tokyo) 70, 168—174 (1957). — HEITZ, E.: Z. Naturforsch. 12b, 283—286 (1957). — HEITZ, E.: Z. Naturforsch. 12b, 576—578 (1957). — HENCKEL, P. A., and K. A. BADANOVA: Fiziol. Rastenij 3, 455—462 (1956). — HODGE, A. J., E. M. MARTIN and R. K. MORTON: J. biophys. biochem. Cytol. 3, 61—70 (1957). — HOFFMANN-BERLING, H.: Biochim. biophys. Acta 27, 247—255 (1958). — HÖFLER, K., u. W. URL: Ber. dtsch. Bot. Ges. 70, 462—476 (1957). — HÖFLER, K., u. W. URL: Protoplasma (Wien) 49, 307—319 (1958).

JACKSON, K. L., and N. PACE: J. Gen. Physiol. 40, 47—71 (1956). — JAROSCH, R.: Phyton (Argentinia) 6, 87—108 (1956). — JAROSCH, R.: Biochim. biophys. Acta 25, 204—205 (1957).

KAMIYA, N., H. NAKAJIMA and SH. ABE: Protoplasma (Wien) 48, 94—112 (1957). — KAMIYA, N., and K. KURODA: Bot. Mag. (Tokyo) 69, 544—554 (1956). — KARREMAN, G., H. MUELLER and A. SZENT-GYÖRGY: Proc. nat. Acad. Sci. (Wash.) 43, 373—379 (1957). — KELLER, E. B., and P. C. ZAMECNIK: J. biol. Chem. 221, 45—59 (1956). — KLEIN, H. P.: J. Bact. 73, 530—537 (1957). — KONINGSBERGER, V. V., CH. O. V. D. GRINTEN and J. TH. G. OVERBEEK: Proc. kon. ned. Akad. Wet., Ser. B. 60, 144—146 (1957).

LEFORT, M.: C. r. Acad. Sci. (Paris) 245, 437—440 (1957). — LEFORT, M.: C. r. Acad. Sci. (Paris) 245, 718 —720 (1957). — LEVENBERG, B., S. C. HARTMAN and J. M. BUCHANAN: J. bicl. Chem. 220, 379—390 (1956).

MAGASANIK, B.: J. Amer. chem. Soc. 78, 5449—5450 (1956). — MAGASANIK, B., H. S. MOYED and D. KARIBIAN: J. Amer. chem. Soc. 78, 1510—1511 (1956). — MASUDA, Y., u. H. TAKADA: Physiol. Plantarum (Copenh.) 10, 649—658 (1957). — MILLER, G. W., and H. J. EVANS: Plant Physiol. 31, 357—364 (1956). — DE MOSS, J. A., and G. D. NOVELLI: Biochim. biophys. Acta 22, 49—61 (1956). — MÜLLER, R.: Naturwissenschaften 44, 622 (1957). — MÜLLER-EBERHARD, H. J., and H. G. KUNKEL: J. exp. Med. 104, 253—269 (1956).

OOTA, Y.: Physiol. Plantarum (Copenh.) 10, 910—921 (1957).

PERNER, E. S.: Naturwissenschaften 44, 336 (1957). — PIRSON, A., u. G. SCHAEFER: Protoplasma (Wien) 48, 215—220 (1957) — PLESHKOV, B. P., and SH. IVANKO: Biochimija 21, 469—498 (1956). — POGLAZOV, B. F.: Dokl. Akad. Nauk SSSR 109, 597—599 (1956). — POLITIS, J.: Protoplasma (Wien) 48, 261—268 (1957). — POLITIS, J.: Protoplasma (Wien) 48, 269—275 (1957). — POWERS, E. L., C. F. EHRET, L. E. ROTH and O. T. MINICK: J. biophys. biochem. Cytol. 2, Suppl. 341—346 (1956). — PRESS, N.: Amer. J. Bot. 44, 461—469 (1957). — PRICE, C. A., A. FONNESCU and R. E. DAVIES: Biochem. J. 64, 754—768 (1956).

RAACKE, I. D.: Biochem. J. 66, 101—110 (1957). — RAACKE, I. D.: Biochem. J. 66, 110—113 (1957). — RAACKE, I. D.: Biochem. J. 66, 113—116 (1957). — RUDZINSKA, M. A.: J. biophys. biochem. Cytol. 4, 195—202 (1958).

SAGER, R., and G. E. PALADE: J. biophys. biochem. Cytol. 3, 463—488 (1957).— SCHAEFER, G.: Planta (Berlin) 51, 414—439 (1958). — SCHULTZE, H. E.: Angew. Chem. 69, 616 (1957). — SEDAR, A. W., and M. A. RUDZINSKA: J. biophys. biochem. Cytol. 2, 331—336 (1956). — SISAKJAN, N. M.: Bull. Soc. roy. Sci. Liège 25, 222—248 (1956). — SISAKJAN, N. M.: Bull. Soc. roy. Sci. Liège 25, 452—479 (1956). — SISAKJAN, N. M.: Izv. Akad. Nauk. SSSR., Ser. Biol. 6, 3—18 (1956). — SISAKJAN, N. M., and M. S. ODINTSOVA: Biochimija 21, 577—584 (1956). — SISAKJAN, N. M., and I. I. FILIPPOVICH: Biochimija 22, 375—383 (1957). — STEWARD, F. C., R. G. S. BIDWELL and E. W. YEMM: Nature (Lond.) 178, 734—738 u. 789—792 (1956). — STRUGGER, S.: Protoplasma (Wien) 48, 231—236 (1957).

TOBIOKA, M., and J. J. BIESELE: J. biophys. biochem. Cytol. 2, Suppl. 319—324 (1956). — TORIYAMA, H.: Cytologia (Tokyo) 18, 283 (1953). — TORIYAMA, H.: Cytologia (Tokyo) 19, 29 (1954). — TORIYAMA, H.: Cytologia (Tokyo) 19, 286 (1954). — TORIYAMA, H.: Cytologia (Tokyo) 20, 367 (1955). — TS'O, P. O., L. EGGMAN and J. VINOGRAD: Biochim. biophys. Acta 25, 532—542 (1957). — TS'O, P. O., L. EGGMAN and J. VINOGRAD: Arch. Biochem. Biophys. 66, 64—70 (1957).

WEBSTER, G. C.: Plant Physiol. 36, 9—10 (1956). — WEINTRAUB, M.: New Phytologist 50, 357 (1956). — WETTSTEIN, D. V.: Hereditas (Lund) 43, 303—317 (1957). — WETTSTEIN, D. V.: Exp. Cell Res. 12, 427—506 (1957). — WILD, D. G., and C. HINSHELWOOD: Proc. Roy. Soc. (Lond.), Ser. B. 145, 24—31 (1956). — WITTEKIND, D., u. A. VÖLCKER: Protoplasma (Wien) 48, 535—545 (1957). — WOHLFARTH-BOTTERMANN, K. E.: Z. Naturforschg. 11b, 578—581 (1956). — WOHLFARTH-BOTTERMANN, K. E.: Z. Naturforschg. 12b, 164—167 (1957). — WOHLFARTH-BOTTERMANN, K. E.: Zool. Anz. Suppl. 20, 242—249 (1957). — WOLKEN, J. J.: J. Protozool. 3, 211—221 (1956). — WOOD, TH. H., and A. M. ROSENBERG: Biochim. biophys. Acta 25, 78—87 (1957).

YCAS, M., and G. BRAWERMAN: Arch. Biochem. Biophys. 68, 118—129 (1957). — YEMM, E. W., and B. F. FOLKES: Ann. Rev. Plant Physiol. 9, 245—280 (1958).

ZEIGER, K., u. W. SCHMIDT: Z. Zellforschg. 45, 578—588 (1957).

# 12. Wasserumsatz und Stoffbewegungen.

Von Bruno Huber, München, und Leopold Bauer, Tübingen.

Mit 1 Abbildung.

## A. Allgemeines; osmotische Zustandsgrößen.

Auf die Bedeutung des hydrostatischen Druckes als einer bisher zu wenig beachteten Umweltbedingung für Wasserpflanzen haben Gessner und seine Schüler Ferling und Sturm hingewiesen: Überdrucke von mehr als einer halben Atmosphäre vertreiben bei submersen Blütenpflanzen die Luft aus den Intercellularen und führen zu hemmenden und schließlich tödlichen Infiltrationen; außer dem Wachstum wird besonders die Anlage von Adventivwurzeln und Blütenknospen gehemmt, die Internodienstreckung dagegen durch Erhöhung der Zellteilungsrate gefördert. Viel resistenter sind einzellige Grünalgen: Erst Drucke von einigen Hundert Atmosphären können die Zellteilung unterdrücken, in einem gewissen Druckbereich bisweilen auch stimulieren; in erhöhtem Maße gilt das von den „barophilen" Organismen (hauptsächlich Bakterien) der Tiefsee, über welche Zo-Bell eine Reihe wertvoller Arbeiten veröffentlicht hat (Literaturangaben bei Sturm). Umgekehrt ergibt sich in *Sphagnum*-Bülten infolge schlechten Nachleitvermögens ein starkes Nachlassen des Wachstums, sobald sie sich auch nur um wenige Zentimeter über den Moorwasserspiegel erheben (Overbeck u. Happach).

Über den anscheinend freier Diffusion (End- und Exosmosen) zugänglichen Anteil des Zellvolumens ("apparent free space") und sein Gegenstück, das durch Semipermeabilität osmotisch abgeschirmte Volumen ("osmotic volume"), haben die Referate von Burström (Fortschr. Bot. **19**, 221 ff.), Briggs u. Robertson sowie Kramer ausreichend unterrichtet. Höfler erinnert unsere raschlebige und vergeßliche Zeit mit Recht daran, daß die Notwendigkeit einer solchen Trennung bereits in den ersten plasmometrischen Arbeiten nicht nur begrifflich klar herausgearbeitet worden ist, sondern daß auch schon damals recht genaue Bestimmungen vorgelegt wurden, wobei Höfler (1918) mit einer konstanten „Plasmakorrektur" für den nicht lösenden Raum rechnete, während Walter (1923) eine konzentrationsabhängige Quellungskurve für den plasmatischen Anteil ermitteln konnte.

## B. Wasser- und Stoffaufnahme[1].

Zwischen Wasser- und Ionenaufnahme finden sich grundsätzlich immer wieder die in Fortschr. Bot. **17**, 496 dargestellten Beziehungen

[1] Um unnötige Überschneidungen zu vermeiden, soll die Mineralstoffaufnahme im allgemeinen in Burströms Beitrag „Mineralstoffwechsel" referiert werden; wir werden darauf nur noch so weit eingehen, als es der Zusammenhang mit der Wasseraufnahme erfordert. Der Einfluß von Wuchs- und Hemmstoffen auf die Wasserpermeabilität (u. a. v. Guttenberg u. Reiff, Hasman) wird im Abschnitt „Zellphysiologie und Protoplasmatik" besprochen.

(vgl. auch die Sammeldarstellungen ROBERTSONs und FISCHERs im Handbuch der Pflanzenphysiologie, Bd. 4), doch sind sowohl BROUWER wie KYLIN u. HYLMÖ durch Versuche mit abgestufter Transpiration und über zwei Zehnerpotenzen abgestuften Salzkonzentrationen weiterhin um eine klarere Abgrenzung der Anteile passiven und aktiven Ionentransports bemüht. Es zeigt sich, daß bei rein passiver Aufnahme, wie sie durch Sauerstoffentzug oder Dinitrophenol angestrebt wird, das Gefäßwasser infolge Filtrierung nur Bruchteile (2—4%) der in der Außenlösung gebotenen Ionenkonzentration mitführt. BROUWER betrachtet daher schon Gefäßwasserkonzentrationen von 13—24% der Außenkonzentration, wie er sie in gut durchlüfteten Nährlösungen besonders nach Zuckerzusatz findet, als aktiv angereichert. KYLIN u. HYLMÖ finden eine solche aktive Anreicherung vor allem bei stark verdünnten (0,05 millimolaren), weniger bei konzentrierteren (0,5—5 millimolaren) Außenlösungen.

Lupinenwurzeln zeigen tagsüber (d. h. wenn die Sprosse assimilieren) eine starke selektive Förderung der Kaliumaufnahme; auf diesem Austausch von Kalium- gegen H-Ionen beruht die tagesperiodische Ansäuerung des Substrates (Sand- und Wasserkulturen). Die Wirkung der Atmungskohlensäure tritt demgegenüber völlig in den Hintergrund; ihre Periode läuft überdies entgegengesetzt (nächtliches Maximum; FUSS).

Neben Sauerstoffentzug und Atmungsgiften hemmen bekanntlich auch niedere Temperaturen die aktiven Aufnahmevorgänge, und zwar die Ionenaufnahme stärker als die Wasseraufnahme. Es gehört in diesen Erscheinungskomplex, daß nach GREB die Xeromorphie der Hochmoorpflanzen weniger auf absolutem Stickstoffmangel als unzureichender Stickstoffaufnahme bei niedrigen Temperaturen (0—2°) beruht; Verf. beweist das u. a. durch Versuche mit geteilten Wurzelsystemen, die teils bei 0—2°, teils bei 15—25° (Lufttemperaturen) gehalten werden[1]. Da Wassermangel in diesem Fall überhaupt nicht im Spiel ist, schlägt er vor, die Bezeichnung Xeromorphie fallenzulassen und besser allgemein von Peinomorphosen (Hunger- oder Mangelmorphosen) zu sprechen.

Angesichts der hohen Bedeutung aktiver Aufnahmevorgänge interessiert zunehmend die Sauerstoffversorgung der Wurzeln: Schon im letzten Bericht (Fortschr. Bot. **19**, 211, Fußnote 2) war darauf hingewiesen worden, daß bei Sumpfpflanzen diese Versorgung u. U. vom Sproß her erfolgen kann. SCHOLANDER, VAN DAM u. SCHOLANDER legen nun auch eine neue Untersuchung über die Sauerstoffaufnahme der Luftwurzeln der Mangroven vor. Bereits 2—3 m hohe Avicennien besitzen über 10000 20—30 cm aus dem Boden ragende Atemwurzeln (Pneumatophoren). So wie nun die unterschiedliche Wasserlöslichkeit von Sauerstoff und Kohlensäure bei assimilierenden submersen Wasserpflanzen zu einem Überdruck in den Intercellularen führt, so kommt es

---

[1] Auch RICHARDSON benützt bei seinen Untersuchungen über Wurzelwachstum einen Spezialthermostaten, der den Wurzelraum bis zu 15° abweichend vom Sproßraum zu temperieren gestattet (auch bei Frosthärteuntersuchungen bedeutsam).

im Wechsel der Gezeiten in den submersen Atemwurzeln infolge Lösung der Atmungskohlensäure zu einem gut meßbaren Unterdruck (etwa 50 cm Wasserdruck), der beim Wiederauftauchen ein Ansaugen sauerstoffreicher Luft bewirkt. Ähnliches gilt auch für die Stelzwurzeln von *Rhizophora* mit ihren übergroßen Lenticellen. Damit bestätigen sich wenigstens z. T. die alten Vorstellungen WESTERMAIERs, der 1900 den Wurzeln der Mangroven einen „wahren Atmungsmechanismus mit Inspiration und Exspiration" zugeschrieben hatte (Näheres bei HUBER u. ZIEGLER, Handbuch der Pflanzenphysiologie, Bd. 12).

Die Pflanzenphysiologen arider Gebiete beschäftigt immer wieder die Frage, wie weit oberirdisch aufgenommener Tau auch den Wurzeln und vielleicht sogar dem Boden zugeführt werden kann. Nach BREAZEALE und DUVDEVANI (vgl. Handbuch der Pflanzenphysiologie, Bd. 3, 225—227) hat nun der Australier SLATYER Wurzeln und Sprosse einjähriger Kiefernsämlinge in getrennte Behälter eingeschlossen und im temperaturkonstanten Raum bei Umkehr der Feuchtigkeitsgefälle inverse Wasserverschiebungen vom Sproß nach der Wurzel in der Größe von etwa 2 g gefunden; BORMANN findet unterhalb einer gewissen Bodenfeuchtigkeit sogar einen Wasseraustausch zwischen Pflanzen desselben Topfes.

## C. Wasser- und Stoffabgabe.

### 1. Allgemeines.

Die Versorgung der wachsenden Menschheit mit gesundem Trink- und ausreichendem Gebrauchswasser gehört zu den bedeutsamsten öffentlichen Aufgaben. In Deutschland tritt 1959 ein neues Wasserhaushaltgesetz in Kraft, das die Verschmutzung durch Abwässer eindämmen soll (WÜSTHOFF; über den Wasserhaushalt im Ruhrgebiet, vgl. speziell KIRWALD). Noch wichtiger ist die Wasserbewirtschaftung für die Trockengebiete der Erde (BOYCO, EVENARI und KOLLER, WALTER). Dort werden zur Besserung der Wasserbilanz des Landes z. T. überraschende Wege eingeschlagen: In einem großen australischen Wasserreservoir wurde durch einen Film von Cetylalkohol, einem Nebenprodukt der Walölverarbeitung, die im Jahresdurchschnitt 200 mm betragende Verdunstung um 37% herabgesetzt und in 14 Wochen eine Million Kubikmeter Wasser eingespart; ähnliche Versuche laufen in Nord- und Südamerika, Afrika, Indien usw. (MOULTON, MANSFIELD); welchen Einfluß solche Filme auf die Biologie der behandelten Seen haben, bleibt abzuwarten.

Wo Wasser zur Verfügung steht, findet künstliche Berieselung, Beregnung und Besprühung steigende Anwendung. Eine Beregnung von allerdings 2 mm/h vermag durch die Erstarrungswärme sogar eine Abkühlung unter den Gefrierpunkt weitgehend zu verhindern und scheint in kostbaren Weinlagen wirtschaftlich zu sein; auch Tomaten konnten auf diese Weise heil durch Nächte mit Abkühlung bis — 12° gebracht werden. Mit diesen Fragen der „*Frostberegnung*" beschäftigte sich 1957 eine internationale Tagung in Bozen (NIEMANN).

### 2. Ökologisches.

Schöne Beobachtungen über die ökologische Bedeutung der Transpirationskühlung für Wüstenpflanzen der Sahara hat LANGE mitgeteilt: Die in Warmwasser bei halbstündigem Aufenthalt ermittelte Hitzeresistenz schwankte zwischen 44° und 59°, lag also z. T. deutlich unter den am Standort vorkommenden Höchsttemperaturen. Thermoelektrische Temperaturregistrierungen zeigten aber, daß die Pflanzen mit geringer Resistenz wie *Citrullus colocynthis* durch eine überraschend lebhafte Transpiration bis zu 10° unter Lufttemperatur bleiben („Untertemperaturtyp"; beim Abschneiden steigen die Temperaturen schnell bis zu 20° an), während schwach transpirierende Pflanzen bei Tag naturgemäß übertemperiert, aber dafür durch höhere Resistenz geschützt sind („Übertemperaturtyp"). Trotzdem wurden an der natürlichen Vegetation vielfach Hitzeschäden beobachtet; sie scheinen z. B. die Grenze der Steppenakazie, *Acacia senegal*, gegen die Wüste zu bestimmen. Sehr sorgfältige thermoelektrische Temperaturmessungen der von Einstrahlung, Transpiration und Luftbewegung bestimmten Über- bzw. Untertemperaturen von Blättern und Blattmodellen verdanken wir BERGER-LANDEFELDT und CASPERSON.

Die großen Fortschritte der *Klimatisierungstechnik* veranlassen nun auch Forscher mit ökologischer Fragestellung, immer größere Teile ihrer Untersuchungen in Klimahäuser zu verlegen, wo man Konstellationen einstellen kann, auf die man im Freiland oft lange warten muß oder die sich nur auf Expeditionen in abgelegene Gebiete finden. Die vorbildlichste Verwirklichung stellt z. Z. WENTs „Phytotron" in Pasadena dar. WENT hat über Einrichtung und Forschungsergebnisse dieses größten Klimagewächshauses der Erde ein Buch "The experimental control of plant growth" veröffentlicht und in einem Gutachten für die australische Regierung solche Einrichtungen als wirtschaftlicher bezeichnet als Expeditionen. Die Niederlande (BRAAK u. SMEETS) und Frankreich (TRONCHET) sind mit ähnlichen Anlagen gefolgt. Die neueste Entwicklung verlangt neben einer konstanten eine die natürliche Periodik nachahmende wechselnde Klimatisierung. WENT begnügt sich damit, die Pflanzen zwischen konstant klimatisierten Räumen hin- und herzufahren; an der Xenonhochdrucklampe können aber RÜSCH u. MÜLLER die Lichtintensität bei gleichbleibender Qualität durch einen Regeltransformator in weiten Grenzen variieren und damit den natürlichen Tagesgang nachahmen. Über die besondere Klimatisierung des Wurzelraumes vgl. oben S. 145, Fußnote 1. Grundsätzlich haben sich über das Verhältnis von Freiland- und Laboratoriumsforschung und ihre gegenseitige Ergänzung HUBER, STOCKER und WALTER geäußert.

### 3. Physiologisches (Spaltöffnungsregulationen).

Die hier im Vorjahr (Fortschr. Bot. **19**, 209, Fußnote 1) zurückhaltend referierte Hypothese, daß an den Schließbewegungen der Spaltöffnungen aktive Wasserverschiebungen beteiligt seien, ist durch neue Untersuchungen STÅLFELTs wesentlich gestützt worden. Näheres berichtet darüber HAUPT im Abschnitt „Bewegungen". — Die Fähigkeit der Spaltöffnungen, auf Licht-Dunkel-Wechsel zu reagieren, klingt nach POLSTER u. REICHENBACH bei dürreempfindlichen Pappelsorten bei höheren Wassergehalten ab als bei dürreresistenten. Nach PARKER sinkt die Transpiration nach dem Abschneiden bei angespannter Wasserversorgung (Eichenblätter am Mittag) rascher als bei guter (nachts), wo die Transpiration in den ersten Minuten nach dem Abschneiden sogar ansteigen kann.

### D. Anatomie der Leitungsbahnen.

### 1. Hoftüpfel.

Die in Fortschr. Bot. **18**, 234 aufgeworfene Frage, ob auch die kleineren, dichtgestellten Hoftüpfel der Laubhölzer einen ähnlichen Torus besitzen wie die der Gymnospermen, ist nach den bisher vorliegenden Stichproben (MÜHLETHALER für *Populus*, EICKE für *Drimys*, LIESE für *Betula*, *Fagus*, *Populus* und *Salix*) zu verneinen: „Die Tüpfelhaut ist als Membran ohne sichtbare Öffnungen ausgebildet; sie

besitzt keinen Torus; die Elementarfibrillen zeigen Primärwandtextur"
(LIESE). Unter den Gnetales besitzt *Ephedra* einen Torus, *Gnetum*
dagegen nicht; EICKE schließt daraus, daß sich diese beiden Gattungen
in der Stammesgeschichte schon sehr früh voneinander getrennt haben.

HUBER u. MERZ haben die physiologische Wirksamkeit des Hoftüpfel-
verschlusses (Fortschr. Bot. **18**, 233 f.) weiter geprüft und gefunden, daß
die Schnelligkeit des Verschlusses sehr stark druckabhängig ist: Die
Filtration sinkt mit der Zeit bei höheren Drucken nicht nur absolut,
sondern auch relativ weit stärker als bei niederen Drucken. Vergleicht
man z. B. die Wasserdurchlässigkeit von Lärchensplintholzproben bei
Druckgefällen von 1 und 20 Atm./m, so entsprechen dem Druckverhältnis
1 : 20 anfangs Durchlässigkeitsunterschiede von 1 : 125, am Ende des
Versuches aber nur noch 1 : 3. Bei der Größenordnung des natürlichen
Saftstroms (0,1 Atm./m) treten überhaupt keine Torusverlagerungen
auf. — Ein Zufallsfund einfacher Gefäßdurchbrechungen in einer Holz-
probe von Sequoia sempervirens (JANE) beweist, wie früh in der Stammesgeschichte diese Anlage vorhanden sein kann, auch wenn sie meist latent
bleibt. Tracheidenstränge mit Perforationen nur in den Endzellen jedes
Stranges („perforierte Pseudotracheiden") beschreibt LEMESLE für eine
xerophytische australische Umbellifere (*Trachymene compressa*).

## 2. Siebröhren und Geleitzellen; Kallose.

Seitdem man den großkernigen und plasmareichen Geleitzellen eine
Hilfsfunktion beim Transport der Assimilate in den kernlosen Siebröhren
zutraut, schenken auch die Anatomen diesem Zelltyp gesteigerte Aufmerksamkeit: Nach der äußerst sorgfältigen Monographie von CHEADLE
u. ESAU besitzt die den Ranales zugerechnete Familie der *Calycanthaceae*
im sekundären Phloem kurze, oft unregelmäßig gestaltete Geleitzellen,
welche die Siebröhrenglieder meist auf weniger als der Hälfte ihrer Länge
und einem noch viel kleineren Teil der Fläche begleiten und ohne erkennbare Regel ihren Radial- und Tangentialwänden seitlich oder auch
terminal anliegen. Auf ein Siebröhrenglied kommen meist 1 oder 2 Geleitzellen (38% bzw. 43% aller Fälle); doch konnten einwandfrei auch
Siebröhrenglieder ohne Geleitzellen (9 von 193) und andererseits wieder
mit bis zu fünf voneinander getrennten Geleitzellen festgestellt werden.
Vom Phloemparenchym sind die Geleitzellen durch folgende Merkmale
eindeutig, wenn auch nicht in jedem Einzelfalle leicht zu unterscheiden:

| | Geleitzellen | Parenchymzellen |
|---|---|---|
| Plasma . . . . . . . . . . | dicht | dünner |
| Wand gegen die Siebröhre . | dünn, reich getüpfelt | dicker, spärlich getüpfelt |
| Stellung zueinander . . . | isoliert | in Strängen |

Für Siebröhren wird eine Spezialuntersuchung über die oft so auffällig perlmutterglänzend verdickten Wände (état nacré, nacreous
thickning) angekündigt; dieser Zustand verschwindet bei Fixierung und
Entwässerung nicht, beruht also nicht — wie oft angenommen — auf
hochgradiger Quellung.

Einen sonst noch nirgends beobachteten Typ assimilatleitender Zellen stellen die **Phloembeckenzellen** in den Knoten der Dioscoreaceen dar, welche die Kontinuität des Siebröhrensystems auffällig unterbrechen. Sie überbrücken die internodialen Siebröhrenstänge auf stark verbreitertem Querschnitt durch eine Vielzahl relativ kurzer Zellen (Abb. 9). Diese Phloembeckenzellen sind dünnwandig, plasmareich und besitzen einen dauernden Zellkern, aber keine lichtmikroskopisch

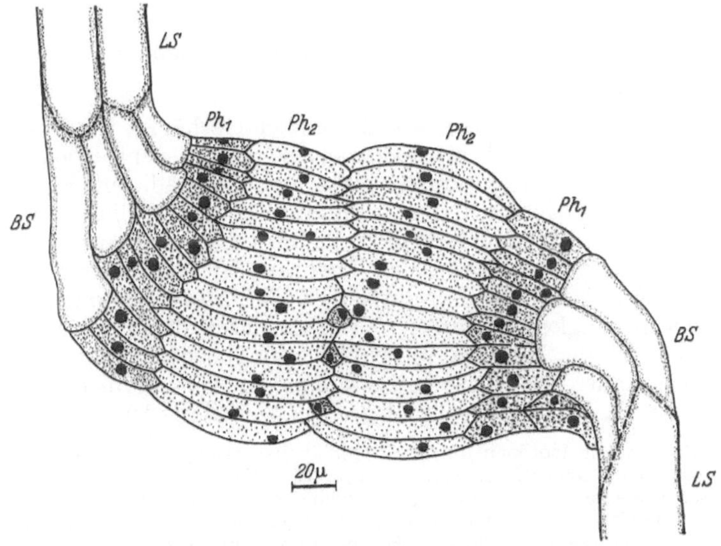


Abb. 9. Halbschematisierte Zeichnung eines Phloembeckens: *LS* Siebröhren der Leitbündel; *BS* Beckensiebröhren; *Ph₁* u. *Ph₂* Phloembeckenzellen 1. u. 2. Ordnung; zwischen den *Ph₂* noch einige kleine Phloembeckenzellen 3. Ordnung. Nach BRAUN.

erkennbare Siebtüpfelung; zum Unterschied von Parenchymzellen führen sie niemals Stärke. Die homologen Zellen des Xylembeckens sind als typische Tracheiden ausgebildet (BRAUN).

Wesentlich bereichert wurden in den letzten Jahren unsere Kenntnisse über die **Kallose**: Darunter versteht man bekanntlich seit MANGIN (1890) eine von der Cellulose färberisch abweichende Wandsubstanz zunächst unbekannter Zusammensetzung. Als Reagens auf Kallose diente bisher vorwiegend Anilinblau (CURRIER u. STRUGGER), Resorcinblau, Corallin-Soda, neuerdings eine aus dem Komplexfarbstoff Wasserblau eluierbare Komponente (ARNOLD, KLING). Anhand solcher Färbungen erweist sich Kallose als viel verbreiteter als ursprünglich angenommen [Einzelheiten im Sammelreferat ESCHRICH (1); vgl. auch CURRIER, MÜLLER-STOLL u. LERCH sowie THALER u. WEBER]. Klassisch bekannt als Auskleidung der Siebporen, wo sie zu winterlichen oder dauernden Verschlüssen der Siebplatten (Callusbelägen) anschwellen können, sind sie von CURRIER u. STRUGGER in der Epidermis der Küchenzwiebel auch als Auskleidung gewöhnlicher Tüpfel nachgewiesen worden;

auch hier können sie unter Rohrzuckereinfluß stark anschwellen und bei Plamolyse schon nach $1^1/_2$ Std. als „flüssige" Kallose den Plamolyse-vorhof erfüllen [ESCHRICH (2)]. Nachdem ESCHRICH seinerzeit durch Abbauversuche nachgewiesen hatte, daß das Polysaccharid Kallose ausschließlich aus d-Glucose aufgebaut ist (Fortschr. Bot. **17**, 500), haben FREY-WYSSLING, EPPRECHT u. KESSLER neuerdings aus dem Phloem der Weinrebe 140 mg Kallose für chemische Analysen gewonnen, deren Ergebnissen man mit Spannung entgegensieht[1].

## E. Wasser- und Stoffleitung im Xylem.

Die Probleme des Saftsteigens (SCHOLANDER u. Mitarb.; Sammelbericht von GREENIDGE) wirken z. Z. ziemlich erschöpft. VITÉ hat, von den sonst üblichen Anfärbemethoden abweichend, verschiedenen Nadelhölzern Farbstofflösungen durch einen einzigen radialen Stichkanal zugeführt und beobachtet, daß sich diese zunächst geradlinige Anfärbe-figur aufwärts zu einer Spirale umformt. Das ist darauf zurückzuführen, daß der Farbstoff entsprechend dem Drehsinn der Tracheiden abgelenkt wird, und zwar innen (bei vermutlich gleicher absoluter) mit größerer Winkelgeschwindigkeit als außen. Verf. vermutet, daß auf diese Weise (zusammen mit der radialen Markstrahlleitung) jeder Zweig mit jeder Wurzel verbunden wird, was bei geradlinigem Aufstieg nicht der Fall wäre, und erblickt darin einen biologischen Vorteil des Drehwuchses.

Der Einsatz von Isotopen für Geschwindigkeitsmessungen des Transpirations-stromes ist nichts Neues (vgl. Fortschr. Bot. **17**, 499). Überraschend sind jedoch mit dieser Methode erzielte Transportgeschwindigkeiten ($P^{32}$, $J^{131}$, $S^{35}$ und $D_2O$), welche AKHROMEIKO u. ZHURAVLEVA auf stark ausgetrockneten Böden, bzw. bei Herabsetzung des Wassergehaltes des Holzes auf 33—36% ermittelten. Sie fanden Geschwindigkeiten von 18—25 m/min stammaufwärts, bzw. über 32 m/min stamm-abwärts (Einführung über das Blatt). Es handelt sich offenbar nicht um Dauer-geschwindigkeiten, sondern um die Anfangsgeschwindigkeiten, mit denen Wasser beim Anschnitt in stark untersättigte Pflanzenteile stürzt; für diesen Fall hatte schon BOSE ähnliche Größenordnungen angegeben.

Nach HÖHN u. BOY verbraucht der Haferkeimling das vom Wurzel-druck gelieferte Wasser größtenteils für das Streckungswachstum, während nur ein kleinerer Rest guttiert wird; da die Wasserförderung durch den Wurzeldruck über längere Zeiten ziemlich konstant bleibt, laufen die (endonomen) Rhythmen von Wachstum und Guttation einander entgegen so wie die Wasserführung kleiner Rinnsale der Transpiration der angrenzenden Vegetation (KAUSCH; vgl. auch Fortschr. Bot. **15**, 270). Dämpfe ätherischer Öle hemmen die Transpiration und fördern damit indirekt die Guttation auch bei Luftfeuchtigkeiten, bei denen sie sonst fehlt (HÖHN u. ELFERT). — Auf weitere Blutungs- und Gefäßsaftanalysen (BAKHUIS, BOLLARD, REUTER) sei diesmal nur hingewiesen.

---

[1] Im fast 1500 Seiten starken Kohlenhydratband des Handbuchs der Pflanzen-physiologie wird die Kallose merkwürdigerweise überhaupt nicht erwähnt, während der Cellulose und den Pektinen je etwa 60 Seiten gewidmet werden.

# F. Assimilat- und Stoffleitung im Phloem.

## 1. Phloemleitung.

Zwar ist im Handbuch der Pflanzenphysiologie der 13. Band „Der Stofftransport in der Pflanze" von SCHUMACHER noch nicht erschienen, doch hat sein Mitarbeiter FISCHER in den Bänden 4, 6 und 8 (Mineralische Ernährung, Kohlenhydrate, Stickstoffumsatz) gute Übersichten über den Transport der betreffenden Stoffgruppen beigesteuert. Besonders starke Transportverflechtungen ergeben sich beim Stickstoffumsatz, weil jedes Blatt in seiner Entwicklung früh ein Maximum im absoluten Stickstoffgehalt durchläuft und bald darauf von seinem Vorrat an jüngere Blätter abgibt. Diese Wege zu entwirren, wird nicht leicht sein, wobei besonders unsere Unkenntnis über den Anteil der Markstrahlen an den Transportvorgängen bedauert wird.

Von den drei Phasen des Ferntransportes, dem Eintritt der Transportstoffe in die Siebröhren, der Wanderung in ihnen und der Entnahme aus ihnen, war bisher die letzte am wenigsten untersucht. Wir verzeichnen daher einen modernen Beitrag zu dieser letzten Frage mit besonderer Genugtuung an erster Stelle: ZIMMERMANN hatte im Siebröhrensaft der Esche papierchromatographisch neben dem üblichen Rohrzucker (0,05—0,1 Mol) die ganze „Stachyose-Familie" Raffinose (0,05—0,1 Mol), Stachyose (0,15—0,3 Mol) und Spuren von Verbascose festgestellt, also Oligosaccharide, welche sich vom Rohrzucker durch Einbau von 1, 2 und 3 Galaktosemolekülen unterscheiden (in geringeren Mengen finden sich diese höheren Oligosaccharide auch im Siebröhrensaft von Ulme, Linde und Pappel); Monosaccharide und Zuckerphosphate wurden nicht gefunden. In einer dritten Mitteilung werden nun die basalen Gefälle dieser verschiedenen Zucker besonders vor dem herbstlichen Laubfall und nach künstlicher Entblätterung untersucht. Dabei zeigt sich, daß stets die höheren Oligosaccharide schneller abnehmen als der Rohrzucker (dessen Konzentration bisweilen sogar zunehmen kann). Das ist wohl nur so zu erklären, daß sich die Entnahme aus den Siebröhren zunächst auf die Galaktose erstreckt, wobei Rohrzucker entsteht und am spätesten angegriffen wird. Die Entnahme erweist sich damit, wie zu erwarten, als ein aktiver Stoffwechselvorgang. Verf. kommt daher zum Schluß, daß die Sekretion in die Siebröhren als Druckpumpe turgorsteigernd, die Entnahme als Saugpumpe turgorsenkend wirkt, während für die Bewegung in den Siebröhren selbst eine passive Massenströmung ausreicht.

Die Sekretion in die Siebröhren ist bisher vor allem für die Kohlenhydrate diskutiert worden (vgl. Fortschr. Bot. **18**, 235 f.). Beginn und Ausmaß dieses Vorganges dürfte nach allen Erfahrungen weitgehend vom Angebot wanderfähiger Zucker in der Blattspreite mitbestimmt werden. Für die N-Verbindungen sind die regulierenden Faktoren des Abtransportes aus dem Blatt offenbar komplexerer Natur. Einsetzen des Eiweißabbaues in Blütenblättern braucht durchaus nicht mit dem Beginn des Abtransportes löslicher N-Verbindungen zusammenzufallen; es können sogar Phasen des Eiweißabbaues und der Aufnahme weiterer N-Körper zusammenfallen (MATTHAEI; vgl. auch PHILLIS und MASON 1936).

Für eine passive Druckströmung in den Siebröhren sprachen auch die im letzten Bericht (Fortschr. Bot. **19**, 217, Fußnote 1) kurz referierten

Versuche MITTLERs, daß aus abgeschnittenen Blattlausrüsseln tagelang Siebröhrensaftmengen austreten, welche pro Rüssel stündlich dem Inhalt von etwa 100000 Siebröhrengliedern entsprechen; diese Beobachtungen werden nun durch solche von MOTHES u. ENGELBRECHT ergänzt, welche an Blattstecklingen von *Symphytum officinale* auch nach dem Zurückziehen der Blattlausrüssel ein wochenlanges Anhalten der Honigtausekretion feststellen, sofern die zurückbleibende Speichelscheide für eine nachhaltige Drainage der Siebröhren sorgt. — Der Schaum der Zikaden ist dagegen ein Protein, dessen Aminosäureausstattung für das Tier spezifisch und von der Wirtspflanze unabhängig ist (ZIEGLER u. ZIEGLER).

Bei der Diskussion einer aktiven Beteiligung des Phloems am Transport kommt neben den im Vorjahr (Fortschr. Bot. **19**, 217) referierten Versuchen mit Atmungsgiften direkten Bestimmungen der Atmungsgröße Bedeutung zu: ESAU, CURRIER u. CHEADLE hatten als Anatomen berechtigten Anstoß daran genommen, daß KURSANOV die hohe Leitbündelatmung ohne weiteres als Phloematmung betrachtet. ZIEGLER hat nun an den leicht isolierbaren Leitbündeln aus der Markhöhle von *Heracleum mantegazzianum* festgestellt, daß an dieser intensiven (durch die Isolierung allerdings noch gesteigerten) Atmung Phloem und Xylem (die sich bei diesem Objekt sauber trennen lassen) in gleicher Weise beteiligt sind. Die Frage, ob die Leitbündelatmung dem Transport oder bloß der Systemerhaltung dient, steht daher vorläufig noch offen.

CRAFTS hat seine Untersuchungen über die Wanderung radioaktiv markierter Herbicide auf weitere Verbindungen ausgedehnt und dabei beobachtet, daß Maleinsäure-Hydrazid und Aminotriazol aus dem Phloem viel leichter in das Xylem übertreten und dort weiterwandern, als das bei 2,4-D der Fall war. Übrigens haben HAY u. THIMAN durch direkte chemische Analysen bewiesen, daß auch 2,4-D nicht als solches die Wurzeln erreicht, sondern daß das markierte $C^{14}$ inzwischen in eine andere noch nicht identifizierte Verbindung übergetreten ist. Der interessante Befund, daß auf dem Wanderweg noch aktive Stoffwechselleistungen möglich sind, darf selbstverständlich nicht ohne weiteres gegen das Bestehen einer Massenströmung ins Feld geführt werden.

Ob Zucker (aber auch andere Stoffe), die in die Pflanze von außen eingeführt werden, sich im Phloem oder Xylem oder in beiden ausbreiten, hängt sicher zu einem wesentlichen Teil mit von den Versuchsbedingungen ab. Sollen solche Versuche eine Aussage über die Mechanik der Assilatleitung gestatten, dann muß die jeweilige Transportbahn genau bestimmbar sein und bestimmt werden. Wenig Aussagewert in dieser Hinsicht besitzen daher Versuche, in denen *Lösungen* markierter Zucker entweder mit Hilfe von Benetzungsmitteln durch die intakte Epidermis der Blätter geschleust oder über den Stiel abgeschnittener Blätter eingeführt werden und in denen anschließend die Radioaktivität der einzelnen Pflanzenabschnitte pauschal gemessen wird (NELSON u. GORHAM).


## 2. Sonderfälle.

Die Stoffwechselbeziehungen zwischen Parasiten, Symbionten u. dgl. sind durch die Isotopentechnik besser prüfbar geworden. So haben MELIN und seine Mitarbeiter in rascher Folge den Transport von Stickstoff, Phosphor, Calcium und anderen Kationen durch Mycorrhizapilze in die Wirtspflanze und umgekehrt den frisch synthetisierter Assimilate aus der Wirtspflanze in den Pilz sicherstellen können; damit ist der Beweis für das Vorliegen einer mutualistischen Symbiose erbracht. Nach VIRTANEN sollen sogar zwischen Erlen gepflanzte Fichten auf nicht näher geprüftem Wege von der symbiontischen Luftstickstoffbindung der ersteren profitieren, obwohl das Fallaub sorgfältig entfernt wurde. Besondere Bedeutung hat die Isotopentechnik für das Studium von Wurzelverwachsungen erlangt, über die BORMANN u. GRAHAM eine hektographierte Bibliographie zusammengestellt haben und eine größere Veröffentlichung ankündigen.

## Literatur.

AKHROMEIKO, A., u. M. V. ZHURAVLEVA: Fiziol. Rasteny 4, 164—170 (1957). — ARNOLD, A.: Naturwissenschaften 43, 233—234 (1956).

BAKHUIS, J. A.: Nature (Lond.) 180, 713 (1957). — BERGER-LANDEFELDT, U.: Ber. dtsch. bot. Ges. 71, 21—33 (1958). — BOLLARD, E. G.: (1) Aust. J. biol. Sci. 10, 279—301 (1957). — (2) Harvard Symp. on Tree Physiol. New York 1958 (im Druck). — BORMANN, F. H.: Plant Physiol. 32, 48—55 (1957). — BORMANN, F. H., and B. F. GRAHAM jr.: Natural root grafting in woody plants. (Bibliographie) 1957 (hektographiert). — BOYKO, H.: International Commission on applied ecology, Circular Letter No. 11 (1957). — BRAAK, J. P., and L. SMEETS: Euphytica 5, 205—221 (1956). — BRAUN, H. J.: Ber. dtsch. Bot. Ges. 70, 305—322 (1957). — BRIGGS, G. E., and R. N. ROBERTSON: Annual Rev. Plant Physiol. 8, 11—30 (1957). — BROUWER, R.: Acta bot. neerl. 5, 287—314 (1956).

CASPERSON, G.: Z. Bot. 45, 433—473 (1957). — CHEADLE, V. I., and K. ESAU: Univ. Calif. Publ. Bot. 29, 397—510 (1958). — CRAFTS, A. S.: 4. Internat. Pflanzenschutzkongreß. Kurzfass. d. Vortr. S. 68/69 (1957). — CURRIER, H. B.: Amer. J. Bot. 44, 478—488 (1957). — CURRIER, H. B., u. S. STRUGGER: Protoplasma (Wien) 45, 552—559 (1956).

EICKE, R.: Bot. Jb. 77, 193—217 (1957). — EMERSON, R.: Annual Rev. Plant Physiol. 9, 1—24 (1958). — ESAU, K., H. B. CURRIER and V. I. CHEADLE: Annual Rev. Plant Physiol. 8, 349—374 (1957). — ESCHRICH, W.: (1) Protoplasma (Wien) 47, 487—530 (1956). — ESCHRICH, W.: (2) Planta (Berl.) 48, 578—586 (1957). — EVENARI, M.: Bull. Res. Counc. Israel, 5 D, 111—116 (1955).

FERLING, E.: Planta (Berl.) 49, 235—270 (1957). — FISCHER, H.: Handbuch der Pflanzenphysiologie, Bd. IV, S. 289—306, 1958; Bd .6, 924—934 u. 952—977 (1957); Bd. 8, 610—636 (1958). — FREY-WYSSLING, A., W. EPPRECHT u. G. KESSLER: Experientia (Basel) 13, 22—23 (1957). — FUSS, K.: Flora (Jena) 144, 1—46 (1956).

GESSNER, F.: (1) Planta (Berl.) 40, 391—397 (1952). — (2) Handbuch der Pflanzenphysiologie, Bd. 16 (in Vorbereitung). — GREB, H.: Planta (Berl.) 48, 523—563 (1957). — GREENIDGE, K. N. H.: Annual Rev. Plant Physiol. 8, 237 bis 256 (1957). — GUTTENBERG, H. v., u. B. REIFF: Protoplasma (Wien) 48, 499—521 (1957).

HASMAN, M.: Rev. Fac. Sci. Univ. Istanbul 22, 73—89 (1957). — HAY, J. R., and K. V. THIMANN: Plant Physiol. 31, 382—387 u. 446—451 (1956). — HÖFLER, K., u. W. URL: Ber. dtsch. bot. Ges. 70, 462—476 (1957). — HÖHN, K. S., u. H. BOY: Beitr. Biol. Pflanz. 34, 67—82 (1957). — HÖHN, K. S., u. A. ELFERT: Beitr. Biol. Pflanz. 33, 1—16 (1957). — HUBER, B.: (1) Mitt. Bayer. Staatsforstverw. 29, 81—90 (1957). — (2) Ber. dtsch. bot. Ges. 70, 455—461 (1957). — (3) Angew. Bot. 31, 259—260 (1957). — HUBER, B., u. W. MERZ: Planta (Berl.) 51, 645—672 (1958). — HUBER, B., u. H. ZIEGLER: Handbuch der Pflanzenphysiologie, Bd. 12 (im Druck).

JANE, F. W.: New Phytologist 55, 367—368 (1956).

KAUSCH, W.: Ber. dtsch. bot. Ges. 70, 436—444 (1957). — KIRWALD, E.: Über Wald und Wasserhaushalt im Ruhrgebiet. Vorläufiger Bericht über Untersuchungen in den Abflußjahren 1951—1953. Essen 1955. — KLING, D.: Diss. Stuttgart (noch nicht veröffentlicht). — KOLLER, D.: Bull. Res. Counc. of Israel 5 D, 116—119 (1955). Essen 1955. — KRAMER, P. J.: Science 125, 633—635 (1957). — KYLIN, A., and B. HYLMÖ: Physiol. Plantarum (Copenh.) 10, 467—484 (1957).

LANGE, O. L.: Ber. dtsch. bot. Ges. **70**, Gen. Vers. Heft 1957 (im Druck). — LEMESLE, R.: C. R. Acad. Sci. (Paris) **244**, 2413—2415 (1957). — LIESE, W.: Holz Roh- u. Werkstoff 1958 (im Druck).

MANGUM SHIELDS, L.: Bot. Rev. **16**, 399—447 (1956). — MANSFIELD, W. W.: Nature (Lond.) **175**, 274 (1955). — MATTHAEI, H.: Planta (Berl.) **48**, 468—522 (1957). — MELIN, E.: Sv. bot. Tidskr. **48**, 86—94 (1954). — MELIN, E., and H. NILSSON: Sv. bot. Tidskr. **48**, 555—558 (1954); **49**, 119—122 (1955); **51**, 166—186 (1957). — MELIN, E., and V. S. RAMA DAS: Physiol. Plantarum (Copenh.) **7**, 851—858 (1954). — MOTHES, K., u. L. ENGELBRECHT: Flora (Jena) **145**,132—145 (1957). — MOULTON, K. B.: Weather (publ. R. Meteorol. Soc. London) **12**, 223—225 (1957). — MÜHLETHALER, K.: Z. Zellforsch. **38**, 299—327 (1953). — MÜLLER-STOLL, W., u. G. LERCH: (1) Flora (Jena) **144**, 297—334 (1957). — (2) Biol. Zbl. **76**, 595—612 (1957).

NELSON, C. D., and P. R. GORHAM: Canad. J. Bot. **35**, 339—347, 703—713 (1957). — NIEMANN, A.: Akten der Internationalen Tagung für Frostberegnung. Handels-, Industrie- und Landwirtschaftskammer Bozen, 27. Sept. 1957.

OVERBECK, F., u. H. HAPPACH: Flora (Jena) **144**, 335—402 (1957).

PARKER, J.: Bot. Gaz. **119**, 93—101 (1957). — POLSTER, H.: Wiss. Abh. Nr.27, Dtsch. Akad. Landwirtschaftswiss. Berlin, 99—147 (1957). — POLSTER, H., u. H. REICHENBACH: Biol. Zbl. **76**, 700—721 (1957).

REUTER, G.: (1) Flora (Jena) **144**, 420—446 (1957). — (2) Kulturpflanze **5**, 139—185 (1957). — RICHARDSON, S. D.: (1) Kon. Ned. Akad. Wet. Proc. **59**, 694—701 (1956); **60**, 624—629 (1957). — (2) Intern. Symp. on Tree-Physiol. Harvard Univ. Maria Moors Cabot Foundation, Publ. **4** (1958) (im Druck). — ROBERTSON, R. N.: Handbuch der Pflanzenphysiologie, Bd. IV, S. 243, 1958. — RÜSCH, J., u. J. MÜLLER: Ber. dtsch. bot. Ges. **70**, 489—500 (1958).

SCHOLANDER, P. F., W. E. LOVE and J. W. KANWISHER: Plant Physiol. **30**, 93—104 (1955). — SCHOLANDER, P. F., B. RUUD and H. LEIVESTAD: Plant Physiol. **32**, 1—6 (1957). — SCHOLANDER, P. F., L. VAN DAM and S. I. SCHOLANDER: J. Bot. **42**, 92—98 (1955). — SLATYER, R. O.: Austr. J. biol. Sci. **9**, 552—558 (1956). — STALFELT, M. G.: Physiol. Plantarum (Copenh.) **10**, 752—773 (1957). — STOCKER, O.: Ber. dtsch. bot. Ges. **70**, 411—423 (1957). — STURM, G.: Arch. f. Mikrobiol. **28**, 109—125 (1957).

THALER, J., u. F. WEBER: Phyton (Horn, N.-Ö.) **7**, 8—10 (1957). — TRONCHET, A.: Ann. Sci. Univ. Besançon **6**, 3—18 (1955).

VIRTANEN, A. I.: Physiol. Plantarum (Copenh.) **10**, 164—169 (1957). — VITÉ, J. P.: Forstw. Zbl. **77**, 193—203 (1959).

WALTER, H.: (1) Ber. dtsch. bot. Ges. **69**, 263—273 (1956). — (2) Umschau **1957**, 751—753. — WENT, F. W.: (1) The experimental control of plant growth Chronica Botanica Co., Waltham, Mass., USA 1957. — (2) Some aspects of plant research in Australia. A report of a visit to Australia July—October 1955. Melbourne 1956. — WÜSTHOFF, A.: (1) Einführung in das Deutsche Wasserrecht, 2. Aufl. Bielefeld 1957. — (2) Handbuch des dtsch. Wasserrechts, Bielefeld. Erscheint in Lieferungen ab 1958.

ZIEGLER, H.: Planta (Berl.) **51**, 186—200 (1958). — ZIEGLER, H., u. I. ZIEGLER: Z. vgl. Physiol. **40**, 549—555 (1958). — ZIMMERMANN, M. H.: (1) Plant Physiol. **32**, 288—291, 399—404 (1957); **33** (1958) (im Druck). — (2) Harvard Symp. on Tree Physiol. New York 1958 (im Druck).

# 13. Mineralstoffwechsel.

Von Hans Burström, Lund (Schweden).

## A. Mechanismus der Ionenaufnahme.

In einer Übersicht über den Mechanismus der Salzaufnahme und der Salzspeicherung hat Robertson besonders die Bedeutung des freien Raums und die des Mitochondriensystems für die Gesamtaufnahme hervorgehoben. Im freien Raum findet der passive, vom Stoffwechsel unabhängige Teil statt, die Mitochondrien enthalten den Mechanismus für die aktive Speicherung. Robertson gibt Belege für eine Bindung der Ionen in den Mitochondrien, ein Donnangleichgewicht anstrebend, sowie für einen aktiven Transport durch das Cytochromsystem. Diese Annahme ist von anderer Seite bestritten worden (vgl. unten, Abschnitt A 3). Der Schwerpunkt der Darstellung liegt in der Beschreibung der cytologischen Unterlage mit den Mitochondrien als Träger der Aufnahme, gegründet auf elektronenmikroskopische Bilder von Weizenblättern und Roten Rüben. Robertson hebt jedoch hervor, daß die Salzabgabe an die Vacuole dadurch unerklärt bleibt und deutet die Möglichkeit an, daß es mehrere Mechanismen der Ionenaufnahme geben kann, von denen der des Mitochondriensystems nur einen darstellt. Die Bedeutung der Mitochondrien haben Taft und Levitt durch Untersuchung ihrer osmotischen Eigenschaften unterstrichen, nebst Florell, der die Aufnahme von $NO_3$ und Br in Weizenwurzeln mit verschiedenem Ca-Gehalt bestimmt hat. Ca bedingt eine Vermehrung der Mitochondrien, und parallel hiermit steigt die Anionenaufnahme.

Helder hat den Kreislauf von P* und Rb* in Gerstenpflanzen — ihre Aufnahme, Aufwärtstransport, Rückwanderung und Abgabe — zusammengefaßt. Die Umsatzgeschwindigkeit ist weitaus größer als die Nettoverschiebungen, weil ein großer Teil der Stoffe leicht austauschbar ist. So betrug z. B. die Gesamtaufnahme von P 103 $\mu g/St.$, wovon 8 in der Wurzel zurückgehalten, 16 aufwärts befördert und 79 abgegeben wurden. Es muß jedoch hervorgehoben werden, daß dies nur einen Austausch von P gegen P* veranschaulicht und keine wirkliche, auf eine physiologische Exkretion gegründete Salzabgabe. Helder hebt hervor, daß Austausch, Speicherung und Transport, als physiologisch getrennt, auseinander gehalten werden müssen. Briggs (1) hat auch Berechnungen der wirklichen Ein- und Austrittsgeschwindigkeiten, mit K* in Rübengewebe, durchgeführt.

### 1. Die nicht-metabolische Anfangsphase.

Briggs (2), der ursprünglich den Begriff des freien Raums vorgeschlagen hat, erörtert in einer theoretischen Arbeit ausführlich die

Bedeutung desselben und seine Berechnung. Die bisherigen Berechnungen der Größe des freien Raums (Fortschr. Bot. **18**, 221), in dem eine reversible Aufnahme einschließlich passiver Strömung einer Salzlösung vorkommen kann, sind von Levitt kritisiert worden. Er behauptet aus theoretischen Gründen, daß die benutzten Versuchsobjekte (Wurzeln, Gewebescheiben) von einer Wasserhaut bedeckt sind, die bei der Berechnung des freien Raums fehlerhaft mit einbezogen wird. Levitt gibt als wahrscheinlichen Wert für den freien Raum etwa 8% des Gesamtvolumens der Gewebe, gegenüber 15—25% laut früheren Berechnungen an. Die Ausführungen sind recht theoretisch; eine Haut von $20\mu$ entspricht bei Wurzeln der gesamten Dicke der Epidermis; andrerseits können bei allen Berechnungen dieser Art zweifellos große Fehlerquellen vorliegen. Nur mit Anionen werden einigermaßen konstante Werte erhalten. Auch für Kationen besteht eine reversible Aufnahme; die sehr schwankenden Werte des freien Raums, die daraus berechnet werden können (z. B. Cooil und Bonner), beruhen wahrscheinlich auf adsorptiver oder komplexer Bindung der Ionen.

In diesem Zusammenhang sei erwähnt, daß laut Keller und Deuel die Kationenaustauschkapazität toter Wurzeln verschiedener Pflanzen zum großen Teil auf Carboxylgruppen der Wandpektine beruht.

Die Schule von Arisz ist dafür eingetreten, daß in Blättern kein freier Raum vorkommt, sondern daß die Salze ausschließlich aktiv aufgenommen werden (Fortschr. Bot. **18**, 222). Kylin hat aber mit demselben Material (*Vallisneria*) einen normalen freien Raum nachgewiesen und hebt hervor, daß dieser aus analytischen Ursachen nur bei einem hohen Quotienten passiver: aktiver Aufnahme bestimmt werden kann. Blätter sollten somit keine Ausnahme von der Regel bilden.

In einer prinzipiell wichtigen Arbeit ist es Kylin und Hylmö gelungen, an einem Material — S* zu Weizenpflanzen und Anwendung sonst üblicher Methoden — gleichzeitig (*1*) eine reversible Aufnahme in den freien Raum, (*2*) einen passiven Transport mit dem Transpirationsstrom und (*3*) eine lokale, aktive Salzspeicherung auseinanderzuhalten und quantitativ zu bestimmen. Der passive Transport soll vorwiegend im freien Raum vor sich gehen. Der Influxkoeffizient des passiven Stroms hat einen auffallend konstanten Wert um 0,25 (Verhältnis der Konzentration dieses Stroms zu der der Außenlösung). Diese Verdünnung des eintretenden Stroms beruht laut Hylmö auf einer Siebwirkung: durch die Ultracapillaren der Zellwände strömt die annähernd unveränderte Außenlösung, durch Cytoplasma und Vakuolen aber nur Wasser. Diese Auffassung von der Bedeutung des Capillarsystems der Zellwände hat aber Brouwer kritisiert. Er hebt hervor, daß der Koeffizient für verschiedene Wurzelzonen variiert, und daß der Salztransport nicht direkt durch die Stärke des Wasserstroms, sondern durch das physiologisch nicht näher definierte Leitungsvermögen der Zelle bestimmt wird. Brouwer hat aber auch einen transpirationsabhängigen, passiven Anteil von etwa 20% der Gesamtaufnahme gefunden. — Im Anschluß hieran soll erwähnt werden, daß laut Andersen und Ussing bei tierischem Gewebe eine passive, von den ultracapillaren Dimensionen bedingte Massenbewegung vorkommen kann, die durch osmotische Druckunterschiede hervorgerufen wird.

Der rege Austausch von P* zwischen Wurzeln und Außenmedien laut HELDER setzt auch einen für beträchtliche, nicht-metabolische Salzbewegungen zugänglichen Raum voraus. Hiermit stimmen auch Beobachtungen von FRAZIER und Mitarb. über die P*-Aufnahme in Weizen überein. Während der Reife wandert P direkt aus dem Medium in die Kerne hinein, ohne am Stoffwechsel teilzunehmen. SCHEFFER und Mitarb. haben jedoch eine lichtbedingte, aber von der Transpiration unabhängige P-Aufnahme gefunden, deren physiologische Deutung noch aussteht.

## 2. Die primäre Ionenbindung. Die Trägertheorie.

Die erste Bindung der Ionen, vermutlich in den Mitochondrien, und die Natur der daran beteiligten Träger, sind während des Berichtsjahres besonders studiert worden. HONDA und ROBERTSON haben gezeigt, daß in Mitochondrien von *Beta* K und Na nur teilweise austauschbar sind; dieser Anteil entspricht annähernd einem Donnangleichgewicht mit dem Medium. K und Na sind unter sich austauschbar und demnach an denselben Träger gebunden. In Hefe wird laut FOULKES K in geringem Ausmaß, aber sehr schnell gegen H ausgetauscht, hauptsächlich aber durch Austausch mit Na aufgenommen; in *Lupinus* spielt nach FUSS der Austausch gegen H die Hauptrolle. Es ist unentschieden, ob die Verhältnisse mit denen in Erythrocyten (POST und JOLLY) mit einem stöchiometrischen, angeblich metabolischen Austausch von K gegen Na vergleichbar sind. TAKADA hat in *Saccharomyces*-Rassen vier Bindungsstellen für Alkalimetalle und Methylenblau (MB) gefunden: für $MB + Na + K$, $MB + Na$, K allein und für Na allein. Im allgemeinen rechnet man wohl damit, daß die Träger mehr oder weniger ionenspezifisch sind, obwohl kaum in so verwickelter Weise. KREBS und Mitarb. haben dargetan, daß die Bakterie *Alcaligenes* K leicht sowohl abgibt wie aufnimmt, jedoch nicht durch Austausch gegen Na. SUTCLIFFE (12) wendet sich gegen die Auffassung von getrennten Trägern für K und Na; er meint, daß sie an gleicher Stelle gebunden werden. In einer programmatischen Arbeit ist OVERSTREET weiter gegangen. Man hat die Träger als spezifische Substanzen aufgefaßt, die die Ionen durch Membranen transportieren. OVERSTREET meint, daß die Bindung an die Membran selbst stattfindet, die als unspezifischer Träger für alle Ionen fungiert. Es bleibt aber unklar, wie dies mit der Annahme einer primären Bindung an Mitochondrien vereinbar ist. Allerdings wurde schon früher der Gedanke ausgesprochen, daß Mitochondrien und Tonoplasten physiologisch gleichwertig sind (BUTLER: vgl. Fortschr. Bot. **16**, 276).

Aus dem Einfluß des $p_H$-Wertes auf die K- und Cl-Aufnahme folgern HURD und SUTCLIFFE, daß die Ionen nur als Ionenpaare aufgenommen werden. Bei einer K-Aufnahme im Überschuß ist K mit $HCO_3^-$ gepaart. Die Stütze dieser Annahme liegt in der Aufnahme von $K^+$ und $HCO_3$ bei wechselndem $p_H$. Es ist jedoch nicht klar, wie $HCO_3^-$ unabhängig von $H^+$ variiert werden kann, und wie es der Pflanze möglich ist, zwischen von außen her zugeführtem $CO_2$ und bei der Respiration gebildetem zu unterscheiden. Für Jod hat KLEMPERER gezeigt, daß die Aufnahme bei *Fucus* kompetitiv von gewissen anderen Säuren gehemmt wird; es sollte sich hier um einen spezifischen Mechanismus handeln (vgl. Abschnitt C 6). Dies ist für P ganz bestimmt der Fall, weil er laut HAGEN und Mitarb. bei der Aufnahme im normalen Mechanismus der oxydativen Phosphorylierung in den Mitochondrien schnell gebunden wird.

Die Ergebnisse von HAGEN und Mitarb. gründen sich teils auf der Wirkung mehr oder weniger spezifischer Hemmstoffe, teils auf kinetischen Berechnungen. Diese gehen davon aus, daß die Aufnahme auf der Bindung des Ions (M) an einen Träger (R) unter Bildung des Komplexes MR und dessen Zerfall beruht; beide Glieder werden als Enzymreaktionen aufgefaßt:

$$R + M_a \underset{K_2}{\overset{K_1}{\rightleftharpoons}} MR \quad \text{und} \quad MR \underset{K_4}{\overset{K_3}{\rightleftharpoons}} R + M_i \, ,$$

wo $M_a$ und $M_i$ die Außen- bzw. Innenkonzentrationen der Ionen bezeichnen. Der Gesamtverlauf soll durch die Reaktionskonstante $K_3$ bestimmt werden. Die Aufnahme kann aber wie eine monomolekulare Reaktion berechnet werden. — Eine Voraussetzung ist hierbei, daß die passive Komponente der Aufnahme ausgeschaltet wird. — Für die P-Aufnahme wurde auf diese Weise berechnet, daß $H_2PO_4^-$ und $HPO_4^{2-}$ an verschiedene R, d. h. Träger, gebunden werden.

Die kinetische Berechnungsmethode ist auch von KAHN und HANSON nebst HANSON und KAHN übernommen worden, um den Zusammenhang zwischen Ca- und K-Aufnahme in *Zea* und *Soya* zu untersuchen (vgl. Abschnitt C2). Berechnungen wie diese können sicherlich aufschlußreich sein, eine Gefahr besteht jedoch darin, daß die Versuchsergebnisse unter der Annahme in eine Formel hineingepreßt werden, daß diese für große Konzentrationsgebiete streng gültig ist. — SCOTT und DE VOE haben die Geschwindigkeit des reversiblen Austausches K-Rb in *Ulva* berechnet.

Insgesamt ergibt sich, daß die Literatur über die Träger und ihre Eigenschaften recht uneinheitlich ist. Die Probleme werden mit sehr verschiedenen Methoden und von verschiedenen Ausgangspunkten aus behandelt, die Schlußfolgerungen sind manchmal auch stark hypothetisch und folgen nicht unmittelbar aus den Beobachtungen. Auch wurden aus ziemlich gut übereinstimmenden tatsächlichen Ergebnissen disparate Schlüsse gezogen. Bisweilen wurden wahrscheinlich komplizierte Erscheinungen stark vereinfacht. Bis auf weiteres empfiehlt es sich wohl, vollständigere experimentelle Daten abzuwarten.

### 3. Aktive Ionenspeicherung.

Ebenso unklar erscheint der Zusammenhang zwischen der Bindung der Ionen an Träger und der darauffolgenden metabolischen Speicherung in den Vakuolen. Laut der extremsten Trägerhypothese beruht die Ionenabgabe an die Vakuole auf dem Zerfall der Träger. ROBERTSON hat die bis jetzt wohl am meisten übliche Auffassung wiedergegeben, laut der der Trägermechanismus passiv, und ein metabolischer Mechanismus für die polare Wanderung und Speicherung verantwortlich ist. Die Energie wird natürlich von der Respiration geliefert, wahrscheinlich über das Cytochromsystem, wobei das Verhältnis aufgenommener Anionen: verbrauchtem $O_2$ den Wert 4 nicht überschreiten kann. SUTCLIFFE und HACKETT heben hervor, daß in mehreren Fällen Werte über 4 gefunden worden sind, und vermuten, daß die Energie vom ATP geliefert wird. Der höchst mögliche Quotient $A^-/O_2$ würde dann 6 betragen, was mit den Ergebnissen besser übereinstimme. Laut LEAF und RENSHAW (1, 2) liegt bei der aktiven, aeroben Kationenaufnahme durch eine Froschhaut der Quotient weit über 4; sei meinen, daß die Energie nicht via Cytochrome geliefert wird. Aus den erwähnten Ergebnissen von HAGEN und Mitarb. wurde berechnet, daß die Energie für die P-Aufnahme aus reduziertem Cytochrom-c, Cytochrom-b oder DPNH stammt. Hierbei kann es sich wohl um spezielle Verhältnisse handeln.

Die von ARISZ früher nachgewiesene lichtbedingte Cl-Aufnahme durch *Vallisneria*-Blätter ist von VAN LOOKEREN CAMPAGNE weiter untersucht worden. Die Cl-Aufnahme steigt mit der Lichtintensität bis zu einem Sättigungswert, wird durch Bicarbonat gehemmt, ist aber von der Photosynthese unabhängig. Das Aktionsspektrum ist dasjenige der Photosynthese. Die Aufnahme ist ferner reversibel und wird von Co und HCN unvollständig gehemmt. Hieraus schließt er, daß die Energie für die aktive, an Träger gebundene Aufnahme zum Teil via das Cytochromsystem, zum Teil aber durch photosynthetische Phosphorylierung geliefert wird. Diese Ergebnisse sind offenbar von großer prinzipieller Bedeutung.

Um die Wirkung von Kationen auf das Wurzelwachstum zu erklären, verweisen McCORQUODALE und DUNCAN auf einen Effekt, der für tierisches Material beschrieben worden ist. Sie sind der Ansicht, daß Amine, die Metalle komplex binden können, auch als Träger für ihren Transport durch Membranen dienen und dadurch eine polare Ionenspeicherung zustandebringen können. Dieser Mechanismus, dessen Wirkungsweise nicht ganz klar erscheint, ist früher auf pflanzliches Material nicht angewendet worden. Jedenfalls muß angenommen werden, daß die grundlegenden Verhältnisse bei Pflanzen und Tieren in dieser Hinsicht dieselben sind, wenn nur von Unterschieden in Cytoplasmaladung u. dgl. abgesehen wird.

Auch hier ist der heutige Standpunkt leider so zusammenzufassen, daß die widersprechenden Hypothesen nicht ohne weiteres verglichen werden können, weil man nicht beurteilen kann, inwieweit eine Verallgemeinerung zulässig ist.

### 4. Hemmstoffe.

SKELDING hat wiederum bestätigt, daß $CO_2$ die Mn-Aufnahme von Rübenscheiben hemmt; es wird gezeigt, daß es sich um keine $p_H$-Wirkung handelt, wahrscheinlich werden mit $CO_2$ Additionsprodukte gebildet, die z. B. durch Blockierung der Träger die Aufnahme vermindern.

Angesichts der allgemein schädlichen Wirkungen eines hohen $CO_2$-Gehalts würde es sich dann um keine spezifische Hemmung der Mn-Aufnahme handeln; die Erklärung ist jedenfalls recht hypothetisch. STENLID (1) hat dargetan, daß 24 St. Auslaugung isolierter Weizenwurzeln mit Wasser eine nachfolgende Cl-Aufnahme stark erhöht, nicht aber die von Nitrat; STENLID vermutet, daß ein Hemmstoff ausgewaschen wird. Ebenso unerklärt bleibt eine Erhöhung der Cl-Aufnahme durch Salicylsäure sowie eine Hemmung durch das Antiauxin 4-Chlorphenoxyisobuttersäure. Er (2) hat ferner die Wirkungen der Kohlenhydrate D-Mannose, D-Glucosamin und 2-Desoxy-D-Glucose untersucht, die sowohl das Wachstum wie die Cl-Aufnahme hemmen. Die Hemmung der Cl-Aufnahme wird durch Glucose, Saccharose und Galaktose aufgehoben; in diesem Fall jedoch nicht die des Wachstums. Eine Hemmung des Wachstums bewirkt demgemäß ursächlich keine Abnahme der Ionenaufnahme. Ein Zusammenhang zwischen Wachstum und Ionenaufnahme ist in der Literatur mehrmals erörtert worden, jedoch ohne endgültige Stellungsnahme.

## B. Bedeutung der Chelatbildung.

Aus der chemischen und biochemischen Literatur über Chelate, die auch vom pflanzenphysiologischen Gesichtspunkt aus von Belang ist, können nur einige ausgewählte Arbeiten angeführt werden. MARTELL hat die chemischen Gründe der Chelatbildung anschaulich zusammengefaßt, unter Betonung der Dissoziation der Komplexe und ihre H-Ionenempfindlichkeit mit besonderer Rücksicht auf Äthylendiamintetraessigsäure (EDTA) und ihre Derivate. FALLAB und ERLENMEYER berichten über die Bedeutung der Chelatbildung für Enzymreaktionen; sie unterstreichen besonders den Zusammenhang zwischen Komplexkonstanten und Reaktionsgeschwindigkeiten. Mit Musterbeispielen werden Aktivierung und Inaktivierung nebst Interferenz zwischen Ionen beleuchtet. Obwohl die Arbeit rein theoretisch ist, sind die Gesichtspunkte von unmittelbarer physiologischer Bedeutung. Dasselbe gilt auch für eine Arbeit von SCHUBERT über die Prinzipien der Metallaktivierung von Enzymen, insbesondere durch Chelatisierung mit Mg und Mn. Es wird z. B. die Komplexbindung des Pyridoxals bei Transaminierungen erwähnt. Diese Gesichtspunkte sind bisher hauptsächlich nur in der Medizin berücksichtigt worden, sie haben aber in der Pflanzenphysiologie dieselbe Gültigkeit.

Aus Arbeiten über spezielle Chelatfragen kann erwähnt werden, daß laut MILLER und EVANS Pyruvase, die Phosphorsäure von Phosphorpyruvat auf ADP überführt, Mg oder Mn als Aktivator verlangt. Für maximale Aktivität sind auch K, Rb oder $NH_4$ erforderlich; Enzympräparate aus verschiedenen Pflanzen werden stark von KCl stimuliert. FREDRICK hat die Einwirkung von EDTA und Kojisäure (5-Hydroxy-$\gamma$-pyron) auf Enzyme, die verzweigte Polyglucoside in *Oscillatoria* synthetisieren, untersucht. Die Wirkung der Chelatbildner ist von einem wahrscheinlich allgemeinen Typus: bei niedrigen Konzentrationen werden hemmende Metalle (Cu?) gebunden, bei höheren werden die Reaktionen durch Komplexbindung von Ca und Mn, die als Enzymaktivatoren dienen, gehemmt.

Zwei Arbeiten behandeln die Einwirkung von Chelaten auf das Wachstum. McCorquodale und Duncan zeigen, daß das Wurzelwachstum bei *Vicia faba* von Imidazol (I), Benzimidazol (II) und Histidin (III) gehemmt wird. Die Hemmung wird von Ca (I, II und III), Mn (I und II) und Zn (II) aufgehoben. Eine starke Chelatbildung liegt indessen nur zwischen II + Zn vor. McCorquodale und Duncan verweisen auf ein bisher nur in der Zoophysiologie beachtetes Prinzip, nach dem Amine Metalle komplex binden, sie durch Membranen transportieren und dadurch Störungen des Metallstoffwechsels verursachen können. Die Bedeutung solch eines Mechanismus in der Pflanze kann vorläufig nicht überblickt werden. Burström und Tullin haben die Einwirkung von EDTA auf das Wachstum von *Triticum*-Wurzeln und den Zusammenhang mit Ca, Mn und Fe untersucht. Die Zellstreckung bleibt von EDTA in mäßigen Konzentrationen unbeeinflußt; sie wird nur von Ca beschleunigt; es wird geschlossen, daß Ca bei diesem Prozeß an einen Komplex gebunden wird, der stärker als Ca-EDTA ist. Die Zellteilungen werden von EDTA stark gehemmt und von Ca oder Mn wiederhergestellt. Diese Ionen können einander scheinbar physiologisch „ersetzen", es kann aber nicht mit Sicherheit geschlossen werden, daß irgendeines der beiden beim Prozeß direkt mitwirkt; es kann sich in beiden Fällen um die Verdrängung eines dritten Metalls handeln. Dieses Beispiel ist von prinzipieller Bedeutung, und Entsprechendes gilt, wenn ein natürlicher Chelatbildner beteiligt ist.

DeKock und Mitchell haben die Aufnahme und den Transport von 2-wertigen (Co, Ni, Zn, Fe) und 3-wertigen (Cr, Al, Ga, In) Metallen in *Sinapis* als Chloride und Chelate untersucht. Im allgemeinen ergibt sich, daß Aufnahme und Transport mit der Chelatisierung zunehmen, und daß die Chelate wahrscheinlich unverändert in die Blätter transportiert werden. Dieser Umstand dürfte auch für die Aufnahme unter natürlichen Verhältnissen, wo die Metalle als (Humus?) Chelate vorliegen können, von Bedeutung sein. Im Zusammenhang hiermit sei erwähnt, daß Wallace und Mitarb. über die Verwendung von Spurenelementchelaten im Boden berichtet haben. Sie heben u. a. eine Chelatbildung im Ton und Austauschreaktionen hervor. Originalergebnisse werden über die Aufnahme von Schwermetallchelaten in *Soya* mitgeteilt. — Es ist in diesem Zusammenhang leider unmöglich, auf die physiologisch unzweifelhaft wichtigen Metallkomplexbildungen im Boden überhaupt einzugehen.

## C. Bedeutung und Funktion der Elemente.

Arbeiten von Fujiwara und Ojima nebst Street behandeln das Mineralstoffbedürfnis isolierter Wurzeln im allgemeinen. Street hebt hervor, daß B und Zn-Mangel wahrscheinlich wegen technischer Schwierigkeiten nicht erhalten worden sind. Das Bedürfnis dürfte dasselbe wie für höhere Pflanzen im allgemeinen sein, das eigentümliche und wiederum bestätigte Jod-Bedürfnis bleibt jedoch unerklärt.

**1. Alkalimetalle.** Der mageren Literatur hierüber wird eine Arbeit von WATSON entnommen; sie enthält allgemeine Gesichtspunkte betreffs *Kalium* als Produktionsfaktor unter Betonung seiner Bedeutung für Photosynthese und Blattentwicklung. Eine von MILLER und EVANS gefundene, nicht ganz spezifische, enzymchemische K-Wirkung ist oben erwähnt worden (Abschnitt B). Für die Tomate hat WOOLLEY festgestellt, daß, wenn *Natrium* überhaupt notwendig ist, der Minimumbedarf unter 0,1 µg pro g Trockensubstanz liegt. WYBENGA hat Aufnahme, Transport und Abgabe von Na im Hafer eingehend untersucht und daneben mit Autoradiographien die Verteilung desselben in 20 Arten veranschaulicht. Der Umsatz erfolgt verhältnismäßig schnell; Wachstumsförderungen werden bei Arten mit dem schnellsten Transport zu den Blättern erhalten (*Beta, Spinacia, Gossypium* u.a.).

**2. Erdalkalien.** Die Aufmerksamkeit ist besonders auf *Calcium* gerichtet worden, und zwar von zwei Seiten her, weil Ca teils auf die Aufnahme anderer Ionen und teils auf das Wachstum einwirkt.

Es ist eine alte Erfahrung, daß Ca unter Umständen die Aufnahme anderer Ionen erhöht. FLORELL hat früher gezeigt, daß es die Mitochondrienbildung in Wurzeln verstärkt und in einer neuen Arbeit, daß die Aufnahme von $NO_3$ und Br genau der Menge der Mitochondrien folgt. Demgemäß sollte die Wirkung von Ca auf die Ionenaufnahme indirekter Natur sein und die Mitochondrien unmittelbar beeinflussen. Eine von KAHN und HANSON nebst HANSON und KAHN studierte Wirkung auf die K-Aufnahme ist jedoch anderer Art. Ca erhöht die K-Aufnahme in *Zea* — mit normalerweise hohem Quotienten K : Ca — vermindert aber die in *Soya*. Auf Grund der oben erwähnten kinetischen Berechnungen (vgl. Abschnitt A 2) wird aber geschlossen, daß derselbe Effekt auch hier bei niedrigen Ca-Konzentrationen eintritt. Voraussetzung hierfür ist aber, daß die Ionenaufnahme einer Formel mit denselben Konstanten über das ganze Konzentrationsgebiet streng folgt. Jedenfalls kann dieser Effekt, der in 3stündigen Versuchen auftritt, nicht mit dem von FLORELL gefundenen identisch sein. Mit *Zea* haben HANSON und KAHN den Gradienten der K-Aufnahme entlang der Wurzel bestimmt und feststellen können, daß Ca die Affinität der Träger für K an der Wurzelspitze herabsetzt, basalwärts aber erhöht. In Gerste verursacht Ca laut HELDER eine Abnahme des Salztransportes zu den Blättern unter Salzanhäufung in der Wurzel: eine alte Erfahrung mit modernen Methoden bestätigt. Entsprechendes gilt für die Ergebnisse von TAPER und LEACH, laut denen Ca die Aufnahme von Fe und Mn beeinträchtigt. Eine erschöpfende Übersicht über die Bedeutung des Calciums für die Mineralstoffversorgung steht noch aus. — Laut JOHAM bedingt Ca in *Gossypium* eine Anhäufung von Zucker und Stärke in den Blättern.

Es besteht kein Grund anzunehmen, daß diese Effekte mit dem des Calciums auf das Wachstum in Verbindung stehen. Seine Bedeutung für die Zellstreckung in Wurzeln ist bestätigt worden (BURSTRÖM und

Tullin); bei der meristematischen Tätigkeit kann es unter Umständen scheinbar durch Mn ersetzt werden, was jedoch nicht bedeuten muß, daß die Ionen einander funktionell ersetzen können (vgl. Abschnitt B). Cooil und Bonner haben die Einwirkung von Ca (und Sr) auf das Koleoptilenwachstum untersucht. In Konzentrationen von 2 bis 20 mäq. pro l hemmt Ca reversibel die Streckung von Koleoptilenzylindern in Saccharoselösungen. Es kann dies mit einer reversiblen Ca-Aufnahme korreliert werden. Die Dehnbarkeit der Zellwände nimmt dabei ab. Die Ca-Wirkung ist hier in jeder Hinsicht gerade das Gegenteil zu der auf Wurzeln. Dies überrascht insofern, als wenigstens eine gleichsinnige Wirkung auf die Zellwandeigenschaften zu erwarten wäre. Allerdings sind die Ca-Konzentrationen in jenem Fall 100 bis 1000 mal höher und auch die Aufnahme verschieden, so daß ein Vergleich unsicher erscheint. Die spezifische Bedeutung des Calciums für das Zellwandwachstum ist jedenfalls bestätigt.

Es wird angenommen, daß Ca und Sr physiologisch gleichwertig sind und durch Bindung an dieselben Träger aufgenommen werden. Es erweckt deshalb Interesse, daß Drescher-Kaden und Schwanitz unter 14 spontanen Arten von einem Sr-reichen Standort große Arten-unterschiede im Quotienten Ca: Sr zwischen den Pflanzen feststellen konnten; *Linum* z. B. erweist sich als Sr-reich, *Chrysanthemum* als Sr-arm. Romney und Mitarb. haben die Aufnahme von $Sr^{90}$ mit der von Ru, Cs und Ce-Isotopen verglichen; $Sr^{90}$ wird sehr schnell aufgenommen, was mit Hinblick auf sein Vorkommen in radioaktivem Abfall und seiner Schädlichkeit zu beachten ist.

**3. Phosphor und Schwefel.** Rothbur und Scott haben einen wichtigen aber bis jetzt ungeklärten Zusammenhang zwischen *Phosphor*- und $SiO_2$-Aufnahme in Weizenpflanzen nachgewiesen. P setzt die Aufnahme von Si herab, während dieses seinerseits die P-Aufnahme beschleunigt. Laut Loughman und Russel wird P sehr schnell nach der Aufnahme z. T. metabolisiert; nach 1 min obwaltet ATP, worauf P in Nuclein-säuren und Hexosephosphat überführt wird. Der Aufwärtstransport zu den Blättern dürfte jedoch in anorganischer Form vor sich gehen. — Coleman hat die Aminosäurebildung verschiedener Arten bei Schwefel-Mangel untersucht. Laut Nickerson und Mitarb. rufen Selenite und Tellurite Zellteilungen in Pilzen hervor und verursachen Hefe- anstatt Fadenformen. Möglicherweise wird S im -SH ersetzt, wodurch leichter oxydierbare Gruppen entstehen. Die Deutung ist aber rein hypothetisch.

**4. Valenzwechselnde Spurenelemente.** Medina und Nicholas (1) haben gezeigt, daß diejenigen Reduktasen in *Neurospora*, die Nitrit und Hyponitrit reduzieren, Flavoproteide mit Fe und Cu sind; Hydroxyl-aminreduktase enthält dagegen Mn. Ein bemerkenswerter Effekt von Fe ist von Smith, McIlrath und Bogorad nachgewiesen worden; *Xanthium*-Pflanzen geben bei Fe-Mangel keine normale Lichtreaktion, indem sie nicht blühen. Es beruht dies nicht auf Kohlenhydratmangel. Es wäre möglich, auf diesem Weg das von den Strahlungsphysiologen eifrig gesuchte rot-dunkelrot-empfindliche Pigmentsystem aufzuspüren. Warington meint, daß Mo Fe-Ausfällung und Chlorose durch die

Bildung eines Mo-P-Komplexes verhindert. Cobalt-Vergiftung von *Proteus* beruht laut PETRAS auf einer Blockierung von Fe-Fermenten unter Abnahme der Katalaseaktivität und Verschwinden der Cytochrombänder. KESSLER hat dargetan, daß die Löslichkeit des Fe mit dem DNA-Gehalt in Zusammenhang stehen kann; Zufuhr von Guanin und Adenin zu Blättern erhöht den Gehalt an löslichem Fe. OHIRA hat den Zusammenhang zwischen Fe-Gehalt und Aufnahme studiert. KENTEN und MANN meinen, daß bei Mn-Vergiftung die Reduktion des Mn unterbrochen wird, so daß sich Mn von höheren Valenzen anhäuft. Es ist ziemlich sicher festgestellt, daß Mn als Redoxkatalysator am oxydativen Abbau der $\beta$-Indolylessigsäure beteiligt ist. TURIAN hat nachgewiesen, daß Cu-Pyridinkomplexe zufolge ihrer Peroxidaseaktivität als Auxinoxydase in vitro dienen können, und deutet an, daß dasselbe auch in vivo möglich sein könnte.

Über *Molybdän*, dessen Wirkung ziemlich gut bekannt ist, liegen keine prinzipiell neuen Angaben vor. ANDERSON hat eine Übersicht über Mo mit 150 Literaturhinweisen zusammengestellt. CANDELA, FISHER und HEWITT haben die Rolle des Mo in Nitratreduktase bestätigt. Daß sie nicht darauf beschränkt ist, haben HEWITT und Mitarb. dargetan; eine Krankheit bei Blumenkohl wird auf Mo-Mangel zurückgeführt (Fortschr. Bot. **18**, 253), könnte aber auf der Speicherung einer spezifischen Aminosäure beruhen. Laut POSSINGHAM verursacht Mo in Tomaten eine schnelle Verschiebung in der Bilanz zwischen den Aminosäuren mit Abnahme von $\beta$-Alanin und $\gamma$-Aminobuttersäure. Laut KEELER und VARNER hemmt Wolfram spezifisch und kompetitiv Mo in *Azotobacter vinelandii*, was als Hilfsmittel zur Erzeugung von Mo-Mangel verwendbar wäre; die alte Angabe, daß Vanadin Molybdän ersetzen kann, wird neuerdings meistens nicht bestätigt. Das undurchsichtige Verhältnis zwischen Mn und Mo haben CANDELA und HEWITT behandelt, und BOLLE-JONES untersuchte den Mo-Gehalt in *Hevea* unter verschiedenen Ernährungsverhältnissen.

**5. Andere notwendige Spurenelemente.** Eine enzymchemische Wirkung von *Zink* haben MEDINA und NICHOLAS (2) erörtert; für die Bildung von Hexokinase in Hefe soll Zn erforderlich sein; auch wird das Enzym durch Zn aktiviert. Es kann gewissermaßen die Inaktivierung von SH durch $p$-Chlormerkuribenzoat aufheben. In *Ustilago* greift laut SPOERL und Mitarb. Zn auf eine nicht näher bekannte Weise in die Zellteilungen unter Änderungen der Zellformen ein, die auch durch Zusammenwirken mit Aminosäuren bestimmt werden. BAUMEISTER erwähnt eine spontan an Zn angepaßte Form von *Silene inflata* mit höherem Zn-Optimum, anderer Morphologie und Pigmentgehalt als die Normalform.

Die Literatur über *Bor* ist reichlich; es ist aber noch unentschieden, wie es den Stofftransport regelt. Jedoch wird allgemein angenommen, daß B an Kohlenhydratkomplexe gebunden wird. DUGGER und Mitarb. haben den Einfluß auf die Synthese von Stärke und Glucose-1-phosphat untersucht. Sie meinen, daß B durch Hemmung dieser Reaktionen den Kohlenhydrattransport beschleunigt. Bor setzt die Reaktionsgeschwindigkeiten herab ohne die Gleichgewichte zu verschieben. Zugunsten

einer Einwirkung auf den Kohlenhydrattransport äußert sich auch
SPURR (1,2). In *Apium* bedingt B-Mangel dünnere Zellwände im
Collenchym, aber dickere im Phloem, bevor die Nekrosen auftreten. Es
deutet dies auf einen erschwerten Kohlenhydrattransport radialwärts.
Ergebnisse von ODHNOFF stimmen hiermit nicht ganz überein. Sie hat
mit einer verbesserten Methodik B-Mangel in sehr jungen Bohnenpflan-
zen hergestellt und dabei einen erhöhten Gehalt an Zellwandsubstanzen
gefunden. Bor wirkt hauptsächlich auf die Zellstreckung ein, was auch
histologisch bestätigt worden ist, aber es ähnelt diesbezüglich nicht
Auxin. ODHNOFF verweist vorläufig darauf, daß die Bor-Kohlenhydrat-
Komplexe stark sauer sind und dabei möglicherweise das Intussus-
ceptionswachstum stören. Auch SKOK rechnet mit einer Bildung von
solchen Komplexen. In *Helianthus* kann B vorübergehend durch Sr
(bis 1,5 mg pro l) oder Ge ($5 \cdot 10^{-5}$ Mol) ersetzt werden, was auf der
Bildung ähnlicher Komplexe beruhen soll. In Baumwollepflanzen fand
JOHAM bei B-Mangel eine Speicherung von Zucker und Stärke in den
Blättern; das deutet auf Transportstörungen hin. Nach O'KELLEY
stimuliert Bor die Respiration und Zuckeraufnahme von Pollenschläuchen sowie deren Wachstum. Über eine Bor-Wirkung anderer Art
berichten DU BOIS, TURIAN und GONET; angeblich sublethale Borkon-
zentrationen (1/25—1/100 Mol) hemmen die Prophasen in *Allium*-
Wurzeln; die Konzentrationen sind jedoch erstaunlich hoch.

Die Schule in Berkeley hat wiederum überzeugend bestätigt, daß
*Chlor* zu den allgemein notwendigen Nährstoffen zu rechnen ist. JOHN-
SON, STOUT, BROYER und CARLTON haben Cl-Mangelerscheinungen in
11 Kulturpflanzen beschrieben. Der Bedarf ist sehr verschieden, groß
in *Lactuca*, Tomate (35—105 mg pro g Trockensubstanz der Blätter)
und *Brassica*, niedrig in *Cucurbita*, *Phaseolus* und *Zea*. OZANNE, WOOL-
LEY und BROYER haben die Ersetzbarkeit des Cl durch Br untersucht.
Br gibt 75 bis 95% des Cl-Effekts, erhöht aber dabei immer den Cl-
Gehalt. Dies wird so gedeutet, daß Br Cl vermutlich nicht funktionell
ersetzen kann, sondern daß es dieses nur aus inaktiven Stellen verdrängt.

**6. Die zweifelhaften Nährstoffe.** Wie oben erwähnt muß Chlor
endgültig aus diesem Abschnitt ausscheiden. Laut BAUMEISTER und
BURGHARDT bewirkt *Fluor* Wachstumszunahme der normalerweise
F-armen Tomate, hemmt aber die F-reiche *Spinacia*. KLEMPERER
vermutet, daß Jod in gleicher Weise von *Fucus ceranoides* wie in die
Thyreoidea aufgenommen wird und dort vorkommt. Der *Jod*-Bedarf
isolierter Wurzeln ist schon oben erwähnt worden.

*Kieselsäure* ist zweifellos nur für die Diatomeen unentbehrlich, was
JØRGENSEN nochmals bestätigt hat, nicht aber für die höheren Pflanzen.
WOOLLEY hat für die Tomate berechnet, daß der Minimibedarf unter
0,2 µg pro g. Trockensubstanz der Blätter liegen muß. WILLIAMS und
VLAMIS haben dargetan, daß in *Hordeum* Mn-Vergiftung durch Si
geheilt werden kann; Si wirkt auf die Mn-Verteilung ein ohne selbst
unentbehrlich zu sein.

## D. Ökologische Probleme.

Einige Arbeiten können erwähnt werden, die Analysen der *Mineralstoffgehalte natürlicher Vegetationen* mitteilen und den Zusammenhang zwischen Nährstoffzufuhr und Aufnahme erörtern. ASHBY und BEADLE berichten über K und Na, nebst BEADLE und Mitarb. über K, Na und Cl in *Atriplex*-Arten auf Salzböden in Australien, DRESCHER-KADEN und SCHWANITZ über Fe in verschiedenen Arten (*Circium, Fragaria, Festuca* u. a.) von einem Fe-reichen Standort, sowie BAUMEISTER über Zn in *Silene*. LEHTORANTA behandelt ausführlich die Salzgehalte (K, Na, Ca, Cl) in Süßwasser- und Brackwassersubmersen aus Finnland. Besonders hervorzuheben sind die auffallend kleinen Schwankungen der Salzgehalte der Pflanzen von den verschiedensten Standorten, eine Erfahrung die mehrmals gemacht worden ist. GERLOFF und SKOOG (1,2) haben die Fe-, Mn-, N- und P-Verhältnisse in Seen in Wisconsin und ihre Bedeutung für das massenhafte Auftreten (Blühen) von *Microcystis* untersucht.

Einen neuen Vorschlag zur Lösung des *Serpentin*problems bringt TADROS durch die Annahme, daß Serpentinpflanzen auf normalen Böden durch im Serpentinboden fehlende Mikroorganismen ferngehalten werden. Ferner wird gezeigt, daß die Serpentinpflanze *Emmenanthe rosea* im Vergleich mit *E. penduliflora* Ca-Mangel und Mg-Überschuß verträgt, was lediglich ein ökologisches Bedürfnis darstellen dürfte. In einer umfangreichen Arbeit hauptsächlich floristisch-ökologischer Art über Serpentinböden in Schweden schließt sich RUNE der Ansicht an, daß die Vegetation teils durch die Ca : Mg-Bilanz, teils durch die Cr- und Ni-Gehalte bedingt wird.

*Mykorrhizatragende Fagus*-Pflanzen nehmen nach TARABRIN P leichter auf als nicht-symbiontische, während MORRISON nur eine vorübergehende und nicht eindeutige Beschleunigung gefunden hat. Die Bedeutung der Mykorrhiza für die Salzaufnahme scheint noch kontrovers zu sein.

WHITE und LEAF haben eine Literaturübersicht mit mehr als 700 Hinweisen über die Mineralernährung von Wäldern zusammengestellt, und INGESTAD hat grundlegende Versuche über *Betula* in Wasserkulturen angestellt.

Nur einige wenige Arbeiten über *Diagnosemethoden* können angeführt werden. BALBA und BRAY haben mit gutem Erfolg MITSCHERLICHS Prinzipien auf P in Weizen angewendet. PACK und GOMEZ haben Blatt- und Bodenanalysen auf N, P und K von *Gossypium* und *Medicago* verglichen und WOLLEY und BROYER teilen einen Bestimmungsschlüssel für Mängel an 16 Mineralnährstoffen in Tomaten mit. SLATER und GOODALL haben Blattstickstofffraktionen von *Lactuca* mit dem Wachstum unter verschiedenen Bedingungen verglichen; BROESHART und Mitarb. beschreiben Mangelerscheinungen an Mg, S, K und B in der Ölpalme.

## Literatur.

ANDERSEN, B., and H. H. USSING: Acta physiol. scand. **39**, 228—239 (1957). — ANDERSON, A. J.: Inorganic nitrogen metabolism. P. 3—49. Baltimore 1956. — ASHBY, W. C., and N. C. W. BEADLE: Ecology **38**, 344—352 (1957).

Balba, M. A., and R. H. Bray: Soil. Sci. Soc. Amer. Proc. 20, 515—518 (1956). — Baumeister, W.: Ber. deutsch. bot. Ges. 69, 161—168 (1956). — Baumeister, W., u. H. Burghardt: Flora (Jena) 144, 213—228 (1957). — Beadle, N. C. W., R. D. B. Whaley and J. B. Gibson: Ecology 38, 340—344 (1957). — Du Bois, A., G. Turian et A. Gonet: Caryologia (Pisa) 10, 102—110 (1957). — Bolle-Jones, E. W.: Plant a. Soil (The Hague) 7, 130—134 (1956). — Bollmann, A., u. F. Schwanitz: Z. Bot. 45, 39—42 (1957). — Briggs, G. E.: (1) J. exp. Bot. 8, 319—322 (1957). — (2) New Phytol. 56, 305—324 (1957). — Broeshart, H., J. D. Ferwerda and W. G. Kovachich: Plant a. Soil (The Hague) 8, 289—300 (1957). — Brouwer, R.: Acta bot. neerl. 5, 287—361 (1956). — Burström, H., and V.Tullin: Physiol. Plantarum 10, 406—417 (1957).

Candela, M. I., E. G. Fisher and E. J. Hewitt: Plant Physiol. 32, 280—288 (1957). — Candela, M. I., and E. J. Hewitt: J. hort. Sci. 32, 149—161 (1957).— Coleman, R. G.: Austral. J. biol. Sci. 10, 50—65 (1957). — Cooil, B. J., and J. Bonner: Planta (Berl.) 48, 696—723 (1957).

Drescher-Kaden, F. K., u. F. Schwanitz: Z. Bot. 44, 501—504 (1956). — Dugger, W. M. jr., T. E. Humphreys and B. Calhoun: Plant Physiol. 32, 364 — 370 (1957).

Fallab, S., u. H. Erlenmeyer: Helv. chim. Acta 40, 363—368 (1957). — Florell, C.: Physiol. Plantarum (Copenh.) 10, 781—790 (1957). — Foulkes, E. C.: J. gen. Physiol. 39, 687—704 (1956). — Frazier, J. C., J. F. Scharff, R. E. Hein and R. H. McFarland: Bot. Gaz. 108, 122—127 (1957). — Fredrick, J. F.: Physiol. Plantarum (Copenh.) 10, 844—857 (1957).— Fujiwara, A., and K. Ojima: Tohôku J. agric. Res. 7, 189—197 (1956). — Fuss, K.: Flora (Jena) 144, 1—46 (1957).

Gerloff, G. C., and F. Skoog: (1) Ecology 38, 551—556 (1957). — (2) Ecology 38, 556—561 (1957).

Hagen, C. E., J. E. Leggett and P. C. Jackson: Proc. nat. Acad. Sci (Wash.) 43, 496—506 (1957). — Hanson, J. B., and J. S. Kahn: Plant Physiol. 32, 497 — 498 (1957). — Helder, R. J.: Int. Confer. on Radioisotopes in scient. Res. P. 1 — 11, London 1957. — Hewitt, E. J., S. C. Agarwala and A. H. Williams: J. hort. Sci. 32, 34—48 (1957).— Honda, S. I., and R. N. Robertson: Austral. J. biol. Sci. 9, 305—320 (1956). — Hurd, R. G., and J. F. Sutcliffe: Nature (Lond.) 180, 233 — 235 (1957).

Ingestad, T.: Physiol. Plantarum (Copenh.) 10, 418—439 (1957).

Joham, H. E.: Plant Physiol. 32, 113—117 (1957). — Johnson, C. M., P. R. Stout, T. C. Broyer and A. B. Carlton: Plant a. Soil (The Hague) 8, 337—353 (1957). — Jørgensen, E. G.: Dansk bot. Ark. 18, 1—54 (1957).

Kahn, J. S., and J. B. Hanson: Plant Physiol. 32, 312—316 (1957). — Keeler, R. F., and J. E. Varner: Arch. Biochem. 70, 585—590 (1957). — Keller, P., u. H. Deuel: Z. Pflanzenernähr. Düng. Bodenk. 79, 119—131 (1957). — Kenten, R. H., and P. J. G. Mann: Biochem. J. 65, 179—185 (1957). — Kessler, B.: Nature (Lond.) 179, 1015—1016 (1957). — Klemperer, H. J.: Biochem. J. 67, 381—390 (1957). — Kock, P. C. de, and R. L. Mitchell: Soil Sci. 84, 55—62 (1957). — Krebs, H. A., R. Whittam and R. Hems: Biochem. J. 66, 53—60 (1957). — Kylin, A.: Physiol. Plantarum (Copenh.) 10, 732—740 (1957). — Kylin, A., and B. Hylmö: Physiol. Plantarum (Copenh.) 10, 467—484 (1957).

Leaf, A., and A. Renshaw: (1) Biochem. J. 65, 82—90 (1957). — (2) Biochem. J. 65, 90—93 (1957). — Lehtoranta, L.: Ann. Bot. Soc. Vanamo (Helsinki) 29, Nr. 1 (1956). — Levitt, J.: Physiol. Plantarum (Copenh.) 10, 889—897 (1957). — van Lookeren Campagne, R. N.: Acta bot. neerl. 6, 543—582 (1957). — Loughman, B. C., and Russel, R. S.: J. exp. Bot. 8, 280—293 (1957).

Martell, A. E.: Soil Sci 84, 13—26 (1957). — McCorquodale, D. J., and R. E. Duncan: Amer. J. Bot. 44, 715—722 (1957). — Medina, A., and D. J. D. Nicholas: (1) Biochem. biophys. Acta 25, 138—141 (1957). — (2) Biochem. J. 66, 573—578 (1957). — Miller, G., and H. J. Evans: Plant Physiol. 32, 346—353 (1957). — Morrison, T. M.: Nature (Lond.) 179, 907—908 (1957).

Nickerson, W. J., W. A. Taber and G. Falcone: Canad. J. Microbiol. 2, 575—584 (1956).

ODHNOFF, C.: Physiol. Plantarum (Copenh.) **10**, 984—1000 (1957). — OHIRA, K.: Tohôku J. agr. Res. **5**, 345—353 (1955). — O'KELLEY, J. C.: Amer. J. Bot. **44**, 239—244 (1957). — OVERSTREET, R.: Plant Physiol. **32**, 491—492 (1957). — OZANNE, P. G., J. T. WOOLLEY and T. C. BROYER: Austral. J. biol. Sci **10**, 66 — 79 (1957).

PACK, M. R., and R. S. GOMEZ: Soil. Sci. Soc. Amer. Proc. **20**, 529—531 (1956). — PETRAS, E.: Arch. f. Mikrobiol. **28**, 138—144 (1957). — POSSINGHAM, J. V.: Austral. J. biol. Sci. **10**, 40—49 (1957). — POST, R. L., and P. C. JOLLY: Biochim. biophys. Acta **25**, 118—128 (1957).

ROBERTSON, R. N.: Endeavour **16**, 193—198 (1957). — ROMNEY, E. M., J. W. NEEL, H. NISHITA, J. H. OLAFSON and K. H. LARSON: Soil Sci. **83**, 369—376 (1957). — ROTHBUR, L., and F. SCOTT: Biochem. J. **65**, 241—245 (1957). — RUNE, O.: Acta phytogeogr. Suec. **31**, 1—131 (1957).

SCHEFFER, F., A. KLOKE and H. FÖLSTER: Plant a. Soil (The Hague) **8**, 194— 198 (1957). — SCHUBERT, J.: Chimia **11**, 113—140 (1957). — SCOTT, G. T., and R. DE VOE: Biol Bull. **112**, 249—253 (1957). — SKELDING, A. D.: Ann. Bot. **21**, 121— 141 (1957). — SKOK, J.: Plant Physiol. **32**, 308—312 (1957). — SLATER, W. G., and D. W. GOODALL: Austral. J. biol. Sci. **10**, 253—278 (1957). — SMITH, H. J., W. J. McILRATH and L. BOGORAD: Bot. Gaz. **118**, 174—179 (1957). — SPOERL, E., A. SARACHEK and N. PUCKETT: Science **125**, 601 (1957). — SPURR, A. R.: (1) Science **126**, 78—80 (1957). — (2) Amer. J. Bot. **44**, 637—650 (1957). — STENLID, G.: (1) Physiol. Plantarum (Copenh.) **10**, 922—942 (1957). — (2) Physiol. Plantarum (Copenh.) **10**, 807—823 (1957). — STREET, H. E.: Biol. Rev. **32**, 117—155 (1957) — SUTCLIFFE, J. F.: (1) Potassium Symposium p. 1—11. Bern 1956. — (2) J. exp. Bot. **8**, 36—49 (1957). — SUTCLIFFE, J. F., and J. P. HACKETT: Nature (Lond.) **180**, 95—96 (1957).

TADROS, T. M.: Ecology **38**, 14—23 (1957). — TAFT, D. L., and LEVITT, J.: Physiol. Plantarum (Copenh.) **10**, 76—78 (1957). — TAKADA, H.: J. Inst. Polytechn. Osaka Univ. Ser. D **7**, 115—130 (1956). — TAPER, C. D., and W. LEACH: Canad. J. Bot. **35**, 773—777 (1957). — TARABRIN, A. D.: Doklady Akad. Nauk SSSR **112**, 961—963 (1957). — TURIAN, G.: Physiol. Plantarum (Copenh.) **10**, 224—230 (1957).

WALLACE, A., L. M. SHANNON, D. R. LUNT and R. L. IMPEY: Soil Sci. **84**, 27—41 (1957). — WARINGTON, K.: Ann. appl. Biol. **45**, 428—447 (1957). — WATSON, D. J.: Potassium Symposium p. 109—119. Bern 1956. — WHITE, D. P., and A. L. LEAF: Forest Fertilization. Techn. Publ. **81**, State Coll. of Forestry, Syracusa, N. Y. 1957. — WILLIAMS, D. E., and J. VLAMIS: Plant Physiol. **32**, 404 — 409 (1957). — WOOLLEY, J. T.: Plant Physiol. **32**, 317—321 (1957). — WOOLLEY, J. T., and T. C. BROYER: Plant Physiol. **32**, 148—151 (1957). — WYBENGA, J. M.: A contribution to the knowledge of the importance of sodium for plant life. Wageningen 1957.

# 14. Stoffwechsel organischer Verbindungen I. (Photosynthese).

Von ANDRÉ PIRSON, Göttingen.

Der Beitrag folgt in Band XXI.

# 15. Stoffwechsel organischer Verbindungen II.

Von FRANK EBERHARDT †, Tübingen*.

Mit 1 Abbildung.

## 1. Allgemeines.

**Stoffwechselregulation.** In der Stoffwechselforschung stehen nach wie vor zahlenmäßig die Arbeiten im Vordergrund, die sich mit den Fragen beschäftigen, welche Reaktionen möglich sind, welche Zwischenprodukte auftreten und wie die einzelnen Reaktionsschritte zu Abbau- oder Syntheseprozessen verkettet sind. Wie viele neue und wesentliche Erkenntnisse damit in jedem Jahr gewonnen werden, zeigt schon das Beispiel der zahlreichen Nucleosiddiphosphat-Verbindungen und ihrer Reaktionen. Wie viel hier aber auch noch zu tun ist, erkennt man allein aus der Tatsache, daß ja überhaupt nur ein kleiner Bruchteil der Organismen biochemisch untersucht ist. Obwohl also noch viel extensive Arbeit zu leisten ist, obwohl viele Einzelheiten der Reaktionswege, und für manche Stoffe und Stoffgruppen noch ganze Biosyntheseketten aufzuklären sind, so kann man heute doch die Hauptbahnen im vielmaschigen Geflecht der chemischen Umsetzungen in der Zelle einigermaßen übersehen. Mit den sicheren Kenntnissen über diese Hauptwege ausgerüstet, strebt die Stoffwechselforschung nun seit einiger Zeit immer intensiver einem Problemkreis zu, den man mit der kurzgefaßten Frage umreißen kann: Wie sind die Mechanismen beschaffen, die das Zusammenspiel der enzymatischen Reaktionen in der Zelle nach Richtung und Geschwindigkeit regulieren? Für diese Frage ist natürlich die Zellstruktur von hervorragender Bedeutung (vgl. Fortschr. Bot. **17**, 579, und BOGEN), und es ist offenkundig, daß sich zur Lösung dieser Probleme Stoffwechselphysiologie und Enzymologie auf das engste mit Cytologie, Zellphysiologie und submikroskopischer Morphologie verbinden müssen. In der folgenden Betrachtung soll nun zunächst ohne Berücksichtigung des Strukturfaktors von den biochemischen Regulationsmechanismen die Rede sein, die innerhalb der einzelnen Zelle — ohne Beteiligung von zugeführten Hormonen u. a. Wirkstoffen — funktionieren müssen, damit das System lebensfähig bleibt. Über dieses Problem der Steuerung von Stoffwechselvorgängen hat KREBS einen richtungweisenden Aufsatz veröffentlicht.

Man könnte bei solchen nicht-hormonalen Steuerungsvorgängen zwei Typen unterscheiden: 1. Quantitative Steuerungsfunktionen, die

---

* Dr. EBERHARDT ist während des Druckes dieses Beitrages tödlich verunglückt. Er konnte die Korrekturen nicht mehr selber prüfen.

einen Reaktionsablauf in seiner Intensität bestimmen, 2. qualitative Steuerungsfunktionen, die zwischen zwei oder mehreren Reaktionsrichtungen entscheiden. Bei den qualitativen Mechanismen sind wiederum zwei Typen denkbar: 1. Regulierende Systeme, die an solchen Stellen eingreifen, wo ein Substrat A auf verschiedenen Wegen in ein und dasselbe Produkt B übergeführt werden kann (vgl. z. B. S. 177, HOLZER u. GOEDDE), und 2. Regulationen, bei denen aus einem Substrat auf verschiedenen Wegen verschiedene Produkte entstehen (vgl. z. B. S. 173, CUMMINS, KING u. CHELDELIN).

Unter den quantitativen Steuerungsmechanismen kommt den sog. Rückkoppelungssystemen die größte Bedeutung zu. Im biochemischen Sinne werden darunter solche Systeme verstanden, bei denen das Reaktionsprodukt seine eigene Synthese hemmt, wenn es sich anhäuft. Solche sinnvollen Kontrollmechanismen scheinen in der Zelle an verschiedenen Punkten einzugreifen, ja „die Zielstrebigkeit biologischer Systeme läßt sich in vielen Fällen auf rein mechanistische Weise auf Grund des Rückkoppelungsprinzips deuten" (KREBS). Die bekanntesten Fälle für derartige Rückkoppelungen sind die Triosephosphatdehydrierung (die „Schrittmacher"-Reaktion der Glykolyse) und die Atmungskettenphosphorylierung. Aber auch in anderen Bereichen scheint ihnen eine wichtige regulatorische Rolle zuzufallen, so etwa in der Biosynthese der Pyrimidine bei *Escherichia coli* (YATES u. PARDEE; vgl. Fortschr. Bot. **19**, 205). Die Vorstellungen über die Steuerungsmechanismen sind im ganzen gesehen durch viele experimentelle Befunde gut begründet, doch sind viele wichtige Einzelheiten noch ungeklärt.

Als Beispiel für eine quantitative Regelung soll hier auf die Koppelung von Phosphorylierung und Oxydation noch etwas näher eingegangen werden. Daß die Phosphorylierungskapazität in vielen Fällen die Geschwindigkeit der Oxydationen und damit auch die des Substratabbaues begrenzt, scheint eine wohlfundierte Auffassung zu sein. Manche Einzelheiten sind dabei aber noch vollständig ungeklärt, so z. B. ob das anorganische Phosphat oder der Phosphatacceptor (z. B. ADP) bei der Regelung den entscheidenden Faktor darstellt. Auch läßt sich der Rückkoppelungseffekt mit den derzeitigen Methoden noch nicht direkt quantitativ erfassen, weil es noch nicht möglich ist, die Konzentration der Reaktionsteilnehmer an den Orten der Enzymwirkung zu bestimmen (LYNEN).

Von der regulierenden Funktion der Phosphorylierungen für die Pflanzenatmung ist schon früher in diesen Berichten die Rede gewesen (Fortschr. Bot. **17**, 596—597). Trotzdem mag es angebracht sein, die Verhältnisse noch einmal mit Hilfe eines Schemas (Abb. 10) zu erläutern.

Die Vorgänge der Substratdehydrierung (I), Energieübertragung (Coenzyme der Atmungskette; II), Energiespeicherung (Phosphorylierung; III) und des Energieverbrauches (IV) sind im normalen Zellgeschehen miteinander gekoppelt. Die Geschwindigkeit dieses komplexen Systemes kann durch das Angebot an Phosphatacceptor oder anorganischem Phosphat begrenzt werden. Wenn nur eine bestimmte Menge von beladenen (z. B. ATP) und leeren (z. B. ADP) Akkumulatoren für energiereiche Phosphatbindungen zur Verfügung steht, dann wird der Bedarf an Energie für chemische oder physikalische Arbeit der Zelle zu einem ATP-Verbrauch führen, einen größeren Anteil von ADP frei machen, also den Umsatz im Phosphorylierungskreislauf beschleunigen und damit eine Atmungssteigerung auslösen, die den Energieverbrauch wieder kompensiert. Ist der Energiebedarf gedeckt, so wird wieder mehr ATP angehäuft und infolgedessen die Oxydation gedrosselt. Es handelt sich also um ein biologisch äußerst sinnvolles Rückkoppelungssystem, das sich auf den wechselnden Bedarf der Zelle an chemisch oder physikalisch nutzbarer Energie in geregelter Weise einstellt. Daß ohne die Begrenzung durch die Phosphorylierungskapazität die Oxydationen häufig schneller ablaufen, zeigt die Erhöhung der $O_2$-Aufnahme in DNP-vergifteten Pflanzengeweben. Das „Entkoppelungsgift" 2,4-Dinitrophenol wirkt in bestimmten Konzentrationen als Keil zwischen II und III und macht damit die Geschwindigkeit von II unabhängig von der von III. Der Phosphorylierungskreislauf wird gleichzeitig stillgelegt.

Die bisher bekanntgewordenen Tatsachen über die Atmungsregulation bei Pflanzen hat LATIES zusammengestellt und ausführlich diskutiert.

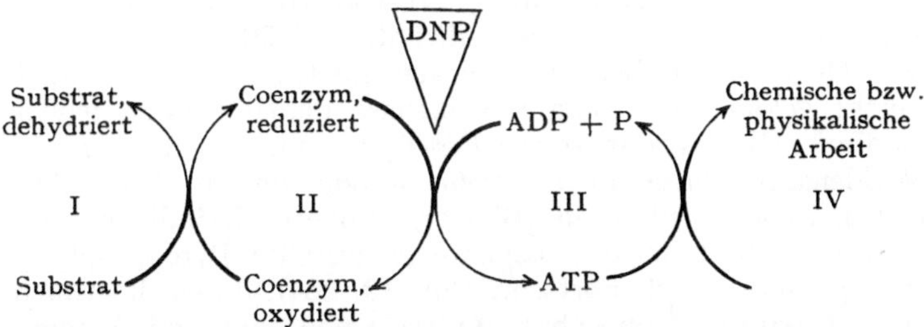


Abb. 10. Schematische Darstellung der Koppelung von Substratdehydrierung (I), Wasserstoff- bzw. Elektronenübertragung in der Atmungskette (II), Phosphorylierung (III) und Energieverbrauch durch Trans- bzw. Dephosphorylierung (IV). Für jedes dem Substrat entnommene Mol $H_2$ werden 2—4 Mol ATP aus ADP + P gebildet. ATP, ADP=Adenosintri- bzw. -diphosphat, P=anorganisches Phosphat, DNP=2,4-Dinitrophenol.

**Biochemie der Zellstrukturen.** Während die enzymatischen Leistungen von Mitochondrien, Mikrosomen und Plastiden in vielen Laboratorien untersucht werden, ist die chemische Zusammensetzung von Pflanzen-Mitochondrien und -Mikrosomen offenbar wenig erforscht. Der Aussagewert jeder Untersuchung von „zellfreien Systemen" steht und fällt natürlich mit dem Reinheitsgrad der isolierten Zellpartikel, und widersprechende Resultate werden oft auf der unterschiedlichen Reinheit der Präparate beruhen. Die Zellpartikel aus dem Endosperm von *Ricinus* unterscheiden sich in ihrer Zusammensetzung nicht wesentlich von denjenigen aus tierischen Geweben. Wichtig ist, daß nun auch der dynamische Gesichtspunkt bei diesen Untersuchungen mit herangezogen wird und daß die Zellorganellen in verschiedenen Entwicklungsstadien analysiert werden. So haben AKAZAWA und BEEVERS die quantitativen Veränderungen von Ribonucleinsäure, Phospholipoiden und Proteinstickstoff in den Mitochondrien und Mikrosomen des *Ricinus*-Endosperms in verschiedenen Stadien der Keimung untersucht. In den Mitochondrien nehmen die genannten Fraktionen pro Same bis zum 5. Tag der Keimung zu, danach wieder ab; bezogen auf den Eiweißstickstoff bleiben Phospholipoide und Ribonucleinsäure während der ganzen Zeit annähernd gleich, was wohl bedeutet, daß im einzelnen Samen die Veränderungen in allen drei Mitochondriensubstanzen ziemlich parallel erfolgen. Der $O_2$-Verbrauch ist bei den Endosperm-Mitochondrien am 4. Tag der Keimung am stärksten, in älteren Keimungsstadien sinkt die Aktivität der Präparate wieder ab; dieser Aktivitätsverlust wird einem thermolabilen

Hemmfaktor zugeschrieben, der im Verlauf der Keimung im Endosperm auftritt (BEEVERS u. WALKER). Die chemische Zusammensetzung von Mitochondrien und Mikrosomen aus Rübenblättern und aus Weizenkeimwurzeln haben MARTIN und MORTON analysiert.

Auch in Bakterien sind die verschiedenen Enzyme intracellulär verschieden lokalisiert, entweder in einer löslichen Fraktion oder fest an Zellpartikel gebunden (LINNANE u. STILL).

## 2. Kohlenhydrate.

**Zuckernucleotide. Biosynthese der Pentosen.** Die bedeutende Rolle der Zuckernucleotide im pflanzlichen Kohlenhydratstoffwechsel tritt immer deutlicher hervor. Die Uridindiphosphat(UDP)-Derivate nehmen an einer Vielzahl von Reaktionen teil (Oxydoreduktionen, Pyrophosphorolyse, Transglykosidierung, Isomerisierung). Die direkte epimerisierende Umwandlung der UDP-Zucker untereinander, die sich als Waldensche Umkehrung auffassen läßt, wird auch in der höheren Pflanze durch „Waldenasen" katalysiert (vgl. Fortschr. Bot. **19**, 265). Neuerdings wird vielfach statt Waldenase die rationelle Bezeichnung Epimerase verwendet (Galaktowaldenase = UDP-Galaktose-4-epimerase). Extrakte von *Phaeolus aureus*-Keimlingen enthalten nicht nur Galaktowaldenase-Aktivität (UDP-Galaktose $\rightleftharpoons$ UDP-Glucose), sondern auch Arabinowaldenase-Aktivität (UDP-Arabinose $\rightleftharpoons$ UDP-Xylose). Ob es sich dabei um zwei verschiedene Enzyme handelt, ist noch nicht geklärt; die Galaktowaldenase der Hefe kann jedoch die Umwandlung UDP-Arabinose $\rightleftharpoons$ UDP-Xylose nicht vollziehen. Neben den Waldenasen wurde in *Phaseolus aureus* und in Extrakten aus zahlreichen anderen Pflanzen (Blätter, etiolierte Keimlinge, Früchte) auch auf UTP und Zuckerphosphate eingestellte Pyrophosphorylase-Aktivität gefunden (vgl. Fortschr. Bot. **19**, 264), durch die Glucose-1-phosphat, Galaktose-1-phosphat, Xylose-1-phosphat und Arabinose-1-phosphat mit UTP unter Abspaltung von Pyrophosphat in die entsprechenden UDP-Derivate überführt werden. Das Enzym weist eine ähnliche Spezifität auf wie z. B. die Glykosidasen: So gelingt eine Uridyl-Übertragung nur auf $\alpha$-D-Galaktose-1-phosphat, nicht aber auf $\beta$-D-Galaktose-1-phosphat usw. Zu diesen Umsetzungen wird ein zweiwertiges Kation (Mg$^{\cdot\cdot}$, Mn$^{\cdot\cdot}$ oder Co$^{\cdot\cdot}$) als Cofaktor benötigt. Auch hier ist die Frage noch offen, ob es sich um ein einheitliches Enzym oder um verschiedene, für die einzelnen Zucker spezifische Pyrophosphorylasen handelt (NEUFELD, GINSBURG, PUTMAN, FANSHIER u. HASSID).

Mit der Entdeckung des Pentosephosphatcyclus, in dessen Verlauf aus Hexosephosphat die phosphorylierte Pentose Ribose-5-phosphat entsteht, schien gleichzeitig eine einleuchtende Vorstellung über die Bildung von Pentosen im allgemeinen gewonnen zu sein. Fütterungsversuche mit spezifisch markierten Hexosen haben jedoch erkennen lassen, daß die Pflanzenzelle bei der Synthese der übrigen Pentosen mindestens z. T. einen anderen Weg beschreitet. Bereits im vorangegangenen Bericht sind einige Befunde angeführt, die zu dem Schluß berechtigen, daß Xylose und Arabinose nicht etwa durch Decarboxylierung einer Hexose am 1-C-Atom, wie es nach dem Pentosephosphatcyclus zu erwarten wäre, sondern durch Decarboxylierung am 6-C-Atom der Hexose entstehen (Fortschr. Bot. **19**, 268/269 u. 270). Auch in Weizenkeimlingen findet sich nach Fütterung von Glucose-1-$C^{14}$ der größte Teil der Radioaktivität im 1-C-Atom der Hemicellulose-Komponenten Xylose und Arabinose wieder (GINSBURG u. HASSID).

Eine UDP-Uronsäure, die UDP-Glucuronsäure, ist nun auch aus pflanzlichem Material isoliert worden (SOLMS u. HASSID). Damit sind jetzt — bis auf UDP-Galakturonsäure — die Glieder des Biosyntheseschemas für die Zellwandkohlenhydrate (Fortschr. Bot. **19**, 269) in Pflanzen nachgewiesen.

**Zuckeralkohole (Polyole)**[1]. Lineare Hexite, bei denen die Carbonylgruppe der Hexose zur Alkoholgruppe reduziert ist, häufen sich oft in der Vacuole an und können dann einen sehr beträchtlichen Teil der gelösten Stoffe im Zellsaft ausmachen, so bei Laubblättern bis zu 25% der osmotisch wirksamen Substanz (STEINER u. MAAS). Über ihren Stoffwechsel in der höheren Pflanze wissen wir praktisch nichts, doch sind einige Umsetzungen der Zuckeralkohole in Bakterien näher untersucht worden. Die Isolierung von Cytidindiphosphat-Ribit und von Mannit-1-phosphat aus *Lactobacillus arabinosus* deutet auch hier auf eine Beteiligung von Phosphat und Nucleotiden am Stoffwechsel hin (BADDILEY, BUCHANAN, CARSS, MATHIAS u. SANDERSON). In *Escherichia coli* wird Fructose-6-phosphat in Gegenwart von reduzierter Codehydrase I (DPNH) durch eine Dehydrase zu Mannit-1-phosphat reduziert(1). Diese Mannit-1-phosphatdehydrase ist spezifisch auf Fructose-6-phosphat eingestellt und kommt auch in vielen anderen Bakterien und in Hefe vor (WOLFF u. KAPLAN).

$$\text{Fructose-6-phosphat} + \text{DPN-2H} \leftrightharpoons \text{Mannit-1-phosphat} + \text{DPN} \quad (1)$$

Der biologische Abbau der Hexite (wahrscheinlich in phosphorylierter Form: Gl. 1) wird in Bakterien durch Dehydrasen eingeleitet, die mehr oder weniger spezifisch auf bestimmte Polyalkohole eingestellt sind. Die Reaktion führt direkt zu Ketohexosen bzw. Ketohexosephosphaten (SHAW: Galaktitdehydrase; LARNER, JACKSON, GRAVES u. STAMER: Inositdehydrase; Gl. 1). Die Ketosen können dann in manchen Fällen auf den üblichen Wegen des Zuckerabbaues weiter umgesetzt werden, in anderen Fällen, wie z. B. bei der aus Sorbit entstandenen Sorbose, kann der Zucker weder phosphoryliert noch weiter oxydiert werden. Bei *Acetobacter suboxydans* ist die Oxydation von Sorbit von der Natur der Codehydrase abhängig: Dient TPN als Wasserstoffacceptor, so entsteht die nicht weiter verwertbare Sorbose, mit DPN wird Fructose gebildet, die in die Kanäle des Hexoseabbaues einmünden kann. Hier scheint also ein Fall vorzuliegen, bei dem eine Stoffwechselweiche durch das Verhältnis der beiden Codehydrasen gesteuert wird: Das Angebot an DPN oder TPN entscheidet darüber, welcher der beiden Abbauwege für Sorbit beschritten wird (CUMMINS, KING u. CHELDELIN).

Der cyclische Polyalkohol Inosit (vgl. auch S. 185) wird in Blättern offenbar rasch veratmet: Infiltration von Inosit führt zu einer Atmungs-

---

[1] Über Glycerin s. S. 187.

steigerung unter gleichzeitiger Abnahme des Inosits. Hingegen konnte keine merkliche Zunahme von aromatischen Verbindungen nach Inosit-infiltration beobachtet werden (SCHRAUDOLF). Inosit ist nicht, wie früher vermutet, eine allgemeine Vorstufe für die Bildung aromatischer Verbindungen: Fütterung von Inosit-$C^{14}$ führt weder in Teeblättern zu markierten Catechinen noch in *Phycomyces* zu radioaktiven Phenol-carbonsäuren (Gallussäure, Protocatechusäure). Zwar erhöht Inosit-zufuhr die Anthocyanbildung etwas, doch ist die Verwertung des Inosits zur Farbstoffsynthese äußerst gering (WEYGAND, BRUCKER, GRISEBACH u. SCHULZE).

Bei der Keimung vieler Samen nimmt zunächst der Gesamtgehalt an Inosit stark ab. Daran werden zum größten Teil die gebundenen Formen des cyclischen Alkohols beteiligt sein (Phytin). Später steigt der Inositgehalt im Laufe der Keimlingsentwicklung wieder an. Inosit wird also nicht nur von Blättern, sondern auch von Keimlingen umge-setzt. Ein Inositschwund scheint bei der Keimung ganz allgemein aufzutreten (DARBRE u. NORRIS; RICHARDSON u. AXELROD).

**Aminozucker.** Während Pilze, Flechten und manche Algen bedeu-tende Mengen an Hexosamin-Verbindungen enthalten, sind diese Stoffe in den meisten höheren Pflanzen, wenn überhaupt, nur in Spuren vor-handen. Ausnahmen gibt es aber: N-haltige Zucker können als Bestand-teile von Proteiden vorkommen (z. B. im Glycinin der Sojabohne; GLADYSHEW, 1955, 1957). In niederen Pflanzen liegen sie vor allem im Chitin gebunden vor. Auch hier geht, ähnlich wie bei den N-freien Zellwandkohlenhydraten (vgl. Fortschr. Bot. **19**, 269), die Synthese der polymeren Aminozucker-Verbindungen von den Uridindiphosphat-Derivaten der Hexosamine aus: Extrakte aus *Neurospora crassa* syn-thetisieren markiertes Chitin aus radioaktivem UDP-Acetylglucosamin (GLASER u. BROWN). UDP-Aminozucker waren bis vor kurzem nur aus tierischen Geweben und aus Pilzen bekannt; jetzt ist UDP-Acetyl-glucosamin auch aus Keimlingen von *Phaselous aureus* isoliert worden (SOLMS u. HASSID).

**Kohlenhydratabbau.** Im vorangegangenen Bericht stand der Weg der direkten Oxydation (Pentosephosphatcyclus) als zweite Reak-tionsfolge neben dem klassischen Glykolyseweg im Vordergrund dieses Abschnittes. Er scheint im Kohlenhydratstoffwechsel der Pflanzen eine erhebliche Rolle zu spielen. Wir haben bereits gesehen, daß der Anteil der direkten Oxydation am Abbau der phosphorylierten Hexosen von Art und Alter des Gewebes abhängen kann. Inzwischen sind nun noch weitere Faktoren gefunden worden, die das physiologisch offenbar recht flexible Verhältnis von Glykolyse zu Pentosephosphatcyclus beeinflussen können. Bei Wurzeln von Erbsen, Mais und Hafer führt eine Behandlung mit dem synthetischen Wuchsstoff 2,4-Dichlor-phenoxyessigsäure (2,4-D) zu einem verstärkten Glucoseabbau über den Pentosephosphatweg (HUMPHREYS u. DUGGER). Dementsprechend wurde auch bei Sojabohnenmitochondrien nach Behandlung der Keim-linge mit 2,4-D eine erhöhte $O_2$-Aufnahme und Phosphatveresterung gefunden (SWITZER). Der parasitogenen Atmungssteigerung, die nach

Pilzinfektionen im Wirtsgewebe auftritt, liegt ebenfalls eine direkte Oxydation von Hexosephosphat zugrunde oder ist doch zumindest bevorzugt an dem zusätzlichen Kohlenhydratabbau beteiligt (DALY, SAYRE u. PAZUR; SHAW u. SAMBORSKI). Es hat den Anschein, als ob vor allem dann, wenn die Pflanzenzelle einen Zustand erhöhter Atmung durchläuft, das zusätzlich veratmete Hexosephosphat häufig auf dem Weg über die direkte Oxydation abgebaut wird.

Neben Glykolyse und Pentosephosphatcyclus[1] gibt es noch einen weiteren Weg, auf dem Kohlenhydrate abgebaut werden können. Er ist allerdings bis jetzt weder in Pilzen noch in grünen Pflanzen entdeckt worden, doch ist er charakteristisch für den Stoffwechsel einer Bakteriengruppe: Die *Pseudomonas*-Arten besitzen ein besonderes Reaktionssystem für den Glucose-Abbau, das als Entner-Doudoroff-Weg bezeichnet wird. Es ist nicht der einzige Kohlenhydratabbauweg der Pseudomonaden, doch scheinen in *Ps. fluorescenz* etwa 30—50% der Glucose-Moleküle auf diesem Wege umgesetzt zu werden (LEWIS, BLUMENTHAL, WEINRACH u. WEINHOUSE). Etwa ebensoviel Glucose wird über den Pentosephosphatcyclus abgebaut, während die Glykolyse bei *Ps. fluorescenz* nur zu etwa 3% am Kohlenhydratabbau beteiligt ist. Der überwiegende Teil des oxydierten Glucosephosphates geht also zunächst in 6-Phosphogluconsäure über. Bis zu dieser Verbindung gehen Pentosephosphatcyclus und Entner-Doudoroff-Abbau gemeinsame Wege. Statt der Decarboxylierung am 1-C-Atom, die zum Pentosephosphat führen

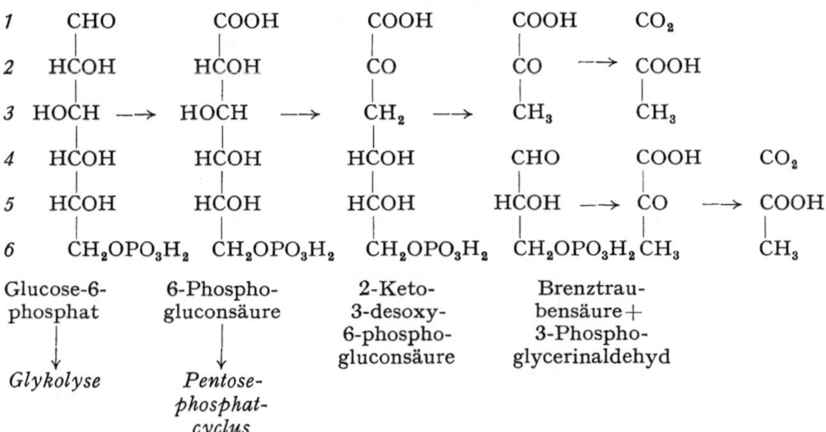

Schema des Entner-Doudoroff-Abbauweges. Die kursiven Zahlen bezeichnen die Position der C-Atome. In *Pseudomonas flnorescens* werden etwa 3% des Glucosephosphates auf dem Weg der Glykolyse, etwa 50% über den Pentosephosphatcyclus und etwa 30—50% auf dem formelmäßig wiedergegebenen Weg abgebaut. Das Schema verdeutlicht, daß bei einem Abbau der Glucose über das Entner-Doudoroff-System zuerst die C-Atome 1 und 4 oxydiert werden. Im Gegensatz dazu erscheinen bei der Glykolyse zuerst $C_1$ und $C_6$, bei der direkten Oxydation zuerst $C_1$ im ausgeschiedenen $CO_2$.

---

[1] Von der in ihrem weiteren Verlauf noch unbekannten direkten Oxydation der freien Hexosen sei hier abgesehen (vgl. Fortschr. Bot. **19**, 272).

würde, setzt im Entner-Doudoroff-Abbau eine Dehydratisierung am 2-C-Atom ein. Die so entstandene 2-Keto-3-desoxy-6-phosphogluconsäure wird in Brenztraubensäure und Phosphoglycerinaldehyd gespalten, die beide wieder in die bekannten Kanäle des glykolytischen Umsatzes einmünden können. Ein prinzipiell ähnlicher Weg, aber ohne Verwendung phosphorylierter Derivate, wird bei *Ps. saccharophila* auch für den Galaktoseabbau eingeschlagen (DOUDOROFF, DE LEY, PALLERONI u. WEIMBERG). Der Entner-Doudoroff-Abbau wird aber anscheinend nicht bei allen *Pseudomonas*-Arten angetroffen (STONE u. HOCHSTER: *Ps. hydrophila*).

## 3. Säurestoffwechsel.

**Acetyl-Coenzym A und Citronensäurecyclus.** Die zentrale Stellung des Acetyl-Coenzyms A (Acetyl-CoA) im Geflecht der zellchemischen Reaktionen bringt es mit sich, daß die „aktivierte Essigsäure", die verschiedene Stoffwechselbereiche miteinander verknüpft, dementsprechend auch in verschiedenen Abschnitten dieses Berichtes auftauchen muß. Aus Gründen der Übersichtlichkeit werden im folgenden die organischen Säuren im engeren Sinne (Oxy-, Keto-, Di- und Tricarbonsäuren), die Fettsäuren und die für die Terpen- und Steroidsynthese wichtigen verzweigten Säuren in verschiedenen Kapiteln behandelt, obwohl der Stoffwechsel aller dieser Säuren vom Acetyl-CoA ausgeht bzw. in Acetyl-CoA einmündet:

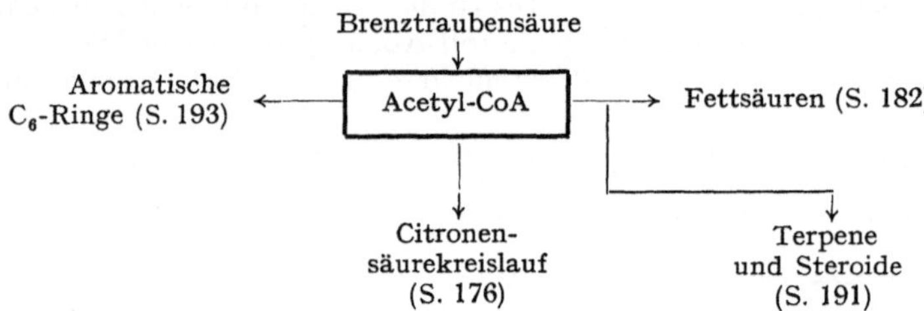


Es kann vorkommen, daß ein und dasselbe Stoffwechselprodukt an verschiedenen Zellorten bzw. in verschiedenen Zellkomponenten aus dem gleichen Ausgangsmaterial auf verschiedenen Wegen erreicht wird.

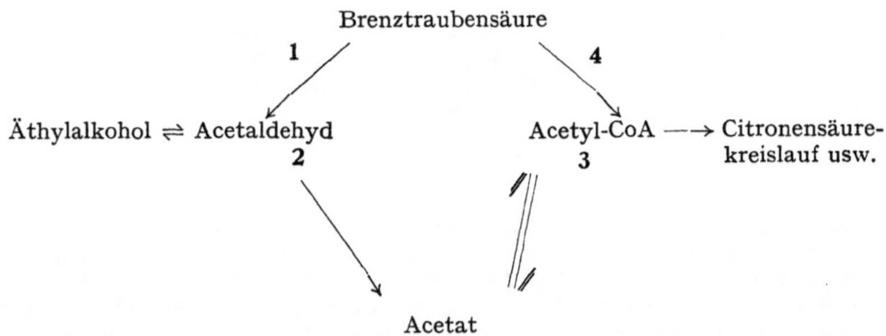


1 = Brenztraubensäure-Decarboxylase.
2 = Acetaldehyd-Dehydrase, DPN oder TPN.
3 = Acetyl-CoA-Kinase, CoA, ATP.
4 = Brenztraubensäure-Oxydase, Cocarboxylase, CoA, DPN, Mg·· , Liponsäure; kein ATP nötig!

Einen solchen interessanten Fall, bei dem an verschiedenen Zellorten verschiedene Stoffwechselwege beschritten werden, haben HOLZER und GOEDDE bei Hefe entdeckt. Im Zellsaft der Hefe finden sich die Fermente, die Brenztraubensäure über Acetaldehyd und Acetat in Acetyl-CoA überführen können (Reaktionen 1, 2 u. 3 im vorstehenden Schema), in Hefemitochondrien sind die Enzyme enthalten, die Brenztraubensäure oxydativ zu Acetyl-CoA decarboxylieren (Reaktion 4).

Mitochondrien aus *Ricinus*-Endosperm oxydieren Brenztraubensäure nur in Gegenwart von CoA, DPN, ATP, Cocarboxylase und einer Säure des Tricarbonsäurekreislaufes. Der Brenztraubensäure-Abbau wird also von der Mitochondrienfraktion wahrscheinlich über Acetyl-CoA geführt. Mit dem gleichen System konnte durch die Bildung von Citronensäure nachgewiesen werden, daß Oxalessigsäure als Acetylacceptor eintritt (WALKER u. BEEVERS).

Die Oxydation der Säuren des Citronensäurekreislaufes wurde für Mitochondrien-Präparate aus vielen Pflanzen nachgewiesen (HOWARD u. YAMAGUCHI; LIEBERMAN u. BIALE; FREEBAIRN u. REMMERT; BEAUDREAU u. REMMERT; s. a. Fortschr. Bot. **19**, 274). Die Mitochondrien aus dem Endosperm der Zuckerkiefer, *Pinus lambertiana*, oxydieren diese Säuren ebenfalls (STANLEY). Dieses Beispiel zeigt, daß die Endosperm-Atmung auf der eigenen Enzymausstattung und nicht auf der des Embryos beruht. Auch Algen oxydieren die meisten Säuren des Tricarbonsäurekreislaufes (HUNTER u. HUNTER an *Ulothrix*). Ähnlich wie z. B. bei Karottengewebe ist die Veratmung der Säuren auch hier gegen Malonsäure empfindlich. Alle diese Beobachtungen sprechen dafür, daß der Citronensäurecyclus als hauptsächlicher Mechanismus für die Oxydation der Säuren in Pflanzen angesehen werden kann (AVRON u. BIALE). Die mit der Oxydation der Bernsteinsäure verknüpften Phosphorylierungen konnten in Mitochondriensystemen aus Blumenkohlknospen und *Phaseolus aureus*-Keimlingen nachgewiesen werden, doch ist der gemessene Phosphorylierungsquotient (verestertes Phosphat/$O_2$-Verbrauch; P/O) wesentlich kleiner als der theoretisch zu erwartende Wert von 4 (FRITZ u. NAYLOR). Das bedeutet also wohl, daß in den Präparaten außerdem Oxydationen ablaufen, die nicht mit Phosphat-Veresterung verbunden sind.

Die bedeutendste Entdeckung auf dem Gebiet des Säurestoffwechsels ist sicherlich die neue cyclische Reaktionsfolge, die jetzt als Glyoxylatcyclus bezeichnet wird. Es handelt sich dabei um enzymatische Reaktionen, die eine Abwandlung, genauer gesagt eine Abkürzung des Citronensäurekreislaufes darstellen. Sie wurden bei *Pseudomonas*-Arten u. a. Bakterien und neuerdings auch in Extrakten aus *Ricinus*-Endosperm entdeckt (KORNBERG u. KREBS; KORNBERG u. MADSEN; KORNBERG u. BEEVERS; WONG u. AJL; CAMPBELL u. SMITH). Der neue Abkürzungsweg umgeht den Abschnitt Isocitronensäure → Äpfelsäure durch Spaltung der Isocitronensäure in Bernsteinsäure und Glyoxylsäure. Diese Isocitritase-Reaktion, die auch in keimenden Kürbissamen beobachtet wurde (HEYDEMAN), entspricht im Prinzip der Umkehr einer Aldolkondensation; die Isocitritase wäre demnach vom

Typ der Aldolase. Die Glyoxylsäure kann dann mit einem Acetylrest aus Acetyl-CoA zu Äpfelsäure zusammentreten (Malatsynthetase-Reaktion). Die Summe dieser Reaktionsschritte ist demnach:

$$\text{Isocitrat} + \text{Acetat} \rightarrow \text{Malat} + \text{Succinat}$$

Wenn man den Glyoxylatcyclus in seinem ganzen Ablauf übersieht, so schert als Nettoprodukt bei jedem Umlauf ein Molekül Bernsteinsäure aus, und zwei Moleküle Acetyl-CoA werden verbraucht. Im Gegensatz zum Citronensäurecyclus, bei dem in der Bilanz das Acetat zu zwei Mol $CO_2$ oxydiert wird, weist die Bilanz des Glyoxylatkreislaufes die Synthese einer $C_4$-Dicarbonsäure auf:

Citronensäurecyclus: $CH_3COOH + 2\,O_2 \rightarrow 2\,CO_2 + 2\,H_2O$

Glyoxylsäurecyclus: $2\,CH_3COOH + \frac{1}{2}\,O_2 \rightarrow HOOC \cdot CH_2 \cdot CH_2 \cdot COOH + H_2O$

Der Glyoxylatcyclus erklärt viele Synthesen, die von Acetat ausgehen, so z. B. die Synthese der Zellbestandteile in solchen Mikroorganismen, die auf Acetat allein wachsen können. Für die höhere Pflanze dürfte dies auch der Mechanismus sein, der für die oft beobachtete Synthese von Kohlenhydrat aus Fettsäuren sorgt: Die aus den Acetylbruchstücken der Fettsäureoxydation über den Glyoxylsäurecyclus synthetisierte Bernsteinsäure steht wiederum über den Citronensäurecyclus mit Oxalessigsäure, und durch deren Decarboxylierung zu Phospho-enolbrenztraubensäure (s. S. 180) mit den glykolytischen Reaktionen des Kohlenhydratstoffwechsels in Beziehung. Gleichzeitig ist mit dem Glyoxylatkreislauf nicht nur ein Syntheseweg für die Glyoxylsäure, sondern auch für die in Pflanzen weit verbreitete Glykolsäure aufgezeigt worden. Glykolsäure kann durch enzymatische Reduktion mit $DPN-H_2$ oder $TPN-H_2$ und Glykolsäuredehydrase aus Glyoxylsäure entstehen (1). Dieses Enzym wurde aus Tabakblättern in kristalliner Form gewonnen (ZELITCH).

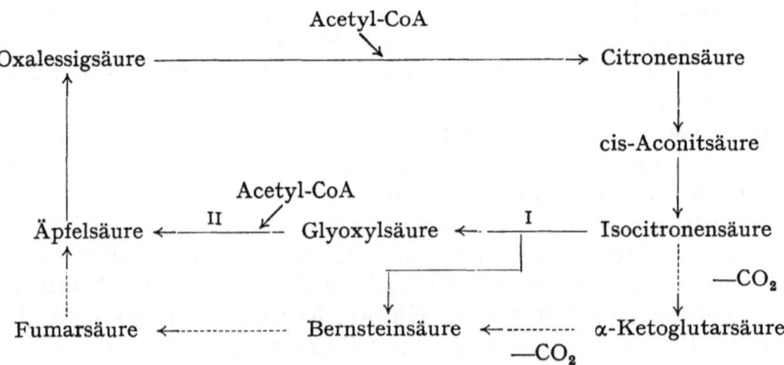


Der Glyoxylsäurecyclus und seine Beziehungen zum Citronensäurekreislauf. Die Decarboxylierungsschritte im Citronensäurecyclus sind eingezeichnet, dagegen sind die Dehydrierungen der Übersichtlichkeit halber nicht besonders vermerkt. I = Isocitritase, II = Malatsynthetase. Die durchgezogenen Reaktionspfeile geben den Verlauf des Glyoxysäurekreislaufes an.

Da außerdem in Blättern eine Glykolsäureoxydase (Flavoproteid) vorkommt, die den Wasserstoff von der Glykolsäure direkt auf den Sauerstoff überträgt (2), stellt die Koppelung der beiden Reaktionen (1 + 2) ein wirksames Mittel zur Wasserstoffübertragung von den reduzierten Codehydrasen auf $O_2$ dar. Es ist wahrscheinlich, daß dieses cyanidresistente Endoxydasesystem bei der Atmung grüner Blätter eine Rolle spielt (ZELITCH).

$$(1) \quad OHC \cdot COOH + DPN\text{---}H_2 \underset{\longleftarrow}{\overset{\text{Glykolsäuredehydrase}}{\longrightarrow}} HOH_2C \cdot COOH + DPN$$

$$(2) \quad HOH_2C \cdot COOH + \tfrac{1}{2} O_2 \xrightarrow{\text{Glykolsäureoxydase}} OHC \cdot COOH + H_2O$$

Während die Glykolsäureoxydase auch in nicht-grünen Zellen enthalten ist, fehlt Glykolsäuredehydrase in chlorophyll-freien Organen, so z. B. in Wurzeln. Die Aktivität dieses Enzymes hängt einmal sehr stark vom Entwicklungszustand, zum anderen vom Chlorophyllgehalt der Zellen ab (MOTHES u. WAGNER). Werden ergrünungsfähige Wurzeln belichtet *(Lycopersicum, Atropa)*, so wird auch die Ausbildung der Glykolsäuredehydrase-Aktivität eingeleitet (MOTHES, RAMSHORN, ENGELBRECHT u. WAGNER). In etiolierten Blättern tritt das Enzym schon nach wenigen Stunden Belichtung auf. Bei Photosyntheseversuchen mit $C^{14}O_2$ wird Glykolsäure in Algen schon sehr früh markiert und auch in relativ großen Mengen in das Medium abgeschieden (TOLBERT u. ZILL). Nach Fütterung markierter Brenztraubensäure und Oxybrenztraubensäure im Licht an *Scenedesmus* wird eine ungewöhnlich hohe Markierung in Glykolsäure gefunden (MILHAUD, BENSON u. CALVIN). Die nahe Beziehung der Glykolsäure über Glyoxylsäure zum Citronensäurekreislauf kommt auch darin zum Ausdruck, daß bei Fütterung von Glykolsäure an Tabakblätter die Konzentrationen verschiedener anderer Säuren ansteigen (VICKERY u. PALMER 1956).

**$CO_2$-Dunkelfixierung.** In *Bryophyllum*-Blättern wird $C^{14}O_2$ im Dunkeln in verschiedene organische Säuren und Aminosäuren so eingebaut, daß aus der zeitlichen Folge der Markierung auf den Ablauf der Reaktionen des Citronensäurekreislaufes in vivo geschlossen werden kann (SALTMAN, LYNCH, KUNITAKE, STITT u. SPOLTER). Auch in vielen massigen Organen, wie Früchten, Wurzeln und Knollen laufen $CO_2$-Fixierungen im Dunkeln ab, bei denen hauptsächlich Äpfel- und Citronensäure auftreten (BUHLER, HANSEN, CHRISTENSEN u. WANG an Tomatenfrüchten; JACOBSON an Wurzeln; RAKITIN, KRYLOV u. KOLESNIKOV an Äpfeln, Mohrrüben und Kartoffeln). Es ist also auch bei diesen Geweben möglich, daß das Atmungskohlendioxyd bis zu einem gewissen Grade wieder durch Carboxylierungsvorgänge in den Stoffwechsel einbezogen wird.

Bisher war es nicht gelungen, die Enzyme des Säurestoffwechsels aus Sukkulentenblättern — in denen $CO_2$-Bindung und Säureumsatz ja besonders ausgeprägt sind — zu extrahieren, weil der stark saure Zellsaft die Enzyme beim Zerreiben inaktiviert. Wird aber vor der Zerstörung des Gewebes eine 1%ige Ammoniaklösung infiltriert, so können nun auch undenaturierte Enzymproteine isoliert und so z. B. zahlreiche

12*

Enzyme des Säurestoffwechsels in *Bryophyllum*-Blättern nachgewiesen werden (COLES u. WAYGOOD). Es gibt drei verschiedene Möglichkeiten der $CO_2$-Dunkelfixierung, die alle im Prinzip eine Wood-Werkman-Reaktion, eine Carboxylierung von Brenztraubensäure darstellen:

(1) Äpfelsäureenzym:

$$CH_3 \cdot CO \cdot COOH + CO_2 + DPN\text{—}H_2 \leftrightharpoons HOOC \cdot CHOH \cdot CH_2 \cdot COOH + DPN$$

(2) Phospho-enolbrenztraubensäure-Carboxykinase:

$$CH_2{=}\underset{\underset{P}{\overset{\wr}{O}}}{C}\text{—}COOH + CO_2 + ADP \leftrightharpoons HOOC \cdot CH_2 \cdot CO \cdot COOH + ATP$$

(3) Phospho-enolbrenztraubensäure-Carboxylase:

$$CH_2{=}\underset{\underset{P}{\overset{\wr}{O}}}{C}\text{—}COOH + CO_2 \rightleftharpoons HOOC \cdot CH_2 \cdot CO \cdot COOH + P$$

P = Phosphorsäure

$\wr$ = energiereiche Bindung

Alle drei Reaktionen sind in Pflanzen verbreitet (MAZELIS u. VENNESLAND). Die dritte Reaktion, die keine Nucleotid-Cofaktoren benötigt, ist nun die für die $CO_2$-Bindung in verdunkelten *Bryophyllum*-Blättern verantwortliche Reaktion. Als erstes Produkt der Dunkelfixierung in *Bryophyllum* konnte Oxalessigsäure nachgewiesen werden; $CO_2$ wird hier also nicht durch die Reaktion des Äpfelsäureenzyms (1) an Brenztraubensäure gebunden, sondern als Partner reagiert Phospho-enolbrenztraubensäure, die unter Abspaltung des energiereich gebundenen Phosphatrestes zu Oxalessigsäure carboxyliert wird (3). Phosphoenolbrenztraubensäure-Carboxylase konnte im Blattextrakt von *Bryophyllum* nachgewiesen werden (SALTMAN, KUNITAKE, SPOLTER u. STITTS). Das Enzym ist auch in Spinatblättern wirksam (BANDURSKI) und die gleiche Reaktion läuft auch in wäßrigen Extrakten aus Weizenkeimlingen ab (TSCHEN u. VENNESLAND). Oxalessigsäure kann dann durch Äpfelsäuredehydrase mit $DPN\text{-}H_2$ zu Äpfelsäure reduziert werden. Die Bildung von Oxalacetat und von Äpfelsäure aus Phospho-enolbrenztraubensäure und $CO_2$ ließ sich auch an einem Extrakt aus *Kalanchoe*-Blättern demonstrieren (WALKER).

**Einzelne Säuren.** Starkes Interesse wird neuerdings den $C_1$-Zwischenverbindungen geschenkt, weil sie offenbar für eine ganze Reihe von Stoffwechselvorgängen wichtig sind (Purinsynthese: Fortschr. Bot. **17**, 608; Methylgruppenvorläufer: Fortschr. Bot. **17**, 614; **19**, 283). Außer Kohlendioxyd können auch andere $C_1$-Verbindungen von Pflanzengeweben synthetisch verwertet werden. So wird Ameisensäure-$C^{14}$ in Gerstenblättern rasch in Hexosen, Aminosäuren, Glycerinsäure und Apfelsäure eingebaut. Vor allem Serin nimmt sehr viel $C^{14}$ in das $\beta$-C-Atom auf; die zweite hervorstechende Verbindung, in die Formiat gebunden wird, ist Glycerinsäure (hier vor allem die Carboxylgruppe). Licht scheint — wohl auf dem Wege über Phosphorylierungen — als Energiequelle für den Ameisensäureeinbau zu dienen: Im Licht ist die

Formiatfixierung etwa viermal so hoch wie im Dunkeln (TOLBERT). Bemerkenswert ist, daß auch Formaldehyd — der ja früher als mögliches Stoffwechselprodukt bei der $CO_2$-Assimilation u. a. wegen seiner Giftigkeit verworfen wurde — von Gerstenblättern leicht in Serin, Cholin und Asparaginsäure eingebaut wird. Die Fixierung des Formaldehyds in diese Verbindungen läuft im Dunkeln nur langsam ab, im Licht ist die Einbaugeschwindigkeit um ein Mehrfaches erhöht (KRALL u. TOLBERT). In Hefe kann offenbar der Acetat- und Glykolatabbau die Stufe des Formaldehyds durchlaufen, was bedeuten würde, daß dann die Acetatoxydation nicht den Weg des Citronensäurekreislaufes beschreitet (BOLCATO, GALLINA u. LEGGIERO; BOLCATO, BERNARD u. LEGGIERO). Aber nicht allein die enzymatische Umsetzung des „Giftes" Formaldehyd ist der Zelle geläufig, selbst Kohlenmonoxyd CO wird von Gerstenblättern langsam in Serin eingebaut; auch dieser Einbau ist lichtabhängig. Die Ausnutzbarkeit der $C_1$-Verbindungen für synthetische Reaktionen durch belichtete Gerstenblätter läßt sich etwa in folgender Reihe ausdrücken: $CO_2 \gg HCOOH \gg HCHO > CO$ (KRALL u. TOLBERT).

Malonsäure gilt seit langem als das klassische Beispiel für einen kompetitiven Hemmstoff, der auf Grund seiner strukturellen Ähnlichkeit mit dem Substrat in der Bernsteinsäuredehydrase-Reaktion die enzymatische Umsetzung der Bersteinsäure hemmt. Die Folgen einer Vergiftung mit Malonsäure sind demnach: Unterbrechung des Citronensäurekreislaufes und Anhäufung von Bernsteinsäure. Werden abgeschnittene Tabakblätter im Dunkeln in Lösungen von Malonsäure gestellt, so läßt sich nach 1—2 Tagen eine starke Anhäufung von Bernsteinsäure beobachten. Der Citronensäurespiegel ist aber unter diesen Bedingungen nicht erhöht, und aus der Abnahme an organischer Trockensubstanz kann man schließen, daß die Veratmung von Substraten nicht gehemmt war (VICKERY u. PALMER). Das deutet darauf hin, daß der Abbau der organischen Säuren unter Malonatvergiftung wenigstens teilweise weitergeht und einen anderen Weg einschlägt. Nun scheint aber Malonsäure nicht nur als Stoffwechselgift eine Bedeutung zu haben, sondern auch als Substrat und Stoffwechselprodukt. Schon seit einigen Jahren ist bekannt, daß *Pseudomonas fluorescens*-Enzyme von Bakterien, die auf Malonat gewachsen waren, Malonsäure unter Beteiligung von Coenzym A und ATP zu Acetat decarboxylieren können (WOLFE, IVLER u. RITTENBERG; WOLFE u. RITTENBERG; HAYAISHI). In Blättern von Leguminosen sind größere Mengen von Malonsäure nachgewiesen worden (in Rotklee macht Malonsäure 40% der gesamten Di- und Tricarbonsäuren aus), die darauf schließen lassen, daß der Citronensäurecyclus hier in irgendeiner Weise gegen Malonatvergiftung geschützt ist, oder daß der Säureabbau über andere Wege als den Tricarbonsäurekreislauf geht (SOLDATENKOV u. MAZUROVA; vgl. Fortschr. Bot. **15**, 322). In verschiedenen Pflanzengeweben, wie Weizenkörnern, Erbsenwurzeln, Petersilienblättern ist eine Dehydrase nachgewiesen worden, die Oxymalonsäure zu Ketomalonsäure oxydiert. Für eine stoffwechselphysiologische Bedeutung dieses Enzymes lassen sich vorläufig keine einleuchtenden Gründe angeben [STAFFORD (1956)]. Vielleicht bietet der oben erwähnte Nachweis von größeren Mengen Malonsäure in Blättern hier einen Ansatzpunkt (etwa im Sinne der Folge: Malonsäure → Oxymalonsäure → Ketomalonsäure). Erdnußmitochondrien vermögen Malonsäure zu decarboxylieren. Für diese Reaktion muß den Zellpartikeln Coenzym A und ATP zugeführt werden. Es ist wahrscheinlich, daß Malonsäure als Malonyl-Coenzym A zu Acetyl-Coenzym A decarboxyliert und damit weiter über die bekannten Wege des Säureumsatzes abgebaut wird (GIOVANELLI u. STUMPF).

Die Biogenese der Oxalsäure in Pflanzen ist immer noch nicht aufgeklärt, hingegen sind einige Züge ihres Abbaues bekannt geworden. Bakterien-Extrakte decarboxylieren Oxalsäure vollständig nach der Gleichung $HOOC—COOH \rightarrow HCOOH + CO_2$, wenn Acetyl-CoA und Cocarboxylase zugesetzt werden. Der bakterielle Abbau der Oxalsäure läuft also ähnlich wie der von Malonat über CoA-Derivate (JAKOBY, OHMURA u. HAYAISHI).

Weinsäure ist in höheren Pflanzen weit verbreitet, aber über ihren Stoffwechsel und insbesondere über ihre Biosynthese wissen wir nur sehr wenig. Auch hier ist der bakterielle Abbau noch am besten bekannt: Bakterien können Weinsäure zu Oxalessigsäure dehydratisieren (KRAMPITZ u. LYNEN; SHILO); dadurch ist wenigstens für den *Abbau* der Weinsäure der Anschluß an den Citronensäurecyclus gefunden. Neuerdings ist eine Weinsäuredehydrase in Enzympräparaten aus Erbsen, Weizenkeimlingen und Bohnenblättern entdeckt worden, die Tartrat mit DPN wahrscheinlich zu Dioxyfumarsäure dehydriert [STAFFORD (1957)]. Dioxyfumarsäure hat viele Umsetzungsmöglichkeiten, die z. T. auch nicht-enzymatischer Natur sind und leicht spontan ablaufen; sie könnte auf Grund ihrer hohen Reaktionsfähigkeit ein wichtiges Säurezwischenprodukt im pflanzlichen Stoffwechsel darstellen. Daß sie von pflanzlichen Enzymen umgesetzt wird, ist sicher, doch ist ihr Nachweis als Produkt der Tartratdehydrierung noch nicht sicher gelungen.

Itaconsäure ist ein ungewöhnliches Stoffwechselprodukt, das von *Aspergillus terreus* und *A. itaconicus* in saurem Medium ($p_H$ 2—4) in größeren Mengen synthetisiert wird (Fortschr. Bot. **15**, 324; BENTLEY u. THIESSEN). An der cis-Aconitsäure setzt die Abzweigung vom Citronensäurecyclus an, die zur Bildung von Itaconsäure führt. Cis-Aconitsäure wird durch eine cis-Aconitsäure-Decarboxylase zu Itaconsäure decarboxyliert. Hier wird also eine Nicht-Ketosäure decarboxyliert; gleichzeitig ist dies der erste bekannte Fall einer Decarboxylierung, die zur Methylengruppe führt:

$$\begin{array}{lll}
CH—COOH & & CH_2—COOH \\
\| & & | \\
C——COOH & \longrightarrow & C——COOH \quad + CO_2 \\
| & & \| \\
CH_2—COOH & & CH_2 \\
\text{cis-Aconitsäure} & & \text{Itaconsäure}
\end{array}$$

## 4. Fette und Lipoide.

**Fettsäuresynthese**[1]. Die Aktivierung der freien Fettsäuren zu Coenzym A-Derivaten, d. h. also der jedem weiteren Umsatz im

---

[1] Zum besseren Verständnis der in diesem Abschnitt besprochenen Reaktionen sollten die Schemata in Fortschr. Bot. **17**, 591 oder Z. Bot. **43**, 269 u. 271 herangezogen werden.

Fettsäurecyclus stets vorausgehende Vorgang, führt wahrscheinlich über eine Adenylsäurezwischenverbindung. Der Aktivierungsprozeß von Acetat mit Acetyl-CoA-Kinase besteht danach aus mindestens zwei Teilschritten (BERG u. NEWTON an Hefeenzymen):

1. ATP + Acetat $\rightleftharpoons$ Adenylacetat + PP
2. Adenylacetat + CoA $\rightleftharpoons$ Acetyl—CoA + AMP

ATP + Acetat + CoA $\rightleftharpoons$ Acetyl—CoA + AMP + PP

Die eigentliche Aktivierung des Fettsäurerestes (Acyl-) geht also ohne Beteiligung von CoA in der ersten Reaktion vor sich. Es ist nicht sicher, ob zwei verschiedene Enzyme die beiden Reaktionen katalysieren, oder ob beide Schritte mit dem gleichen Fermentprotein vollzogen werden. Eine Auflösung des katalytischen Systems in zwei Enzyme konnte bislang nicht erreicht werden (JENCKS u. LIPMANN).

Der Beweis, daß die Enzyme des Fettsäurecyclus nicht nur die $\beta$-Oxydation, also den Abbau katalysieren, sondern auch an der S y n these der langkettigen Fettsäuren beteiligt sind, stand bisher noch aus. Lediglich für die Bildung der Buttersäure aus zwei Acetyl-CoA-Einheiten war die Beteiligung der Enzyme des Fettsäurekreislaufes in der reduzierenden Richtung nachgewiesen. Jetzt ist es SEUBERT, GREULL und LYNEN gelungen, in vitro mit einem künstlich zusammengestellten Enzymgemisch, das die bereits bekannten Enzyme des Fettsäurekreislaufes und ein neues reduzierendes Enzym enthielt, aus markiertem Acetyl-CoA höhere Fettsäuren bis zu einer Kettenlänge von 16 C-Atomen zu synthetisieren. Dabei hat sich herausgestellt, daß das neue „reduzierende Enzym des Fettsäurekreislaufes" in der Reaktion

$$\text{R—CH=CH—CO—}CoA \quad \underset{\text{(FADH}_2\leftarrow\text{FAD)}}{\overset{\substack{\text{Reduzierendes Enzym}\\ \text{(TPNH}_2\rightarrow\text{TPN)}}}{\rightleftharpoons}} \quad \text{R—CH}_2\text{—CH}_2\text{—CO—}CoA$$

bei der Synthese (Reduktion) an die Stelle der abbauenden Acyl-CoA-Dehydrasen (Acyl-CoA-Dehydrase) tritt. Wir sehen also hier die interessante Tatsache vor uns, daß ein und dieselbe Reaktion in ihren beiden Richtungen von zwei verschiedenen Fermenten katalysiert wird. Im Fettsäure*abbau* wird der Dehydrierungsschritt ohne Beteiligung eines Pyridin-Cofermentes (DPN, TPN) von den als Acyl-CoA-Dehydrasen wirkenden Flavinenzymen vollzogen (FAD = Flavin Adenindinucleotid; CRANE. HAUGE u. BEINERT; HAUGE), in der *Synthese* wird die Reduktion unter Mitwirkung von der reduzierten Codehydrase II (TPNH$_2$) als H-Donator von dem in Leber und Hefe aufgefundenen „reduzierenden Enzym" katalysiert. Einer derartigen Funktionsaufteilung auf zwei verschiedene Enzyme kann möglicherweise eine entscheidende Bedeutung als Regulationsmechanismus zukommen, bei dem z. B. das Verhältnis der beiden Enzyme oder das Angebot an reduziertem TPN die Richtung des Ablaufes bestimmen könnte.

Samen und isolierte Embryonen von Lein bilden markierte langkettige Fettsäuren (Stearin-, Öl-, Linolsäure) aus zugeführtem Acetat-1-C$^{14}$ (GIBBLE u. KURTZ; KURTZ u. MIRAMON). Dabei ist die Radioaktivität in den C-Atomen mit ungerader Positionszahl immer erheblich höher als die Aktivität in den geradzahligen C-Atomen. Das deutet auf eine $\beta$-Kondensation von Acetyl-Einheiten hin, wie sie für den Fettsäurekreislauf gefordert wird. Allerdings zeigen auch die geradzahligen C-Atome der Fettsäuren eine deutliche Aktivität ($C_2$ bis zu 15 und 20% der spez. Aktivität von $C_1$), die für die zusätzliche Beteiligung anderer Umsetzungen des Acetat-Moleküls spricht. Schnitte von *Ricinus*-Kotyledonen bauen Acetat-1-$C^{14}$ ebenfalls in Fettsäuren ein, wobei jedoch unter den Bedingungen des Versuchs Ricinolsäure (die 70% der Fettsäuren ausmacht) unmarkiert bleibt, während die übrigen ungesättigten und die gesättigten Fettsäuren stark radioaktiv werden (COPPEN). Die Markierung ist verstärkt, wenn gleichzeitig mit Acetat-1-$C^{14}$ unmarkierte Glucose geboten wird. Offenbar wird durch Glucoseveratmung anstelle von Acetatoxydation das $C^{14}$ des Acetats für die Fettsäuresynthese eingespart. Nicht nur in Fett-speichernden Pflanzenorganen, sondern auch in grünen Blättern (Bohnen) werden Fettsäuren aus radioaktivem Acetat synthetisiert; hier führt auch gebotene $C^{14}$-Brenztraubensäure — wohl auf dem Wege über Acetat — zu markierten Fettsäuren (EBERHARDT u. KATES). Zellen von *Scenedesmus* setzen gefütterte $C^{14}$-Brenztraubensäure und $C^{14}$-Oxybrenztraubensäure in eine Reihe von Stoffwechselprodukten um, unter denen in quantitativer Hinsicht die Lipoide besonders hervortreten (MILHAUD, BENSON u. CALVIN). Isolierte Zellpartikel („Mitochondrien") aus dem Mesokarp der Avocado-Birne bauen bis zu 30% des gebotenen Acetat-$C^{14}$ in veresterte Fettsäuren ein (Palmitin- und Ölsäure). ATP, Coenzym A und Manganionen sind für die Synthese notwendig (STUMPF u. BARBER 1957). Alle diese Befunde zeigen, daß die Bildung der Fettsäuren auch in Pflanzen von Acetat-Einheiten ausgeht, die wahrscheinlich in Form von Acetyl-CoA kondensiert werden, wie aus der CoA-Bedürftigkeit der Synthese im zellfreien Partikelsystem hervorgeht.

**Fettsäureoxydation.** Während in tierischen Geweben der Fettsäureabbau einheitlich über die $\beta$-Oxydation der CoA-Derivate (Fettsäurecyclus) abzulaufen scheint, kommen in Pflanzengeweben mindestens vier verschiedene Systeme zur Oxydation von Fettsäuren vor, die teilweise auch in der gleichen Zelle nebeneinander vorliegen können. 1. In sehr vielen Pflanzen, vor allem in Keimlingen, werden Lipoxydasen gebildet, die nur die mehrfach ungesättigten Fettsäuren (Linol-, Linolensäure) oxydieren und in Hydroperoxyde überführen. Abgesehen von ihrer möglichen Bedeutung als Endoxydasen, spielen sie jedoch für den Abbau der Fettsäuren keine wesentliche Rolle, da bei der Lipoxydase-Reaktion der Fettsäureumsatz chemisch in eine Sackgasse mündet: Die Hydroperoxyde können offenbar nicht weiter abgebaut werden. Vielleicht spielen die Lipoxydasen auch nur vorübergehend während der Samenkeimung eine Rolle (vgl. dazu FRANKE u. FREHSE; FRITZ u. BEEVERS; WIEMANS u. WESTERWEEL).

Die drei übrigen Fermentsysteme der Fettsäureoxydation sind nebeneinander in Erdnußkotyledonen nachgewiesen worden, wo sie innerhalb der Zelle verschieden lokalisiert sind. 2. Im löslichen Anteil des Cytoplasmas findet sich die Fettsäureperoxydase, die längerkettige

Fettsäuren in Gegenwart von $H_2O_2$-entwickelnden Systemen ausschließlich an der Carboxylgruppe oxydiert; der peroxydatische Abbau spaltet also nur das $C_1$-Atom als $CO_2$ ab [STUMPF (1956); CASTELFRANCO, STUMPF u. CONTOPOULO]. 3. Mit einem Enzymsystem der Mikrosomen erfolgt ein stufenweiser Abbau der Fettsäurekette, bei dem nacheinander die C-Atome 1, 2, 3 usw. abgespalten werden, an dem aber kein Coenzym A beteiligt ist (HUMPHREYS u. STUMPF). 4. Die Mitochondrien aus Erdnuß-kotyledonen oxydieren schließlich die Fettsäuren unter Beteiligung von Coenzym A auf dem Wege der $\beta$-Oxydation, wahrscheinlich in ähnlicher Weise wie im Fettsäurecyclus der tierischen Gewebe (STUMPF u. BARBER 1956). Sowohl Mitochondrien als auch Mikrosomen können also demnach aus Palmitinsäure-1-$C^{14}$ radioaktives $CO_2$ bilden (KMETEC u. NEWCOMB; FREEBAIRN u. REMMERT; STANLEY u. CONN), wobei aber der Mechanismus in den verschiedenen Zellfraktionen nicht der gleiche sein muß. Interessant ist, daß auch die ungeradzahlige Fettsäure Propionsäure von Erdnußmitochondrien abgebaut wird, und zwar wahrscheinlich über eine modifizierte $\beta$-Oxydation des CoA-Derivates: Propionyl-CoA → Acrylyl-CoA → Oxypropionyl-CoA → Malonyl-CoA → Acetyl-CoA + $CO_2$ [GIOVANELLI u. STUMPF (1957a)].

**Phospholipoide.** Das Vorkommen der „klassischen" Phosphatide Lecithin (Phosphatidyl-cholin) und Kephalin (Phosphatidyl-äthanol-amin und -serin) in Pflanzenzellen ist seit langer Zeit bekannt; Pflanzen-samen — vor allem Erdnuß und Soja — gehören zu den besten Lecithin-quellen. Sowohl in ölhaltigen, als auch in stärkeführenden Samen wird während der Reife Lecithin synthetisiert. Dabei nimmt der Gehalt an freiem Cholin ab (POZSAR). Neben den genannten Phospholipoiden sind auch inosithaltige Phosphatide in tierischen und pflanzlichen Geweben gefunden worden, deren Struktur aber noch nicht sicher bekannt ist (MALKIN u. POOLE; HAWTHORNE; KATES u. EBERHARDT; Zusammen-fassung bei FOLCH u. LE BARON). Die pflanzlichen Inositphosphatide sind wahrscheinlich komplexer als die tierischen und enthalten Zucker, deren Bindung im Molekül noch nicht geklärt ist. Übereinstimmend werden Galaktose und Arabinose als Kohlenhydratkomponenten in den pflanzlichen Phosphoinositiden angegeben (HAWTHORNE u. CHARGAFF; SMITH). Es ist möglich, daß Galaktose direkt mit dem Inositrest glykosidisch verknüpft ist. Ein solches Galaktosid des Inosits wurde aus Zuckerrübensaft isoliert und als Galaktinol bezeichnet (BROWN u. SERRO; KABAT, MacDONALD, BALLOU u. FISCHER). In *Neurospora* ist der überwiegende Teil des Inosits in Phosphatiden gebunden. Die Wuchsform der Pilzkultur und die Gestalt der Hyphen hängt wesentlich von der Gegenwart oder dem Fehlen der Inositphosphatide ab (FULLER u. TATUM). Die im Tier häufigen Plasmalogene, bei denen die lipophile Komponente nicht aus Fettsäuren, sondern aus Fettaldehyden besteht, sind auch in den Lipoiden von Erbsen gefunden worden (WAGENKNECHT).

Allen diesen Lipoiden ist neben der Phosphorsäure das Glycerin gemeinsam. In den Sphingolipoiden tritt an seine Stelle der Amino-alkohol Sphingosin. Die Sphingolipoide kannte man zunächst nur aus tierischen Zellen; seit wenigen Jahren weiß man jedoch, daß Pflanzen

auch Sphingolipoide enthalten können, deren alkoholische Komponente
— das sog. Phytosphingosin — strukturell mit dem tierischen Sphingosin
nahe verwandt ist [CARTER u. a. (1954); CARTER, GALANOS u. FUJINO].

$$CH_3(CH_2)_{12} \cdot HC{=}CH \cdot \underset{\underset{OH}{|}}{CH} \cdot \underset{\underset{NH_2}{|}}{CH} \cdot CH_2OH \qquad \text{Sphingosin (Tiere)}$$

$$CH_3(CH_2)_{12} \cdot CH_2 \cdot \underset{\underset{OH}{|}}{CH} \cdot \underset{\underset{OH}{|}}{CH} \cdot \underset{\underset{NH_2}{|}}{CH} \cdot CH_2OH$$

Phytosphingosin (Mais- u. Sojaphospholipoide, Schimmelpilze, Hefe)

Phosphatide sind wesentliche Bestandteile der Zellstruktur. In Mitochondrien kommen Phospholipoide in hoher Konzentration vor und
haben offenbar eine große Bedeutung für die strukturelle Organisation
der enzymatischen Ausrüstung der Zellorganellen. Phospholipasen
können jedenfalls die Enzymaktivität isolierter Mitochondrien erheblich
verändern [GOODWIN u. WAYGOOD; TOOKEY u. BALLS (1956b)].

Wir kennen eine ganze Reihe von Enzymen, die den hydrolytischen
Abbau von Phosphatiden katalysieren. Man nennt sie ganz allgemein
Phospholipasen (in Analogie zu den Lipasen, die die Esterbindung in
den Neutralfetten spalten) und bezeichnet den Angriffspunkt des
Enzyms durch die Buchstaben $A$, $B$, $C$ oder $D$:

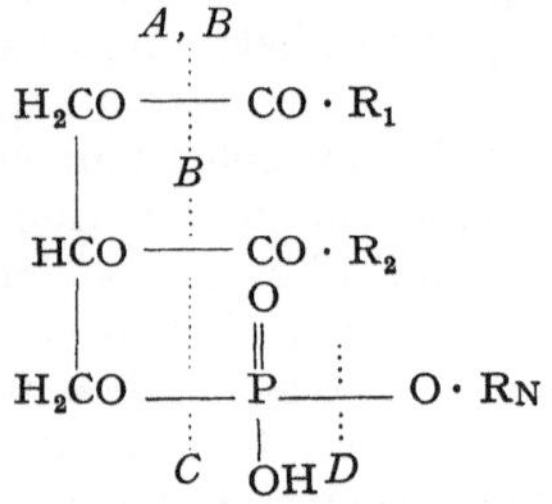

Schema der Phospholipasewirkung.
$R_1$, $R_2$ = Fettsäurereste;

$R_N$ = Cholin, Äthanolamin oder Serin

In Pflanzen ist vor allem die Phospholipase $D$ verbreitet, die den
N-haltigen Bestandteil abspaltet und eine Phosphatidsäure zurückläßt.
Sie kann löslich sein [ACKER u. BÜCKING (1956); TOOKEY u. BALLS
(1956a)], oder auch als Plastidenenzym auftreten (KATES). Auch
Phospholipase $B$, die aus Lecithin die beiden Fettsäuren abspaltet und
Glycerophosphorsäure-cholin entstehen läßt, ist in pflanzlichem Material
gefunden worden (ACKER u. BÜCKING 1957; Zusammenfassung bei
ACKER). Phosphorylcholin wird durch Phospholipase $C$ abgespalten
(vgl. Fortschr. Bot. **19**, 283).

Für die Biosynthese der Phospholipoide ist, wie zu erwarten, ATP
nötig, da sowohl Glycerin als auch Cholin bzw. Äthanolamin zunächst
phosphoryliert werden müssen (MAZELIS u. STUMPF an Erdnußmitochondrien; SISSAKIAN u. SMIRNOV an Chloroplasten). Cholin und
Äthanolamin werden in die entsprechenden Cytidindiphosphat-Derivate
umgeformt, von denen dann der Phosphorylcholin- bzw. Phosphoryläthanolamin-Teil in einer Transferase-Reaktion auf einen $\alpha,\beta$-Fettsäureglycerinester übertragen wird (KENNEDY u. WEISS; KENNEDY; McMUR
RAY, STRICKLAND, BERRY u. ROSSITER). In Bohnenblättern wird der

Kohlenstoff des photosynthetisch gebundenen $C^{14}O_2$ praktisch in alle Komponenten des Phospholipoidmoleküls aufgenommen, hingegen geht Acetat-$C^{14}$ nur in den Fettsäureanteil ein. Der Kohlenstoff des Acetats wird also nicht zur Synthese von Glycerin und von den Kohlenhydratbestandteilen der Phospholipoide verwendet (EBERHARDT u. KATES). Ähnliche Verhältnisse sind auch bei der Biosynthese von Glykolipoiden beobachtet worden: Während der Kohlenstoff von markiertem Glycerin bei *Pseudomonas* sowohl in die Rhamnose als auch in die Fettsäure des Rhamnolipoids eingebaut wird, kann Acetat-$C^{14}$ nur für die Synthese des Fettsäureanteils benutzt werden (HAUSER u. KARNOVSKY).

**Glycerin.** Glycerin ist als gemeinsames Kernstück der Neutralfette und der Phosphatide in allen Zellen verbreitet. Bei der Keimung von Samen, die Reservefette enthalten, werden Mengen an freiem Glycerin gebildet, wie es nach Fettmobilisierung zu erwarten ist (DESVEAUX u. KOGANE-CHARLES). Zugegebenes Glycerin wird in Pflanzengeweben leicht umgesetzt, aber die Wege dieses Umsatzes sind erst in jüngster Zeit näher untersucht worden. Die naheliegende Annahme, daß Glycerin durch eine Glycerokinase mit Hilfe von ATP phosphoryliert und dann durch eine Glycerophosphat-Dehydrase zu Triosephosphat dehydriert wird, hat sich an Mitochondrienpräparaten aus Kotyledonen von Erdnußkeimlingen bestätigen lassen [STUMPF (1955)]. Nach diesen zwei enzymatischen Schritten geht dann der weitere Abbau über die Bahnen des Kohlenhydratumsatzes:

$$\begin{array}{ccccc}
 & & & & \text{Zucker} \\
 & & & & \updownarrow \\
\text{Glycerin} \xrightarrow[\text{ATP}]{\text{Glycerokinase}} \text{Glycerinphosphat} & \underset{\text{dehydrase}}{\overset{\text{Glycerophosphat-}}{\rightleftharpoons}} & & \text{Triosephosphat} \\
 & & & & \updownarrow \\
 & & & & \text{Brenztraubensäure} \\
 & & & & \downarrow \\
 & & & & \textit{Citronensäurecyclus} \\
 & & & & \downarrow \\
 & & & & CO_2 + H_2O
\end{array}$$

Auch im intakten Gewebe von *Ricinus*-Keimlingen läuft der Abbau von zugeführtem Glycerin-1-$C^{14}$ über Brenztraubensäure, aber nur der kleinere Teil davon, in Kotyledonen etwa 20%, erscheint im $CO_2$. Der größte Teil des gefütterten Glycerins (etwa 60%) wird im *Ricinus*-Gewebe zur Rohrzuckersynthese verwendet, wobei annähernd gleiche Mengen an Radioaktivität in Glucose und Fructose eingehen (BEEVERS). Obwohl der Glycerin-*Abbau* über den Säurecyclus und damit über Acetyl-CoA verläuft, wird bei der *Synthese* von Lipoiden aus markiertem Acetat kein radioaktiver Kohlenstoff in Glycerin und andere wasserlösliche Komponenten der Lipoidmoleküle eingebaut (EBERHARDT u. KATES).

## 5. Stickstoffumsatz.

**Aminosäuren.** Bisher galt als erwiesen, daß Alanin, Asparaginsäure und Glutaminsäure durch Aminierung der entsprechenden $\alpha$-Ketosäuren, also Brenztraubensäure, Oxalessigsäure bzw. $\alpha$-Ketoglutarsäure, gebildet werden. Die Synthese von Alanin aus Brenztraubensäure wird auch durch die Isotopenverteilung ($C^{14}$) in Blättern von *Vicia faba* bestätigt. Dagegen stimmt aber die Markierungsverteilung in den beiden Diaminosäuren nach Photosynthese in $C^{14}O_2$ *nicht* mit der Vorstellung überein, daß Asparaginsäure und Glutaminsäure aus Oxalessigsäure bzw. aus $\alpha$-Ketoglutarsäure hervorgehen und damit direkt an den Citronensäurecyclus angeschlossen sind. Für die Bildung des C-Gerüstes der Asparaginsäure in Blättern von *Vicia faba* muß vielmehr eine Kondensation von zwei $C_2$-Einheiten angenommen werden (NELSON u. KROTKOV). Hier würde also wohl ein cyclischer Vorgang wie der Glyoxylat-Kreislauf für eine Erklärung in Betracht kommen.

Immer neue Fundstätten sprechen für eine weite Verbreitung der $\gamma$-Aminobuttersäure (vgl. Fortschr. Bot. **17**, 599). Im flüssigen Endosperm der Kokosnuß steht die $\gamma$-Aminosäure unter den Aminosäuren nach Alanin quantitativ an zweiter Stelle (BAPTIST). In Getreidekeimlingen entsteht $\gamma$-Aminobuttersäure durch enzymatische Decarboxylierung von Glutaminsäure (ROHRLICH u. RASMUS). Unter anaeroben Bedingungen setzen Gerstenblätter auf diese Weise Glutaminsäure überwiegend zu $\gamma$-Aminobuttersäure um, während in Gegenwart von Sauerstoff auch noch andere Säuren aus Glutaminsäure hervorgehen (NAYLOR u. TOLBERT). Auch in Leguminosensamen ist Glutaminsäuredecarboxylase enthalten (KULKARNI u. SOHONIE).

Die mit modernen Methoden angestellte Bestandsaufnahme der löslichen Aminoverbindungen bringt immer wieder überraschende Befunde. Eine neue Thioaminsäure „Phaseothion" ist die dominierende SH-Verbindung in Leguminosenblättern. Sie tritt hier in weit größeren Mengen auf als etwa Glutathion (PRICE). Mit der Entdeckung der Acetidin-2-carbonsäure ist zum ersten Mal der seltene Fall eines viergliedrigen N-Heterocyclus als Naturstoff bekannt geworden. Acetidin-2-carbonsäure ist das um ein C-Atom niedrigere Homologe von Prolin [FOWDEN (1955, 1956)]. Diese eigentümliche Säure ist bei den Liliaceen die quantitativ hervorstechendste lösliche N-Verbindung.

Acetidin-2-carbonsäure         Prolin

In anderen Pflanzenfamilien sind wieder andere Aminosäuren innerhalb des Aminosäurebestandes dominierend: Arginin ist die Hauptaminosäure der Saxifragaceen und Rosaceen, Citrullin die der Betulaceen und Juglandaceen, Prolin die der Papilionaceen. REUTER (1957b) hat die systematische Verbreitung der Aminosäuren an einer großen Zahl von Arten aus insgesamt 48 Familien untersucht. Auch bei Algen scheinen bestimmte N-Verbindungen für systematische Gruppen typisch zu sein (SMITH u. YOUNG). Blaualgen sind offenbar dadurch ausgezeichnet, daß ein besonders hoher Anteil des assimilierten Kohlenstoffes in Citrullin eingeht (LINKO, HOLM-HANSEN, BASSHAM u. CALVIN).

Die Säuren des Ornithinkreislaufes (= Harnstoffcyclus) haben in den letzten Jahren besondere Beachtung gefunden. Ornithin und Acetyl-ornithin wurden in *Asplenium*-Arten (VIRTANEN u. LINKO), Ornithin in Flachs (COLEMAN), in *Chondrus crispus* (SMITH u. YOUNG) u. a. Pflanzen (KASTING u. DELWICHE) gefunden. Zur Klärung der Frage, ob der für viele Tiere typische Harnstoffcyclus auch in Pflanzen abläuft, ist zunächst versucht worden, alle an diesem Kreislauf teilnehmenden Säuren — Ornithin, Citrullin, Arginin — im gleichen Objekt nachzuweisen. Für *Alnus* und *Citrullus*, sowie für Weizen- und Gerstenkeimlinge ist dieser Nachweis auch erbracht worden (VIRTANEN; KASTING u. DELWICHE). Aber häufiger ist doch wohl der Fall, daß nur eine dieser Säuren in größeren Mengen vorliegt und die anderen entweder fehlen oder nur in Spuren vorhanden sind. Harnstoff wird in der Pflanze offenbar nicht gebildet, so daß Citrullin oder Arginin das Ende der Reaktionskette bilden, ohne daß durch Harnstoffabspaltung in einem Kreisprozeß Ornithin regeneriert wird. Über diese Fragen hat MOTHES (1957) einen Aufsatz veröffentlicht, der besonders den biochemischen Vergleich verschiedener Organismengruppen in den Vordergrund stellt.

So wie im Kohlenhydratstoffwechsel Stärke einen unlöslichen, Rohrzucker aber einen löslichen und damit leicht transportablen Reservestoff darstellt, gibt es für den N-Stoffwechsel die unlöslichen Reserveeiweiße und die löslichen N-Reserven, die gleichzeitig als Transportform des Stickstoffs auftreten können. Vor allem durch Untersuchungen von Blutungssäften wurde festgestellt, daß auch die Translokation des Stickstoffs innerhalb verschiedener systematischer Gruppen in unterschiedlicher Form ablaufen kann. Bei Betulaceen ist Citrullin die charakteristische Transportform des Stickstoffs, Aceraceen und Boraginaceen sind dagegen Allantoinpflanzen, und bei anderen Holzgewächsen *(Fagus, Picea, Fraxinus)* sind die Aminodicarbonsäuren, Amide und Alanin hauptsächlich an Transport und Speicherung des Stickstoffs beteiligt [REUTER (1957a, 1957c)].

**Amide.** Asparagin und Glutamin gehen aus ihren entsprechenden Aminosäuren hervor (*Vicia faba*-Blätter; NELSON u. KROTKOV). Für die Aminierung der Glutaminsäure ist ein Energieaufwand erforderlich, der von ATP gedeckt wird. Aus Erbsen wurden Enzyme gewonnen, die sowohl die Glutaminbildung nach Gl. 1, als auch die Übertragung des Glutamyl-Restes auf einen Acceptor — hier Hydroxylamin — katalysieren (Gl. 2) (LEVINTOW, MEISTER, HOGEBOM u. KUFF).

(1) Glutaminsäure $+$ ATP $+$ NH$_3$ $\rightarrow$ Glutamin $+$ ADP $+$ P

(2) Glutamin $+$ Hydroxylamin $\rightarrow$ $\gamma$-Glutaminhydroxamsäure $+$ NH$_3$

$\gamma$-Methylenglutamin, das dritte pflanzliche Amid, das zunächst nur in *Arachis hypogaea* und in *Tulipa gesneriana* aufgefunden worden war (Fortschr. Bot. **17**, 605), ist nun noch in einigen anderen Liliaceen entdeckt worden. Von 6 untersuchten *Lilium*-Arten enthalten zwar alle $\gamma$-Methylenglutaminsäure, jedoch nur *Lilium regale* bildet auch das entsprechende Amid $\gamma$-Methylenglutamin. In *Lilium regale* ließ sich auch die entsprechende $\alpha$-Ketosäure nachweisen, so daß eine Transaminierung für die Synthese von $\gamma$-Methylenglutaminsäure möglich ist (WICKSON u. TOWERS).

$$\overset{\displaystyle NH_2}{\underset{\displaystyle CH_2}{HOOC \cdot \overset{|}{\underset{\|}{CH}} \cdot CH_2 \cdot CH \cdot COOH}} \qquad\qquad \overset{\displaystyle NH_2}{\underset{\displaystyle CH_2}{NH_2 \cdot CO \cdot \overset{|}{\underset{\|}{CH}} \cdot CH_2 \cdot CH \cdot COOH}}$$

$\gamma$-Methylenglutaminsäure$\gamma$-Methylenglutamin

**Proteine.** Wie für die Bildung der Säureamidbindung im Glutamin ist auch für die Peptidbindung eine Energiezufuhr nötig, die von ATP bereitgestellt werden kann (SNOKE u. BLOCH; WEBSTER). Nachdem in Extrakten von Weizenkeimlingen ein Ferment entdeckt worden war, das mit Hilfe von ATP die peptidische Verknüpfung von Glutaminsäure und Cystein katalysiert, ist jetzt mit dem gleichen Material auch der Schritt zum Tripeptid geglückt [WEBSTER u. VARNER (1955)]: Glutamylcystein kondensiert unter der Wirkung eines Ferments in Gegenwart von ATP mit Glykokoll; dabei entstehen Glutathion und ADP + P.

Präparate aus Erbsenkeimlingen bauen markierte Glutaminsäure in Proteine ein. Dieser Vorgang ist wie zu erwarten ATP-bedürftig [WEBSTER (1955)]. An Leberpräparaten konnte gezeigt werden, daß die freien Aminosäuren mit Hilfe löslicher Enzyme in Gegenwart von ATP zu Aminoacyl-AMP-Verbindungen aktiviert und in Peptide und Proteine der Mikrosomen eingebaut werden. An der Aktivierung sind GDP und GTP irgendwie beteiligt (ZAMECNIK, KELLER, LITTLEFIELD, HOAGLAND u. LOFTEFIELD). Auch RNS-Protein-Präparate aus Erbsenkeimlingen katalysieren die Aktivierung der Aminosäuren zu Aminoacyl-AMP [WEBSTER (1957)]:

$$\text{Aminosäure} + \text{ATP} \rightleftharpoons \text{Aminoacyl—AMP} + \text{PP}$$

Die Proteinsynthese im Cytoplasma ist unabhängig vom Zellkern, wie an kernlosen Acetabularien festgestellt werden konnte. Das Cytoplasma und nicht der Kern scheint für die Regulierung der Eiweißsynthese eine wesentliche Rolle zu spielen (STICH u. KITIYAKARA). Zwischen Einweißsynthese und Streckungswachstum besteht kein kausaler Zusammenhang, da Zellstreckung auch bei Proteinabbau ablaufen kann (MATTHAEI).

Der Einbau carboxylmarkierter Aminosäuren in die Proteine von Tabakblattstücken wird durch Licht gefördert. Die Lichtwirkung zeigt sich auch beim Einbau in das Eiweiß isolierter Chloroplasten. Es scheint demnach, als würde photosynthetische Energie unmittelbar zur Bildung von Peptidbindungen ausgenutzt, wobei der primäre Ort des Einbaus der Aminosäuren in der RNS-reichen Mikrosomenfraktion zu suchen ist (STEPHENSON, THIMANN u. ZAMECNIK). Interessant ist der Befund, daß in das Eiweiß der Leguminosen auch Amide eingebaut werden (RAACKE); die Amide sind also nicht nur lösliche Speicherstoffe.

Die Beobachtung, daß frische Schnitte von Kartoffelknollen u. a. Speichergeweben rasch Protein synthetisieren, wird erneut bestätigt;

im neugebildeten Eiweiß der Gewebestücke wird eine Enzymquelle gesehen, die für die erhöhten Stoffwechselleistungen von Gewebeschnitten verantwortlich gemacht wird (THIMANN u. LOOS).

## 6. Sekundäre Pflanzenstoffe.

**Terpen-Verbindungen (Isoprenoide).** Die Biogenese dieser großen Gruppe von Pflanzenstoffen, denen eine $C_5$-Verbindung als strukturelle Einheit zugrunde liegt, nimmt ihren Ausgang vom Acetat- und Fettsäurestoffwechsel (vgl. Fortschr. Bot. **17**, 590 u. 609). Bis zur Bildung von Acetacetyl-Coenzym A gehen Fettsäure- und Terpensynthese gemeinsame Wege. Je nachdem, ob dann die an Coenzym A (CoA) gebundene Acetessigsäure zu $\beta$-Oxybuttersäure-CoA und im Verlauf des Fettsäurecyclus zu Buttersäure reduziert, oder durch eine seitliche Schwanzkondensation unter Bildung eines verzweigten C-Gerüstes um einen weiteren Acetyl-Rest vermehrt wird, führt der Weg entweder zu Fettsäuren oder zu Terpenverbindungen. Welche Bedingungen hier die Steuerung des Stoffwechselweges beherrschen, wissen wir vorläufig nicht.

Der entscheidende Schritt, der schließlich zur Bildung des Terpenbausteines $\beta$-Methylcrotonsäure führt, ist also die Synthese einer verzweigten $C_6$-Dicarbonsäure, der $\beta$-Oxy-$\beta$-methylglutarsäure. Flachssamenextrakte können diese Säure aus Acetat synthetisieren (JOHNSTON, RACUSEN u. BONNER); die dabei ablaufenden Reaktionen sind schon früher an dieser Stelle beschrieben worden (Fortschr. Bot. **17**, 609). Bei der Synthese der $\beta$-Oxy-$\beta$-methylglutarsäure kondensiert Acetyl-CoA aber nicht mit der freien Ketosäure, wie zunächst angenommen worden war, sondern mit der an Coenzym A gebundenen Acetessigsäure (RUDNEY, an tierischen Geweben und an Hefeextrakt). Die Kondensationsreaktion, in die Acetyl-CoA und Acetacetyl-CoA eintreten (1), entspricht in gewisser Weise der Schlüsselreaktion des Citronensäurekreislaufes, der Citronensäurebildung aus Acetyl-CoA und Oxalessigsäure (2):

$$
\text{(1)}\quad
\begin{array}{c}
CH_3 \\
| \\
O{=}C \\
| \\
CH_2 \\
| \\
CO{-}(A)
\end{array}
\;+\; CH_3{-}CO{-}(A) \;\longrightarrow\;
\begin{array}{c}
CH_3 \\
| \\
HO{-}C{-}CH_2{-}COOH \\
| \\
CH_2 \\
| \\
CO{-}(A)
\end{array}
\;+\;(A)
$$

Acetacetyl-CoA    Acetyl-CoA    $\beta$-Oxy-$\beta$-methyl-glutaryl-CoA

$$
\text{(2)}\quad
\begin{array}{c}
COOH \\
| \\
O{=}C \\
| \\
CH_2 \\
| \\
COOH
\end{array}
\;+\; CH_3{-}CO{-}(A) \;\longrightarrow\;
\begin{array}{c}
COOH \\
| \\
HO{-}C{-}CH_2{-}COOH \\
| \\
CH_2 \\
| \\
COOH
\end{array}
\;+\;(A)
$$

Oxalessigsäure    Acetyl-CoA    Citronensäure

(A) = Coenzym A

Im weiteren Verlauf der Terpensynthese wird $\beta$-Oxy-$\beta$-methylglutarsäure decarboxyliert und unter Wasserabspaltung in die ungesättigte $\beta$-Methylcrotonsäure (= Seneciosäure oder auch $\beta,\beta$-Dimethylacrylsäure) umgewandelt; sie stellt dann den $C_5$-Grundbaustein dar[1]. Wird Methylcrotonsäure-1-$C^{14}$ an *Mentha pulegium* über die Wurzeln verabreicht, so enthält nach etwa 2 Wochen das Monoterpen ($C_{10}$) Pulegon, das den Hauptbestandteil des ätherischen Öles darstellt, den radioaktiven Kohlenstoff ($C^\bullet$ bzw. $\bullet$) in den Positionen des Moleküls, die erwartungsgemäß markiert werden müßten, wenn 2 Mol Methylcrotonsäure direkt durch Kopf-Schwanz-Kondensation zusammentreten:

$$2\quad \begin{array}{c} H_3C \\ \diagdown \\ C = CH - C^\bullet OOH \\ \diagup \\ H_3C \end{array} \longrightarrow$$

$\beta$-Methylcrotonsäure                    Pulegon

Auch die diterpenoiden Harzsäuren ($C_{20}$: Abietinsäure und Dextropimarsäure) von *Pinus silvestris* werden durch Kopf-Schwanzkondensation von 4 Mol der markierten Methylcrotonsäure gebildet (SANDERMANN u. STOCKMANN). Damit ist nachgewiesen, daß die Seneciosäure zum überwiegenden Teil ohne vorherigen Abbau zu kleineren Bruchstücken als Vorstufe für Mono- und Diterpene dient. Sowohl bei *Mentha* als auch bei *Pinus* geht der Radiokohlenstoff der $\beta$-Methylcrotonsäure auch noch in andere Terpene, z. B. in das Phytol des Chlorophylls ein.

$$4\quad \begin{array}{c} H_3C \\ \diagdown \\ C = CH - C^\bullet OOH \\ \diagup \\ H_3C \end{array}$$

Abietinsäure                    Dextropimarsäure

Interessant ist der Befund, daß im Milchsaft von *Hevea brasiliensis* nicht nur die Enzyme und Cofaktoren für die Aktivierung von Acetat enthalten sind (PATRICK), sondern daß *Hevea*-Latex auch das vollständige System zur Biosynthese von Kautschuk aus Acetat enthält. Bisher waren zu Biosynthese-Versuchen von Kautschuk immer ganze Pflanzen oder Gewebeschnitte verwendet worden, jetzt ist mit Acetat-$C^{14}$ und mit Milchsaft von *Hevea* zum erstenmal die Synthese auch in einem zellfreien System gelungen (TEAS u. BANDURSKI). Gleichzeitig geht daraus hervor, daß die Kautschuksynthese auch in vivo mindestens z. T. im Milchsaft selber vor sich gehen kann.

---

[1] Nach einer anderen Auffassung geht Oxymethylglutarsäure in das Lacton der $C_6$-Säure Nevalonsäure über, die dann erst durch Decarboxylierung den Terpenbaustein liefert; danach läge Methylcrotonsäure nicht auf dem direkten Weg der Terpenbiogenese (TAVORMINA, GIBBS u. HUFF; vgl. TEAS u. BANDURSKI).

$\beta$-Oxy-$\beta$-methylglutarsäure ist auch eine Vorstufe des Cholesterins, das als typisch tierisches Sterin gilt und eine strukturelle Verwandtschaft mit den pflanzlichen Triterpenen aufweist (BLOCH, CLARK u. HARARY). Cholesterin ist jetzt auch in Rotalgen nachgewiesen worden (TSUDA, AKAGI u. KISHIDA). Bei der Biosynthese des Cholesterins wird die Triterpenstufe des Squalens durchlaufen. Die Herkunft aller 27 C-Atome

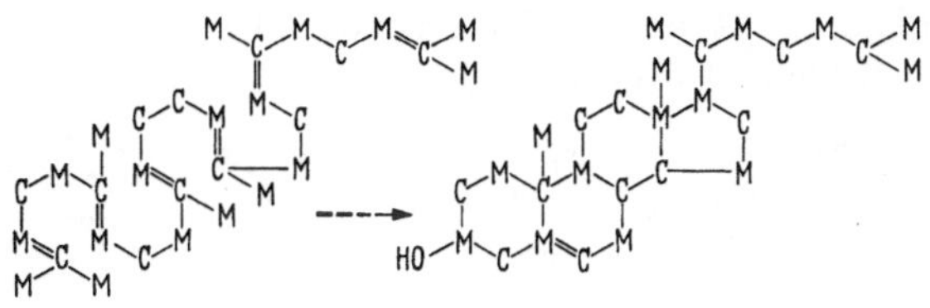

Squalen ($C_{30}$) $\qquad\qquad\qquad\qquad\qquad$ Cholesterin ($C_{27}$)

M = C-Atom aus der Methylgruppe des Acetats.
C = C-Atom aus der Carboxylgruppe des Acetats.

des Cholesterins aus den Methyl- und Carboxylgruppen von Acetat ist jetzt aufgeklärt (CORNFORTH, GORE u. POPJAK). Die Biosynthese des Triterpens Eburicosäure in *Polyporus sulfureus* aus Acetat-1-$C^{14}$ verläuft — nach dem Einbau des markierten Kohlenstoffs zu urteilen — in der gleichen Weise wie die der Steroide; erst bei der feineren Ausdifferenzierung des Moleküls scheint sich der Syntheseweg der Triterpene und der Steroide zu trennen (DAUBEN u. RICHARDS).

**Aromatische Verbindungen.** Den stoffwechselphysiologischen Beziehungen der aromatischen Pflanzenstoffe, insbesondere dem Vorgang der Aromatisierung selber, ist in den beiden voraufgegangenen Berichten etwas breiterer Raum gewidmet worden, so daß in diesem Jahr auf eine Behandlung dieser Stoffklasse verzichtet werden könnte. Dies um so eher, als im Berichtsjahr eine ausführliche Darstellung der chemischen Beziehungen der phenolischen Pflanzenstoffe von BIRCH gegeben wurde. Die systematische Verbreitung der wichtigsten Pflanzen-Phenole hat BATE-SMITH weiter untersucht.

Auf die Frage der Ringbildung soll aber auch diesmal kurz eingegangen werden (vgl. Fortschr. Bot. **19**, 280). Es schälen sich jetzt zwei Wege der Ringbildung heraus: Im einen Fall entstehen aus Erythrose-4-phosphat und Phosphoenolbrenztraubensäure — beides Bruchstücke aus dem Kohlenhydratabbau — die $C_7$-Ringe der China- und Shikimisäuregruppe, die dann auf dem früher geschilderten Wege in aromatische Ringe mit einer $C_3$-Seitenkette (Phenylpropan-Verbindungen) übergeführt werden. Im zweiten Fall entsteht der $C_6$-Ring vom Typ des Phloroglucins aus der Kopf-Schwanz-Kondensation von 3 Mol Acetat (bzw. Acetyl-CoA). Dieser zweite Cyclisierungsvorgang spielt z. B. bei der Biosynthese des Phloroglucin-Kernes der Flavan-Verbindungen eine Rolle. Schon früher war bei der Anthocyansynthese in Rotkohlkeimlingen ein Zusammenhang zwischen Fettabbau und Pigmentbildung beobachtet worden und den $C_2$-Bruchstücken der Fettsäureoxydation eine Bedeutung als Vorstufe für die Anthocyansynthese beigemessen worden (EBERHARDT). GRISEBACH konnte nun am gleichen Objekt zeigen, daß markiertes Acetat in der unten formulierten Weise in den A-Ring des Anthocyanmoleküls eingebaut wird. Da Acetyl-CoA auch auf anderen Wegen als dem Fettsäureabbau anfallen kann, ist die Synthese des Phloroglucinringes natürlich nicht notwendig mit einem Fettsäureumsatz verknüpft. Am Aufbau des ganzen Flavan-Gerüstes sind beide Typen der Ringbildung beteiligt (UNDERHILL, WATKIN u. NEISH; WATKIN, UNDERHILL u. NEISH; REZNIK u. URBAN): Der B-Ring und die drei C-Atome im Heterocyclus der Flavanoide gehen aus Phenylpropan-Einheiten hervor.

**Alkaloide.** Da an dieser Stelle aus dem umfangreichen Gebiet der Alkaloid-Biochemie und -Physiologie nur einige wenige Fortschritte der Forschung aufgezeigt werden können, wird für einen tieferen Einblick in den derzeitigen Stand der Kenntnisse und in die bearbeiteten Probleme auf den Bericht über die Arbeitstagung verwiesen, die im Oktober 1956 von der Deutschen Akademie der Wissenschaften veranstaltet wurde (Abh. dtsch. Akad. Wiss. Berlin, Kl. f. Chemie **1956**, Nr. 7). Außerdem gibt der Beitrag von MOTHES u. ROMEIKE über die Fragen des Alkaloid-Stoffwechsels umfassende Auskunft.

Die Wurzel ist zwar in sehr vielen Fällen in quantitativer Hinsicht die bevorzugte Bildungsstätte der Alkaloide, doch wird sie längst nicht mehr als der ausschließliche Ort der Synthese angesehen. Abgeschnittene Tabaksprosse können aus Tritium-markierter Nicotinsäure markiertes Nicotin aufbauen (SOLT, 1857b); wenn die Tabaksprosse auf Tomate gepfropft sind, so läuft auch die vollständige Synthese von markiertem Nicotin aus $N^{15}$-Nitrat ab (Tso u. JEFFREY). In der Tabakwurzel ist die Nicotinbildung immer mit Wachstum und Proteinsynthese verknüpft, doch ist der Zusammenhang wohl mehr indirekter Natur [MOTHES, ENGELBRECHT, TSCHÖPE u. HUTSCHENREUTER-TREFFTZ; SOLT (1957a.)]. In nicht mehr wachsenden Wurzeln wird auch kein Nicotin mehr synthetisiert.

Ring-markierte Nicotinsäure wird ohne Aufspaltung in kleinere Bruchstücke durch isolierte Tabakwurzeln in Nicotin eingebaut (DAWSON, CHRISTMAN u. D'ADAMO). Die Biosynthese des Pyridinringes selbst ist nach wie vor in Dunkel gehüllt; Lysin wird nicht zum Aufbau der Pyridin-Komponente im Nicotin oder Anabasin benutzt (BOTHNER-BY, DAWSON u. CHRISTMAN; ARONOFF). Hingegen hat sich sowohl für den Pyrrolidinkern des Nicotins als auch für den Tropinring der Tropanalkaloide die Aminosäure Ornithin als Vorstufe herausgestellt. Allerdings wird Ornithin kaum die unmittelbare Vorstufe sein; man denkt an das aus einer Decarboxylierung von Ornithin entstehende Putrescin als Zwischenstufe. Wird Ornithin-2-$C^{14}$ an Tabakpflanzen verabreicht, so kann nach einiger Zeit Nicotin isoliert werden, dessen Pyrrolidinring in den Positionen 2 und 5 markierten Kohlenstoff führt (DEWEY, BYERRUM u. LEETE). Im Tropinring des Hyoscyamins sind

nach Fütterung von Ornithin-2-$C^{14}$ die gleichen C-Atome radioaktiv
wie im Pyrrolidinteil des Nicotins (LEETE, MARION u. SPENSER):

$$H_2N—CH_2—CH_2—CH_2—C{\cdot}H—COOH$$
$$NH_2$$

Ornithin-2-$C^{14}$

Nicotin

Tropin

Sicher sind die Alkaloide eine viel zu heterogene Gruppe von biochemischen Verbindungen, als daß für alle einheitliche Prinzipien der
Biogenese zu erwarten wären. Das Beispiel des Ornithins zeigt aber,
daß immerhin größere Gruppen mindestens teilweise aus den gleichen
Vorstufen entstehen. In dem genannten Beispiel tritt — ähnlich wie bei
der Biosynthese des Purinkernes (vgl. Fortschr. Bot. **17**, 608; **19**, 276) —
die Beziehung zum Aminosäurestoffwechsel klar zutage.

Während Epoxydbildung (Hyoscyamin → Scopolamin) und Ent-
methylierung (Nicotin → Nornicotin) der Pflanzenzelle geläufig sind
und verbreitete Reaktionen zur Umwandlung von einem Alkaloid in
ein anderes darstellen, ist eine Ringerweiterung des Pyrrolidins zum
Piperidingerüst (Nicotin → Anabasin) zumindest im Sproß von *Nicotiana
glauca* — einer Art, die sowohl Nicotin, als auch Anabasin bildet — nicht
möglich (SCHRÖTER).

**Methylgruppenübertragung.** Die Transmethylierungsvorgänge, an
denen verschiedene Bereiche des Stoffwechsels beteiligt sind (vgl.
S. 180), werden hier im Anschluß an die N-haltigen sekundären Pflanzenstoffe besprochen, weil sie im Zusammenhang mit der Alkaloidbiogenese
besonders intensiv untersucht wurden. N-Methylierung und O-Methylierung gehen von den gleichen $CH_3$-Donatoren aus. Methionin-Methyl-
$C^{14}$ liefert Methylgruppen durch Transmethylierung an die Polygalak-
turonsäureketten des Pektins von Rettichpflanzen; 90% des gefütterten
Methyl-$C^{14}$ wurde so in den Methylgruppen des Pektins wiedergefunden
(SATO, BYERRUM u. BALL; bei *Avena*: ORDIN, CLELAND u. BONNER).
Für diese Übertragung der Methylgruppe auf das Pektingerüst ist aber
offenbar ein Energieaufwand nötig, da der $C^{14}H_3$-Einbau in das Pektin
bei *Avena* durch Dinitrophenol und auch durch Anaerobiose gehemmt
wird. Bei der O-Methylierung des Lignins treten die gleichen Methyl-
gruppenspender auf, die auch für die N-Methylierung des Nicotins
bekannt sind (HAMILL, BYERRUM u. BALL; vgl. Fortschr. Bot. **19**, 283).
Die Befunde über die O-Methylierung sprechen dafür, daß die in sekundären Pflanzenstoffen verbreitete $CH_3O$-Gruppierung nicht so sehr
durch Verätherung bzw. Veresterung, sondern eher durch Transmethylierung entsteht.

Als Methyldonatoren kamen bislang vor allem solche Verbindungen
in Betracht, deren Methylgruppen als Substituenten der Ammonium-
gruppe auftreten (z. B. Cholin, Betain). In bezug auf die Methylgruppenübertragung scheinen sich aber $CH_3$-Sulfoniumverbindungen,

wenigstens im Tier, ganz analog zu verhalten. Sie sind in Pflanzen weiter verbreitet, als bisher angenommen wurde und können vor allem in marinen Algen in relativ hoher Konzentration vorkommen. Aus *Enteromorpha intestinalis* wurde Dimethyl-$\beta$-propiothetin isoliert, das enge strukturelle Beziehungen zu Betain aufweist und dessen Methylgruppen schon spontan leicht als Dimethylsulfid abgespalten werden, wenn die Alge aus dem Wasser genommen wird (CHALLENGER, BYWOOD, THOMAS u. HAYWARD). In der Rotalge *Polysiphonia lanosa*, die das gleiche Thetin enthält, ist ein Enzym nachgewiesen worden, das die Sulfonium-Verbindung in Dimethylsulfid und Acrylsäure spaltet (1). Acrylsäure wird damit zum erstenmal als Produkt einer biologischen Umsetzung beschrieben (CANTONI u. ANDERSON). Der Vorgang ähnelt in mancher Beziehung der Abspaltung von Trimethylamin aus Cholin, einer Reaktion (2), die z. B. in den Blättern von *Chenopodium vulvaria* abläuft (CROMWELL).

1 $(CH_3)_2 \cdot S^+ \cdot CH_2 \cdot CH_2 \cdot COOH \rightarrow (CH_3)_2S + H_2C{=}CH \cdot COOH + H^+$
  Dimethyl-$\beta$-propiothetin                Dimethylsulfid   Acrylsäure

2 $(CH_3)_3 \cdot N \cdot CH_2 \cdot CH_2CH \rightarrow (CH_3)_3N + HOH_2C{-}CH_2OH$
$$\qquad\qquad\qquad |$$
$$\qquad\qquad OH$$
  Cholin                                    Trimethylamin   Glykol

Dem N-Stoffwechsel (mit Ausnahme der N-haltigen sekundären Pflanzenstoffe) wird in Zukunft in den Fortschrittsberichten ein besonderes Kapitel gewidmet sein. Die bisher an dieser Stelle nicht behandelten jüngsten Fortschritte auf dem Gebiet des Stickstoffumsatzes werden in dem neuen Kapitel des folgenden Bandes erörtert. Der Abschnitt über die Atmung folgt ebenfalls in Band XXI.

## Literatur.

ACKER, L.: Angew. Chem. **68**, 560—565 (1956). — ACKER, L., u. H. BÜCKING: Z. Lebensmittel-Unters. u. -Forsch. **104**, 423—428 (1956); **105**, 32—38 (1957). — AKAZAWA, T., and H. BEEVERS: Biochem. J. **67**, 110—114 (1957). — ARONOFF, S.: Fed. Proc. **15**, 212 (1956). — AVRON, M., and J. B. BIALE: Plant Physiol. **32**, 100—105 (1957).

BADDILEY, J., J. G. BUCHANAN, B. CARSS, A. P. MATHIAS and A. R. SANDERSON: Biochem. J. **64**, 599—603 (1956). — BANDURSKI, R. S.: J. biol. Chem. **217**, 137—150 (1955). — BANDURSKI, R. S., and H. J. TEAS: Plant Physiol. **32**, 643—648 (1957). — BAPTIST, N. G.: Nature (Lond.) **178**, 1403—1404 (1956). — BATE-SMITH, E. C.: Sci. Proc. roy. Dublin Soc. **27**, 165—176 (1956). — BEAUDREAU, G. S., and L. F. REMMERT: Arch. Biochem. **55**, 469—485 (1955). — BEEVERS, H.: Plant Physiol. **31**, 440—445 (1956). — BEEVERS, H., and D. A. WALKER: Biochem. J. **62**, 114—120 (1956). — BENTLEY, R., and C. P. THIESSEN: J. biol. Chem. **226**, 673—720 (1957). — BERG, P., and G. NEWTON: J. biol. Chem. **222**, 991—1034 (1956). — BIRCH, A. J.: Fortschr. Chem. org. Naturstoffe **14**, 186—216 (1957). — BLOCH, K., L. C. CLARK and I. HARARY: J. biol. Chem. **211**, 687—699 (1954). — BOGEN, H. J.: Handbuch der Pflanzenphysiologie, Bd. 2, 607—631 (1956). — BOLCATO, V., B. DE BERNARD and G. LEGGIERO: Arch. Biochem. **69**, 372—377 (1957). — BOLCATO, V., F. GALLINA u. G. LEGGIERO: Naturwissenschaften **43**, 400—401 (1956). — BOTHNER-BY, A. A., R. F. DAWSON and D. R. CHRISTMAN: Experientia (Basel) **12**, 151 (1956). — BROWN, R. J., and R. F. SERRO: J. Amer. chem. Soc. **75**, 1040 (1953). — BUHLER, D. R., E. HANSEN, B. E. CHRISTENSEN and C. H. WANG: Plant Physiol. **31**, 192—195 (1956).

CAMPBELL, J. J. R., and R. A. SMITH: Canad. J. Microbiol. **2**, 433—440 (1956). — CANTONI, G. L., and D. G. ANDERSON: J. biol. Chem. **222**, 171—177 (1956). — CARTER, H. E., W. D. CELMER, W. E. M. LANDS, K. L. MUELLER and H. H. TOMIZAWA: J. biol. Chem. **206**, 613 (1954). — CARTER, H. E., D. S. GALANOS and Y. FUJINO: Canad. J. Biochem. **34**, 320—333 (1956). — CASTEL-FRANCO, P., P. K. STUMPF and R. CONTOPOULO: J. biol. Chem. **214**, 567 (1955). — CHALLENGER, F., R. BYWOOD, P. THOMAS and B. J. HAYWARD: Arch. Biochem. **69**, 514—523 (1957). — COLEMAN, R. G.: Nature (Lond.) **181**, 776 (1958). — COLES, C. H., and E. R. WAYGOOD: Canad. J. Bot. **35**, 25—30 (1957). — COPPENS, N.: Nature (Lond.) **177**, 279 (1956). — CORNFORTH, J. W., I. Y. GORE and G. POPJAK: Biochem. J. **65**, 94—109 (1957). — CRANE, F. L., J. G. HAUGE and H. BEINERT: Biochim. biophys. Acta **17**, 292—294 (1955). — CROMWELL, B. T.: Biochem. J. **46**, 578—581 (1950). — CUMMINS, J. T., T. E. KING and V. H. CHEL-DELIN: J. biol. Chem. **224**, 323—329 (1957).

DALY, J. M., R. M. SAYRE and J. H. PAZUR: Plant Physiol. **32**, 44—48 (1957).— DARBRE, A., and F. W. NORRIS: Biochem. J. **64**, 441—446 (1956). — DAUBEN, W. G., and J. H. RICHARDS: J. Amer. chem. Soc. **78**, 5329—5335 (1956).— DAWSON, R. F., D. R. CHRISTMAN and A. D'ADAMO: Plant Physiol. **31**,37 (1956).— DESVEAUX, R., et M. KOGANE-CHARLES: C. R. Acad. Sci. (Paris) **243**, 1929—1930 (1956). — DEWEY, L. J., R. BYERRUM and C. D. BALL: Biochim. biophys. Acta **18**, 141—142 (1955). — DOUDOROFF, M., J. DE LEY, N. J. PALLERONI and R. WEIMBERG: Fed. Proc. **15**, 244 (1956).

EBERHARDT, F.: Planta (Berlin) **43**, 253—287 (1954). — EBERHARDT, F. M., and M. KATES: Canad. J. Bot. **35**, 907—921 (1957).

FOLCH, J., and F. N. LE BARON: Canad. J. Biochem. **34**, 305—319 (1956). — FOWDEN, L.: Nature (Lond.) **176**, 347—348 (1955); Biochem. J. **64**, 323—332 (1956). — FRANKE, W., u. H. FREHSE: Hoppe-Seylers Z. Physiol. Chem. **298**, 1—26 (1954). — In Handbuch der Pflanzenphysiologie, Bd. 7, 138—163, 1957. — FREEBAIRN, H. T., and L. F. REMMERT: Physiol. Plantarum (Copenh.) **10**, 20—28 (1957). — FRITZ, G., and H. BEEVERS: Arch. Biochem. **55**, 436—446 (1955a); Plant Physiol. **30**, 67—69 (1955b). — FRITZ, G., and A. W. NAYLOR: Physiol. Plantarum (Copenh.) **9**, 247—256 (1956). — FULLER, R. C., and E. L. TATUM: Amer. J. Bot. **43**, 361—365 (1956).

GIBBLE, W. P., and E. B. KURTZ: Arch. Biochem. **64**, 1—5 (1956). — GINS-BURG, V., and W. Z. HASSID: J. biol. Chem. **223**, 277—284 (1956). — GLADYSHEV, B. N.: Biochimija **20**, 696—700 (1955); Dokl. Akad. Nauk SSSR **112**, 291—293 (1957). — GLASER, L., and D. H. BROWN: Biochim biophys. Acta **23**, 449—450 (1957). — GIOVANELLI, J., and P. K. STUMPF: Plant Physiol. **32**, 28 (1957a); **32**, 498—499 (1957b). — GOODWIN, B. C., and E. R. WAYGOOD: Nature (Lond.) **174**, 517—518 (1954). — GRISEBACH, H.: Z. Naturforsch. **12**b, 227—231 u. 597—598 (1957).

HAMILL, R. L., R. U. BYERRUM and C. D. BALL: J. biol. Chem. **224**, 713—716 (1957). — HAUGE, J. G.: J. Amer. chem. Soc. **78**, 5266—5272 (1956). — HAUSER, G., and M. L. KARNOVSKY: J. biol. Chem. **224**, 91—105 (1957). — HAWTHORNE, J. N.: Biochim. biophys. Acta **18**, 389—393 (1955). — HAWTHORNE, J. N., and E. CHAR-GAFF: J. biol. Chem. **206**, 27—37 (1954). — HAYAISHI, O.: J. biol. Chem. **215**, 125—136 (1955). — HEYDEMAN, M. T.: Nature (Lond.) **181**, 627—628 (1958). — HOLZER, H., and H. W. GOEDDE: Biochem. Z. **329**, 175—191 (1957). — HOWARD, F. D., and M. YAMAGUCHI: Plant. Physiol. **32**, 424—428 (1957). — HUMPHREYS, T. E., and W. M. DUGGER: Plant Physiol. **32**, 136—140 (1957). — HUMPHREYS, T. E., and P. K. STUMPF: J. biol. Chem. **213**, 941—949 (1955). — HUNTER, N. W., and R. HUNTER: Science **126**, 1246—1247 (1957).

JACOBSON, L.: Plant Physiol. **30**, 264—269 (1955). — JAKOBY, W. B., E. OHMURA and O. HAYAISHI: J. biol. Chem. **222**, 435—446 (1956). — JENCKS, W. P., and F. LIPMANN: J. biol. Chem. **225**, 207—223 (1957). — JOHNSTON, J. A., D. W. RACUSEN and J. BONNER: Proc. nat. Acad. Sci. **40**, 1031—1037 (1954).

KABAT, E. A., D. L. MACDONALD, C. E. BALLOU and H. O. L. FISCHER: J. Amer. chem. Soc. **75**, 4507—4509 (1953). — KASTING, R., and C. C. DELWICHE: Plant Physiol. **32**, 471—475 (1957). — KATES, M.: Canad. J. Biochem. **34**, 967—980 (1956); **35**, 127—142 (1957). — KATES, W., and F. M. EBERHARDT: Canad. J.

Bot. **35**, 895—905 (1957). — KENNEDY, E. P.: Canad. J. Biochem. **34**, 334—348 (1956). — KENNEDY, E. P., and S. B. WEISS: J. biol. Chem. **222**, 193—214 (1956).— KMETEC, E., and E. H. NEWCOMB: Amer. J. Bot. **43**, 333—341 (1956). — KORNBERG, H. L., and H. BEEVERS: Nature (Lond.) **180**, 35—36 (1957). — KORNBERG, H. L., and H. A. KREBS: Nature (Lond.) **179**, 988—991 (1957). — KORNBERG, H. L., and N. B. MADSEN: Biochim. biophys. Acta **24**, 651—653 (1957). — KRALL, A. R., and N. E. TOLBERT: Plant Physiol. **32**, 321—326 (1957). — KRAMPITZ, L. O., and F. LYNEN: Fed. Proc. **15**, 292 (1956). — KREBS, H. A.: Endeavour **16**, 125—132 (1957); Naturwiss.-Rdsch. **11**, 79—85 (1958). — KULKARNI, L., and K. SOHONIE: Nature (Lond.) **178**, 925 (1956). — KURTZ, E. B., and A. MIRAMON: Plant Physiol. **32**, 37 (1957).

LARNER, J., W. T. JACKSON, D. J. GRAVES and J. R. STAMER: Arch. Biochem. **60**, 352—363 (1956). — LATIES, G. G.: Survey of Biological Progress ed. B. Glass, vol. 3, 215—299 (1957). — LEETE, E.: Chem. a. Ind. **1955**, 537. — LEETE, E., L. MARION and J. D. SPENSER: Canad. J. Chem. **32**, 1116—1123 (1954). — LEVINTOW, L., A. MEISTER, G. H. HOGEBOM and E. L. KUFF: J. Amer. chem. Soc. **77**, 5304—5308 (1955). — LEWIS, K. F., H. J. BLUMENTHAL, R. S. WEINRACH and S. WEINHOUSE: J. biol. Chem. **216**, 273—286 (1955). — LIEBERMAN, M., and J. B. BIALE: Plant Physiol. **31**, 425—429 (1956). — LINKO, P., O. HOLM-HANSEN, J. A. BASSHAM and M. CALVIN: J. exp. Bot. **8**, 147—156 (1957). — LINNANE, A. W., and J. L. STILL: Biochim. biophys. Acta **16**, 305—306 (1955). — LYNEN, F.: Angew. Chem. **69**, 509 (1957).

MALKIN, T., and A. G. POOLE: J. chem. Soc. **1953**, 3470—3478. — MARTIN, E. M., and R. K. MORTON: Biochem. J. **64**, 221—235 u. 687—693 (1956). — MATTHAEI, H.: Planta (Berlin) **48**, 468—522 (1957). — MAZELIS, M., and P. K. STUMPF: Plant Physiol. **30**, 237—243 (1955). — MAZELIS, M., and B. VENNESLAND: Plant Physiol. **32**, 591—600 (1957). — McMURRAY, W. C., K. P. STRICKLAND, J. F. BERRY and R. J. ROSSITER: Biochem. J. **66**, 634—644 (1957). — MIETTINEN, J. K., and A. I. VIRTANEN: Physiol. Plantarum (Copenh.) **5**, 540—547 (1952).— MILHAUD, G., A. A. BENSON and M. CALVIN: J. biol. Chem. **218**, 599—606 (1956). — MOTHES, K.: Forsch. u. Fortschr. **31**, 70—76 (1957). — MOTHES, K., L. ENGELBRECHT, K. H. TSCHÖPE u. G. HUTSCHENREUTER-TREFFTZ: Flora (Jena) **144**, 518—536 (1957). — MOTHES, K., K. RAMSHORN, L. ENGELBRECHT u. A.-N. WAGNER: Naturwissenschaften **43**, 358 (1956). — MOTHES, K., u. A. ROMEIKE: Handbuch der Pflanzenphysiologie. Bd. 8, 989—1049 (1958). — MOTHES, K., u. A.-N. WAGNER: Biochimija **22**, 171—177 (1957).

NAYLOR, A. W., and N. E. TOLBERT: Physiol. Plantarum (Copenh.) **9**, 220—229 (1956). — NELSON, C. D., and G. KROTKOV: Canad. J. Bot. **34**, 423—433 (1956). — NEUFELD, E. F., V. GINSBURG, E. W. PUTMAN, D. FANSHIER and W. Z. HASSID: Arch. Biochem. **69**, 602—616 (1957).

ORDIN, L., R. CLELAND and J. BONNER: Plant Physiol. **32**, 216—220 (1957).

PATRICK, A. D.: Nature (Lond.) **180**, 57 (1957). — POZSAR, B.: Acta bot. (Budapest) **3**, 37—42 (1957). — PRICE, C. A.: Nature (Lond.) **180**, 148—149 (1957).

RAACKE, I. D.: Biochem. J. **66**, 101—116 (1957). — RAKITIN, Y. V., A. V. KRYLOV and A. A. KOLESNIKOV: Fiziol. Rastenij 3, 225—232 (1956). — REUTER, G.: Flora (Jena) **144**, 420—446 (1957a); **145**, 326—338 (1957b); Naturwissenschaften **44**, 45—46 (1957c). — REZNIK, H., u. R. URBAN: Naturwissenschaften **44**, 13 u. 592—593 (1957). — RICHARDSON, K. E., and B. AXELROD: Plant Physiol. **32**, 334—337 (1957). — ROHRLICH, M., u. R. RASMUS: Naturwissenschaften **43**, 88 (1956). — RUDNEY, H.: J. biol. Chem. **227**, 363—377 (1957).

SALTMAN, P., G. KUNITAKE, H. SPOLTER and C. STITTS: Plant Physiol. **31**, 464—468 (1956). — SALTMAN, P., V. H. LYNCH, G. M. KUNITAKE, C. STITT and H. SPOLTER: Plant Physiol. **32**, 197—200 (1957). — SANDERMANN, W., u. H. STOCKMANN: Naturwissenschaften **43**, 580—582 (1956). — Fette, Seifen, Anstrichmittel **59**, 852—856 (1957). — SATO, C. S., R. U. BYERRUM and C. D. BALL: J. biol. Chem. **224**, 717—723 (1957). — SCHRAUDOLF, H.: Diss. Math. Nat. Fakult. Tübingen 1956. — SCHRÖTER, H. B.: Z. Naturforsch. **12**b, 334—336 (1957). — SEUBERT, W., G. GREULL u. F. LYNEN: Angew. Chem. **69**, 359—361 (1957). — SHAW, D. R. D.: Biochem. J. **64**, 394—405 (1956). — SHAW, M., and D. J. SAMBORSKI: Canad. J. Bot. **35**, 389—407 (1957). — SHILO, M.: J. gen. Microbiol. **16**,

472—481 (1957). — SISSAKIAN, N. M., u. B. P. SMIRNOV: Dokl. Akad. Nauk SSSR. 107, 449—451 (1956). — SMITH, D. G., and E. G. YOUNG: J. biol. Chem. 217, 845—853 (1955). — SMITH, R. H.: Biochem. J. 57, 130—139 (1954). — SNOKE, J. E., and K. BLOCH: J. biol. Chem. 213, 825—835 (1955). — SOLDATENKOV, S. V., and T. A. MAZUROVA: Biochimija 22, 345—350 (1957). — SOLMS, J., and W. Z. HASSID: J. biol. Chem. 228, 357—364 (1957). — SOLT, M.: Plant Physiol. 32, 480—484 (a) u. 484—490 (b) (1957). — STAFFORD, H.: Plant Physiol. 31, 135—141 (1956); 32, 338—345 (1957). — STANLEY, R. G.: Plant Physiol. 32, 409—412 (1957). — STANLEY, R. G., and E. E. CONN: Plant Plant Physiol. 32, 412—418 (1957). — STEINER, M., u. E. MAAS: Naturwissenschaften 44, 90—91 (1957). — STEPHENSON, M. L., K. V. THIMANN and P. C. ZAMECNIK: Arch. Biochem. 65, 194—209 (1956). — STICH, H. F., and A. KITIYAKARA: Science 126, 1019—1020 (1957). — STONE, B. A., and R. M. HOCHSTER: Canad. J. Microbiol. 2, 623—643 (1956). — STUMPF, P. K.: Plant Physiol. 30, 55—58 (1955); J. biol. Chem. 223, 643—649 (1956). — STUMPF, P. K., and G. A. BARBER: Plant Physiol. 31, 304—308 (1956); J. biol. Chem. 227, 407—417 (1957).

TAVORMINA, P. A., M. H. GIBBS and J. W. HUFF: J. Amer. Chem. Soc. 78, 4498—4499 (1956). — TCHEN, T. T., and B. VENNESLAND: J. biol. Chem. 213, 533—546 (1955). — THIMANN, K. V., and G. M. LOOS: Plant Physiol. 32, 274—279 (1957). — TOLBERT, N. E.: J. biol. Chem. 215, 27—34 (1955). — TOLBERT, N. E., and L. P. ZILL: J. biol. Chem. 222, 895—906 (1956). — TOOKEY, H. L., and A. K. BALLS: J. biol. Chem. 218, 213—224 (1956a); 220, 15—23 (1956b). — TSO, T. C., and R. N. JEFFREY: Plant Physiol. 32, 86—92 (1957). — TSUDA, K., S. AKAGI and Y. KISHIDA: Science 126, 927 (1957). —

UNDERHILL, E. W., J. E. WATKIN and A. C. NEISH: Canad. J. Biochem. 35, 219—228 (1957).

VICKERY, H. B., and J. K. PALMER: J. biol. Chem. 221, 79—92 (1956); 225, 629—640 (1957). — VIRTANEN, A. I., and J. K. MIETTINEN: Nature (Lond.) 170, 283—284 (1952. — VIRTANEN, A. I., and P. LINKO: Acta chem. scand. (Copenh.) 9, 531—532 (1955).

WAGENKNECHT, A. C.: Science 126, 1288 (1957). — WALKER, D. A.: Nature (Lond.) 178, 593—594 (1956). — WALKER, D. A., and H. BEEVERS: Biochem. J. 62, 120—127 (1956). — WATKIN, J. E., E. W. UNDERHILL and A. C. NEISH: Canad. J. Biochem. 35, 229—237 (1957). — WEBSTER, G. C.: Plant Physiol. 30, 351—355 (1955). — WEBSTER, G. C.: Arch. Biochem. 70, 622—624 (1957). — WEBSTER, G. C., and J. E. VARNER: Arch. Biochem. 55, 95—103 (1955). — WEYGAND, F., W. BRUCKER, H. GRISEBACH u. E. SCHULZE: Z. Naturforsch. 12b, 222—226 (1957). — WICKSON, M. E., and G. H. N. TOWERS: Canad. J. Biochem. 34, 502—510 (1956). — WIEMANS, C. E., and F. L. WESTERWEEL: Enzymologia 18, 145—148 (1957). — WOLFE, J. B., D. IVLER and S. C. RITTENBERG: J. biol. Chem. 209, 867—873 (1954). — WOLFE, J. B., and S. C. RITTENBERG: J. biol. Chem. 209, 885—892 (1954). — WOLFF, J. B., and N. O. KAPLAN: J. Bact. 71, 557—564 (1956); J. biol. Chem. 218, 849—869 (1956). — WONG, D. T. O., and S. J. AJL: Science 126, 1013—1014 (1957).

YATES, R. A., and A. B. PARDEE: J. biol. Chem. 221, 757—770 (1956).

ZAMACNIK, P. C., E. B. KELLER, J. W. LITTLEFIELD, M. B. HOAGLAND and R. B. LOFTFIELD: J. cellul. comp. Physiol. 47, Suppl. 1, 81—101 (1956). — ZELITCH, I.: J. biol. chem. 216, 553—575 (1955).

# D. Physiologie der Organbildung.

## 16. Vererbung.

### a) Genetik der Mikroorganismen.

Von Reinhard W. Kaplan, Frankfurt/Main.

Die Schwierigkeit, ja Fragwürdigkeit der herkömmlichen Unterteilung der Biologie nach den untersuchten Objekten, also Pflanzen, Tieren, Menschen, trifft besonders die Genetik. Widmet sie sich doch der Lösung eines der Grundrätsel, welches uns alle Organismentypen aufgeben. Das Phänomen der Erblichkeit hat sich bisher als auf Mechanismen beruhend erwiesen, die im ganzen Lebensreich Variationen über das gleiche Grundthema sind. Es ist daher verständlich, ja oft notwendig, daß der an einem der Teilprobleme der Genetik interessierte Forscher sich das für ihn geeignete Objekt aus irgendeinem der biologischen „Objektgebiete" (Botanik, Mikrobiologie, Zoologie, Anthropologie) sucht. Die Hauptprobleme, die das Phänomen „Vererbung" bietet, sind: 1. Erbfaktoraustausch und -umkombination; 2. Mutation; 3. Erbwandel von Populationen, 4. phänotypische Auswirkung und 5. Reproduktion der Erbfaktoren (Idiosynthese). Sie resultieren aus spezifischen Eigenschaften und Funktionen der „Erbsubstanz" (Idioplasma), deren Aufklärung das letzte Anliegen der Genetik ist und bei der sie Hilfe durch Biochemie, Biophysik und Cytologie erhält. Sie ergeben auch zugleich die natürliche Gliederung der genetischen Disziplin. Wie sehr diese Gliederung über diejenige nach „Objekten' hinausgreift, ja diese bisweilen unzweckmäßig macht, beweist die Entwicklung der genetischen Problemforschung im letzten Jahrzehnt: Wie z. B. die beiden unten erwähnten Symposien zeigen, sind die meisten entscheidenden und besonders fruchtbaren Erkenntnisse der letzten Jahre sowohl über das Crossingover und den Mutationsvorgang als auch über die Wirkungsweise und Idiosynthese der Gene mit Hilfe von Mikroben (Phagen, Bakterien, Pilze) gewonnen worden. Daher ist heute die „Mikrobengenetik" ein Konzentrationspunkt der genetischen Forschung, und es ist möglich, den Erkenntnisfortschritt für die meisten erwähnten genetischen Grundfragen in weitgehender Beschränkung auf die Mikroben zu schildern. Ob dies morgen noch sein wird, hängt davon ab, wieviel über jene Erbmechanismen an Fragen offen bleiben, die nur an höheren Lebewesen erforscht werden können.

Dies dürfte u. a. für den Einsatz der Mikroskopie zur Klärung des Verdoppelungsmechanismus der Chromosomen gelten, wie es z. B. durch Markierung dieser Erbfaktorträger mit Radioisotopen geschieht (Taylor et al.). Andererseits erweist sich die Technik der Kultur der Einzeller so fruchtbar, daß sie auch bei Zellen höherer Lebewesen (Gewebekultur) verwandt wird, z. B. zur Untersuchung von induzierten Chromosomenmutationen beim Menschen (Bender).

Der diesjährige Bericht beschränkt sich auf die im Vorjahre aus Platzgründen unberücksichtigt gebliebenen zwei Gebiete: Die Populationsgenetik und die Genphysiologie. Das Auslassen der Hybrid- sowie Mutationsgenetik kann diesmal verschmerzt werden, weil dort die Erkenntnis zwar in einigen wichtigen Punkten weiter vorgedrungen ist, sich aber im wesentlichen in den bereits im Vorjahre angedeuteten Richtungen bewegt hat. Auch sind inzwischen die Veröffentlichungen von 2 Symposien erschienen, das eine „Genetische Mechanismen, ihre Struktur und Funktion," das andere „Die chemische Basis der Vererbung" betitelt, die viele der neuesten

Erkenntnisse ausführlich behandeln. Das Ziel dieses Berichtes ist es wiederum, die für die allgemeine Biologie wichtigen Ergebnisse der genetischen Forschung an Mikroben innerhalb etwa der letzten 4—5 Jahre auswählend zusammenzustellen. Auf die unvermeidliche Subjektivität der Wahl und Sicht war früher schon hingewiesen worden.

## C. Populationsgenetik.

Eine Abtrennung der Genetik der Mikroben von der der höheren Lebewesen ist am natürlichsten bei der Populationsgenetik, d. h. bei der Analyse des Schicksals von Genotypen in großen Massen von Individuen durch viele Generationen hindurch. Denn der genetisch wichtigste Unterschied zwischen beiden Organismengruppen liegt in der vorwiegend asexuellen Vermehrung und der Haploidie jener gegenüber der sexuellen Fortpflanzung und der Diploidie dieser. Weiterhin führt die Kleinheit und die dadurch und durch die schnelle Vermehrung der Mikroben bedingte große Individuenzahl in einer Kultur dazu, daß der Mikrobiologe immer Populationen in der Hand hat und das Einzelindividuum nur mittelbar wahrnimmt. Die meisten beobachteten Eigenschaften, besonders die physiologischen, „eines Mikroorganismus" sind daher die Resultanten der Eigenschaften der die Population zusammensetzenden, „unsichtbaren" Einzelzellen. Dieses Bild ist besonders ungewohnt für den mit großen Individuen arbeitenden Biologen, weil sich für ihn eine Population seiner Objekte, z. B. ein Getreidefeld, aus primär ins Auge fallenden Individuen zusammensetzt.

Eine Folge der „Unsichtbarkeit" des Mikrobenindividuums ist es, daß die Heterogenität einer Population nur mit speziellen, oft indirekten Mitteln deutlich wird und daß daher eine beobachtete allmähliche Änderung einer Mikrobenkultur zunächst auf die Gesamtheit der sie zusammensetzenden Individuen projiziert wird. Erst sekundär tritt ins Bewußtsein, daß dieser oft schnelle Wandel auch durch eine allmähliche Verschiebung des Anteils bestimmter Genotypen, d. h. durch die genetische Unterschiedlichkeit der Individuen und die daran ansetzende Selektion durch das Milieu verursacht sein kann. So bietet der durch Mutation und Selektion verursachte Wandel des Erbzustandes einer Mikrobenkultur einen ganz anderen Eindruck als die phylogenetische oder züchterische Veränderung einer Population großer und langlebiger Organismen, obwohl bei beiden die gleichen Evolutionsursachen wirken. Bei den Makroorganismen kommen allerdings noch einige zusätzliche Faktoren hinzu, die den Ablauf des Typenwandels gegenüber den Mikroben modifizieren: 1. Erbfaktoraustausch und -umkombination bei *jedem* Vermehrungsakt, der die Typenmannigfaltigkeit erhöht, andererseits auch eine statistisch gleichmäßige Verteilung von Genallelen in der Population anstrebt. 2. Geschlechtliche Isolation, die die einmal entwickelte genetische Differenzierung zwischen Populationen (die hier als Paarungsgemeinschaften anzusehen sind) fixiert. 3. Diploidie, die ein sofortiges Manifestwerden von recessiv mutierten Genen verhindert und eine „Speicherung" von solchen Allelen, auch subvitalen, als Heterozygote erlaubt. Das Fehlen dieser 3 Evolutionsfaktoren bei den

Mikroben führt u. a. dazu, daß ihre taxonomische Typenmannigfaltigkeit kontinuierlichere Übergänge zwischen niederen Kategorien, z. B. Arten oder Gattungen, zeigt als bei den höheren Organismen, bei denen die sexuelle Isolation Stammbaumäste als „Species" voneinander trennt. Zum anderen wird die durch die sehr viel geringere Umkombination mutierter Gene bedingte, kleinere Typenmannigfaltigkeit durch die sehr viel größere Individuenzahl von Mikrobenpopulationen wenigstens z. T. wettgemacht. (Vielleicht ist dies nötig für die Erhaltung der Anpassungsfähigkeit und mit ein Grund für die Kleinheit dieser Organismen.) Die erhebliche Populationsgröße zusammen mit der $\pm$ unmittelbaren Manifestierung einer Mutation in haploiden Zellen bedingt aber weiterhin die oft beobachtete sichere Wiederholbarkeit von erblichen Wandlungen der Mikrobenkulturen. Diese Reproduzierbarkeit ist eine der Hauptquellen der Skepsis mancher Mikrobiologen gegen die Anwendung der darwinistischen Mutations-Selektionstheorie und des Hinneigens zu Vorstellungen über „gerichtete Adaptation" im lamarckistischen Geiste; denn sie scheint der „Sprunghaftigkeit", „Seltenheit" und „Zufälligkeit" der Mutationen zu widersprechen. Wie schon am Schluß des letztjährigen Berichtes dargelegt wurde, fehlt jedoch für solche Theorien die experimentelle Grundlage; Erbänderungen, die durch einen Milieufaktor induziert und nur oder vorwiegend auf Anpassung an diesen gerichtet sind, sind höchstens ganz seltene Ausnahmen.

Die 3 Hauptfaktoren beim Populationswandel von Mikrobenkulturen sind: Mutation, Selektion und „Zufall", der mit der Populationsgröße zusammenhängt. Dabei ist die Selektion der vom Milieu, also auch vom Experimentator, am stärksten abhängige Faktor, und es werden daher im folgenden die Populationen im konstanten und inkonstanten Milieu getrennt behandelt.

## I. Populationswandel im konstanten Milieu.

Da in einem Kulturgefäß mit Nährmedium die Bedingungen für konstantes Wachstum (logarithmische Wuchsphase) nur kurze Zeit bestehen, sind der Chemostat oder ähnliche Apparate notwendig, um die Selektionsbedingungen sowie die Populationsgröße beliebig lange konstant zu halten. Regelmäßig-periodische Überimpfungen in neue Kulturflüssigkeit ist eine weniger gut wirkende Methode. In einer konstant wachsenden, großen Population entstehen, den Mutationsraten ($\mu$) entsprechend, laufend neue Mutanten. Der Anteil mutierter Zellen nimmt, je nach deren Selektionswert ($\Delta$) schnell oder langsam mit der Zeit $t$ (z. B. gemessen in Generationen) zu oder ab. Diese Entwicklung des Mutantengehalts ($m$) läßt sich mit den im vorigen Bericht (S. 315) angegebenen Formeln berechnen. Die Beobachtungen bestätigen die Richtigkeit des Ansatzes (z. B. Moser). Die Berücksichtigung auch der Rückmutationsrate ($\lambda$) (Armitage) ist meist nicht notwendig.

Läßt man eine Zelle oder ein einheitliches Inoculat sich konstant vermehren, so wird die erste Zelle eines mit der Rate $\mu$ entstehenden Mutantentyps meist auftreten, wenn die Population auf etwa die Zellzahl $N_k = \ln 2/\mu$ herangewachsen ist. Diese Zahl stellt eine „kritische Populationsgröße" dar [KAPLAN (1957)]. Denn oberhalb dieser Zellzahl ist die betreffende Mutation mit hoher Wahrscheinlichkeit in der Kultur eingetreten und die Mutantenzellen können damit der Selektion unterworfen werden. Ein auf Selektion von Mutanten beruhender Populationswandel ist also dann bei Wiederholung des Versuchs reproduzierbar. Die Wahrscheinlichkeit für Kulturen ohne die Mutante und damit die Chance für Nichtreproduzierbarkeit der Populationsänderung ist

$$p_0 = e^{-\dfrac{\mu N}{\ln 2}}$$ ($N$ = Zahl der Zellen in der Kultur). Bedenkt man, daß eine 1—2 mm große Bakterienkolonie etwa $10^9$ Zellen enthält, so ist die Zahl der Mutanten mit der üblichen Rate ($\mu = 10^{-8}$) $= N\mu/\ln 2 = 10^9 \cdot 10^{-8}/0,69 = 14$. Eine solche Kolonie enthält also von *jedem* mit der üblichen Seltenheit erscheinenden Mutantentyp ein bis einige Dutzend Zellen. Nehmen wir nur $10^4$ mit etwa dieser Rate mutierende Gene an, so enthält sie also $1,4 \cdot 10^5$ Mutantenzellen verschiedensten Typs. Der Bakteriologe hat demnach praktisch nie Reinkulturen in der Hand, da schon eben sichtbare Zellmassen weit oberhalb der kritischen Populationsgröße für die meisten Mutationen liegen.

Um die durch die „Zufälligkeit" der Mutationen zu erwartende Nichtreproduzierbarkeit der genetischen Evolution von Kulturen beobachten zu können, bedarf es somit bei Mikroben besonderer Maßnahmen, insbesondere einer Beschränkung der Populationsgröße. Bei unterkritischer Zellzahl zeigt sich deutlich eine Poisson-Verteilung der Mutationsereignisse auf identische Kulturen. (Dies wird im Nullkultur- und Papillentest zur Bestimmung der Mutationsrate $\mu$ verwendet, s. Bd. 19, p. 315.) Da die entstandenen mutierten Zellen sich in Clonen vermehren und der Zeitpunkt der Mutation zufallsmäßig variiert, überlagert sich bei Feststellung der Anzahl Mutantenzellen pro Parallelkultur der Poisson-Streuung noch zusätzlich diejenige durch die verschiedene Größe der verschieden alten Mutantenclone. Es entsteht dann eine Verteilung der Zahl der Mutantenzellen auf Parallelkulturen, die meist (bei normal seltenen Mutationen) sehr breit und schief ist und einen hohen spitzen Gipfel (Mode) nicht beim durchschnittlichen Mutantengehalt sondern weit weg von ihm besitzt (TRICOMI). Aus diesem Grunde eignet sich die Zahl der Mutanten pro Kultur meist nicht zur Mutationsratenbestimmung. Der Nachweis der größeren Streuung (= Fluktuationen) in Parallelkulturen als derjenigen nach POISSON zeigt jedoch das Wachsen der Varianten als Clone an, erweist jene also als erblich, d. h. als Mutanten. Über die Entstehungsweise dieser Mutanten, ob nur „spontan" oder „milieuinduziert", sagt dieser „Fluktuationstest" (LURIA u. DELBRÜCK) jedoch nichts Sicheres aus, obwohl dies oft fälschlich daraus geschlossen wird. Eine Verkleinerung der Mutantenclone vermindert natürlich auch die Fluktuationen. So fand man tatsächlich bei Selektionsnachteil der Mutanten, z. B. bei Versuchen über Streptomycinresistenz von *Staphylococcus* aureus (WELSCH), keine wesentlich höhere als die Poissonsche Varianz, was natürlich kein Beweis gegen die Mutantennatur ist.

Wenn während der Populationsentwicklung unter den entstehenden Mutanten solche Typen sind, die im gegebenen Milieu sich schneller vermehren (oder langsamer sterben), so werden diese sich $\pm$ schnell anreichern. Der Anstieg des Gehalts der Kultur an ihnen hängt vom Selektionsvorteil $\Delta$ ab; im semilogarithmischen Maßstab ist er linear, wie die früher (Fortschr. Bot. **19**, 315) entwickelte Formel $\lg m \approx \Delta t$ $\lg (m_0 + \mu/\Delta)$ zeigt. Wenn z. B. die Mutanten doppelt so schnell wie die Eltern wachsen ($\Delta = 0,69$) vergehen nur etwa 20 Zellteilungen, bis der Mutantengehalt von $10^{-7}$ (demjenigen kurz nach Entstehen der ersten Mutante in der „kritischen" Population) auf 10% angestiegen ist. Es bedarf also unter Umständen nur eines 10—15 stündigen konstanten Wuchses einer Bakterienkultur, die aus einer „überkritischen" Oberflächenkolonie beimpft wurde, um eine zum großen Teil aus der Mutante bestehende neue Population zu erhalten. Daher ist es verständlich, daß sich die frisch aus der Natur isolierten Stämme meist $\pm$ stark von den Laborstämmen unterscheiden, die durch die wiederholten Überimpfungen beim „Halten" einer Sammlung entstehen.

Angesichts dieser genetischen Veränderungsfähigkeit ist es geradezu verwunderlich, daß trotzdem Mikrobenstämme oft relativ konstant erscheinen. Das könnte auf eine doch z. T. erhebliche Seltenheit stärker bevorteilter spontaner Mutantentypen deuten. Wie die Untersuchungen von RYAN (1955) (s. a. Fortschr. Bot. **14**, 365) am histidinauxotrophen Stamm $B.\ coli$ 15 $h^-$ zeigten, ist aber dafür gerade das wiederholte Entstehen solcher Mutanten verantwortlich: Bei längerer Kultur eines Stammes (z. B. $h^-$) steigt, wie wir sahen, der Anteil verschiedenster Mutanten (darunter z. B. $h^+ =$ anauxotroph) infolge des Mutationsdruckes an, so daß die Population heterogen wird. Unter diesen unabhängig voneinander im $h^-$-Zelltyp auftretenden Mutationen entsteht mit geringer Rate, also nach einiger Zeit, auch ein Typ, der schneller wächst als alle anderen. Dieser ($h_1^-$ bezeichnet) reichert sich dann $\pm$ schnell an, d. h. er ersetzt die alte $h^-$-Population durch eine neue aus $h_1^-$. Dabei werden natürlich auch die in $h^-$ entstandenen Mutanten, die ja den Wuchsvorteil von $h_1$ nicht besitzen, mit verdrängt und überwuchert, darunter auch $h^+$. In der $h_1^-$-Kultur tritt nach etwa gleicher Zeit (etwa 200 Generationen) wieder ein neuer, noch besser wüchsiger Zelltyp auf ($h_2^-$), überwuchert $h_1^-$ und macht die Population wieder homogen. Bei B. coli $h^-$ konnte die Wiederholung dieses periodischen Populationswandels etwa ein halbes Dutzend mal verfolgt werden, und ein Ende dieser „Phylogenie" war nicht abzusehen. Die unmittelbar zu beachtende Folge davon ist, daß der Bruchteil anauxotropher Typen das Niveau von $10^{-6}$ nie überschreitet. Entsprechend dem Selektionswert ($\Delta \approx 0$) und den Mutationsraten in $h$ ($\mu = 3.10^{-8}$ für $h^- \to h^+$, $\lambda = 1,2.10^{-6}$ für $h^+ \to h^-$) wäre jedoch ein Gleichgewichtsgehalt an $h^+$-Zellen von $m_\infty = \mu/(\mu + \lambda) = 2,5 \cdot 10^{-2}$ zu erwarten gewesen. Ein solcher wurde für eine häufige serologische Hin- und Rückmutation bei $Salmonella$ wirklich gefunden (STOCKER). Die in der Wuchsrate verschiedenen Typen $h^-$, $h_1^-$, $h_2^-$ usw. erscheinen jedoch ansonsten untereinander gleich, so daß dieser Populationswandel nur mit ganz speziellen Methoden erkennbar wird.

## II. Populationswandel bei inkonstantem Milieu.

Wird eine Mikrobenkultur von einer Milieuänderung betroffen, so bleiben nur die in den neuen Bedingungen lebensfähigen Genotypen übrig, unter diesen werden sich dann die vitalsten anreichern. Es findet also eine Anpassung, eine genetische Adaption, der Population durch Selektion von Mutanten statt. Zu den bisher am besten untersuchten Anpassungen zählt der Erwerb der Resistenz gegen Gifte, insbesondere Chemotherapeutica, bei Bakterien, welcher große medizinische Bedeutung besitzt. (Überblick: BRYSON u. SZYBALSKI.) „Genetisch" ist die Anpassung dann zu nennen, wenn sich der Unterschied zwischen dem nichtangepaßten (z. B. giftsensiblen) und dem angepaßten (z. B. giftresistenten) Zelltyp im gleichen Milieu über genügend viele Generationen erhält (s. Fortschr. Bot. **19**, 228) oder sich anderweitig, z. B. durch Kreuzung, Transformation oder Transduktion als durch eine Änderung im Idioplasma entstanden erweist. Im anderen Falle ist die Adaptation nicht erblich („modifikativ"). Dabei ist allerdings die Beteiligung „kurzlebiger" Erbänderung bisweilen nicht auszuschließen. Denn die Erblichkeit einer Mutation ist nicht nachweisbar, wenn mit so hoher Rate Rückmutation erfolgt, daß weder ein Test auf Erbfaktoraustausch noch einer auf Konstanz über Generationen möglich ist. Ein häufiger Fall nichterblicher Adaptation ist die induzierte Enzymbildung (s. Fortschr. Bot. **19**, 275; sowie LEINER), z. B. die Bildung von Penicillinase bei Kontakt der Zellen mit Penicillin. Hier ist die Differenz zwischen enzymhaltigen („adaptierten") und -freien Zellen nicht auf einen Unterschied in den Erbstrukturen zurückzuführen sondern auf einen Milieuunterschied, nämlich die Anwesenheit oder das Fehlen des Substrates oder Induktors. Dies wird z. B. durch das schnelle Abklingen des Enzymgehalts in nichtinduzierendem Milieu während weniger Zellteilungen (offenbar durch Ausverdünnung des Enzyms) angezeigt. Die Gleichheit des Genoms von Pneumokokken, in denen die Fermente für Mannitverarbeitung induziert waren oder fehlten, wurde im Transformationsversuch demonstriert: Beide Zelltypen enthielten DNS, die für die Übertragung des $Mt^+$-Merkmals gleich aktiv war (HOTCHKISS u. MARMUR). Mit dieser nicht-erblichen Differenz darf jedoch nicht diejenige zwischen Besitz oder Nichtbesitz der *Potenz* zur Enzymbildung bei Anwesenheit des Induktors vermengt werden, die oft nachweisbar erblich ist. So erwies sich z. B. die Fähigkeit zur „adaptiven" (= substrat-induzierten) Galaktose-Bildung bei Hefe in der Kreuzung zwischen fähigen und nichtfähigen Stämmen als mendelnd, d. h. genisch bedingt (SPIEGELMAN u. DE LORENZO).

Häufig wird zur Unterscheidung von mutativer und modifikativer Anpassung das Charakteristikum der Mutationen herangezogen, daß sie nur in einem ± kleinen Anteil der Zellen auftreten. Hierbei muß jedoch einerseits bedacht werden, daß dies auch für manche Modifikationen zutreffen könnte, andererseits, daß Fälle von Mutantenselektion möglich sind, bei denen der Schein eines Umschlags aller Zellen der Population erweckt wird. Ein derartiger Fall wurde in Fortschr. Bot. **19**, 320, geschildert. Solche und ähnliche Vorgänge haben zu der Vorstellung bei einigen Autoren geführt, daß es eine „direkte genetische Anpassung" bei Mikroben gäbe, d. h. daß durch den neuen Milieufaktor in allen Zellen eine Erbänderung nur in Richtung auf Anpassung an diesen erzeugt wird. Bei Berücksichtigung aller beim Selektionsmechanismus mitspielenden Faktoren sowie auch der induzierten Enzymbildung ist jedoch diese „lamarckistische" Hypothese in den letzten Jahren immer unwahrscheinlicher geworden. Bisher hat keiner der von ihren Vertretern herangezogenen Versuche von ihrer Richtigkeit überzeugen können (s. Symposion: Adaption in Mikroorg. 1953). Wenn auch solche Vorgänge, z. B. bei Einbeziehung plasmonischer Erbdifferenzen oder auch bei Vorliegen einer extrem hohen Genmutationsrate, nicht undenkbar sind, können sie doch nur seltene Ausnahmen sein. Für die bisher genauer analysierten Fälle genetischer Adaption hat sich jedoch der Mutations-Selektions-Mechanismus klar als gültig erwiesen.

Wenn man eine Bakterienpopulation einem ungünstigen Milieu aussetzt, z. B. auf gifthaltigem Agarboden ausstreicht, so findet man unter den überlebenden Resistenten meist recht verschiedenartige Genotypen. Einerseits ist der Grad der Resistenz unterschiedlich, andererseits zeigen sich weitere Differenzen in Kolonieform, Wuchsrate, Färbung, Nähransprüchen usw. Im Falle der Chloromycetin-Festigkeit von *B. coli* K 12 konnte durch Kreuzungen direkt gezeigt werden, daß in verschiedenen der giftfesten Kolonien verschiedene Gene für Resistenz mutiert waren (CAVALLI u. MACCACARO). Bei der Streptomycinresistenz ist dagegen anscheinend meist nur 1 Gen, jedoch zu vielen verschiedenen Allelen, mutiert (NEWCOMBE u. NYHOLM).

Aber nicht nur hinsichtlich ihrer Pleiotropiewirkungen unterscheiden sich die giftresistenten Genotypen, sondern auch in den Ursachen für die Giftresistenz selbst. Die Resistenz gegen Penicillin kann z. B. außer durch die Exkretion von Penicillinase noch durch intracellulären Giftabbau sowie durch gehemmte Giftaufnahme zustande kommen (EAGLE, LEVY u. FLEISCHMAN). Dies zeigt deutlich, daß hinsichtlich der genetischen Adaption von den ungerichteten Mutationen alle zufällig möglichen verschiedenen physiologischen Wege zur Resistenz beschritten und „durchprobiert" werden. Bei der modifikativen Adaption jedoch, z. B. bei der induzierten Enzymbildung, wird nur ein einziger Weg in allen Zellen begangen. Die Potenz zu dieser physiologischen Umstellung durch das Milieu ist offenbar durch (phylogenetisch) frühere Mutation erworben und herausselektioniert worden.

Die Zahl und damit Heterogenität der resistenten Mutantentypen in einer Population ist um so größer, je geringer die selektierende Milieuänderung, z. B. die Giftkonzentration, ist. Dies kann man direkt sehen auf der sog. Gradientenplatte, die man durch Überschichten einer keilförmigen Lage gifthaltigen Agars mit giftfreiem Nährboden herstellt. Bei gleichmäßiger Beimpfung dieser Agarfläche mit einer Kultur sensibler Bakterien nimmt die Zahl wachsender Kolonien in Richtung der linear ansteigenden Giftkonzentration ab (SZYBALSKI). Das ist verständlich, da ja Mutationen zufallsmäßig, „blind" in das Zellgetriebe eingreifen. Änderungen, die die Resistenz nur wenig steigern, werden dann wahrscheinlicher sein als solche, die hohe Resistenz ergeben, weil diese ja eine viel speziellere Umstellung des Stoffwechsels erfordert als jene. Überträgt man die stark heterogene Resistentenpopulation, die sich in einer niederen Giftkonzentration vermehrt hat, in höhere, so werden darin meist eine größere Zahl noch höher resistenter Typen durch zusätzliche Mutationen selektiert werden, als wenn die Ausgangspopulation sofort in die hohe Konzentration gebracht worden wäre. Dies gilt besonders, wenn die verschiedenen Resistenzgene kumulativ zusammenwirken. Durch hintereinander geschaltene Überimpfungen in sukzessiv steigende Giftkonzentration gelangt man so infolge der dann möglichen Addition von Mutationsschritten zu immer höherer Resistenz. Das Endniveau sollte um so höher liegen, je kleiner die Konzentrationsschritte und je größer (und also heterogener) die jeweils überimpfte Population ist. Dies trifft in Versuchen zur „Hochzüchtung" der Resistenz durch schrittweise steigende Giftmengen tatsächlich zu (z. B. GIBSON). Macht man die Impfmengen zu klein (unterkritisch), z. B. $< 10^5$ Zellen bei Streptomycinversuchen mit *Micrococcus aureus*, so findet überhaupt keine Resistentenauslese und damit Resistenzerhöhung der Population statt (BLONDEL).

Eine für das Verständnis der genetischen Adaption wichtige Frage ist die, ob das neue Milieu, z. B. Gift, nur die in der Population schon vorher vorhandenen spontanen Mutanten ausliest oder ob es (auch) neue Mutationen induziert. Bisweilen wurde zur Bejahung der ersten Alternativfrage der Fluktuationstest (s. oben) herangezogen oder auch das Auftreten giftresistenter Zellen als besserwüchsige Papillen und Sektoren in Kolonien geringerer Resistenz, die auf schwach hemmender Giftkonzentration wachsen [DEMEREC (1950)]. Allein diese Beobachtungen beweisen nur, daß die resistenten Zellen sich als Clone entwickeln, also genetische Varianten sind, nicht aber, daß sie nicht zusätzlich durch das Gift induziert werden. Eine Methode, die das Vorhandensein erblich resistenter Zellen als Clone in der sensiblen Population vor der Gifteinwirkung beweist, ist der Nachspatelungstest (NEWCOMBE, DITTRICH). Hierbei wird eine Plattenkultur ohne Gift kurzzeitig bebrütet und die dann in Microclonen gewachsenen Zellen durch Überstreichen mit dem Glasspatel auseinandergetrennt. Nach Aufsprühen des Giftes oder auch Phagen, wachsen auf der nachgespatelten Platte mehr resistente Kolonien als auf der Kontrollplatte; bei Fehlen solcher resistenter Microclone sollten jedoch beide Platten gleichviel Kolonien zeigen. Daß Resistente tatsächlich ohne Kontakt mit dem Gift entstehen, zeigt besonders deutlich die Anwendung der Stempelinokulation: Man läßt eine giftfreie Agarplatte dicht mit Bakterien bewachsen und stempelt die ganze Fläche mit einem Samtstempel auf eine andere Platte mit Giftboden auf. Auf diesem wachsen nur an wenigen Stellen resistente Kolonien. Von den entsprechenden Stellen der giftfreien Platte wird eine Probe abgeimpft und damit die Prozedur wiederholt. So gelingt es schließlich, eine Reinkultur von Resistenten zu erhalten, ohne daß diese je mit Gift zusammengekommen wären (LEDERBERG, J. u. E. M. SNEATH).

Diese beiden Versuche zeigen zweifelsfrei, daß in einer sensiblen Population auch ohne Gifteinwirkung Resistenzmutanten, wenn auch ± selten, entstehen und selektiert werden können. Trotzdem ist es noch möglich, daß die Gifte neben ihrer Selektionswirkung auch mutagen sind. Der Nachweis der Induktion von resistenten Mutanten durch ein Gift kann nur auf dem Umweg geführt werden, daß einerseits die spontane Rate für die Resistenz-Mutationen, d. h. ohne Gift, andererseits die Rate bei Giftkontakt quantitativ bestimmt wird. Dieses schwierige Problem wurde für die Streptomycin- sowie die Chloramphenicol-Resistenz von *B. coli* durch CAVALLI u. LEDERBERG gelöst. Die Rate der Resistenten bei Giftkontakt war leicht durch Ausplatten einer Kultur auf Giftagarboden zu bestimmen. Für die quantitative Messung der Spontanresistenten wurde die Anreicherung von Resistenten verwendet, die sich aus der Fluktuation des Mutantengehalts in Parallelkulturen infolge der Zufallsverteilung der Mutantenzellen ergibt: Beträgt der Resistentengehalt in der Kultur $10^{-9}$ und verteilt man je $10^8$ Zellen auf 100 Reagenzröhrchen, so würden im Mittel 10 Röhrchen je eine resistente Zelle neben $10^8$ sensiblen erhalten. Läßt man die Röhrchenkulturen auf $10^{10}$ Zellen wachsen, so enthalten jene 10 Röhrchenkulturen $10^2/10^{10} = 10^{-8}$ Resistente (falls Selektion zu vernachlässigen ist). Durch Ausplatten einer kleinen Probe aus jedem der 100 Röhrchen auf Giftboden lassen sich diese Röhrchen mit zufällig erhöhtem Resistentengehalt herausfinden und zugleich der Anreicherungsgrad darin feststellen. Das Röhrchen mit dem höchsten Mutantengehalt wird dann wieder zu einer solchen ,,Anreicherung durch Zufall" verwendet. Durch vielfache Wiederholung erhält man schließlich Reinkulturen von Resistenten, die nur spontan, also ohne Giftkontakt, entstanden sind. Aus der Zahl der Wiederholungen (in diesen Versuchen 12 bzw. 9), dem jeweiligen Anreicherungsgrad und dem Selektionswert der Mutanten konnte der spontane Resistentengehalt in der Ausgangskultur berechnet werden. Er entsprach für beide Gifte demjenigen bei Testung auf Giftboden. Das Ergebnis beweist, daß diese Antibiotica keine Resistenzmutanten bei B. coli induzieren.

Selbstverständlich bedeutet das nicht, daß andere Gifte überhaupt nicht mutagen sein können. Vielmehr ist zu erwarten, daß in Zukunft Stoffe gefunden werden, die die Mutationsrate zur Resistenz gegen sie selber ± erhöhen. Meist werden dann aber auch noch die verschiedensten anderen Mutantenphäne induziert werden, und es wird nur ganz ausnahmsweise Fälle von einer Elektivität der Wirkung geben, die zur ausschließlichen Induktion nur der entsprechenden Resistenzmutanten führt (s. a. Fortschr. Bot. **19**, 320). Das gleiche gilt für andere Adaptationen durch Mutation, z. B. den Erwerb der Zuckervergärung. Hier beschreibt LINDEGREN zwar einen Fall, in dem bei Hefe durch Galaktose die Rate der genischen Mutationen zur Galaktosevergärung (gal$^-$ → Gal$^+$) etwas erhöht wird. Leider ist aber nicht geprüft, ob nicht auch andere Mutationen häufiger werden. Bei allen solchen zunächst lamarckistisch aussehenden Populationsänderungen muß die Forderung erfüllt werden, daß sie sorgfältig mit allen Mitteln nach allen Möglichkeiten des Wirkens von Mutation und Selektion analysiert werden. Wo das bisher geschehen ist (s. Fortschr. Bot. **19**, 320), hat sich die Richtigkeit der Darwinschen Theorie gezeigt. Fälle, bei denen die Analyse nicht bis zur Entscheidung geführt ist, sind aber für die Erkenntnis wertlos.

Die willkürliche Veränderung eines Milieufaktors durch den Experimentator ist der am leichtesten bemerkbare und analysierbare Wandel der Umwelt. Daneben ist aber auch mit Milieuveränderungen zu rechnen, die nicht von außerhalb der Population stammen, sondern die von dieser selber verursacht werden, z. B. durch das Ausscheiden von Stoffwechselprodukten. Solche automatischen oder endogenen Abläufe sind mehrfach untersucht worden. Interessante Fälle sind im Buch von BRAUN zusammengestellt. Es soll hier nur ein instruktives Beispiel besprochen werden (GOODLOW, BRAUN und MIKA): In Kulturen von *Brucella abortus* zeigt sich nach längerer Entwicklungszeit ein Übergang von der glatten Form (S) der Kolonien zur rauhen Form (R); nach noch weiterer Kultivierung findet man dann wieder Glattkolonien beim Ausplatten von Proben. Dies hat den Anschein eines Entwicklungscyclus, und solche Fälle gaben früher Anlaß zu entsprechenden Hypothesen (,,Cyclogenie''). Die Analyse der Selektionsfaktoren in der Population zeigte jedoch, daß die S-Zellen Alanin ausscheiden und daß sie von höheren Konzentrationen dieses Stoffes im Medium gehemmt werden. Eine mit der Rate $10^{-7}$ entstehende R-Mutante wird dagegen von dieser allmählich akkumulierten Aminosäure nicht gehemmt, sondern sogar im Wuchs gefördert. Sie überwuchert daher die S-Population, nachdem diese in die Hemmphase eingetreten ist. In der nun vorwiegend aus R-Zellen bestehenden Kultur entsteht schließlich eine neue Mutante, welche S-Morphologie und sonstige S-Charaktere besitzt, die jedoch stärker alaninresistent ist und infolge noch besseren Wuchses den R-Typ wieder verdrängt. Die Kultur hat also gar keinen in sich zurückkehrenden Cyclus durchlaufen. Vielmehr erfolgt eine wiederholte Mutantenselektion, die durch die endogene, nicht sogleich feststellbare Milieuänderung infolge der Alaninakkumulation ausgelöst wird. Die Reproduzierbarkeit dieses Populationswandels hat seine Ursache in der überkritischen Größe der Kultur.

## D. Genphysiologie.

Die ,,physiologischen ''Auswirkungen der Erbsubstanzen in der Zelle sind von der Mutation und der Rekombination dadurch unterschieden, daß sie nicht wie diese ,,zufällig'', also in einem bestimmten Erbfaktor infolge ihrer mikrophysikalischen Determiniertheit nur mit einer $\pm$ kleinen Chance, geschehen, sondern mit Sicherheit in allen Zellen ablaufen. Die hohe (makrophysikalische) Reproduzierbarkeit dieser an den Erbeinheiten stattfindenden Reaktionen deutet darauf, daß daran wohl größere Zahlen von Molekeln (z. B. Vorstufen des ,,Genproduktes'') teilnehmen und daß die Reaktionsraten hoch liegen. Die Sicherheit des Ablaufs der physiologischen Genwirkungen ist notwendig für das Lebensgeschehen in der Zelle, ebenso wie das ,,statistische'' Auftreten der mutativen oder rekombinatorischen Erbänderungen. Wir stehen hier vor dem, vorläufig noch unverstandenen Phänomen, daß molekelähnliche Strukturen, die Erbeinheiten, einerseits mikrophysikalisch, andererseits makrophysikalisch reagieren und daß zwischen diesen beiden ,,Seiten'' eine ,,Pufferung'' eingeschoben erscheint, so daß die eine die andere nicht stört. Die auf der makrophysikalischen Seite stehenden Genreaktionen sind ebenfalls zwei:

Der steuernde Eingriff 1. in die Ausbildung der nichtgenetischen Strukturen und Funktionen, d. h. des Phäns, 2. in die Synthese der neuen, identischen Erbstruktur (Idiosynthese). Das sich mit jener Funktion beschäftigende Gebiet der Genetik wird als „Phänogenetik" bezeichnet, während dieses, wegen seiner Neuheit, noch namenlos ist. Man könnte es z. B. „Idiosynthetik" nennen. Im folgenden wollen wir uns auf die Phänogenetik beschränken, da die Hauptobjekte der Idiosyntheseforschung z. Z. die Bakteriophagen sind, die anderweitig besprochen werden.

## I. Phänogenetik.

Mit diesem Gebiet befassen sich zwei neuere Bücher, eines von WAGNER u. MITCHELL, das andere von HALDANE, weiterhin drei Übersichtsaufsätze von DE BUSK, EMERSON sowie TATUM u. GROSS. Unser Bericht wird sich nur mit den für die Genetik wichtigen Problemen befassen. Dazu gehört die bloße Aufdeckung von chemischen Synthesewegen mit Hilfe von auxotrophen Mutanten nicht, da dies vorwiegend eine Methode der Biochemie darstellt. Für die Analyse der phänogenetischen Genwirkung ist an den biochemischen Erkenntnissen jedoch wichtig, daß die biologischen Stoffumwandlungen in einem komplizierten Netzwerk von Reaktionsketten geschehen und daß die meisten der Einzelreaktionsschritte durch Enzyme katalysiert werden. Die Synthese dieser Enzyme ist nach heutiger Kenntnis diejenige Stelle, an welcher der unmittelbarste z. Z. faßbare Eingriff der Gene in das Lebensgeschehen stattfindet. Durch diese Kontrolle der Enzyme und damit der Reaktionskonstanten hängt anscheinend das Fließgleichgewicht der Zellreaktionen (auch) vom Idioplasma ab und bewirkt die Änderung eines Gens eine Änderung der Fließgleichgewichtslage, d. h. des Phänotyps. Auf diese Weise kommt auch die Verstärkung der zunächst molekular-mikrophysikalisch gestarteten Genwirkkette bis in die sichtbar-makrophysikalische Dimension zustande. Denn die Enzyme wirken ja ähnlich wie Regelventile in einer Reaktion, die eine größere Menge eines Stoffes produziert.

### 1. Die Art der Genwirkung.

Letztes Ziel der phänogenetischen Forschung ist die Erkenntnis der unmittelbaren, primären Wirkungen der Gene. Dabei erschien zunächst der Weg vom Phän zurück zum Gen der einzig gangbare. Erst seitdem wir wissen, daß die Gene, zumindest zeitweise, chemisch DNS sind (genauer gesagt: Diese Substanz die das Gen darstellende „Information" als Muster oder „Schrift" trägt) und seitdem entdeckt wurde, daß eine Enzymsynthese ohne lebende Zellen möglich und dabei bisweilen die Anwesenheit von DNS, also wohl Gensubstanz, nötig ist (z. B. GALE), scheint vielleicht Aussicht zu bestehen, in Zukunft die Genwirkung direkter zu fassen. In vielen Fällen zeigt sich zwischen DNS und Proteinsynthese noch RNS als Mittler eingeschoben (z. B. SPIEGELMAN, s. auch Fortschr. Bot. **19**, 203).

Die vom Phän her vorstoßenden Methoden sind im wesentlichen drei: 1. Das Studium der Auswirkung von verschiedenen mutativen Änderungen (Allelen) eines Gens; 2. Versuche, die Funktion eines mutierten Gens durch Außenbedingungen, insbesondere Stoffe, zu ersetzen, so daß das unmutierte Phän entsteht („Phänocopie"); 3. Die genetische Analyse der Feinstruktur des Gens oder von Gengruppen (Pseudoallelen) im Zusammenhang mit deren phänogenetischen Funktionen.

**a) Monofunktionshypothese.** Schon die zum Teil frühen Beobachtungen, daß die verschiedenen Allele eines Gens meist zu einer serienmäßig anzuordnenden, gestuften Verschiebung nur einer bestimmten Phäneigenart führen (multiple Allelenserien), legte den Gedanken nahe, daß jedes Gen im wesentlichen mit einer bestimmten Funktion in der Zelle befaßt ist. Besonders die ausgedehnten Untersuchungen an auxotrophen Mikroorganismen erhärteten diese Anschauung zu einer allgemeinen Theorie. Bei *Neurospora* u. a. Pilzen sowie bei Bakterien zeigte die Analyse sehr vieler spontaner wie induzierter auxotropher Mutanten, daß die meisten dieser Ernährungsmutanten durch Zugabe nur eines Stoffes zum Wuchs gebracht werden können. Es erscheint also die Synthese dieses Stoffes in der Zelle durch das mutierte Allel blockiert. Der Grund ist in vielen Fällen, daß das für den Reaktionsschritt verantwortliche Enzym infolge der Mutation fehlt. Offenbar beherrscht ein Gen die Funktion eines bestimmten Enzyms („Ein - Gen - ein - Enzym"-Hypothese von BEADLE). Gegen diesen Schluß könnte jedoch eingewendet werden, die, z. B. mit der Penicillin-Methode, gefundenen Auxotrophen stellten keine repräsentative Stichprobe aller dieser Mutanten dar, sondern seien ungewollt gerade bevorzugt nach Monoauxotrophie ausgelesen. LEUPOLD u. HOROWITZ isolierten daher unter Vermeiden einer speziellen Selektionsmethode 161 Mutanten von *B. coli*, die bei 40°C nicht auf Komplettmedium wachsen, wohl aber bei 25°C. Von diesen „Temperaturauxotrophen" zeigten 124 einen durch einen einzigen Wuchsstoff (z. B. Aminosäure) ersetzbaren Defekt. Vorerst liegt kein Grund vor anzunehmen, daß die temperaturauxotrophen Genallele nicht in gleicher Weise wie die anderen Gene phänwirksam sind; demnach scheint doch zumindest die überwiegende Mehrzahl der Gene monofunktionell zu wirken.

Unter den Mutanten mit nichtersetzbarem Wuchsdefekt sind sicherlich ein Teil solcher, bei welchen zwar auch nur eine Reaktion blockiert ist, diese aber nur durch einen schwer auffindbaren Stoff kompensiert wird. Sie würden daher u. U. polyauxotroph erscheinen. Ein gutes Beispiel sind die von DAVIS u. Mitarb. näher studierten Mutanten von *B. coli*, die gleichzeitig Tyrosin, Phenylalanin, Tryptophan und Paraminobenzoesäure benötigen. Erst nach eingehender Analyse dieser „Polyphänie" wurde die Shikimisäure als gemeinsamer Vorläufer aller vier Stoffe entdeckt. Dies wurde u. a. dadurch erleichtert, daß die Mutanten z. T. Dehydroshikimisäure ins Medium ausscheiden. Dieser Stoff wird vom Wildtyp zu Shikimisäure umgesetzt, und da in der Mutante diese Reaktion blockiert ist, sammelt er sich an. Solche Akkumulation des vor der blockierten Reaktion gebildeten Stoffes findet man bei Auxotrophen häufig. Der Stoffbedarf obiger Mutanten wird durch Shikimisäure allein gedeckt. Die anscheinende Polyauxotrophie kommt dadurch zustande, daß die von dieser Säure ausgehende Reaktionskette sich in

4 „Äste" verzweigt, in denen die 4 aromatischen Aminosäuren unabhängig voneinander synthetisiert werden. Wir sehen in dieser Verzweigung von Genwirkketten eine Möglichkeit des Entstehens von Polyphänie, obwohl das Gen nur eine einzige Funktion ausübt.

Die auxotrophen Mutanten sind auf wuchsstofffreiem Medium letal; diese Letalität kann durch Wuchsstoffzusatz beseitigt werden. Jedoch läßt sich keineswegs bei allen Letalmutationen die Lebensfähigkeit durch einen Stoffzusatz wiederherstellen. ATWOOD u. MUKAI gewannen mit einer ingeniösen Methode bei *Neurospora* eine große Zahl spontaner Letalmutationen, die nur im Heterokaryon zusammen mit einem vitalen Kern lebensfähig sind. Sie sind also „recessiv". Von 26 in verschiedenen Genen mutierten Typen waren 24 auch auf Komplettmedium nicht ohne das Normalallel, welches sich in einem anderen Kern derselben Hyphe befindet, wachstumsfähig, d. h. ihr Defekt konnte nicht durch in Bouillon, Hefeextrakt u. ä. befindliche Stoffe sondern nur durch den vitalen Kern kompensiert werden. Dies könnte bedeuten, daß die Genwirkung hier nicht einfach in der Blockierung eines Syntheseschrittes besteht. Jedoch muß bedacht werden, daß es sicher viele Reaktionen in der Zelle gibt, die Produkte erzeugen, welche nicht in dem verwendeten „Komplettmedium" sind oder überhaupt nicht von außen zugeführt werden können. Sie können z. B. sehr instabil oder hoch-molekular sein oder auch nicht zum Reaktionsort permeieren. Wie wichtig gerade die Permeabilität für unser Problem ist, zeigt die Entdeckung der „Permeasen". Das sind enzymartige Proteinsysteme, die bestimmte Stoffe elektiv in die Zelle transportieren, von diesen „Substraten" induziert werden und die infolge von Mutationen verändert werden können (RICKENBERG, COHEN, BUTTIN u. MONOD; DAVIS).

Ein Befund, der mit der Monofunktionshypothese ebenfalls nicht ohne weiteres verträglich erscheint, wurde von ENGLESBERG bei *Pasteurella pestis* gemacht. Bei diesem Bakterium gibt es einen Mutationsschritt mit der Spontanrate $2,5 \cdot 10^{-11}$, der zur Rhamnosevergärung führt. Die $Rh^+$-Mutante erwirbt dabei gleichzeitig zwei neue induzierbare Enzyme, Rhamnose-isomerase und Rhamnulokinase, gegenüber dem $Rh^-$- Wildtyp. Es ist jedoch auch hier nicht ausgeschlossen, daß primär eine Rhamnose-Permease durch die Mutation erworben wird. Möglicherweise liegt aber auch ein Fall vor, wie ihn GROSS bei *Neurospora* beschreibt: Die Mutante arom ist vor Shikimisäure blockiert. Es fehlt ihr das Ferment, welches Dehydroshikimisäure reduziert. Sie enthält daneben zwei im Wildtyp nicht vorhandene Fermente: Dehydroshikimisäure-Dehydrase und Protokatechusäure-Oxydase. Diese Enzyme werden jedoch durch die Akkumulation der beiden Substrate infolge des genetischen Blocks, also sekundär, induziert. Auch der Wildtyp bildet sie induktiv bei ausreichender Zugabe der zwei Stoffe. Wir sehen, daß sich manche der Argumente gegen die Monofunktionshypothese bei eingehender Analyse als nur scheinbar erweisen.

Ein vorerst jedoch schwierig zurückzuweisender Einwand stammt von DEMEREC (1956). Die ausgedehnten Studien an allelen und pseudoallelen Auxotrophiemutanten mit Hilfe der Transduktion bei *Salmonella*

(s. unten und Fortschr. Bot. **19**, 197) lieferten relativ häufig (6 : 14) Deletionen, die die beiden gekoppelten Gene cys C und cys D ganz umfassen. Bei den meisten anderen Genen sind solche Deletionen sehr selten. Auch bei *Drosophila* waren früher homocygot-vitale Stückausfälle nur ganz selten gefunden worden; die meisten sind letal. Wenn nun die Gene bei Mutation zur Auxotrophie lediglich für den Wegfall eines Enzyms verantwortlich wären, so sollte man erwarten, daß der Ausfall durch Zugabe des nicht von der Zelle erzeugten Produktes der Enzymreaktion wettgemacht werden kann. Für die auxotrophen Genmutationen trifft das auch zu, nicht dagegen für die meisten Genausfälle durch Defizienzen. Anscheinend haben also die meisten Gene außer der Enzymkontrolle noch eine andere, unbekannte aber meist lebenswichtige Funktion. Sie fehlt nur oder ist nicht lebensnotwendig bei Genen wie cys C und cys D. Diese vitalitätserhaltende Funktion, die in Defizienzen verloren ist, kann nicht mit der Aktivität des Enzyms zusammenhängen, da sie nicht vom Produkt der Enzymreaktion (z. B. der Aminosäure) hervorgebracht werden kann, obwohl dieser Stoff im Falle von vitalen Auxotrophiemutationen desselben Gens von außen wirksam zuführbar ist. Es ist aber denkbar, daß sie eine Nebenreaktion des vom Gen primär gesteuerten Mechanismus der Synthese des Enzyms darstellt, die auch dann abläuft, wenn es infolge der Mutation nicht oder nur zur verminderten Enzymbildung kommt. Man könnte z. B. an die für die Enzymbildung als Zwischenglied anscheinend notwendige spezifische RNS denken oder auch an das unten besprochene mit dem Enzym serologisch verwandte, fermentativ inaktive Protein. Auf diese Weise würde die Monofunktionshypothese für zumindest die meisten Gene gültig bleiben, d. h. die einzige und primäre Reaktion des Gens wäre die Steuerung des Aufbaus des spezifischen Enzymformators (enzyme forming system, Metaenzym).

**b) Die Art des mutativen Enzymblocks.** Die enzymchemische Analyse auxotropher Mutanten (z. B. tryptophan-bedürftiger) zeigt, daß diese meist das für den Wuchsstoff verantwortliche Enzym (z. B. Tryptophansynthesase) nicht oder nur in ± geringer Menge besitzen (z. B. BONNER; FINCHAM 1954, FINCHAM u. BOYLEN; GILES, PARTRIDGE u. NELSON). Ein großer, meist jedoch nicht beachteter Teil von wuchsstoffbedürftigen Mutanten wächst auch ± langsam auf wuchsstofffreiem (= Minimal-) Medium. Hier ist die Aktivität des verantwortlichen Enzyms nur in ± geringerem Maße reduziert (z. B. DAVIS 1955, YANOFSKY u. BONNER). Der mutative Enzymblock ist also „durchlässig" (leaky), das Genallel wäre als „hypomorph" zu bezeichnen, im Gegensatz zu den wohl wenigstens z. T. „amorphen" vollauxotrophen Allelen.

Rückmutation zur Anauxotrophie im gleichen Gen wie die Hinmutation ergibt wieder ± normale Enzymmenge (z. B. BONNER; FINCHAM 1957; GILES et al.). Außer durch solche echten Rückmutationen entstehen anauxotrophe Mutanten in auxotrophen Stämmen aber auch oft durch Mutation an einem ganz anderen Genlocus, einem *Suppressor*, was durch Kreuzung mit dem Wildtyp bewiesen wird (Aufspaltung 3 anaux. : 1 aux.). Die Analyse solcher Suppressoren ergibt, daß viele von ihnen eine erstaunliche Spezifität für nur ein bestimmtes Allel eines Gens besitzen. So wirkt z. B. der Suppressor S 31 bei Salmonella nur auf eines (hi 31) von 27 Allelen des Histidin-Gens (STARLINGER u. KAUDEWITZ). Ein Suppressor su 6 bei Neurospora wirkt nur auf die Allele des Tryptophan-Gens $td_2$ und $td_6$, nicht auf die anderen über 20 Allele (YANOFSKY u. BONNER). Zu jeder von 25 allel erscheinenden Mutanten außer einer ($td_1$) konnte ein spezifischer Supressor isoliert werden (YANOFSKY u. BONNER). Andererseits ist ein suppressives Gen su-pyr bekannt, das die Auxotrophie durch mehrere prol-Allele und zugleich auch durch das davon entfernte Gen pyr 3a unterdrückt (MITCHELL u. MITCHELL). Die Suppressoren allein haben i. a. keinen merklichen Phäneffekt.

Zur Erklärung der Wirkungsweise von Suppressoren hat man zunächst daran gedacht, daß sie dasselbe Gen wie das Wildallel des suppressierten an einer anderen Chromosomenstelle darstellen, also Duplikationen sind. Dagegen spricht aber die hohe Allelenspezifität, sowie, daß die suppressortragenden Stämme (z. B. S 31 hi 31) dem anauxotrophen Wildtyp meist nicht völlig gleich sind, sondern etwas langsamer wachsen. Der normale Enzymgehalt wird also nicht völlig wiederhergestellt. Auch liegen die Orte von 5 Suppressoren des Allels td2 (s. oben) an 5 verschiedenen Stellen. Wegen der ein anderes Gen z. T. nachahmenden Wirkung und der Spezifität haben die Suppressoren zunehmend die Aufmerksamkeit der Genphysiologen erweckt. Sicherlich ist die Wirkungsweise nicht einheitlich. Bei einer Reihe von 5 allelen acetatbedürftigen Mutanten (ac 1…5) von *Neurospora* konnte die Wirkung von 2 nicht allelspezifischen Suppressoren (car u. sp) weitgehend geklärt werden. Die ac-Stämme sind auf Glucosemedium im Wuchs gehemmt. Infolge der Blockierung des Umsatzes von Brenztraubensäure in Acetat wird diese Säure akkumuliert und so ein Seitenweg zum Acetaldehyd verstärkt; das Aldehyd hemmt den Wuchs. Die Gene car u. sp blockieren diese Zweigreaktion und beseitigen so die Hemmung; der Glucoseabbau (und damit der Wuchs) geschieht nun fast ausschließlich über den Gluconsäureweg (STRAUSS u. PIEROG). Hier wird also von den Supressorgenen die Bildung eines Wuchsinhibitors blockiert, der aus dem Akkumulat vor dem Auxotrophie-Genblock entsteht. Zugleich wird dadurch ein alternativer Reaktionsweg verstärkt. Dieser Mechanismus kann jedoch nicht bei einem Suppressor der purinbedürftigen Mutante ad C 11 von *Salmonella* vorliegen (GOTS). Sie akkumuliert 5-Aminoimidazol-Ribosid (AIR) wegen des Ausfalls des dieses zu AI-Carboxamid (AICA) verarbeitenden Enzyms. Der Suppressor bewirkt zwar — wie üblich — nicht ganz normalen Wuchs auf Minimalmedium, vermindert jedoch das Akkumulat und fördert die AICA-Bildung, was sich vor allem bei langsamem Wuchs auf Lactat zeigt. Er muß also dafür sorgen, daß der Block durch die Mutation ad 11 „durchlässig" wird, d. h. daß Enzym trotz der Mutation entsteht. Solche Restaurierung der Enzymbildung durch Suppressoren ist auch anderweitig gefunden worden, z. B. beim td2-Suppressor (s. oben); der Genotyp td2 su enthält Tryptophansynthesase von gleicher Art wie der

Wildtyp (Bonner). Der Suppressor muß also wohl den durch Mutation veränderten Teil des td-Gens bei der Enzymsynthese spezifisch ersetzen können, also ihm wenigstens teilweise irgendwie ähneln.

Für die Klärung der Situation mögen wohl in Zukunft Befunde wichtig werden, die bei den td-Mutanten durch serologische Methoden erhoben wurden (Bonner; Suskind). Antiserum des Wildtyp-Enzyms reagiert nämlich in einer Reihe von td-Mutanten spezifisch mit einem Protein, das keine Enzymaktivität besitzt. In geringerer Menge ($^1/_{10}$) ist dies Protein auch im Wildtyp vorhanden. Durch Suppressoren entstandene Anauxotrophe enthalten sowohl Enzym als auch das Protein. Dagegen war bei Allel td 1, für das kein Suppressor existiert, weder Enzym noch das Protein nachweisbar. Dies könnte bedeuten, daß das Protein eine Vorstufe oder ein Nebenprodukt der Enzymsynthese ist; bei Mutation des Gens wird das Synthesegleichgewicht nach dem Protein hin verschoben, die Suppressoren verlagern es wieder mehr nach dem Enzym hin; td 1 wirkt dagegen nicht auf dies Gleichgewicht, sondern andersartig.

Nach den bisherigen Befunden zeigt sich die unmittelbare Wirkung eines mutierten Gens oft in der Verminderung der Menge eines einzigen Enzyms. Daneben kommt es aber auch vor, daß ein spezifischer Inhibitor für ein Enzym gebildet wird. Dieser Fall zeigte sich z. B. bei *Neurospora*-Mutanten realisiert, die auf Nitrat nicht wachsen (Silver u. McElroy). Während 3 keine Nitratreduktase besaßen, war diese bei einer Mutante durch einen hitzelabilen Inhibitor inaktiviert. Aber auch solche Inhibitoren werden wohl primär durch blockierte Enzymreaktionen entstehen bzw. akkumuliert, ähnlich wie bei den ac-Mutanten das Acetaldehyd (s. oben).

Eine nicht rein quantitative Änderung der Fermentmenge liegt jedoch bei sog. „Temperaturauxotrophen" vor, Mutanten also, die nur in bestimmten Temperaturen auxotroph sind. Hier zeigt sich eine *qualitative* Veränderung des betroffenen Enzyms durch die Mutation. Der erste genauer analysierte Fall war eine Pantothenat-Auxotrophie bei E. coli, die sich nur bei hoher Temperatur zeigte; bei niederer war die Mutante anauxotroph. Die Untersuchung der aus dem Wildtyp und aus der bei geringer Wärme gewachsenen Mutante extrahierten Enzyme ergab, daß das der Mutante bei hoher Temperatur schnell inaktiviert wird, das des Wildtyps nicht (Maas u. Davis). Eine ganz analoge Lage ergab sich für eine nur in Wärme adenin-auxotrophe *Neurospora* (Giles, Pardrige u. Nelson). Eine andere Temperaturmutante dieses Pilzes brauchte Tyrosin dagegen nur bei geringerer Temperatur (25°), bei 35° jedoch nicht. Hier beruht die Auxotrophie auf der Anwesenheit des (das lebendnotwendige im Stoffwechsel gebildete) Tyrosin zerstörenden (zu Melanin oxydierenden) Fermentes Tyrosinase. Auch hier wird das Enzym bei 35° schnell inaktiviert (Horowitz u. Fling 1953). Neuerlich wurden in verschiedenen Mutanten noch 3 weitere Sorten von Tyrosinase identifiziert, die sich durch die Hitzelabilität oder elektrophoretisch unterscheiden (dieselben Autoren 1957). Fincham (1957) klärte einen anderen Fall von „Kälte"-Auxotrophie bei Glutamat-Mutanten auf.

Hier wird eine Glutaminsäure-dehydrogenase gebildet, die sich vom Wildtyp-Ferment dadurch unterscheidet, daß sie durch Wärme (35 bis 50°) reversibel aktiviert wird. Weiterhin wird dies Enzym durch α-Oxoglutarat + TPNH aktiviert, nicht das des Wildtyps.

Diese Beobachtungen beweisen, daß der Eingriff eines Gens in die Enzymsynthese nicht nur einfach bremsend oder fördernd sein kann, sondern daß auch die innere Struktur des Enzyms, und zwar wohl des Apofermentes, qualitativ gesteuert wird. Die naheliegende Erklärung dafür ist die, daß das „informative Muster" des Gens irgendwie die Bildung des Musters der Bausteine im Enzymprotein determiniert. Dies kann am verständlichsten durch eine Art Abdruckverfahren geschehen. Dabei tritt das Problem der „Übersetzung" des Musters oder der „Schrift" aus 4 Nucleotid-„Buchstaben" der DNS in die aus 2 Dutzend Aminosäuren bestehende im Protein auf. Bei dessen Lösung wird vielleicht einmal die Informationstheorie behilflich sein. Ein erster, tastender Versuch einer solchen Analyse der bei dieser Kommunikation zwischen DNS und Protein verwendeten „Sprache" ergab überraschenderweise, daß diese hinsichtlich des Gebrauchs möglichst weniger Symbole vollkommener zu sein scheint als unsere menschlichen Sprachen, z. B. die englische (GAMAW, RICH u. YCAS).

### 2. Die räumliche Beziehung zwischen Gen und zugehörigem Enzym.

Der Vorstoß vom Phän her entlang der vom Gen verursachten Kausalkette hat bisher als denjenigen Prozeß, der mit der primären Genwirkung am engsten verknüpft erscheint, die Synthese eines bestimmten Enzyms, d. h. Proteins, aufgedeckt. Wenn diese Enzymsynthese tatsächlich nur ein oder sehr wenige Zwischenglieder vom Gen entfernt läge, insbesondere das spezifische Muster des Proteins vom Muster des Gens ± direkt geprägt wird, so sollte man erwarten, daß räumlich *nicht* eng benachbarte Gene an dieser Musterbildung eines Enzyms nicht oder selten teilnehmen. Denn die Wahrscheinlichkeit einer Wechselwirkung zwischen beiden von den Genen ausgelösten Wirkketten ist dann gering. Daher sollten z. B. zwei Allele eines Gens in derselben Zelle oder im gleichen Kern zwei verschiedene Proteinmuster gleichzeitig und ohne sich gegenseitig zu stören determinieren. Dies ist tatsächlich zutreffend, wie schon seit längerem für die Blutgruppenproteine bekannt ist. Hier bildet der heterozygote Organismus die beiden serologisch spezifischen Proteine nebeneinander, die einzeln für die Homozygoten typisch sind. Ein Analogon wurde neulich auch für Mikroben gefunden: Ein Heterokaryon von *Neurospora*, welches Kerne der beiden allelen Mutanten $T^s$ und $T^1$ für hitzestabile und hitzelabile Tyrosinase enthält, bildet beide Enzymformen [HOROWITZ u. FLING (1956)]. Diesem weiteren Indizium für die obige Hypothese der räumlichen Nähe von Gen und Enzymbildung fügen sich auch die Befunde der Biochemie stützend hinzu, die zeigen, daß ein Teil der Proteinsynthese tatsächlich im Zellkern in enger Verbindung mit der DSN geschieht (s. Fortschr. Bot. **19**, 203). Neuerdings ist das auch für Neurospora demonstriert worden, wo isotopenmarkiertes Prolin in das Protein der beim Zentrifugieren sich abtrennenden Kernfraktion inkorporiert wurde (ZALOKAR).

Nach diesen Ergebnissen ist es nicht verwunderlich, daß manche der von Enzymen katalysierten Reaktionen im oder am Zellkern abzulaufen scheinen. In diesen Fällen hat sich wohl dieses „Genprodukt" nicht weit von der Stätte seiner Bildung entfernt. Einen interessanten Hinweis darauf hat PONTECORVO (1951) bei *Aspergillus* gefunden. Hier wird eine arginin-auxotrophe Mutante durch Lysin, eine lysin-auxotrophe durch Arginin im Medium gehemmt. Stellt man ein Heterokaryon beider her, so zeigt dieses rhythmischen Wuchs. Wenn die lys⁻-Kerne auf Kosten des von den arg⁻-Kernen gebildeten Lysins wachsen, geben sie Arginin ins Plasma ab, das von den anderen Kernen zum Wuchs verwendet wird, aber sie selber bei höherer Konzentration hemmt. Nun wachsen nur die anderen (lys⁻), produzieren das sie schließlich auch hemmende Arginin, welches nun wieder die arg⁻-Kerne verwenden usw. Heterocygote Mycelien, mit beiden auxotrophen Genen im gleichen Kern, zeigen die periodische Wuchsminderung nicht. Die beiden Stoffe hemmen also nur, wenn sie ins Plasma gelangen. Diese Aminosäuren werden demnach offenbar im Zellkern gebildet und dort müssen wohl auch die dafür verantwortlichen Enzyme liegen. Ob sie auch nahe dem sie determinierenden Genen lys⁺ und arg⁺ lokalisiert sind, bleibt unbeantwortet.

Diese Frage ist neuerdings besonders akut geworden durch die Ergebnisse von DEMEREC u. Mitarb. (1956) an *Salmonella*, über die schon in Fortschr. Bot. **19**, 297 berichtet wurde. Zunächst wurde nur aus Transduktionsversuchen abgeleitet, daß eine enge räumliche Nachbarschaft und Ordnung von Genen auf dem Chromosom besteht, die der Reihenfolge ihres Eingriffs in die enzymatische Reaktionskette für die Bildung von z. B. Tryptophan entspricht. Diese Ordnung ist nunmehr auch durch Kreuzungsexperimente mit *Bacterium coli* B erhärtet (SKAAR). Sie ist also auch keine Besonderheit von Salmonella. Bei Drosophila sowie *Neurospora* hatte man dagegen bisher den Eindruck einer völligen Systemlosigkeit der Anordnung der Erbfaktoren auf den Chromosomen. Zum Beispiel sind diejenigen Gene, welche die verschiedenen Schritte der Tryptophansynthese kontrollieren, weit voneinander entfernt lokalisiert. Allerdings kennt man ja z. Z. noch keineswegs alle Gene. Neulich zeigte WOODWARD, MUNKRES u. SUYAMA dagegen, daß bei allen 15 bisher gefundenen Pyrimidin-Mutanten von *Neurospora* die mutierten Gene im rechten Arm der 4. Koppelungsgruppe liegen, wo sie mindestens 5 verschiedene Locusgruppen bilden. Auch PONTECORVO (1956) berechnet, daß bei *Aspergillus* Gene, die am gleichen Syntheseweg (Adenin, Prolin) beteiligt sind, etwas häufiger als zufallsgemäß gekoppelt sind. Es ist also möglich, daß diese Erscheinung bei den Bakterien nur graduell verschieden von den Organismen mit „echten" Kernen ist. Daß auch bei *Salmonella* manche Gene der gleichen Synthesekette räumlich getrennt liegen, zeigt die Cystinbiosynthese. Deren mindestens 5 Gene (entsprechend 5 Reaktionsschritten) liegen, an 4 verschiedenen Stellen ungekoppelt. Nur cys C und cys D liegen nebeneinander; sie kontrollieren aber wieder 2 aufeinanderfolgende Syntheseschritte ($R — SO_4 \longrightarrow R—SO_3 \longrightarrow R—SO_2$).

Beim ersten Eindruck der bei *Salmonella* jetzt für 5 Schritte der Purin-, 4 Schritte der Tryptophan-, 8 Schritte der Histidin- und 2 Schritte der Cystin-Biosynthese nachgewiesenen Kongruenz zwischen räumlicher Lage der verantwortlichen Gene und zeitlicher Folge der Reaktionen kann man sich des Gedankens nicht erwehren, daß hier ein Mechanismus aufgedeckt worden ist, der ähnlich einem Fließband arbeitet. Die schrittweise Synthese dieser Stoffe scheint entlang der entsprechenden Genreihe abzulaufen. Die verantwortlichen Enzyme würden also an diesen Genen liegen, wenn sie wohl auch nicht mit ihnen identisch sind. Bedenken wir jedoch, daß die Biochemie bei der Proteinsynthese RNS als Bindeglied zwischen DNS und Enzym wahrscheinlich gemacht hat, so können wir noch ein anderes Bild entwerfen. Nach diesem würde zunächst am Chromosom eine RNS-„Matrize" gebildet, welche die Reihe der funktionell zusammengehörigen Gene umfaßt. Diese löst sich ab und könnte dann irgendwo, auch entfernt vom Chromosom, zur Bildung der Enzyme dienen, die an ihr zum „Fließband" zusammen gekoppelt würden. Eine Entscheidung zwischen beiden Möglichkeitenist z. Z. noch nicht zu treffen. Eines ist jedoch sicher, nämlich daß jene Kongruenz zwischen Lage und Funktion der Gene nicht Zufall sein kann und daß wir durch ihre Entdeckung einen wichtigen Schlüssel zum weiteren Verständnis der Genwirkung in den Händen haben. Damit wird sich auch die Natur der Struktur weiter erhellen, die wir als „Gen" innerhalb des Genoms abzugrenzen suchen.

Wie im vorigen Bericht bei Besprechung der Pseudoallelie dargelegt wurde, ist die Abgrenzung eines Gens gegen das benachbarte am ehesten durch seine Funktion sinnvoll möglich. Rekombination und Mutation spielen sich in $\pm$ kleinen Abschnitten innerhalb dieses „Funktionsgens", vielleicht auch z. T. darüber hinausgreifend („Defizienzen"), ab. Zur Entscheidung, ob 2 Mutationen im gleichen Funktionsgen liegen und damit zur Feststellung der Grenzen dieser Chromosomenregion, dient der Cis-Trans-Test. Deshalb schlägt BENZER (s. Fortschr. Bot. **19**, 419) auf Grund seiner Studien am Phagen T4 für das damit definierte Gebilde den Namen „Cistron" vor. Für diesen Test werden die Heterocygoten vom Typ $++/m_1m_2$ (Cis-Typ) und vom Typ $+ m_2/m_1 +$ (Trans-Typ) hergestellt. Die $+$ Allele seien im Cis-Typ dominant über die m-Allele. Ist dann das Phän des Transtyps unmutiert ($+$), so ergänzen also die beiden $+$-Abschnitte ihre Funktion zur normalen; d. h. die Mutation des ersten Gens ($m_1$) hat die Funktion des zweiten unverändert gelassen, dessen funktionelle Grenze also nicht überschritten, und umgekehrt. Zeigt der Transtyp jedoch das mutierte Phän (m), so haben die mutierten Abschnitte ($m_1$ und $m_2$) das gleiche Funktionsgen in beiden Chromosomen erfaßt und damit die Ergänzung der Funktionen unmöglich gemacht. Diese Bestimmung der Grenzen des Funktionsgenes hatte bisher zu keinen Umklarheiten geführt. Nun berichtet aber PONTECORVO (1956) von einer Transheterozygoten (ad 17$+$/$+$ ad 15) von *Aspergillus*, die ein intermediäres Phän zeigt, während der Cis-Typ wie erwartet normal ist (d. h. die +-Allele sind dominant). Auch FINCHAM u. PATEMAN fanden bei 2 Glutamin-Mutanten von *Neurospora*, die keine Glutaminsäuredehydrogenase enthalten, in deren Heterokaryon nur 25% des Enzymgehaltes des Wildtyps. Damit zeichnet sich die Möglichkeit ab, daß die Grenzen zwischen den Genen „unscharf" sind (PONTECORVO), daß also die Funktionstüchtigkeit des „Cistrons" nach diesen Grenzen hin geringer wird. Jedoch muß auch an die Möglichkeit gedacht werden, daß die geringere Zusammenarbeit der Gene in der Trans-Lage damit zusammenhängen kann, daß das Genprodukt über weitere Strecken schwerer wandert, als wenn die beiden sich ergänzenden Gene benachbart liegen.

## Literatur.

Adaption in Micro-organisms. III. Sympos. Soc. Gen. Microbiol. Cambridge Univ. Press 1953.

Genetic Mechanisms: Structure and Function. Cold Spr. Harb. Symp. quant. Biol. 21 (1957).

The Chemical Basis of Heredity. Baltimore: Johns Hopkins Press 1957.

ARMITAGE, P. J.: Roy Statist. Soc. (B) 14, 1 (1952); J. Hyg. 51, 162 (1953). — ATWOOD, K. C., and F. MUKAI: Proc. Nat. Acad. Sci. (Wash.) 39, 1027 (1953).

BEADLE, G. W.: z. B. in Genetics in the 20 th Century. New York: Macmillan (1951). — BENDER, M. A.: Genetics 42, 360 (1957). — BLONDEL, B.: C. R. Soc. Biol. (Paris) 147, 1662 (1953). — BONNER, D. M.: Cold Spr. Harb. Symp. quant. Biol. 21, 163 (1956). — BRAUN, W.: Bacterial Genetics. Philadelphia: Saunders 1953. — BRYSON, V., and W. SZYBALSKI: Adv. Genetics 7, 1 (1955).

CAVALLI, L. L., and G. A. MACCACARO: Heredity 6, 311 (1952). — CAVALLI, L. L., and J. LEDERBERG: Genetics 41, 367 (1956).

DAVIS, B. D.: Harvey Lect. 50, 230 (1955). — DAVIS, B. D.: In Enzymes: Units of Biological Structure and Function. p. 509, Acad. Press 1957. —DEBUSK A. G.: Adv. Enzymol. 17, 393 (1956). — DEMEREC, M., u. 8 Mitarb.: Carnegie Inst. Wash. Yearbook 49, 157 (1950). — DEMEREC, M., u. Mitarb.: Carnegie Inst. Wash. Yearbook 55, 301 (1956). — DITTRICH, W.: Experientia (Basel) 7, 431 (1951).

EAGLE, H., M. LEVY, R. FLEISCHMAN: J. Bact. 68, 610 (1954). — EMERSON, S.: Biochemical Genetics. Handbuch der physiologischen und pathologischen chemischen Analyse. Bd. 12, Tl.2, S. 443 Berlin-Göttingen-Heidelberg: Springer 1955. — ENGLESBERG, E.: Arch. Biochem. 71, 179 (1957).

FINCHAM, J. R. S.: J. gen. Microbiol. 11, 236 (1954). — FINCHAM, J. R. S.: Biochem. J. 65, 721 (1957). — FINCHAM, J. R. S., and J. B. BOYLEN: J. gen. Microbiol. 16, 438 (1957). — FINCHAM, J. R. S., and J. A. PATEMAN: Nature (Lond.) 171, 740 (1957).

GALE, E. F.: Aminoacid metabolism. p. 171, Baltimore: Johns Hopkins Press 1955. — GAMOW, G., A. RICH and M. YCAS: Adv. Biol. Med. Physics 4, 23 (1956). — GIBSON, M. J., and F. GIBSON: Nature (Lond.) 167, 113 (1951). — GILES, N. H., C. W. H. PARTRIDGE and N. J. NELSON: Proc. Nat. Acad. Sci. (Wash.) 43, 305 (1957). — GOODLOW, R. J., W. BRAUN and L. A. MIKA: Proc. Soc. exp. Biol. (N. Y.) 76, 786 (1951). — GOTS, J. S.: Carnegie Inst. Wash. Publ. 612, 87 (1956). — GROSS, S. R.: Genetics 42, 374 (1957).

HALDANE, J. B. S.: The Biochemistry of Genetics. Allen & Unwin 1954. — HOROWITZ, N. H., and M. FLING: Genetics 38, 360 (1953); 42, 377 (1957); Proc. Nat. Acad. Sci. (Wash.) 42, 498 (1956). — HOTCHKISS, R. D., and J. MARMUR: Proc. Nat. Acad. Sci. (Wash.) 40, 55 (1954).

KAPLAN, R. W.: Arzneimittelforsch. 7, 280 (1957).

LEDERBERG, J., and E. M. :J. Bact. 63, 399 (1952). — LEINER, M.: Erg. Microbiol. 31 35 (1958). —LEUPOLD, U., u. N. H. HOROWITZ: Z. Vererbungslehre 84, 306 (1952). — LINDEGREN, C. C.: C. R. Trav. Lab. Carlsberg, Physiol. 26, 253 (1956). — LURIA, S. E., and DELBRÜCK, M.: Genetics 28, 491 (1943).

MAAS, W. K., and B. D. DAVIS: Proc. Nat. Acad. Sci. (Wash.) **38, 785** (1952). — MITCHELL, M. B., u. H. K. MITCHELL: Proc. Nat. Acad. Sci. (Wash.) **38,** 205 (1952). — MOSER, H.: Carnegie Inst. Wash. Yearbook **54,** 232 (1955).

NEWCOMBE, H. B., and M. H. NYHOLM: Genetics **35,** 126 u. 603 (1950). — NEWCOMBE, H. B.: Nature (Lond.) **164,** 150 (1949).

PONTECORVO, G.: Symp. Soc. exp. Biol. **6** (1951). — PONTECORVO, G.: Cold Spr. Harb. Symp. quant. Biol. **21,** 171 (1956).

RICKENBERG, H. V., G. N. COHEN, G. BUTTIN et J. MONOD: Ann. Inst. Pasteur **91,** 829 (1956). — RYAN, F. J.: Atti 6 Congr. internaz. Microbiol. **1,** 649 (1955).

SILVER, W. S., and M. D. McELROY: Arch. Biochem. **51,** 379 (1954). SKAAR P. D.: Genetics **42,** 395 (1957). — SNEATH, P. H. A.: J. gen. Microbiol. **13,** 561 (1955). — SPIEGELMAN, S.: Sympos. Chemical Basis of Heredity. p. 232, John Hopkins Press 1957. — SPIEGELMAN, S., and W. F. DE LORENZO: Proc. Nat. Acad. Sci. (Wash.) **38,** 583 (1952). — STARLINGER, P., u. F. KAUDEWITZ: Z. Naturforsch. **11b,** 317 (1956). — STOCKER, A. D.: J. Hyg. **47,** 398 (1949). — STRAUSS, B. S., and S. PIEROG: J. gen. Microbiol. **10,** 221 (1954). — SUSKIND, S. R.: In The Chemical Basis of Heredity. p. 123. Johns Hopkins Press 1957. — SZYBALSKY, W.: Science **116,** 46 (1952); Antibiot. and Chemother. 3, 915 u. 1095 (1953).

TATUM, E. L., u. S. R. GROSS: Ann. Rev. Physiol. **18,** 53 (1956). — TAYLOR, J. H.: Genetics **42,** 400 (1957). — TRICOMI, F. C.: Bull. Math. Biophys. **15,** 277 (1953).

WAGNER, R. P., and H. K. MITCHELL: Genetics and Metabolism. New York: John Wiley 1955. — WELSCH, M.: C. R. Soc. Biol. (Paris) **144,** 732 (1950). — WOODWARD, V. W., K. MUNKRES u. Y. SUYAMA: Genetics **42,** 403 (1957).

YANOFSKY, C., and D. M. BONNER: Genetics **40,** 761 (1955).

ZALOKAR, M.: Genetics **42,** 403 (1957).

# b) Genetik der Samenpflanzen.

Von Cornelia Harte, Köln/Rhein.

## A. Allgemeines.

An Publikationen allgemeineren Inhalts sind zunächst wiederum die Arbeitsberichte einzelner Institute zu nennen, die in kurzen Referaten einen Überblick über die Forschungen geben (John Innes-Horticultural Institution/England, National Institute of Genetics/Japan). Eine Zusammenstellung der genetisch arbeitenden Institute der DDR zeigt die vor allem auf praktische Züchtungen ausgerichtete Arbeit der dortigen Institute (Stubbe). Die Bedeutung von Correns für die Entwicklung der modernen Genetik wird von Kappert besonders gewürdigt.

Zur Frage der vegetativen Bastardierung bringt Böhme neue Versuche. Im Gegensatz zu seinen früheren, negativ verlaufenen Untersuchungen, in denen mit nah verwandten Pfropfpartnern gearbeitet wurde, wurden diesmal Partner mit möglichst großen Differenzen gewählt, nämlich verschiedene Arten. Sowohl die Versuche mit *Lycopersicum* wie mit *Nicotiana* ergaben eindeutig, daß keine genetische Beeinflussung der Pfropfpartner stattfindet.

Eine Auseinandersetzung mit dem Genbegriff im Zusammenhang mit der Funktion der Chromosomen, wie er von Goldschmidt geprägt wurde, gibt Lima de Faria in einer interessanten Studie.

## B. Genanalysen.

### 1. Qualitative Merkmale.

Die Genanalysen, die darauf abzielen, die genetische Grundlage einzelner Merkmale zu klären, beschränken sich nur noch selten auf dieses Ziel, sondern meist werden zugleich Aussagen über den Wirkungsmechanismus der aufgefundenen Gene oder ihre Koppelungsbeziehungen gemacht. Jede dieser Untersuchungen könnte daher an mehreren Stellen erwähnt werden. Sie werden jedoch hier eingeordnet nach dem Gesichtspunkt, der jeweils im Vordergrund steht.

Die Frage, wie viele verschiedene Phänotypen erwartet werden können, wenn an einem Locus mehrere Allele mit verschiedenem Dominanzverhalten vorhanden sind, wird in allgemeiner Form abgeleitet, so daß es für jede beliebige Ausgangssituation möglich ist, die Genotypen-Phänotypen-Beziehungen zu berechnen (Bennett).

Der transponierbare Faktor *Modulator (Mp)* beim Mais ist ohne Einfluß auf das Wachstum der Pflanzen und der Pollenschläuche. Diese Feststellung erlaubt den Schluß, daß dieser Faktor zum normalen Bestandteil des Maisgenoms gehört und seine Erhaltung in der Population auf die sekundären Wirkungen dieses Elementes zurückzuführen ist (BRINK u. WOOD).

HACKBARTH gibt eine ausführliche Zusammenstellung der bisher bekannten Gene von *Lupinus albus* und *luteus* (1) und *Lupinus angustifolius* (2) und außerdem Angaben über die genetische Konstitution verschiedener Sorten. Für die Färbung der Samenschale bei Lima-Bohnen sind mehrere Gene nachgewiesen, ein Grundgen für die Farbstoffbildung und 3 weitere, die den Farbton und die Färbungsintensität verändern, zu denen noch ein modifizierendes Gen kommt (ALLARD; BEMIS). Bei *Pisum* wurden mehrere neue Gene beschrieben, so für die Färbung der Blüten [LAMPRECHT (8)], der Testa [LAMPRECHT (10)] und der Hülsenbreite [LAMPRECHT (6)]. In allen Fällen wurden zugleich die Koppelungsverhältnisse untersucht und so weit wie möglich die Lage der neuen Loci bestimmt. Ihre Wirkung wird beschrieben, teilweise zusammen mit einer Übersicht über die bisher bekannten Gene für die betreffenden Merkmale. Einige neue Gene von *Pisum*, die wegen der größeren Lebensfähigkeit der Recessiven und wegen guter Merkmalsausprägung für Koppelungsuntersuchungen besser geeignet sind als bisher verwendete Testloci, werden von LAMM beschrieben und lokalisiert.

Beim Weizen beruht der Zwergwuchs auf einer schwer analysierbaren genetischen Grundlage. Es ist ein Verzwergungsfaktor vorhanden, dessen Wirkung durch 2 Hemmungsgene aufgehoben werden kann (EVERSON, MUIR, VOGEL). Für das Zusammenwirken von 2 Genen für Grannenform und -länge bei *Hordeum* ergeben sich besonders komplizierte Verhältnisse. Die Kapuzenform entsteht, wenn bei beiden Genen das Dominanzallel anwesend ist (K, Lk). Die einfach-Recessiven (kkLk.) sind langgrannig, während die in lk recessiven Pflanzen immer kurzgrannig sind, unabhängig von ihrer Konstitution im K-Locus (WOODWARD u. RASMUSSEN). Für die Ausbildung der Grannen (glatt oder rauh) bei Gerste liegen je nach der Ausgangskreuzung verschiedene Verhältnisse vor. Insgesamt konnten mindestens drei Gene nachgewiesen werden, die dieses Merkmal beeinflussen (ATKINS u. FREY).

## 2. Quantitative Merkmale.

Die Vererbung quantitativer Merkmale wurde an einer Reihe von Beispielen studiert. Nachdem in den letzten Jahren auf diesem Gebiet völlig neue Auswertungsmethoden ausgearbeitet wurden, befassen sich jetzt verschiedene Autoren mit einer Weiterführung der Berechnungen durch Ausweitung der theoretisch-statistischen Grundlagen und andererseits mit der Anwendung dieser Methoden zur Klärung der Vererbung bestimmter Eigenschaften.

Mit der Berechnung der Varianzen für den Erblichkeitsanteil quantitativer Merkmale befaßt sich VAN DER VEEN (2), während ROBSON (2) eine Methode angibt, um zu einem zuverlässigen Schätzwert der unteren Genzahl bei quantitativen Merkmalen zu gelangen. Bei stetiger Variabilität kann die Unterscheidung zwischen Wechselwirkung zweier Gene und Koppelung schwierig sein. Eine statistische Methode zur Unterscheidung dieser beiden Möglichkeiten wird von OPSAHL gegeben und an zwei Beispielen durchgeführt. Für die Höhe von Tabakpflanzen lassen sich keine Wechselwirkungen nachweisen, für den Aufblühtermin wohl. Ein Nachweis einer Koppelung ist jedoch an diesem Material nicht möglich. Andere Formeln für die Analyse quantitativer Merkmale und die Bestimmung des Phänotypen-Verhältnisses bei Kreuzung haploider oder diploider Eltern, die sich in einer unbestimmten Anzahl von Genen unterscheiden, werden von ROBSON (1) abgeleitet.

Bei *Sorghum* wird das Längenwachstum der Pflanzen durch mindestens 4 Gene bestimmt (HADLEY). Die Blütezeit bei *Trifolium subterraneum* L. ist ebenfalls als quantitatives Merkmal aufzufassen, für das in Kreuzungen einiger Sorten bis zu 9 Gene nachgewiesen werden konnten (DAVERN, PEAK u. MORLEY). An Gerste konnte für die genetische Grundlage des Unterschieds zwischen Sommer- und Winterform ein System aus 3 Grundgenen aufgezeigt werden, zu dem noch Modifikatoren kommen (TAKAHASHI u. YASUDA), und für die großen Unterschiede zwischen gewöhnlichen Gerstensorten und japanischen und amerikanischen Zwerggersten (*brachytic*-Typen) konnte je ein Gen verantwortlich gemacht werden. Aus der Kreuzung zweier Zwergformen gehen normalwüchsige Pflanzen hervor, und in der $F_2$ fehlen die doppelt-recessiven, die bei Feldkultur wahrscheinlich letal sind. Die Ausprägung des Zwergwuchses der beiden einfach-recessiven Ausgangsformen ist sehr umweltabhängig. Alle Genotypen zeigen eine erhebliche phänotypische Variabilität, wobei die Variationsbereiche sich überschneiden (TAKAHASHI u. HAYASHI; LEONARD, ROBERTSON u. MANN; LEONARD, MANN u. POWERS; LEONARD).

Für die Unterschiede der Blattform bei verschiedenen Tabakrassen ließ sich ein System von 3 Genen nachweisen, von denen 2 auf das Breitenwachstum der Blattspreite und eines auf das Wachstum der Flügel am Blattstiel einwirken. Die Variabilität in der $F_2$ ist sehr groß, aber alle gefundenen Spaltungen lassen sich mit dieser Annahme erklären. Die Blattlänge wird kaum beeinflußt. Alle drei Faktoren wirken pleiotrop auf eine ganze Anzahl von Blattmerkmalen ein. Die Ausprägung ist zudem von der Anzahl der Blätter und der Stellung des einzelnen Blattes am Hauptsproß abhängig. Erst durch Beachtung dieser Korrelationen konnten alle auftretenden Genotypen phänotypisch klassifiziert werden und die anscheinend sehr große Vielfalt der Blattformen auf ein einfaches Schema zurückgeführt werden [VAN DER VEEN (1)].

Die Untersuchung morphologischer Merkmale sowie von Holz- und Rindeneigenschaften bei Eukalyptus (Arten und Bastardschwärme) ergab eine intermediäre Ausbildung aller Merkmale in den Bastarden. Für alle untersuchten Merkmale wird ein Zusammenwirken vieler Gene angenommen, da auf einfacher genetischer Grundlage die vorgefundene Mannigfaltigkeit nicht zu erklären ist.

### 3. Resistenz.

Es wurden wiederum sowohl sehr komplizierte genetische Resistenzmechanismen gefunden wie auch sehr einfache Systeme. Die Widerstandsfähigkeit von Mais gegen den Kornbohrer ist durch ein einzelnes dominantes Gen bedingt (PENNY u. DICKE). Für die Resistenz von Weizen gegen bestimmte Rostrassen sind zwei verschiedene Allele oder sehr eng gekoppelte Gene verantwortlich, wobei keine Stämme erhalten werden konnten, die gegen beide Rassen resistent sind [SMITH (1)]. In anderen Weizenkreuzungen, die *Triticum timopheevi* enthalten, erwies sich die Rostresistenz in der Hauptsache durch zwei Majorgene bedingt (NYQUIST). In weiteren Kreuzungen zeigte sich, daß die Resistenz gegen die einzelnen Rostrassen jeweils durch ein oder zwei Gene bedingt ist, wobei diese verschiedenen Resistenzgene nicht miteinander allel sind (FITZGERALD, CALDWELL u. NELSON), so daß insgesamt sehr viele Loci auf die Rostresistenz einwirken. Beim Mais wurden zwei verschiedene Gene für die Resistenz gegen zwei Rassen von *Puccinia polysora* nachgewiesen, die unterschiedliche Dominanzverhältnisse zeigen und sich auch in ihrem Wirkungsmechanismus unterscheiden, der auf modifizierende Minorgene in verschiedener Weise anspricht (STOREY u. HOWLAND).

Bei *Trifolium pratense* wurde ein weiteres Gen gefunden, das die Homozygoten gegen die Infektion mit Knöllchenbakterien verschiedener Stämme resistent macht. Die Reaktion ist jedoch durch andere genetische Faktoren modifizierbar. Die Wirkung beruht darauf, daß nach der Infektion die ie/ie-Pflanzen ein tumorartiges Wachstum in den angelegten Knöllchen zeigen, in denen keine Bakterioide gebildet werden können. Im Zusammenwirken mit einem bestimmten Plasmon ist der dadurch entstehende Stickstoffmangel für die Pflanzen letal. Diese Wirkung unterscheidet sich deutlich von dem früher beschriebenen Resistenzgen $r_1$ (NUTMAN; BERGERSEN u. NUTMAN). Bei *Pisum* ist die Resistenz gegen die Infektion mit Mosaikvirus durch nur 1 Gen bestimmt (YEN u. FRY). Die Möglichkeit der Züchtung von Baumwollsorten, die gegen *Anthonomus grandis* resistent sind, wird theoretisch unter Verwendung der bisherigen Kenntnisse über die Resistenz gegen Insekten bei der Baumwolle von STEPHENS abgehandelt und auf dieser Grundlage praktisch von WANNAMAKER in Angriff genommen.

### 4. Selbststerilität.

Die Genetik der Selbststerilität wurde an mehreren Beispielen weiter untersucht. Für *Brassica oleracea* var. *acephala* (THOMPSON) wurde nachgewiesen, daß hier wie bei anderen Cruciferen die Selbststerilität durch eine sporophytisch wirksame Ursache zustande kommt. Das gleiche gilt für die var. *italica* (SAMPSON). Pseudofertilität kommt vor, wird aber in anderem Zusammenhang bearbeitet werden. Beim Roggen liegt gametophytische Selbststerilität vor, auf der Grundlage von 2 Loci. Bisher bestand aber keine Klarheit darüber, in welcher Weise diese beiden zusammenwirken. Die Untersuchung des Tetraroggens gestattet es, von den vielen zur Diskussion stehenden Möglichkeiten fast alle auszuschalten. Die Häufigkeit der selbstfertilen Pflanzen ist, auch in Inzuchtgenerationen, geringer als beim 2-n-Roggen. Im Tetraroggen ist es möglich, alle denkbaren Kombinationen der beiden Loci in den diploiden Pollenkörnern herzustellen, so daß ihr Zusammenwirken untersucht werden kann. Es zeigt sich, daß zwei gleichartige Allele im Pollen, wenn sie mit dem entsprechenden Allel im Griffel zusammentreffen, allein nicht die Unverträglichkeit des Pollens verursachen können, während es andererseits auch nicht nötig ist, daß beim heterozygoten Pollen beide Allele eines Locus auch im Griffel vertreten sind, um das Pollenschlauchwachstum zu hemmen. Die Unverträglichkeitsreaktion kommt durch Zusammenwirkung der Allele beider Loci zustande. Über das Zusammenwirken der Allele eines Locus im Sinne einer Dominanz oder unabhängigen Wirkung konnten keine endgültigen Aussagen gemacht werden. Der vorliegende Selbststerilitätsmechanismus wirkt einem Allelenverlust durch genetische Zufallswirkung entgegen (LUNDQUIST).

In der Gattung *Trifolium*, in der die Selbststerilität gametophytisch bedingt ist nach dem *Nicotiana*-Schema, ist die $F_1$ aus der Kreuzung *Trifolium repens* × *uniflorum* selbstfertil. Das Verhalten des Bastards bei Selbstung und Rückkreuzung mit den Eltern ist zu erklären mit der Annahme, daß die S-Loci beider Elternarten nicht identisch sind [PANDEY (1)]. Ein neues System der Selbststerilität wurde bei *Physalis* gefunden. Wie beim Roggen besteht das gametophytisch wirksame System aus 2 Loci, von denen aber jeder unabhängig vom anderen wirkt. Die Übereinstimmung zwischen Pollen und Griffel in nur 1 Allel genügt bereits für die Selbststerilitätsreaktion. Diese Untersuchung zeigt im Gegensatz zu den bisher geltenden Anschauungen, daß in einer Familie nicht unbedingt alle Arten das gleiche Selbststerilitätssystem besitzen müssen, sondern daß auch innerhalb eines Verwandtschaftskreises mehrfach unabhängig voneinander verschiedene Systeme sich entwickelt haben können [PANDEY (2)].

## C. Crossing-over und Koppelung.

Neben Untersuchungen, in denen die Koppelungsbeziehungen der bearbeiteten Gene nebenher festgestellt werden, stehen verschiedene grundsätzliche Fragen zum Problem des crossing-over zur Diskussion. LAMPRECHT (7) untersucht am Beispiel des Chromosoms VI von *Pisum* die Variabilität des crossing-over zwischen den 6 Genen, die dieser Koppelungsgruppe zugewiesen werden konnten. Die Zusammenstellung aller bekannten Austauschwerte zeigt, daß Bestimmungen verschiedener Untersucher in verschiedenen Jahren fast immer gesichert voneinander abweichen. Es wirken hierbei sowohl Umweltdifferenzen wie Unterschiede im genetischen Milieu mit. Es lassen sich eine Reihe von allgemeinen Gesetzmäßigkeiten aufzeigen, wie z. B., daß die crossing-over-Werte bei Genstrecken nahe dem Chromosomenende sehr stark variieren, in der Nähe des Centromers dagegen nur wenig variabel sind. In der Nähe eines Translokationspunktes ist der Austausch sehr stark reduziert.

Beim Mais wurde der Einfluß der innerhalb des Genoms verschiebbaren Faktoren *Ac* und *Mp* auf das crossing-over geprüft an den Austauschwerten zwischen den Loci *sh-bz-wx*. Diese lagen in den Versuchs- und Kontrollkreuzungen sehr eng zusammen (FRADKIN u. BRINK). Diese beiden Gene, *Mp* und *Ac*, die eine erhöhte Bruchbereitschaft der Chromosomen bedingen, haben keinen Einfluß auf das crossing-over in dem Chromosom, in dem sie liegen, noch üben sie eine Fernwirkung auf den Austausch in den anderen Chromosomen aus.

Die Frage des doppelten crossing-overs in benachbarten Regionen wird von SHULT u. LINDEGREN aufgegriffen. Im Anschluß an Beobachtungen bei *Neurospora* wird versucht, die chromosomale Interferenz auf andere als die bisher übliche Weise zu klären. An Stelle der Annahme einer Verhinderung des crossing-overs in der Nähe eines erfolgten Austausches wird postuliert, daß es sich um eine lokalisierte Anlegung von Chiasmen handelt, wobei der Ort etwas variabel ist, so daß er zufallsgemäß auf beiden Seiten eines Locus liegen kann, aber nicht gleichzeitig auf beiden Seiten. Bei höheren Pflanzen und Tieren, die immer nur die Beobachtung einzelner Chromatiden gestatten, ist keine Entscheidung möglich, sondern nur eine Übertragung der Befunde aus der Tetradenanalyse bei niederen Pflanzen.

Genau das Gegenteil in bezug auf die Interferenz stellt CALEF in einer Untersuchung an *Aspergillus nidulans* fest. Dort zeigt sich, daß bei Selektion für crossing-over in einer bestimmten Region der Austausch insgesamt erhöht ist, und daß sich diese Erscheinung besonders in der Nähe des Selektionsstrecke bemerkbar macht. Auch hier wird eine unterschiedliche Länge der Paarungsstrecke gefordert, die aber so groß sein soll, daß mehrere crossing-over dort ablaufen können und so bei Selektion nach crossing-over in einer bestimmten Region die Wahrscheinlichkeit dafür größer wird, daß in der Nähe, aber noch innerhalb der gleichen Paarungsstrecke, ein weiterer Austausch abläuft.

Durch eine große Anzahl von Kreuzungen werden die bisher bekannten Koppelungsgruppen von *Pisum* erweitert [LAMPRECHT (1—5)], gleichzeitig werden einige neue Gene für verschiedene Merkmale beschrieben. Zu den bisher bekannten Koppelungsuntersuchungen bei Gerste wurden durch umfangreiche Versuchsserien für die Gruppen I, IV und V neue Loci bestimmt (WOODWARD).

# D. Genwirkung.

## 1. Physiologische Merkmale.

Zum Thema der Untersuchung der pflanzlichen Inhaltsstoffe und ihrer Bildung unter der Einwirkung verschiedener Gene wurden eine ganze Reihe von Arbeiten durchgeführt.

**a) Verschiedene Stoffe.** Für Unterschiede physiologischer Merkmale besteht z. T. eine sehr einfache genetische Grundlage. So wird die an der Jodzahl gemessene Qualität (d. h. das Vorkommen von ungesättigten Fettsäuren) von Saflor *(Carthamus tinctorius)* wahrscheinlich monogen bedingt (HOROWITZ u. WINTER). Bei *Melilotus* wird der Cumarin-Gehalt durch 2 Gene bestimmt, von denen *Cu* die Produktion bestimmt, das andere aber über die Alternative „freies" (B) oder „gebundenes" (b) Cumarin entscheidet, wobei B nur in Gegenwart von *Cu* wirksam werden kann (GOPLEN, GREENSHIELDS u. BAENZINGER). Der Unterschied von rotem und braunem Reis gegenüber dem weißen beruht auf der Anwesenheit von Catechin und verwandten Pigmenten. Die gefärbten Sorten unterscheiden sich untereinander in der Menge, aber nicht in der Natur der Farbstoffe (NAGAO, TAKAHASHI u. MIYAMOTO).

Amerikanische Kiefernarten unterscheiden sich z. T. nicht nur morphologisch, sondern auch in der Zusammensetzung der Harze, besonders im Auftreten verschiedener, aber chemisch nahe verwandter Terpene. *Pinus contorta* enthält im Harz $\beta$-Phellandrin, *P. banksiana* dagegen ein Gemisch aus $\alpha$- und $\beta$-Pinin. In künstlich hergestellten Bastarden finden sich beide Stoffe, aber mit Überwiegen des Phellandrins. Bei der Aufspaltung der Bastardnachkommen, die in natürlich vorkommenden Bastardschwärmen auftreten, sind morphologische und physiologische Merkmale voneinander unabhängig. Die verschiedenen Mischungsverhältnisse zwischen den Stoffen der Elternarten, die beobachtet wurden, lassen den (vom Verfasser nicht gezogenen) Schluß zu, daß der geringe Unterschied in der chemischen Konstitution der Terpene durch ein polygenes System bedingt ist, das die Reaktion quantitativ steuert (MIROV). Auch für Unterschiede im Gehalt an Terebinsäure innerhalb der Art *Pinus pinaster* ist eine genetische Grundlage zu vermuten (OUDIN).

**b) Anthocyane.** Auf Grund eines Vergleichs der Wirkung von Genen für die Anthocyansynthese beim Mais wurde eine Wirkungsreihe aufgestellt, die angibt, in welcher Reihenfolge die 7 Gene wahrscheinlich in die Reaktionen eingreifen. Eine genauere Aussage wird jedoch nur durch die Untersuchung des tatsächlichen Syntheseganges möglich sein (COE). Eine Untersuchung der Farbfaktoren erfolgte auch für Roggen, wo das Grundgen für die Anthocyanbildung sich in 2 Anteile auflösen ließ (DUMON u. LAEREMANS) und für *Matthiola* (JUNGFER). Beim letzteren Objekt konnten vor allem Angaben über das Zusammenwirken verschiedener Gene bei der Ausbildung der Phänotypen gemacht werden. Für *Begonia* lassen sich die Unterschiede in der Anthocyanzeichnung dadurch erklären, daß die einzelnen Arten sich nicht in der Anthocyanbildung, sondern im Abbau unterscheiden und die Genwirkung die hierfür notwendigen Fermente betrifft (BOPP). Dieser Gesichtspunkt,

Farbunterschiede nicht nur in Differenzen in der Synthese, sondern in den anschließenden Abbaureaktionen zu suchen, ist bisher bei der Genwirkung an anderen Objekten noch zu wenig berücksichtigt.

Bei *Streptocarpus* zeigt die Untersuchung einer Reihe verschiedener Blütenfarbstoffe, daß die Anthocyansynthese hier im ganzen in gleicher Weise genetisch beeinflußt wird wie bei anderen Objekten. Besonderheiten ergaben sich jedoch daraus, daß eine Wechselwirkung zwischen den verschiedenen Loci besteht in der Weise, daß bei Anwesenheit aller dominanten Allele das ganze System rationeller arbeitet und die Gesamtmenge der Farbstoffe dadurch wesentlich erhöht wird. Außerdem kommen Gemische mehrerer Anthocyane vor, was bei anderen Objekten nur sehr selten der Fall ist (LAWRENCE u. STURGESS). Die Blütenzeichnung wird durch ein Supergen bestimmt, dessen Untereinheiten in verschiedener Weise auf die einzelnen Bestandteile der Blütenzeichnung einwirken (LAWRENCE).

**c) Carotinoide.** Die Untersuchung der Carotinoide bei Tomaten erhält durch die Einbeziehung einer albino-Mutante neue Gesichtspunkte. Das Allel *"ghost"* verhindert jede Chlorophyllbildung, und anstelle des Lycopins finden sich Phytoin und in geringerer Menge noch zwei andere, unbekannte Carotinoide, die in anderen Genotypen nicht auftreten. Der Vergleich der Wirkung von *gh* mit den übrigen bisher bekannten Farbgenen zeigt, daß keines der bisher angenommenen Modelle der Genwirkung bei der Carotinoidsynthese den entwicklungsgeschichtlichen Zusammenhang zwischen den verschiedenen Stoffen vollständig erklären kann. Es ist aber zu erwarten, daß die Kombination von *gh* mit anderen Genotypen hier weiterführen wird (MACKINNEY, RICK u. JENKINS).

**d) Chlorophyll.** Die Bildung der Blattfarbstoffe unter dem Einfluß verschiedenartiger Mutationen ist im letzten Jahr von verschiedener Seite an mehreren Objekten untersucht, so daß jetzt bereits ein größeres Material hierzu vorliegt. Ein Eingreifen der Gene erfolgt dabei an mehreren Stellen, nämlich bei der Synthese der Farbstoffe, wobei sich herausstellt, daß alle Plastidenfarbstoffe (Carotinoide und Chlorophyll) aus einer gemeinsamen Vorstufe entstehen müssen (Mais: KAY u. PHINNEY; Tomate: MACKINNEY, RICK u. JENKINS) und beim Abbau der zunächst normal gebildeten Farbstoffe, wobei wiederum lichtabhängige und lichtunabhängige Reaktionen zu unterscheiden sind, die von verschiedenen Genen gesteuert werden. Besonders die Untersuchung einer größeren Anzahl von Chlorophyllmutanten von *Arabidopsis thaliana* ergab hierzu interessante Aufschlüsse [RÖBBELEN (1, 3, 4)], da hier u. a. zwei Formen gefunden wurden, von denen eine nur Protochlorophyll bilden kann, dieses aber nicht weiter verarbeitet, und in der anderen die Synthese von Chlorophyll b gehemmt ist. Die Untersuchung von Chlorophyllmutanten der Gerste ergab entsprechend, daß bei einer *albina*-Mutante die Synthese der Plastideneiweiße gestört ist und als Folge davon die Pigmentbildung in den Plastiden entfällt, während bei einer *xantha*-Mutante Chlorophyll fehlt, zugleich eine starke Verminderung des Chlorophyll a erfolgt bei normaler Plastidenstruktur und nur wenig verringertem Carotingehalt, so daß hier wahrscheinlich eine direkte Störung der Chlorophyllbildung vorliegt (HOLM-GREN).

Andererseits gibt es eine Reihe von Farbmutanten, bei denen die eigentliche Genwirkung nicht direkt bei den Farbstoffen, sondern bei der Plastidenstruktur zu suchen ist [v. WETTSTEIN (1, 2)]. Unter dem Einfluß des mutierten Gens geht fast immer eine Reduktion der Plastiden vor sich, die durch Licht gefördert oder gehemmt werden kann. Für den Einfluß genetischer Faktoren auf die Blattfarbstoffe ist also eine Vielzahl von Möglichkeiten gegeben, und es ist für jede Mutante eine erneute Untersuchung ihres Wirkungsmechanismus nötig, da vom Phänotyp (*albina*, *xantha* usw.) aus keine Rückschlüsse möglich sind. Andererseits verspricht die Untersuchung der Farbmutanten, wertvolle Aufschlüsse über die Physiologie der Plastiden und -farbstoffe zu geben.

**e) Blühreife.** Zu den physiologischen Eigenschaften, deren genetische Grundlagen untersucht wurden, gehören auch die Blühreaktion und ihre Abhängigkeit von Tageslänge und Temperatur. Beim Reis wird das Schossen von mehreren Genen bestimmt, die in ihrer Wirkung mit den beiden genannten Umweltfaktoren in Wechselwirkung stehen (CHING-JANG u. YÜN-TE), wobei mindestens 6 Hauptgene zu unterscheiden sind [FUKE (1, 2)]. Bei Kreuzungen zwischen mittelamerikanischen Baumwollsorten und Kulturformen zeigten sich für die Tageslängen-abhängigkeit sehr komplizierte Spaltungen, die nicht durch Differenzen in nur wenigen, qualitativ wirkenden Genen zu erklären sind, aber andererseits auch nicht eindeutig nur auf quantitativ wirkende Faktoren hinweisen (LEWIS u. RICHMOND). Die Frühreife ist dabei genetisch unabhängig von der photoperiodischen Reaktion. Bei *Arabidopsis* ergab sich in Kreuzungen zwischen winter- und sommerannuellen Formen die Anwesenheit von zwei Genen für diesen Unterschied, was zu der Deutung Anlaß gibt, daß für jeden Schritt der photoperiodischen Reaktion ein Gen verantwortlich sein könnte (NAPP-ZINN). Die Kurven lassen jedoch auch die Möglichkeit offen, daß es sich um eine größere Anzahl von Genen handelt, die in quantitativer Weise die Blühreaktion beeinflussen.

**f) Interallele Wechselwirkungen.** Eine interessante Frage, die wegen ihrer theoretischen Bedeutung genauer besprochen werden muß, wird anhand einer polyploiden Reihe von SEYFFERT aufgegriffen in einer Untersuchung über interallele Wechselwirkung. Es wurde der Faktor *Eluta* von *Antirrhinum* in diploiden und tetraploiden Pflanzen in allen möglichen Kombinationen der beiden Allele $(El/+^{El})$ geprüft.

Das Allelenpaar wirkt auf die gebildete Anthocyanmenge in den Blüten ein, wenn durch das übrige Genom die Farbstoffbildung ermöglicht wird. Der Verfasser kommt auf Grund komplizierter Berechnungen zu dem Schluß, daß El abschwächend, $+^{El}$ verstärkend auf die Farbstoffsynthese einwirkt, wobei die einzelnen Allele multiplikativ wirken und auch für den Polyploidiegrad noch ein Faktor eingeführt wird. Beide Allele haben danach eine einander entgegengesetzte Wirkung. Die gegebene Interpretation ist zwar möglich, aber nicht zwingend. Der Verfasser geht von den beiden Annahmen aus, daß El *hemmend* wirkt, und daß die *Anzahl* der Allele für die Wirkung entscheidend ist, die jedoch beide nicht bewiesen sind. Da die Werte der Originalmessungen nur sehr unvollständig angegeben werden und fast nur mit relativen Werten gearbeitet wird, ist eine genaue Beurteilung schwierig, aber die wenigen Meßdaten geben im logarithmischen System eine lineare Abhängigkeit der Anthocyankonzentration von der Menge der $+^{El}$-Allele. Auf Grund der einfacheren Annahmen, daß El das „unwirksame" Allel darstellt, in den homozygot recessiven (2 n, 4 n) also die Farbstoffmenge erscheint, die auf Grund der Wirksamkeit des übrigen Genoms gebildet wird, die +-Allele dann diese Menge multiplizieren (auf einer logarithmischen Skala sich also additiv auswirken), und daß schließlich nicht die Anzahl der wirksamen Allele, sondern ihr Verhältnis zum übrigen Genom entscheidend ist, können die Ergebnisse ebenfalls interpretiert werden.

Die theoretisch wichtige Annahme einer entgegengesetzten Wirkung der beiden Allele und einer interallelen Wechselwirkung bleibt zwar möglich, kann aber auf Grund des vorgelegten Materials nicht als bewiesen angesehen werden. Auch bei dieser Frage dürfte es nötig sein, die Gesichtspunkte der Untersuchungen von BOPP (Einfluß des Abbaus der Anthocyane auf die Farbstoffmenge) und COE (genauere Untersuchung des tatsächlichen chemisch-physiologischen Syntheseganges der betreffenden Stoffe) zu berücksichtigen, bevor eine endgültige Entscheidung über die Annahme der aufgestellten Hypothese getroffen werden kann.

### 2. Morphologische Merkmale.

Sehr viele Chlorophyllmutanten zeigen eine Pleiotropie in der Weise, daß auch die Blattform beeinflußt wird. Die Untersuchungen von RÖBBELEN (2) ergaben, daß in diesen Fällen bei *Arabidopsis*, wohl sekundär als Folge der mangelhaften Assimilatversorgung, die Erstarkung des Vegetationskegels stark verlangsamt ist, und dadurch erst die Ausbildung von Folgeblättern verzögert wird oder unterbleibt, und die Pflanze dauernd Blätter der Jugendform hervorbringt. Ähnlich scheinen die Verhältnisse auch bei *Antirrhinum* zu liegen [BERGFELD (2)]. Für die Beeinflussung der Formbildung beim Tabak wurde angenommen, daß es hier Gene gibt, die auf bestimmte Wachstumsvorgänge einwirken und erst dadurch sekundär die Blattform verändern, während für andere Objekte bisher behauptet wurde, daß es nur formbestimmende Gene gibt und nicht solche, die ausschließlich auf eine bestimmte Wachstumsrichtung einwirken. Die Faktoren Pt und Pd beeinflussen nun nur das Mesophyllwachstum und erst dadurch alle weiteren, damit zusammenhängenden Merkmale und die Blattform [VAN DER VEEN (1)]. Beim Mais greift das Allel $d_1$ (Zwergwuchs) an verschiedenen Organen an. Es werden überall die Zellteilungen des Längenwachstums beeinflußt. Es wurden Mesocotyl und Coleoptile (PELTON) und die Primärblätter untersucht (HANSEN). Die Hemmung durch $d_1$ ist bei den einzelnen Organen unterschiedlich, muß aber bereits während der Embryonalentwicklung determiniert werden. Für drei Blattmutanten von *Antirrhinum* wurde die Entwicklungsgeschichte untersucht. Sie unterscheiden sich von der Normalform in verschiedener Weise, z. T. in einer Änderung der bevorzugten Teilungsrichtung und der Zellgröße [BERGFELD (1)].

### 3. Heterosis.

Nachdem in den letzten Jahren die Frage der Überdominanz durch Wechselwirkung der Allele eines Locus vielfach als Erklärung für die Heterosis herangezogen wurde, wird in zwei neuen Publikationen wieder die klassische Anschauung der Heterosis als Erscheinung der einfachen Dominanz aus der Kombination dominanter Allele, d. h. der Wechsel-wirkung zwischen nicht-allelen Genen im Bastard, vertreten. Das Problem der Heterosis wird in diesen Untersuchungen anhand experi-mentellen Materials angegangen. Bei Tomaten wurden Heterozygote zwischen der Normalform und drei Chlorophyllmutanten hergestellt. Die Mittelwerte für Blütezeit, Fruchtreife und Frischgewicht der Pflanzen bei der Reife unterscheiden sich nicht von der Normalform, aber die Varianzen sind gesichert kleiner. Im Gegensatz zu vielen früheren Befunden zeigen also die Heterozygoten dieses Materials eine größere phänotypische Stabilität. Als wahrscheinliche Erklärung wird angenommen, daß es sich nicht um eine Erscheinungsform der monogenen Heterosis handelt, sondern um komplexe Mutanten, bei denen außer dem Chlorophyllgen noch ein anderer eng damit gekoppelter Locus für Frühreife mutiert ist. Der an sich mögliche, experimentelle Beweis hierfür steht jedoch noch aus (MERTENS, BURDICK u. GOMES).

Auch in einer Untersuchung an Mais (JONES) werden Pflanzen, die für Chlorophyllmutationen heterozygot sind, sowie andere, die ver-schiedene Allele für nicht-letale Sortenunterschiede enthalten, mit den Ausgangsformen verglichen. In allen Fällen zeigen die untersuchten Loci vollständige Dominanz eines Allels. Die aufgefundene Heterosis in bezug auf Wuchshöhe wird so gedeutet, daß die Bastarde noch für andere Gene heterozygot sind, und daß diese durch ihre Dominanz-verhältnisse für die Heterosis verantwortlich sind. Ob monogene Heterosis als echte Überdominanz, d. h. Wechselwirkung zwischen den Allelen eines Locus, überhaupt vorkommt, wird offengelassen, aber für das untersuchte Material verneint. Eine Heterosis, die eindeutig zum größten Teil auf der Kombination dominanter Gene für verschiedene Eigenschaften beruht, fand sich in Artkreuzungen der Gattung *Bryophyl-lum* [SCHWANITZ (3), RESENDE].

In einer Erweiterung früher gegebener Methoden versucht HAYMAN durch statistische Analyse die verschiedenen möglichen Ursachen der Heterosis aufzudecken. Dabei ist es möglich, die Epistasie von den anderen Faktoren zu trennen, aber es gibt keine Möglichkeit, auf diesem Weg Überdominanz und Kombination dominanter Gene voneinander zu unterscheiden.

Die dem Heterosisproblem nahe verwandte Frage der Inzucht wird von REEVE rechnerisch angegangen. Der Verfasser nimmt die Hypothese einer monogen bedingten Heterosis als Ausgangspunkt, deren Folge ein Selektionsvorteil der Heterozygoten ist, und untersucht diesen Einfluß auf die Fixierungsgeschwindigkeit der Homozygoten in Selbstungspopulationen unter Berücksichtigung verschiedener Ausgangssituationen sowohl für den Locus, der die Heterosis zeigt, wie für damit gekoppelte Loci. Durch die Gegenselektion kann die Fixierung eines Allels gegenüber der Erwartung sehr stark verzögert werden.

## E. Genetische Analyse von Polyploiden.

Die genetische Analyse bei Polyploiden zeigt immer besondere Komplikationen, die aber in mehreren Fällen erfolgreich überwunden werden konnten. Für die Berechnungen der Komponenten der genetischen Varianz bei Tetraploiden für den Fall, daß zwei Allele beteiligt sind und eine zufallsgemäße Paarung der Genome stattfindet, ist eine Vereinfachung der Formeln, die früher für multiple Allele ausgearbeitet wurden, möglich (LI).

*Dactylis glomerata* konnte an einigen neu untersuchten Merkmalen die hexaploide Vererbungsweise bestätigt werden (REBISCHUNG). Ebenso ließ sich durch Kreuzung von *Phleum pratense* mit einer künstlichen Hexaploiden aus *Ph. nodosum* die hexaploide Natur der ersteren Art bestätigen durch die für eine Reihe von Chlorophyllmerkmalen aufgefundenen Spaltungszahlen (NORDENSKIÖLD). Durch den hexaploiden Modus der Vererbung kann der Stamm einen sehr hohen Anteil an Letalgenen anhäufen, da der Selektionsnachteil durch die absterbenden Homozygoten wegen ihrer Seltenheit nicht ins Gewicht fällt und die Heterozygotie dauernd erhalten bleibt. Bei anderen Pflanzen liegt die Polyploidisierung in der Entwicklung der Art anscheinend so weit zurück, daß disome und tetrasome Vererbung nebeneinander vorkommen, so bei *Medicago sativa* (DAVIS; DUDLEY u. WILSIE; MARKUS u. WILSIE) und bei *Gossypium* (BHAT u. DESAI). Vor allem für die letzte Art kann angenommen werden, daß sich ein Teil der Gene erst nach der Polyploidisierung differenziert hat, so daß die Mutanten der verschiedenen Genome zwar sehr ähnlich, aber nicht mehr völlig identisch sind. In Kreuzungen zwischen natürlichen und künstlichen tetraploiden *Gossypium*-Arten zeigte sich für die untersuchten Gene tetrasome Vererbung, was auf fast zufallsgemäße Paarung der beteiligten Chromosomen schließen läßt (GERSTEL u. PHILLIPS). Bei Kreuzungen zwischen durum- und Emmer-Weizen erwiesen sich trotz der Tetraploidie mehrere Merkmale als monogen bedingt, so Kornfarbe und verschiedene Ährenmerkmale, während für die Spaltung der Ähren wahrscheinlich 3 oder 4 Gene verantwortlich sind (LEBSOCK u. SMITH). Der Unterschied im Spelzenschluß zwischen den tetraploiden Emmer- und *durum*-Weizen läßt sich nur durch ein polymeres System erklären, da in der Nachkommenschaft zwar intermediäre Typen verschiedenen Grades auftreten, aber die Elternformen vollständig fehlen [SMITH (2)]. Auch in Kreuzungen zwischen dem hexaploiden *Tr. vavilovi* und *vulgare*-Weizen wurden sowohl einfache Spaltungen wie polymere Vererbung festgestellt (SINGH, ANDERSON u. PAL).

## F. Evolution.

In einer theoretischen Zusammenfassung kommt DEYL zu dem Schluß, daß die klassische Genetik mit Mutationen und Bastardierung zwar die Mikroevolution erklären kann, daß aber für die Makroevolution eine andere genetische Grundlage vorhanden sein muß und bis heute noch keine befriedigende Erklärung des gesamten Evolutionsvorgangs gegeben werden kann. Anhand der Artkreuzung *Phaseolus vulgaris* × *coccineus* wird der Begriff der interspezifischen Gene erneut diskutiert [LAMPRECHT (9)].

In mehreren Fällen wurden natürliche und künstliche Artbastarde verwendet, um über die genetischen Unterschiede zwischen den Arten nähere Aufschlüsse zu erhalten und von dort aus die systematischen Beziehungen neu zu ordnen. So brachte die Untersuchung der Bastarde und Bastardschwärme mehrerer *Eucalyptus*-Arten Hinweise für diese beiden Fragen, aber auch für die Möglichkeit der Züchtung neuer Formen [PRYOR (1, 2); PRYOR, CHATTAWAY u. KLOOT]. Für den Formenkreis *Streptanthus glandulosus* konnte durch Bastardierung und Untersuchung der Bastardfertilität eine Neugliederung vorgenommen werden, da die einzelnen Populationen genetisch gut isolierte Gruppen darstellen (KRUCKEBERG).

Die Bedeutung der Embryokultur für die Herstellung und Analyse der Artbastarde zeigte die Kreuzung zwischen *Phaseolus vulgaris* und *acutifolius* (HONMA). Artbastarde der Gattung *Digitalis* zeigten, daß in den einzelnen Arten Gene vorhanden sind, die erst nach einer Artkreuzung zur Auswirkung gelangen, so das Grundgen für die Anthocyanbildung P in den gelbblütigen Arten und komplementäre Gene für Spornbildung in mehreren Arten [SCHWANITZ (1, 2)].

Kreuzungen mit *Lycopersicon*-Arten von den Galapagos-Inseln ergaben, daß die genetischen Unterschiede zwischen den einzelnen Herkünften gleich groß sind wie gegenüber den vermutlichen Stammformen aus Ecuador. Anhand dieser Befunde ergeben sich neue Grundlagen für die Diskussion über die Phylogenie der Galapagos-Flora und die Wanderwege bei der Besiedlung der Inseln (RICK). In Artkreuzungen zwischen Lupinen ergaben sich viele Hinweise auf die Vererbung der Blütenfarben, aber es konnte keine endgültige Entscheidung über die Entstehung der Russel-Lupinen erhalten werden, wenn auch die Herkunft aus einer Kreuzung *Lupinus arboreus* × *polyphyllus* möglich erscheint (BRAGDØ). Für das Auftreten von Zuckermais-Sorten sowohl bei Zahnmais wie beim Hartmais ergibt sich als beste Erklärung die Annahme, daß Parallelmutationen in beiden Gruppen aufgetreten sind, denn eine Introgression eines Allels von einer Gruppe in die andere, erscheint auf Grund der Analyse der genetischen Unterschiede als sehr unwahrscheinlich (HASKELL).

## G. Plasmon und Plastidom.

Die außerkaryotische Vererbung wurde unter verschiedenen Gesichtspunkten bearbeitet. DANIELLI schlägt vor, anstelle der zu Mißdeutungen Anlaß gebenden Bezeichnung „Plasmagene" den Ausdruck „homeostat" zu verwenden, im Hinblick auf die Bedeutung der plasmatischen Erbfaktoren für die Regulierung von Entwicklungsvorgängen. Die Frage der Lokalisation des „Plastidoms" in den Plastiden oder im Cytoplasma wird von v. WETTSTEIN (2) anhand einer Literaturübersicht diskutiert. Die Untersuchung der Scheckungsmuster bei *Epilobium* und ihre Deutung als Entmischungsmuster ermöglicht es zu bestimmen, ob bei einzelnen Mutanten die Ursache der Plastidendegeneration in den Kern-genen, im Plasmon oder in den Plastiden zu suchen ist. Für eine Form wird mit großer Wahrscheinlichkeit eine echte Plastidenmutation angenommen [MICHAELIS (1, 2)]. Die Entmischung plasmatischer Faktoren als Möglichkeit der Erklärung für verschiedene Entwicklungsvorgänge wird anhand von Beobachtungen bei Epilobium diskutiert (MICHAELIS u. BARTELS).

Beim Weizen trat nach Behandlung mit $P^{32}$ eine gelb-grün gestreifte Pflanze auf, in der wahrscheinlich eine Plastidenmutation vorliegt (ARNASON). Eine ähnliche gestreifte Mutante, ebenfalls mit mütterlicher Vererbung, wurde beim Reis gefunden (KATAYAMA u. SHIDA).

Die Bedeutung des Plasmons wird ausführlich von OEHLKERS (1, 2) am Beispiel der Blütenschlitzung und Geschlechtsvererbung bei *Streptocarpus* behandelt, wobei eine wesentliche Erweiterung der früheren Befunde möglich ist. Beide Merkmale weisen eine unterschiedliche Temperaturabhängigkeit auf. Die Untersuchungen führen zu dem Schluß, daß das Plasmon aus verschiedenen Einheiten zusammengesetzt ist, die eine verschiedene Temperaturreaktion bei ihrer Vermehrung besitzen. Eine interessante Parallele besteht zwischen diesen experimentellen Befunden und den theoretischen Ableitungen von CROSBY, der versucht, gerade am Beispiel einer temperatur-abhängigen Vermehrung von plasmatischen Einheiten, die Möglichkeiten einer genetischen Änderung des Plasmons durch Umweltbedingungen verständlich zu machen.

Beim Mais ergibt sich durch Beobachtungen an einer größeren Anzahl von Testkreuzungen mit Sorten, die eine plasmatisch bedingte Pollensterilität aufweisen, daß hier Modifikationsgene und Umwelteinflüsse eine große Bedeutung für die Ausprägung der durch das Plasmon bedingten Eigenschaft haben. Die verschiedenen Plasmontypen sind in sehr unterschiedlichem Maße für diese Einwirkungen empfindlich (BRIGGLE).

Die mehr entwicklungsphysiologische Frage der Bedeutung von Plasma und Plastiden für die Affinität zwischen Samenanlagen und Pollenschläuchen, die jedoch für die Deutung genetischer Kreuzungsergebnisse von Bedeutung ist, führte in zwei Untersuchungen zu der Annahme, daß diese Affinität nicht ausschließlich durch die beteiligten Genome bestimmt wird, sondern wesentlich davon abhängt, mit welchem Plasmon sie kombiniert sind [SCHWEMMLE (1, 2)].

### Literatur.

ALLARD, R. W.: Proc. Amer. Soc. horticult. Sci. **68**, 386—391 (1956). — ARNASON, J. J.: Canad. J. Bot. **34**, 801—804 (1956). — ATKINS, R. E., and K. J. FREY: Agronomy J. **49**, 558—560 (1957).

BEMIS, W. P.: J. Hered. **48**, 124—127 (1957). — BENNETT, J. H.: Heredity **11**, 403—409 (1957). — BERGERSEN, F. J., and P. S. NUTMAN: Heredity **11**, 175 (1957). — BERGFELD, R.: (1) Z. Vererbungslehre **88**, 143—158 (1957). — (2) Z. Vererbungslehre **89**, 143—160 (1958). — BHAT, N. R., and N. D. DESAI: Genetics **41**, 915—929 (1956). — BÖHME, H.: Z. Pflanzenzücht. **38**, 37—50 (1957). — BOPP, M.: Planta (Berlin) **48**, 631—682 (1957). — BRAGDØ, M.: Hereditas (Lund) **43**, 338—356 (1957). — BRIGGLE, L. W.: Agronomy J. **49**, 543—547 (1957). — BRINK, R. A. and D. R. WOOD: Amer. J. Bot. **45**, 38—44 (1958).

CALEF, E.: Heredity **11**, 265—279 (1957). — CHING-JANG-YÜ, and YAO YÜN-TE: Jap. J. Genet. **32**, 179—188 (1957). — COE, E. H.: Amer. Naturalist **91**, 381—385 (1957). — CROSBY, J. L.: J. Genet. **54**, 1—8 (1956).

DANIELLI, J. F.: Nature (Lond.) **178**, 214—215 (1956). — DAVERN, C. J., J. W. PEAK and F. H. W. MORLEY: Aust. J. Agricult. Res. **8**, 121—134 (1957). — DAVIS, R. L.: Agronomy J. **48**, 197—199 (1956). — DEYL, M.: Acta Musei Nationalis Pragae **13**, 211—277 (1957). — DUDLEY, J. W., and C. P. WILSIE: Agronomy J. **49**, 320—323 (1957). — DUMON, A. G., et R. LAEREMANS: Bull. Jardin bot., Bruxelles **27**, 507—513 (1957).

EVERSON, E. J., C. E. MUIR and O. A. VOGEL: Agronomy J. **49**, 521 (1957). — FITZGERALD, P. J., R. M. CALDWELL and O. E. NELSON: Agronomy J. **49**, 539—543

(1957). — FRADKIN, C. W., and A. BRINK: Genetics 41, 901—906 (1956). — FUKE, Y.: (1) Bull. Nat. Inst. Agricult. Sci. (Tokyo) Ser. D, Nr. 5, 1—71 (1955). — (2) Bull. Nat. Inst. Agricult. Sci. (Tokyo) Ser. D, Nr. 5, 72—91 (1955).

GERSTEL, D. U., and L. L. PHILLIPS: Genetics 42, 783—797 (1957). — GOPLEN, B. P., J. E. R. GREENSHIELDS and H. BAENZIGER: Canad. J. Bot. 35, 583—593 (1957).

HACKBARTH, J.: (1) Z. Pflanzenzücht. 37, 1—26 (1957). — (2) Z. Pflanzenzücht. 37, 81—95 (1957). — HADLEY, H. H.: Agronomy J. 49, 144—147 (1957). — HANSEN, A.: Amer. J. Bot. 44, 381—390 (1957). — HASKELL, G.: Genetica ('s-Gravenhage) 28, 308—344 (1956). — HAYMAN, G. I.: Genetics 42, 336—355 (1957). — HOLMGREN, P.: Kgl. Lantsbrukshögsk. Ann. 22, 353—357 (1956). — HONMA, S.: J. Hered. 47, 217—220 (1956). — HOROWITZ, B., and G. WINTER: Nature (Lond.) 179, 582—583 (1957).

John Innes Horticultural Institution, 48. Annual Report (1957). — JONES, D.F.: Genetics 42, 93—103 (1957). — JUNGFER, E.: Züchter 27, 140—145 (1957).

KAPPERT, H.: In: Gestalter unserer Zeit, Bd. 4, S. 193—202. Oldenburg: Gerhard Stalling 1957. — KATAYAMA, J., and S. SHIDA: Jap. J. Genet. 31, 131—136 (1956). — KAY, R. E., and B. O. PHINNEY: Plant. Physiol. 31, 415—420 (1956). — KRUCKEBERG, A. R.: Evolution 11, 185—211 (1957).

LAMM, R.: Hereditas (Lund) 43, 541—547 (1957). — LAMPRECHT, H.: (1) Agri Hort. Genetica (Landskrona) 15, 1—11 (1957). — (2) Agri Hort. Genetica (Landskrona) 15, 12—47 (1957). — (3) Agri Hort. Genetica (Landskrona) 15, 48—57 (1957). — (4) Agri Hort. Genetica (Landskrona) 15, 58—89 (1957). — (5) Agri Hort. Genetica (Landskrona) 15, 90—97 (1957). — (6) Agri Hort. Genetica (Landskrona) 15, 105—114 (1957) — (7) Agri Hort. Genetica (Landskrona) 15, 115—141 (1957). — (8) Agri Hort. Genetica (Landskrona) 15 194—206 (1957). — (9) Agri Hort. Genetica (Landskrona) 15, 207—213 (1957). — (10) Agri Hort. Genetica (Landskrona) 15, 155—168 (1957). — LAWRENCE, W. J. C.: Heredity 11, 337—357 (1957). — LAWRENCE, W. J. C., and V. C. STURGESS: Heredity 11, 303—336 (1957). — LEBSOEK, K. L., and G. S. SMITH: Agronomy J. 49, 202—205 (1957). — LEONARD, W. H.: Barley Improvement Conference, Fort Collins, Colorado (1957). — LEONARD, W. H., H. O. MANN and L. POWERS: Colorado Agricultural and Mechanical College, Agr. Exp. Station, Technical Bulletin 60 (1957). — LEONARD, W. H., D. W. ROBERTSON and H. O. MANN: Jap. J. Genet. 31, 229—240 (1956). — LEWIS, C. F., and T. R. RICHMOND: Genetics 42, 499—509 (1957). — LI, C. C.: Genetics 42, 583—592 (1957). — LIMA DE FARIA, A.: Hereditas (Lund) 43, 462—465 (1957). — LUNDQUIST, A.: Hereditas (Lund) 43, 467—510 (1957).

MACKINNEY, G., C. M. RICK and J. A. JENKINS: Proc. nat. Acad. Sci. (Wash.) 42, 404—408 (1956). — MARKUS, R., and C. P. WILSIE: Agronomy J. 49, 604—606 (1957). — MERTENS, T. R., A. B. BURDICK and F. R. GOMES: Genetics 41, 791—803 (1956). — MICHAELIS, P.: (1) Protoplasma (Wien) 48, 403—418 (1957). — (2) Planta (Berlin) 50, 60—106 (1957). — MICHAELIS, P., and F. BARTELS: Science 126, 261—263 (1957). — MIROV, N. T.: Canad. J. Bot. 34, 443—457 (1956).

NAGAO, S., M. TAKAHASHI and T. MIYAMOTO: Jap. J. Genet. 32, 124—128 (1957). — NAPP-ZINN, K.: Z. Vererbungslehre 88, 253—285 (1957). — National Institute of Genetics Misima/Japan, Annual Report Nr. 7 (1956). — NORDENSKIÖLD, H.: Hereditas (Lund) 43, 525—540 (1957). — NUTMAN, P. S.: Heredity 11, 157—173 (1957). — NYQUIST, W. E.: Agronomy J. 49, 240—243 (1957).

OEHLKERS, F.: (1) Z. Vererbungslehre 87, 722—734 (1956). — (2) Z. Vererbungslehre 88, 1—20 (1957). — OPSAHL, B.: Biometrics 12, 415—432 (1956). — OUDIN, A.: C. R. Acad. Sci. (Paris) 244, 2854—2855 (1957).

PANDEY, K. K.: (1) J. Hered. 48, 278—281 (1957). — (2) Amer. J. Bot. 44, 879—887 (1957). — PELTON, J.: Butler Univ. Bot. Studies 13, 66—73 (1956). — PENNY, L. H., and F. F. DICKE: Agronomy J. 49, 193—196 (1956). — PRYOR, L. D.: (1) Proc. Linnean Soc. New Sth Wales 81, 97—100 (1956). — (2) Proc. Linnean Soc. New Sth Wales 82, 147—155 (1957). — PRYOR, L. D., M. M. CHATAWAY and N. H. KLOOT: Aust. J. Bot. 4, 216—239 (1956).

REBISCHUNG, J.: Ann. Inst. Nat. Rech. agronom. Sér. B, 6, 281—306 (1956). — REEVE, E. C. R.: Ann. Human. Genet. 21, 277—288 (1957). — RESENDE, F.: Bol. Soc. Portuguesa Cienc. Nat. 6, 241—244 (1956). — RICK, C. M.: Amer. J. Bot.

43, 687—696 (1956). — Robson, D. S.: (1) Biometrics 12, 433—444 (1956).—
(2) Genetics 42, 487—498 (1957). — Röbbelen, G.: (1) Planta (Berlin) 47, 532—546
(1956). — (2) Ber. dtsch. bot. Ges. 70, 39—44 (1957). — (3) Z. Vererbungslehre
88, 189—252 (1957). — (4) Naturwissenschaften 44, 288—289 (1957).

Sampson, D. R.: Genetics 42, 253—263 (1957). — Schwanitz, F.: (1) Züchter
27, 150 (1957). — (2) Biol. Zbl. 76, 226 (1957). — (3) Züchter 28, 3—14 (1958).
— Schwemmle, J.: (1) Biol. Zbl. 76, 443—453 (1957). (2) Biol. Zbl. 76, 529—549
(1957). — Seyffert, W.: Z. Vererbungslehre 88, 56—77 (1957). — Shult, E. E.,
u. C. C. Lindegren: Experientia (Basel) 13, 393 (1957). — Singh, H. B., E.
Anderson and B. P. Pal: Agronomy J. 49, 4—11 (1957). — Smith, G. S.: (1)
Agronomy J. 49, 134—137 (1957). — (2) Agronomy J. 49, 138—141 (1957). —
Stephens, S. G.: J. Economic Entomol. 50, 415—418 (1957). — Storey, H. H.,
and A. K. Howland-Ryland: Heredity 11, 298—301 (1957). — Stubbe, H.:
Wiss. Z. Martin-Luther-Univ. Halle-Wittenberg 6 (Math.-nat. Reihe) 713—734
(1957).

Takahashi, R., and J. Hayashi: Jap. J. Genet. 31, 250—258 (1956). —
Takahashi, R., u. S. Yasuda: Ber. Ohara Inst. f. landw. Biologie 10, 245—308
(1956). — Thompson, K. F.: J. Genet. 55, 45—60 (1957).

Wannamaker, W. K.: J. Economic Entomol. 50, 418—423 (1957). — Wettstein, D. v.: (1) Exp. Cell. Res. 12, 427—506 (1957). — (2) Hereditas (Lund) 43
303—317 (1957). — Woodward, R. W.: Agronomy J. 49, 28—32 (1957). —
Woodward, R. W., and D. C. Rasmussen: Agronomy J. 49, 92—94 (1957).

Veen, J. van der: (1) Diss. Wageningen 1957 ('s Gravenhage). — (2) Biometrics 13, 111—112 (1957).

Yen, D. E., and P. R. Fry: Aust. J. Agricult. Res. 7, 272—280 (1956).

# 17. Cytogenetik.

Bericht über die Jahre 1955—1957.

Von Joseph Straub, Köln/Rhein.

Beim Überblicken der Veröffentlichungen aus den Berichtsjahren erkennt man, daß Forschungsarbeiten mit cytogenetischen Fragestellungen seltener geworden sind. Diese Erscheinung dürfte damit zusammenhängen, daß die in der Genetik schon einige Zeit spürbare Hinwendung zu den Mikroorganismen als Forschungsobjekten, bei denen der Zusammenhang zwischen mikroskopisch sichtbaren Zellstrukturen und genetisch erfaßbaren Eigenschaften nicht unmittelbar im Vordergrund steht, sich noch verstärkte. Andererseits läßt sich unter zahlreichen cytogenetischen Arbeiten der Berichtsjahre doch auch eine Konzentration auf grundlegende Probleme nicht übersehen. Eine Reihe von Veröffentlichungen über die cytologischen Grundlagen der Rekombination und über Translokationen stellen echte Fortschritte dar. Daneben sind andere Gebiete, wie etwa die Polyploidieforschung oder die Mutationsforschung an Chromosomen, durch Beiträge ergänzenden Charakters bereichert worden.

## 1. Rekombination und Chiasma.

Eine neue Methode zum Nachweis des Austausches zwischen Homologen führt Rutishauser [1955 (1)] vor. Kreuzt man eine *Trillium grandiflorum*-Form, die hinsichtlich der nach Kältebehandlung zutage tretenden Unterschiede in der Zahl und Länge heterochromatischer Abschnitte bestimmter Chromosomen (z. B. $C_1 C_2$) heterozygot ist, mit der Homozygoten ($C_1 C_1$), so läßt sich an den Endosperm-Chromosomen feststellen, ob in der Heterozygoten ein Austausch stattfand. $C_1 C_2 C_1$ ist ein Austauschendosperm, während $C_1 C_1 C_1$ und $C_2 C_2 C_1$ beweisen, daß in der zugehörigen Meiosis keine Rekombination vorkam.

Daneben weist Rutishauser [1955 (2)] darauf hin, daß die Analyse der Endospermmitosen noch weitere Vorteile bietet: man kann die Ausstattung der beiden Gameten mit akzessorischen Chromosomen testen; da im Endosperm häufiger als sonst Chromosomenaberrationen vorkommen, kann der Einfluß der Genomverschiedenheiten auf die Bruchhäufigkeit verfolgt werden. Für *Trillium* gilt, daß die Aberrationen beim Übergang von der Sorten- über die Art- zur Gattungskreuzung zunehmen.

Um den Zusammenhang von Chiasma und crossing-over sicherzustellen, bedienen sich Brown u. Zohary zweier Strukturheterozygoten von *Lilium formosanum*. Ihnen fehlt jeweils das Endstück eines Chromosoms. Einerseits werden die Chiasmen der entsprechenden

Chromosomenpaare in der Metaphase ausgezählt, andererseits wird das Trennen nach dem Äquationsspalt in der defizienten Region (während Anaphase *I*) zahlenmäßig erfaßt. Die Ergebnisse beider Beobachtungen stimmen gut überein, was für die Gültigkeit der partiellen Chiasmatypietheorie spricht.

Einer dritten Methode, die crossover-Werte zu erfassen vermag, bedient sich die Mais-Cytogenetik (KHAN): Eine Translokationsheterozygote *T* 5 — 6 *c* ist dadurch gekennzeichnet, daß der eine Bruch (Intersektion) im Chromosom 5 am Ende des langen Armes hinter dem heterochromatischen „Knob" sitzt, und das Chromosom 6 ihn nahe dem Centromer im kurzen Arm, der den Nucleolus-bildenden Körper enthält, erlitten hat. Durch Einführung einer zusätzlichen homozygoten Inversion ins Chromosom 5 wird das Centromer in unmittelbare Nähe des „Knob" gebracht. Bei dieser cytologischen Grundlage kann man am Nucleolen-Gehalt der Pollenkerne die crossover-Häufigkeit ablesen, denn nur Kerne mit dem Nucleolus-bildenden Organisator lassen ein echtes Kernkörperchen entstehen. KHAN fand einen den crossover-Wert senkenden Einfluß der Inversion und eine fördernde Wirkung mäßig tiefer Temperatur. Werden 5 Wochen alte Pflanzen über 7 Tage bei 17° C gehalten, dann erreicht der crossover-Wert mit 12,9% gerade das Maximum (die crossover-Distanz zwischen Centromer und Intersektion beträgt 13,2 crossover-Einheiten). Man kann mit KHAN annehmen, daß mäßig tiefe Temperatur die Interferenz steigert, wodurch mehrfache crossing-overs gehemmt, Einzel-crossing-overs aber begünstigt werden.

Schließlich berichtet REIMANN-PHILIPP (1) von einer Methode zur Tetradenanalyse, die sich bei bestimmten Blütenpflanzen anwenden läßt: Bei *Salpiglossis* liegen Pollentetraden vor. Bestäubt man mit einer Pollentetrade, die aus einer heterozygoten Pflanze stammt und läßt zur Entwicklung der Frucht eine genetische unterscheidbare „Füllbestäubung" folgen, so ist die Tetradenanalyse in der Nachkommenschaft möglich.

Bekanntlich herrscht keine Klarheit über den Zeitpunkt, zu dem die Rekombination durchgeführt wird, und über den Mechanismus, der ihr zugrunde liegt. SAX glaubt, daß die Lösung dieser Probleme nur aus dem submikroskopischen Bereich kommen könne; er macht Bedenken gegen das "relational coiling" als Ursache für das Brechen und die Wiedervereinigung der Chromatiden, eine von DARLINGTON entwickelte Vorstellung, geltend und sieht die einzige Möglichkeit zur Analyse der Vorgänge in der Markierung der Chromosomenteile. SCHWARTZ weist erneut auf die Bellingsche Vorstellung hin und vertritt die Auffassung, daß die Rekombination während der Chromosomenreproduktion als Austausch zwischen den neuen Chromatiden ablaufe. Er muß allerdings den Schwesterchromatidenaustausch zu Hilfe nehmen, um auch Drei- und Vierstrangaustauschvorgänge erklären zu können. SCHWARTZ gibt Hinweise darauf, wie man die Chromosomenreduplikation und die Rekombination mit Hilfe des Watson-Crick-Modells erklären könne.

Ohne Zweifel ist die Tetradenanalyse die geeignetste Methode zur Erforschung des Rekombinationsvorganges. Da man hierbei Einzelstrangstatistik betreiben kann, werden sowohl die Interferenzerscheinungen als auch die umstrittenen Vorgänge des Schwesterstrangaustausches erfaßbar. PERKINS weist in einem zusammenfassenden Bericht auf diese Vorteile der Tetradenanalyse hin und veranschaulicht klar die Zusammenhänge zwischen den Einzelerscheinungen der Rekombination in mehreren Diagrammen. KNAPP u. MÖLLER berichten von Tetradenanalysen bei *Sphaerocarpus donellii*. Die Untersuchung der Koppelungsbeziehungen zwischen den Genen *squamifera, crispa* und *atra* schließt auch die Frage der Interferenz ein: für zwei auf der gleichen Seite des Centromers liegende Austausche scheint eine genetische Interferenz vorzuliegen; zwei Einzelrekombinationen, die auf verschiedenen Seiten vom Centromer stattfinden, zeigen sie nicht; bei Doppelaustauschvorgängen scheint keine Chromatideninterferenz vorzukommen.

Die Rekombinationswerte sind bei *Pisum* beachtlichen Schwankungen unterworfen (LAMPRECHT). Sie werden mit Hilfe mehrerer Gene, die über das Chromosom 4 weit verteilt liegen, in zahlreichen Kreuzungen erfaßt. Die Schwankungen sind besonders groß, wenn stark gekoppelte Gene am Chromosomenende liegen, geringer bei Lage auf dem Schenkelinnern, und besonders klein, wenn sie beiderseits des Centromers angeordnet sind. Diese Befunde deuten darauf hin, daß Zusammenhänge zwischen dem Rekombinationsvorgang und der Chromosomenkontraktion bestehen.

REES u. THOMPSON stellen bei Inzuchtlinien des Roggens geringere Chiasmafrequenz fest als bei den entsprechenden Bastarden. Ferner sind die Chiasmahäufigkeiten bei den Inzuchtlinien variabler. Die Autoren erklären die Unterschiede mit der Annahme, daß die Homozygoten gegenüber der inneren und äußeren Umwelt weniger stabil seien.

Zur Erfassung des Zusammenhanges von Chiasma und Rekombination werden häufig die Veränderungen der Chiasmazahlen ganzer Zellen registriert und mit den Veränderungen der Rekombinationswerte bestimmter Gene unter gleichen Bedingungen verglichen. Diese Methode ist unbrauchbar. HARTE weist nämlich durch Auszählen der Chiasmen pro Bivalent der Pollenmutterzellen von *Paeonia tenuifolia* nach, daß sich die Chiasmenzahlen in den verschiedenen Chromosomen nicht parallel zu den Zahlen pro Kern verändern. Die Chiasmenhäufigkeiten in den verschiedenen Chromosomen eines Kerns zeigen innerhalb der Präparate variable Korrelationen. Die Interferenz, die innerhalb eines Chromosoms über das Centromer hinweg besteht, kann sowohl positiv als auch negativ sein, und ihre Stärke variiert. Man kommt zu dem bedeutsamen Schluß, daß es zur Bestimmung des Zusammenhanges von Chiasmazahl und Austauschwert notwendig ist, die Chiasmenhäufigkeiten auf dem gleichen Chromosomschenkel zu bestimmen, für den man die Rekombinationswerte dort gelagerter Gene erfaßt.

Hinsichtlich der Chiasmenzahlen lassen sich in manchen Gattungen offenbar Gesetzmäßigkeiten auffinden. Alle *Streptopus*-Arten und die nordamerikanischen Arten von *Disporum* haben kleine Chromosomen mit wenig Chiasmen, die völlig terminalisieren; die Ruhekerne besitzen prochromosomale Körper. Alle *Convallaria*- und *Smilacina*-Arten sowie die ostasiatischen *Disporum*-Arten sind großchromosomig mit viel Chiasmen, die interstitiell bleiben; keine Prochromosomen sind im Ruhekern zu finden (THERMAN).

Die Rekombinationswerte beim *Mais* werden durch Translokationen beeinflußt. ANDERSON, KRAMER u. LONGLEY (1 u. 2) bestimmen für 23 reziproke Translokationen, an denen das Chromosom 4 beteiligt ist, die Lage der Translokationspunkte relativ zu den 4 Genorten von $T_{S5}$, *su*, *Tu* und $gl_3$ der Koppelungsgruppe 4. Dasselbe geschieht für 46 Translokationen, an denen das Chromosom 6 beteiligt ist. Ermittelt man nun die Rekombinationswerte zwischen den Translokationspunkten und *su*, so ergibt sich als allgemeine Gesetzmäßigkeit, daß die Rekombinationswerte gesenkt sind, wenn die Bruchstelle im kurzen Schenkel von Chromosom 4 oder im proximalen Drittel des langen Schenkels von 4 liegt. Es liegt also eine deutliche Abhängigkeit der Rekombinationswerte von den Struktureigenheiten des Chromosoms vor.

## 2. Umbauvorgänge am Chromosom

(Chromosomenaberrationen).

### a) Die Auslösung von Aberrationen.

Die inneren Ursachen für das Auftreten von Chromosomenaberrationen sind häufig unbekannt. Ein *Gasteria undulata*-Klon zeigte DARLINGTON u. KAFALLINOU eine ungewöhnlich starke Bildung von Chromatidbrüchen in Anaphase *I* und zentrische Aberrationen (Zerfall der Dyadenchromosomen in 4 Einzelchromatiden und Bildung von Isochromosomen). Von 261 Anaphasen waren nur 160 normal. Allgemein scheint die Bastardnatur eine günstige Grundlage für das Auftreten von Chromosomenbrüchen zu bilden. WALTERS zählt die Aberrationen in inter- und intrasektionalen *Bromus*bastarden. Je entfernter die Eltern zueinander stehen, um so größer ist die Bruchhäufigkeit. Während hierbei die Brüche gleichmäßig über die Chromosomen verteilt sein sollen, ist dies bei *Trillium*-Bastarden nicht der Fall. RUTISHAUSER (1) sowie RUTISHAUSER u. LA COUR (1, 2) haben das Endosperm von *Trillium-Paris*-Bastarden genau analysiert. Auch hier ist die Bruchhäufigkeit in den Bastarden gegenüber den Arten erhöht. Im Endosperm der Kreuzung *Trillium grandiflora* × *Paris quadrifolia* läßt sich allerdings nur eine unerhebliche Brucherhöhung gegenüber den Endospermen von *Trillium gr.* oder *Paris qu.* auffinden. Dagegen zeigt das Bastardendosperm von *Paris* × *Trillium* 20—30fache Steigerung. Da die *Trillium*chromosomen im Gegensatz zu den *Paris*chromosomen heterochromatische Stücke besitzen, darf man folgern: Die Brüche kommen durch die Wechselwirkung zwischen Plasma und fremdem Kern zustande, wobei nur heterochromatische Chromosomen betroffen werden können. Bei den beobachteten Aberrationen handelt es sich um Translokationen, Ringe und dizentrische Chromosomen. Die Bruchstellen liegen im Eu- und Heterochromatin. Aber die Lage der Brüche ist nicht zufallsmäßig. Das Chromosom *E* bricht z. B. bevorzugt im distalen Bereich des langen Schenkels. Die Verteilung der Brüche über die 5 *Trillium*-Chromosomen ist unabhängig von ihrem Heterochromatingehalt. Da es *Trillium*-Herkünfte mit verschiedenem Heterochromatinmuster gibt, kann man entsprechende Bastarde aus *Paris* × *Trillium* analysieren und dann allerdings feststellen, daß die Bruchhäufigkeit in homologen Chromosomen ihrem Heterochromatingehalt proportional ist.

Nach Pfropfung von *Crepis capillaris* auf *Crepis tectorum* soll die Nachkommenschaft des Reises Chromosomenaberrationen, z. B. Satelliten-Verlust, aufweisen, die in der $F_2$ nur noch z. T. auffindbar sind (!) (NUZDIN, DOZORCEVA und NECAEV).

Eine bevorzugte Lagerung der Bruchstellen in heterochromatischen Abschnitten der Chromosomen geht aus Untersuchungen von GLÄSS hervor, der die Wurzelspitzenmitosen von *Vicia faba* nach Schwermetallsalzeinwirkungen untersucht. Die SAT-Zone und die Insertionsstelle zeigen am häufigsten Brüche. Das große SAT-Chromosom ist gegenüber den 5 kleineren *m*-Chromosomen unterschiedlich bevorzugt. Bei gleicher Bruchhäufigkeit pro Chromosomenstrecke müßte sich die Bruchzahl der 5 *m*-Chromosomen zu der im SAT-Chromosom wie 5:2 verhalten. Statt dessen ergibt Manganbehandlung 5:145,5; Zinkbehandlung 5:120; Kontrolle 5:28,7; Kupferbehandlung 5:3,8.

Hinsichtlich der Spezifität der Chemikalienwirkung scheint noch keine Klarheit zu herrschen. BERGFELD berichtet von Mutationsversuchen mit Codein, Aluminiumchlorid und Thymonucleinsäure und findet keine anders gearteten Wirkungen als nach Röntgenbestrahlung. Dagegen weisen EHRENBERG, GUSTAFSSON und LUNDQUIST beim *Roggen* nach, daß es neben Chemikalien, die sich, wie das Äthylenoxyd, in ihrem „Mutationsspektrum" nicht von Röntgenstrahlen unterscheiden, solche gibt, welche gehäuft Genmutanten auslösen (z. B. Nebularin) und andere, die im Übermaß Chromosomenmutanten hervorbringen (Ethoxycaffein).

GAUL weist auf die verschiedenen Bezugssysteme hin, die den Dosiseffektkurven bei Pflanzen zugrunde gelegt werden können. In *Gerste*-Versuchen zum mindesten hat sich bei der Erfassung der Punktmutationshäufigkeit nur das Bezugssystem „Anzahl mutierter $x_2$-Pflanzen je 100 $x_2$-Pflanzen" als korrekt erwiesen. Eine weitere Fehlerquelle kann dadurch gegeben sein, daß die Koppelung einer Punkt- mit einer Chromosomenmutation zur Gameteneliminierung führt.

Ein Vergleich der Wirkungen von Röntgen- und UV-Strahlen ist immer mit Fehlern behaftet. Die Methode der Pollenbestrahlung dürfte noch die leistungsfähigste sein. Von *Mais*pflanzen mit dem dominanten Gen $B_z$ (auf Chromosom 9) wird der Pollenstaub mittels Röntgen- bzw. UV-Licht behandelt (EMMERLING). $b_z b_z$-Pflanzen werden danach mit dem $B_z$-Pollen belegt. In der Nachkommenschaft sucht man die Pflanzen aus, welche das $b_z$-Merkmal tragen und analysiert sie. Aller Wahrscheinlichkeit nach ist bei der UV-Wirkung die Auslösung terminaler Stückverluste stark bevorzugt; die Wirkung der Röntgenstrahlen ist durch komplexere Mutationen ausgezeichnet. Für die quantitative Erfassung von Strahlenwirkungen dürfte das Endosperm wiederum sehr geeignet sein.

FABERGE bestrahlt *Maispollen*, der im Chromosom 9 die Gene $I$, $Sh$, $B_z$ und $W$ trägt. Nach Bestäubung recessiver Pflanzen werden die im Endosperm sichtbaren Mosaikbildungen analysiert. Mit dieser Methode lassen sich ohne cytologische Untersuchung drei Gruppen von Chromosomenmutationen unterscheiden: 1. direkt induzierte freie Enden; 2. freie Enden, die aus dizentrischen und Ringchromosomen hervorgehen; 3. Defizienzen innerhalb der Chromosomen.

Ein interessantes Beispiel hoher Strahlenresistenz teilt NORDENSKIÖLD (2) mit. Die diploide *Luzula pallescens* besitzt bei Samenbestrahlung eine Halbwertsdosis von 160—180000 r, eine Dosis, die bei vergleichbaren Samen, etwa denen von *Trifolium pratense*, 50000 beträgt. Wahrscheinlich ist die Strahlenresistenz auf das diffuse Centromer von *Luzula* zurückzuführen. Viele Fragmentationen werden dort keine tödliche Wirkung nach sich ziehen. Mit dieser Vorstellung stimmt gut überein, daß die tetraploide *Luzula capitata* den diploiden Verwandten hinsichtlich der Unempfindlichkeit kaum nachsteht. Allerdings ist bei solchen Vergleichen zu bedenken, daß die Strahlenempfindlichkeit manchmal sehr stark vom Genotypus abhängt. Es wundert einen nicht sehr, wenn MATSUMURA (2) nach Bestrahlung der Samen von *Triticum monococcum var. vulgare* einerseits und *Tr. monoc. var. flavescens* andererseits bei gleicher Dosis verschiedene Translokationshäufigkeiten in den Ähren feststellt (s. Tab. links). Bemerkenswert ist die starke Abhängigkeit der Translokationszahlen von der Wellenlänge (bei gleicher Dosis) (s. Tab. rechts).

| r | flavescens % | vulgare % | | kVP | flavescens % | vulgare % |
|---|---|---|---|---|---|---|
| 5 400 | 5,8 | 5,9 | | 85 | 7,5 | 4,0 |
| 8 100 | 12,5 | 15,1 | | 180 | 12,5 | 15,1 |
| 13 500 | 29,0 | 38,1 | | | | |

Die Ergebnisse von Röntgenbestrahlungen können dazu dienen, sich eine Vorstellung von der Zusammensetzung des Chromosoms aus Untereinheiten zu bilden. SAX u. KING bestrahlen Mikrosporen von *Tradescantia paludosa* mit 25 r bei 3° C. In den ersten sieben Stunden nach der Bestrahlung herrschen Halbchromatidaberrationen vor, die später allmählich in Chromatid-Aberrationen übergehen, denen die Chromosomenumbauten folgen. Während der Bestrahlung waren die betreffenden Zellen im Stadium der Prometaphase, bzw. Prophase, bzw. des Ruhekerns. Die Ergebnisse sind insofern verständlich, als das Metaphasechromosom sicher aus 4 Längsteilen besteht und daher Halbchromatidenschädigungen erwarten läßt. Dann müßten aber aus den Ruhekernstadien Chromatiden-Aberrationen hervorgehen. Daß dies nicht eintritt, mag mit der Natur der Reduplikationsvorgänge zusammenhängen, welche im Ruhekern zum mindesten eingeleitet, wenn auch nicht ganz zu Ende geführt werden.

Mehrere bedeutsame Untersuchungen haben das Ziel, die beiden Grundvorgänge der Aberrationsentstehung, nämlich den Bruch und die Restitution, näher erfassen zu können. SAX, KING u. LUITPOLD bestrahlen *Tradescantia*-Mikrosporen fraktioniert und zählen 2-Bruch-Aberrationen an Chromatiden nach Bestrahlung der Prophase sowie 2-Bruch-Aberrationen an Chromosomen nach Bestrahlung des Ruhekerns aus. Erstere werden als Chromatidenaustausche zwischen Metaphasechromosomen, letztere als dizentrische und Ring-Chromosomen erfaßt (s. Tabelle 1). Aus den Ergebnissen darf geschlossen werden, daß die primär entstehenden Bruchflächen bei Chromosomenbrüchen etwa nach einer

Stunde, bei Chromatidbrüchen schon nach 15 min abgeheilt sind und für eine 2-Bruch-Aberration nicht mehr in Frage kommen. Das schnellere Abheilen der Chromatidbrüche dürfte auf die größere "metabolic activity" der Prophase zurückzuführen sein.

*Tabelle 1*

| Dosis r | Intervall min | Chromatid-Aberrationen % | Dosis r | Intervall | Chromosomen-Aberrationen % |
|---|---|---|---|---|---|
| 30 | 0 | 0,54 | 75 | 0 min | 1,1 |
|  | 4 × 0,54 = | 2,16 |  | 4 × 1,1 = | 4,4 |
| 4 × 30 | 0 | 4,12 | 4 × 75 | 0 min | 7,0 |
| 4 × 30 | 5 | 2,68 | 4 × 75 | 0,25 Std. | 5,9 |
| 4 × 30 | 15 | 2,00 | 4 × 75 | 0,50 Std. | 7,1 |
| 4 × 30 | 30 | 2,68 | 4 × 75 | 1 Std. | 4,4 |
| 4 × 30 | 60 | 2,60 | 4 × 75 | 2 Std. | 3,6 |
|  |  |  | 4 × 75 | 6 Std. | 3,5 |

Ausgedehnte Versuche widmet BORA der Frage nach der Temperaturwirkung bei fraktionierter Bestrahlung. Im Intervall zwischen den Bestrahlungen laufen Prozesse ab, die eine gewisse Zeit benötigen. Nach BORA gehört hierzu nicht nur das teilweise Ausheilen der Brüche, bzw. die Restitution zum Ausgangszustand, sondern auch der ,,Schock", bzw. sein Abklingen. Bei gleicher Bestrahlung ist die Stärke des Schocks und die Dauer seines Abklingens temperaturabhängig.

Die Strahlenwirkung bei der Auslösung chromosomaler Mutationen kann durch $O_2$- bzw. $N_2$-Atmosphäre stark verändert werden. SWANSON (1), (2) führt erneut entsprechende Versuche mit *Tradescantia*-Mikrosporen durch. Bei einer Dosisleistung von 50 r/min und einer Gesamtdosis von 150 r bestrahlt er mittels Röntgenlicht und $\gamma$-Strahlen unterschiedlicher Härte in $N_2O$, $O_2$ und Luftatmosphäre. Als 1-Bruchereignisse zählt er Chromatiddeletionen, als 2-Bruchereignisse Chromatidaustausche aus. Die Auswertung der Versuche zeigt eine große Kompliziertheit der Effekte. Sie führen SWANSON (1, 2) zu einer neuen Hypothese über die primäre Strahlenwirkung am Chromosom: Es treten Brüche auf, deren Flächen sich entweder sogleich trennen und dadurch zu offenen Brüchen führen, oder als versteckte Bruchflächen zunächst miteinander verbunden bleiben und dadurch eine Zeitlang latente Brüche umfassen, die verzögert zu endgültig freien Bruchflächen entwickelt werden können. Das Häufigkeitsverhältnis der beiden Brucharten ist dosisunabhängig, aber Wellenlängen-abhängig. Je härter die Strahlung, um so seltener die offenen Brüche. Bei Anwesenheit von $O_2$ wird die Umwandlung latenter Brüche zu offenen gefördert. Ohne $O_2$ gehen die latenten Brüche in die alte Struktur über, d. h. sie verschwinden großenteils ohne Aberration.

ZIMMER (1), (2) betont, daß die biologische Wirkung ionisierender Strahlung noch nicht durch die Aufstellung einer einheitlichen umfassenden Theorie erläutert werden kann. Er weist auf die brennendsten Probleme der Strahlengenetik hin, die er in den Fragen nach der Existenz strahleninduzierter Rückmutationen, nach den Faktoren, von denen die spontanen Mutationen abhängen, und nach der Wirkungsweise schneller Neutronen sieht.

## b) Die spontan auftretenden Aberrationen.

Chromosomale Unterschiede zwischen *Trillium Kamtschaticum*-Populationen finden KURABAYASHI u. HIRAIZUMI in großer Zahl. Die Methode besteht darin, daß die Pflanzen einer Tieftemperaturbehandlung unterworfen werden, wobei die Differentialsegmente hervortreten. 29 Herkünfte aus allen japanischen Verbreitungsgebieten werden auf die Ausbildung dieser Strukturen hin untersucht. Auf Grund der Chromosomenmuster, die z. T. starke Verschiedenheiten aufweisen, können drei Gruppen gebildet werden, deren Glieder nach ihrer Herkunft in Beziehung stehen, nämlich eine nördliche, eine östliche und eine südliche. Die Ausbildung chromosomaler Rassen scheint bei *Trillium* noch im Gange zu sein, wenn sich auch die stärksten Unterschiede wahrscheinlich bereits in der letzten Pleistocänepoche eingestellt haben.

Wohl in jeder Population lassen sich Translokations-Pflanzen auffinden. SARVELLA beschreibt Vierer-Ringformen bei *Solanum quitoënse*, die in Nordkarolina als Kulturpflanze eingeführt werden soll. EBERLE analysiert eine Viererfigur im Pachytän der *Gesneriacee Episcia tesselata*. Eine *Paeonia japonica*-Herkunft zeigt einen 4-Ring, wobei die Population auf engen Raum begrenzt ist (HAGA u. OGATA sowie OGATA u. HAGA). Häufiger kommen Translokationen bei *Paeonia californiaca* vor, von der WALTERS neben Formen mit 3 Biv + 1 Vierer-Ring solche beschreibt, welche 1 Vierer-Ring + 1 Sechser-Ring oder sogar 1 Zehner-Ring bilden. In den Strukturheterozygoten der kalifornischen *Päonie* sind Fragmentationen häufig. Allerdings beeinflussen sich beide Aberrationsarten gegenseitig nicht.

Durch Beobachtungen von Translokationen, die in Kreuzungen verwandter diploider Arten gebildet werden, kann auch die Genomanalyse gefördert werden. GERSTEL u. SARVELLA sowie MENZEL führten solche Untersuchungen bei der *Baumwolle* durch.

Schon in früheren Kreuzungsarbeiten hatte es sich ergeben, daß *Gossypium herbaceum* der phylogenetischen Reihe, die von den altweltlichen *Gossypium*-Arten zu denen der Neuen Welt führt, wahrscheinlich nähersteht als das *Gossypium arboreum* der Alten Welt. Zur Erhärtung des Befundes wurden die neuweltlichen *Gossypium barbadense*, *hirsutum* und *tomentosum* in die Kreuzungsversuche einbezogen und durch Verwendung von verschiedenen Rassen des *G. arboreum* die Möglichkeit geschaffen, Genomunterschiede in der Meiosis der verschiedenen Bastarde aufzudecken. Aus der Beobachtung der meiotischen Paarung ergab sich, daß die drei angegebenen neuweltlichen *Gossypium*-Arten im Hinblick auf ihre Genomzusammensetzung dem *G. herbaceum* nahe verwandt sind. — Eine reziproke Translokation von *G. hirsutum* (4 *n*), bei der fast ein ganzer Schenkel von Chromosom 2 gegen ein kleines Schenkelstück vom Chromosom 1 ausgetauscht ist, wird durch Kreuzung mit diploiden *Gossypium*-Arten analysiert. Es ergibt sich, daß Chromosom 1 dem *D*-Genom von *hirsutum*, Chromosom 2 dem *A*-Genom angehört.

Eine eigenartige Entstehung einer Translokation wurde bei haploidem *Sorghum vulgare* bekannt. In der Makrosporogenese paaren sich zwei partiell homologe Chromosomen des haploiden Genoms, und es kommt zwischen ihnen auch zum crossing-over. Bei Kreuzung mit diploidem *Sorghum vulgare* tritt daher ein Vierer-Ring auf. MORRIS weist reziproke Translokationen zwischen den verschiedenen Schenkeln homologer Chromosomen nach. Es entstehen dadurch Pseudo-isochromosomen, etwa ein Satellitenchromosom mit je einer SAT-Zone an beiden Enden des Chromosoms. Indem die Chromosomenschenkel sich paaren, werden Chromosomenringe gebildet.

TANDON u. HECHT analysierten 43 Kombinationen von *Oenothera mollissima*-Rassen cytologisch und bestimmen dadurch die Zahl der Translokationen in den einzelnen Rassen. Durch Kreuzung der *Oe. mollissima*-Rassen einerseits, der *Oe. affinis*-Rassen andererseits und durch interspezifische Rassenkreuzungen kann nachgewiesen werden, daß die *Oe. mollissima*-Rassen unter sich größere Differenzen aufweisen als gegenüber den *Oe. affinis*-Rassen. Beide Arten sollten daher zusammengefaßt werden. Ähnliche Untersuchungen führt STEINER an *Oenothera elata* (aus Mexiko) durch. STINSON u. STEINER entdecken in der biennis 1-Gruppe eine *Oenothera*-Rasse, bei der ein Komplex keinen Letalfaktor besitzt. Aus ihr entstehen schwach vitale und pollensterile Homozygoten. Diese Rasse stellt also eine Zwischenstufe auf dem Wege zur Komplexheterozygotie dar.

Eine Untersuchung von SEARS hat die Übertragung der Resistenz gegen *Blattrost* von *Aegilops* auf *Weizen* zum Gegenstand. Sie zeigt in imponierender Weise, welche Möglichkeiten durch die Translokationsphänomene für die Cytogenetik geboten werden.

SEARS kreuzt *Triticum aestivum* mit der Amphidiploiden aus *Triticum dicoccoides* und *Aegilops umbellulata* und führt dann zwei Rückkreuzungen mit *Triticum aestivum* durch. Danach findet sich eine *Tr. aestivum*-Pflanze, die ein Aegilopschromosom überzählig enthält; sie ist rostresistent, aber das überzählige Chromosom bringt eine Vitalitätssenkung und schlechte Fertilität mit sich. In ihrer Nachkommenschaft tritt eine Pflanze auf, die zu den 42 *Weizen*chromosomen ein Isochromosom von *Aegilops* zusätzlich enthält. Es besitzt den langen Arm des ursprünglichen Chromosoms und mit ihm auch die Resistenzanlage doppelt. Nunmehr unterwirft SEARS diese Linie einer Röntgenbehandlung, und zwar kurz vor der Meiosis der PMZ. Mit dem bestrahlten Pollen bestäubt er normalen *Weizen*. Es entstehen rostresistente Pflanzen mit Translokationen bezüglich des *Aegilops*-Chromosoms. Unter 6091 Nachkommen zählt SEARS 132 rostresistente, darunter 40 Translokationen von 17 verschiedenen Typen. Einige von ihnen enthalten ein Chromosom, das aus einem *Aegilops*-Arm, einem *Aegilops*-Centromer und einem *Weizen*arm besteht. Man kann durch Analyse der Translokationserscheinungen beweisen, daß die Resistenzanlage nahe dem Centromer gelagert sein muß. Aus den heterozygoten Translokationsformen können homozygote erhalten werden. Eine Linie mit intercalarer Translokation unterscheidet sich von dem normalen *Weizen* nur noch durch ihre Resistenzfähigkeit.

### 3. Polyploidie.

#### a) Polyploide Reihen.

A. LÖVE (1) stützt seine immer wieder vorgetragene Meinung, wonach es intraspezifische Chromosomenrassen, die im Polyploidieverhältnis stehen, nicht gibt, durch neue Funde. So muß die *Phyllitis Scolopendrium* (L.) Newm. mit $2n = 72$ getrennt werden von der amerikanischen *Phyllitis Fernaldiana Löve* mit $2n = 144$, die bisher als var. americana der *Phyllitis Scolopendrium* galt. In diesem Falle und in mehreren anderen Beispielen ist nämlich das Polyploidieverhältnis mit einer deutlichen Sterilitätsbarriere verknüpft. — Von dem circumpolar verbreiteten *Galium boreale* gab es schon bisher mehrere Varianten. Die cytologische Analyse zahlreicher Herkünfte führt zur Aufteilung in die eurasiatische Art *Galium boreale* $(2n = 44)$ und das amerikanisch-asiatische *Galium septentrionale* $(2n = 66)$ [LÖVE u. LÖVE, (1)]. D'AMATO kann die in Italien verbreiteten *Colchicum*-Arten *autumnale, lusitanum* und *neapolitanum* auf Grund ihrer Verbreitung und Chromosomenzahlen leicht trennen ($2n = 38$, bzw. 106, bzw. 140).

Mehrere Veröffentlichungen behandeln polyploide Reihen, indem die Chromosomenzahlen bestimmt werden und teilweise auch das cytologische Verhalten der betreffenden Formen beobachtet wird. Unter den *Hirsen* weisen die *Eleusine*-Arten die Diploidzahlen 18, 36 und 45 auf; *Setaria*-Arten besitzen 18 und 36, von *Pennisetum typhoidum* kennt man 14 und 35 Chromosomen (SHARMA u. DE). Eine große Zahl von *Iris*-Arten und -Bastarden analysiert MITRA, wobei er zum Teil bereits vorliegende Zahlen bestätigt; Allopolyploidie in Verbindung mit chromosomalen Änderungen treten wieder als die wesentlichen Schritte bei der Artdifferenzierung von *Iris* hervor. Die Chromosomenzahlen von 106 *Dianthus*-Arten stellt CAROLIN zusammen. Darunter sind 49 erstmalig bestimmte. $2n = 30$ kommt weitaus am häufigsten vor; daneben gibt es Arten mit diploid 60 und 90. Die Genome der diploiden *Dianthus*-Arten zeigen fast keine Strukturdifferenzen. MARKS untersucht 30 *Oxalis*-Arten: die südafrikanischen zeigen häufig Polyploidie mit den Haploidzahlen 5, 6 und 7; die in der Lebensform von den südafrikanischen ganz abweichenden südamerikanischen Arten stehen selten im Polyploidieverhältnis. Zusätzlich kommen bei ihnen die Grundzahlen 9 und 11 vor. Bei 9 analysierten *Jasminum*-Arten bestimmt RAMAN (1), (2) die Diploidzahlen 26, 39 und 52. HAKANSOON zählt die Chromosomen mehrerer *Salix*-Arten und -Bastarde. Die nordeuropäischen Herkünfte sind hochgradig polyploid; Strukturdifferenzen scheinen zwischen den Genomen nicht zu bestehen, da die Bastarde normale Paarung zeigen. Offenbar liegen hauptsächlich Gen-Verschiedenheiten vor. H. LEWIS u. M. LEWIS nehmen eine umfangreiche Analyse der Gattung *Clarkia* vor. 33 Arten werden cytologisch untersucht. Als Haploidzahlen finden sich 5, 6, 7, 8, 9, 12, 14, 17 und 26. 12 der bearbeiteten Species sind Translokationsheterozygoten. Auch in dieser Beziehung steht *Clarkia* der *Oenothera* nahe. Einige *Clarkia*-Arten sind sicher allopolyploiden Ursprungs, was mit der Kreuzbarkeit der diploiden Arten übereinstimmt. Von der Liliacee *Gloriosa*, die Colchicin enthält, gibt es Formen mit $2n = 44$, 66 und 88 Chromosomen (KHOSHOO). AMBASTHA untersucht 14 *Phalaris*-Arten in Mitosis und Meiosis: $2n = 12$, 14 und 28. Reziproke Translokationen und Duplikationen sind bei der Genomdifferenzierung wirksam gewesen. Erstmalig erhalten wir auch Kenntnis von den Chromosomenzahlen einzelner Bastarde von *Saccharum*-Arten (PRICE). Der Bastard aus *S. officinarum* ($n = 40$) und *S. spontaneum* ($n = 48$) besitzt entweder 88 ($= n + n$) oder 128 ($= 2n + n$) Chromosomen. Aneuploide Zahlen kommen nach PRICE — im Gegensatz zu bisher vorliegenden, mangelhaften Analysen — nicht vor. In der *Sectio Scapiflora* findet LÖVE (2) bei den isländischen *Mohn*-Arten und -Unterarten die Diploidreihe 14, 28, 42, 56 und 70. Die Diploidzahlen der *Polygonum*-Arten des nordöstlichen Amerika reichen von 20—80. Die Chromosomenmorphologie ist dabei ziemlich gleichförmig; meist sind die Chromosomen median inseriert [A. u. D. LÖVE (2)]. SCHIFFERDECKER bestimmt die Chromosomenzahlen von 5 normalen und 11 apogamen *Pteris*-Arten und -Varietäten neu. Die Haploidzahlen betragen $n = 58$, 87, 116 und 145. SCHULZ-SCHAEFFER berichtet von der polyploiden *Bromus*-Reihe mit $n = 7$, 14, 21, 28, und 42; daneben gibt es *Bromus*-Arten mit aneuploiden Zahlen, z. B. *Br. scabratus* mit $2n = 14 + 4$, wobei die zusätzlichen Chromosomen durch ihre Kreuzbivalente gegenüber den normalen Ringbivalenten auffallen; bei einzelnen polyploiden *Bromus*-Arten kann die allopolyploide Herkunft mit Hilfe der Chromosomenmorphologie direkt nachgewiesen werden. NORDENSKIÖLD (4) findet im Subgenus *Pterodes* von *Luzula* die Chromosomenzahlen $2n = 24$, 42, 46, 48, 52 und 66. Durch Kreuzungen und Vergleich der Chromosomenmorphologien kann wahrscheinlich gemacht werden, daß Zentral- und Südeuropa das Entstehungszentrum des Subgenus war. Hier leben die Arten mit wenigen, aber großen Chromosomen. Die außereuropäischen Arten, die viele kleine Chromosomen besitzen, sollen durch „endonucleäre Polyploidie" aus den europäischen hervorgegangen sein.

NORDENSKIÖLD (3) berichtet von einer umfangreichen cytotaxonomischen Studie über den *campestris-multiflora*-Komplex von *Luzula*. Darin sind Arten und Rassen aus Europa, dem westlichen und östlichen Nordamerika, Ostasien und dem arktischen Amerika einbezogen. Es gibt di-, hexa- und oktoploide Vertreter des Komplexes ($2n = 12$—$48$). Von besonderem Interesse ist die Feststellung, daß die Kreuzungen tetraploider taxonomischer Einheiten verschiedener geographischer Herkunft in der $F_1$ und $F_2$ viel stärkere Sterilitätserscheinungen zeigen als Kreuzungen diploider Einheiten aus entsprechenden geographischen Räumen. NORDENSKIÖLD belegt diese Zusammenhänge durch mehrere Beispiele. Die genetische Trennung auf polyploider Basis hat also offenbar weiter geführt als auf diploider.

DUCKERT u. FAVARGER finden im Schweizer Jura ein *Chrysanthemum Leucanthemum var. alpicola Gremli*, das im Gegensatz zum *Chrys. Leuc. L.*, welches mit $n = 18$ tetraploid ist, nur $n = 9$ besitzt. Sie vermuten, daß es sich um ein Einzelrelikt und um den einen Elter des tetraploiden *Chrysanthemum* handelt. Dieser Fund erinnert an die Verhältnisse in der Gattung *Biscutella*, bei der die Art *alsatica*, am Ende des Tertiärs aus dem Mittelmeergebiet kommend, in ihr jetziges Verbreitungsgebiet, das Elsaß und die Täler der Donau, Maas, Mosel usw., eindrang. BERTSCH berichtet von einer Sumpf-*Biscutella*, die er im oberschwäbischen Donautal entdeckte. Sie ist morphologisch von *B. alsatica* gut zu unterscheiden. BERTSCH hält sie für ein Relikt der letzten Zwischeneiszeit. Leider kennen wir ihre Chromosomenzahl noch nicht.

### b) Genomanalyse.

Durch Kreuzungen der tetraploiden *Lamium*-Arten *intermedium* und *hybridum* ($2n = 36$) mit den drei diploiden *purpureum, amplexicaule* und *bifidum* weist BERNSTRÖM nach, daß *intermedium* als amplidiploider Bastard aus *purpureum* und *amplexicaule* gelten muß. Kreuzungen zwischen *Abelmoschus esculentus* ($n = 65$) und *A. tuberculatus* ($n = 29$) machen die Bastardnatur der Kulturform des *Abelmoschus* wahrscheinlich (JOSHI u. HARDAS). Die Genome der Gattung *Geum* werden in einer umfangreichen Studie durch GAIEWSKI (1, 2) analysiert, und zwar bezieht sich die Untersuchung auf die Untergattungen *Eugeum, Coccineum, Oreogenum, Erythrocoma, Orthurus* und *Stylipus*. Die Genome, welche in 121 Bastarden kombiniert werden, umfassen 7—21 Chromosomen. Auf Grund der Bastardmeiose werden ihre verwandtschaftlichen Beziehungen erschlossen, womit sich der Versuch verbindet, die Evolution der Gattung in einem umfassenden Bild zu rekonstruieren. Eine besondere Studie ist drei nordamerikanischen *Geum*-Arten aus der Untergattung *Eugeum* gewidmet, nämlich den hexaploiden *macrophyllum, perincisum* und *oregonense*. Da ihre $F_1$-Bastarde im Gegensatz zu allen anderen Artbastarden der Untergattung *Eugeum* nur zu etwa 50% pollen- und samensteril sind, darf man schließen, daß die drei Arten eine isolierte Gruppe bilden, deren Glieder relativ eng miteinander verwandt sind. GOTTSCHALK u. PETERS analysieren das Pachytän von 11 tuberaren diploiden *Solanum*-Arten. Sie vergleichen deren Struktureigentümlichkeiten mit den Pachytänchromosomen von *Solanum tuberosum* und vermuten danach, daß *Solanum stenotomum* als Diploidform dem *tuberosum* am nächsten steht; von 11 identifizierten Chromosomen des *stenotomum* stimmen nämlich 10 mit dem Genom der *Kulturkartoffel* überein. Am weitesten von *tuberosum* entfernt dürfte *S. simplicifolium* stehen, die als die primitivste tuberare *Solanum*-Art gelten darf. Ein Vergleich der Genome der untersuchten *Solanum*-Arten zeigt, daß die Mehrzahl der Chromosomen in der Entwicklung strukturell differenziert wurde; ein kleiner Teil, vor allem das Chromosom 7 und das Satellitenchromosom, blieb aber weitgehend gleichförmig. Allerdings sind diese Befunde nicht unwidersprochen geblieben. Von Wangenheim, Frandsen u. Ross stellen fest, daß die Pachytänchromosomen der diploiden *Solanum*-Arten in ihrer Struktur kaum voneinander abweichen; die Genese der tetraploiden *Kulturkartoffel* muß nach diesen Autoren von sehr nahe verwandten Genomen ausgegangen sein, denn einerseits sind strukturelle Differenzen im Pachytän von *tuberosum*, andererseits starke Multivalentenbildungen in der Diakinese anzutreffen. Thompson findet eine Haploide beim *Markstammkohl*; die regelmäßig gebildeten Bivalente (1—2) deuten darauf hin, daß die Haploidzahl 9 von *Brassica* durch aneuploide Vermehrung aus dem Grundgenom mit 7 Chromosomen hervorging.

Mehrere Genomanalysen bedienen sich genetischer Methoden. Gerstel kreuzt tetraploide *Gossypien* (*hirsutum* und *barbadense*, $2n = 52$) mit diploiden (*thurberi* und *raimondii*), wobei der triploide Bastard einzelne Farbgene in heterozygoter Form besitzt. Aus den Triploiden stellt Gerstel mit Colchicin Hexaploide her, die mit Tetraploiden, welche hinsichtlich der Farbgene recessiv sind, rückgekreuzt werden. Dann wird die Farbspaltung ausgezählt. Sie liegt zwischen den Werten, die bei völlig zufallsmäßiger Paarung und Trennung einerseits und echtem allopolyploidem Verhalten der betreffenden Chromosomen andererseits zu erwarten wären. ($8{,}68 : 1$, bzw. $67{,}1 : 1$ statt $5 : 1$ oder $\infty : 0$.) Man darf daraus schließen, daß der Träger der untersuchten Gene im $D$-Genom des tetraploiden *hirsutum* mit dem entsprechenden Chromosom aus dem $D$-Genom der diploiden Arten nur partiell homolog ist; dabei ist die Homologie zwischen *hirsutum* und *raimondii* größer als zwischen *hirsutum* und *thurberi*.

Mit Hilfe von Grün-Weiß-Spaltungen aus Selbstungsnachkommenschaften isolierter Einzelpflanzen des *Phleum pratense* kommt Nordenskiöld (1) zu dem Schluß, daß die 6 Genome ziemlich homolog sein müssen; die hexasome Spaltung herrscht vor. — Das *Gartenstiefmütterchen* ist nach Studien von Horn oktoploid ($2n = 48$); 23 Sorten zeigen gleiches Verhalten, das durch die Bildung von 1—8 Quadrivalenten in der Meiosis charakterisiert ist. Für 5 voneinander unabhängige Merkmale findet Horn tetrasomischen Erbgang. Die Genomformel von *Viola tricolor maxima hort.* muß daher *AAAA BBBB* lauten.

Die cytologische Methode zur Genomanalyse wendet Haga an. Nach Kältebehandlung prüft er di- und tetraploides *Trillium kamtschaticum* ($2n = 10$) bzw. *Tschonoskii* ($2n = 20$) auf die Zusammensetzung ihrer Genomteile aus Eu- und Heterochromatin. Die einzelnen Herkünfte erweisen sich dabei als ganz verschieden. Außerdem gibt es neben Strukturhomozygoten ebenso viele Heterozygoten. Zwischen den Di- und Tetraploiden in der Natur wachsen sterile Tri- und fertile Hexaploide. Die Triploiden tragen identische Genome, wenn sie in der Nähe von Diploiden mit gleichgestalteten Genomen wachsen; sie sind strukturell heterozygot, wenn sie in der Nähe oder innerhalb von ebenso gearteten diploiden Populationen gedeihen.

### c) Die Eigenschaften wildwachsender und kultivierter Polyploider.

Eine Reihe von Veröffentlichungen widmet sich den Besonderheiten im Fortpflanzungsverhalten wilder Polyploider.

Im Innern des Baffinlandes auf Island untersuchen DANSERAU u. STEINER die dort sehr mannigfaltigen *Potentilla*-Populationen. Sie finden z. B. Bastarde zwischen *Potentilla vahliana* ($2n = 56$) und *P. hyparctica* ($2n = 42$). Weil der größte Teil der vorkommenden *Pontentillen* Apomixis aufweist, können die neuen Genkombinationen erhalten bleiben. Eine ähnliche Situation stellt sich uns bei der *Ranunculus auricomus*-Gruppe dar, von der ROUSI 44 Mikrospecies untersucht. 42 davon tragen $2n = 32$ (tetraploid), 2 weitere 40 Chromosomen. Die Mikrospecies enthüllen in der Meiosis verschiedene Grade struktureller Heterozygotie und meiotischer Störungen. Der Embryosack stirbt nach der Meiosis ab, und die Entwicklung geht apomiktisch weiter. Diese Kleinarten müssen nach ROUSI in jüngerer Zeit durch Kreuzung sexueller Formen oder aus fakultativen Apomikten entstanden sein. SAX (1) bestimmt die Chromosomenzahlen bei 41 Arten und 18 Varietäten der Gattung *Cotoneaster*. 8 diploide, 43 triploide, 6 tetraploide und 2 weitere, nicht genau bestimmte Polyploide liegen vor. Die Triploiden sind gut wüchsig und apomiktisch. Allerdings findet gelegentlich in geringem Ausmaße sexuelle Vermehrung statt. So haben diese Formen die Fähigkeit, einerseits einen unbalancierten cytologischen und genetischen Komplex von adaptivem Wert zu erhalten und andererseits Varianten hervorzubringen, welche sich neuen Umgebungsbedingungen anpassen können. — Die Variabilität hochpolyploider *Poa*-Arten (*P. ampla, arida, compressa, scabrella*) geht eindrucksvoll aus Studien von GRUN hervor sowie aus denen von EHRENDORFER über die hybridogene Merkmalsintrogression zwischen *Galium rubrum s. str.* und *Galium pumilum s. str.*, zwischen denen die Kreuzungsbarrieren durch stark variable Zwischenformen, die sekundäre Allopolyploide darstellen, auf der oktoploiden Stufe überwunden werden.

Bei der Bastardierung von Pflanzen verschiedenen Polyploidiegrades tritt häufig dadurch Sterilität ein, daß die Endospermentwicklung oder die Zuordnung von Embryo- und Endospermentwicklung gestört ist.

WEAVER berichtet von Kreuzungen zwischen asiatischen ($n = 13$), amerikanischen ($n = 26$) und synthetischen ($n = 39$) *Gossypium*-Arten. Die Störung der Endospermentwicklung trägt verschiedene Züge, je nachdem, ob die Mutter niedrige oder hohe und der Vater entsprechend hohe oder niedrige Chromosomenzahl aufweisen. Wenn sich das Bastardendosperm in embryolosen Samenanlagen entwickelt, ist sein Wachstum ungestört. Man darf daraus mit Vorbehalt schließen, daß der Bastardembryo eine physiologische Hemmung auf das Endosperm ausübt. Gleichgerichtete Analysen führt BEAMISH bei Kreuzungen von hexaploidem *Solanum demissum* mit 4 diploiden *Solanum*-Arten aus. VON WANGENHEIM weist nach seinen entsprechenden Untersuchungen mit *Solanum tuberosum* auf die Möglichkeit hin, daß die gestörten Genom-Plasma-Relationen an den Anomalien der Endospermentwicklung schuld sein können. Da vom Vater kein oder wenig Plasma in die zu befruchtenden Zellen des Embryosacks gelangt, so ist bei der Kreuzung $2n \times 4n$ im Verhältnis zum Plasma 1 Genom zuviel da. Aus der Kreuzung $4n \times 2n$ entsteht ein pentaploider sekundärer Endospermkern; er sollte eigentlich hexaploid sein; so liegt hier im Verhältnis zum Plasma ein Genom zuwenig vor.

Die Untersuchungen mit künstlich ausgelösten oder durch Kreuzung hergestellten Polyploiden haben die Grenzen der Leistungsfähigkeit von Formen mit vermehrter Genomzahl vielfach deutlicher als bisher abgesteckt. Darin darf ein bedeutsamer Fortschritt der Polyploidieforschung erblickt werden.

In methodischer Hinsicht verdient erwähnt zu werden, daß das von ÖSTERGREN entdeckte Verfahren der Polyploidisierung mittels $N_2O$ sich vielfach bewährte. NYGREN (1) berichtet, daß er damit eine sehr gute Ausbeute an polyploidem *Melandrium album* erhielt. Von praktischem Interesse dürfte die Mitteilung von

REIMANN-PHILIPP (2) sein, wonach man die Polyploidie bei *Convallaria majalis* durch Colchicininjektion in die *Maiblumen*keime auslösen kann. Der Erfolg einer Methode zur Genomvervielfachung läßt sich häufig an der Keimporenzahl der Pollenkörner leicht prüfen [FUNKE (1)]. Es scheint, daß die Keimporenzahl nicht direkt von der Genomvermehrung abhängt. Vielmehr dürfte sie indirekt über die Pollenform vermehrt werden; wenn ein haploides Pollenkorn oval ist, nähert sich die Form des entsprechenden diploiden Korns stets mehr der Kugel [FUNKE (2)].

Einen allgemeinen Überblick über die Bedeutung der Polyploidie für die Entstehung der Nutzpflanzen gibt SCHWANITZ. Am ehesten darf man verbesserte Leistungen bei Amphidiploiden erwarten. SAKAI u. SUZUKI stellen Konkurrenzversuche zwischen den amphidiploiden Bastarden *Abelmoschus glutinotextilis* ($n = 96$; aus *A. Manihot* mit $n = 34$ und *A. esculentus* mit $n = 62$) sowie *Nicotiana diplumbalata* ($n = 19$; aus *N. alata* mit $n = 9$ und *N. plumbaginifolia* mit $n = 10$) und ihren Ausgangsformen an. Die fertilen Bastarde sind ihren Eltern im Wuchs eher überlegen als gleichwertig. Aus der einjährigen *Arachis hypogaea* ($n = 20$) und der mehrjährigen *A. villosa* ($n = 10$) stellen KUMAR, D'CRUZ u. OKE eine Triploide und schließlich eine Allohexaploide her. Sie ist mehrjährig und entspricht in der Samengröße der *A. hypogaea*.

MÜNTZING (2) gibt eine Zusammenfassung vom gegenwärtigen Stand der Cytogenetik von *Triticale*. Bei ihnen spielt die Fertilität die entscheidende Rolle. Es können danach drei Gruppen unterschieden werden: die erste ist schwach fertil. Dazu gehören die *Triticale*-Formen mit 42 Chromosomen ($4 \times 7$ vom Weizen $+ 2 \times 7$ vom Roggen). Die zweite Gruppe mit guter Fertilität umfaßt die Typen mit 56 Chromosomen ($6 \times 7$ vom *Weizen* $+ 2 \times 7$ vom *Roggen*). Die dritte ist ganz schlecht fertil; ihre Vertreter besitzen 70 Chromosomen, und zwar $6 \times 7$ vom *Weizen* und $4 \times 7$ vom *Roggen*. Gute Fertilität stellt sich also ein, wenn die Weizengenome relativ zahlreich sind.

Die Kenntnis des Kreuzungsverhaltens ist in allen Fällen eine Voraussetzung für die Herstellung gut fertiler Amphidiploider. ZILLINSKY prüft daher den Samensatz von Bastardierungen di-, tetra- und hexaploider *Avena*-Arten. Nur Arten gleicher Polyploidiestufe liefern guten Ertrag ($6n \times 6n = 49\%$; $6n \times 4n = 2,9\%$; $6n \times 2n = 0\%$). Zum Einkreuzen von Wildgenomen in *Avena sativa* scheint sich die Allohexaploide aus *A. abyssinica* und *A. strigosa* zu eignen; sie ist voll fertil.

Eine wertvolle Analyse der Selektionsmöglichkeiten in vergleichbaren di- und tetraploiden Bastarden hat QUANDT durchgeführt. Die Nachkommen der Hybride aus *Solanum lycopersicum* und *S. racemigerum* werden auf di- und tetraploider Basis über 3 Generationen nach hoher und niedriger Fertilität ausgelesen. Danach liegen folgende Samenzahlen pro Frucht vor (siehe Tabelle):

In diesen Kreuzungen ist die Polyploidie also nicht mit einer erhöhten Variabilität verknüpft. HILPERT berichtet von ähnlichen Versuchen an

|  | tetraploid | diploid |
|---|---|---|
| samenreiche Linie . | 39 | 100 |
| samenarme Linie . . | 17 | 25—30 |

einer *Sommerroggen*sorte. Die tetraploide Population wurde in der ersten Versuchsreihe ohne Auslese, in der zweiten mit Auslese auf hohe Kornzahl über drei Generationen gezüchtet. Zwar zeigte die zweite Linie in $F_3$ eine regelmäßigere Bivalent- und Quadrivalentbildung als die erste, doch reichten auch hier die Tetraploiden in ihrer Fertilität nie an die Diploiden heran. Bei tetraploidem *Trifolium hybridum* allerdings gelingt es durch Selektion, die Fertilität der Diploiden in 7 Generationen zu erreichen (ARMSTRONG u. ROBERTSON). Auch tetraploid gemachtes *Sesamum orientale* erreicht die Fertilität des diploiden Elters (SKRIVASTAVA).

Es kann kein Zweifel darüber bestehen, daß die Züchtung leistungsfähiger Polyploider am vorteilhaftesten von Diploiden ausgeht, deren Genome viele Gendifferenzen tragen. A. ZĚBRAK und E. ZĚBRAK sowie ZĚBRAK berichten von erheblichen Leistungssteigerungen tetraploider *Buchweizen*-Züchtungen, die aus Kreuzungen autotetraploider westlicher Ökotypen mit autotetraploiden östlichen hervorgingen. Man wird häufig nicht genau erfassen können, wie weit solche Leistungssteigerungen einen Heterosis- oder einen Polyploidie-Effekt darstellen. Bei der hohen Ergiebigkeit des tetraploiden *Reises*, der aus Kreuzungen von Linien verschiedener Herkunft hervorging, handelt es sich wohl nur um Heterosiswirkung; die gesteigerte Ertragsleistung läßt sich in den Folgegenerationen nicht stabilisieren (OKA). Eine Kombination von Polyploidie und Heterosiswirkung liegt dem Zuchterfolg triploider *Zuckerrüben* zugrunde, über die SEDLMAYR (1), (2) und MATSUMURA (1) wieder berichten. Die Züchtung muß daher bei der *Zuckerrübe* danach trachten, die passendsten Elternpflanzen ausfindig zu machen und sie so anzubauen, daß möglichst viele triploide Samen erzeugt werden.

Zwei Mitteilungen von den Chromosomenzahlen großer Florenbezirke vermögen uns wieder Hinweise auf die Rolle der Polyploidie unter natürlichen Bedingungen zu geben. A. u. D. LÖVE (3) veröffentlichen die Chromosomenzahlen aller Arten und Rassen der *Spermatophyten* Islands. Diese besitzen einen sehr hohen Polyploidieprozentsatz. Die gegenwärtige Flora ist aus ganz verschiedenen Elementen aufgebaut, die zu verschiedenen Zeiten und aus verschiedenen Richtungen nach Island gelangten. Trotz der mehr oder weniger langen Isolation gleichen die Chromosomenzahlen der isländischen Populationen weitgehend denen, die als Verwandte räumlich und zeitlich weit von ihnen getrennt leben. Das extreme Klima Islands, bzw. sein starker Wechsel im Laufe der Eiszeiten, haben auf die Chromosomenzahlen keine Wirkung ausgeübt. — REESE bestimmt die Chromosomenzahlen von 150 *Angiospermen*-Arten der nordalgerischen Sahara und stellt fest, daß die extremen edaphischen Bedingungen der Wüste nicht von einem hohen Polyploidiegrad der Flora begleitet sind. Die Nordsahara hat bei einer geographischen Breite von 30—32° einen Polyploidieprozentsatz von 37. Er fügt sich also gut dem der Kykladen an, die bei einer geographischen Breite von 37° (auch) 37% Polyploide beherbergen. REESE vertritt daher die Auffassung, daß der Polyploidiegrad nicht durch die Art des Klimas, bzw. die geographische Breite oder Meereshöhe bestimmt werde, sondern daß Polyploide bei der Neubesiedlung jungfräulicher Areale Vorteile besitzen. Der Polyploidiegrad kann nach REESE also nur im Zusammenhang mit der pflanzengeographischen Geschichte des betreffenden Areals verstanden werden. Den Grund, weshalb Polyploide bei der Neubesiedlung offener Gebiete im Vorteil sind, sieht auch REESE in ihrer größeren Variabilität, mit der die ungewohnten Lebensbedingungen neuer Räume besser gemeistert werden. Mit dieser These läßt sich der hohe Polyploidiegrad des skandinavischen Nordens oder der Alpen naturgemäß gut erklären. — Unter den Samenpflanzen der Sahara sind die perennierenden mit 42,3%, die annuellen mit 28,3%

an Polyploiden vertreten. Einen hohen Polyploidie-Anteil der Ausdauernden stellt auch Miége fest, der die Chromosomenzahlen von 37 Vertretern der tropischen *Dioscoreaceen* und *Sapotaceen* bestimmt; die Arten mit den höchsten Chromosomenzahlen in den beiden Familien bevölkern die weitesten Areale.

Eine diploide *Funaria hygrometrica* wird von Vaarama entdeckt. Sie zeigt keine Gigasmerkmale und stellt somit eine von der Natur geschaffene Parallelerscheinung zu *Bryum Corrensii* dar, das F. v. Wettstein in seinen Zuchten fand. Auch die Vorgänge der Meiosis sind in beiden Fällen die gleichen: Bivalentbildung und teilweise Sekundärpaarung im tetraploiden Sporophyten. — Hoffmann (1), (2) untersucht die durch Sporophytenregeneration erhaltenen diploiden Gametenpflanzen auf ihr Geschlechtsverhalten. Bei *Bryum capillare* entstehen aus $2n$-Protonemen sowohl rein weibliche als auch rein männliche Stämmchen. Daneben treten solche mit zwittrigen Gametangien-Ständen auf, wobei sich die Stämmchen syn- oder autöcisch verhalten können. Die entsprechenden bivalens-Kulturen von *Barbula unguiculata* waren entweder rein weiblich oder rein männlich oder agam.

Im Zusammenhang mit den Wirkungen der Polyploidie ist auch der Inhalt von Arbeiten darzustellen, die von der Geschlechtsbestimmung bei *Rumex* und *Melandrium* handeln. Bei dem tetraploiden *Rumex paucifolius* ($2n = 28$), der im westlichen Nordamerika als diöcische Art verbreitet ist, besitzt das Weibchen $4X$, das Männchen $3X + 1Y$. Die $X$-Chromosomen sind größer als die Autosomen, das $Y$ ist das kleinste Chromosom. Die männlichen Faktoren im $Y$-Chromosom wirken streng epistatisch (*Melandrium-Acetosella*-Typus) (Löve u. Sarkar). Der diploide *Rumex hastatulus* enthält drei Autosomenpaare, zu denen im Weibchen $2X$, im Männchen $XY_1Y_1$ hinzutreten. Da *Rumex acetosa* und sämtliche Verwandte 6 Autosomen, aber zusätzlich nur zwei $X$ im Weibchen und $XY_1Y_2$ im Männchen besitzen, dürften *Rumex acetosa* und ihre Verwandten Polyploide darstellen, die bei der Genomvermehrung einen Satz von Geschlechtschromosomen verloren haben (Smith).

Nygren (3) berichtet von der Polyploidisierung des *Melandrium album* durch $N_2O$, das während der Meiose und der Befruchtung einwirkt (16 Std. bei Atm. ist optimal). Durch die Verdoppelung des Genoms in den verschiedenen Entwicklungsstadien können mehrere Kombinationen von Autosomen und Geschlechtschromosomen zustande kommen. So entsteht aus einer ($2A + 2X$)-Eizelle durch normale Befruchtung zunächst $3A + 2X + Y$. Steht die Zygotenteilung noch unter $N_2O$-Einfluß, so entwickeln sich Pflanzen mit $6A + 4X + 2Y$, also hexaploide. Das $Y$-Chromosom beeinflußt das Geschlecht stark in männlicher Richtung (in Übereinstimmung mit den Feststellungen von Westergaard u. Warmke), doch enthalten auch die Autosomen weiblich und männlich bestimmende Faktoren. $3A + 2X + Y$ ist weiblich! $4A + 2X + 2Y$ und $4A + 3X + Y$ sind Intersexe.

### d) Aneuploide.

Die Bedeutung der Mono- und Nullisomen für die *Weizen*züchtung geht aus einem zusammenfassenden Bericht von Unrau, Person u. Kuspira hervor. Sie stellen anhand von Beispielen dar, wie diese Aneuploiden zur Chromosomensubstitution herangezogen werden können.

Soll z. B. die Monosome der häufig benutzten *Weizen*sorte „*Chinese spring*" in eine Monosome der Sorte „*Thatcher*" umgebaut werden, so kreuzt man die Monosome „*Chinese spring*" als Mutter mit „*Thatcher*" als Vater. Die Monosomen der $F_1$ werden dann mit „*Thatcher*" rückgekreuzt, und diese Kreuzungsweise wird über mindestens 6 Generationen fortgesetzt. Danach liegen Monosome vor, die zu 98%

*Thatcher*-Genom enthalten. In gleicher Weise erläutern die Autoren die Substitution eines Chromosoms einer mono- oder nulli-somen Linie durch ein Chromosom einer „Donorvarietät", wobei sie auch die schwierige Überführung von Translokationschromosomen nicht beiseite lassen.

SEARS, LOEGERING u. RODENHISER kreuzen die 21 nullisomen Linien des „*Chinese spring*" mit den 4 Weizenrassen *Hope, Thatcher, Red Egyptian* und *Timstein* als „Spenderlinien". Die $F_1$-Pflanzen tragen 20 Bivalente + 1 Donorchromosom. Nach mehreren Rückkreuzungsgenerationen mit den Nullisomen als Mütter und den Monosomen als Väter liegen Monosome vor, in denen das nur einmal vorhandene Chromosom identifiziert werden kann. Gleichzeitig läßt sich die Resistenz der Pflanzen prüfen. Auf diesem Wege fanden die Autoren in den 4 Spenderlinien 9 Chromosomen, die Resistenzgene tragen: Chromosom 8 und 17 in *Hope*; 3, 13 und 19 in *Thatcher*; 6, 13 und 20 in *Red Egyptian*; 10 in *Timstein*.

Bei Kreuzungsarbeiten mit Monosomen verschiedener *Weizen*stämme muß damit gerechnet werden, daß auch einzelne der doppelt vorhandenen Chromosomen sich nicht paaren. Diese partielle Asynapsis führt zu neuen Hypo- und Hyperformen. Es können dadurch Monosome entstehen, die für das Chromosom der ursprünglichen Monosomen disom sind und ein neues Chromosom monosom besitzen = Monosomenverschiebung (PERSON). — Aneuploide Chromosomenzahlen resultieren leicht aus Bastardierungen. CHAPMAN u. RILEY finden Pflanzen mit 44 Chromosomen nach Selbstung eines *Weizen-Roggen*-Bastardes; die beiden überzähligen sind *Roggen*-Chromosomen. In solchen Fällen kann mit der Aneuploidie eine Instabilität der Chromosomenzahlen verknüpft sein. So liefert die Kreuzung der *Brombeer*sorte *Boysen* ($2n = 49$) mit der Sorte *Eldorado* ($2n = 28$) Sämlinge, die 27—60, oder 13—41 Chromosomen tragen. — Aneuploidie ist schließlich dort häufig, wo diffuse Centromeren die Quellen für eine dauernde unschädliche Vermehrung von Chromosomen bilden. DAVIS gibt hierzu einen zusammenfassenden Bericht von den Verhältnissen in der Gattung *Carex*. Neben Arten mit nur einer aneuploiden Zahl sind solche hervorzuheben, die eine ganze Reihe von Chromosomenzahlen aufweisen. Bei *C. digitata* zählt man $n = 24, 25, 26$; bei *C. caryphyllea* $n = 31, 32, 33, 34$. — Hypohaploide erzielt MONTSCHEN nach Bestrahlung der Sporogone während der Meiosis von *Brachythecium rutabulum*; der Gametophyt besitzt normalerweise 10 Chromosomen; nach Bestrahlung kann man 9, 8, 7 und sogar 5 zählen. Diese Aneuploiden kommen durch Translokationsvorgänge zustande.

SCHWEMMLE, HAUSTEIN, BUCHNER, DITTMANN sowie ARNOLD u. BINA analysieren eine Anzahl von Trisomen, die bei den Kreuzungsarbeiten mit *Oenothera odorata* auftreten.

Die Trisomen *A, B* und *C* von *Oe. odorata* enthalten den normalen $v$-Komplex und einen $I$-Komplex mit 8 Chromosomen; die $I$-Komplexe werden im allgemeinen nur durch die Eizelle übertragen. Der $I_A$-Komplex zeichnet sich durch den Verlust eines $I$-Chromosoms aus, der durch 2 $v$-Chromosomen kompensiert wurde. $I_A$ besitzt z. B. die Zusammensetzung: $I_1, I_2, I_3, I_4, I_6, I_7 + v_5 + v_6$. Aus dieser „Monomorphen VI" geht der $I_B$-Komplex hervor durch non-disjunktion; in ihm sind 2 $I$-Chromosomen durch 3 $v$-Chromosomen ersetzt. Aus Typ *B* kann Typ *C* durch non-disjunktion am anderen Ende der Chromosomenkette resultieren; dann ersetzen 4 $v$-Chromosomen die ausgefallenen 3 $I$-Chromosomen. In den Selbstungen der Trisomen *A, B* und *C* treten $vv$-ähnliche Pflanzen auf. Wahrscheinlich sind dies Formen, in denen der Verlust weiterer $I$-Chromosomen durch $v$-Chromosomen kompensiert wurde. Sie müssen sich mehr und mehr den $vv$-Homozygoten nähern. — Die cytogenetische Analyse der 3 Trisomen *compacta, tenera* und *tenella* ergibt: *compacta* enthält das Chromosom 2 ($I_1$) 3 überzählig; *tenera* entsprechend 5 ($v_6$) 6; bei *tenella* ist das Chromosom 10 ($v_3$) 14 durch die beiden $I$-Chromosomen 9 ($I_2$) 10 und 13 ($I_3$) 14 ersetzt.

### e) *B*-Chromosomen.

Mehrere Untersuchungen an alten und neuen Objekten widmen sich der cytologischen Analyse von *B*-Chromosomen.

Sorsa bestimmt die Chromosomenzahlen von 10 *Sphagnum*-Arten und findet sowohl bei Di- ($2n = 19$) als auch bei Tetraploiden bis zu 10 akzessorische Chromosomen. Nygren (4) kann bei *Poa timoleontis* die beiden akzessorischen Chromosomen nur in der Meiosis erkennen, während der sie sich paaren und normal verteilen. Pfitzer (1), (2) schildert das gleiche Verhalten der *B*-Chromosomen dreier *Anthurien*-Arten. Auffallend hohe Prozentsätze an *B*-haltigen Individuen weist Müntzing (3) bei koreanischen *Roggen*linien auf. Im allgemeinen zeigen höchstens 30% der Individuen einer Population *B*-Chromosomen. Bei den beiden *Roggen*herkünften aus Yonkii und Booyou waren es 89,5 und 91,5%. Nygren (2) beschreibt *B*-Chromosomen von *Poa alpina*-Pflanzen der Subspecies *xerophila* aus dem Engadintal bei Ardez. In ihrer Nachkommenschaft treten die *B*-Chromosomen gehäuft auf, ohne die Lebensfähigkeit der Pflanzen zu beeinflussen. Allerdings senkt eine große *B*-Zahl die Pollenfertilität. Longley beobachtet eine Translokation zwischen dem Chromosom 9 von *Zea mays* und einem *B*-Chromosom. Wohl im Zusammenhang mit dem großen heterochromatischen Teil des *B*-Chromosoms kommt es beim *Mais* auch zu anderen Aberrationen der *B*-Chromosomen. So wird ein centromerenhaltiges *B*-Fragment beobachtet, das nur 4 Chromomeren trägt. Kayano (1), (2) schließlich berichtet von *B*-Chromosomen bei *Lilium callosum*; man kann drei Arten, nämlich ein kleines telozentrisches, ein langes telozentrisches und ein großes isobrachiales (= Isochromosom) unterscheiden. Sie sind als akzessorische Chromosomen ausgewiesen, da sie sich weder untereinander noch mit normalen Chromosomen paaren. Nur das Isochromosom macht eine Ausnahme.

Müntzing (1) gibt einen Überblick über die Cytogenetik der *B*-Chromosomen. Während von ihrem Einfluß auf die Vitalität der Pflanzen nichts Allgemeingültiges gesagt werden kann, sind die Grundlagen für die Elimination der akzessorischen Chromosomen in der Mitose und das Nichttrennen in der Anaphase schon ziemlich gut bekannt.

Im *B*-Chromosom des *Roggens* kann eine Zone nachgewiesen werden, die für das Nichttrennen verantwortlich ist. Müntzing u. Nygren finden bei der Untersuchung zweier Herkünfte der *Poa alpina* einen Stamm, der regelmäßig zwei *B*-Chromosomen trägt. Sie sind in der Meiosis regelmäßig zu beobachten, fallen aber durch Elimination in den Wurzelkernen aus. Unter den Nachkommen dieses Stammes finden sich Pflanzen mit zwei neuartigen *B*-Chromosomen. Sie sind kleiner, indem gegenüber den ursprünglichen Chromosomen ein Schenkel fast ganz fehlt. Diese kleinen *B*-Chromosomen werden nicht eliminiert, denn sie sind auch in den Wurzelspitzenmitosen zu sehen. Ein bestimmtes Chromosomenstück der normalen *B*-Chromosomen enthält also offenbar die für die Elimination verantwortlichen Anlagen. Catchside weist auf die Tatsache hin, daß sich die *B*-Chromosomen des *Mais* in der zweiten Pollenkornmitose nicht trennen, und daß der *B*-haltige Kern die Eizelle häufiger befruchtet als der *B*-lose. Offenbar muß eine Wechselwirkung zwischen den *B*-Chromosomen und einem Gradienten des Pollenschlauchs vorliegen.

Nach wie vor ist die Rolle unklar, welche die *B*-Chromosomen im Zellgeschehen und bei der Merkmalsbildung spielen. Zwei Beobachtungen weisen auf Unterschiede in den Eigenschaften *B*-haltiger und *B*-loser Linien derselben Art hin. Bei der amphidiploiden *Viola riviniana* ($2n = 40$) gibt es Stämme, die sich ausschließlich durch Samen vermehren, und andere, die zusätzlich Adventivsprosse bilden können. Nur die letzteren besitzen *B*-Chromosomen (VALENTINE). BOSEMERK (1) untersucht 1042 Pflanzen des *Phleum phleoides* aus 5 Hauptverbreitungsgebieten cytologisch. Durchschnittlich enthalten 31,3% davon *B*-Chromosomen. Am häufigsten kommen *B*-haltige Pflanzen dort vor, wo das *Phleum* auf leichten, gut drainierten Böden gedeiht. Die entsprechende Analyse bei *Festuca pratensis*, die sowohl in allen schwedischen Handelssorten als auch am natürlichen Standort *B*-haltige Individuen aufweist, ergibt, daß im natürlichen Verbreitungsgebiet eine positive Korrelation zwischen dem Prozentsatz an *B*-haltigen Pflanzen und dem Tongehalt des Bodens zu bestehen scheint [BOSEMARK (2)]. Diese vorläufigen Resultate bedürfen der experimentellen Prüfung.

## 4. Außerkaryotische Erbträger.

Nachdem sich in der botanisch orientierten Genetik die Beobachtungen von außerkaryotischen Erbfaktoren mehr und mehr häufen, verdienen alle ernsthaften Bemühungen, sie zu lokalisieren, hervorgehoben zu werden. Vor allem MICHAELIS hat in einer Reihe von Arbeiten versucht, durch „intraindividuelle Musteranalyse" zu Aussagen zu gelangen, welche Teile des Protoplasmas außerhalb des Kernes als Träger bei bestimmten mütterlich vererbten Eigenschaften von *Epilobium* in Frage kommen. Die Methode ist anwendbar, wenn sich die betreffende Eigenschaft als Scheckung, z. B. Grün-Weiß-Scheckung, bemerkbar macht. Aus der genau zu analysierenden Verteilung grüner und weißer Sektoren an der gesamten Pflanze kann man auf die Zahl der beiden Sorten von „Plasmadeterminanten" schließen, welche den grünen und weißen Sektoren zugrunde liegen, denn sie sind in der Eizelle gemischt vorhanden und entmischen sich in der Ontogenese. Allerdings müssen gewisse Voraussetzungen gemacht werden, von deren Gültigkeit die Tragfähigkeit der Methode abhängt: Die plasmatischen Erbträger müssen in der Zelle gleichmäßig verteilt sein, gleichmäßig vermehrt und dem Zufall nach bei jeder Zellteilung verteilt werden; schließlich muß man auch die Zahl der Zellteilungsfolgen annähernd erfassen können. Für einen albomaculata-Schecken von *Epilobium* führt MICHAELIS diese Analyse durch und kommt zum Schluß, daß die auf Grund der Musterbildung zu fordernde Zahl von plasmatischen Struktureinheiten wahrscheinlich der Zahl der Sphaerosomen entspricht. Man darf dem weiteren Fortschritt dieser Untersuchungen von MICHAELIS mit besonderem Interesse entgegensehen.

STUBBE u. V. WETTSTEIN haben bei *Oenothera* eine gelb-grüne und eine weiße Mutante, die außerkaryotische Vererbung zeigen, im Elektronenmikroskop untersucht. Die Entwicklung der Plastiden scheint normal zu verlaufen; der Zerfall setzt erst am fertigen Plastiden ein. VON WETTSTEIN nimmt auf diesen Befund Bezug und vergleicht ihn mit den Gen-bedingten Plastidendefekten der *Gerste*, bei denen bereits die Entwicklung der Chlorophyllkörner an vielen Stellen blockiert sein kann. Es erscheint aber zweifelhaft, ob man schon nach diesen wenigen Befunden einen grundsätzlichen Unterschied in der Wirkung von Genen einerseits und von außerkaryotischen Erbfaktoren andererseits bei der Plastidenentwicklung vermuten darf.

SCHWEMMLE u. SIMON berichten von abweichenden *Oenotheren* aus Kreuzungen zwischen *Oe. Hookeri* als Mutter und *Oe. molissima* u. a. als Vater. In den Abweichern treten dunkelgrüne Zellen auf. Sie kommen vermutlich durch den schädigenden Einfluß benachbarter nicht-ergrünungsfähiger Zellkomplexe zustande. Es erscheint besonders interessant, daß die in den tiefgrünen Zellen vorliegende Änderung manchmal den Charakter einer Dauermodifikation der Plastiden trägt.

## Literatur.

AMBASTHA, H. N. S.: Genetica ('s Gravenhage) **28**, 64 (1956). — ANDERSON, E. G., H. H. N. KRAMER and A. E. LONGLEY: (1) Genetics **40**, 531—538 (1955); (2) Genetics **40**, 500—510 (1955). — ARMSTRONG, J. M., and R. W. ROBERTSON:

Canad. J. Agricult. Sci. 36, 255 (1956). — ARNOLD, C. G., u. H. BINA: Flora (Jena) 144, 537 (1957).
BEAMISH, KATHERINE I.: Amer. J. Bot. 42, 297—304 (1955). — BERGFELD, R.: Z. indukt. Abstamm.- u. Vererb.-Lehre 89, 131 (1958). — BERNSTRÖM, P.: Hereditas (Lund) 41, 1—122 (1955). — BERTSCH, K.: Jb. Ver. Naturk. Württemberg 111, 137 (1956). — BORA, K. C.: J. Genet. 53, 41—48 (1955). — BOSEMARK, N. O.: (1) Hereditas (Lund) 42, 443 (1956); (2) Hereditas (Lund) 42, 189 (1956). — BRITTON, D. M., and J. W. HULL: J. Hered. 47, 205—210 (1956). — BROWN, W., and D. ZOHARY: Genetics 40, 850 (1955). — BUCHNER, E.: Flora (Jena) 143, 543 (1956). — BURNHAM, C. R.: Bot. Rev. 22, 419 (1956).
CAROLIN, R. C.: New Phytologist 56, 81—97 (1957). — CATCHSIDE, D. G.: Heredity 10, 345 (1956). — CHAPMAN, V., and R. RILEY: Nature (Lond.) 175, 1091—1092 (1955).
D'AMATO, F.: Caryologia (Firenze) 7, 292 (1955). — DANSERAU, P., and E. E. STEINER: Bull. Torrey bot. Club 83, 113 (1956). — DARLINGTON, C. D., and M. KEFALLINOU: Chromosoma (Heidelberg) 8, 364—370 (1957). — DAVIES, E. W.: Hereditas (Lund) 42, 349 (1956). — DITTMANN, CHR.: Flora (Jena) 143, 575 (1956). — DUCKERT, M. M., et C. FAVARGER: Ber. schweiz. bot. Ges. 66, 34—46 (1956).
EBERLE, P.: Z. indukt. Abstamm.- u. Vererb.-Lehre 88, 184 (1957). — EHRENBERG, L., A. GUSTAFSSON and U. LUNDQUIST: Acta chem. scand. 10, 492 (1956). — EHRENDORFER, F.: Öst. bot. Z. 102, 195—234 (1955). — EMMERLING, M. H.: Genetics 40, 697 (1955). — ENDRIZZI, J. E., and D. T. MORGAN jr.: J. Hered. 46, 201 (1955).
FABERGE, A. C.: Z. Vererbungslehre 87, 392 (1956). — FUNKE, CHR.: (1) Naturwissenschaften 43, 66 (1956); (2) Z. Pflanzenzücht. 36, 165 (1956).
GAUL, H.: Z. Pflanzenzücht. 38, 63 (1957). — GAJEWSKI, W.: (1) Acta Soc. bot. polon. 24, 311—334 (1955); (2) Monogr. bot. 4, 3—416 (1957). — GERSTEL, D. U.: Genetics 41, 31 (1956). — GERSTEL, D. U., and P. A. SARVELLA: Evolution (Lancaster, Pa.) 10, 408 (1956). — GLÄSS, E.: Chromosoma (Heidelberg) 8, 260 (1956). — GOPINATH, D. M., and C. R. BURNHAM: Genetics 41, 382 (1956). — GOTTSCHALK, W., u. N. PETERS: Z. Pflanzenzücht. 34, 351 (1955). — GRUN, P.: Amer. J. Bot. 42, 11 (1955).
HAGA, T.: Heredity 10, 85 (1956). — HAGA, T., and T. OGATA: Cytologia (Tokyo) 21, 11 (1956). — HAKANSSON, A.: Hereditas (Lund) 41, 454 (1955). — HARTE, C.: Chromosoma (Heidelberg) 8, 152 (1956). — HAUSTEIN, E.: Flora (Jena) 143, 385 (1956). — HILPERT, G.: Hereditas (Lund) 43, 318—322 (1957). — HIRAIZUMI, Y.: Jap. J. Genet. 31, 33 (1956). — HOFFMANN, A.: (1) Z. indukt. Abstamm.- u. Vererb.-Lehre 87, 753 (1956); (2) 88, 374 (1957). — HORN, W.: Züchter 26, 193 (1956).
JOSHI, A. B., and M. W. HARDAS: Nature (Lond.) 178, 1190 (1956).
KAYANO, H.: (1) Kromosoma 27—28, 956 (1956); (2) Mem. Fac. Sci., Kyushu Universität, Ser. E, 2, 45 (1956). — KHAN, S.: Cytologia (Tokyo) 20, 150 (1955). — KHOSHOO, T. N.: Current. Sci. 25, 165 (1956). — KNAPP, E., u. E. MÖLLER: Z Vererbungslehre 87, 298 (1955). — KUMAR, L., R. D'CRUZ and I. G. OKE: Current Sci. 26, 121—122 (1957). — KURABAYASHI, M.: Jap. J. Bot. 16, 1 (1957).
LAMPRECHT, H.: Agri. hort. genet. (Landskrona) 13, 37—84 (1955). — LEWIS, H., and M. E. LEWIS: Univ. Calif. Publ. Bot. 20, 241—392 (1955). — LÖVE, A.: (1) Svensk bot. Tidskr. 48, 211—232 (1954); (2) Nytt Magasin Bot. 4, 5—18 (1955). — LÖVE, A., and D. LÖVE: (1) Amer. Mdld. Naturalist 52, 88—105 (1954); (2) Canad. J. Bot. 34, 501 (1956); (3) Acta horti Gotoburgensis 20, 65—290 (1955). — LÖVE, A., and N. SARKAR: Canad. J. Bot. 34, 261 (1956). — LONGLEY, A. E.: Amer. J. Bot. 43, 18 (1956).
MARKS, G. E.: New Phytologist 55, 120—129 (1956). — MATSUMURA, S.: (1) An. Rep. nat. Inst. Genetics No. 6, 72 (1955); (2) Cytologia (Tokyo) 21, 107 (1956). — MENZEL, M. Y.: Genetics 40, 214 (1955). — MENZEL, M. Y., and M. S. BROWN: Amer. Naturalist 88, 407 (1954). — MICHAELIS, P.: Cytologia (Tokyo) 20, 315 (1955). — MIEGE, J.: Rev. Cytol. Biol. veget. 15, 312—348 (1954). — MITRA, J.: Bot. Gaz. 117, 265 (1956). — MORRIS, R.: Amer. J. Bot. 42, 546—550 (1955). — MOUTSCHEN, I.: C. R. Soc. Biol. (Paris) 149, 591—593 (1955). — MÜNTZING, A.: (1) Caryologia (Firenze) Sup. to 6, 282 (1954); (2) Wheat Inform. Service No. 2

(1955); (3) Wheat Inform. Service No. 5 (1957). — Müntzing, A., and A. Nygren: Hereditas (Lund) **41**, 405 (1955).

Nordenskiöld, H.: (1) Caryologia (Firenze) Suppl., 704—707 (1954); (2) Kungl. Lantbrukshögskolans Ann. **22**, 257 (1955); (3) Hereditas (Lund) **42**, 7—73 (1956); (4) Bot. Not. (Lund) **110**, 1—16 (1957). — Nuzdin, N. I., R. L. Dozorceva u. I. A. Necaev: Izv. Akad. Nauk. SSSR, Ser. Biol. Nr. 3, 71—93 (1955). — Nygren, A.: (1) Hereditas (Lund) **41**, 287—290 (1955); (2) Kungl. Lantbrukshögskolans Ann. **22**, 179—191 (1955); (3) Kungl. Lantbrukshögskolans Ann. **23**, 393 (1957); (4) Kungl. Lantbrukshögskolans Ann. **23**, 489 (1957).

Ogata, Ts., and T. Haga: Rem. Fac. Sci. Kyushu Univ. Ser. E. **2**, 61—67 (1956). — Oka, H.: Cytologia (Tokyo) **20**, 258 (1955).

Perkins, D. D.: J. cellul. comp. Physiol. **45**, Suppl. 2, 119—149 (1955). — Person, C.: Canad. J. Bot. **34**, 60 (1956). — Pfitzer, P.: (1) Chromosoma (Heidelberg) **8**, 436 (1957); **8**, 545 (1957). — Price, S.: Bot. Gaz. **118**, 146—159 (1957).

Quadt, F.: Züchter **25**, 241—245 (1955).

Raman, V. S.: (1) Cytologia (Tokyo) **20**, 19—31 (1955); (2) Cytologia (Tokyo) **20**, 133 (1955). — Rees, H., and J. B. Thompson: Heredity **10**, 409 (1956). — Reese, G.: Flora (Jena) **144**, 598—634 (1957). — Reimann-Philipp, R.: (1) Z. Vererbungslehre **87**, 187 (1955); (2) Z. Pflanzenzücht. **36**, 289 (1956). — Ronsi, A.: Ann. Bot. Soc. Vanamo **29**, 1—64 (1956). — Rutishauser, A.: (1) Nature (Lond.) **176**, 210—211 (1955); (2) Vjschr. naturforsch. Ges. Zürich **100**, 17—26 (1955); (3) Heredity **10**, 367 (1956). — Rutishauser, A., and L. F. La Cour: (1) Chromosoma (Heidelberg) **8**, 317 (1956); (2) Nature (Lond.) **117**, 324 (1956).

Sakai, K., and Y. Suzuki: J. Genet. **53**, 585—590 (1955). — Sarvella, P.: J. Hered. **47**, 19—20 (1956). — Sax, H. J.: J. Arnold Arboretum **35**, 334 (1954). — Sax, K.: J. cellul. comp. Physiol. **45**, 243—247 (1955). — Sax, K., and E. D. King: Proc. nat. Acad. Sci. (Wash.) **41**, 150 (1955). — Sax, K., E. D. King and H. Luippold: Radiat. Res. **2**, 171 (1955). — Schifferdecker, I.: Z. indukt. Abstamm.- u. Vererb.-Lehre **88**, 163 (1957). — Schulz-Schaeffer, J.: Z. Pflanzenzücht. **35**, 297 (1956). — Schwanitz, F.: Die Evolution der Organismen. 2. Aufl. Stuttgart: Fischer 1957. — Schwartz, D.: J. cellul. comp. Physiol. **45**, 171—188 (1955). — Schwemmle, J.: Flora (Jena) **143**, 356 (1956). — Schwemmle, J., u. R. Simon: Flora (Jena) **143**, 165 (1956). — Sears, E. R.: Genetics in Plant Breeding, Brookhaven Symposia in Biology, No. 9 (1956). — Sears, E. R., W. Q. Loegering and H. A. Rodenhiser: Agronomy J. **49**, 208 (1957). — Sedlmayr, K.: (1) Bodenkultur (Wien) **8**, 235—243 (1955); (2) Züchter **27**, 65—69 (1956). — Sharma, A. K., and D. N. De: Caryologia (Firenze) **8**, 294 (1956). — Smith, B. W.: J. Hered. **46**, 226 (1955). — Sorsa, V.: Hereditas (Lund) **41**, 250 (1955). — Srivastava, R. N.: Heredity **47**, 241 (1956). — Steiner, E.: Bull. Torrey bot. Club **82**, 292—297 (1955). — Stinson, H. T., and E. Steiner: Amer. J. Bot. **42**, 905 (1955). — Stubbe, W., u. D. v. Wettstein: Protoplasma (Wien) **45**, 241 (1955). — Swanson, C. P.: (1) Genetics **40**, 193—203 (1955); (2) J. cellul. comp. Physiol. **45**, 285 (1955).

Tandon, S. L., and A. Hecht: (1) Cytologia (Tokyo) **20**, 199—210 (1955); (2) Cytologia (Tokyo) **21**, 252—271 (1956). — Therman, E.: Amer. J. Bot. **43**, 134—142 (1956). — Thompson, K. F.: Nature (Lond.) **178**, 748 (1956). — Thompson, J. B.: Heredity **10**, 99 (1956).

Unrau, J., C. Person and J. Kuspira: Canad. J. Bot. **34**, 629 (1956).

Vaarama, A.: Arch. Soc. Vanamo **9**, Suppl. (1955). — Valentine, D. H.: Proc. roy. Soc. Ser. B **145**, 315 (1956).

Walters, M. Sh.: Univ. Calif. Publ. Bot. **28**, 335—447 (1957). — Walters, J. L.: Amer. J. Bot. **43**, 342 (1956). — Wangenheim, K.-H. Frhr. v.: Z. indukt. Abstamm.- u. Vererb.-Lehre **88**, 21—27 (1957). — Wangenheim, K.-H. Frhr. v., N. O. Frandsen u. H. Ross: Z. Pflanzenzücht. **37**, 41—76 (1957). — Weaver, J. B. jr.: J. El. Mitchell scient. Soc. **71**, No. 2 (1955). — Wettstein, D. v.: Hereditas (Lund) **43**, 303 (1957).

Zebrak, A. R.: (1) Dokl. Akad. Nauk SSSR, N. S. **101**, 1121—1124 (1955); (2) Dokl. Akad. Nauk SSSR, N. S. **102**, 157—160 (1955). — Zillinsky, F. J.: Canad. J. agricult. Sci. **36**, 107 (1956). — Zimmer, K. G.: (1) Acta radiol. (Stockh.) **46**, 595 (1956); (2) Hereditas (Lund) **42**, 201 (1957).

# 18. Wachstum.

Von Jakob Reinert, Tübingen.

**1. Native Auxine und Hemmstoffe.** Die Mehrzahl der neueren Ergebnisse über die chemische Natur nativer Auxine bestätigt die bisherigen Erfahrungen, nach denen mit der IES und verschiedenen anderen Indolderivaten die Hauptgruppe dieser Hormone gegeben ist. Raadts u. Söding setzten ihre Untersuchungen über Auxine und Hemmstoffe der Haferkoleoptilspitze fort. Im Gegensatz zu früheren Untersuchungen erfaßten sie als einzige, direkt wirksame Komponente nur IES und außerdem einen inaktiven Wuchs- und einen Hemmstoff. Es ist anzunehmen, daß damit die vor Jahren ausgelöste Diskussion über das Auxin dieser Koleoptilen entsprechend dem damaligen Ergebnis [Reinert (1950)] entschieden sein dürfte. Eine Identifizierung des unbekannten inaktiven Auxins war bis jetzt nicht möglich, weil diese Substanz äußerst labil ist und nicht nur nach milder Säurebehandlung ($p_H$ 3), sondern auch spontan bei der Reinigung und Chromatographie IES freisetzt. Auf Grund verschiedener Eigenschaften (Ätherlöslichkeit, saurer oder neutraler Charakter, Molekulargewicht um 300) wird angenommen, daß es sich nicht um eine der bekannten Vorstufen der IES, sondern um eine gebundene Form handelt. Dabei wird eine Identität mit Indolacetylasparagin (vgl. Abschn. 2) oder mit dem $\alpha$-Accelerator (gleicher $R_f$-Wert) ausgeschlossen, bzw. im Falle des Accelerators als zweifelhaft angesehen, weil diese Substanz möglicherweise ein Artefakt ist. Wiedow-Pätzold konnten bei Untersuchungen mit *Helianthus*hypocotylen die Natur des lange umstrittenen säure- und teilweise auch gegen IES-Oxydase stabilen Auxins klären. Es stellte sich heraus, daß es sich auch dabei um IES handelt. Die Resistenz gegen Säure ließ sich auf Konzentrationserhöhungen bei der Aufarbeitung und die gegen Enzympräparationen auf einen Hemmstoff des „Erbsenenzyms" zurückführen, der neben dem Wuchsstoff in alkoholischen Extrakten vorlag. Von Kefford u. Helms wird das Vorkommen eines unbekannten Auxins, das unter Langtagsbedingungen in Stengeln und Blättern anstelle der IES gebildet werden soll (Vlitos, Meudt u. Beimler) in Frage gestellt. Nach der Anzucht der Pflanzen im Lang- und im Kurztag konnten sie stets IES, aber in keinem Falle den unbekannten Wuchsstoff nachweisen. Der Grund für das nicht reproduzierbare Ergebnis dürfte die Oxydation der IES während der Chromatographie sein. Nach den Resultaten von Raadts und Söding ist es sonderbar, daß Housley, Booth und Philipps in den wäßrigen, aber auch in den ätherlöslichen Fraktionen von Extrakten aus Maiskoleoptilen und -wurzeln, sowohl bei der Chromatographie als auch in biologischen Testverfahren, keine freie IES nachweisen konnten. Trotz vieler (wirklicher und scheinbarer) Überraschungen, die sich seit der Einführung chromatographischer Verfahren in die Auxinforschung ergeben haben, dürfte eine Überprüfung der ätherlöslichen Fraktionen in Hinsicht auf Substanzen, die Störungen von Färbungsreaktionen verursachen, und auf Hemmstoffe, welche die Aktivität von Auxin in biologischen Testverfahren maskieren können, angebracht sein, ehe man sich der Meinung von HOUSLEY und Mitarb. anschließt, die ihre Ergebnisse als einen Hinweis auf das Vorliegen nicht indolartiger Auxine in den Maiskoleoptilen ansehen (Ref.).

Zum Schluß soll noch eine Arbeit von MIMAULT erwähnt werden, der in Kirschensamen außer der IES einen zweiten sauren und zwei neutrale Wuchsstoffe sowie verschiedene Hemmstoffe chromatographisch ermitteln konnte. Die Annahme, daß einer der neutralen Wuchsstoffe der Äthylester der IES sein könnte, dürfte jetzt schon widerlegt sein, denn auch diese Substanz muß als Artefakt betrachtet werden, das nur bei der Extraktion mit Äthylalkohol gebildet wird (FUKUI u. Mitarb.).

**2. Gebundene Auxine.** Seit dem letzten Bericht über gebundene Auxinformen (Fortschr. Bot. **17**, 701) haben sich — außer dem schon im vorhergehenden Abschnitt erwähnten Befund über den Äthylester der IES — einige Veränderungen ergeben, welche ebenfalls die gebundenen Auxine mit niedrigem Molekulargewicht (unter 500) betreffen. Bei Untersuchungen über den Auxinstoffwechsel isolierter Segmente aus verschiedenen Organen ist es einer kanadischen Arbeitsgruppe gelungen, drei bisher unbekannte, gebundene Auxinformen nachzuweisen. Ausgehend von der Beobachtung, daß von außen gebotene IES durch Erbsenepicotyle zu Indolacetylasparaginsäure umgesetzt wird [ANDREAE u. GOOD (1)], konnte diese Umsetzung nicht nur mit anderen Objekten (Gewebe aus 12 Species verschiedener Familien) bestätigt, sondern auch zusätzlich gezeigt werden, daß unter den gleichen Versuchsbedingungen — wenn auch in geringerem Maße und hauptsächlich bei Gramineen — Indolacetamid gebildet wird (GOOD, ANDREAE u. VAN YSSELSTEIN). Beide Verbindungen können jedoch vorläufig nicht als Produkte des normalen Auxinstoffwechsels betrachtet werden, weil sie nur entstehen, wenn extrem hohe Wuchsstoffkonzentrationen (über $10^{-4}$ m) geboten werden. Anders steht es mit einer dritten Substanz, dem Malonyltryptophan, das nicht nur nach Fütterung von Spinatblättern mit Tryptophan in kristalliner Form gewonnen werden konnte, sondern auch normalerweise in geringen Mengen in vielen Pflanzen vorkommt (GOOD u. ANDREAE).

Über die Stoffwechselprozesse, welche die Bildung dieser drei Verbindungen ermöglichen, ist bis jetzt nur wenig bekannt. Offenbar handelt es sich um enzymatische Umsetzungen, die mit der Atmung verbunden sind und an denen wahrscheinlich Coenzym A über die Bildung von Thioestern mit verschiedenen Säuren (IES, Malonsäure u. a. m.) beteiligt ist [ANDREAE u. VAN YSSELSTEIN; ANDREAE u. GOOD (2)].

In Hinsicht auf die schon öfter vermutete Beteiligung von Coenzym A am Auxinstoffwechsel ist es von Interesse, daß der bisher scheinbar evidenteste Nachweis einer Reaktion von Wuchsstoffen mit diesem Enzym sich als nicht haltbar erwies. Das von LEOPOLD u. GUERNSEY in einem Reaktionsgemisch aus Mitochondrien, ATP und Coenzym A nach Zusatz von Auxinen beobachtete Verschwinden von SH-Gruppen beruht nicht auf einer enzymatischen Reaktion, sondern ist offenbar die Folge einer unspezifischen Oxydation dieser Gruppen (LEOPOLD u. PRICE).

**3. IES-Oxydasen.** Im Gegensatz zu der Situation vor einigen Jahren (vgl. Fortschr. Bot. **17**, 703) ergibt sich jetzt ein etwas einheitlicheres Bild über das Vorkommen und die Natur der IES-abbauenden Enzyme in verschiedenen Familien höherer Pflanzen. Enzymsysteme, die ähnlich wie das „Erbsenenzym" eine Peroxydase enthalten und durch zweiwertige Manganionen und Monophenole gefördert werden, sind nicht nur in anderen Leguminosen (Linsenwurzeln, PILET u. GALSTON; Lupinen, STUTZ), sondern auch in Gramineen (Weizenblättern, WAY-GOOD, OAKS u. MACLACHLAN), Farnen (*Osmunda cinnamomea*, BRIGGS, MOREL, STEVES, SUSSEX u. WETMORE) und als Exoenzym in Nähr-lösungen von Coniferen (*Picea glauca*, REINERT, SCHRAUDOLF u. TAZAWA) nachgewiesen worden. Nachdem sich zudem gezeigt hat, daß die bisher so betonten unterschiedlichen Eigenschaften dieser Oxydasen ($p_H$-Optima, Reaktion gegenüber verschiedenen Mangankonzentrationen und kupfer-chelierenden Substanzen) wahrscheinlich auf Verschiedenheiten der bei den Untersuchungen verwendeten Reaktionsgemischen beruhen (STUTZ; REINERT, SCHRAUDOLF u. REINERT; HILLMAN u. GALSTON), dürfte es angebracht sein, diese Enzyme vorläufig als eine einheitliche Gruppe zu betrachten, die sehr häufig, wenn nicht sogar ubiquitär in Cormophyten vorkommen.

Hinsichtlich der Zusammensetzung und des Wirkungsmechanismus' dieser Systeme haben sich ebenfalls einige Veränderungen ergeben. Es wird jetzt angenommen, daß sie als Hauptkomponente nur eine Per-oxydase, aber kein Flavoproteid enthalten (KENTEN; WAYGOOD u. Mitarb.; STUTZ). Der eindeutigste Beweis hierfür ist ein Resultat KENTENs, der die Aktivität gekochter IES-Oxydase aus Bohnenwurzeln allein durch den Zusatz gereinigter Meerrettichperoxydase wiederherstellen konnte.

Über den Ablauf der IES-Oxydation ohne Beteiligung eines Flavo-proteids bestehen verschiedene Vorstellungen. KENTEN sowohl als auch MACLACHLAN u. WAYGOOD vertreten die Auffassung, daß zuerst durch die Peroxydase $Mn^{++}$ zu $Mn^{+++}$ oxydiert wird, dann der Wasserstoff der IES-Carboxylgruppe aktiviert und damit der Abbau der Seitenkette eingeleitet wird. Voraussetzung für diese Reaktion ist ein bis jetzt noch nicht exakt erfaßter Prozeß, durch den Peroxyd über die reversible Oxydation von Monophenolen geliefert wird. STUTZ, der ebenfalls diesen Mechanismus nicht ausschließt, diskutiert aber außerdem die Beteiligung einer Dehydrogenase, die imstande ist, die Manganwirkung zu ersetzen. Auch in diesem Falle muß zuerst eine Dehydrierung der IES und eine darauffolgende Decarboxylierung angenommen werden. Als Acceptoren für den Wasserstoff kommen Phenolradikale in Frage, deren Bildung der $Mn^{++}$ beschleunigt werden soll.

17*

**4. Wuchsstofftransport.** Der Nachweis KUSEs (1953) über die Störung des polaren Auxintransportes durch Trijodbenzoesäure (Tiba) ist bestätigt worden. NIEDERGANG-KAMIEN u. SKOOG begnügten sich jetzt aber nicht mit qualitativen Ergebnissen — Aufhebung der Polarität bei der Callus- und Knospenbildung in vitro kultivierten Tabakgewebes —, sondern konnten auch quantitativ zeigen, daß die bisher als Auxinantagonist angesehene Verbindung den Transport der IES in Segmenten aus *Helianthus*- und Tabakstengeln unterbinden kann. Anscheinend wird die Auxinwanderung aber nicht nur durch Tiba, sondern auch noch durch andere, analog gebaute Verbindungen gestört; denn HAY erreichte mit 2,4-Dichlorphenoxyessigsäure einen ähnlichen Effekt, und nach MEYER u. POHL blockieren verschiedene Produkte (Indolaldehyd und Indolcarbonsäure) der durch Riboflavin katalysierten Photolyse der IES ebenfalls die basipetale Wuchstoffleitung.

Von verschiedenen Seiten wird jetzt darauf hingewiesen, daß die Energie für den polaren Auxintransport wahrscheinlich durch die Atmung geliefert wird. Dabei bleibt die Frage offen, ob die Atmungsenergie nur zur Aufrechterhaltung der Funktionsfähigkeit des Protoplasmas dient oder eine spezifische Aufgabe erfüllt, die nur den Auxintransport betrifft. GREGORY u. HANCOCK vermuten deshalb eine Verbindung zwischen Atmung und Auxintransport, weil die Menge und die Geschwindigkeit des in Apfelschößlingen abströmenden nativen Auxins sich bei bestimmten $O_2$-Spannungen (1—5%) direkt proportional zur Menge des verfügbaren Sauerstoffs verhalten und beide Größen — im Gegensatz zu den Befunden von VAN DER WEIJS — temperaturabhängig sind. Sie erreichen ihre Nullwerte bei 0°C und 42°C und ihr Maximum zwischen 27°C und 32°C.

VON GUTTENBERG u. ZETSCHE führten den gleichen Nachweis auf anderem Wege. Sie konnten in Sproßspitzen von Dunkelpflanzen *(Helianthus annuus, Nicotiana tabacum)* nicht nur bedeutend mehr Auxin nachweisen als in Lichtpflanzen, sondern auch zusätzlich zeigen, daß aus den Sproßspitzen nur dann eine entsprechende Menge an Diffusionsauxin abgefangen werden kann, wenn die Pflanzen im Dunkeln mit Glucose versorgt wurden. Die hieraus gezogene Schlußfolgerung, daß Licht nicht für die Auxinproduktion notwendig ist, sondern indirekt über die Photosynthese das nötige Atmungsmaterial für die Auxinleitung liefert, wurde durch Transportversuche mit IES gestützt. Der Wuchsstoff wanderte bei optimaler Zuführung dann zur Basis von Segmenten aus Helianthushypocotylen, wenn diese aus belichteten oder verdunkelten, aber mit Glucose versorgten Pflanzen stammten. Er wurde aber nicht oder nur in geringer Menge transportiert, sobald Gewebe aus verdunkelten bzw. in Licht und $CO_2$-freier Atmosphäre gehaltenen Pflanzen verwendet wurde.

NIEDERGANG-KAMIEN u. LEOPOLD begründen die Koppelung von Auxintransport und Atmung mit der Wirkung verschiedener Hemmstoffe auf beide Prozesse. Atmungshemmungen durch Kaliumcyanid, Dinitrophenol, Jodacetat, Tiba u. a. m. wirkten sich stets auch auf die Auxinleitung aus. Mehreren als unspezifisch angesehenen Hemmstoffwirkungen werden spezifische gegenübergestellt, die nur den Auxintransport betreffen und nur (bei bestimmten Konzentrationen) durch Verbindungen ausgelöst werden, welche SH-Gruppen inaktivieren (Jodacetat, Tiba, p-Chlormercuribenzoat).

**5. Gibberelline.** NEELY u. PHINNEY beschreiben ein quantitatives Testverfahren, bei dem die starke Reaktion der Blätter einer Zwergmutante von Zea mays gegenüber Gibberellinen ausgenützt wird. Für den Test, der ein hohes Temperaturoptimum (30°C) hat, wird in "Tween 20" gelöstes Gibberellin auf das erste sich entfaltende Blatt gebracht und dann nach 3 Tagen dessen prozentuale Längenzunahme gegenüber den unbehandelten Kontrollen festgestellt. Das Verfahren ist äußerst empfindlich, wird nicht durch Auxine, Kinetin und Leukoanthocyanine gestört und soll quantitative Bestimmungen von Gibberellinmengen zwischen 0,001—10 $\gamma$ ermöglichen.

Für das postulierte Vorkommen von Gibberellinen oder gibberellinartigen Substanzen in Blütenpflanzen (vgl. Fortschr. Bot. **19**, 347) liegen nun auch direkte Beweise vor. PHINNEY, WEST, RITZEL u. NEELY extrahierten aus Samen bzw. in einigen Fällen aus dem Endosperm von *Phaseolus multiflorus, Aesculus california, Echinocystis macrocarpa* u.a.m. Wachstumregulatoren, die bei Zwergformen von *Zea mays* die gleichen Reaktionen wie Gibberelline hervorriefen. Nach den Ergebnissen chromatographischer Untersuchungen sind diese Wirkstoffe untereinander verschieden und nicht mit den bekannten Gibberellinen $A_1$ ($C_{19}H_{24}O_6$), $A_2$ ($C_{19}H_{26}O_6$) und $A_3$ ($C_{19}H_{22}O$ = Gibberellinsäure) identisch. Ähnliche Faktoren sind sowohl aus sich streckenden Inflorescenzen von *Brassica napus* (LONA) als auch aus Bohnensamen (BÜNSOW, PENNER u. HARDER) extrahiert worden. Der Wirkstoff aus *Brassica* förderte — im Gegensatz zur IES — das Wachstum von jungen *Perilla*-Pflanzen und der aus Bohnen löste im Kurztag bei *Bryophyllum crenatum* Streckung der oberen Internodien und Blütenbildung aus. Über die chemische Natur dieser Stoffe ist nichts bekannt; LONA schließt aber auf Grund des Verhaltens des *Brassica*-Regulators bei der Chromatographie und im Fluorescenztest mit $H_2SO_4$ aus, daß es sich um Gibberellinsäure (GBS) handelt. In Hinsicht auf die Ergebnisse von PHINNEY, WEST u. Mitarb. ist es einigermaßen überraschend, daß MACMILLAN u. SUTER vor kurzem aus *Phaseolus multiflorus*-Samen ein Gibberellin in kristalliner Form gewinnen konnten, welches das gleiche Infrarotspektrum und den gleichen Schmelzpunkt wie Gibberellin $A_1$ hat. Damit bleibt die Frage offen, ob nicht doch zumindest ein Teil der bis jetzt nur als „gibberellinartig" bezeichneten Regulatoren höherer Pflanzen mit den bekannten Stoffwechselprodukten von *Gibberella fujikuroi* identisch ist.

Eine Untersuchung LOCKHARTs mit Alaska-Erbsen brachte Ergebnisse, die für die Beschränkung der Produktion von Gibberellin bzw. gibberellinartigen Faktoren auf den Stengelvegetationspunkt sprechen. Von den Hemmungen des Längenwachstums, die er durch Dekapitation des Stengels, Abtrennung von Cotyledonen oder Wurzeln auslöste, konnte

Lockhart nur diejenige durch Gibberelline (1 $\gamma$ Gibberellin A + Gibberellinsäure) aufheben, die nach der Stengeldekapitation auftrat. Durch Indolylessigsäure (Konzentration bis zu etwa $10^{-2}$ g/ml) ließ sich die Wirkung des Vegetationspunktes auf das Sproßwachstum nicht ersetzen.

Ein weiteres Postulat — Förderung der Zellteilung durch Gibberelline (Lang) — hat sich ebenfalls bestätigt. Sachs u. Lang konnten bei unvernalisierten zweijährigen *Hyoscyamus niger*-Pflanzen im Dauerlicht durch Auftragung von Gibberellin auf die dem Stengelscheitelpunkt benachbarten Blattbasen außer geringer Internodienstreckung auch noch eine erhebliche Steigerung der Mitosezahl in der subapicalen Zone des Stengels auslösen. Dabei ist es bemerkenswert, daß die Mehrzahl der Teilungsspindeln in vertikaler Richtung lag. Einen ähnlichen Effekt — starke Zunahme des Dickenwachstums von jungen Aprikosensprossen — lösten Bradley u. Crane durch Spritzung mit hohen GBS-Konzentrationen ($10^{-3}$ g/ml) aus. Bei der anatomischen Untersuchung der Sproßspitzen stellte es sich dann heraus, daß dieses Wachstum auf einer Beschleunigung der Zellteilung im Cambium beruht, die aber nur zu einer Vermehrung der Xylemelemente führt. Die gleiche Stimulierung der Zellteilung hat sich auch bei Gewebekulturen gezeigt. Nach Schroeder u. Spector wird die Förderung des Kalluswachstums von Mesocarpstückchen aus *Citrus medica* durch IES nicht nur verstärkt, wenn den Nährmedien außer dem Auxin noch GBS zugesetzt wird, sondern es ist darüber hinaus sogar möglich, die IES durch das Gibberellin zu ersetzen. Schließlich ist es Vasil auf einem synthetischen Nährboden gelungen, die Weiterentwicklung von Antherenzellen aus *Allium cepa* vom Leptotän-Cygotän-Stadium bis zur Tetradenbildung sowohl durch Zusatz von IES und Kinetin als auch durch die Kombination des Auxins mit der GBS zu erreichen.

Vasil sowohl als auch Spector und Schroeder haben ihre Resultate bis jetzt nur als Nachweis für die Förderung der Zellteilung durch Gibberelline betrachtet. Nach Ansicht des Referenten lassen aber gerade ihre Befunde in Verbindung mit der bekannten Förderung des Streckungswachstums durch Auxine, Gibberelline und Kinine schon jetzt die Annahme zu, daß an allen Wachstumsvorgängen offenbar ein komplexes System von Regulatoren beteiligt ist und daß — entsprechend dem physiologischen Zustand der Gewebe — Auxine, Gibberelline oder Kinine als begrenzende Faktoren besonders in Erscheinung treten.

Über den Wirkungsmechanismus der Gibberelline liegen ebenfalls mehrere Veröffentlichungen vor, die allerdings nicht besonders ergiebig sind und bei denen spekulative Gesichtspunkte vielleicht etwas zu stark im Vordergrund stehen.

Brian u. Hemming vertreten die Auffassung, daß Gibberellin- und Auxinwirkung beim Streckungswachstum — trotz auffälliger Unterschiede — irgendwie miteinander verbunden sein müssen. Ihr wichtigstes Argument ist die Beobachtung, daß GBS die Streckung von Segmenten aus dem Sproß im Licht gezogener Buscherbsen (var. „Meteor") nur in Gegenwart von IES fördert, dann aber auch bei optimaler Auxinkonzentration noch zusätzliches Wachstum verursacht. Vlitos u.

MEUDT konnten die GBS-abhängige Förderung des Sproßwachstums etiolierter Alaskaerbsen durch Dekapitation der Pflanzen verhindern und nehmen nur einen indirekten Effekt des Gibberellins auf das Wachstum an, der auf dem Schutz der aus dem Sproßscheitelpunkt abströmenden Wachstumsregulatoren vor Inaktivierungsprozessen beruhen soll. PILET zeigte, daß die Aktivität von IES-Oxydasen aus Gewebekulturen von Karotten durch Gibberelline reduziert wird und schließt daraus auf eine Beteiligung dieser Wirkstoffe am Auxinstoffwechsel.

APPLEGATE hingegen hält irgendwelche Verbindungen zwischen Auxin- und Gibberellinwirkungen für ausgeschlossen. Dabei geht er davon aus, daß Tiba zwar das Internodienwachstum von *Zinnia elegans*-Sprossen — offenbar durch Störung des Auxinstoffwechsels — hemmt, aber unwirksam ist, wenn die Objekte zusätzlich mit GBS versorgt werden.

6. **Streckungswachstum.** Nachdem die Mitwirkung einer auxinabhängigen, nicht osmotischen Wasseraufnahme an der Zellstreckung mehr als unwahrscheinlich geworden ist, liegt der Schwerpunkt auf diesem Gebiet bei der Frage, ob Veränderungen der Wasserpermeabilität oder der Wandeigenschaften die entscheidende Rolle beim Streckungswachstum spielen.

Bei einer Untersuchung mit Epidermiszellen von *Rhoeo discolor*, die hauptsächlich auf die Analyse der Zusammenhänge zwischen Atmung und Wasserpermeabilität gerichtet war, zeigten v. GUTTENBERG u. REIFF erneut die Steigerung der Wasserpermeabilität durch IES. Das Auxin beschleunigt nicht nur die Deplasmolysegeschwindigkeit der Zellen, sondern kann auch die offenbar indirekte hemmende Wirkung von Atmungsgiften auf die Deplasmolysegeschwindigkeit teilweise aufheben. Daraufhin wird die Möglichkeit erwogen, daß ähnliche Permeabilitätssteigerungen — trotz vieler, auf das Gegenteil hinweisender Ergebnisse (vgl. Fortschr. Bot. **19**, 347) — bei der Streckung eine Rolle spielen könnten. MÜLLER u. RAMSHORN, die am gleichen Objekt ebenfalls bei der Deplasmolyse eine Erhöhung der Permeabilität und der Saugkraft nach Einwirkung von IES beobachteten, bezweifeln allerdings, ob damit Effekte erfaßt wurden, die sich auf die Verhältnisse beim Wachstum übertragen lassen. Bei Verwendung anderer Methoden (Plasmolyse, Stufenplasmolyse) ist die Auxinwirkung nämlich nicht nachweisbar. Ein weiteres Argument, das sie anführen — Förderung der Permeabilität bei der Deplasmolyse durch wachstumsfördernde Substanzen (IES, Nicotin) und antagonistische Wirkung beider Substanzen, wenn sie gleichzeitig wirksam werden können —, ist mit Rücksicht auf die dafür benötigten hohen Nicotinkonzentrationen ($10^{-2}$) nicht ganz so überzeugend.

POHL stellt nach Untersuchungen der Zelleigenschaften wachsender Koleoptilsegmente die Steigerung der Wasserpermeabilität als die primäre und entscheidende Auxinwirkung bei der Streckung heraus. Dieser Anschauung liegen Beobachtungen zugrunde, die darauf hinweisen, daß Auxin bei kurzfristiger Einwirkung (bis zu 4 Std.) weder die

Wandeigenschaften noch die Saugkraft der Zellen verändert. Demnach bleibt also nur die oben erwähnte Möglichkeit des wachstumsfördernden Effektes des Auxin übrig. Burström u. Fransson begründen den entgegengesetzten Standpunkt mit der von ihnen beobachteten hohen Wasserpermeabilität von Koleoptilsegmenten und den Tatsachen, daß wassergesättigte Segmente (bei denen die Permeabilität nicht der begrenzende Faktor der Wasseraufnahme und des Wachstums sein kann) nach 20stündiger Wachstumszeit in der gleichen Weise auf verschiedene IES-Konzentrationen reagieren wie Segmente mit einem Wasserdefizit von etwa 40%, bei denen also Permeabilitätsveränderungen sehr wirksam werden könnten. Bei diesen Voraussetzungen kann die Wasseraufnahme nicht die Ursache der Wandstreckung sein, und Permeabilitätsveränderungen müssen demnach als ein sekundärer, bedeutungsloser Faktor beim Wachstum angesehen werden.

Ergebnisse der Gruppe um Bonner (Tagawa u. Bonner; Ordin, Cleland u. Bonner; Ordin u. Bonner; Cooil u. Bonner) über die Beeinflussung des Streckungswachstums, der Wandeigenschaften und des Stoffwechsels verschiedener Komponenten des Wandmaterials (Pektin, Cellulose) von *Avena*-Koleoptilen durch Auxin, Hemmstoffe, Calcium- und Kaliumionen bringen hinsichtlich der Wirkung dieser Substanzen nichts wesentlich neues, d. h. sie bestätigen die Grundlagen für die seit einigen Jahren diskutierte Bedeutung des Pektinstoffwechsels für das Streckungswachstum (vgl. Fortschr. Bot. 17, 705 u. 19, 349, 352), die zu einem großen Teil auch auf den Arbeiten Bonners und seiner Mitarbeiter beruhen. Neu ist aber der Versuch, diese Resultate schon jetzt als Basis für eine Wachstumstheorie zu benützen, welche die Möglichkeit bietet, sowohl Wachstumsförderungen als auch Hemmungen durch unterschiedliche Eigenschaften der Zellwände zu erklären, die sich wiederum im wesentlichen auf Veränderungen des Pektinstoffwechsels oder der physikalischen Eigenschaften von Pektinketten zurückführen lassen. Eine eingehende Besprechung erübrigt sich vorläufig, da noch die Klärung verschiedener hypothetischer Gesichtspunkte angekündigt wird.

### Literatur.

Andreae, W. A., and N. E. Good: (1) Plant Physiol. 30, 380—382 (1955). — (2) Plant Physiol. 32, 566—572 (1957). — Andreae, W. A., and M. W. H. van Ysselstein: Plant Physiol. 31, 235—240 (1956). — Applegate, H. G.: Bot. Gaz. 119, 76—78 (1957).

Bradley, M. V., and J. C. Crane: Science 126, 972—973 (1957). — Brian, P. W., and H. G. Hemming: Nature (Lond.) 179, 417 (1957). — Briggs, W. R., G. Morel, T. A. Steeves, J. M. Sussex and R. H. Wetmore: Plant Physiol. 30, 143—148 (1955). — Bünsow, R., J. Penner u. R. Harder: Naturwissenschaften 45, 46—47 (1958). — Burström, H., and P. Fransson: Physiol. Plantarum (Copenh.) 10, 774—780 (1957).

Cooil, B. J., and J. Bonner: Planta (Berl.) 48, 696—723 (1957).

Fukui, H. N., J. E. de Vries, S. H. Wittwer and H. M. Sell: Nature (Lond.) 180, 1205 (1957).

Good, N. E., and W. A. Andreae: Plant Physiol. 32, 561—566 (1957). — Good, N. E., W. A. Andreae and M. W. H. Ysselstein: Plant Physiol. 31, 231—235 (1956). — Gregory, F. G., and C. R. Hancock: Ann. Bot. 19, 451—465

(1955). — GUTTENBERG, H. V., u. B. REIFF: Protoplasma (Wien) **48**, 499—521 (1957). — GUTTENBERG, H. V., u. K. ZETSCHE: Planta (Berl.) **48**, 99—134 (1956/57).

HAY, J. R.: Plant Physiol. **31**, 118—120 (1956). — HILLMAN, W. S., and A. W. GALSTON: Physiol. Plantarum (Copenh.) **9**, 230—235 (1956). — HOUSLEY, S., A. BOOTH and I. D. J. PHILIPPS: Nature (Lond.) **178**, 255—256 (1956).

KEFFORD, N. P., and K. HELMS: Nature (Lond.) **179**, 679 (1957). — KENTEN, R. H.: Biochem. J. **59**, 110—121 (1955). — KUSE, G.: Mem. Coll. Sci. Kyoto, Ser. B. **20**, 207—215 (1953).

LEOPOLD, A. C., and F. S. GUERNSEY: Proc. nat. Acad. Sci. (Wash.) **39**, 1105—1111 (1953). — LEOPOLD, A. C., and C. A. PRICE: Plant Growth Substances, p. 271—283. London: Wain u. Wightman 1956. — LOCKHART, J. A.: Plant Physiol. **32**, 204—207 (1957). — LONA, F.: Ateneo parmense **28**, 111—115 (1957).

MACLACHLAN, G. A., and E. R. WAYGOOD: (1) Physiol. Plantarum (Copenh.) **9**, 321—330 (1956). — (2) Canad. J. Biochem. **34**, 1233—1250 (1956). — MACMILLAN, J., u. P. J. SUTER: Naturwissenschaften **45**, 46 (1958). — MEYER, J., u. R. POHL: Naturwissenschaften **43**, 114—115 (1956). — MIMAULT, J.: Rev. gén. Bot. **64**, 25—33 (1957). — MÜLLER, E., u. K. RAMSHORN: Flora (Jena) **145**, 264—312 (1957).

NEELY, P. N., and B. O. PHINNEY: Plant Physiol. **32**, (Suppl.), 31 (1957). — NIEDERGANG-KAMIEN, E., and A. C. LEOPOLD: Physiol. Plantarum (Copenh.) **10**, 29—38 (1957). — NIEDERGANG-KAMIEN, E., and F. SKOOG: Physiol. Plantarum (Copenh.) **9**, 60—73 (1956).

ORDIN, L., and J. BONNER: Plant Physiol. **32**, 212—215 (1957). — ORDIN, L., R. CLELAND and J. BONNER: Plant Physiol. **32**, 216—220 (1957).

PHINNEY, B. O., C. A. WEST, M. RITZEL and P. N. NEELY: Proc. nat. Acad. Sci. (Wash.) **43**, 398—404 (1957). — PILET, P. E.: C. R. Acad. Sci. (Paris) **245**, 1327—1328 (1957). — PILET, P. E., and A. W. GALSTON: Physiol. Plantarum (Copenh.) **8**, 888—898 (1955). — POHL, R.: Physiol. Plantarum (Copenh.) **10**, 681—696 (1957).

RAADTS, E., u. H. SÖDING: Planta (Berl.) **49**, 47—60 (1957). — REINERT, J.: Z. Naturforsch. **7b**, 374—380 (1950). — REINERT, J., H. SCHRAUDOLF u. U. REINERT: Z. Naturforsch. **12 b**, 569—576 (1957) — REINERT, J., H. SCHRAUDOLF u. M. TAZAWA: Naturwissenschaften **44**, 588 (1957).

SACHS, R. M., and A. LANG: Science **125**, 1144—1145 (1957). — SCHROEDER, C. A., and C. SPECTOR: Science **126**, 701 (1957). — STUTZ, R. E.: Plant Physiol. **32**, 31—39 (1957).

TAGAWA, T., and J. BONNER: Plant Physiol. **32**, 207—212 (1957).

VASIL, J. K.: Science **126**, 1294—1295 (1957). — VLITOS, A. J., and W. MEUDT: Nature (Lond.) **180**, 284, (1957). — VLITOS, A. J., W. MEUDT and R. BEIMLER: Nature (Lond.) **177**, 890—891 (1956).

WAYGOOD, E. R., A. OAKS and G. A. MACLACHLAN: Canad. J. Bot. **34**, 54—49 (1956). — WIEDOW-PÄTZOLD, H. L., u. H. V. GUTTENBERG: Planta (Berl.) **49**, 588—597 (1957).

# 19a. Entwicklungsphysiologie.

Von ANTON LANG, Los Angeles, Californien (USA).

Der Beitrag folgt in Band XXI.

# 19 b. Physiologie der Fortpflanzung und Sexualität.

Von Hansferdinand Linskens, Nijmegen.

Mit 3 Abbildungen.

## Allgemeines.

Kurze Zusammenfassungen über die „Sexualität" (Gallien) und die „Fortpflanzung" (Charles) sind in neuer, revidierter Auflage erschienen. Mullicks Büchlein geht mehr von phylogenetischen Gesichtspunkten aus und ist cytogenetisch orientiert. Resende weist darauf hin, daß die Verschmelzung von zwei Sexualzellen sich stets in 3 gut voneinander zu unterscheidenden Schritten vollzieht: Plasmogamie, Karyogamie und Chromosomogamie. Diese Konjugationsstufen sind zeitlich und räumlich bei den verschiedenen Organismengruppen unterschiedlich auf den Cyclus des Sexuallebens verteilt. Da damit alles, was mit Konjugation zu tun hat, als „geschlechtlich" angesehen wird, löst man bei solcher Begriffsbildung gleichzeitig den Komplex der „ungeschlechtlichen" Generation auf. Der Gedankengang Resendes ist wohl der Diskussion wert.

Eine interessante theoretische Studie von Stebbins versucht die Selbstfertilität als abgeleitete Eigenschaft nachzuweisen. Die theoretische Erwartung, daß sie zu einer Verkleinerung des Genpools führt, auf die eine Population bei sich verändernden Umweltbedingungen zurückgreifen kann, scheint sich beweisen zu lassen. Mithin verlangsamt also Selbstfertilität bei Blütenpflanzen den Evolutionsprozeß. Martin sieht die biologische Bedeutung der Sexualität in der Tatsache, daß die Weitergabe depressiver Variationen erschwert wird, ohne jedoch die Manifestation wertvoller Mutanten durch Summierung zu unterdrücken. Fakultative Sexualität kann als Ausdruck einer gewissen Labilität der Determination und Abschwächung der sexuellen Polarität angesehen werden [Ernst—Schwarzenbach (2)]. Die von der normalen 50%igen Häufigkeit abweichende Produktion der beiden Gametensorten bei Heterozygoten kann als meiotischer Trend *(meiotic drive)* bezeichnet werden. Dadurch wird die Häufigkeit von Allelen in einer Population drastisch beeinflußt. Diese von der Gameten-Selektion und -Konkurrenz deutlich verschiedene Erscheinung kann große Bedeutung für die evolutionäre Dynamik haben (Sandler u. Novitzki). Die letzte Phase im Abbau der sexuellen Fortpflanzung wird mit der obligaten Apomixis erreicht. Bei *Agropyron* ließen sich in einer Population alle Stadien des „sexuellen Zusammenbruchs" aufzeigen (Hair).

## Physiologie der Meiose.

Die Meiose hat nach wie vor das Interesse der genetisch interessierten Physiologen, insbesondere in Verbindung mit der Nucleinsäuresynthese. Eine zusammenfassende Übersicht der Arbeiten der letzten Jahre hat Taylor (2) gegeben. Nach den neuesten Analysen, die mit verschiedenartigen Methoden durchgeführt worden sind [Plaut, Taylor (1) und Woodard], ist die Synthese der DNS auf die Interphase sowohl der Mikrosporen, als auch der zweikernigen Pollen und der Tapetumzellen beschränkt. In der Prophase der 1. meiotischen Teilung der Pollenmutterzellen von *Lilium* wurde eine Anreicherung von RNS im Bereich der Chromosomen und in der Metaphasenspindel beobachtet (Shimamura

u. ÔTA). Der Ablauf der Meiosestadien unterliegt einer Tagesperiodizität. Die Häufigkeit der Diakinese hat 2 Maxima (10 h und 20—22 h). Der Zeitpunkt der Induktion ist noch unbekannt, wenn auch eine deutliche Beziehung zum Licht—Dunkel-Wechsel festgestellt wird. Aus Versuchen mit verschobenem Rhythmus ergab sich jedoch eine direkte Reaktion auf das Steuerungssystem (ZIMMERMANN). Hohe Außentemperaturen und Bormangel (WHITTINGTON) führen in Pollenmutterzellen zu meiotischen Abnormalitäten. Nackte, exstirpierte Antheren sind empfindlicher als solche an bewurzelten Pflanzen (NAKAHARA u. KOMOTO). Eine intensive Untersuchung der Kolloidnatur des Plasmas während der Meiose legt ABEL vor. Die Autorin findet, daß die plötzliche Abnahme der Viscosität mit der Auflösung der Kernmembran zwischen Diakinese und Metaphase auf einem Mischungseffekt zwischen dünnflüssiger Karyolymphe und zähem Cytoplasma beruht. Es wird deutlich, daß der komplizierte Meioseprozeß offenbar mit dem übrigen Energiehaushalt der Zelle in engem Zusammenhang steht. — Aus der Analyse einzelner physiologischer Zustandsgrößen in der Anthere während der Pollenmeiose konnte nicht auf ein induzierendes Prinzip geschlossen werden (LINSKENS). Die Membran der meiotischen Kerne (DE, HASSENKAMP) ist stark mit Poren durchsetzt und wird bereits im Pachytän sukzessiv aufgelöst. In den Wänden der Pollenmutterzellen der späten Prophase und Metaphase der Meiosis finden sich zahlreiche plasmatische Stege (HASSENKAMP u. LIESE).

### Termone.

MOEWUS berichtet über neue Versuche zur Manifestation des Sexualverhaltens bei dem homothallischen Stamm „*synoica*" von *Chlamydomonas eugametos*.

### Gamone.

**Algen.** Nachdem es gelungen war, die Agglutinationsstoffe (Gamone) bei *Chlamydomonas* als Glucoproteide zu charakterisieren, untersuchte KÖHLER· erneut jene Fälle, bei denen sich zwar Gamonwirkung im Test erfassen ließ, eine Anreicherung im Filtrat jedoch nicht möglich war. Bei der isogametisch getrenntgeschlechtlichen Alge *Dasycladus* stimmt der Befruchtungsvorgang mit den Befunden bei *Chaetomorpha* (vgl. Fortschr. Bot. **19**, 386f.) überein. Die *Geißelspitze* ist der Ort der sexuellen Differenzierung und der Agglutinationsreaktion. Elektronenoptisch ließ sich zeigen, daß an den Geißelspitzen von *Dasycladus* und *Chaeto-morpha* unter bestimmten Bedingungen eine *Blasenbildung* auftritt (Abb. 11 u. 12). Bei *Chlamydomonas* war lediglich eine Gamonpartikel-Population außen an der Geißel zu beobachten (vgl. Abb. 19, Fortschr. Bot. **19**, 386). Stellt der Tropfen in jener Blase das Gamon dar, so werden die ausgedehnten erfolglosen Bemühungen, wirksame Filtrate bei den beiden marinen Formen zu erhalten verständlich. Es bleibt die Frage: wie werden die Gamonpartikel von *Chlamydomonas* in das Substrat abgegeben? Die beiden Modifikationen des ersten Befruchtungs-schrittes lassen sich so deuten, daß der Agglutinationsstoff als Proteid im Süßwasser (Salzlösung *geringer* Konzentration) leicht löslich ist, im

Seewasser (*höher* konzentrierte Salzlösung) jedoch am Orte seiner Wirksamkeit (Geißelspitze) ohne Verlust seiner physiologischen Aktivität ausgesalzen wird.

Auch die sexualphysiologischen Untersuchungen an *Chlamydomonas* werden fortgeführt: FÖRSTER kann zeigen, daß bei *Chl. eugametos* die

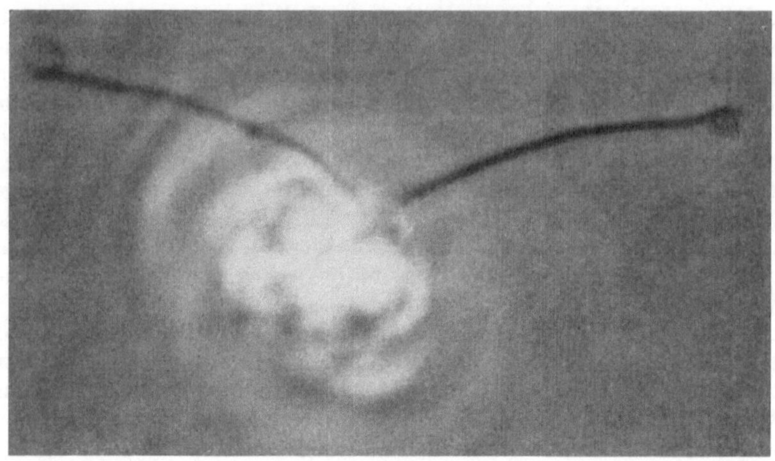

Abb. 11. Sekretblasen an den Geißelspitzen eines Gameten von *Dasycladus clavaeformis*. Phasenkontrast (phot. K. KÖHLER).

Lichtabhängigkeit der Kopulation auf einer photochemischen Reaktion beruht, in der eine hypothetische absorbierende Substanz A in die im

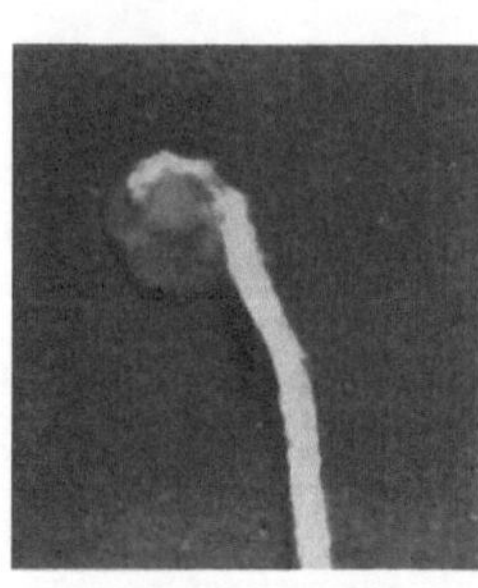

Abb. 12. Sekretblase an der Geißelspitze eines Gameten von *Chaetomorpha aerea*. Präparat PthRth bedampft. Elektronenmikroskopische Aufnahme 15 000:1 (phot. K. KÖHLER).

Dunkeln instabile Substanz B umgewandelt wird. Außerdem kann durch Temperaturanstieg eine Modifikation B′ gebildet werden, die zur Ausbildung von stabilen Dunkelgameten führt; diese Induktion scheint an bestimmte empfindliche Phasen (Übergang von Palmella-Stadium zur Schwärmerform) gebunden zu sein. Aber durch Licht kann wieder Rückreaktion B′ → B eintreten. Das Wirkungsspektrum der Kopulation von *Chlamydomonas eugametos* zeigt zwei Maxima (460 und 590 m$\mu$), während bei *Chl. moewusii* das 2. Maximum bei 680 m$\mu$ liegt.

Der Verlauf der Intensitätskurve der Kopulation macht bei der Annahme, daß die photochemische Reaktion eine Einquanten-Reaktion ist, wahrscheinlich, daß pro Zelle eine Mindestanzahl von Molekülen der absorbierenden Substanz reagiert haben muß, damit die Zelle zum Gameten wird.

Aus *Fucus vesiculosus* ließ sich ein Extrakt gewinnen [ESPING (1)], der die Befruchtung von Seeigel-Eiern hemmt (RUNSTRÖM). Das aktive Prinzip hat wahrscheinlich Polyphenolcharakter und führt über Inaktivierung der Proteine zur

Hemmung der Enzyme [ESPING (2)]. Die Fruktifikationskurven der Meeresalgen zeigen im Litoral ein Maximum im Winter—Frühjahr, in der Tiefe (12—50 m) im Sommer (FUNK).

**Pilze.** PLEMPEL (1) hat auf Grund geschickter experimenteller Anordnungen bei *Mucor mucedo* und *Phycomyces blakesleeanus* einen hormonalen Mechanismus bei der Sexualreaktion nachweisen können

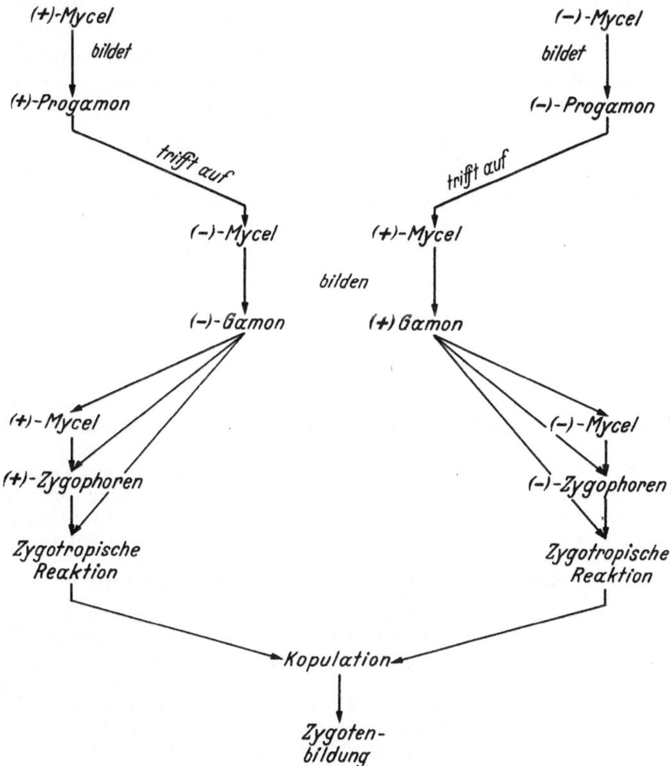


Abb. 13. Schema der Sexualreaktion von *Mucor mucedo* [nach PLEMPEL (1)].

(Abb. 13). Die verschiedengeschlechtlichen Mycelien werden beim Aufeinandertreffen durch gegenseitigen Progamonreiz zur spezifischen Gamonbildung angeregt, wodurch auf beiden Seiten Kontaktzygophorenbildung einsetzt. Diese ist gekoppelt mit einem zur Kopulation führenden Zygotropismus, dessen im Nährboden diffundierende Stoffsysteme möglicherweise mit den zygogenen Gamonen identisch sind. Es gelang mit Hilfe von verteilungs- und papierchromatographischen Methoden das (+)-Mucoricin und das (+)-Phycomycin auf etwa das 2200fache anzureichern. Die labileren (—)-Gamone konnten ebenfalls aus der Nährlösung abgetrennt und auf das 350fache konzentriert werden. Die beiden Arten produzieren spezifische Gamone. Auf Grund von Infrarotspektren werden Anhaltspunkte gewonnen dafür, daß das

(+)-Mucoricin in die Klasse der ungesättigten, aliphatischen Polyhydroxycarbonsäuren einzuordnen ist [PLEMPEL (2)].

Bei *Ascobolus stercorarius* sprechen folgende Beobachtungen [BISTIS (1, 2)] für einen hormonalen Mechanismus während der Sexualreaktion: im Umkreis von 500 $\mu$ um das Oidium werden Ascogone induziert, die Trychogyne wird chemotropisch durch ein diffundierendes Prinzip des Oidiums angezogen, das Wachstum der Hüllhyphen wird induziert. Die Sexualisierung des Oidiums kommt darin zum Ausdruck, daß seine Zellwand bei Berührung mit dem oppositionellen Geschlecht aufgelöst wird, während dies bei jungen, inaktiven Oidien nicht beobachtet wurde.

Auch für *Allomyces macrogynus* konnte MACHLIS zeigen, daß die männlichen Gameten durch ein diffusibles, dialysierbares, in neutralem Milieu hitzestabiles, stoffliches Prinzip, das während der weiblichen Gametogenese ausgeschieden wird, angezogen werden. Eine nähere chemische Charakterisierung steht noch aus.

Die sexuelle Fortpflanzung der Algen und Pilze scheint also von spezifischen Stoffen von Hormoncharakter kontrolliert zu werden. Deren chemische Definierung ist daher eine unmittelbar lohnende und aussichtsreiche Aufgabe (RAPER).

### Struktur der Gameten.

Eine Reihe von Arbeiten befaßt sich mit der elektronenmikroskopischen Analyse der reproduktiven Zellen, deren Ergebnisse auch für physiologische Fragestellungen von Interesse sind [*Chara:* SATO; *Allomyces:* TURIAN u. KELLENBERGER*Fucus:* MANTON u. CLARKE; *Vaucheria:* GREENWOOD, MANTON u. CLARKE; *Scyto;* *siphon:* MANTON (2); *Sphagnum:* MANTON (3)]. Bei *Synura* sind die Ciliarbasis und der Zellkern eng verbunden [MANTON (1)]. Darin mögen sich funktionelle Relationen ausdrücken, wie sie KÖHLER bei Flagellaten nachgewiesen hat (vgl. S. 267).

### Sexuelle Fortpflanzung der Diatomeen.

GEITLER (1) gab eine ausführliche Darstellung der sexuellen Fortpflanzung der *Pennales*. Daraus wird wiederum deutlich, daß, abgesehen von der Wirkung der Zellgröße und einigen inneren physiologischen Bedingungen, die Kenntnisse von dem Zusammenspiel der auslösenden Außenbedingungen noch sehr gering sind. Es besteht kein Antagonismus zwischen den Faktoren, welche optimales Wachstum bedingen und solchen, die kopulationsauslösend sind. Ein Einfluß verschiedener Arten aufeinander in Mischkulturen wurde nicht beobachtet (TALLING). Zwischen dem Bewegungsverhalten der Gameten und der Größe der Gamonten läßt sich bei *Navicula* keine absolute Bindung nachweisen, wenngleich in der überwiegenden Zahl der Fälle (75%) der männliche Partner der aktive ist [GEITLER (2)]. Der Zellgröße kommt bei der Geschlechtsbestimmung keine grundsätzliche Bedeutung zu.

### Sexuelle Morphogenese bei den Phycomyceten.

TURIAN setzte seine interessanten Untersuchungen bei *Allomyces* mit cytochemischen Methoden fort. Die erhöhte Basophilie der weiblichen Gametangien ist von einem Ribonucleoproteid-Gradienten abhängig, der bei der Chemodifferenzierung in den Spitzen der fertilen Hyphen beginnt; dieser Gradient ist bei den männlichen Gametangien umgekehrt [TURIAN (3)]. Die Morphogenese der carotinhaltigen männlichen Gametangien kann durch Diphenylamin selektiv gehemmt werden; dieser Effekt ließ sich auch bei *Neurospora* in Anwesenheit von Fe(II) für die Konidienbildung erzielen. Dabei tritt im sterilen Mycel eine Akkumulation von Phytoenen auf, so daß der Hemmeffekt auf einer Verhinderung der Oxydation von Carotinoid-Vorstufen [TURIAN (4)] beruht. Auf der Suche nach Wachstumsunterschieden zwischen sporophytischer und gametophytischer Generation innerhalb der Gattung *Euallomyces* finden MACHLIS u. CRASEMANN weitgehende physiologische Identität, abgesehen von der längeren Ruhepause des Gametophyten.

Die Kernkappen der Gameten und Zoosporen, sowie die prä- und postmeiotischen Chromosphären sind transitorische plasmatische Organelle, die reich an RNS [TURIAN (2)] und unentbehrlich für die Mobilisierung der Eiweißsynthese bei der Keimung der Zygoten sind [TURIAN (1)].

Seine bisherigen Untersuchungen über die Morphogenese und den Zellstoffwechsel bei *Blastocladiella* faßt CANTINO übersichtlich zusammen [vgl. auch Fortschr. Bot. **19**, 355 (1957)]. Ein hypothetisch geforderter, cytoplasmatischer Faktor „Gamma" wird in einer Mutante in Nadi-positiven Partikeln gesucht [CANTINO u. HORENSTEIN (1)]. Die beiden Sporangienformen (normale, farblose und dickwandige, chitinöse, braune) unterscheiden sich in der Größe des Aminosäuren-Pools und der Chitinase-Aktivität (CANTINO, LOVETT u. HORENSTEIN). Versuche mit markierten $C^{14}$-Verbindungen deuten an, daß reichlich vorhandenes Glutamin und Asparagin nicht aus dem Tricarbonsäurecyclus stammen und die dickwandigen Sporangien durch Festlegung des Stickstoffs in den abnormalen Chitinwänden entstehen [CANTINO u. HORENSTEIN (2)].

## Perithezienbildung bei den Ascomyceten.

Kreuzt man einen Stamm von *Glomerella*, der reichlich Perithezien bildet, aber fast keine Konidien, mit einem anderen, der sich in einer einfachen Genmutation von jenem unterscheidet und ausschließlich Konidien bildet, so wird die Konidienbildung entlang der Berührungslinie unterdrückt. Die Stimulierung der Konidienbildung bei Reinkultur kann jedoch auch auf einem unspezifischen Ernährungseffekt beruhen [WHEELER (2)]. Selbststerile Stämme können durch Anwesenheit von fertilen Rassen zu „induzierter Selbstung" gebracht werden [WHEELER (1)]. Auch bei *Podospora anserina* bestehen erhebliche Fertilitätsunterschiede, die genetisch gesteuert sind (ESSER). Die fortschreitende *Fertilitätsschwächung* im Verlaufe zahlreicher Passagen bei *Bombardia lunata* ist hingegen wahrscheinlich eine irreversible Dauermodifikation, da sie sich bei Verwendung zur Spermatisierung zwittriger Stämme als voll fertil erwies (HEILINGER).

Die älteren Versuche von DODGE zur *Induktion von Perithezien* bei *Neurospora* wurden von ITO (1) wiederholt. Dabei zeigte sich, daß der Induktionseffekt von Kulturfiltraten von Mischmycelien wesentlich stärker ist, als der von reinem Mycel des oppositionellen Geschlechtes. Auch die Stickstoffquelle des Basalmediums ist von entscheidender Bedeutung [ITO (2)]. Die reinen Kulturfiltrate des entgegengesetzten Geschlechtes führen zur Ausbildung von Fruchtkörpern ohne Asci und Ascosporen. Daraus muß man schließen, daß die Perithezienbildung an einem haploiden, vegetativen Thallus von einem andern Faktor gesteuert wird als der eigentliche Sexualvorgang bei der Fusion. Dies Ergebnis scheint auch für die weitere Untersuchung sehr bedeutsam.

Die *Sporenabschleuderung* von *Sordaria* unterliegt einem sauberen exogenen, lichtgesteuerten Rhythmus. Dabei ist blaues Licht (Emissionsmaximum 440 m$\mu$) am meisten wirksam. Ein orangefarbiges Pigment mit einem Absorptionsmaximum bei etwa 470 m$\mu$ soll als Photoreceptor anzusehen sein (INGOLD u. DRING). Bei dem

Basidiomyceten *Coprinus* treten basophile Substanzen und Glykogen aus dem Hymenium bei der Reifung in die Sporen über (Bonner, Hoffmann, Morioka u. Duncan).

## Ascosporenbildung bei Saccharomyces.

Die Bildung von Ascosporen, kurz Sporulation genannt, ist bei den Hefen gleichbedeutend mit dem Übergang von der wachsenden Zelle mit mitotisch sich teilendem Kern zur sporulierenden Zelle, in der der Kern der Meiose unterworfen wird. Beim Übergang aus dem Zustand des Wachstums in den der Sporulierung erfolgen Veränderungen von großer biologischer Bedeutung, die eine kanadische Untersuchergruppe unter Führung von J. J. Miller bearbeitet hat. Zwischen der Sporulation und dem Absinken des respiratorischen Quotienten scheint ein deutlicher Zusammenhang zu bestehen (Miller, Gabriel, Scheiber u. Hoffmann-Ostenhoff; Scheiber, Gabriel, Hoffmann-Ostenhoff u. Miller). Dabei ist der biochemische Effekt, wie die Umkehrbarkeit zeigt, *vor* den morphologischen Veränderungen zu beobachten (Miller, Scheiber, Gabriel u. Hoffmann-Ostenhoff). Der Grad der Sporenbildung hängt von der Belüftung, der $CO_2$- und der N-Versorgung ab. Aerobe Bedingungen (Adams u. Miller), sowie einige Zwischenprodukte des Kohlenhydratstoffwechsels (Glucose, Brenztraubensäure, Acetaldehyd, Äthanol und Essigsäure) (Miller u. Halpern) wirken fördernd. Maximale Ascusproduktion läßt sich durch 0,05% Glucose, Fructose und Mannose im Medium erzielen; Zugabe von 0,05% Acetat erhöht die Zahl der Sporen je Ascus (Miller). Im Glucosemedium sind 2sporige, in Äthanol und Pyruvat jedoch 3—4sporige Asci vorherrschend (Miller u. Halpern). Mangel an Vitaminen im Wachstumsmedium kann durch Zugabe derselben im Sporulationsmedium nicht aufgehoben werden [Tremaine u. Miller (1, 2)]. Während die optimale Sporenbildung bei einer Populationsdichte von 2—4 Mill. Zellen/per ml in 0,1% Acetat-Lösung erfolgt, mag die Verringerung bei niedriger Zelldichte auf einem Verdünnungseffekt der Coenzyme beruhen (Miller, Calvin u. Tremaine), die während der Ascosporenbildung notwendig sind. Trotz der guten Kenntnis der Milieufaktoren, die für den Übergang zur Sporulation verantwortlich sind, sind wir von einer Beherrschung der endogenen Faktoren noch weit entfernt.

## Physiologie der weiblichen Gametophyten der Blütenpflanzen.

Physiologische Untersuchungen an weiblichen Gametophyten der Blütenpflanzen sind in den letzten Jahren verhältnismäßig selten; deskriptive Arbeiten herrschen vor. Die Einführung der Gewebekultur von Ovarien durch Nitsch (1—5) wies jedoch neue Wege. In einem geeigneten Medium mit Saccharose als Kohlenhydratquelle lassen sich befruchtete Ovarien zur Samenreife bringen; unbefruchtete Samenanlagen kommen bei Zusatz von Wuchsstoffen zum Substrat zur Parthenokarpie. Verschiedentlich wird ein langer Zwischenraum zwischen Bestäubung und Befruchtung beobachtet (Bağda). Von Stanley wird die Vermutung ausgesprochen, daß in dieser Zeit durch den keimenden Pollen im Gewebe des Makrogametophyten die Bildung adaptiver

Enzyme erfolgen muß. Die Befruchtung kann also auch bei kompatibler Bestäubung erst stattfinden, wenn der Pollen imstande ist, das Substrat des weiblichen Partners aufzuschließen.

Die Mikropylenflüssigkeit von *Pinus elliottii* wirkt fungistatisch (ECHOLS u. MERGEN). JUNG u. STOLL berichten über neue Untersuchungen zur Frage der Hemmungsaktivität des Gynäceums von *Primula* gegenüber Bakterien und Pilzen. Das präformierte Prinzip weist im weiblichen Organ einen Gradienten auf und seine Aktivität verringert sich mit dem Altern der Blüten; nach vollzogener Befruchtung fehlt der Hemmstoffkomplex völlig.

Das Wachstum der befruchteten Samenanlage bei *Datura* verläuft in Form einer Exponentialkurve; dabei scheinen sich zwei Prozesse zu überlagern: Die Bildung von Samengewebe, die im Beginn mit der Wasseraufnahme korreliert, sowie ein Speicherungsvorgang (RIETSEMA, BLONDEL, SATINA u. BLAKESLEE). Bei Artkreuzungen kommt zwar eine Befruchtung zustande, die Samenanlage wird aber durch tumorartige Gewebe erfüllt, so daß die Embryonen zugrunde gehen. In Embryokultur kann der Ovarialtumor durch Extrakte inkompatibel befruchteter Samenanlagen induziert werden (RAPPAPORT, SATINA u. BLAKESLEE; RIETSEMA, SATINA u. BLAKESLEE).

Unmittelbar im Anschluß an die Befruchtung erfüllt sich die Embryosackhöhle von *Cocos nucifera* mit einer Flüssigkeit, welche zahlreiche, freie Zellkerne verschiedener Größe enthält, die sich an der endothelialen Oberfläche anheften, wo sie später zu Endosperm werden (CUTTER, WILSON u. FREEMAN). Sie sind reich an saurer Phosphatase (WILSON u. CUTTER). Befruchtete Ovarien enthalten große Mengen Wuchsstoffe; eine der 3 Fraktionen ist wahrscheinlich Indol-3-Essigsäure (NITSCH u. NITSCH).

Bis zur Fusion des männlichen und weiblichen Kernes im *Leguminosen*-Embryosack glaubt ROWLANDS keine DNS nachweisen zu können. In der Oosphäre und im Proembryo von *Pinus laricio* wird RNS nachgewiesen (CAMEFORT). Bei *Cephalotaxus* nimmt das männliche Chondriom an der Befruchtung teil (FAVRE-DUCHARTRE). Das Wachstum der Synergiden von *Allium ursinum* erfolgt rhythmisch; in einer persistierenden Antipode und den Energiden erfolgt nach der Fertigstellung des haploiden Embryosacks endomitotische Polyploidisierung (HASITSCHKA-JENSCHKE).

**Selektive Befruchtung.** Die Affinität zwischen Samenanlagen und Pollenschläuchen wird durch einen chemotropischen Mechanismus bestimmt [SCHWEMMLE (1)]. Aber auch ein Einfluß des mütterlichen Plasmas ist bei den Kreuzungen erkennbar [SCHWEMMLE (2)]. Genetisch verschiedenartige Pollenschläuche reagieren auf die ausgeschiedenen chemotropisch wirksamen Stoffe ganz unterschiedlich. Neben den Außenbedingungen ist der Zeitpunkt der Bestäubung wesentlich, da die Samenanlagen reifen und altern [SCHWEMMLE (3)]. Dabei zeigt sich, daß die Samenanlagen *unten* im Fruchtknoten im Reifungs- und Alterungsprozeß vorangehen [SCHWEMMLE (4)].

## Physiologie der männlichen Gametophyten der Blütenpflanzen.

Bei der Untersuchung der *Inhaltsstoffe* des Pollens werden immer neue Verbindungen entdeckt: In Graspollen wird regelmäßig meso-Inositol gefunden (AUGUSTIN; AUGUSTIN u. NIXON); im *Pinus*-Pollen werden erstmalig Pinitol und Sesquoitol nachgewiesen (NILSSON); aus *Lilium auratum*-Pollen ließ sich Narcissin (Isorhamnetin-3-rutinosid) isolieren (KOTAKE u. ARAKAWA; ARAKAWA). Während der Pollenentwicklung von *Lilium* finden erhebliche Umbauten statt, die in Trockengewichtsänderung, $p_H$-Änderung des Tapetumbreies und einer Transformation von Kohlenhydraten in Fette zum Ausdruck kommt. Auch der Gehalt an freien Aminosäuren ändert sich qualitativ und quantitativ (LINSKENS). Mit Hilfe von Röntgenstrahl-Mikroradiographie wurde von DAHL, ROWLEY, STEIN u. WEGSTEDT die intercellulare Massenverteilung während der Pollenentwicklung studiert; die Absorption ist während der Pollenentwicklung in den Chromosomen, im reifen Pollen jedoch im Cytoplasma und der Zellwand am größten. Die Spindel bei der Teilung der generativen Zelle im Pollenschlauch enthält Nucleinsäuren (ÔTA). Der vegetative Kern scheint die Fähigkeit zum DNS-Aufbau zu verlieren (ROWLANDS).

Die Beeinflussung der *Pollenkeimung* durch exogene Bor-Gaben hat VISSER einer ausgedehnten Untersuchung unterzogen. Die fördernde *Wirkung der Borsäure* und die mutuale Stimulation der Keimung durch die Pollenkörner soll auf einem Komplex beruhen, der aus Borsäure und einer noch unbekannten Substanz besteht, der keimungsfördernde Eigenschaften hat. In der Tat ist trotz sehr zahlreicher Untersuchungen des positiven Bor-Effektes bis heute noch nicht bekannt, in welcher Form Bor vorliegt und in welchen Stoffwechselprozeß es eingreift [WHITTINGTON und RAGHAVAN u. BARUAH (1, 2)]. Zur $O_2$-Aufnahme und Zuckerabsorption scheint jedenfalls keine direkte Beziehung zu bestehen (O'KELLEY). Auch die Frage der Aufnahme von Nährstoffen aus dem Medium für das Pollenschlauchwachstum ist nach wie vor umstritten: Nach VISSER (1) hat der Zucker lediglich eine osmotische Bedeutung, während andererseits bei Keimung in Rohrzuckerlösung nach kurzer Zeit im Innern des Pollenschlauches Stärkekörner nachzuweisen sind [TATEBE (3)]. Bei Keimung in destilliertem Wasser läßt sich durch Zuckerzusatz eine Vergrößerung der Pollenschlauchlänge erzielen (DILLON u. ZOBEL; HELLMERS u. MACHLIS). *Lilium*- und *Petunia*-Pollen werden durch Giberellinsäure-Zusatz zum Saccharose-Medium sowohl bei der Keimung, als auch im Schlauchwachstum gefördert (CHANDLER). Die höchsten Keimprozente von *Pinus-elliottii*-Pollen erhielten ECHOLS u. MERGEN mit einem chelatbildenden Äthylendiamin-Natriumacetat-Eisen-Komplex. Möglicherweise wirkt auch Bor auf die Pollenkeimung nicht spezifisch, wie dies im Anschluß an SCHMUCKER bisher angenommen wird, sondern als Komplex- oder Chelatbildner.

Die Zellwand des *Pollenschlauches* hat Primärwandcharakter mit Streuungstextur (FREY-WYSSLING). Die Bedeutung der Kallosebildung im Pollenschlauch haben MÜLLER-STOLL u. LERCH (1, 2) eingehend untersucht. Das Kohlenhydrat Kallose ist in der Innenlamelle regelmäßig zusammen mit Cellulose vorhanden; Kallosepfropfen entstehen vornehmlich im Bereich plasmatischer Entmischungsvorgänge, sie sind also ergastische Gebilde. Ihre Abschluß- oder Regulationsfunktion ist demnach ein sekundärer „Anpassungseffekt".

Der *Tropismus* der Pollenschläuche bei *Lilium*-Arten und *Camellia* beruht nach MIKI (1, 2) auf einem Diffusionsgradienten einer niedermolekularen, hitzelabilen Substanz, die in Agar aufzufangen ist. Nach dem Erhitzen wirkt der Stoff negativ chemotropisch.

Über den *Alterungsprozeß des Pollens* während der Lagerung hat ebenfalls VISSER (1) umfangreiches Material zusammengetragen. Bei der Aufbewahrung unter sehr tiefen Temperaturen (—20 bis —190°) behalten vorgetrocknete Pollen praktisch unveränderte Keimfähigkeit für 2—3 Jahre. Im Zusammenhang mit der Abnahme des Carotin-Gehaltes soll *Tomaten*pollen bei der Alterung seine Befruchtungsfähigkeit verlieren und verlangsamtes Pollenschlauchwachstum zeigen (OREL). Der Alterungsprozeß ist bei Virus-Befall stark beschleunigt (SCHADE).

## Physiologie der Inkompatibilität.

LEWIS faßt in einem Vortrag unsere gegenwärtigen Kenntnisse über die Inkompatibilität kurz zusammen. Danach wird eine Verbindung der JOST-EASTschen Immunitätstheorie mit der STRAUBschen Verbrauchstheorie als mögliche physiologische Erklärung angesehen.

**Pilze.** Die Erscheinung der Inkompatibilität bei *Neurospora crassa* besteht nicht in einer Störung des Verschmelzungsprozesses, sondern beruht auf einer Unverträglichkeit des Protoplasmas. Bei Kombination inkompatibler Stämme kommt es in der Nachbarschaft der Verschmelzungsstelle zur Vacuolisierung und später zum Absterben der Hyphen (GARNJOBST u. WILSON).

**Blütenpflanzen.** Bei der Nachprüfung der Hemmstoff-Ferment-Hypothese an der heterostylen *Forsythia* konnte VISSER (2) die MOEWUSschen Befunde nicht bestätigen. Bei anderen Hetherostylen konnten zwischen den einzelnen Pollenklassen und den Griffeln keine Unterschiede in der Pigmentausstattung gefunden werden (REZNIK). Die Flavonole haben sicherlich nichts mit Selbststerilitätserscheinungen zu tun (vgl. Fortschr. Bot. 17, 811).

ERNST-SCHWARZENBACH (1) gab eine klare Zusammenfassung über die Determination der Selbstinkompatibilität bei Blütenpflanzen. Sie gipfelt in der einheitlichen Theorie, die darin besteht, daß für die Inkompatibilität das Verhältnis der genetischen Determination des Pollen zu derjenigen der Griffel entscheidend ist; das Inkompatibilitätsgen ist ein Komplexgen. Der Erfolg der geförderten Fremdbestäubung wird in einer Vitalitätssteigerung gesehen. Interessante Beziehungen sucht BREWBAKER zwischen der *genetischen Determination* und der *Zahl der Pollenkerne:* Binucleate Pollen sollen danach stets gametophytisch determiniert sein und in ihrem Schlauchwachstum im Griffelgewebe gehemmt werden. Trinucleate Pollen hingegen sind sporophytisch determiniert und werden bereits auf der Narbenoberfläche gehemmt. Diese Korrelation zwischen Pollen-Cytologie und Inkompatibilitätstypus bei Homostylen soll sich dadurch erklären lassen, daß die dreikernigen Pollen relativ ärmer an Zucker und Metaboliten sind, da sie noch eine 2. Mitose durchgemacht, also erhöhten Energieaufwand betrieben haben. Die Hemmung des Pollenschlauches läßt sich in vitro durch wäßrige Extrakte aus Griffel gleichen Allels reproduzieren; leider fehlt der reziproke Versuch der Förderung durch den Fremdgriffel-Extrakt.

Bei den *Cruciferen* ist die Inkompatibilitätsreaktion sporophytisch determiniert [THOMPSON und TATEBE (2)] und auf die Narbenoberfläche beschränkt. Auf diesen Typ haben sich im letzten Jahr die Untersuchungen verstärkt gerichtet. Bei *Raphanus sativus* konnte kein „Pollenkeimungshemmstoff" gefunden werden (OELKE). Der Erfolg der Bestäubung hängt vielmehr wesentlich von dem Alter des Pollens ab, das bisher wenig beachtet wurde. Im Knospenstadium wird jedoch bei *Brassica* [TATEBE (1)] und *Raphanus* (OELKE) ein hoher Fertilitätsquotient gefunden. Er kann entweder auf optimalen Feuchtigkeitsbedingungen in der geschlossenen Knospe (OELKE) oder einem kurzlebigen Hemmsystem während der Blütenzeit [*Brassica*, TATEBE (1)] beruhen. MURABAA findet bei *Raphanus* durch erhöhte Temperatur eine Schwächung der Inkompatibilitätsreaktion. STRAUB hingegen bestätigt bei *Petunia* die früheren Befunde von LEWIS an *Oenothera*, welche im Sinne einer Hemmreaktion von Immunitätscharakter zu interpretieren sind. Möglicherweise ist jedoch die Temperaturskala bei den Versuchen von MURABAA nicht bis zum optimalen Bereich untersucht.

Normal fertile und plasmatisch bedingt pollensterile Antheren von *Zea Mays* unterscheiden sich in ihrem Gehalt an freien Aminosäuren. Bezogen auf das Trockengewicht ist der Alanin-Gehalt bei sterilen stark erhöht (KHOO u. STINSON). Selbstfertilität kommt in gewissen Fällen durch die Sterilität aufhebende Wirkung anderer Gene zustande (ZWINGEL). Selbstung- und Fremdungssamen von *Ribes*-Arten unterscheiden sich in ihrem Wuchsstoffhaushalt (KLÄMBT). Ein Zusammenhang zwischen der hohen Phosphatase-Aktivität und der Sterilität der durch *Uromyces* parasitierten *Euphorbia verrucosa*-Pflanzen ist wahrscheinlich [TURIAN (5)].

Tetraploide Pflanzen von *Linum usitatissimum* sind partiell selbststeril; neben meiotischen Störungen waren Anteile der Pollen keimungsunfähig oder unfähig, den Griffel zu durchwachsen (PANDEY). Auch 4 n-*Medicago sativa* zeigte einen höheren Abort befruchteter Samenanlagen, als 2 n-Ovarien; das Endosperm scheint bei dieser Inkompatibilitätsreaktion eine Rolle zu spielen (FYFE). Die umfangreichen genetischen Untersuchungen an heterostylen *Primel*-Sektionen durch ALFRED ERNST (1, 2, 3) und DOWRICK verlangen immer dringender nach einer physiologischen Bearbeitung des so gut analysierten Materials.

## Ungeschlechtliche Vermehrung.

**Sporulation.** In die ersten Stadien der Entwicklung des asexuellen Apparates von *Pilobolus* konnte PAGE einige Einsicht gewinnen. Die vegetativen Hyphen werden im Licht des Spektralbereiches 380—410 m$\mu$ durch Absorption eines Flavins zur Bildung von Trophocyten induziert. In einer anschließenden Dunkelphase akkumuliert in diesen eine hypothetische Substanz, die lichtsensitiv macht. Werden die sensibilisierten Trophocyten einer 2. Lichtperiode ausgesetzt, so werden Sporangiophoren angelegt, die zu ihrer Streckung Thiazol benötigen. Hier werden also stoffliche Prinzipien als auslösend für asexuelle Fortpflanzungskörper angesehen, wie dies auch aus den Untersuchungen von WHEELER über die Konidienbildung von *Glomerella* hervorgeht. Von den exogenen Faktoren ist die Art der Stickstoffquelle am bedeutsamsten (TANDON u. GREWAL). Sporulierende Bakterienzellen haben steigenden Gehalt an Calcium und Dipicolinsäure, welche

Chelatcharakter hat; bei der Sporulation werden Enzyme mobilisiert, welche α-ε-Diaminopimelinsäure und Hexosamin aus unlöslichen Fraktionen freisetzen. Auch Adenosindesaminase und Ribosidase werden aktiviert (POWELL u. STRANGE). Die Vorgänge lassen sich in Zusammenhang bringen mit Auflösungsprozessen der Sporenwand (STRANGE u. DARK).

**Sklerotienbildung.** Bei der Entwicklung von Sklerotien lassen sich verschiedene Typen unterscheiden (TOWNSEND u. WILLETTS), deren Entwicklungsstadien sich durch unterschiedliche Ernährungsansprüche auszeichnen; hoher Kohlenhydrat- und Stickstoffgehalt des Substrates begünstigen die Anlage, hemmen aber die Reifung von Sklerotien (TOWNSEND).

**Vegetative Vermehrung.** In einer ausgebreiteten Untersuchungsreihe hat VAN SCHREVEN die Physiologie der Sproßknollenbildung von *Solanum tuberosum* untersucht [VAN SCHREVEN (1—6)]. Die Knollenbildung erfolgt früher, wenn während der Ruheperiode bereits Sprosse angelegt werden. Das induzierende Prinzip kann durch Pfropfung weitergegeben werden, es ist nicht auf die unterirdischen Teile beschränkt (GREGORY). Frühere Knollenbildung kann durch Zufuhr von Wuchsstoffen erzielt [VAN SCHREVEN (4)] und die Zahl der Tochterknollen durch Zugabe von Vitamin $B_1$ und C [VAN SCHREVEN (5, 6)] erhöht werden.

Die Brutzwiebelbildung bei *Drimiopsis kirkii* wird durch eine Entdifferenzierung ausgewachsener Zellen eingeleitet. Ein Zusammenhang mit der Zone des interkalaren Blattwachstums ist nicht vorhanden. Die Brutzwiebelbildung ist hingegen von dem Alter der Blätter abhängig und einem jahreszeitlichen Rhythmus unterworfen; Infiltration mit Wuchsstoff oder Gewebepreßsaft wirkt fördernd (LENSKI). Auch die Regeneration der Zwiebelschuppen von *Lilium speciosum* ist jahreszeitabhängig (ROBB). Die Adventivknospenbildung von *Bryophyllum* erfolgt nur im Langtag (SIRONVAL). In gleicher Richtung liegen die Beobachtungen von SCHWARZENBACH in bezug auf die Beeinflussung der *Viviparie* einer grönländischen Rasse von *Poa alpina* durch Langtag und Kälteeinwirkung vor dem Schossen. Die optimalen Temperaturbereiche für vegetatives Wachstum sind viel breiter als für die Fertilität (KNAPP). Die Brutknospen von *Dentaria bulbifera* machen in ähnlicher Weise wie Samen eine Nachreife-Periode durch, die sich in bezug auf die Bereitstellung von Atmungssubstrat in zwei Phasen teilen läßt: Zunächst wird die von der Mutterpflanze mitgegebene lösliche Kohlenhydratreserve verbraucht; anschließend setzt eine enzymatische Bereitstellung neuen Atmungsmaterials ein ($RQ \approx 0{,}3$) (KÖNEMANN).

Das diploide Protonema des Laubmooses *Georgia pellucida* vermag unter Auslassung der Differenzierungsstufe der beblätterten Pflanzen vegetativ Sporogone zu bilden (BAUER). Stoffwechselantagonisten, hemmende und fördernde Substanzen des Wachstums begünstigen gleichermaßen die vegetative Sporogonbildung. Neben diese unspezifischen, exogenen Faktoren tritt eine spezifische Komponente, die in der genetischen Konstitution verankert ist; als solche sieht BAUER eine plasmatische Dauermodifikation an.

**Agamospermie.** Über die Auslösung von Parthenokarpie liegen zahlreiche Arbeiten vor, die z. T. von mehr angewandten Fragestellungen ausgehen [z. B. ZALIK, HOBBS u. LEOPOLD; McQUADE und NITSCH (3, 4); SELL, WITTWER, REBSTOCK u. REDEMANN, BROCK und LUCKWILL u. WOODCOCK].

Als induzierende Prinzipien dienen die verschiedensten synthetischen Wuchsstoffe, Röntgenstrahlen und Fremdpollen (KAKHIDZE). Bei niedriger Temperatur neigen *Tomaten* in höherem Grade zur Parthenokarpie (OSBORNE u. WENT).

## Literatur.

ABEL, A.: Diss. math. nat. Fak. Köln 1957. — ADAMS, A. M., and J. J. MILLER: Canad. J. Bot. 32, 320—334 (1954). — ARAKAWA, H.: J. chem. Soc. Japan 77, 1314—1315 (1956). — AUGUSTIN, R.: Relaz. comm. 3rd Europ. Congr. Allergy 1, 411 (1956). — AUGUSTIN, R., and D. A. NIXON: Nature (Lond.) 179, 530—531 (1957). BAĜDA, H.: Rev. Fac. Sci. Univ. Istambul, Ser. B, 17, 77—94 (1952). — BAUER, L.: Planta (Berl.) 46, 604—618 (1956). — BISTIS, G.: (1) Amer. J. Bot. 43, 389—394 (1956). — (2) Amer. J. Bot. 44, 436—443 (1957). — BONNER, J. T.,

A. A. Hoffmann, W. T. Morioka and A. C. Duncan: Biol. Bull. **112**, 1—6 (1957). — Brewbaker, J. L.: J. Hered. **48**, 271—277 (1957). — Brock, R. D.: Heredity (Lond.) **8**, 421—429 (1954).

Camefort, H.: C. R. Acad. Sci. (Paris) **243**, 2143—2147 (1956). — Cantino, E. C.: Mycologia **48**, 225—240 (1956). — Cantino, E. C., and E. A. Horenstein: (1) Mycologia **48**, 443—446 (1956). — (2) Mycologia **48**, 777—799 (1956). — Cantino, E. C., J. Lovett and E. A. Horenstein: Amer. J. Bot. **44**, 498—505 (1957). — Chandler, C.: Contr. Boyce-Thompson Inst. **19**, 215—224 (1957). — Charles, J.: La Fécondation. Paris: Presses Universitaires de France 1957. — Cutter V. M., jr., K. S. Wilson and B. Freeman: Amer. J. Bot. **42**, 109—115 (1955).

Dahl, A. O., J. R. Rowley, O. L. Stein and L. Wegstedt: Exp. Cell Res. **13**, 31—46 (1957). — De, D. N.: Exp. Cell Res. **12**, 181—184 (1957). — Dillon, E. S., and B. J. Zobel: J. Forestry **55**, 31—32 (1957). — Dowrick, V. P. J.: Heredity (Lond.) **10**, 219—236 (1956).

Echols, R. M., and F. Mergen: Forest Sci. **2**, 321—327 (1956). — Ernst, A.: (1) Arch. Klaus-Stift. Vererb.-Forsch. **30**, 147—262 (1955). — (2) Arch. Klaus-Stift. Vererb.-Forsch. **31**, 129—247 (1956). — (3) Arch. Klaus-Stift. Vererb.-Forsch. **32**, 15—218 (1957). — Ernst-Schwarzenbach, M.: (1) Arch. Klaus-Stift. Vererb.-Forsch. **31**, 260—276 (1956). — (2) Pubbl. Staz. Zool. Napoli **29**, 347—388 (1957). — Esping, U.: (1) Ark. Kemi **11**, 107—115 (1957). — (2) Ark. Kemi **11**, 117—127 (1957). — Esser, K.: Naturwissenschaften **43**, 284 (1956).

Favre-Duchartre, M.: C. R. Acad. Sci. (Paris) **243**, 1349—1352 (1956). — Förster, H.: Z. Naturforsch. **12** b, 765—770 (1957). — Frey-Wyssling, A.: J. cell. comp. Physiol. **49**, Suppl. 1, 63—70 (1957). — Funk, G.: Pubbl. Staz. Zool. Napoli **29**, 126—138 (1957). — Fyfe, J. L.: Nature (Lond.) **179**, 591—592 (1957).

Gallien, L.: La Sexualité. Paris: Presses Universitaires de France 1956. — Garnjobst, L., and J. F. Wilson: Proc. Nat. Acad. Sci. (Wash.) **42**, 613—618 (1956). — Geitler, L.: (1) Biol. Rev. (Cambridge) **32**, 201—295 (1957). — (2) Ber. dtsch. bot. Ges. **70**, 45—48 (1957). — Greenwood, A. D., L. Manton and B. Clarke: J. exp. Bot. **8**, 71—86 (1957). — Gregory, L. E.: Amer. J. Bot. **43**, 281—288 (1956).

Hair, J. B.: Heredity (Lond.) **10**, 129—160 (1956). — Hasitschka-Jenschke, G.: Öst. bot. Z. **104**, 1—24 (1957). — Hassenkamp, G.: Naturwissenschaften **44**, 334—335 (1957). — Hassenkamp, G., u. W. Liese: Exp. Cell Res. **13**, 165—167 (1957). — Heilinger, F.: Beitr. Biol. Pflanz. **33**, 163—176 (1957). — Hellmers, H., and L. Machlis: Plant Physiol. **31**, 284—289 (1956).

Ingold, C. T., and V. J. Dring: Ann. Bot. N s. **21**, 465—477 (1957). — Ito, T.: (1) Bot. Mag. (Tokyo) **69**, 369—372 (1956). — (2) Bot. Mag. (Tokyo) **70**, 174—182 (1957).

Jung, J., u. C. Stoll: Phytopathol. Z. **31**, 180—184 (1957).

Kakhidze, N. T.: Dokl. Akad. Nauk SSSR **94**, 783—785 (1954). — Khoo, U., and H. T. Stinson jr.: Proc. Nat. Acad. Sci. (Wash.) **43**, 603—607 (1957). — Klämbt, H. D.: Planta (Berl.) **50**, 526—556 (1958). — Knapp, R.: Experientia (Basel) **13**, 405 (1957). — Köhler, K.: Arch. Protistenkde. **102**, 209—218 (1957). — Könemann, B.: Planta (Berl.) **46**, 516—544 (1956). — Kotake, M., u. H. Arakawa: Naturwissenschaften **43**, 327—328 (1956).

Lenski, I.: Planta (Berl.) **50**, 579—621 (1958). — Lewis, D.: Brookhaven Symp. Biol. **9**, 89—100 (1956). — Linskens, H. F.: Ber. dtsch. bot. Ges. **69**, 353—360 (1956). — Luckwill, L. C., and D. Woodcock: J. horticult. Sci. **30**, 109—115 (1955).

Machlis, L.: Physiol. Plantarum (Copenh.) **11**, 181—192 (1958). — Machlis, L., and J. M. Crasemann: Amer. J. Bot. **43**, 601—611 (1956). — Manton, I.: (1) Proc. Leeds Philos. Soc. Sci. **4**, 306—316 (1955). — (2) J. exp. Bot. **8**, 294—303 (1957). — (3) J. exp. Bot. **8**, 382—400 (1957). — Manton, I., and B. Clarke: J. exp. Bot. **7**, 416—432 (1956). — Martin, C. P.: Psychology, Evolution and Sex. Springfield-Ill. 1956. — McQuade, H. A.: Ann. Miss. Bot. Gard. **39**, 97—112 (1952). — Miki, H.: (1) Bot. Mag. (Tokyo) **67**, 143—147 (1954). — (2) Bot. Mag.

(Tokyo) **68**, 293—298 (1955). — MILLER, J. J.: Canad. J. Microbiol. **3**, 81—90
(1957). — MILLER, J. J., J. CALVIN and J. H. TREMAINE: Canad. J. Microbiol. **1**,
560—576 (1955). — MILLER, J. J., O. GABRIEL, E. SCHEIBER u. O. HOFFMANN-
OSTENHOFF: Mh. Chem. **88**, 417—420 (1957). — MILLER, J. J., and C. HALPERN:
Canad. J. Microbiol. **2**, 519—537 (1956). — MILLER, J. J., E. SCHEIBER, O. GABRIEL
u. O. HOFFMANN-OSTENHOFF: Mh. Chem. **88**, 271—274 (1957). — MOEWUS, F.:
Trans. Amer. microsc. Soc. **76**, 337—344 (1957). — MÜLLER-STOLL, W. R., u.
G. LERCH: (1) Flora (Jena) **144**, 297—334 (1957). — (2) Biol. Zbl. **76**, 595—612
(1957). — MULLICK, A.: The sex, its origin and control, with special reference to
the specious theorie of sex-chromosomes. Calcutta 1957. — EL MURABAA, A. J. M.:
Euphytica **6**, 268—270 (1957).

NAKAHARA, K., and Y. KOMOTO: Cytologia (Japan) **22**, 1—11 (1957). — NILS-
SON, M.: Acta chem. Scand. **10**, 413—415 (1956). — NITSCH, J. P.: (1) C. R. Acad.
Sci. (Paris) **229**, 445—446 (1949). — (2) Science **110**, 499 (1949). — (3) Amer. J.
Bot. **38**, 566—577 (1951). — (4) Rep. 13th Congr. int. horticult. Sci. 1952, 1—4. —
(5) Quart. Rev. Biol. **27**, 33—57 (1952). — (6) Fruits **8**, 533—543 (1953). — (7)
Fruits **9**, 157—162 (1954). — NITSCH, J. P., et C. NITSCH: Bull. Soc. bot. France **102**,
528—532 (1955).

OELKE, J.: Züchter **27**, 358—369 (1957). — O'KELLEY, J. C.: Amer. J. Bot. **44**,
239—244 (1957). — OREL, L. J.: Dokl. Vses. Ordena Lenina Skad. Sel'skochoz
Nauk i. V. J. Lenina **22**, 11—14 (1957). — OSBORNE, D. J., and F. W. WENT: Bot.
Gaz. **114**, 312—322 (1953). — ÔTA, T.: Cytologia (Japan) **22**, 15—27 (1957).

PAGE, R. M.: Mycologia **48**, 206—224 (1956). — PANDEY, K. K.: Lloydia **19**,
245—268 (1956). — PLAUT, W. S.: Hereditas (Lund) **39**, 438—444 (1953). —
PLEMPEL, M.: (1) Arch. Mikrobiol. **26**, 151—174 (1957). — (2) Briefl. Mitteilung. —
POWELL, J. F., and R. E. STRANGE: Biochem. J. **63**, 661—668 (1956).

RAGHAVAN, V., and H. K. BARUAH: (1) J. Indian bot. Soc. **35**, 139—151
(1956). — (2) Phyton (Argent.) **7**, 77—88 (1956). — RAPER, J.: 143—165 in The
biological Action of Growth Substances. ed. H. K. PORTER, New York 1957. —
RAPPAPORT, J., S. SATINA and A. F. BLAKESLEE: Science **111**, 276—277 (1950). —
RESENDE, F.: Bol. Soc. Portug. Cienc. Nat. 2. Ser. **6**, 257—261 (1956). — REZNIK,
H.: Biol. Zbl. **76**, 351—359 (1957). — RIETSEMA, J., B. BLONDEL, S. SATINA and
A. F. BLAKESLEE: Amer. J. Bot. **42**, 449—455 (1955). — RIETSEMA, J., S. SATINA
and A. F. BLAKESLEE: Proc. Nat. Acad. Sci. (Wash.) **40**, 424—431 (1954). —
ROBB, S. M.: J. exp. Bot. **8**, 348—352 (1957). — ROWLANDS, D. G.: Nature (Lond.)
**173**, 828—829 (1954). — RUNNSTRÖM, J.: Festschr. Arthur Stoll 850—868. Basel
1957.

SANDLER, L., and E. NOVITSKI: Amer. Naturalist **91**, 105—110 (1957). —
SATO, S.: Cytologia (Tokyo) **19**, 329—335 (1954). — SCHADE, C.: Phytopathol. Z.
**30**, 225—236 (1957). — SCHEIBER, E., O. GABRIEL, O. HOFFMANN-OSTENHOFF, u.
J. J. MILLER: Mh. Chem. **88**, 414—417 (1957). — SCHREVEN, D. A. VAN: (1) T.
Plantenz. **55**, 290—308 (1949). — (2) Plant a. Soil **8**, 49—55 (1956). — (3) Plant a.
Soil **8**, 56—74 (1956). — (4) Plant a. Soil **8**, 75—86 (1956). — (5) Plant a. Soil **8**,
87—94 (1956). — (6) Plant a. Soil **8**, 95—104 (1956). — SCHWARZENBACH, F. H.:
Ber. schweiz. bot. Ges. **66**, 204 (1956). — SCHWEMMLE, J.: (1) Biol. Zbl. **76**, 443—453
(1957). — (2) Biol. Zbl. **76**, 529—549 (1957). — (3) Planta (Berl.) **49**, 135—167
(1957). — (4) Planta (Berl.) **49**, 168—204 (1957). — SELL, H. M., S. H. WITTWER,
T. L. REBSTOCK and C. T. REDEMANN: Plant Physiol. **28**, 481 (1953). — SHIMAMURA,
T., and T. ÔTA: Exp. Cell Res. **11**, 346—361 (1956). — SIRONVAL, C.: Nature (Lond.)
**178**, 1357—1358 (1956). — STANLEY, R. G.: Symp. Tree Physiol. Harvard Univers.
12—13. Maria Moors Cabot Found. Bot. Res. 1957. — STEBBINS, G. L.: Amer.
Naturalist **91**, 337—354 (1957). — STRANGE, R. E., and F. A. DARK: Biochem. J.
**62**, 459—462 (1956). — STRAUB, J.: Z. Bot. **46**, 98—111 (1958).

TALLING, J. F.: Physiol. Plantarum (Copenh.) **10**, 215—223 (1957). — TANDON,
R. N., and J. S. GREWAL: Proc. Indian Acad. Sci. **44**, 61—67 (1956). — TATEBE, T.:
(1) J. Horticult. Ass. Japan **24**, 168—174 (1955). — (2) J. Horticult. Ass. Japan **25**,
157—162 (1956). — (3) Jap. J. Breeding **6**, 156—162 (1956). — TAYLOR, J. H.:
(1) Genetics **41**, 664 (1956). — (2) Amer. Naturalist **91**, 209—221 (1957). —

THOMPSON, K. F.: J. Genet. **55**, 45—60 (1957). — TOWNSEND, B. B.: Ann. Bot. N.s. **21**, 153—166 (1957). — TOWNSEND, B. B., and H. J. WILLETTS: Trans. Brit. mycol. Soc. **37**, 213—221 (1956). — TREMAINE, J. H., and J. J. MILLER: (1) Bot. Gaz. **115**, 311—322 (1954). — (2) Mycopath. et Mycolog. appl. **7**, 241—250 (1956). — TURIAN, G.: (1) Experientia (Basel) **8**, 315 (1956). — (2) Actes Soc. helv. Sci. Nat. 127—128 (1956). — (3) Bull. Soc. bot. Suisse **67**, 458—486 (1957). — (4) Physiol. Plantarum (Copenh.) **10**, 667—680 (1957). — (5) Phytopathol. Z. **28**, 275—280 (1957). — TURIAN, G., and E. KELLENBERGER: Proc. Stockholm Conf. Electr. Microsc. **1956**.

VISSER, T.: (1) Med. Landbouwhogeschool Wageningen **55**, 1—58 (1955). — (2) Proc. Kon. Nederl. Akad. Wet., Ser. C **59**, 685—693 (1956).

WHEELER, H. E.: (1) Bull. Ass. South-Eastern Biol. **2**, 12 (1955). — (2) Mycologia **48**, 349—353 (1956). — WHITTINGTON, W. J.: J. exp. Bot. **8**, 353—367 (1957). — WILSON, K. S., and V. M. CUTTER JR.: Amer. J. Bot. **42**, 116—119 (1955). — WOODARD, J. W.: J. biophys. biochem. Cytol. **2**, 765—776 (1956).

ZALIK, S., G. A. HOBBS and A. C. LEOPOLD: Proc. Amer. Soc. horticult. Sci. **58**, 201—207 (1951). — ZIMMERMANN, H.: Z. Bot. **42**, 283—304 (1954). — ZWINGLI, W.: Z. Pflanzenzücht. **36**, 237—288 (1956).

# 20. Bewegungen.

Von WOLFGANG HAUPT, Tübingen.

Mit 5 Abbildungen.

## I. Freie Ortsbewegung.

**1. Mechanik und Allgemeines über die Orientierungsweise.** Zur alten
Streitfrage, ob die Bewegung der fadenförmigen Cyanophyceen durch
Substanz-Ausscheidung oder durch Kontraktionswellen zustande kommt,
wurden von SCHULZ (1955) neue Argumente für die erste Alternative

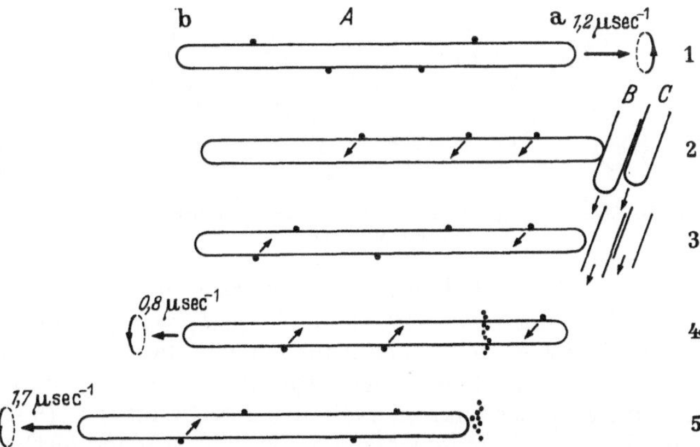


Abb. 14. Schematische Darstellung der Bewegung eines *Oscillatoria*-Fadens sowie der Karminpartikelchen.
Die Pfeile deuten die Bewegungsrichtung bzw. die Rotation des Fadens sowie die Bewegungsrichtung der
Karminpartikelchen an; Partikelchen ohne Pfeil sind absolut gesehen in Ruhe. Bei „2" ist der Faden *A*
durch die Fäden *B* und *C* an der Bewegung gehindert, bei „3" besitzt er wieder seine Bewegungsfähigkeit.
Beachte die unterschiedliche Geschwindigkeit des Fades zwischen „4" und „5" (nach SCHULZ).

zusammengetragen. Bei Wiederholung des Ullrichschen Verfahrens
konnte in keinem Fall ein Hinweis auf Kontraktionswellen gefunden
werden; für die Befunde von ULLRICH werden einleuchtende optische
Effekte verantwortlich gemacht. Stattdessen läßt sich mittels suspen-
dierter Carminpartikelchen die Bewegung abgeschiedenen Schleimes
spiralig um den Faden herum verfolgen, wenn der Faden selbst mechanisch an der Fortbewegung gehindert wird, andernfalls bewegen sich die
Carminpartikelchen derart relativ zum Faden, daß sie absolut gesehen
an Ort und Stelle bleiben (vgl. Abb. 14, *2* u. *1*). An ein und demselben
Faden verläuft die Bewegung der Carminpartikelchen (bei festgelegtem
Faden) und die Eigenbewegung des Fadens (bei ungehinderter Bewegungs-

möglichkeit) mit gleicher Geschwindigkeit, sowohl hinsichtlich der Rotation als auch der Longitudinal-Verschiebung. Von besonderer Bedeutung ist die Beobachtung, daß die Richtung der Schleimabscheidung nicht über die ganze Fadenlänge gleich sein muß. Die Rotations- und Bewegungsrichtung des Fadens ist die Resultante der von den einzelnen Zellen erzeugten Antriebskräfte. Je mehr Zellen den Schleim in der gleichen Richtung abscheiden, desto schneller ist die Bewegung des Fadens. Die Grenze zwischen beiden Bewegungsrichtungen innerhalb eines Fadens kann kontinuierlich den Faden entlang wandern. Besser als jede Beschreibung demonstriert diese Verhältnisse Abb. 14, *3* bis *5*. Die für die Schleimabscheidung notwendigen Poren konnten elektronenoptisch wahrscheinlich gemacht werden. Ungelöst bleibt das Problem, wie die Richtung der Schleimabscheidung (oder -Quellung) reguliert wird.

Die Bewegung der Myxobakterien erfolgt dagegen durch aktive Kontraktionen, die fast bis zu amoeboiden Formänderungen führen können (Abb. 15); die sehr reichliche Schleimabsonderung der Stäbchen

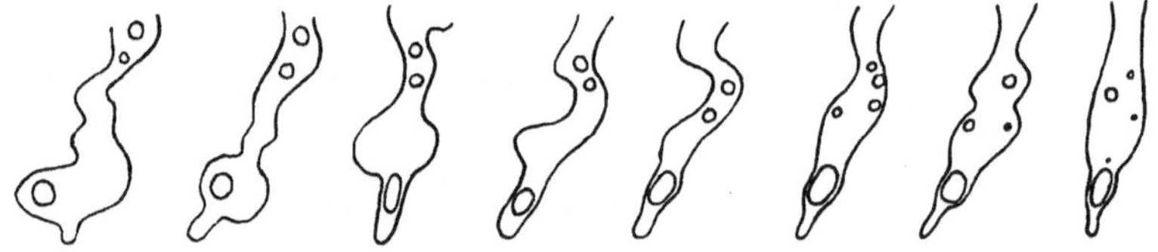

Abb. 15. Formveränderungen einer *Polyangium*-Zelle im Zusammenhang mit der Fortbewegung (nach Kühlwein).

scheint ohne wesentliche Bedeutung für die Bewegung zu sein. Diese Ergebnisse erhielt Kühlwein (1957) an *Polyangium* spec. Trotz der unterschiedlichen Bewegungsmechanismen liegt die Geschwindigkeit der Bewegung in der gleichen Größenordnung wie bei Cyanophyceen.

Zur Wanderung ganzer Bakterienkolonien liefert Gillert (1956, 1957) einen Beitrag. Kalottenförmige Kolonien, die sich rotierend fortbewegen, können ohne erkennbare äußere Ursache den Rotationssinn wechseln; hierbei ist auch in den benachbarten Kolonien kein derartiges Umschlagen zu erkennen. Teile der Kolonie, die zufällig abgetrennt wurden, bleiben unbeweglich liegen, vielleicht weil sie nicht mehr dem steuernden Einfluß im Zentrum der Kolonie unterliegen. Daneben kommen auch ringförmige Kolonien vor, die ebenfalls als Ganzes rotieren. Gillert konnte beobachten, wie sich eine solche Ringkolonie mit einer Kalottenkolonie vereinigte; dabei wurde nach der Berührung der Ring aufgebrochen und spulte sich anschließend vollständig auf die Kalotte auf. Aus dem Verlauf der Bewegungen wird geschlossen, daß der Weg der nachfolgenden Bakterien durch die Bewegung der vorangehenden beeinflußt wird, daß aber Schubkräfte eine größere Rolle spielen als Zugkräfte.

Ansammlungen von Mikroorganismen, hervorgerufen durch Inhomogenitäten irgendwelcher Art (physikalische, wie z. B. Licht, oder chemische), werden häufig als Ausdruck einer Phobotaxis gedeutet. Clayton (1957) zeigt nun mittels Berechnungen an einfachen Modellen. daß grundsätzlich gleiche Ansammlungen auch rein kinetisch (chemo-, photokinetisch usw.) zustande kommen müssen, wenn gewisse Bedingungen erfüllt sind. Andererseits sind Bedingungen denkbar, unter denen eine vorhandene phobische Reaktion nicht erkennbar wird, weil sie in ihrer Wirkung gerade durch kinetische Effekte kompensiert wird. Die Verhältnisse werden noch verwickelter, wenn die (chemische oder physikalische) Grenze sich verschiebt, wie es etwa bei der Diffusion gelöster Substanzen der Fall ist. Schließlich darf auch der rein mechanische Effekt nicht vergessen werden, der beim Lösungsvorgang eines Kristalls rings um diesen ein abstoßendes Moment erzeugt. CLAYTON fordert auf Grund dieser Überlegungen, eine Ansammlung erst dann als phobisch-taktisch zu bezeichnen, wenn die phobische Reaktion als solche am einzelnen Organismus beobachtet worden ist. NULTSCH (1956) führt bei seinen (weiter unten zu besprechenden) Untersuchungen über die Diatomeen-Phototaxis konkrete Fälle an, in denen eine Aërokinese bei oberflächlicher Betrachtung mit phobischer Phototaxis verwechselt werden kann.

Das gemeinsame Prinzip aller phobischen Reaktionen bei Flagellaten und Bakterien, gleichgültig durch welchen Reiz sie ausgelöst werden, sieht LINKS (1955) in einer sehr plötzlichen und starken Abnahme der Energielieferung im motorischen Apparat.

**2. Phototaxis.** Die topische Phototaxis bei *Euglena* kommt durch periodische Beschattung des Photoreceptors an der Geißelbasis durch das Stigma zustande, wie im vorhergehenden Bericht wahrscheinlich gemacht wurde. Für diese Auffassung brachte inzwischen die Arbeit von GÖSSEL (1957) weitere wichtige Stützen. Eine Form ohne Stigma besitzt für die negative, phobisch verlaufende Phototaxis ein Aktionsspektrum, das weitgehend dem von BÜNNING und SCHNEIDERHÖHN für die stigmenhaltige Form gefundenen entspricht; für diese Reaktion ist also tatsächlich das Stigma ohne Bedeutung. Die durch periodische Beschattung hervorgerufene positiv topische Reaktion dagegen weicht in ihrem Aktionsspektrum grundsätzlich von der stigmenhaltigen Form ab, offensichtlich deshalb, weil hier die Beschattung nur durch das Plasma zustandekommt. Ein Nebenmaximum der Wirksamkeit allerdings ist in beiden Fällen gleich, wodurch sich wohl der gemeinsame Grundvorgang kundtut. Eine verwandte Form, *Astasia longa*, die keine Verdickung an der Geißelbasis erkennen läßt, reagiert auch nicht phototaktisch. Nach VÁVRA (1956) ist der Photoreceptor tatsächlich ein selbständiges Zellorganell, das beim modifikativen Verlust des Stigmas nicht notwendig ebenfalls verschwinden muß.

Eine genauere Analyse der Reaktionsweise von *Euglena* durch BÜNNING u. TAZAWA (1957a) ergab, daß phobische Reaktionen nur durch Intensitätserhöhung des Lichtes, nicht durch Intensitätsschwächung ausgelöst werden, es liegt also negativ phobische Phototaxis vor, in Übereinstimmung mit der Angabe von GÖSSEL (s. oben). Dabei tritt offenbar die Reaktion um so schneller ein, je plötzlicher oder größer der Intensitätssprung ist; gelangen nämlich die Zellen aus der Dunkelheit nicht in starkes, sondern in schwaches Licht, so tritt die „Schreckreaktion" so verspätet ein, daß durch diese nicht mehr alle Zellen ins Dunkle zurückgeführt werden.

GÖSSEL untersuchte ferner die Absorption des Stigmapigments mit dem Ergebnis, daß dieses viel weiter nach höheren Wellenlängen hin absorbiert als phototaktische Wirksamkeit besteht.

Weitere Aktionsspektren an Flagellaten wurden von HALLDAL (1956) aufgestellt. Die untersuchten Chlorophyceen zeigen im wesentlichen eine ähnliche Empfindlichkeitsverteilung für die topische Phototaxis, wie sie von BÜNNING u. SCHNEIDERHÖHN für *Euglena gracilis* mit Stigma angegeben wurde; auch zwei Dinoflagellaten (*Peridinium* und *Goniaulax*) fügen sich hier ungefähr ein, während das in die gleiche Gruppe gehörende *Prorocentrum micans* hiervon völlig abweichend im Bereich 480—640 m$\mu$ reagiert mit einem Maximum bei 570 m$\mu$. In den Absorptionsspektren der fettlöslichen Pigmente fand der Verfasser jedoch keine Unterschiede zwischen *Prorocentrum* und den anderen Dinoflagellaten.

Eine Besprechung der Arbeiten, die sich mit dem Feinbau der Stigmen in verschiedenen Algengruppen befassen, würde hier zu weit führen, es sei nur hingewiesen auf WOLKEN (1957, *Euglena*), MANTON u. CLARKE (1956, *Fucus*) oder MANTON (1957, *Scytosiphon*). In der letztgenannten Untersuchung wird eine fibrilläre Verbindung zwischen Stigma und Geißelbasis abgebildet.

Tagesperiodische Schwankungen der phototaktischen Stimmung bei *Euglena* enthalten nach BRUCE u. PITTENDRIGH eine ausgeprägte endogene Komponente; die Empfindlichkeitsschwankungen sind noch nach mehrtägiger Kultur unter konstanten Bedingungen nachweisbar. Die Verfasser benutzen diese schon früher von POHL beschriebene Erscheinung zur Analyse der endogenen Tagesrhythmik.

Nach HALLDAL (1957) ist der Reaktionssinn der topischen Phototaxis (positiv oder negativ) ganz unabhängig von der Lichtintensität, wird jedoch eindeutig durch das Verhältnis der Ca$\cdot\cdot$ - zu den Mg$\cdot\cdot$ - Ionen festgelegt: Ist dieses Verhältnis größer als 1 : 6, so resultiert negative Reaktion, ist es dagegen kleiner als 1 : 6, so ist die Reaktion positiv. Das Umschlagen von positiver Reaktion (in frischer Nährlösung) in negative (nach einigen Stunden oder Tagen) ist auf entsprechende Milieuänderungen zurückführbar. Die Ergebnisse wurden an *Platymonas subcordiformis* erhalten, traten jedoch an weiteren Objekten in gleicher Gesetzmäßigkeit auf.

Neue Erkenntnisse brachten auch die Untersuchungen an Diatomeen und Cyanophyceen durch NULTSCH (1956) und DREWS (1957)[1]. Die topische Orientierung kommt bei einigen *Navicula*-Arten und Oscillatoriaceen so zustande, daß Zellen, die zufällig mit ihrer Längsachse in Lichtrichtung liegen (oder einen Winkel von höchstens 45° bilden), in ihrem autonom-rhythmischen Umschalten der Bewegungsrichtung gehemmt werden, wenn sie sich auf die Lichtquelle zu bewegen, während bei der umgekehrten Bewegungsrichtung eine vorzeitige Umkehr ausgelöst wird. Sofern gleichzeitig phobisches Reaktionsvermögen vorliegt, wird die Umkehr in beiden Fällen durch eindeutig verschiedene Reizvorgänge hervorgerufen. Der Reiz besteht nicht nur im einen Fall in konstanter Beleuchtung von „hinten", im anderen Fall in plötzlicher Verdunkelung der Spitze, sondern die Aktionsspektren beider Reaktionen sind auch bei manchen Arten verschieden. Die untersuchten Oscillatoriaceen reagieren phobisch ausschließlich in langwelligem Licht,

---

[1] Die ausführliche Veröffentlichung von DREWS konnte Referent im Manuskript einsehen.

topisch dagegen allein oder bevorzugt in kurzwelligem. Bei den Diatomeen treten Unterschiede im Aktionsspektrum nicht in Erscheinung, alle topischen und phobischen Reaktionen erfordern kurzwelliges Licht, soweit sie echte Lichtreaktionen sind.

Bilden die Längsachsen der Organismen jedoch einen größeren Winkel zur Lichtrichtung, so ist eine topische Reaktion so lange unmöglich, bis durch zufällige Richtungsänderungen eine günstige Lage erreicht ist; ein Steuervermögen besteht grundsätzlich nicht. Dagegen wurde bei Nostocaceen ein aktives Einschwenken in die Lichtrichtung beobachtet.

Einige Diatomeen, die ebenfalls topische Phototaxis zeigen, fügen sich nicht so gut in das Schema ein. Insbesondere der *Nitzschia-Typ* zeigt derartig reichhaltige Modifikationsmöglichkeiten der Bewegung, daß ein volles Verständnis der Orientierungsweise große Schwierigkeiten bereitet (NULTSCH).

Über die phobische Phototaxis der Purpurbakterien liegt eine Untersuchung von SCHLEGEL (1956) vor. An vier verschiedenen Arten wurde die relative (prozentuale) Unterschiedsschwelle für die Ansammlung in der Lichtfalle nach einer neuen Methode bestimmt. Als Maß dient die Differenz der Beleuchtungsstärken in der Lichtfalle und im Umfeld, bezogen auf diejenige in der Lichtfalle. Eine nach dem Weberschen Gesetz zu fordernde Konstanz dieser Unterschiedsempfindlichkeit ist nur in einem mittleren Bereich von (0,5—) 1—10 (—100) spez. MK vorhanden, bei niederen Beleuchtungsstärken steigt sie schnell bis auf 100% an („Nullschwelle" bei etwa 0,01—0,03 spez. MK), und ebenso ist bei höheren Intensitäten ein Anstieg bis zur Indifferenzzone festzustellen, die das Gebiet positiver Reaktion (Ansammlung in der Lichtfalle) von dem negativer Reaktion (Entleerung der Lichtfalle) abgrenzt und bei 1000—15000 spez. MK liegt. Die hier angeführten Schwankungsbreiten enthalten die Unterschiede zwischen den untersuchten Arten; für ein und dieselbe Art ergeben sich bemerkenswert konstante Daten. Allerdings ist noch zu berücksichtigen, daß starke Vorbelichtung, z. B. $^1/_2$ Std. mit 6000 spez. MK, die Empfindlichkeit allgemein herabsetzt; dies führt zu einer Verschiebung der Nullschwelle in höhere, der Indifferenzzone in niedere Intensitäten.

Die Feststellung negativer Reaktion bei hohen Lichtintensitäten verdient insofern noch besonders hervorgehoben zu werden, als die diesbezüglichen Beobachtungen von BUDER (Jb. Bot. 56, 1915) heute nicht mehr allgemein bekannt sind. So gibt etwa MANTEN (1948) als charakteristisch für die Phototaxis der Purpurbakterien (im Gegensatz zu der der Flagellaten) an, daß bei Erhöhung der Lichtintensität keine Umkehr des Reaktionssinnes stattfindet. Zufällig hatte MANTEN mit *Rhodospirillum rubrum* gearbeitet , und dieser Organismus zeigte bei SCHLEGEL als einziger nicht die Reaktionsumkehr.

**3. Chemotaxis.** Positive Chemotaxis gegenüber $CO_2$ stellten MAYER u. POLJAKOFF-MAYBER (1957) an *Chlamydomonas moewusii* fest, wobei die Organismen auch dann noch die Grenzschicht Wasser—Luft aufsuchten, wenn die $CO_2$-Konzentration im Luftraum 50% betrug; selbst bei 75—100% $CO_2$ trat die positive Chemotaxis auf, wenn die Beleuchtungsintensität nicht höher als 3000 Lux war, während diese Konzentrationen bei 10000 Lux eine reversible Inaktivierung der Beweglichkeit hervorriefen. Allerdings wurde in den Versuchen die Temperatur nicht konstant gehalten. BORGERS u. KITCHING führen die von ihnen gefundenen Ansammlungen von *Astasia longa* an bestimmten Stellen innerhalb verschiedener $CO_2$-Gradienten mit stichhaltigen Argumenten auf reine $p_H$-Wirkungen zurück. Das von den Organismen aufgesuchte $p_H$-Optimum liegt zwischen 5,3 und 6,3.

BROKAW untersuchte die Chemotaxis am klassischen Objekt PFEFFERs, den Spermatozoiden von Farnen. In gepuffertem, homogenem Äpfelsäure-Medium tritt bei Zugabe eines Tropfens HCl Ansammlung an der Grenzschicht ein, die durch Beifügen eines Indicators deutlich gemacht werden kann. Im elektrischen Feld schwimmen die Spermatozoiden zur Anode, vorausgesetzt, daß das Medium ein Chemotaktikum enthält. Die Orientierung ist topisch.

Zur chemotaktischen Reaktion der *Acrasieen*-Amoeben auf Acrasin (SHAFFER 1957) vgl. Fortschr. Bot. **19**, S. 28 u. 358.

## II. Chloroplastenbewegung.

Das im vorhergehenden Bericht mitgeteilte Aktionsspektrum für die Starklichtbewegung (Epistrophe → Parastrophe) ist nicht unwidersprochen geblieben [vgl. auch das Sammelreferat HAUPT (1956)].

Einerseits glaubt BABUŠKIN (1955), daß die Rotlichtwirkung bei ZURZYCKAs Versuchen durch Verunreinigung mit Infrarot zustande kam, und er gibt selbst Versuche an, in denen reines Rotlicht wirkungslos bleibt, reines Infrarot dagegen die Bewegung auslöst. Der Autor deutet diese Bewegung allerdings gar nicht als Starklichtbewegung, sondern als (durch Erwärmung beschleunigte) Dunkelbewegung (Epistrophe → Apostrophe). Andererseits konnte SEYBOLD (1956) an *Begonia*blättern überhaupt keine Starklichtbewegung hervorrufen, wenn aus dem Sonnenlicht die Wellenlängen unter 470 m$\mu$ herausgefiltert werden, das ganze übrige Spektrum jedoch ungeschwächt eingestrahlt wird (also insbesondere rot + infrarot). Man muß fast mit der Möglichkeit rechnen, daß nicht nur die verschiedenen Bewegungen bei ein und derselben Pflanze auf verschiedenen Prozessen beruhen (vgl. Fortschr. Bot. **18**, 354), sondern daß auch die scheinbar gleichen Bewegungen bei verschiedenen Pflanzen eine etwas verschiedene physiologische Grundlage haben.

Beachtung verdient die kinematographische Untersuchung der Chloroplastenbewegung von ZURZYCKA u. ZURZYCKI (1957), die sich auf die Bewegungen zwischen den beiden Stellungen Epistrophe und Parastrophe bezieht. Wenn schon aus der statistischen Betrachtung der Gesamtheit der Chloroplasten einer Zelle geschlossen werden konnte, daß die Bewegungen in den beiden entgegengesetzten Richtungen ganz verschiedenen Gesetzmäßigkeiten folgen, so läßt sich dies nun durch die Beobachtung der einzelnen Chloroplasten noch eindrucksvoller veranschaulichen: Bei der Parastrophe → Epistrophe-Reaktion begeben sich die Chloroplasten auf ziemlich direktem Weg in die neue Stellung, wobei die Geschwindigkeit bemerkenswert konstant und wenig durch Außenfaktoren beeinflußbar ist; die Bewegung hat große Ähnlichkeit mit der Rückverlagerung der Chloroplasten nach Zentrifugierung. Die Epistrophe → Parastrophe-Bewegung dagegen verläuft in sehr verschlungenen Bahnen mit stark variabler Geschwindigkeit; Bewegungsweise und Geschwindigkeit sind in hohem Grade abhängig von äußeren (aber auch inneren) Bedingungen. Lediglich für gewisse Stoffwechselgifte gilt das umgekehrte: kein Einfluß auf die letztgenannte, starke Hemmung der erstgenannten Bewegung (wieder in Übereinstimmung mit den früheren statistisch gewonnenen Ergebnissen). Der einzige Faktor, der beide Bewegungen (und zwar in gleicher Weise) beeinflußt, ist die Aminosäure Histidin, deren chemodinetische Wirksamkeit bekannt ist; die Bewegungsbahnen werden dadurch verschlungener, die Geschwindigkeit erhöht.

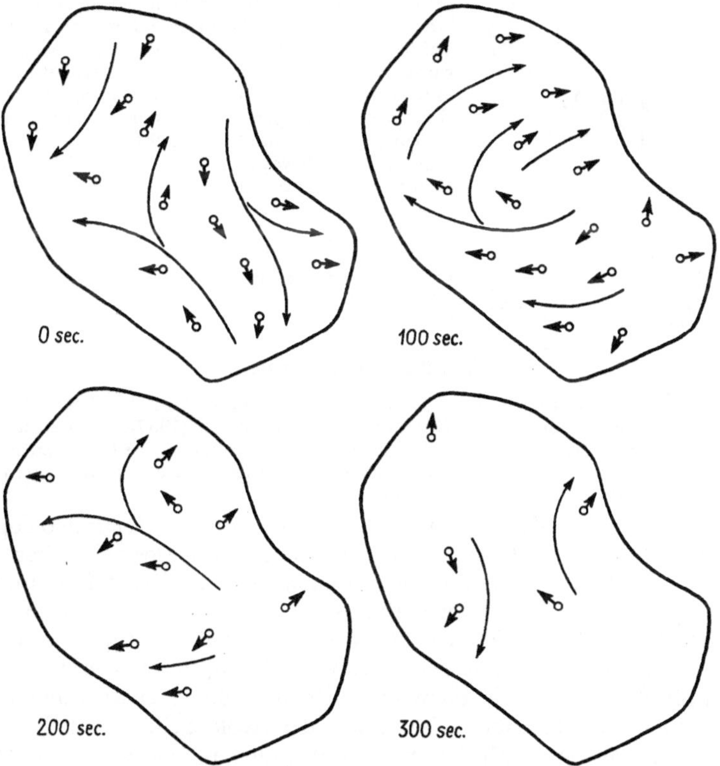



Abb. 16. Ausschnitt aus der kinematographischen Beobachtung der Chloroplastenbewegung (Starklichtbewegung) einer *Lemna*-Zelle in Abständen von je 100 sec. Angegeben ist die jeweilige Stellung der Chloroplasten sowie die momentane Bewegungsrichtung. Die großen gebogenen Pfeile zeigen Bezirke mit gleicher Bewegungsrichtung der Chloroplasten (nach ZURZYCKA und ZURZYCKI).

Der wichtigste Befund der kinematographischen Untersuchungen dürfte der Nachweis eines eindeutigen Zusammenhanges zwischen Plasmaströmung und Chloroplastenbewegung während der Parastrophe-Bewegung sein. Unbeschadet der bekannten Tatsache, daß die einzelnen Chloroplasten (über einen längeren Zeitraum beobachtet) sich in Richtung und Bewegung unabhängig voneinander und in ständigem Wechsel bewegen, zeigen die momentanen Bewegungsvektoren der einzelnen

Chloroplasten gruppenweise weitgehende Übereinstimmung (vgl. Abb. 16);
benachbarte Granula des Cytoplasmas bewegen sich in der gleichen
Richtung, doch mit erheblich höherer Geschwindigkeit (Abb. 17). Eine
Beziehung zwischen Photodinese und Parastrophe-Bewegung, wie die
Verfasser sie zur Diskussion stellen, ist wohl kaum mehr zu bezweifeln.

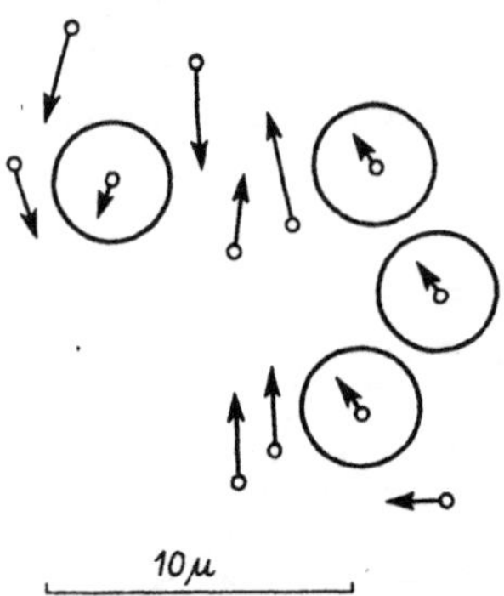

Abb. 17. Die Bewegung einzelner
Chloroplasten und benachbarter Granula des Cytoplasmas. Die Pfeile sind
als Vektoren aufzufassen, geben also
auch die relative Geschwindigkeit an
(nach ZURZYCKA und ZURZYCKI).

In eine ähnliche Richtung weisen auch die
Befunde von JAROSCH (1956), der an isolierten
Plasmatropfen von *Chara*-Internodialzellen die
Rotation und Fortbewegung der Chloroplasten
untersuchte. Häufig bewegen sich mehrere Chloroplasten hintereinandergereiht durchs Plasma.
Unter günstigen Bedingungen konnten im Ultramikroskop plasmatische Fibrillen beobachtet
werden, die den Chloroplasten angeheftet sind
und offensichtlich deren Bewegung bedingen.
Gleichzeitig zeigen Mikrosomen, die diesen
Fibrillen sehr nahe benachbart liegen, eine
gegenläufige Bewegung (Prinzip des Rückstoßes).
Hierzu muß jedoch bemerkt werden, daß *Chara*
zwar ein klassisches Objekt für Plasmaströmung
ist, daß aber typische Chloroplastenverlagerungen
(etwa unter dem Einfluß des Lichtes) bei dieser
Pflanze nicht vorkommen.

## III. Phototropismus.

Einen Überblick über unsere derzeitigen Kenntnisse von der Reizaufnahme
beim Phototropismus der *Avena*-Koleoptile gibt BRAUNER (1957). Er betont, daß
weder die Lichtschirmtheorie (ungleiche Auxin-Inaktivierung auf den entgegengesetzten Flanken) noch die Auxin-Querverschiebungstheorie für sich allein alle
beobachteten Phänomene erklären kann.

Eine eingehende Analyse der *UV-Wirkung* auf die *Avena*-Koleoptile
(CURRY, THIMANN u. RAY), ergab: Einseitige UV-Bestrahlungen mit
Energien von 50 erg/cm$^2$ und mehr führen zu einer positiven Krümmung,
die etwa proportional dem Logarithmus der Energie zunimmt (maximale
Krümmung 16—18°). Die Reaktion erweist sich als typische Basis-
Krümmung, Spitze und Basis sind etwa gleich empfindlich (und wesentlich empfindlicher als die dazwischenliegende Zone, entsprechend der
Wachstumsverteilung über die Länge der Koleoptile). Um Komplikationen mit der etwa ab 300 m$\mu$ einsetzenden reinen Spitzenreaktion
zu vermeiden, wurde bei der Aufstellung des Aktionsspektrums die
Spitze verdunkelt. Wie die Kurve zeigt, hat das Aktionsspektrum große
Ähnlichkeit mit dem Absorptionsspektrum der Indolylessigsäure (IES)
sowie dem Aktionsspektrum der *in vitro*-Photolyse von IES durch
UV-Bestrahlung, doch erfordert diese Photolyse etwa das Tausendfache
an Energie wie die phototropische Krümmung. Die Verschiebung des
phototropischen Aktionsspektrums nach größeren Wellenlängen und die
erheblich größere Empfindlichkeit gegenüber der IES-Photolyse versuchen die Verfasser durch eine chemische Bindung der IES zu erklären;
hier sind wohl noch weitere Versuche abzuwarten. Die Bedeutung der
IES wird weiter unterstrichen durch die Beobachtung, daß dekapitierte

Koleoptilen, die normalerweise nicht mehr reaktionsfähig sind, diese Fähigkeit wiedererhalten, wenn ihnen genügend lange vor der Belichtung IES zugeführt wird. Die von oben nach unten fortschreitende Regeneration der phototropischen Empfindlichkeit entspricht in ihrer Geschwindigkeit genau der IES-Transportgeschwindigkeit. Wird die IES erst unmittelbar nach der Bestrahlung zugegeben, so erfolgt keine Reaktion.

Daß UV-Strahlung auch bei *Wurzeln* Krümmungen auslösen kann, gibt BRUMFIELD (1955) von *Phleum pratense* an. Vierminütige Bestrahlung mit 8 erg/cm² sec (hauptsächlich 254 m$\mu$) ruft bemerkenswerterweise zunächst eine positive Krümmung im Bereich der Streckungszone hervor, deren Maximum etwa nach 40 min erreicht ist und die dann von einer mehr apikalwärts verschobenen negativen Krümmung gefolgt wird (Maximum nach 100 min). Das Phänomen erinnert an die doppelte geotropische Reaktion (RUFELT, s. unten), doch ist die Wirkung von Auxin und „Antiauxin" auf beide UV-bedingte Krümmungen gleich: Starke Hemmung des Phototropismus durch Trichlorphenoxyessigsäure ohne gleichzeitige entsprechende Wachstumshemmung, dagegen keine spezifische Hemmung durch IES, sofern die Krümmung nicht pro Zeiteinheit, sondern pro Zuwachseinheit gemessen wird. Die gleichen Gesetzmäßigkeiten fand der Autor auch für die Wirkung dieser Substanzen auf die *geotropische* Krümmung der *Phleum*wurzeln.

Vergleichbar damit ist wohl die Angabe von HENDERSON u. PETERSON (1957), daß 2,4-Dichlorphenoxyessigsäure die photo- und geotropische Reaktionsfähigkeit von *Avena*koleoptilen völlig unterbinden kann, ohne daß hier vergleichende Wachstumsmessungen vorliegen.

Über die Wirkung von $\gamma$-Strahlen auf den Phototropismus der *Avena*-Koleoptile vgl. S. 295.

Eine kurze Angabe über phototropische Krümmungen des Hypokotyls von *Sinapis alba* findet sich bei MOHR (1957). Während die Wachstumsbeeinflussung ihr Wirkungsmaximum im Rotlicht hat, kommt phototropische Krümmung ausschließlich durch Blaulicht zustande. Die letztgenannte Reaktion ist offenbar eine direkte Lichtwirkung auf das Hypokotyl, während die erste vielleicht mehr mittelbarer Natur ist und etwa über eine Reizaufnahme in den Kotyledonen vermittelt werden könnte.

KOHLBECKER untersuchte am gleichen Objekt den Phototropismus der Wurzeln im Vergleich zur Wirkung des Lichtes auf das Längenwachstum. Da das Wachstum durch Licht verzögert wird und die Krümmung negativ verläuft, wäre eine einfache Erklärung der Krümmung durch ungleiche Wachstumsbeeinflussung nur möglich, wenn man (analog zu den Verhältnissen bei *Phycomyces*) eine Linsenwirkung der sehr schwach absorbierenden Wurzel annimmt, wodurch die „Schattenseite" stärker belichtet würde als die Lichtseite. Ein solcher Effekt ist hier jedoch recht fraglich.

Bei Farn-Chloronemen erhielt MOHR (1956) positiven Phototropismus sowohl im blauen als auch im roten Bereich. Merkwürdigerweise reagierte jedoch immer ein gewisser Prozentsatz auch negativ phototropisch, was der Verfasser damit zu erklären sucht, daß vielleicht in einzelnen Chloronemen die Auxin-Konzentration überoptimal ist, so daß eine durch Licht ausgelöste Auxin-Zerstörung hier gerade den entgegengesetzten Effekt haben muß.

Aus einer schon etwas älteren Arbeit muß hier noch nachgetragen werden, daß bei der festsitzenden Blaualge *Tolypothrix* ein positiver Phototropismus gefunden wurde, der auf Plasmawachstum beruht (MANTEN 1948). Damit ergeben sich einige Abweichungen von dem von höheren Pflanzen her gewohnten Bild. Eine Krümmung kommt zwar wie etwa bei *Avena* nur in kurzwelligem Licht zustande, wobei das Aktionsspektrum weitgehend der $\beta$-Carotin-Absorption entspricht, doch ist hinreichend starke Photosynthese eine weitere Bedingung. Deshalb muß stets zusätzlich zum „Reizlicht" noch photosynthetisch wirksames Orange- oder Rotlicht geboten werden. Eine Nachwirkung kurzer, starker, einseitiger Belichtung tritt nicht auf, das blaue „Reizlicht" muß mindestens 48 Std. einwirken.

Sporangienträger von *Phycomyces*, die im sichtbaren Licht positive Lichtwachstumsreaktion (LWR) und positiven Phototropismus zeigen, reagieren auf UV-Strahlung negativ phototropisch, während die LWR positiv bleibt (CURRY u. GRUEN 1957). Dabei tritt im Gegensatz zur positiv phototropischen Krümmung eine Überlagerung mit dem Spiralwachstum auf, die dazu führt, daß die Objekte sich aus der Ebene herausdrehen. Das von den Autoren angegebene ungefähre Aktionsspektrum (Maximum bei 280 m$\mu$) vergleicht CARLILE (1957) mit dem Absorptionsspektrum von Riboflavin und findet bemerkenswerte Übereinstimmung, ebenso wie für den positiven Phototropismus im sichtbaren Bereich. Daraus wird der Schluß gezogen, daß beide Tropismen in gleicher Weise auf die LWR zurückgeführt werden können und daß im Bereich über 300 m$\mu$ die Linsenwirkung größer ist als der durch die Absorption hervorgerufene Intensitätsabfall, daß aber unter 300 m$\mu$ die nun einsetzende starke Absorption im Plasma die Linsenwirkung überkompensiert.

Da unter diesen Umständen zwischen dem Spektralbereich der Linsenwirkung und dem der Absorptionswirkung notwendigerweise ein Bereich ohne phototropische Wirksamkeit liegen muß, kann der oben erwähnten Übereinstimmung mit dem Absorptionsspektrum von Riboflavin (Absorptionsminimum bei 302 m$\mu$) nicht allzu viel Gewicht beigelegt werden (BANBURY u. CARLILE 1958).

Eine Inaktivierung in überoptimaler Konzentration vorliegenden Auxins scheint als Erklärung für den Phototropismus dieses Objektes nicht in Frage zu kommen, da durch Blaulicht ausgelöste Krümmungen und Wachstumsdifferenzen nicht durch Applikation von Auxinpaste modifiziert werden können (BANBURY 1958).

Die absolute Intensitätsschwelle für den Phototropismus von Mucorineen beträgt bei Dauerbeleuchtung im günstigsten Falle $0{,}6 \cdot 10^{-6}$ spez. MK *(Pilobolus longipes)*. JACOB (1957), der diesen Befund mitteilt, weist zugleich darauf hin, daß die in verschiedenen Lehrbüchern angegebene Empfindlichkeit für höhere Pflanzen auf einem Rechenfehler in der einschlägigen Originalarbeit beruht und 0,002 statt 0,0000002 Lux für *Vicia villosa* beträgt.

# IV. Geotropismus.

Eines der wesentlichsten Probleme bleibt die Frage nach der Gültigkeit der Went-Cholodnyschen Theorie der Wuchsstoffquerverschiebung als Ursache für die ungleiche Wachstumsverteilung der Flanken.

**1. Wurzeln.** AUDUS u. BROWNBRIDGE (1957a, b) verfolgen das Wachstum von Erbsenwurzeln nach 40-minütiger Schwerereizung und anschließendem Klinostatieren gesondert auf beiden Flanken (Ober- und Unterseite bezieht sich stets auf die Lage der Flanken während der Reizung). Im Gegensatz zu früheren Annahmen kommt die Krümmung nur durch eine Wachstumsverzögerung der Unterseite zustande, ohne Beschleunigung der Oberseite. Die darauf folgende Rückkrümmung (wohlgemerkt auf dem Klinostaten, ohne neue geische Reizung) wird durch eine Wachstumshemmung der Oberseite verursacht. Schon diese Beobachtungen sprechen dagegen, daß eine bloße Verschiebung des in überoptimaler Konzentration vorliegenden Auxins maßgeblich ist. In Auxinkonzentrationen, die das Wachstum fördern (IES $10^{-11}$ g/cm³), ist die Reaktion insgesamt beschleunigt, die Krümmung kommt nun allein durch Wachstumsförderung der Oberseite zustande. 2,4-D wirkt gleichmäßiger über die ganze Reaktionszeit als IES, vermutlich wegen des enzymatischen Abbaues der IES. Umgekehrt hemmt eine stärkere Auxinkonzentration (IES $10^{-8}$ g/cm³) die gesamte Reaktion infolge allgemeiner Wachstumsverzögerung. Der Auxin-Antagonist $\alpha$-(1-Naphthylmethylsulfid-) Propionsäure (NMSP) bewirkt eine auffallende Nivellierung der Wachstumsunterschiede beider Flanken und somit eine Verringerung der geotropischen Reaktion, und zwar sowohl in wachstumsfördernden als auch in wachstumshemmenden Konzentrationen. Dabei ist bemerkenswert, daß auch in letzterem Falle während der Reaktion selbst eine starke Förderung der Unterseite (gegenüber der Kontrolle ohne diesen Wirkstoff), während der Rückkrümmung eine entsprechende Förderung der Oberseite beobachtet wurde, wodurch eben die Nivellierung zustande kommt. Bei gleichzeitiger Applikation von IES ($10^{-8}$) und NMSP hebt IES die nivellierende Wirkung von NMSP auf, während NMSP die allgemeine Wachstumsverzögerung durch IES kompensiert, so daß in diesem Falle fast normale Krümmungen resultieren.

Die Verfasser schließen aus ihren Versuchen, daß für den Geotropismus der Wurzel überhaupt nicht Auxin primär verantwortlich ist, sondern die ungleiche Verteilung eines anderen, das Wachstum hemmenden Faktors, der bei der Reizung unterseits zusätzlich neu gebildet oder aktiviert wird und dann allmählich zur Oberseite diffundiert. Damit wäre die *Auslösung* der Rückkrümmung erklärt, nicht aber die Tatsache, daß diese fast stets exakt in die Ausgangslage zurückführt; hierfür wird ein weiterer stofflicher Faktor postuliert, der die Endlänge der Zellen bestimmt und während der Krümmung naturgemäß auf der schwächer wachsenden Seite nicht aufgebraucht wird.

RUFELT (1957a—d) kommt zu ziemlich unerwarteten Ergebnissen. Unter bestimmten Bedingungen läßt sich an Weizenwurzeln ein Reaktionsumschlag beobachten, indem die Wurzeln trotz Fortdauer der Reizung sich nicht bis zur Vertikallage krümmen, sondern zu einer gegenläufigen Bewegung übergehen, die sich als negativer Geotropismus mit längerer Reaktionszeit erweist. Diese negative Reaktion beruht sicher auf ganz anderen Grundlagen als die positive, was schon aus der

19*

Lokalisierung der Krümmung hervorgeht (vgl. Abb. 18). Bedingungen, unter denen die negative Reaktion deutlich wird, sind u. a. niederer $p_H$-Wert (im Bereich 4—7,5), höhere Temperatur (im Bereich 10—25°C), herabgesetzte $O_2$-Versorgung (schlechte Durchlüftung in flüssigem Medium); auch Ca-Ionen begünstigen offenbar diese Reaktion. Die positive Reaktion als solche wird dagegen von diesen Faktoren kaum beeinflußt. Zwar ist die Entscheidung nicht in jedem Falle leicht, ob es sich um eine geförderte positive oder eine gehemmte negative Reaktion handelt, doch gibt der zeitliche Verlauf der Krümmung meist Hinweise auf den wirklichen Sachverhalt. So konnte auch nachgewiesen werden,

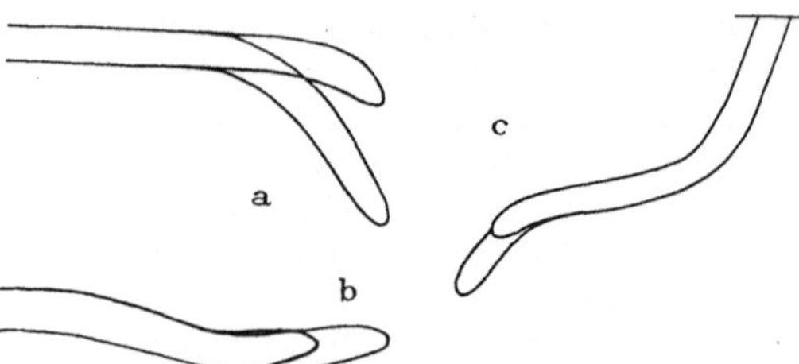

Abb. 18. Die verschiedenen geotropen Krümmungen der Weizenwurzel, je zwei Stadien (nach RUFELT). a) Positiver Geotropismus (erste Reaktion); b) negativer Geotropismus (zweite Reaktion); c) Änderung der plagiotropen Wachstumsrichtung nach Erhöhung des $p_H$-Wertes.

daß IES die negative Krümmung nicht beeinflußt, während die Reaktionszeit der positiven Krümmung verlängert wird. Die durch den Zellstreckungswuchsstoff Indolisobuttersäure hervorgerufene negative Krümmung soll, nach der Reaktionszeit und Konzentrationsabhängigkeit zu urteilen, der normalen positiven Krümmung entsprechen, jedoch mit umgekehrtem Vorzeichen, bedingt durch gegensätzliche Wachstumsbeeinflussung, während die verstärkte positive Krümmung durch Phenylisobuttersäure (nach den gleichen Kriterien beurteilt) lediglich auf einer Hemmung der negativen Reaktion beruhen soll.

Unter Bedingungen, die für die negative Reaktion günstig sind (s. oben), tritt diese auch bei Wurzeln in normaler vertikaler Lage auf und führt im Verein mit dem normalen positiven Geotropismus zu einer plagiotropen Gleichgewichtslage, die dann in gleicher Weise von äußeren Faktoren abhängig ist wie die bei geotropischer Reizung auftretende negative Krümmung.

Die Tatsache, daß diese Erscheinung so lange verborgen geblieben ist (bzw. nur andeutungsweise in einzelnen Versuchen vermutet werden konnte), führt Verfasser darauf zurück, daß fast alle bisherigen Versuche in feuchter Luft, also bei reichlichem $O_2$-Angebot, durchgeführt wurden, so daß die $O_2$-empfindliche Reaktion mindestens stark abgeschwächt sein mußte.

Die Ergebnisse von CHING, HAMILTON u. BANDURSKI (1956), daß die geotropische Krümmung durch n-1-Naphthyl-phthalamidsäure (NMP) stärker als das Wachstum gehemmt werden kann, wäre nach RUFELT so aufzufassen, daß hier das Verhältnis der positiven zur negativen Reaktion verschoben wäre; genauere Vermutungen lassen sich hierüber nicht anstellen, da die Autoren in diesen Versuchen nicht den zeitlichen Verlauf der Krümmungen unter den verschiedenen Bedingungen verglichen haben.

Vergleichbar mit diesen Befunden sind vielleicht auch die Versuche SEIDELs (1957) über die Umkehr des negativen Geotropismus von Sprossen in positiven unter bestimmten Bedingungen.

Wenn RUFELT für die positive Krümmung (im Gegensatz zur negativen) an der Gültigkeit der Went-Cholodnyschen Theorie festhält, so nur in der modifizierten Form, daß ungleiche Bildung (oder Aktivierung) des maßgebenden Inhibitors wahrscheinlicher ist, als eine Querverschiebung. Da der Autor zugleich mit der Möglichkeit rechnet, daß dieser Inhibitor nicht mit IES identisch ist, bleibt von der ursprünglichen Fassung der Theorie nicht mehr viel übrig.

Demgegenüber lassen sich nach den Untersuchungen von LARSEN (1956, 1957) bei *Artemisia absinthia* alle Beobachtungen mit der Went-Cholodnyschen Theorie im strengen Sinne erklären.

Unter der Voraussetzung der Gültigkeit dieser Theorie und auf Grund einiger Beobachtungsdaten und logischer Folgerungen werden Formeln entwickelt, die den Krümmungsverlauf bei verschieden langer Reizung und anschließender Rotation am Klinostaten beschreiben sollen. Die Übereinstimmung der Versuchsergebnisse mit diesen berechneten Werten ist in den ersten Stunden recht gut (späterhin werden die Verhältnisse offenbar durch schlecht übersehbare Sekundäreffekte komplizierter).

Von besonderer Bedeutung sind die Versuche LARSENs noch in methodischer Hinsicht. Im vorhergehenden Bericht (Fortschr. Bot. **18**, 357) war schon der Einfluß der Rotationsgeschwindigkeit auf dem Klinostaten auf die Wachstumsgeschwindigkeit erwähnt worden. Nun konnte der Autor zeigen, daß auch die geotropische Krümmung sehr stark von der Rotationsgeschwindigkeit beeinflußt werden kann, ja, daß es möglicherweise eine ideale Rotationsgeschwindigkeit gar nicht gibt. So kommen etwa bei der von LARSEN benutzten schnellen Rotation (1 Umdr./0,5 min) die autonomen Krümmungen so stark zum Vorschein, daß sie die geotropischen Krümmungen überlagern und durch außerordentliche Steigerung der Streuung schlecht auswertbar machen können, obwohl die geotropischen Krümmungen sich hier über viele Stunden hinweg vergrößern. Die langsame Rotation dagegen (1 Umdrehung/32 min), die die autonomen Bewegungen unterdrückt, läßt auch keine volle Entfaltung der induzierten mehr zu; die abwechselnd gebotenen geischen Reizungen heben sich nicht mehr auf, sondern werden von diesem sehr schnell und empfindlich reagierenden Objekt mit abwechselnden Krümmungen beantwortet, die sich dem ursprünglich induzierten Geotropismus so stark überlagern, daß dieser bald abklingt.

Nach all diesen Erfahrungen mit dem Klinostaten erscheint es in manchen Fällen zweckmäßiger, die Wurzeln nach der Reizung wieder senkrecht zu stellen, statt den Versuch zu unternehmen, sie der Wirkung der Schwerkraft zu entziehen.

**2. Sproßorgane.** Auch hier seien wieder die Untersuchungen vorangestellt, die zu einer Ablehnung der Went-Cholodnyschen Theorie führen. In erster Linie ist die Mitteilung von BRAUNER u. HAGER (1957) zu nennen, daß dekapitierte, praktisch wuchsstofffreie *Helianthus*-Hypokotyle einen geischen Reiz aufnehmen und späterhin nach Zugabe von IES manifestieren können (vgl. auch folgenden Text). Auch REISENER

(1957) führt ein Argument gegen die Verschiebungstheorie an: *Avena*-Koleoptilen, die 3 Std. lang in Lösung von radioaktiver IES gebadet und dann geisch gereizt wurden, zeigen bei der anschließend durchgeführten Analyse keine Unterschiede in den Aktivitäten der Ober- und Unterseite.

Hierzu muß jedoch einschränkend bemerkt werden, daß nach den gleich zu besprechenden Ergebnissen von DE WIT experimentell gebotenes Auxin so schnell in der Koleoptile abtransportiert, festgelegt oder verbraucht wird, daß für eine geisch bedingte „Querverschiebung" nur der während der letzten etwa 30 min vor der Reizung aufgenommene Prozentsatz in Frage kommt, in den Versuchen REISENERS also nur etwa 15—20% der gemessenen Aktivitäten. Unter diesen Umständen dürften die zu erwartenden Differenzen noch unter der Fehlergrenze liegen.

Am gleichen Objekt stellte ANKER (1956) fest, daß die optimalen Auxinkonzentrationen für Wachstum und Geotropismus nicht zusammenfallen, sondern daß letzteres niedriger liegt als ersteres, nämlich gerade in dem Bereich, in dem eine Steigerung der Auxinkonzentration die stärkste Wachstumssteigerung hervorruft, während im Konzentrationsbereich maximalen Wachstums überhaupt keine geotropischen Krümmungen mehr erzielt werden können, da hier Auxindifferenzen auf der Ober- und Unterseite nicht mehr zu Wachstumsdifferenzen führen können. Sprechen diese Ergebnisse sehr für die ausschlaggebende Bedeutung der IES beim Geotropismus der *Avena*koleoptile (im Gegensatz zu den oben besprochenen Versuchen über den Wurzelgeotropismus), so werden die weiteren Befunde von ANKER sowie DE WIT (1957) als Hinweise für die Gültigkeit der Verschiebungstheorie gewertet. Nach ANKER nimmt die geotropische Krümmung dekapitierter, mit Auxin versorgter *Avena*koleoptilen ab, wenn 2—3 mm statt 1 mm der Spitze entfernt werden, obwohl in beiden Fällen die Wachstumsgeschwindigkeit gleich ist; die Krümmungszone ist um so weiter nach basal gerückt, je größer der dekapierte Bereich ist. DE WIT konnte an diesem Objekt (im Gegensatz zu BRAUNER u. HAGER an *Helianthus*, s. oben) zeigen, daß eine geotropische Reizung ohne gleichzeitige Anwesenheit von Auxin in jedem Falle ohne Nachwirkung ist, daß also offenbar schon die Reizaufnahme selbst an das Vorhandensein von Auxin gebunden ist.

Weitere Versuchsergebnisse von DE WIT beziehen sich auf die Rückkrümmung von Koleoptilen, die nach der Reizung wieder vertikal gestellt werden, sowie auf zwei aufeinanderfolgende Reizungen aus entgegengesetzter Richtung. Die Rückkrümmung wird ebenso wie die geotropische Krümmung durch Auxin begrenzt (im Gegensatz zu den Beobachtungen von AUDUS u. BROWNBRIDGE beim Wurzelgeotropismus). Im Falle aufeinanderfolgender antagonistischer Reizungen erfolgt die Gegenkrümmung etwas schneller als die erste Krümmung, was nach weiteren Versuchen des Verfassers weder durch eine geänderte Reizlage noch durch eine (infolge der ersten Reizung) erhöhte Empfindlichkeit erklärt werden kann, sondern offenbar auf den Krümmungszustand der Koleoptile zurückgeführt werden muß. Bei kurzen, alternierenden Expositionen (je 10 oder 20 min) tritt die gleiche Gesetzmäßigkeit auf wie sie LARSEN bei langsamer Rotation am Klinostaten fand: Die Reize heben sich nicht gegenseitig auf, sondern werden perzipiert und mit pendelnden Krümmungen beantwortet.

Beim Vergleich der vorstehend besprochenen Arbeiten konnte der Eindruck entstehen, als ob die *Avena*-Koleoptile nach einem anderen Mechanismus reagiert als die Wurzeln, insbesondere was die Beteiligung von IES anbetrifft. In diesem

Zusammenhang ist daher bemerkenswert, daß CHING u. Mitarb. die selektive Hemmung des Geotropismus durch NMP (d. h. Hemmung nicht proportional zur Wachstumshemmung, vgl. S. 292) zwar übereinstimmend bei Wurzeln und Sprossen von *Pisum* und *Triticum* fanden, daß aber bei der *Avena*-Koleoptile beide Vorgänge völlig proportional gehemmt wurden.

Eine eigenartige Wirkung auf die geotropische Empfindlichkeit der *Avena*-Koleoptile beschreiben SCHRANK u. MILLS (1955) sowie MILLS u. SCHRANK (1956). Bestrahlung der gequollenen Samen mit $\gamma$-Strahlen erhöht späterhin die geotropische Reaktion der Keimlinge zunächst mit zunehmender Dosis, und zwar in einem Bereich, in dem die Bestrahlung nur eine geringfügige Wachstumshemmung herbeiführt. Mit höheren Dosen nimmt das Ausmaß der Krümmung bis auf den Kontrollwert ab, um dann schließlich noch einmal anzusteigen. Auch auf die photo- und galvanotropische Krümmung hat diese Behandlung einen Einfluß. Vorbestrahlung gequollener Samen mit Röntgenstrahlen hat nur dann einen Einfluß auf die geotropische Krümmung (und zwar einen hemmenden), wenn die Krümmung in der Ebene der Leitbündel induziert wird; auch hier handelt es sich um einen Dosis-Bereich der Strahlung (5000 r), bei dem das Wachstum noch kaum beeinflußt wird.

**3. Primärwirkung des geotropischen Reizes.** BRAUNER (1956) gibt eine Zusammenstellung unserer bisherigen Kenntnisse vom geoelektrischen Effekt und den Möglichkeiten einer physiologischen Auswirkung desselben. Außer der Auxin-Querverschiebung sei auf die Induktion von $p_H$-Unterschieden hingewiesen, die zu Differenzen in Enzymaktivitäten führen könnten (Neubildung von IES oder sonstigen Wirkstoffen), und ferner auf die Möglichkeit eines Einflusses auf die elektroosmotische Wasseraufnahme.

Im Gegensatz zu DE WITs Postulat „ohne Auxin keine geotropische Reizaufnahme" fanden BRAUNER u. HAGER diese Reizaufnahme unabhängig von Auxin. Dagegen ist die durch die Reizung eintretende Querpolarisierung (die zunächst sicher rein physikalischer, später wahrscheinlich auch chemischer Natur ist) stark abhängig vom Stoffwechsel; sie findet nicht statt, wenn die Atmung unterbunden ist und tritt in höheren Temperaturen (20°C) intensiver in Erscheinung als bei niederen (4°; $Q_{10}$ etwa 4). Ist aber diese Polarisierung einmal eingetreten, so geht sie in Vertikallage nicht so schnell wieder verloren, sofern sie sich nicht gleich in einer Krümmung manifestieren kann (z. B. infolge Auxinmangel oder zu niederer Temperatur). Werden die für die Bewegung günstigen Bedingungen wiederhergestellt, so kann unter Umständen noch 12—24 Std. nach erfolgter Reizung die Krümmung einsetzen.

**4. Sonstige Beobachtungen über Geotropismus.** Mit dem negativen Geotropismus („Apogeotropismus") der Sporangienträger von *Phycomyces* befaßt sich PILET (1956) und findet eine Abhängigkeit der Reaktionszeit und Krümmungsgeschwindigkeit von der Wachstumsgeschwindigkeit. Vorherige Belichtung setzt die geotropische Reaktionsfähigkeit erheblich herab, was Verfasser auf Auxininaktivierung zurückführt.

Der Plagiotropismus einiger niederliegenden oder Ausläufer bildenden tropischen Pflanzen wurde von PALMER (1956) untersucht. Die frühere Auffassung, daß bei diesen Pflanzen der Plagiotropismus in starkem Licht (im Gegensatz zu negativ orthogeotropischem Wachstum bei schwächerem Licht) zustande kommt durch Zusammenwirken von negativem Geotropismus und negativem Phototropismus, konnte Verfasser in eindeutigen Versuchen widerlegen. Ganz entsprechend den Verhältnissen in unseren Breiten handelt es sich um ein Zusammenwirken eines normalen negativen Geotropismus mit einem positiven, der tonisch von der Lichtintensität beeinflußt wird. Dabei ist bemerkenswert, daß dieser Phototonus bei den untersuchten Ausläufer bildenden Gräsern von der Mutterpflanze aufgenommen und an die verdunkelten Ausläufer weitergegeben werden kann.

## V. Chemotropismus.

Der Chemotropismus der Pollenschläuche[1] wurde von SCHNEIDER (1956) an *Oenothera* untersucht mit dem Ziel, die Ursachen für die Erscheinungen der selektiven Befruchtung aufzudecken.

ZEIJLEMAKER (1956) will die Orientierung der Pollenschläuche bei *Narcissus* auf Galvanotropismus zurückführen und führt als Beleg hierfür eine Potentialdifferenz zwischen Narbe und Ovar, sowie galvanotropisches Reaktionsvermögen der Pollenschläuche an. Jedoch ist zu bedenken, daß das für eine gerade erkennbare Reaktion notwendige elektrische Feld (in V/cm) mehr als eine Größenordnung höher liegt als dasjenige, das sich aus der im Griffel gemessenen Potentialdifferenz errechnet.

MIKI (1955) glaubt bei *Camellia sinensis* zwei chemotropisch wirksame Substanzen nachweisen zu können, deren eine, von frischen Griffelschnitten abgegeben, positiv wirkt und durch eine Kollodiummembran diffundieren kann, während die andere, negativ wirkende entsteht, wenn die Schnitte der Griffel 10 min auf 60—90° erwärmt werden.

Der sog. Zygotropismus der Mucoraceen wurde von BANBURY (1955) weiter untersucht. Es handelt sich nicht (wie zuweilen vermutet wurde) um eine Strahlenwirkung, sondern um eine stoffliche Beeinflussung. Werden nämlich undurchlässige Folien (etwa Glas, Aluminium) zwischen die Plus- und Minus-Zygophoren gebracht, so bleibt die tropistische Krümmung aus; wird eine solche Folie jedoch (im Luftraum über dem Nährsubstrat) perforiert, so wirkt die Öffnung als Anziehungszentrum. Es scheint sich also um flüchtige Substanzen zu handeln. Der von den Zygophoren eines Geschlechtes abgegebene Wirkstoff zieht nicht nur die Zygophoren des anderen Geschlechtes an, sondern stößt auch diejenigen des gleichen Geschlechtes ab. Verfasser postuliert zwei verschiedene Substanzen (eine + und eine —), die das Wachstum jeweils des eigenen Geschlechtes fördern, des anderen jedoch hemmen; in einem Gradienten dieser Stoffe kommen dadurch die beobachteten Krümmungen zustande. Vorläufig ist ein solcher Einfluß auf das Wachstum noch nicht festgestellt, und die Befunde von BÜNNING u. KAUTT mahnen zur Vorsicht. Diese Autoren fanden bei *Cuscuta europaea* einen ausgeprägten Chemotropismus auf verschiedene Wirtspflanzen (bis über 10 cm Entfernung) sowie auf eine Anzahl flüchtiger organischer Substanzen, insbesondere Ester organischer Säuren, in z. T. sehr starker Verdünnung ($10^{-8}$—$10^{-7}$ g pro cm³ der umgebenden Luft).

Hier konnte nun nachgewiesen werden, daß diese Stoffe eine Wachstums*beschleunigung* hervorrufen (erst in höheren Konzentrationen, in denen negativer Chemotropismus auftritt, wird das Wachstum gehemmt), so daß Verfasser den Schluß ziehen müssen, daß die Krümmung durch eine Wachstumsbeschleunigung auf der dem Reiz *abgewandten* Seite zustande kommt.

[1] Vgl. hierzu auch LINSKENS: Fortschr. Bot. **19**, 394 (1957) und in diesem Band S. 273.

Erstaunlich ist die Wirkung der Diffusionsgradienten, die in diesen Versuchen minimal sein dürften. BANBURY schätzt ab, daß in 2 mm Entfernung von der Reizquelle (größte noch wirksame Entfernung) die Konzentrationsunterschiede der chemisch wirksamen Substanz auf Vorder- und Rückseite des $10\,\mu$ dicken Zygophors zwischen 0,3 und 1% liegen[1]. Die gleichen Größenverhältnisse dürften im *Cuscuta*-Versuch mit 1 mm dicken Keimlingen und einer Entfernung der Reizquelle von 10 cm vorgelegen haben.

**Torsionen.** ZEYBEK (1957) konnte am *Helianthus*-Hypokotyl Torsionen auslösen durch gleichzeitige tropistische Reizung aus zwei rechtwinklig sich kreuzenden Richtungen, und zwar a) durch Kombination verschiedener Reizqualitäten (Licht, Schwerkraft, Auxinpaste[2]), b) durch verschiedene Intensitäten ein und desselben Reizes (Licht oder Auxin) und c) durch gleich starke Reizung auf verschieden empfindlichen Flanken — die Kotyledonenebene und die Ebene senkrecht dazu sprechen unterschiedlich auf gleiche Reizung an. Stets resultiert eine Torsion, die nach dem Modell von SCHWENDENER mechanisch durch das ungleiche Wachstum der verschiedenen Flanken zu verstehen ist, da sich die am stärksten wachsende Flanke zu der weniger stark wachsenden hin dreht. Wenn sich dagegen bei zweiseitiger Belichtung die schwächer belichtete Flanke zur Seite der stärker belichteten dreht, so scheint dies dem Referenten — im Gegensatz zur Auffassung des Autors — doch nicht auf einen anderen Mechanismus der so ausgelösten Torsionen zu deuten, da durch die unterschiedliche Belichtung ja nicht die unbelichteten Flanken verschieden stark im Wachstum gefördert werden, sondern die belichteten unterschiedlich gehemmt.

## VI. Nutationen.

Die präflorale Abwärtskrümmung der Blütenknospe von *Fritillaria meleagris* ist nach KALDEWEY (1957) eine Geo-Epinastie und wird so erklärt, daß (nachdem einmal eine gewisse Krümmung vorhanden ist) die Zellen der oberen Flanke in einem etwas früheren Entwicklungsstadium auf den vom Gipfel kommenden Wuchsstoff ansprechen als die der unteren Flanke und dadurch früher in die große Periode des Streckungswachstums eintreten. Demgemäß liegt das Maximum der Krümmung etwas oberhalb der Zone maximaler Zellstreckung. Ohne Gipfelknospe als Auxinlieferant kann die Einkrümmung nicht zustande kommen, Wuchsstoffpaste (IES) kann die Gipfelknospe hierbei weitgehend ersetzen. Am Klinostaten verschwindet die Krümmung nach wenigen Tagen, der Sproß streckt sich; doch tritt die Krümmung wieder auf, sobald die Pflanze in die normale Lage zurückgebracht wird, sofern sie nicht inzwischen das Entwicklungsstadium erreicht hat, in dem die postflorale Aufkrümmung erfolgt. Dieses Aufrichten der jungen Früchte ist kein negativer Geotropismus, da es auch am Klinostaten zustandekommt, und ist auch nicht vom Vorhandensein einer Wuchsstoffquelle abhängig (Gipfelknospe oder Auxinpaste). Für die zusätzlich noch angenommene Querverschiebung von Wuchs- oder Hemmstoffen durch den Schwerereiz liegen keine Beweise vor.

Die in den letzten Jahren durchgeführten Untersuchungen des Botanischen Instituts in Besançon über die Zirkumnutationsbewegungen

---

[1] Im Falle phototropischer Reizung soll der Absorptionsunterschied auch nicht größer als 0,5% sein.

[2] Die hieraus sich ergebende Krümmung wird etwas unglücklich als „Auxotropismus" bezeichnet; wenn schon ein solcher Begriff verwendet werden muß, würde Referent „Auxinotropismus" vorziehen.

wurden von BAILLAUD (1957) in deutscher Sprache übersichtlich zusammengefaßt. Hier sei auf die Tatsache hingewiesen, daß Ranken und windende Sprosse in ihrer Bewegung einem regelmäßigen Wechsel unterliegen, gemessen an der Krümmung des rotierenden Organs sowie der Höhe und der linearen Geschwindigkeit der Spitze. Bei Ranken durchlaufen diese Größen je Umdrehung im typischen Falle je zwei Maxima und Minima, bei windenden Sprossen je eins. Die Geschwindigkeit der Zirkumnutation kann durch Vergiftung stark verringert werden: Bei Anwendung von $^1/_{100}$ Mol Jodacetat fand BAILLAUD (1956) z. B. eine Umdrehung in 150 statt in 90 min. Bei *Phaseolus* soll die Zone, in der die Zirkumnutation stattfindet (Bereich bis 10 cm unterhalb der Spitze), sich durch stark verminderte Aktivität der IES-Oxydase auszeichnen, wie PILET u. BAILLAUD (1957) angeben. Auf gewisse windende Sprosse soll eine in die Nähe gestellte Stütze eine anziehende Wirkung ausüben (Phototropismus?; vgl. BAILLAUD 1957).

## VII. Blattbewegungen.

**1. Seismonastie von Mimosa.** Anatomische Untersuchungen der Blattgelenkzellen durch DATTA (1957) und DUTT (1957) weisen im wesentlichen in die gleiche Richtung wie die im vorhergehenden Bericht besprochenen Befunde von WEINTRAUB und TORIYAMA.

Eine Analyse der elektrischen Reizwirkung wurde von GERNAND u. EHRIG (1957a, b) in Angriff genommen, teilweise in Wiederholung älterer Untersuchungen von UMRATH. Nur diphasische unterschwellige Reize lassen sich summieren; dadurch ist es möglich, im Falle einphasischer Reizung die Akkomodation in Abhängigkeit von verschiedenen physikalischen Größen wie Reizfrequenz, Impulsbreite oder Stromanstieggeschwindigkeit zu prüfen, ohne daß die Summierung zu Komplikationen führen würde. Gegenüber gleichmäßig ansteigendem Gleichstrom gibt es keine Akkomodation.

Die Frage nach der Natur der Erregungssubstanz wurde von HESSE, BANERJEE u. SCHILDKNECHT wieder aufgegriffen. Das wirksame Prinzip in Blattextrakten ist hochempfindlich gegen Oxydation durch den Luftsauerstoff, insbesondere in gereinigtem Zustand. Aber auch in ungekochten Rohextrakten ist die Substanz sehr labil, offenbar wird sie durch ein pflanzeneigenes Enzym abgebaut. Unter Einhaltung gewisser Vorsichtsmaßregeln (Behandlung in $H_2S$-Atmosphäre) lassen sich papierchromatographisch 4 wirksame Fraktionen voneinander trennen, denen der Redukton-Charakter gemeinsam ist. Verfasser schlagen als Modell für die Erregungssubstanz eine Gruppe von Reduktonen vor, die in vitro bei alkalischer Reduktion von Inosose (Zucker-Abkömmling des Inosits) entstehen und fast genau die gleichen $R_f$-Werte ergeben. Eine Zugehörigkeit der Erregungssubstanz zu dieser Gruppe würde manche Widersprüche über die Natur dieses Hormons beseitigen. Die gleichen Fraktionen wurden nicht nur aus *Mimosa pudica* und *spegazzini*, sondern auch (in hoher Konzentration) aus *Thea chinensis* gewonnen. Einem höheren Gehalt in *Mim. speg.* gegenüber *pudica* steht eine geringere Reaktionsfähigkeit der ersten Art im „*Mimosa-Test*" gegenüber.

Die Frage nach der Bewegungsenergie wird von Poglazov (1956) aufgeworfen. In der Annahme, daß ATP eine wichtige Rolle spielt, untersuchte der Verfasser die ATPase-Aktivität in Pflanzen mit und ohne Bewegungsvermögen.

**2. Tagesrhythmische Bewegungen.** Thaler (1956) beobachtete „Schlafbewegungen" an einem Exemplar von *Trifolium pratense*, dessen Blätter 1—2 überzählige Trichterblättchen enthielten. Während die normalen Blättchen tags horizontal, nachts aufgerichtet sind, ist die Tagstellung der Trichterblättchen schräg oder senkrecht aufgerichtet, die Nachtstellung jedoch waagerecht, wobei häufig noch eine Torsion zu einer Drehung der Unterseite nach oben führt. Vardar (1956) befaßte sich mit der Blattbewegung von *Tropaeolum*. Hier kommt die abwechselnde Hebung und Senkung der Blätter durch ungleiches Wachstum der Blattstiel-Ober- und -Unterseite zustande; der endogene Charakter der Bewegung wird angenommen, aber nicht bewiesen.

Ventura löst Aufwärtsbewegung der Blätter bei *Stizolobium aterrimum* durch IES aus und kann diese Bewegung durch Zufügen von DNP hemmen. z. Lippe findet bei *Kalanchoe blossfeldiana* Beziehungen zwischen der Wasseraufnahme abgeschnittener Blütenstände und der Blütenblattbewegung. Es bestehen nicht nur Parallelen in den zeitlichen Schwankungen beider Vorgänge unter verschiedenen Licht-Dunkel-Wechseln, sondern die Schließbewegung kann auch fast völlig unterdrückt werden, wenn die Transpiration ausgeschaltet wird, während die Öffnungsbewegung dann noch in gewissem Ausmaß möglich ist.

Die vermutlich teilweise endogen gesteuerten Schlafbewegungen von *Trifolium pratense* enthalten nach Frimmel (1956) ausgeprägte exogene Komponenten. Diese äußern sich in einer photonastischen Schließbewegung bei starker Sonneneinstrahlung bzw. einer schnellen Öffnung (Entfaltung) bei Beschattung und einer verspäteten abendlichen Schließbewegung an trüben Tagen. Die endogene Komponente äußert sich dagegen in Unterschieden im täglichen Bewegungsverlauf zwischen verschiedenen Pflanzen, die offenbar genetisch bedingt sind, da sie innerhalb eines Klons nicht auftreten.

Bei *Bauhinia* fand Holdsworth (1956) ebenfalls eine gewisse Überlagerung der endogen-tagesrhythmischen Blattbewegung mit exogennastischer Reaktion. Während im normalen Licht-Dunkel-Wechsel die Blatthebung vor Einsetzen der Belichtung beginnt, kann sie doch zu jeder anderen Zeit durch Belichtung ausgelöst werden. Außerdem liefert diese Arbeit einen Beitrag zur Steuerung der endogenen Tagesrhythmik (ETR) durch Außenfaktoren: Die durch Blatthebung charakterisierte Phase wird in ihrer zeitlichen Ausdehnung durch die Dauer der vorangegangenen Dunkelperiode modifiziert; je kürzer diese ist, desto länger ist jene. In Übereinstimmung mit Angaben für andere Objekte kann offenbar auch hier neben dem Lichtbeginn der Beginn der Dunkelperiode Einfluß auf die Rhythmik gewinnen.

Die Abhängigkeit der ETR von Außenfaktoren wurde in verschiedenen Veröffentlichungen untersucht, insbesondere von Bünning u. Mitarb. In Übereinstimmung mit den Befunden von Bruce u. Pittendrigh (1956) an *Euglena* konnte Leinweber (1956) für die Blattbewegungen von *Phaseolus* eine Temperaturunabhängkeit der unter konstanten Bedingungen[1] endogen angestrebten Periodenlänge nachweisen,

---

[1] „Konstante Bedingungen" bedeutet hier stets das Fehlen tagesrhythmisch schwankender oder wechselnder Außenfaktoren.

sofern die Pflanzen dauernd unter der betreffenden Temperatur gehalten wurden. Plötzliche Temperaturerniedrigungen dagegen führen zu Verzögerungen im Bewegungsablauf, die erstaunlicherweise an den darauffolgenden Tagen (in der gleichen niedrigen Temperatur und ohne periodische Schwankungen eines Außenfaktors) durch eine Beschleunigung so weit kompensiert werden, daß die Kurvenmaxima wieder mit denen der Kontrollen (konstante höhere Temperatur) zusammenfallen. BÜNNING u. TAZAWA (1957b) ließen auf die gleiche Pflanze Temperaturerhöhungen oder -erniedrigungen nur während weniger Stunden einwirken und ziehen aus ihren Ergebnissen den Schluß, daß die verschiedenen Phasen der ETR verschiedene Temperaturabhängigkeiten haben, die sich bei Dauereinwirkung konstanter Temperatur kompensieren können. So führt etwa Temperaturerhöhung während des Hebens der Blätter zu Verzögerungen (Periodenverlängerung), Temperaturerniedrigung dagegen zu Beschleunigungen (Periodenverkürzung), während in der Senkungsphase die umgekehrten Verhältnisse herrschen. Außerdem aber nimmt der Einfluß der ETR auf die Blattbewegung mit abnehmender Temperatur ab, so daß z. B. die Blätter bei 10°C einem Licht-Dunkel-Wechsel von 6:6 und sogar von 3:3 Std. folgen können, während bei 15°C nur in seltenen Fällen der Pflanze eine exogene Rhythmik von 6:6 Std. aufgezwungen werden kann. Auch die Nachschwingungen einer induzierten, endogen verlaufenden Bewegung unter konstanten Bedingungen werden mit abnehmender Temperatur immer unregelmäßiger.

Einen andersartigen Temperatureinfluß auf die tagesrhythmischen Bewegungen studierte SCHWEMMLE (1957) im Zusammenhang mit thermoperiodischen Untersuchungen an *Kalanchoe*-Blütenblättern. Durch kurzzeitige Erwärmung (3 Std., 35°) während der Dunkelperiode wird eine Phasenverschiebung der Bewegungsrhythmik hervorgerufen, die in einer Verspätung oder Verfrühung der Kurvenpunkte bestehen kann, je nach dem Zeitpunkt innerhalb der Dunkelperiode, zu dem die Behandlung erfolgt. Die Phasenverschiebungen können noch über 1—2 Tage in konstanten Bedingungen verfolgt werden.

BÜNNING (1956) versucht ferner, bei *Phaseolus* die Periodenlänge der Tagesrhythmik durch weitere Faktoren zu beeinflussen. Jedoch handelt es sich hierbei nicht um spezifische Probleme der Bewegungsphysiologie.

Auf die Regulierung der ETR durch Licht verschiedener Wellenlängen (BÜNNING u. LÖRCHER (1957)] und den dabei auftretenden Hellrot-Dunkelrot-Antagonismus soll erst eingegangen werden, wenn die ausführliche Veröffentlichung von LÖRCHER vorliegt.

3. **Sonstige Nastien.** SCHWABE (1956) fand an *Xanthium* bei Untersuchungen im arktischen Sommertag eine Abhängigkeit der epinastischen Blattkrümmung sowie der Orientierung des Blattstiels von Intensität, Dauer und Qualität der Belichtung.

## VIII. Bewegungen der Spaltöffnungen.

In die Berichtszeit fällt das Erscheinen des entsprechenden Artikels im „Handbuch der Pflanzenphysiologie" (STÅLFELT 1956), in dem unsere bisherigen Kenntnisse ausführlich dargestellt sind. Unter den noch ungeklärten Fragen ist wohl die wichtigste die nach der Gültigkeit der Williamsschen Hypothese, nach der nicht der Öffnungsvorgang, sondern gerade die Schließbewegung der aktive, energieverbrauchende Vorgang ist. Die Untersuchungen STÅLFELTs (1957) scheinen diese Auffassung weiter zu stützen, da nach diesem Autor $NaN_3$ (0,01 Mol) die Öffnungsbewegung unbeeinflußt läßt, die Schließbewegung jedoch hemmt und zwar gleichgültig ob diese photoaktiv (durch Verdunkelung bei optimaler Feuchtigkeit), hydroaktiv (durch Herabsetzung der Hydratur) oder passiv erfolgt (Erhöhung der Gewebespannung bei der Isolierung von Gewebeteilen). Je höher der Turgor der Schließzellen zu Beginn des Versuches war, desto größer ist die $NaN_3$-Wirkung, erkennbar an der Differenz zwischen den vergifteten und unvergifteten Objekten. Eine $CO_2$-Behandlung löst dagegen (wie bekannt) Spaltenschluß aus bzw. verhindert die Spaltenöffnung. Applikation beider Substanzen in geeigneten Konzentrationen führt zu einer gegenseitigen Kompensation der Wirkungen. Verfasser schließt aus seinen Ergebnissen, daß die Schließbewegung in erster Linie durch nicht-osmotische Wasserabgabe aus den Schließzellen verursacht wird, ein Vorgang, der stoffwechselabhängig ist und daher durch $NaN_3$ gehemmt wird (während andererseits $CO_2$ fördernd darauf einwirkt), daß dagegen die Öffnungsbewegung durch rein osmotische Wasseraufnahme vermittelt wird. Im Gleichgewichtszustand würden sich die Wasserbewegungen in beiden Richtungen die Waage halten.

Nach MOURAVIEFF (1956) dagegen kann $NaN_3$ auch gerade die Öffnungsbewegung hemmen. Ebenso waren HEATH u. ORCHARD (1956) zu gegenteiligen Ergebnissen gekommen, die die Schließbewegung vergleichend unter aeroben und anaeroben Bedingungen auslösten. Ersatz des Luftsauerstoffs durch $N_2$ führte in jedem Fall zu beschleunigtem Spaltenschluß, gleichgültig ob dieser durch Verdunkelung, Trockenheit oder $CO_2$ hervorgerufen wurde. Die Verfasser wollen daher gerade die Wasser*aufnahme* als aktiven, nicht-osmotischen Vorgang auffassen; die Schließbewegung unter dem Einfluß von $CO_2$ könnte nach diesen Autoren so zustandekommen, daß $CO_2$ sich mit einem Intermediärprodukt des Stoffwechsels verbindet und dadurch zu einer Ansäuerung führt (Modellbeispiel: Brenztraubensäure $+ CO_2 \rightarrow$ Oxalessigsäure), da im allgemeinen Erhöhung der H-Ionen-Konzentration Spaltenschluß bewirkt (selbst hierzu findet sich ein einschränkendes Literaturzitat bei HEATH u. ORCHARD). STÅLFELT hält die Versuchsergebnisse der genannten Autoren nicht für beweisend, da einmal $O_2$-Entzug nicht unbedingt den Teil des Stoffwechsels außer Betrieb setzen muß, der für die nicht-osmotische Wasserausscheidung verantwortlich ist, zum anderen aber auch bei der relativ kurzen Versuchsdauer damit gerechnet werden muß, daß sich in den Zellwänden, die an die Intercellularen grenzen, noch Sauerstoff in adsorbierter Form befindet, auch wenn die umgebende Luft sauerstofffrei ist.

Ausschließlich mit der photoaktiven Bewegung beschäftigt sich VIRGIN (1956a, b, 1957). Während STÅLFELT die Spaltengröße sowie die Breite der Schließzellen mißt und HEATH u. ORCHARD die porometrische Methode anwenden, bedient sich VIRGIN mit gutem Erfolg der Transpirationsmessung mit dem neuentwickelten Coronar-Hygrometer. Nach seinen Untersuchungen zeichnet sich die Bewegung durch eine gewisse Trägheit aus, die darin zum Ausdruck kommt, daß bei plötzlicher Änderung der Beleuchtungsverhältnisse die bisherige Bewegungstendenz noch einige Minuten beibehalten wird. Offensichtlich geht die Bildung osmotisch wirksamer Substanz im Licht (bzw. der Abbau derselben in Dunkelheit) erheblich schneller vonstatten als der hierdurch ausgelöste Wassertransport.

Die Vorgänge erwiesen sich an den Stomata der Weizenblätter als vollständig reversibel, zu jeder Intensität der Beleuchtung gehört (unter sonst gleichen Bedingungen) ein ganz bestimmter Öffnungszustand als Endwert, gleichgültig ob die Spalten vorher offen oder geschlossen waren. Auch bei kurzperiodisch intermittierender Belichtung stellt sich ein solcher Endwert ein, der allerdings schon bei einem Licht-Dunkel-Wechsel von 3 : 3 oder 6 : 6 min stärkeren periodischen Schwankungen unterworfen ist. Im übrigen wirkt derartig intermittierendes Licht stärker als Dauerlicht von insgesamt gleicher Strahlungsdosis (also halber Intensität), wieder ein Hinweis auf die Bedeutung der Wasserpermeabilität als begrenzendem Faktor (VIRGIN 1956a).

Weiterhin befaßt sich VIRGIN (1956b, 1957) mit den Beziehungen zwischen Chlorophyllgehalt und Spaltöffnungsbewegungen. An etiolierten Weizenblättern nimmt die Fähigkeit zu photoaktiver Öffnung in dem Maße zu, wie während der länger dauernden Beleuchtung der Chlorophyllgehalt steigt. Da jedoch die Carotinoid-Synthese zeitlich ähnlich verlaufen dürfte wie die Chlorophyll-Synthese, sind diese Versuche noch nicht zwingend. Ein solcher Einwand kann nicht geltend gemacht werden bei den panaschierten Blättern von *Ficus, Bougainvillea* und *Abutilon*. Bei stark reduziertem Chlorophyllgehalt ist hier das Pigmentverhältnis zugunsten der Carotinoide verschoben; trotzdem ist die photische Reaktionsfähigkeit der Schließzellen stark eingeschränkt. Nur bei *Pelargonium* ist kaum ein Einfluß des Chlorophyllgehaltes der Blätter auf die Öffnungsbewegung zu finden; dieses abweichende Verhalten erklärt sich damit, daß auch ganz „weiße" Blätter in den Schließzellen normal grüne Chloroplasten enthalten. Schließlich wird die photoaktive Spaltenöffnung bei Strahlenmutanten von *Hordeum* untersucht. Während der *xantha*-Typ, der noch etwas Chlorophyll und relativ viel Carotinoide enthält, typische photoaktive Bewegungen durchführt, wenn auch geringer als die Normalform, ist bei dem völlig chlorophyllfreien *albina*-Typ (der immerhin noch meßbare Carotinoidmengen enthält) keinerlei Reaktion mehr festzustellen. Verfasser weist jedoch darauf hin, daß dieser Nachweis einer maßgeblichen Beteiligung von Chlorophyll an der Reizaufnahme und damit wohl auch der Photosynthese an der Reaktion nicht notwendig bedeuten muß, daß diese Faktoren die allein ausschlaggebenden sind. Insbesondere ist auf Grund früherer Untersuchungen an eine zusätzliche Bedeutung gelber Pigmente zu denken.

Die Beobachtung von SIVADJIAN, daß der Spaltenschluß bei Verdunkelung innerhalb 20 min erfolgen kann *(Fragaria)* und nicht wie früher angenommen viele Stunden benötigt, dürfte den Ergebnissen der zuvor genannten Autoren nichts wesentlich Neues hinzufügen.

Von Interesse ist die Angabe von MOURAVIEFF (1957), daß bei *Triticum* auch die Hydathoden einen Schließmechanismus besitzen, der auf Turgoränderungen beruht. Die „Schließzellen" haben bei voller Turgescenz der Pflanze einen etwa 1,5mal so hohen osmotischen Wert wie die angrenzenden Epidermiszellen, während bei Wasserverlust der osmotische Wert in den Epidermiszellen relativ stärker ansteigt als in den „Schließzellen", wodurch die Wasserspalte geschlossen werden kann. Auch diese Bewegungen sind reversibel und von Änderungen des Stärkegehaltes begleitet.

## Literatur.

ANKER, L.: Acta bot. neérl. **5**, 335—341 (1956). — AUDUS, L. J., and M. E. BROWNBRIDGE: J. exp. Bot. **8**, 105—124 (1957); **8**, 235—249 (1957).

BABUŠKIN, L. N.: Dokl. Akad. Nauk SSSR, N. S. **103**, 333—335 (1955). — BAILLAUD, L.: C. R. Acad. Sci. (Paris) **242**, 164—165 (1956). — BAILLAUD, L.: Phyton (Horn,N.-Ö.) **7**, 32—39 (1957). — BANBURY, G. H.: J. exp. Bot. **6**, 235—244 (1955). — BANBURY, G. H., and M. J. CARLILE: Nature (Lond.) **181**, 358—359 (1958). — BORGERS, J. A., and J. A. KITCHING: Proc. roy. Soc. B **144**, 507—519 (1956). — BRAUNER, L.: Symp. Soc. exp. Biol. **11**, 86—94 (1957). — BRAUNER, L., u. A. HAGER: Naturwissenschaften **44**, 429—430 (1957). — BROKAW, C. J.: Nature (Lond.) **179**, 525 (1957). — BRUCE, V. G., and C. S. PITTENDRIGH: Proc. nat. Acad. Sci. (Wash.) **42**, 676—682 (1956). — BRUMFIELD, R. T.: Amer. J. Bot. **42**, 958—964 (1955). — BÜNNING, E.: Z. Bot. **44**, 515—529 (1956). — BÜNNING, E.: Planta (Berl.) **48**, 453—458 (1957). — BÜNNING, E., u. R. KAUTT: Biol. Zbl. **75**, 356—359 (1956). — BÜNNING, E., u. L. LÖRCHER: Naturwissenschaften **44**, 472 (1957). — BÜNNING, E., u. M. TAZAWA: Arch. Mikrobiol. **27**, 306—310 (1957a). — BÜNNING, E., u. M. TAZAWA: Planta (Berl.) **50**, 107—121 (1957b).

CARLILE, M. J.: Nature (Lond.) **180**, 202 (1957). — CHING, T. T., R. H. HAMILTON and R. S. BANDURSKI: Physiol. Plantarum (Copenh.) **9**, 546—558 (1956). — CURRY, G. M., and H. E. GRUEN: Nature (Lond.) **179**, 1028—1029 (1957). — CURRY, G. M., K. V. THIMANN and P. M. RAY: Physiol. Plantarum (Copenh.) **9**, 429—440 (1956).

DATTA, M.: Nature (Lond.) **179**, 253—254 (1957). — DREWS, G.: Ber. dtsch. bot. Ges. **70**, 259—262 (1957). — DUTT, A. K.: Nature (Lond.) **179**, 254 (1957).

FRIMMEL, G. u. E.: Züchter **26**, 67—70 (1956).

GERNAND, K., u. H. EHRIG: Biol. Zbl. **76**, 181—185 (1957); **76**, 429—436 (1957). — GILLERT, K.-E.: Naturwissenschaften **43**, 262 (1956). — GILLERT, K.-E.: Zbl. Bakt., I. Abt. Orig. **167**, 598—601 (1957). — GÖSSEL, I.: Arch. Mikrobiol. **27**, 288—305 (1957).

HALLDAL, P.: Carnegie Inst. Wash. Year book **55**, 259—261 (1956). — HALLDAL, P.: Nature (Lond.) **179**, 215—216 (1957). — HALLDAL, P.: Physiol. Plantarum (Copenh.) **11**, 118—153 (1958). — HAUPT, W.: Z. Bot. **44**, 455—462 (1956). — HEATH, O. V. S., and B. ORCHARD: J. exp. Bot. **7**, 313—325 (1956). — HENDERSON, J. H. M., and L. L. PETERSON: Nature (Lond.) **179**, 826—828 (1957). — HESSE, G., B. BANERJEE u. H. SCHILDKNECHT: Experientia (Basel) **13**, 13—19 (1957). — HOLDSWORTH, M.: Nature (Lond.) **177**, 845—846 (1956).

JACOB, F.: Ber. dtsch. bot. Ges. **70**, 245—247 (1957). — JAROSCH, R.: Phyton (Argent.) **6**, 87—108 (1956).

KALDEWEY, H.: Planta (Berl.) **49**, 300—344 (1957). — KOHLBECKER, R.: Z. Bot. **45**, 507—524 (1957). — KÜHLWEIN, H.: Ber. dtsch. bot. Ges. **70**, 227—233 (1957).

LARSEN, P.: The chemistry and mode of Action of Plant growth substances. Edit. by R. L. WAIN and F. WIGHTMAN. 76—90 (1956). — LARSEN, P.: Physiol. Plantarum (Copenh.) **10**, 127—163 (1957). — LEINWEBER, F. J.: Z. Bot. **44**, 337—364 (1956). — LINKS, J.: Diss. Leiden 1955. — ZUR LIPPE, T.: Z. Bot. **45**, 43—55 (1957).

MANTEN, A.: Diss. Utrecht 1948. — MANTON, J.: J. exp. Bot. **8**, 294—303 (1957). — MANTON, J., and B. CLARKE: J. exp. Bot. **7**, 416—432 (1956). — MAYER, A. M., and A. POLJAKOFF-MAYBER: Nature (Lond.) **180**, 927 (1957). — MIKI, H.: Bot. Mag. (Tokyo) **68**, 293—298 (1955); zit. nach Ber. wiss. Biol. **107**, 121 (1956). — MILLS, K. S., and A. R. SCHRANK: Growth **20**, 29—36 (1956). — MOURAVIEFF, I.: C. R. Acad. Sci. (Paris) **244**, 2185—2187 (1957).

NULTSCH, W.: Arch. Protistenkd. **101**, 1—68 (1956).

PALMER, J. H.: New Phytol. **55**, 346—355 (1956). — PILET, P. E.: Experientia (Basel) **12**, 148—149 (1956). — PILET, P. E., and L. BAILLAUD: C. R. Acad. Sci. (Paris) **244**, 1530—1531 (1957). — POGLAZOV, B. F.: Dokl. Akad. Nauk SSSR, N. S. **109**, 597—599 (1956); zit. nach Ber. wiss. Biol. **113**, 49 (1957). — POHL, R.: Z. Naturforsch. 3b, 367—374 (1948).

REISENER, H. J.: Naturwissenschaften **44**, 120 (1957). — RUFELT, H.: Physiol. Plantarum (Copenh.) **10**, 231—247 (1957); **10**, 373—396 (1957); **10**, 485—499 (1957); **10**, 500—520 (1957).

SCHLEGEL, H. G.: Arch. Protistenkd. **101**, 69—97 (1956). — SCHNEIDER, G.: Z. Bot. **44**, 175—205 (1956). — SCHRANK, A. R., and K. S. MILLS: Growth **19**, 287—296 (1955). — SCHULZ, G.: Arch. Mikrobiol. **21**, 335—370 (1955). — SCHWABE, W. W.: Ann. Bot. N. S. **20**, 587—622 (1956). — SCHWEMMLE, B.: Naturwissenschaften **44**, 356 (1957). — SEIDEL, K.: Naturwissenschaften **44**, 289 (1957). — SHAFFER, B. M.: Amer. Naturalist **91**, 19—35 (1957); zit. nach Ber. wiss. Biol. **114**, 168 (1957). — SIVADJIAN, J.: Bull. Soc. bot. France **103**, 436—439 (1956). — STÅLFELT, M. G.: Physiol. Plantarum (Copenh.) **10**, 752—773 (1957).

THALER, J.: Öst. bot. Z. **103**, 243—246 (1956).

VARDAR, Y.: Rev. Fac. Sci. Univ. Istanbul, Sér. B. **21**, 177—189 (1956). — VÁVRA, J.: Arch. Mikrobiol. **25**, 223—225 (1956). — VENTURA, M. M.: Phyton (Argent.) **5**, 47—52 (1955). — VIRGIN, H. I.: Physiol. Plantarum (Copenh.) **9**, 280—303 (1956); **9**, 482—493 (1956); **10**, 170—186 (1957).

WIT, J. L. DE: Acta bot. néerl. **6**, 1—45 (1957). — WOLKEN, J. J.: Trans. N. Y. Acad. Sci., Ser. 2, **19**, 315—327 (1957).

ZEIJLEMAKER, F. C. J.: Acta bot. néerl. **5**, 179—186 (1956). — ZEYBEK, N.: Rev. Fac. Sci. Univ. Istanbul, Sér. B, **22**, 1—44 (1957). — ZURZYCKA, A., and J. ZURZYCKI: Acta Soc. Bot. Polon **26**, 177—206 (1957).

*Literatur-Nachtrag.*

BRAUNER, L.: Naturwiss. Rundschau **9**, 466—470 (1956).

CLAYTON, R.: Arch. Mikrobiol. **27**, 311—319 (1957).

MOHR, H.: Planta (Berl.) **47**, 127—158 (1956. — MOHR, H.: (Berl.) **49**, 389—405 (1957). — MOURAVIEFF, I.: Botaniste **40**, 125 (1956), zit. nach STÅLFELT (1957).

SEYBOLD, A.: Naturwissenschaften **43**, 90—91 (1956). — STÅLFELT, M. G.: Handb. Pflanzenphysiol. Bd. **3**, 351—426. Berlin, Göttingen, Heidelberg 1956.

# 21. Viren.

## a) Pflanzenpathogene Viren.

Von Erich Köhler, Braunschweig.

Mit 1 Abbildung.

Der knapp bemessene Raum zwang zu stärkster Beschränkung auf das Prinzipielle. Arbeiten spezieller Art, sowie die Sparten Diagnostik, Epidemiologie, Wirtsresistenz und Vektorinsekten mußten zurückgestellt werden.

## 1. Allgemeines.

Auf einem in Madison (Wisconsin, USA) veranstalteten Symposium über "Latency and Masking in Viral and Rickettsial Infections" wurde nach einem Bericht von Andrewes (London) eine Einigung über den viel und in verschiedener Bedeutung gebrauchten Terminus „Latenz" erzielt. Alle Arten von Infektionen, die infolge Fehlens offenbarer Symptome nicht erkennbar sind, sollen künftig als „inapparent" bezeichnet werden. Der Gebrauch des Ausdrucks Latenz soll auf solche inapparente Infektionen beschränkt werden, die chronisch sind und bei denen sich ein gewisses Gleichgewicht zwischen Wirt und Virus eingestellt hat. Der Ausdruck „latentes Virus" sollte überhaupt nicht gebraucht werden, da die Anwendung desselben Adjektivs auf Infektion und Virus leicht zu Mißverständnissen führen kann. Der Ausdruck „okkultes Virus" sollte da Anwendung finden, wo infektive Partikeln nicht nachweisbar sind und wo der wirkliche Zustand des Virus nicht feststellbar ist.

Wertvoll für jeden, der sich im Gestrüpp der Krankheitsbenennungen zurechtzufinden hat, ist die Neuauflage der "Common Names of (Plant) Virus Diseases", die als Supplement zu Band **35** (1957) von Rev. appl. Mycology erschienen ist.

Über die Anwendung serologischer Methoden auf Pflanzenviren schrieb Matthews ein empfehlenswertes Buch. Folgende Sammelreferate liegen u. a. vor: Pirie über die Struktur des Tabakmosaikvirus; Maramorosch über die Vermehrung von Pflanzenviren in gewissen Insekten-Vektoren; Esau, Currier u. Cheadle über den Stofftransport im Phloem; Kassanis (1957, I) über die Bedeutung der Temperatur für pflanzliche Virosen; Schuch über Viruskrankheiten bei Obstgewächsen; Kleczkowski über die Wirkung der nicht-ionisierenden Strahlung auf Virus. In einem historischen Rückblick würdigt Thung die besonderen Leistungen der Landwirtschaftlichen Hochschule Wageningen (Holland) auf dem Gebiet der Pflanzenvirus-Forschung. Besonders hervorheben möchten wir schließlich den 1957 erschienenen Bericht über das im März 1956 in England abgehaltene CIBA Foundation-Symposium "The Nature of Viruses", wo die aktuellen Probleme der allgemeinen Virusforschung von bekannten Sachkennern diskutiert wurden.

## 2. Morphologie und Struktur des Virus.

Über den gegenwärtigen Stand unserer Einsicht in die chemische Struktur pflanzenpathogener Viren berichtete Schramm in einem Vortrag vor der Deutschen Akademie der Naturforscher (Leopoldina). Schramm hält den von Fraenkel-Conrat u. Williams, sowie von Commoner u. Mitarb. mitgeteilten Befund (Fortschr. Bot. **18**, 368), daß durch Rekombination von Virusnucleinsäure und Virusprotein infektiöse Viruspartikeln zu gewinnen seien, auf Grund eigener Versuche nicht für gesichert. Zusammenfassend schließt er, daß „der Ribonucleinsäure für sich allein die Selbstvermehrungsfähigkeit zukommt und daß sie genau wie die Desoxyribonucleinsäure" (bei Bakteriophagen und gewissen tierpathogenen Viren) „als genetisches Material dienen kann, das die erblichen Eigenschaften der Virusnachkommen bestimmt".

Die Prinzipien der elektronenmikroskopischen Vermessung der Viruspartikeln wurden von BRANDES u. PAUL auseinandergesetzt. BRANDES u. QUANTZ bestimmten die „Normallängen" des Steinklee-Virus zu 616 m$\mu$ und des Weißklee-Virus zu 476 m$\mu$. Beide Viren sind demnach biometrisch voneinander und von den Viren des Gewöhnlichen und des Gelben Bohnenmosaiks (je 750 m$\mu$) deutlich unterscheidbar.

### 3. Infektion.

Zunächst sei das inhaltsreiche Sammelreferat von YARWOOD (1957, II) über die mechanische Virusübertragung hervorgehoben, zu dessen Ergänzung wir freilich auf unsere einschlägigen Abschnitte in Fortschr. Bot. (Bd. **18**, 369; **19**, 403) verweisen möchten.

Es wird immer deutlicher, daß das Zustandekommen von Infektionen, insbesondere beim Einreibverfahren, durch die verschiedensten Faktoren stärkstens beeinflußt werden kann und daß es sich um einen hochempfindlichen Prozeß handelt, bei dem (nach Meinung des Ref.) ganz offenkundig Reizvorgänge eine maßgebliche Rolle spielen.

Darauf deuten auch neue Versuche von YARWOOD (1957, I) hin. Dadurch, daß er *Phaseolus*blätter nach ihrer Beimpfung mit dem Tabakmosaik- oder dem Apfelmosaik-Virus für kurze Zeit in warmes Wasser tauchte, erzielte er eine beträchtliche Steigerung der Infektionshäufigkeit. Diese war am höchsten, wenn die Blätter 6 Std. nach der Beimpfung 25 sec lang in Wasser von 50° getaucht wurden. HILDEBRAND erzielte durch Cystein eine Steigerung der Infektionshäufigkeit bei der mechanischen Verimpfung eines Süßkartoffel-Virus auf die Blätter von *Ipomoea* (Morning Glory). Nach DALE beeinflußt auch die Reaktion der Flüssigkeit, mit der man die Blätter nach der Impfeinreibung abspült, den Infektionserfolg in hohem Maße; dasselbe gilt auch für gewisse Zusätze zum Abspülwasser. PANZER machte folgende Feststellung: Wenn man durch Einreiben beimpfte Bohnenblätter 2 Tage später in Lösungen bringt, die sich durch ihren osmotischen Druck unterscheiden, so findet man, daß die Infektionshäufigkeit um so mehr absinkt, je höher der Druck ist. Von JEDLINSKI wurde die schon öfters bearbeitete Frage wieder aufgegriffen, in welchem Abhängigkeitsverhältnis die Infektionszahlen von der Dauer des zwischen Wundsetzung und Virusauftragung verstreichenden Zeitintervalls stehen. Dabei fand er, daß das Ergebnis je nach der Wirtspflanzen-Species ganz verschieden sein kann.

Die weniger den Botaniker, um so mehr aber den Virologen interessierende Frage nach dem Mechanismus der Übertragung nicht-persistenter Viren durch Blattläuse wurde durch BRADLEY u. GANONG (1955) und VAN HOOF (1957) neuestens der Lösung zugeführt. Der Mechanismus ist aus dem Bau des Saugrüssels zu verstehen.

## 4. Virusvermehrung.

Die Einsicht in den „Mechanismus" der Virusvermehrung ist uns noch weitgehend verschlossen. Immerhin sind gewisse prinzipielle Vorstellungen möglich: Nach der Auffassung von BAWDEN u. PIRIE (1953, zit. CIBA Found. Symposium, 1957) läßt sich die Virusvermehrung am besten verstehen als eine aberrante Form des Nucleoprotein-Stoffwechsels, wobei die Wirtszelle das synthetische System liefert und das Virus selbst nur einen von vielen Steuerungsfaktoren vorstellt. Nach einer Formulierung von SCHRAMM (1957) „besteht die Wirkung der Viren darin, daß sie sich in den Stoffwechsel eines Wirtsorganismus einschalten und den dort vorgebildeten Apparat von Enzymen und Wirkstoffen so umsteuern, daß statt der normalen Zellbestandteile die spezifischen Bestandteile des Virus synthetisiert werden".

## 5. Das Verhalten des Virus in der Pflanze.

Die Infektiosität von Säften virusbeimpfter Blätter als Funktion der seit der Impfung (Inoculation) verflossenen Zeit wurde von KÖHLER (1957, I) auf Grund eigener und fremder Untersuchungsbefunde einer zusammenfassenden Betrachtung unterzogen. Die Ergebnisse lassen folgende Schlüsse zu: Das beim Impfen in die Blattfläche gelangte Virus unterliegt zum weitaus größten Teil der allmählichen Inaktivierung. Nur ein im Verhältnis dazu äußerst geringer Teil ruft Infektionen hervor. Dem Beginn der Bildung von aktivem (infektiösem) Virus in den Infektionsherden geht eine Latenzzeit, auch Eklipse genannt, voraus, deren Dauer sehr wechselnd ist und außer von der Temperatur in hohem Maße von der jeweiligen Wirt-Viruskombination abhängig ist. Die Vermehrung des Virus in den Infektionsherden zeigt in den ersten Tagen überall einen exponentiellen Verlauf, sofern nicht, wie beim TMV auf *Nicotiana glutinosa*, mit einer inaktivierenden Gegenreaktion des Wirtes zu rechnen ist. Zwischen Dauer der Latenzzeit und Vermehrungsgeschwindigkeit besteht keine Korrelation. Verfolgt man die Virusvermehrung serologisch, so fehlt hier ein meßbares Zeitintervall zwischen Impfung (Nullzeit) und Beginn der Antigenzunahme; offenbar beginnt die Synthese des als Antigen wirksamen spezifischen Virusproteins gleich oder doch kurze Zeit nach der Impfung.

PAUL untersuchte die Virusvermehrung in geimpften Blättern von Tabakpflanzen mit dem spektralphotometrischen Verfahren unter Zugrundelegung einer Modifikation der Lindnerschen Präparationsmethode. Dabei wird aus der Differenz der bei gesunden und infizierten Blättern festgestellten Werte („$\Delta$ Ns-Werte") auf den Gehalt an Nucleinsäure und damit den Gehalt an Virus geschlossen. Der Anstieg der Werte begann beim TMV und beim X-Virus vor der 48. Std. p. i. Er zeigte einen stetigen Verlauf und erreichte beim TMV im allgemeinen nach 10—14 Tagen sein Maximum; auf dieser Höhe hielten sich dann die Werte bis zum Ende der Messungen (am 30. Tag). Beim X-Virus war das Maximum gleichfalls nach 10—14 Tagen erreicht, worauf ein allmähliches Absinken festzustellen war. Gewisse charakteristische Abweichungen von dem serologisch und mit der Einzelherdmethode festgestellten Verlauf sind verständlich, da mit jedem der drei diagnostischen Verfahren verschiedene Dinge (Virusprotein, bzw. infektiöses Virus, bzw. Gesamt-Nucleinsäure) untersucht werden.

Die Bemühungen, genauere Vorstellungen über das Anfangs-Verhalten des Virus im geimpften Blatt zu gewinnen, wurden — hauptsächlich angeregt durch die Bakteriophagenforschung — von verschiedener Seite fortgesetzt. SIEGEL u. WILDMAN (1956) untersuchten die UV-Licht-Empfindlichkeit des TM-Virus nach einer Verimpfung auf Blätter von *Nicotiana glutinosa*. Sie kamen zur Unterscheidung von drei Phasen unterschiedlicher Empfindlichkeit in den ersten 5 Std. p. i.: eine erste, in der dieselbe Empfindlichkeit festzustellen ist wie in vitro; eine zweite, in der die Empfindlichkeit abnimmt; und eine dritte, in welcher die Empfindlichkeit noch weiter unterschritten wird und dann konstant bleibt. Die Phasendauer ist jeweils stark temperaturabhängig. Aus einer nach 5 Std. eintretenden Veränderung der Empfindlichkeitskurve wird auf den Beginn der Virusvermehrung in diesem Zeitpunkt geschlossen. In einer zweiten Arbeit (SIEGEL, GINOZA u. WILDMAN) wird in ähnlichen Versuchen das Verhalten von infektiöser Nucleinsäure, die aus dem TMV gewonnen worden war, mit dem des unversehrten Virus verglichen. Dabei ergab sich ein bemerkenswerter Unterschied. Beim intakten Virus besteht nach der Impfung zunächst eine mehrstündige Periode unveränderter Empfindlichkeit; bei der infektiösen Nucleinsäure ist diese Periode stark verkürzt oder sie fehlt ganz. Hieraus und aus anderen Anzeichen wird gefolgert, daß die beim intakten Virus beobachtete Verzögerung darauf beruht, daß das Virus sich zuerst seines Proteinanteils entledigen müsse, bevor die Virussynthese in Gang kommen kann.

KASSANIS (1957, II) untersuchte das Verhalten des Tabakmosaikvirus in Gewebekulturen von Tumefaciens-Tumoren (verursacht durch *Agrobacterium tumefaciens*) und fand, daß der Saft aus solchen Kulturen nur etwa $^1/_{30}$ des Virusgehalts von kranken Tabakblättern erreicht. Diese hohe Differenz erkläre sich vermutlich aus dem sehr niedrigen Proteingehalt des Tumorgewebes. Auch in der gesunden Tabakpflanze enthalten die Blattlaminae etwa die fünffache Proteinmenge von Mittelrippen und Stengeln und diesem Unterschied entspricht auch die in ihnen produzierte Virusmenge.

Am gleichen Objekt hatten HIRTH u. SEGRETAIN die Feststellung gemacht, daß von mehreren geprüften Aminosäuren und Purinbasen nur zwei Aminosäuren einen Einfluß auf die Vermehrung im Tumefaciensgewebe hatten, nämlich die Glutaminsäure einen fördernden und die Asparaginsäure einen hemmenden.

Durch die Untersuchungen von RICHKOV u. MARCHENKO (1954) sowie von NOUR-ELDIN (1955) war die stimulierende Wirkung, die eine Reihe von organischen Säuren auf die Virusvermehrung im Tabakblatt ausüben, bekannt. SCHLEGEL bestätigte dies und weist nach, daß auch der Zusatz von Stickstoffsalzen zum Wasser, auf dem man die infizierten Blattausschnitte flottieren läßt, eine wesentliche Steigerung der Virusproduktion bedingt. Dabei erwiesen sich Nitrate wirksamer als Ammoniumsulfat. Der zugeführte Stickstoff wird offenbar zur Virussynthese verwendet. Übrigens wurden innerhalb einer 4 Tage-Periode bei einem Gesamtgewicht der Blattausschnitte von 300 mg 2 mg Oxalsäure und 10 mg Apfelsäure von diesen aufgenommen.

Nach JEENER (1957, II) vermehrte sich Tabakmosaik-Virus, in dessen Nucleinsäure Thiouracil künstlich eingebaut war, mit derselben Geschwindigkeit wie normales Virus, jedoch war der Vermehrungsbeginn etwa von der 48. Std. auf die 72. Std. p. i. verschoben.

SUKHOV u. KAPITŠA (1956) brachten Blätter von *Nicotiana glutinosa* nach der Beimpfung mit dem TMV 56—60 Std. in einem Thermostaten von 35,5—36° C. Es entstanden runde, grüne — nicht wie sonst nekrotische — Infektionsherde von 2—3 mm Durchmesser. Der aus ihnen ausgepreßte Saft zeigte nur eine sehr geringe Infektiosität, wenn er unmittelbar nach der Entnahme der Blätter aus dem Thermostaten getestet wurde. Wurden die Blätter nach der Entnahme noch 1 Std. in 28° gebracht, so zeigte der ausgepreßte Saft keine Änderung der Infektiosität, 2 Std. später ausgepreßter Saft erwies sich jedoch als hochinfektiös. Die Autoren deuten dieses Verhalten mit der Annahme, daß sich das Virus in einer nichtinfektiösen Phase vermehrt und daß es nur bei niedrigen Temperaturen infektiös wird. Höhere Temperaturen sollen zwar die Vermehrung des Virus (vegetative Phase) nicht stören, aber den Übergang in die infektiöse Phase verhindern.

In einer vorläufigen Mitteilung berichten COCHRAN u. CHIDESTER, daß sie in Extrakten von TMV-infiziertem Türkischen Tabak infektiöse Nucleinsäure in z. T. erstaunlich großer Menge nachweisen konnten. In einer 9 Tage zuvor infizierten Pflanze soll die Infektiosität der Nucleinsäure-Fraktion das Mehrfache der Nucleoprotein-Fraktion betragen haben, 6 Monate nach der Infektion sogar das Hundertfache; die Nucleinsäure sei demnach als der „*precursor*" des Nucleoproteins anzusehen.

Nach Befunden von HIRTH u. Mitarb. (1957, I) wird die Vermehrung des TMV in ausgestanzten Blattscheiben durch Cocosmilch gefördert, wenn man sie der Nährlösung zusetzt, auf denen die Blattscheiben schwimmen. Der Befund läßt vermuten, daß die Cocosmilch 2 Fraktionen eines Wirkstoffes enthält, von denen der eine die Virusvermehrung, und zwar nur in der Dunkelheit und bei Gegenwart von Indolessigsäure, fördert, und der andere hauptsächlich bei Auxinmangel in entgegengesetzter Richtung wirkt. Das Licht soll bei der Vermehrung eine maßgebliche Rolle spielen, einmal wegen seiner Bedeutung für die Synthese, zum anderen wegen seiner modifizierenden Wirkung auf den Gehalt an Indolessigsäure und deren Verteilung in der Pflanze.

RAPPAPORT u. WILDMAN untersuchten die Flächenausdehnung („Wachstum") der bekannten kreisförmigen nekrotischen Einzelherde, die das TMV auf eingeriebenen Blättern von *Nicotiana glutinosa* erzeugt, mit 3 verschiedenen Virus-Stämmen (U 1, U 2, U 8). Sie stellten eine klare Verschiedenheit zwischen den Stämmen hinsichtlich der Ausdehnungsgeschwindigkeit fest. Eine völlige Übereinstimmung besteht jedoch insofern, als diese Geschwindigkeit bei allen drei Stämmen der stetigen Ausdehnung einer Kreisfläche entspricht, was im Koordinatensystem als gerade Linie dargestellt werden kann (Abb. 19). Die entsprechenden Feststellungen KÖHLERs (1947, I) an den kreisförmigen Einzelherden des X-Virus werden damit bestätigt. Die Zunahme des Virus in den Infektionsherden geht bei den Stämmen U 1 und U 2 der Flächenausbreitung konform.

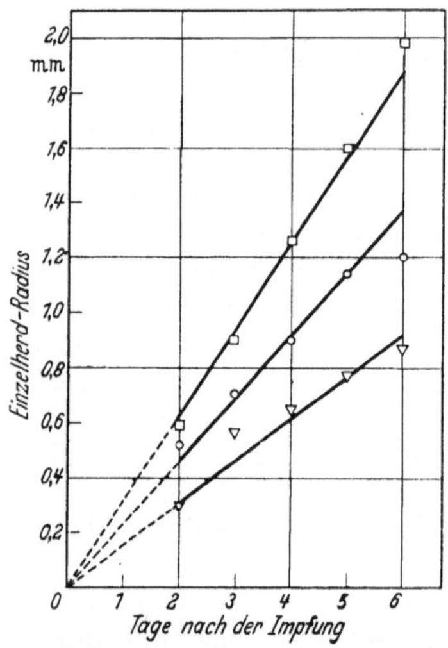



Abb. 19. Wachstum der Infektionsflecken (Radius) von drei verschiedenen Stämmen des Tabakmosaikvirus auf Blättern von *Nicotiana glutinosa*. Nach RAPPAPORT u WILDMAN, Virology 1957.

Bei U 8 machten sich aber Hemmungen bemerkbar, die mit den früher von Referenten (KÖHLER, 1947, II) festgestellten identisch sein dürften. Auch RAPPAPORT u. WILDMAN diskutieren den Mechanismus der Virusausbreitung von Zelle zu Zelle. Sie neigen der Auffassung zu, daß sich die eingedrungenen Viruspartikeln zunächst ihres Proteinanteils entledigen und daß das Wachstum der Herde durch die Ausbreitung der sich vermehrenden Nucleinsäure zustande kommt, die durch die Plasmodesmen von Zelle zu Zelle vordringt. Dies wird auch durch die Abb. 19 nahegelegt, an der man sieht, daß die drei Geraden vom Nullpunkt ausgehen.

AUGIER DE MONTGREMIER (1955) befaßte sich mit der Frage, wie lange das Blattrollvirus bei Feldkartoffeln braucht, um vom Laub bis in die Knollen vorzudringen. Dazu wurden Mitte Juli infektiöse Blattläuse auf einen Laubtrieb jeder Versuchspflanze gebracht. Die zu verschiedenen Terminen geernteten Knollen wiesen folgende Befallsprozente auf.

| Anzahl Tage seit dem Aufbringen der Blattläuse | 6 | 10 | 12 | 15 | 20 | 25 |
|---|---|---|---|---|---|---|
| Infizierte Knollen in Prozenten der Gesamternte | 0 | 8 | 19 | 22 | 39 | 42 |

Das Virus wanderte also verhältnismäßig rasch in die Knollen ein.

Eine Studie über die Verteilung und Konzentration des S-Virus in Kartoffelpflanzen verschiedener Sorten wurde von WETTER angestellt. Die voll entwickelten Blätter unterhalb der Spitze weisen im allgemeinen den höchsten Virusgehalt auf und zwar in jedem Altersstadium des Stengels. Der Virusgehalt dieser Blätter ist kurz vor oder während der Blüte am höchsten. Auf das davon stark abweichende Verhalten anderer Mosaikviren der Kartoffel (X, A und Y) wird hingewiesen.

BÖNING u. DIERCKS (1955) berichteten über mehrjährige Versuche, bei denen der Einfluß unterschiedlicher Mineralsalz-Ernährung auf die Virusempfänglichkeit der Kartoffelpflanze geprüft wurde. Sie bestätigen die von anderen Untersuchern festgestellte Tatsache, daß das Cl-Ion die Disposition für Blattrollinfektion erhöht und finden dasselbe außerdem für „Strichel"-Infektionen (vornehmlich wohl Y). Das Ca-Ion hat eine gegenteilige Wirkung. Einen befallsfördernden Effekt haben auch starke Stickstoff- sowie Kaligaben, und zwar gleichfalls bei beiden Viren [vgl. auch DIERCKS (1953) über analoge Versuche am Kartoffel-X-Virus].

SELMAN u. GRANT finden beim spotted wilt-Virus der Tomate, daß die Dauer der Inkubationszeit (von der Impfung bis zum Erscheinen der Symptome) zwar in hohem Maße von der Temperatur, jedoch überhaupt nicht von der Tageslänge abhängig ist.

## 6. Die Wirkung des Virus auf die Pflanze.

Schon früher hatte ESAU (1938) nachdrücklich betont, daß Studien über den ersten Sitz der Symptomentstehung geeignet sind, uns Informationen über die zwischen Virus und den verschiedenen Geweben des Wirts obwaltenden Beziehungen zu liefern. In einer neueren Arbeit [ESAU (1957, I)] untersuchte sie unter diesem Gesichtspunkt die Degenerationserscheinungen im Phloem verschiedener Getreidearten nach deren Infektion mit dem Barley yellow dwarf-Virus (BYDV). Diese führen zu nekrotischen Veränderungen in Siebröhren, Geleitzellen und benachbarten Parenchymzellen. Ihr Beginn steht im Zusammenhang mit der Reifung der ersten Siebelemente, sei es im Gefäßbündel eines Blattes, sei es im Gefäßcylinder einer Wurzel. Diese lasse vermuten, daß die untersuchte Virusart im Phloem, und zwar wahrscheinlich in dessen Siebröhren transportiert wird. In einer anderen Untersuchung macht ESAU (1957, III) auf die auffälligen Parallelen aufmerksam, die zwischen den durch das BYDV hervorgerufenen Symptomen und den nach Maleinhydrazid-Behandlung auftretenden Schädigungen und Entwicklungsabweichungen zu beobachten sind.

Weitere Untersuchungen [ESAU (1957, II)] über die Symptome einer Curly top Virus-Infektion im Cotyledo der Zuckerrübe hatten folgendes Ergebnis. Die Infektion führte zu einer abnormalen Zellvermehrung im Phloem des Cotyledo schon nach 3 Tagen, und zwar hauptsächlich in den Hauptnerven. Vielfach wurden dann sogar schon Nekrosen in den älteren Phloemteilen der Hauptnerven angetroffen. Gleichzeitig mit dem Auftreten der Hyperplasie im geimpften Cotyledo fand sich dieses Symptom auch in den ersten Folgeblättern vor. Letztere äußerten auch schon die makroskopischen Symptome des Curly top.

Nach Befunden von BAWDEN u. KLECZKOWSKI wird der Normalgehalt der Tabakpflanze an löslichem Protein durch Virusinfektionen sehr unterschiedlich beeinflußt. Kartoffel-Y-Virus und Etsch-Virus hatten in der Regel überhaupt keinen Einfluß, dagegen setzten das TMV und das Kartoffel-X-Virus den Gehalt manchmal sehr beträchtlich herab, und zwar besonders in lebhaft wachsenden jungen Pflanzen, soweit die Bedingungen sonst einem hohen Virusgehalt günstig waren. Aber selbst dann konnte der Gehalt an löslichem Protein unbeeinflußt bleiben. Sogar Mischinfektionen aus Kartoffel-X- und TM-Virus beeinflußten den Normalgehalt nicht stärker als bei Einzelinfektion, obgleich die Konzentration an X-Virus in den mischinfizierten Blättern oft weit über die Norm gesteigert war. Die Autoren betonen, daß diese Befunde über die Wirkung der Infektion auf den Gesamtproteinstoffwechsel nichts aussagen können.

BLACK u. LEE setzten ihre Untersuchungen über das tumefacient-Virus (vordem Wundtumor-V. genannt) fort. Sie konnten zeigen, daß die im Phloem von *Melilotus* häufig nicht zur Entwicklung kommenden Tumoranlagen durch Behandlung mit α-Naphthalinessigsäure und anderen Wuchsstoffen, die in einer Paste aufgetragen werden, wenigstens teilweise zur vollen Entwicklung angeregt werden können.

Bemerkenswert ist in diesem Zusammenhang noch die Mitteilung von POSNETTE u. CROPLEY, daß ein Virus, welches übrigens noch nicht identifiziert werden konnte, einen typischen Rindenkrebs bei Süßkirschen erzeugt.

In neueren Untersuchungen hat sich des öfteren herausgestellt, daß die latente chronische Infektion unter Umständen ungeahnt schwere Schädigungen verursacht. So stellten z. B. KREITLOW u. Mitarb. fest, daß der Ernteertrag eines Klones von *Trifolium repens*, der praktisch keine Symptome erkennen ließ, obwohl er eine Mischinfektion des *Medicago*mosaiks und des Bohnen-Gelbmosaiks aufwies, ebenso stark gemindert wurde wie die Erträge anderer Klone, die äußerlich stark erkrankt waren. Die virusfreien Klone hatten einen höheren Rohfasergehalt als die infizierten.

Den durch verschiedene Virusarten hervorgerufenen Hexenbesen widmete BOS eine interessante morphologische Studie. Hexenbesenkrankheiten bei tropischen Kultur-Leguminosen wurden von THUNG u. HADIWIDJAJA beschrieben.

Es häufen sich die Arbeiten über die Wirkung von Viren auf die Stoffwechselfunktionen. Wir können sie nicht alle berücksichtigen. PAVILLARD diskutierte in einer sehr lesenswerten Abhandlung die Wirkung auf den Auxingehalt beim Tabak. SCHUSTER untersuchte die Wirkung des Kartoffel-X-Virus auf den Alkaloidgehalt (Scopolamin und Hyoscyamin) von *Datura stramonium*. Er fand bei junginfizierten Pflanzen eine anfängliche Zunahme; mit wachsendem Zeitabstand von der Infektion glich sich der Alkaloidgehalt dem der gesunden Pflanzen an, um später sogar beträchtlich unter diesen abzusinken. Ferner bewirkt die Infektion unter Umständen eine Verschiebung des Mengenverhältnisses Scopolamin/Hyoscyamin zugunsten des letzteren.

POLZER fand bei *Abutilon*, daß sich der Gehalt an Chloroplasten-Ribonucleinsäure durch die Infektion sehr deutlich vermindert, nicht jedoch der an Desoxyribonucleinsäure.

OWEN verglich die Wirkung des Tabak-Etsch-Virus und des TMV auf Atmung und Photosynthese bei Tabakblättern. Während das TMV die Atmung schon 1 Std. nach der Infektion steigert, zeigt sich die Wirkung beim Etsch-Virus erst mit dem Beginn des Auftretens äußerlicher Symptome. Beim Etsch kann die Atmungsintensität sowohl in den primär wie in den systemisch infizierten Blättern bis zu 40% über der Norm liegen. Das bedeutet das Dreifache der beim TMV angetroffenen Erhöhung. Die Erhöhung wurde in jeder Jahreszeit angetroffen und sie dauerte an, solange die Blätter lebten. Die Photosynthese-Rate war bei den Etsch-kranken Blättern 20% niedriger als bei den gesunden.

## 7. Hemmstoffe der Infektion und Chemotherapie.

Die in der Literatur häufig gebrauchte Bezeichnung eines Stoffes als Hemmstoff der Infektion ist mehrdeutig; sie besagt nichts über den Mechanismus der ausgeübten Hemmung. Es können verschiedene Mechanismen unterschieden werden. a) Der Stoff übt in vitro eine inaktivierende oder denaturierende Wirkung auf das Impfvirus aus, so daß die Zahl der Infektionen bei der Einreibimpfung herabgesetzt wird. b) Der Stoff beeinflußt die eingeriebene Epidermis in einem für das Haften der Infektion ungünstigen Sinn. c) Der Stoff hemmt die Synthese des Virus nach geglückter Infektion. Natürlich läßt sich vorstellen, daß ein und derselbe Stoff in allen drei Richtungen wirksam sein kann. Daß die Hemmwirkung von Stoffen der Kategorie b) unter Umständen als eine auf den Wirt ausgeübte Giftwirkung aufzufassen ist, wird durch Versuche nahegelegt, in denen der Einfluß der Konzentration hemmstoffhaltiger Pflanzensäfte auf die Infektiosität untersucht wurde. Die gefundene Wirkungskurve entspricht einer gewöhnlichen Dosis-Effektkurve [KÖHLER (1957, II)].

Durch Infiltration der Blätter mit Ribonuclease wurde die Vermehrung des TMV sistiert, gleich ob die Behandlung vor oder nach der Impfung erfolgte. Die Wirkung beruht auf der enzymatischen Aktivität der Ribonuclease auf die Nucleinsäure. Das Enzym entfaltete seine Wirkung jedoch nur in einem etwa 2 Std. während Frühstadium. Nur in diesem Anfangsstadium ist die Nucleinsäure der Wirkung zugänglich (nach HAMER-CASTERMAN u. JEENER).

Nach PORTER u. WEINSTEIN (1957, II) setzt das Thiouracil den Gurkenmosaikvirus-Gehalt in Tabakpflanzen deutlich herab, wenn man es der Nährlösung zusetzt, in denen die Pflanzen wachsen. Zur Kategorie b) gehört offenbar auch ein Hemmstoff, der im Saft von *Dianthus caryophyllus* vorkommt und dem RAGETLI eine ausführliche, auch methodisch bemerkenswerte Untersuchung gewidmet hat.

Sehr aufschlußreich waren die Untersuchungen von BRADLEY u. GANONG (1957). Wenn Blattläuse das Kartoffel-Y-Virus zum Tabak übertragen, saugen sie dazu für gewöhnlich nur an Epidermiszellen. Es wurde geprüft, ob solche Stoffe, die beim Einreiben das Zustandekommen von Infektionen hemmen, auch dann wirken, wenn man zur Impfung die als Vektor geeignete Blattlausart verwendet. Es zeigte sich, daß von den geprüften 8 Hemmstoffen bei dieser Übertragungsart tatsächlich nur 2 wirksam waren, nämlich das 2-Thiouracil und das Trichothecin, letzteres nach BAWDEN u. FREEMAN (1952) eine hitzebeständige, aus den Kulturfiltraten des Pilzes *Trichothecium roseum* isolierte Substanz von der Molekularformel $C_{19}H_{24}O_5$. Nur diese 2 Stoffe gehören offenbar zur obigen Kategorie c), die übrigen 6 zu a) oder b). Die Versuche mit dem

Trichothecin ließen erkennen, daß diese Substanz die Zahl der systemischen Infektionen um 50% herabsetzt, wenn sie 2 Tage vor oder 4 Std. nach der durch die Blattlaus erfolgten Virusübertragung auf die Pflanzen gespritzt wurde, wobei übrigens keine Schädigung der Pflanzen eintrat. Vielleicht eröffnet sich hier ein Weg zur direkten Bekämpfung der durch Blattläuse übertragenen Virosen.

HIRAI u. Mitarb. prüften mit der Methode der flottierenden Blattscheiben die Hemmwirkung verschiedener Thiosemicarbone auf die Vermehrung des TMV. Von diesen Verbindungen zeigte das Benzalacetonthiosemicarbazon eine besonders starke Hemmwirkung, wie dies auch schon gegenüber dem Influenzavirus, dem Newcastle-Virus und anderen tierpathogenen Viren festgestellt worden war.

THOMSON (1956, II) konnte die angebliche therapeutische Wirkung von Malachitgrün gegenüber Infektionen der Kartoffelviren X und Y nicht bestätigen. TAKAHASHI kommt neuerdings zu dem Ergebnis, daß vor der Behandlung mit diesem Farbstoff gebildetes Virus durch die Behandlung nicht inaktiviert wird, daß aber der Stoff das Zustandekommen von Infektionen hemmt.

GRAY hatte bei der versuchsweisen Bekämpfung verschiedener Virusarten durch Spritzen mit „Cytovirin", einem kristallisierbaren Stoffwechselprodukt eines nicht identifizierten Streptomyceten, einen bemerkenswerten Erfolg, und zwar auch bei systemischer Infektion.

Mit einigen chlorierten Phenoxyessigsäuren und ihren Salzen wurde nach HOWLES bei viruskranken Pflanzen eine geringe therapeutische Wirkung beobachtet; einige der behandelten Stecklinge wurden virusfrei.

Frühere Angaben über Hemmstoffe und therapeutische Wirkung findet man ₁n dem ausführlichen Sammelbericht von MATTHEWS u. SMITH (1955).

## 8. Thermotherapie.

Durch Wärmebehandlung ließ sich in vielen Fällen virusfreies Pflanzenmaterial gewinnen. In seinem Sammelreferat bringt KASSANIS (1957, I; p. 236f.) eine stattliche Aufzählung der bisher gelungenen Fälle dieser Behandlungsart. Ein weiteres Sammelreferat wurde von ROLAND verfaßt. Bei allem Fortschritt auf diesem Gebiet muß hervorgehoben werden, daß gewisse Virusarten augenscheinlich völlig unangreifbar sind, wenn die Pflanzen die Behandlung überstehen sollen.

## 9. Regenerationstherapie.

Ein Verfahren, das in letzter Zeit öfters mit Erfolg angewandt wurde, beruht auf der Erzielung virusfreier Pflanzen über virusfreie Regenerate, die aus isolierten Gewebestücken der kranken Wirtspflanzen gewonnen wurden. Das Verfahren ist praktisch von Bedeutung für die Gewinnung von virusfreiem Material bei vegetativ vermehrten, durch und durch von einem Virus verseuchten Kultursorten. HOLMES (1955) brachte abgeschnittene Sproßspitzen junger, an "Spotted wilt" erkrankter Dahlien zur Bewurzelung. Die Regenerate entwickelten virusfreie Pflanzen, woraus zu schließen ist, daß dieses Virus nicht bis in die Spitzen vordringt. Durch Transplantation von 4—8 mm langen Vegetationsspitzen kranker Pflanzen auf gesunde hatte HOLMES (1956) auch bei Chrysanthemen, die vom Aspermy-Virus befallen waren, Erfolg. Das Mosaikvirus der Dahlien ließ sich indessen durch dasselbe Verfahren nicht beseitigen. Durch Kultur von Meristem-Explantaten in Verbindung mit Erwärmen erzielte QUAK aus 100%ig infizierten Nelkensorten virusfreie vegetative Nachkommenschaften. Mit einem ähnlichen Verfahren gewann THOMSON (1956, I) Y-Virus-freie Kartoffeln bei der Sorte

Aucklander Short Top. MOREL u. MARTIN transplantierten Spitzenmeristeme von verschiedenen X-befallenen Kartoffelsorten auf Tomaten; die Pfropflinge erwiesen sich als virusfrei. Mit derselben Methode erzielten sie virusfreie Propflinge von Y-befallenen und von A-befallenen Sorten. Gelegentlich scheinen (ROZENDAAL) bei der A-befallenen Sorte „Böhms allerfrüheste Gelbe" spontan auch virusfreie Knollen aufzutreten, aus denen dann virusfreie Nachkommenschaften hervorgehen können.

## 10. Mutabilität und Variabilität des Virus.

Kultiviert man nach KASSANIS (1957 III) Isolate des gewöhnlichen,, virulenten TMV bei hoher Temperatur (36° C), so läßt sich nach einiger Zeit in den Pflanzen neben dem Ausgangstyp ein symptomschwacher Typ in großer Häufigkeit nachweisen. Es wäre aber verfrüht, die Mutationen, die zu dem Auftreten des neuen Typs geführt haben, auf die Wirkung der hohen Temperatur zurückzuführen; ebensogut könnte eine temperaturbedingte Selektion vorgelegen haben, wie in ausführlichen Versuchen dargetan wird. Neben der Temperatur kann übrigens auch die jeweilige Wirtsart einen entscheidenden Einfluß auf den relativen Anteil der Virustypen an der Gesamtkonzentration ausüben. Die im vorjährigen Bericht (Fortschr. Bot. **19**, 407) bereits gewürdigte Dissertation von MUNDRY über Mutationsversuche beim TMV ist inzwischen erschienen (1957). WOLCYRZ u. BLACK beobachteten die Entstehung von Stämmen des Potato yellow dwarf-Virus, die zum Unterschied von den altbekannten Stämmen dieses Virus von seinem Vektorinsekt (Zikaden) nicht übertragen werden. Die abweichenden Stämme waren sämtlich aus dem New Yorker Normalstamm hervorgegangen (über weitere ähnliche Fälle des Verlustes der Vektorübertragbarkeit vgl. Fortschr. Bot. **19**, 408f.). Nach TOKO u. BRUEHL verhalten sich zwei Stämme des Getreide-Yellow dwarf-Virus gegen zwei Blattlausarten insofern verschieden, als der eine nur von *Rhopalosiphum fitschii* Sand., der andere nur von *Macrosiphum granarium* Kirby übertragen wird.

SCHMELZER fand, daß von 4 verschiedenen *Cuscuta*-Arten nur *Cuscuta subinclusa* den von ihm geprüften Gelbstamm des *Cucumis*-Virus von einer Wirtspflanze zur anderen ebenso leicht überleitete wie einen Grünstamm dieses Virus. Dagegen versagte *C. epithymum* beim Gelbstamm völlig und bei *C. europaea* und *C. californica* war die Übertragungsquote beim Gelbstamm nur gering. *C. campestris* verhielt sich gegen den Grünstamm wie *C. subinclusa*.

## 11. Spezielle Krankheiten.

Daß die als "Spraing" (Eisenfleckigkeit) bekannte Erkrankung der Kartoffelknollen durch ein vermutlich im Boden ausdauerndes Virus verursacht ist, hat LIHNELL nachgewiesen. Für das „Rattle"-Vitrus, das am Tabak die Streifen- und Kräuselkrankheit und an der Kartoffel das „Stengelbunt" hervorruft, erwiesen sich in Versuchen noch eine große Zahl anderer Species, insbesondere Unkräuter als empfänglich [NOORDAM (1956)], was für die Virusanreicherung im Boden von Bedeutung sein dürfte. In den Wurzeln einer Reihe von Arten, bei denen das Virus nicht in die Blätter vordringt, bleibt die Infektion latent. NOORDAM weist auch auf die nahen Beziehungen des Rattle-Virus zu dem oben genannten Spraing hin.

*Solanum dulcamara* wurde als symptomloser Zwischenträger (Reservoir) des Kartoffel-Blattrollvirus erkannt (DE MEESTER-MANGER CATS). Das Virus ist bei dieser Pflanze sogar samenübertragbar, und zwar augenscheinlich 100% ig.

Nach BARTELS ist das Gelingen des serologischen Nachweises beim Kartoffel-Y-Virus vor allem von der jeweiligen Wirt-Viruskombination abhängig. Daß die Korkwurzelkrankheit der Tomaten nicht, wie lange vermutet worden war, durch ein Virus, sondern ein steriles Pilzmycel verursacht wird, haben NOORDAM, TERMOHLEN u. THUNG (1957) und TERMOHLEN (1957) dargetan.

## 12. Interferenz von Virus und Pilzen.

Bemerkenswert sind die unterschiedlichen Folgen für die Entwicklung parasitischer Pilze, wenn sie mit einem Virus auf demselben Wirt zusammentreffen. MÜLLER u. MUNRO hatten schon 1951 über eine Verzögerung des Wachstums von *Phythophtora infestans* auf X- und Y-infizierten Kartoffelpflanzen berichtet. Umgekehrt ist nach NOLL (1956), SCHLÖSSER (1956) und HEILING, STEUDEL u. THIELEMANN der Befall der Zuckerrüben-Blätter mit *Cercospora* bei vergilbungskranken (yellows) Pflanzen stark gefördert, und auch das Stolbur-Virus verursacht bei Kartoffeln nach KOVACHEVSKY (1954) und WENZL (1956) eine ausgesprochene Disposition zur Erkrankung an der *Colletotrichum*-Welke.

## Literatur.

ANDREWES, C. H.: Nature (Lond.) **180**, 788—789 (1957). — AUGIER DE MONTGREMIER, H.: Acad. Agric. France (1955), Sonderdr.

BARTELS, R.: Phytopath. Z. **30**, 1—16 (1957). — BAWDEN, F. C., and G. G. FREEMAN: J. gen. Microbiol. **7**, 154—160 (1952). — BAWDEN, F. C., and A. KLECZKOWSKI: Virology **4**, 26—40 (1957). — BLACK, L. M., and C. L. LEE: Virology **3**, 146—159 (1957). — BÖNING, K., u. R. DIERCKS: Bayer. Landw. Jb. **32**, 276—323 (1955). — Bos, L.: Meded. Landbouwhogesch. Wageningen **57**, 1—79 (1957). — BRADLEY, R. H. E., and R. Y. GANONG: Canad. J. Microbiol. **1**, 775—782, 783—793 (1955). — BRADLEY, R. H. E., and R. Y. GANONG: Virology **4**, 172—181 (1957). — BRANDES, J., u. H. L. PAUL: Arch. Mikrobiol. **26**, 358—368 (1957). — BRANDES, J., u. L. QUANTZ: Arch. Mikrobiol. **26**, 369—372 (1957).

CIBA Foundation-Symposium "The Nature of Viruses". London 1957. — COCHRAN, G. W., and J. L. CHIDESTER: Virology **4**, 390—391 (1957).

DALE, J. L.: Dis. Abstr. **16**, 1566 (1956); ref. Rev. appl. Mycol. **36**, 451 (1957). — DIERCKS, R.: Z. Pflanzenbau u. Pflanzenschutz **4**, 252—288 (1953).

ESAU, K.: Bot. Rev. **4**, 548—579 (1938). — ESAU, K.: Amer. J. Bot. **4**, 245—251 (1957, I). — ESAU, K.: Hilgardia (Berkeley, Calif.) **2**, 1—14 (1957, II). — ESAU, K.: Hilgardia (Berkeley, Calif.) **27**, 15—69 (1957, III). — ESAU, K., H. B. CURRIER and V. I. CHEADLE: Annual. Rev. Plant Physiol. **8**, 349—374 (1957).

FRAENKEL-CONRAT, H., and R. C. WILLIAMS: Proc. Nat. Acad. Sci. (Wash.) **41**, 690—698 (1955).

GRAY, R. A.: Plant Dis. Rep. **41**, 576—578 (1957).

HAMER-CASTERMAN, C.: Virology **3**, 197—206 (1957). — HEILING, A., W. STEUDEL u. R. THIELEMANN: Phytopath. Z. **26**, 401—438 (1956). — HILDEBRAND, E. M.: Phytopath. **46**, 233—234 (1956). — HIRAI, T., T. SHIMOMURA and Y. NISHIKAWA: Nature (Lond.) **181**, 352—353 (1957). — HIRTH, L., R. GALZY et P. SLISEWICZ: C. R. Acad. Sci. (Paris) **244**, 258—261 (1957, I). — HIRTH, H., et G. SEGRETAIN: Ann. Inst. Pasteur **91**, 523—536 (1956). — HOLMES, F. O.: Phytopath. **45**, 224—226 (1955); **46**, 599—560 (1956). — HOOF, H. A. VAN: Proc. kon. ned. Akad. Wet. Ser. C **60**, 314—317 (1957). — HOWLES, R.: Plant Path. **6**, 46—48 (1957).

JEDLINSKI, H.: Phytopath. **46**, 673—676 (1956). — JEENER, R.: Adv. Enzymol. **17**, 477—498 (1956). — JEENER, R.: Biochim. biophys. Acta **23**, 351—361 (1957, II).

KASSANIS, B.: Adv. Virus Res. **4**, 221—241 (1957, I). — KASSANIS, B.: Virology **4**, 5—13 (1957, II). — KASSANIS, B.: Virology **4**, 187—199 (1957, III). — KLECZ-

KOWSKI, A.: Adv. Virus Res. **4**, 191—220 (1957). — KÖHLER, E.: Z. Naturforsch. **2 b**, 29—34 (1947, I). — KÖHLER, E.: Arch. Virusforsch. (Wien) **3**, 303—326 (1947, II). — KÖHLER, E.: Arch. Mikrobiol. **27**, 320—336 (1957, I). — KÖHLER, E.: Phytopath. Z. **29**, 197—203 (1957, II). — KOVACHEVSKY, I. C.: Nachr.blatt dtsch. Pflanzenschutzdienst (Berl.) **8**, 161—166 (1954). — KREITLOW, K. W., O. J. HUNT and H. L. WILKINS: Phytopath. **47**, 390—394 (1957).

LIHNELL, D.: Nord. Jordbr. forsk. **38**, 443—445 (1956). — LÜDECKE, H., u. O. NEEB: Zucker **10**, 53—56 (1957).

MARAMOROSCH, K.: Adv. Virus Res. **3**, 221—248 (1955). — MATTHEWS, R. E. F.: Plant Virus Serology. 128 S. Cambridge 1957. — MATTHEWS, R. E. F., and J. D. SMITH: Adv. Virus Res. **3**, 49—148 (1955). — MEESTER-MANGER CATS, V. DE: T. Plantenziekt. **62**, 171—173 (1956). — MOREL, G., et C. MARTIN: C. R. Acad. agric. France **41**, 422—475 (1955). — MÜLLER, K. O., and J. MUNRO: Ann. appl. Biol. **38**, 765—773 (1951). — MUNDRY, K.-W.: Z. indukt. Abstamm.- u. Vererb.-Lehre **88**, 115—127 (1957).

NOLL, A.: Phytopath. Z. **27**, 467—472 (1956). — NOORDAM, D.: T. Plantenziekt. **62**, 219—225 (1956). — NOORDAM, D., G. P. TERMOHLEN en T. H. THUNG: T. Plantenziekt. **63**, 145—152 (1957). — NOUR-ELDIN, F.: Phytopath. **45**, 291 (1955).

OWEN, P. C.: Ann. appl. Biol. **45**, 327—331 (1957).

PANZER, J. D.: Phytopath. **47**, 338—341 (1957). — PAUL, H. L.: Phytopath. Z. **28**, 307—318 (1957). — PAVILLARD, J.: Int. sci. Tobacco Congr. 1955, Papers a. Proc. **1**, 658—668 (1956). — PIRIE, N. W.: Adv. Virus Res. **4**, 159—190 (1957). — PORTER, C. A., and L. H. WEINSTEIN: Contrib. Boyce Thomps. Inst. **19**, 87—106 (1957). — PORTER, C. A., and L. H. WEINSTEIN: Phytopath. **47**, 27 (Abstr., 1957, II). — POSNETTE, A. F., and R. CROPLEY: Plant Path. **6**, 85—87 (1957). — POSZAR, B. J.: Acta biol. Acad. Sci. hungar. **7**, 337—342 (1957); ref. Bull. signalét. **18** (2. P.), 2225 (1957).

QUAK, F.: T. Plantenziekt. **63**, 13—14 (1957).

RAGETLI, H. W. J.: T. Plantenziekt. **63**, 245—344 (1957). — RAPPAPORT, J., and S. G. WILDMAN: Virology **4**, 265—274 (1957). — RICHKOV, V. L., and N. K. MARCHENKO (1945): Rev. appl. Mycol. **34**, 617 (1955). — ROLAND, G.: Meded. Landbouwhogesch., Opzoek. Staat te Gent **22**, 553—560 (1957). — ROZENDAAL, A.: T. Plantenziekt. **62**, 28 (1956).

SCHADE, C.: Phytopath. Z. **30**, 225—236 (1957). — SCHLEGEL, D. E.: Virology **4**, 135—140 (1957). — SCHLÖSSER, L. A.: Zucker **9**, 589—592 (1956). — SCHMELZER, K.: Phytopath. Z. **30**, 449—452 (1957). — SCHRAMM, G.: Nova Acta Leopoldina, N. F. (Nr. 134) **19**, 29—37 (1957). — SCHUCH, K.: Mitt. Biol. Bundesanst., H. 88. Berlin 1957. — SCHUSTER, G.: Phytopath. Z. **31**, 122—132 (1957). — SELMAN, I. W., and S. A. GRANT: Ann. appl. Biol. **45**, 312—317 (1957). — SIEGEL, A., W. GINOZA u. S. G. WILDMAN: Virology **3**, 554—559 (1957). — SIEGEL, A., and S. G. WILDMAN: Virology **2**, 69—82 (1956). — SUKHOV, K. S., u. O. S. KAPITSA: Dokl. Akad. Nauk. SSSR **110**, 469—471 (1956) (russ.); ref. Ber. Wiss. Biol. **114**, 31 (1957).

TERMOHLEN, G. P.: T. Plantenziekt. **63**, 369—374 (1957). — THOMSON, A. D.: Nature (Lond.) **177**, 709 (1956, I). — THOMSON, A. D.: Aust. J. agr. Res. **7**, 428—434 (1956, II). — THUNG, T. H.: T. Plantenziekt. **63**, 209—221 (1957). — THUNG, T. H., en T. HADIWIDJAJA: T. Plantenziekt. **63**, 58—63 (1957). — TOKO, H. V., and G. W. BRUEHL: Phytopath. **47**, 536 (1957).

WENZL, H.: Pflanzenschutzber. Wien **16**, 21—35 (1956). — WETTER, C.: Nachr.bl. dtsch. Pflanzenschutzdienst (Stuttgart) **9**, 82—85 (1957). — WOLCYRZ, S., and L. M. BLACK: Phytopath. **47**, 38 (Abstr.) (1957).

YARWOOD, C. E.: Phytopath. **47**, 38 (Abstr.) (1957, I). — YARWOOD, C. E.: Adv. Virus Res. **4**, 243—278 (1957, II).


# b) Bakteriophagen.

Von WOLFHARD WEIDEL, Tübingen.

Der Beitrag folgt in Band XXI.

# Sachverzeichnis.

Die *kursiv* gedruckten Seitenzahlen weisen auf die Hauptbehandlung des betreffenden Stichwortes hin.

# FORTSCHRITTE DER BOTANIK

BEGRÜNDET VON FRITZ VON WETTSTEIN

UNTER ZUSAMMENARBEIT
MIT MEHREREN FACHGENOSSEN
UND MIT DER
DEUTSCHEN BOTANISCHEN GESELLSCHAFT

HERAUSGEGEBEN VON

## ERWIN BÜNNING
TÜBINGEN

## ERNST GÄUMANN
ZÜRICH

SONDERDRUCK AUS BAND XX

LOTHAR GEITLER

**MORPHOLOGIE UND ENTWICKLUNGSGESCHICHTE DER ZELLE**

*NICHT IM HANDEL*

SPRINGER-VERLAG
BERLIN · GÖTTINGEN · HEIDELBERG
1958

# FORTSCHRITTE DER BOTANIK

BEGRÜNDET VON FRITZ VON WETTSTEIN

UNTER ZUSAMMENARBEIT
MIT MEHREREN FACHGENOSSEN
UND MIT DER
DEUTSCHEN BOTANISCHEN GESELLSCHAFT

HERAUSGEGEBEN VON

## ERWIN BÜNNING
TÜBINGEN

## ERNST GÄUMANN
ZÜRICH

SONDERDRUCK AUS BAND XX

WILHELM TROLL UND HANS WEBER

**MORPHOLOGIE EINSCHLIESSLICH ANATOMIE**

MIT 6 ABBILDUNGEN

*NICHT IM HANDEL*

SPRINGER-VERLAG
BERLIN · GÖTTINGEN · HEIDELBERG
1958

# FORTSCHRITTE DER BOTANIK

BEGRÜNDET VON FRITZ VON WETTSTEIN

UNTER ZUSAMMENARBEIT
MIT MEHREREN FACHGENOSSEN
UND MIT DER
DEUTSCHEN BOTANISCHEN GESELLSCHAFT

HERAUSGEGEBEN VON

## ERWIN BÜNNING
TÜBINGEN

## ERNST GÄUMANN
ZÜRICH

SONDERDRUCK AUS BAND XX

KURT MÜHLETHALER

**SUBMIKROSKOPISCHE MORPHOLOGIE**

MIT 2 ABBILDUNGEN

*NICHT IM HANDEL*

SPRINGER-VERLAG
BERLIN · GÖTTINGEN · HEIDELBERG
1958

# FORTSCHRITTE DER BOTANIK

BEGRÜNDET VON FRITZ VON WETTSTEIN

UNTER ZUSAMMENARBEIT
MIT MEHREREN FACHGENOSSEN
UND MIT DER
DEUTSCHEN BOTANISCHEN GESELLSCHAFT

HERAUSGEGEBEN VON

## ERWIN BÜNNING
TÜBINGEN

## ERNST GÄUMANN
ZÜRICH

SONDERDRUCK AUS BAND XX

BRUNO SCHUSSNIG

**SYSTEMATIK UND PHYLOGENIE DER ALGEN**

*NICHT IM HANDEL*

SPRINGER-VERLAG
BERLIN · GÖTTINGEN · HEIDELBERG
1958

# FORTSCHRITTE DER BOTANIK

BEGRÜNDET VON FRITZ VON WETTSTEIN

UNTER ZUSAMMENARBEIT
MIT MEHREREN FACHGENOSSEN
UND MIT DER
DEUTSCHEN BOTANISCHEN GESELLSCHAFT

HERAUSGEGEBEN VON

## ERWIN BÜNNING
TÜBINGEN

## ERNST GÄUMANN
ZÜRICH

SONDERDRUCK AUS BAND XX

HEINZ KERN

**SYSTEMATIK UND STAMMESGESCHICHTE DER PILZE**

*NICHT IM HANDEL*

SPRINGER-VERLAG
BERLIN · GÖTTINGEN · HEIDELBERG
1958

# FORTSCHRITTE DER BOTANIK

BEGRÜNDET VON FRITZ VON WETTSTEIN

UNTER ZUSAMMENARBEIT
MIT MEHREREN FACHGENOSSEN
UND MIT DER
DEUTSCHEN BOTANISCHEN GESELLSCHAFT

HERAUSGEGEBEN VON

## ERWIN BÜNNING
TÜBINGEN

## ERNST GÄUMANN
ZÜRICH

SONDERDRUCK AUS BAND XX

JOSEF POELT

**SYSTEMATIK DER FLECHTEN**

*NICHT IM HANDEL*

SPRINGER-VERLAG
BERLIN · GÖTTINGEN · HEIDELBERG
1958

# FORTSCHRITTE DER BOTANIK

BEGRÜNDET VON FRITZ VON WETTSTEIN

UNTER ZUSAMMENARBEIT
MIT MEHREREN FACHGENOSSEN
UND MIT DER
DEUTSCHEN BOTANISCHEN GESELLSCHAFT

HERAUSGEGEBEN VON

## ERWIN BÜNNING
TÜBINGEN

## ERNST GÄUMANN
ZÜRICH

SONDERDRUCK AUS BAND XX

JOSEF POELT
**SYSTEMATIK DER MOOSE**

*NICHT IM HANDEL*

SPRINGER-VERLAG
BERLIN · GÖTTINGEN · HEIDELBERG
1958

# FORTSCHRITTE DER BOTANIK

BEGRÜNDET VON FRITZ VON WETTSTEIN

UNTER ZUSAMMENARBEIT
MIT MEHREREN FACHGENOSSEN
UND MIT DER
DEUTSCHEN BOTANISCHEN GESELLSCHAFT

HERAUSGEGEBEN VON

## ERWIN BÜNNING
TÜBINGEN

## ERNST GÄUMANN
ZÜRICH

SONDERDRUCK AUS BAND XX

HELMUT GAMS

**AREAL- UND FLORENKUNDE**

*NICHT IM HANDEL*

SPRINGER-VERLAG
BERLIN · GÖTTINGEN · HEIDELBERG
1958

# FORTSCHRITTE DER BOTANIK

BEGRÜNDET VON FRITZ VON WETTSTEIN

UNTER ZUSAMMENARBEIT
MIT MEHREREN FACHGENOSSEN
UND MIT DER
DEUTSCHEN BOTANISCHEN GESELLSCHAFT

HERAUSGEGEBEN VON

## ERWIN BÜNNING
TÜBINGEN

## ERNST GÄUMANN
ZÜRICH

SONDERDRUCK AUS BAND XX

FRANZ FIRBAS

**FLOREN- UND VEGETATIONSGESCHICHTE
SEIT DEM ENDE DES TERTIÄRS**

*NICHT IM HANDEL*

SPRINGER-VERLAG
BERLIN · GÖTTINGEN · HEIDELBERG
1958

# FORTSCHRITTE DER BOTANIK

BEGRÜNDET VON FRITZ VON WETTSTEIN

UNTER ZUSAMMENARBEIT
MIT MEHREREN FACHGENOSSEN
UND MIT DER
DEUTSCHEN BOTANISCHEN GESELLSCHAFT

HERAUSGEGEBEN VON

## ERWIN BÜNNING
TÜBINGEN

## ERNST GÄUMANN
ZÜRICH

SONDERDRUCK AUS BAND XX

HEINRICH WALTER UND HEINZ ELLENBERG
**ÖKOLOGISCHE PFLANZENGEOGRAPHIE**

*NICHT IM HANDEL*

SPRINGER-VERLAG
BERLIN · GÖTTINGEN · HEIDELBERG
1958

# FORTSCHRITTE DER BOTANIK

BEGRÜNDET VON FRITZ VON WETTSTEIN

UNTER ZUSAMMENARBEIT
MIT MEHREREN FACHGENOSSEN
UND MIT DER
DEUTSCHEN BOTANISCHEN GESELLSCHAFT

HERAUSGEGEBEN VON

## ERWIN BÜNNING
TÜBINGEN

## ERNST GÄUMANN
ZÜRICH

SONDERDRUCK AUS BAND XX

THEODOR SCHMUCKER
**ÖKOLOGIE**

*NICHT IM HANDEL*

SPRINGER-VERLAG
BERLIN · GÖTTINGEN · HEIDELBERG
1958

# FORTSCHRITTE DER BOTANIK

BEGRÜNDET VON FRITZ VON WETTSTEIN

UNTER ZUSAMMENARBEIT
MIT MEHREREN FACHGENOSSEN
UND MIT DER
DEUTSCHEN BOTANISCHEN GESELLSCHAFT

HERAUSGEGEBEN VON

## ERWIN BÜNNING
TÜBINGEN

## ERNST GÄUMANN
ZÜRICH

SONDERDRUCK AUS BAND XX

HANS JOACHIM BOGEN

**ZELLPHYSIOLOGIE UND PROTOPLASMATIK**

*NICHT IM HANDEL*

SPRINGER-VERLAG
BERLIN · GÖTTINGEN · HEIDELBERG
1958

# FORTSCHRITTE DER BOTANIK

BEGRÜNDET VON FRITZ VON WETTSTEIN

UNTER ZUSAMMENARBEIT
MIT MEHREREN FACHGENOSSEN
UND MIT DER
DEUTSCHEN BOTANISCHEN GESELLSCHAFT

HERAUSGEGEBEN VON

## ERWIN BÜNNING
TÜBINGEN

## ERNST GÄUMANN
ZÜRICH

SONDERDRUCK AUS BAND XX

BRUNO HUBER UND LEOPOLD BAUER

**WASSERUMSATZ UND STOFFBEWEGUNGEN**

MIT 1 ABBILDUNG

*NICHT IM HANDEL*

SPRINGER-VERLAG
BERLIN · GÖTTINGEN · HEIDELBERG
1958

# FORTSCHRITTE DER BOTANIK

BEGRÜNDET VON FRITZ VON WETTSTEIN

UNTER ZUSAMMENARBEIT
MIT MEHREREN FACHGENOSSEN
UND MIT DER
DEUTSCHEN BOTANISCHEN GESELLSCHAFT

HERAUSGEGEBEN VON

## ERWIN BÜNNING
TÜBINGEN

## ERNST GÄUMANN
ZÜRICH

SONDERDRUCK AUS BAND XX

HANS BURSTRÖM

**MINERALSTOFFWECHSEL**

*NICHT IM HANDEL*

SPRINGER-VERLAG
BERLIN · GÖTTINGEN · HEIDELBERG
1958

# FORTSCHRITTE DER BOTANIK

BEGRÜNDET VON FRITZ VON WETTSTEIN

UNTER ZUSAMMENARBEIT
MIT MEHREREN FACHGENOSSEN
UND MIT DER
DEUTSCHEN BOTANISCHEN GESELLSCHAFT

HERAUSGEGEBEN VON

## ERWIN BÜNNING
TÜBINGEN

## ERNST GÄUMANN
ZÜRICH

SONDERDRUCK AUS BAND XX

FRANK EBERHARDT

**STOFFWECHSEL ORGANISCHER VERBINDUNGEN II**

MIT 1 ABBILDUNG

*NICHT IM HANDEL*

SPRINGER-VERLAG
BERLIN · GÖTTINGEN · HEIDELBERG
1958

# FORTSCHRITTE DER BOTANIK

BEGRÜNDET VON FRITZ VON WETTSTEIN

UNTER ZUSAMMENARBEIT
MIT MEHREREN FACHGENOSSEN
UND MIT DER
DEUTSCHEN BOTANISCHEN GESELLSCHAFT

HERAUSGEGEBEN VON

## ERWIN BÜNNING
TÜBINGEN

## ERNST GÄUMANN
ZÜRICH

SONDERDRUCK AUS BAND XX

REINHARD W. KAPLAN

**GENETIK DER MIKROORGANISMEN**

*NICHT IM HANDEL*

SPRINGER-VERLAG
BERLIN · GÖTTINGEN · HEIDELBERG
1958

# FORTSCHRITTE DER BOTANIK

BEGRÜNDET VON FRITZ VON WETTSTEIN

UNTER ZUSAMMENARBEIT
MIT MEHREREN FACHGENOSSEN
UND MIT DER
DEUTSCHEN BOTANISCHEN GESELLSCHAFT

HERAUSGEGEBEN VON

## ERWIN BÜNNING
TÜBINGEN

## ERNST GÄUMANN
ZÜRICH

SONDERDRUCK AUS BAND XX

CORNELIA HARTE

**GENETIK DER SAMENPFLANZEN**

*NICHT IM HANDEL*

SPRINGER-VERLAG
BERLIN · GÖTTINGEN · HEIDELBERG
1958

# FORTSCHRITTE DER BOTANIK

BEGRÜNDET VON FRITZ VON WETTSTEIN

UNTER ZUSAMMENARBEIT
MIT MEHREREN FACHGENOSSEN
UND MIT DER
DEUTSCHEN BOTANISCHEN GESELLSCHAFT

HERAUSGEGEBEN VON

## ERWIN BÜNNING
TÜBINGEN

## ERNST GÄUMANN
ZÜRICH

SONDERDRUCK AUS BAND XX

JOSEPH STRAUB

**CYTOGENETIK**

*NICHT IM HANDEL*

SPRINGER-VERLAG
BERLIN · GÖTTINGEN · HEIDELBERG
1958

# FORTSCHRITTE DER BOTANIK

BEGRÜNDET VON FRITZ VON WETTSTEIN

UNTER ZUSAMMENARBEIT
MIT MEHREREN FACHGENOSSEN
UND MIT DER
DEUTSCHEN BOTANISCHEN GESELLSCHAFT

HERAUSGEGEBEN VON

## ERWIN BÜNNING
TÜBINGEN

## ERNST GÄUMANN
ZÜRICH

SONDERDRUCK AUS BAND XX

JAKOB REINERT

**WACHSTUM**

*NICHT IM HANDEL*

SPRINGER-VERLAG
BERLIN · GÖTTINGEN · HEIDELBERG
1958

# FORTSCHRITTE DER BOTANIK

BEGRÜNDET VON FRITZ VON WETTSTEIN

UNTER ZUSAMMENARBEIT
MIT MEHREREN FACHGENOSSEN
UND MIT DER
DEUTSCHEN BOTANISCHEN GESELLSCHAFT

HERAUSGEGEBEN VON

## ERWIN BÜNNING
TÜBINGEN

## ERNST GÄUMANN
ZÜRICH

SONDERDRUCK AUS BAND XX

HANSFERDINAND LINSKENS
**PHYSIOLOGIE DER FORTPFLANZUNG UND SEXUALITÄT**
MIT 3 ABBILDUNGEN

*NICHT IM HANDEL*

SPRINGER-VERLAG
BERLIN · GÖTTINGEN · HEIDELBERG
1958

# FORTSCHRITTE DER BOTANIK

BEGRÜNDET VON FRITZ VON WETTSTEIN

UNTER ZUSAMMENARBEIT
MIT MEHREREN FACHGENOSSEN
UND MIT DER
DEUTSCHEN BOTANISCHEN GESELLSCHAFT

HERAUSGEGEBEN VON

## ERWIN BÜNNING
TÜBINGEN

## ERNST GÄUMANN
ZÜRICH

SONDERDRUCK AUS BAND XX

WOLFGANG HAUPT

**BEWEGUNGEN**

MIT 5 ABBILDUNGEN

*NICHT IM HANDEL*

SPRINGER-VERLAG
BERLIN · GÖTTINGEN · HEIDELBERG
1958

# FORTSCHRITTE DER BOTANIK

BEGRÜNDET VON FRITZ VON WETTSTEIN

UNTER ZUSAMMENARBEIT
MIT MEHREREN FACHGENOSSEN
UND MIT DER
DEUTSCHEN BOTANISCHEN GESELLSCHAFT

HERAUSGEGEBEN VON

## ERWIN BÜNNING
TÜBINGEN

## ERNST GÄUMANN
ZÜRICH

SONDERDRUCK AUS BAND XX

ERICH KÖHLER

**PFLANZENPATHOGENE VIREN**

MIT 1 ABBILDUNG

*NICHT IM HANDEL*

SPRINGER-VERLAG
BERLIN · GÖTTINGEN · HEIDELBERG
1958